ガスタービンの基礎と応用
発電用からジェットエンジンまで

ガスタービンの基礎と応用
発電用からジェットエンジンまで

HIH Saravanamuttoo／GFC Rogers／H Cohen／PV Straznicky 著
藤原仁志 訳

東海大学出版会

Gas Turbine Theory (6th Edition)
by HIH Saravanamuttoo, GFC Rogers,
H Cohen, PV Straznicky

Copyright©1951, 2009 by Pearson Education Ltd.
Japanese translation rights arranged with Pearson Education Ltd.
through Japan UNI Agency, Inc., Tokyo
Copyrighted in Japan by Tokai University Press.

まえがき

　Frank Whittle が初めてガスタービンを開発・運転してから 70 年になりますが，この画期的な出来事から 15 年のうちに，この名著の初版も出版されており，当時の学生や技術者にガスタービンに対する詳細かつ分かりやすい知見を与えてきました．また，大学では学生の良い教材となり，実際，私も 1960 年代当時，Bristol で Rogers 教授，Saravanamuttoo 教授の講義を受講するに当たって本書を使っていました．また，小生が Rolls Royce 社に在籍中，今日に至るまで，各年代のエンジニアの机には，それぞれの年代に出版された Gas Turbine Theory が置かれており，本書は特別な書物となっています．

　ガスタービンは，当初，軍用ジェット機のエンジンとして使われていた初期型のものから，今日のような効率が良く，経済的で，環境にもやさしいエンジンへと大きく進歩してきました．また，その用途も，舶用，産業用として幅広く普及し，航空輸送の画期的な増大にも寄与してきました．それに伴い，本書にも，ガスタービンの新しい利用形態や新技術の説明が取り入れられ，読者に，ガスタービン業界の全体像を可能な限り広く紹介できるよう工夫されてきています．

　初版からこの第 6 版に至るまで，本書では，初版の明快な解説に加えて，その時々のガスタービン業界の進展に歩調を合わせた加筆が行われてきています．内容は，基本の理論に留まらず，実際に近いサイクルや，要素の設計や開発，また，設計点だけでなく，非設計点や過渡状態での特性も含まれています．また，21 世紀初頭となった今日においても日々変化しつづけるガスタービン業界が直面する環境対策や経済性などの最新の課題も取り上げられています．

　本書は，ガスタービンの基本的な内容から，基本から一歩進んだ内容，そして，重要なこととして，ガスタービンの実用面までを一冊にまとめあげた簡易で読みやすい書物として現在に至っています．時系列的に見ても，ガスタービンの歴史から始まり，現状での技術から，ガスタービンの将来像に関する話題まで幅広く提供されています．学生諸君には，是非，本書を入手し，本書の面白さを享

受すると共に，将来このエキサイティングな業界に入った暁には，本書を常にそばにおいて活躍されるよう推薦いたします．

2008 年 3 月

Mark Baseley

第 6 版の出版に寄せて

　本書の初版は 56 年前に出版されましたが，小生は，当時，学部の学生として，その初版の本を使っていました．実を言うと，当時購入した書籍はこの本 1 冊だけで，小生が，現役の間から引退後も含めて，本書の執筆にこれほど長く関わることになろうとは夢にも思いませんでした．出版社から第 6 版の準備の依頼があったときには嬉しく思いましたが，小生の良き友であり同僚でもあった Gordon Rogers 氏が 2003 年に逝去し，Cohen，Rogers と 3 人でやってきた仲間のうち，私一人だけが残されてしまいました．

　Cohen と Rogers の本書の最初のコンセプトは，ガスタービンの基本的な理論を著わすことでしたが，第 2 版で小生が著者の一人となったころ，小生が航空エンジンおよび産業用ガスタービン業界の活動に深く関わっていた関係で，設計プロセスや運用，ガスタービンの適用例といった内容が加えられました．それからさらに年月が経つにつれ，本書でも基本理論から離れたアプリケーションでの視点も多くなり，また，ガスタービンの設計に関する題材をより多く取り入れることを望む声も多く寄せられるようになりました．この第 6 版では，ガスタービンの機械設計が独立した章として設けられることとなり，その執筆に関しては，同僚である Paul Straznicky 教授の多大な貢献があったことを付記しておきます．同教授は，高効率の回転機械の設計に関する長年の経験があり，この新たな機械設計の章において数多くの題材を提供するというすばらしい役割を果たしました．

　小生は，1955 年に大学を卒業して以来，ガスタービンが軍用機のエンジンだけに使われていたころから，その重要性が増していき，今日，旅客機から発電，パイプライン圧送用など多くの用途に使われるエンジンとなるに至るまでの進展を見守ってきました．空力，材料，製造技術の絶え間ない進歩に伴うガスタービンの出力や効率の向上には目覚しいものがありますが，その基本的な理論は昔と変わっていません．当初，タービン入口温度や圧力比が低かった頃に必要であっ

た熱交換器，中間冷却や再熱などが，21世紀になって再び表舞台に登場してきているのは興味深いことです．

ガスタービンの性能計算については，今日では，高精度の商用コードが入手可能であり，また，主要なメーカ各社はそれぞれ独自の性能計算ソフトを所有しています．一方，本書においては，誤差の絶対量に囚われることなく，性能計算の基礎となる考え方を述べることに重点を置いており，本書のような教科書ではそのようなアプローチが適切であると考えています．また，より進んだ学習には，Joachim Kurzke博士が提供するGASTURBという性能計算プログラムが有用であり，プログラムの基本部分はwww.gasturb.com.deのホームページからダウンロードすることが可能です．

小生の長い現役生活で役に立てたことがあるとするならば，その最も大きなものは，教えた多くの学生諸君が今日世界中でガスタービン業界の重要な地位について活躍してくれていることであり，また，その学生諸君が引退の時期に来ていることにも感慨深いものがあります．今回の第6版の出版においては，Randy Batten氏（Pratt & Whitney Canada社），Mark Baseley氏（Rolls Royce社），Greg Chapam氏（Honeywell社）の3氏の助力には特に謝意を表したいと思います．また，1979年にBernard MacIsaac博士によって設立され，現在Dave Muir氏によって運営されているGasTOPS社とは懇意にさせていただいており，長年に渡る同社の支援には心より感謝の意を表します．

最後になりますが，原稿の入力や修正に快く取り組んでくれたGasTOPS社のJeanne Jonesさん，並びに，小生を絶え間なく支え励まし続けてくれた妻のHelenへの感謝の意を表させていただきたいと思います．

2007年9月

H. I. H. S

訳者まえがき

　この度，HIH Saravanamuttoo 先生，GFC Rogers 先生，H Cohen 先生，PV Straznicky 先生の名著 Gas Turbine Theory の日本語訳を出版する機会を与えられましたことを，心より感謝いたします．原著は，海外では広くガスタービンの教科書として用いられており，また，小生の知る限りでは，学生の幅広い支持を集めているようです．

　本書を読まれる皆様の中には，小生と同じような学習の過程を経て来られた方も多数おられるのではないかと期待しております．小生の例で言えば，高校で数学や物理の基本，大学の工学部で流体力学や熱力学などを学びましたが，そこから先は，次第に専門が分化していくためか，ガスタービンに関して，なかなかまとまって勉強する機会に恵まれなかったところ，原著の存在を知り，読み進めることとなりました．本日本語訳は，より広い読者の方々に，この原著のすばらしい内容を知っていただくことを目的として書かれています．

　ガスタービンは，小型・大型の発電，建屋の冷暖房や工場での熱源，ジェットエンジンなど，身近にある生活に不可欠な装置で，仕事上関係してくる方も多いと思いますが，その理解の過程では，我々が，高校・大学と学んできた多くの基礎的な内容が必要になります．ガスタービンを頂点として，必要な知見を順に考えていきますと，これまで，先生方のご指導のもと，我々が学んできたこと一つ一つとガスタービンとのつながりが見えて来ます．なるほど，この知識はここで必要だったのか，と気付かされることが多くありました．翻訳にあたりましては，論理の飛躍を極力避け，ある意味，皆様と一緒に学んできました内容から容易に中身が想像できるような訳文と出来るよう心がけました．小生の能力不足から原著に比して不備な点が多いかと思いますが，今後，皆様のご指導のもと，本書をたたき台としまして，皆様と一緒により良いものにして行くことができれば望外の喜びです．

　2011 年 3 月の東日本大震災，および，関連して発生しました福島での原発事

故や計画停電は，平和で安定した暮らしを送ってきた私たちに大きな衝撃を与えました．ここ数十年で見れば，今ほど，電力を含めたエネルギ問題に大きな関心が集まっている時期はないのではないかと思います．日本でこれまで通りの安定したエネルギ供給が長く続けていけるのか，予断を許さない状況にあると思われます．本書にもあります通り，ガスタービンは，熱源として，あまり使わなかった燃料や，太陽光，地熱を利用することや，他の動力と組み合わせることなど，発電だけをとって見ても，大小を問わず，それぞれの地域や目的に合った様々な工夫が可能です．我々の先輩が戦後の復興に成功したことを思い起こしますと，今度は，我々が力を合わせて，むしろ，世界に新しいエネルギ供給の見本を示せられるような技術開発を進めていく良いチャンスかも知れません．

　最後になりましたが，本書の執筆に当たって親身にご指導いただきました大学，学会，研究所，エアラインおよび製造メーカの関係各位，本書の出版にご尽力いただいた東海大学出版会の三浦義博氏，椙山哲範氏および小野朋昭氏，また，終始笑顔で支えてくれました妻の育代への感謝の意を記させていただき，訳者の前書といたしたいと思います．

平成 24 年 6 月

藤原　仁志

"Gas Turbine theory 6th edition" 出版に当たり、本文中の図版は以下の権利者の許諾を得て使用されている。

Rolls-Royce plc：図 1.9, 1.10, 1.15, 1.16, 1.17(a), 2.19, 3.21, 3.30, 3.31, 6.1, 6.4, 6.12, 7.27(b), 7.31, 7.32, 7.33, 8.2, 9.22
Pratt & Whitney Canada Corp：図 1.11(a), 1.11(b), 1.12(a), 3.26(a), 3.29
United Technologies Corporation：図 1.12(b)：許諾を得て複製
Siemens Industrial Turbomachinery Ltd：図 1.13, 6.18：許諾を得て複製
Siemens AG：図 1.14, 1.17(b), 1.24
Alstom Power Ltd：図 1.18, 2.24
GE Energy：図 1.19, 5.1, 7.26
Solar Turbines Incorporated：図 2.14
第3章の International Standard Atmosphere(195頁)は、"Thermodynamic and Transport Properties of Fluids", Blackwell(Rogers, G F C and Mayhew Y R 1995) より引用。
General Electric Company：図 3.17
Honeywell International Inc.：図 3.25, 3.26(b)
J.E.D.Gauthier：図 6.6, 6.7
Cannon-Muskegon Corpn：図 8.13, 8.16, 8.17
Alcoa Howmet：図 8.14, 8.15
第8章の図 8.18 は、"Journal of Propulsion and Power, 22, No2, March-April", American Institute of Aeronautics and Astronautics (Glesson, B 2006) より複製。
第8章の図 8.21 のオリジナル版は、Advisory Group for Aerospace Research and Development, North Atlantic Treaty Organization (AGARD／NATO) in AGARD Advisory Report AGARD-AR-308 "Test Cases for Engine Life Assessment Technology" in September 1992.
第8章の図 8.34 は、"Garrett GTPF990: a 5000 hp mareine and industrial gas turbine, paper 78-GT44", American Society of Mechanical Engineers (Wheeler, E.L.1978) より複写。
第8章の図 8.37 のオリジナルは、Advisory Group for Aerospace Research and Development, North Atlantic Treaty Organization (AGARD／NATO) in AGARD AGARD graph AGARD-AG-298 "AGARD Manual on Aeroelasticity in Axial-Flow Turbomachines Volume 2：Structulal Dynamics and Aeroelasticity" in June 1899.
FAG Aerospace：図 8.42
SAE International：図 10.1：SAE Paper ♯ 610021 より複製。

まえがき
第6版の出版に寄せて
訳者まえがき

1 はじめに………1
　1.1　1軸／2軸式の開放系ガスタービン／7
　1.2　同心多軸のガスタービン／12
　1.3　循環系のサイクル／14
　1.4　航空エンジン／16
　1.5　産業用ガスタービン／25
　1.6　陸上・海上輸送／38
　1.7　環境問題／43
　1.8　将来展望／46
　1.9　ガスタービンの設計手順／50

2　産業用ガスタービン………59
　2.1　理想サイクル／59
　2.2　損失を考慮する方法／70
　2.3　設計点での性能計算／97
　2.4　損失のあるサイクルでの性能比較／108
　2.5　コンバインド・サイクルおよびコジェネレーション／114
　2.6　循環系ガスタービン／120

3　航空エンジン用ガスタービン………127
　3.1　航空エンジンの性能／128
　3.2　インテークとノズルの効率／133
　3.3　ターボジェット・エンジンのガス・サイクル／145
　3.4　ターボファン・エンジン／155
　3.5　ターボプロップ・エンジン／175
　3.6　ターボシャフト・エンジン／180
　3.7　APU／181
　3.8　推力増強／186
　3.9　その他の話題／189

4　遠心圧縮機………197
　4.1　作動原理／198

4.2　入力仕事量と圧力上昇の関係／200
　4.3　ディフューザ／210
　4.4　圧縮性の影響／217
　4.5　圧縮機の特性をグラフ表示するための無次元量／223
　4.6　圧縮機の特性／226
　4.7　コンピュータ設計手法／231

5　軸流圧縮機………233
　5.1　作動原理／234
　5.2　軸流圧縮機の基礎／238
　5.3　圧力比を決める各要因／242
　5.4　圧縮機の内外周面境界層による有効流路の減少／248
　5.5　反動度／251
　5.6　流れの3次元性／255
　5.7　設計プロセス／266
　5.8　翼型の設定／289
　5.9　効率の計算／300
　5.10　圧縮性の影響／311
　5.11　設計点以外での性能／318
　5.12　軸流圧縮機の特性／322
　5.13　終わりに／330

6　燃焼器………333
　6.1　運用面からの要求事項／334
　6.2　燃焼器の型式／336
　6.3　燃焼器設計に関連する主な要因／339
　6.4　燃焼過程／341
　6.5　燃焼器の性能／346
　6.6　その他の事項／356
　6.7　ガスタービンの排気ガス／366
　6.8　石炭のガス化／379

7　軸流／遠心タービン………385
　7.1　軸流タービンの基本／386
　7.2　渦理論／406
　7.3　翼型・ピッチ・コード長の設定／413
　7.4　性能の予測／428

7.5　タービン全体での性能／441
　　7.6　冷却タービン／442
　　7.7　遠心タービン／456

8　ガスタービンの機械設計………465
　　8.1　設計プロセス／466
　　8.2　ガスタービンの基本構成／469
　　8.3　ガスタービン各要素に作用する力と不具合モード／472
　　8.4　ガスタービンの材料／474
　　8.5　破断を防ぐ設計と寿命の設定／499
　　8.6　翼の設計／506
　　8.7　動翼の回転ディスク／520
　　8.8　翼とディスクの振動／527
　　8.9　エンジン全体での振動（ロータ・ダイナミクス）／536
　　8.10　その他の部品／542
　　8.11　終わりに／550

9　ガスタービンの性能計算―基礎編―………553
　　9.1　要素の特性／556
　　9.2　単軸ガスタービンの設計点外での作動／557
　　9.3　ガス発生器の挙動／564
　　9.4　ガス発生器＋出力タービンの非設計点での挙動／568
　　9.5　ジェット・エンジンの設計点外での作動／582
　　9.6　作動線を動かす方法／594
　　9.7　全圧損失の変化の影響の組み込み／598
　　9.8　補機駆動動力の抽出／599

10　ガスタービンの性能計算―応用編―………603
　　10.1　部分負荷での性能改善の手法／604
　　10.2　同心2軸ガスタービンのマッチング計算／610
　　10.3　同心2軸ガスタービンの特性／616
　　10.4　ターボファン・エンジンのマッチング計算／622
　　10.5　ガスタービンの過度的な特性／624
　　10.6　制御システム／640

文献………646
索引………657

1 はじめに

　ガスタービンは，20世紀における最も重要な発明の1つであり，我々の生活を色々な意味で変化させてきた．ガスタービンの開発は，当初発電を目的として行われ，第2次世界大戦の少し前に始まったが，既存の蒸気タービンやディーゼル・エンジンなどと比べると，あまり競争力がなかった．このため，ガスタービンの最初の主な用途となったのは，第2次大戦終盤における軍用機のジェット・エンジンで，当時のプロペラ機と比べると，ガスタービン・エンジンを搭載したジェット機は格段に速度が速かった．これら初期型のガスタービンは，燃費が悪くて信頼性も低く，さらに騒音も大きかったが，その後，20年足らずのうちに，ガスタービンが民間航空機用エンジンとして定着するまでに成熟していく．その後もガスタービンの開発は絶え間なく続き，1970年代初頭には，高バイパス比のターボファン・エンジンが開発され，燃費が大幅に改善された結果，広胴の大型旅客機を作ることが出来るようになった．その結果，航空輸送の経済性は大幅に向上し，一般大衆も飛行機で旅行することが出来るようになった．これら民間航空機エンジンの歴史は文献 [1] に掲載されており，ジェット・エンジンの発展により，大洋を往来する海上旅客輸送や北米での長距離旅客鉄道が急速に衰退する結果となったことが記されている．

　航空機以外の分野で，ガスタービンが同じ様な影響をもたらすのには，もう少し時間がかかっている．発電用に作られた初期のガスタービンは，出力が低く，熱効率も低くて，他の動力と比べて競争力がなかった．しかし，20世紀の終わりになると，ガスタービンでも，熱効率40%で300 MWの出力が出せるようになり，発電の分野でも（多くの場合，蒸気タービンとの組み合わせで）広く用いられるようになった．発電以外の分野では，1960年代に，長距離パイプライン

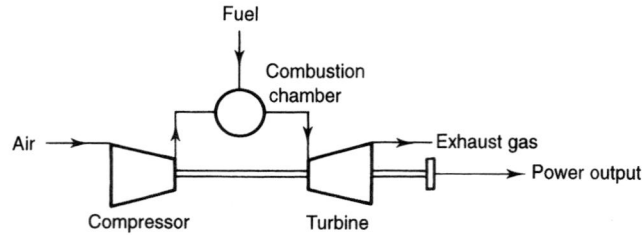

図 1.1 単純ガスタービンの基本構成

での天然ガス圧送の動力源として使われたが,当時は,パイプラインから取り出した天然ガスをガスタービンの燃料として用いた.

　ガスタービンの基本的な構成を図 1.1 に示す.タービン(turbine)の中で作動流体を膨張させて,軸を回転させて仕事(power output)を取り出すには,タービン入口の圧力を上げてやらなければならない.よって,ガスタービンのサイクルの最初のステップは,作動流体を圧縮することになる(compressor).圧縮された作動流体を,タービンでそのまま膨張させて仕事をさせるとすると,損失がない場合には,タービンで取り出せる仕事が,ちょうど,圧縮機で圧縮する仕事と同じになる.よって,圧縮機とタービンをつないだだけでは,それらに損失がないとしても,ただ回っているだけということになる.ここで,タービンに入れる前の作動流体にエネルギを加えて温度を上げてやると,取り出せる仕事量を増やすことができる.作動流体が空気の場合には,圧縮機で圧縮された空気に燃料を入れて燃やす方法が最適である.高温になった作動流体を膨張させると,タービンでより大きな仕事をさせることができるので,圧縮機で圧縮する仕事を差し引いても,残りで外部に対して有用な仕事をすることができる.これが,ガスタービン,もしくは,内部燃焼方式のタービンの最も簡単な形式である.その主要な 3 つの要素は,圧縮機(compressor),燃焼器(combustion chamber),タービン(turbine)で,図 1.1 にブロック図で示す通りにつながっている.

　実際には,圧縮機とタービンの両方で作動流体の粘性などによる損失が発生するため,圧縮機を回すのに要する仕事は損失がない理想的な状態よりは大きく,タービンの出力は小さくなる.このため,全体として出力がなく,ただ圧縮機をタービンで回している状態でも,燃料を入れて,作動流体にエネルギを与えてや

る必要がある（アイドリング）．さらに燃料を増やすと，ガスタービンとしての出力が得られるようになるが，ガスタービンを通過する空気の流量に対し，入れられる燃料の割合には限界があるため，出せる出力にも限界がある．運転可能な燃料／空気の比率の最大値は，大きな応力が作用するタービン翼の作動温度によって決まるが，その作動温度は，タービンを作っている材料のクリープ強度や，タービンに要求される寿命によって制限されている．また，圧縮機の圧力比（出口圧力／入口圧力）を上げると，圧縮の過程で空気の温度も上がるため，燃焼器で燃焼する前の空気温度が高くなる．このため，タービン入口（燃焼器出口）での温度を一定とすれば，圧縮機の圧力比を上げると入れられる燃料の量は少なくなる．

　このように，ガスタービンの性能を決める3つの主な要素は，圧縮機の圧力比，タービンの入口温度，および，各部位（圧縮機，燃焼器，タービン）の効率であり，これらを高めることが出来れば，全体としての効率を良くすることができる．

　第2章において，ガスタービンの効率は，主に圧縮機の圧力比によって決まることを示す．ただし，圧縮機の効率を保ったまま，高い圧力比を実現するのは困難なことであり，空気力学の研究がこの分野に適用されるまでは実現できなかった．ガスタービンは，空気力学や金属工学の進歩と歩調を合わせて発展し，今では，全体圧力比45：1，要素の効率が85〜90％，タービン入口温度が1800 K 以上という先進的なガスタービンが出来ている．

　ガスタービンが開発された当初は，定積燃焼と定圧燃焼の2つの燃焼方式が提案されていた．理論的には，定積燃焼をするサイクルの方が，定圧燃焼をするサイクルより熱効率が高い．しかし，体積一定の状態で燃焼させるためには，圧縮機やタービンから燃焼器を分離して作動させるための流量調整弁（バルブ）が必要になる上，燃焼が間欠的に行われることになるため，装置のスムーズな動きを妨げることになる．このような状態で効率良く作動するタービンを作るのも困難であり，ドイツでは1908〜1930年にそのような方式での開発が試みられ，かなりうまくいったものの，その後，この方式でのガスタービンの開発は途絶えている．一方，定圧燃焼を行うガスタービンでは，燃焼は連続的に行われ，バルブは必要ない．程なく，定圧燃焼を行うサイクルの方が将来性が大きいということに

なったが，定圧燃焼の利点の１つは，大流量の空気を流すことが出来ることであり，これは，高出力につながる．

　ガスタービンでは，前述の圧縮，燃焼，膨張の各過程が，レシプロ・エンジンのように，単一のコンポーネント（構成要素）だけで行われないということを認識しておくことが重要である．ガスタービンでは，それら３つの過程が別々の構成要素で行われ，各構成要素は，個別に設計／試験／開発することができる．また，それらの組み合わせも多種多様であり，構成要素の数も３個に限られるわけではない．圧縮機やタービンを複数にしたり，２個の圧縮機の間に中間冷却器（intercooler）を入れたり，タービンの間に再熱燃焼器（reheat combustor）を加えたりすることもできる．また，タービンからの排気ガスの熱で，燃焼器に入る前の空気の温度を上げる熱交換器をつけることもできる．このような改良は，装置の複雑化，重量やコストの増加を伴うが，ガスタービンの出力や効率を高めることにつながる．ガスタービンの構成要素をどのように組み合わせるかは，ガスタービンの熱効率の最大値に影響するだけでなく，出力によって熱効率がどのように変化するか，また，軸の回転速度によって出力トルクがどのように変化するかにも影響する．構成要素の組み合わせ次第で，軸の回転数一定のままで負荷が変化する交流発電機の駆動に適するようにすることもできれば，軸の回転数の３乗に比例した負荷がかかる船のスクリューの駆動に向くようにすることもできる．

　単純なガスタービンに色々と別のコンポーネントを付け加えるのとは別の話として，ガスタービンは，開放系と循環系（閉鎖系）の大きく２種類に別けられる．ここまで述べてきたのは開放系で，この方式のガスタービンは広く用いられており，開放系では，常に新しい空気が取り込まれ，その空気に直接燃料を加えて燃やすことで，取り込まれた空気に熱が加えられる．燃えた後の高温高圧の燃焼ガスは，タービンで膨張させて仕事をさせた後，大気に放出される（例えば図1.1）．一方の，循環系の方はあまり使われていないが，こちらの場合には，図1.2に示す通り，同じ作動流体（空気，もしくは他の気体）が装置の中を循環する．当然のことながら，この種の装置では，循環する作動流体自体に燃料を加えて燃やすことは出来ず（中で燃やすと段々と中の酸素が減って燃えなくなる），ヒータ（heater），もしくは，ガスボイラで外から熱だけを与えてやらなければ

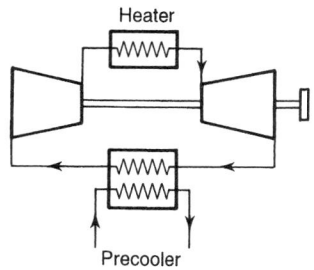

図 1.2　循環系のガスタービン

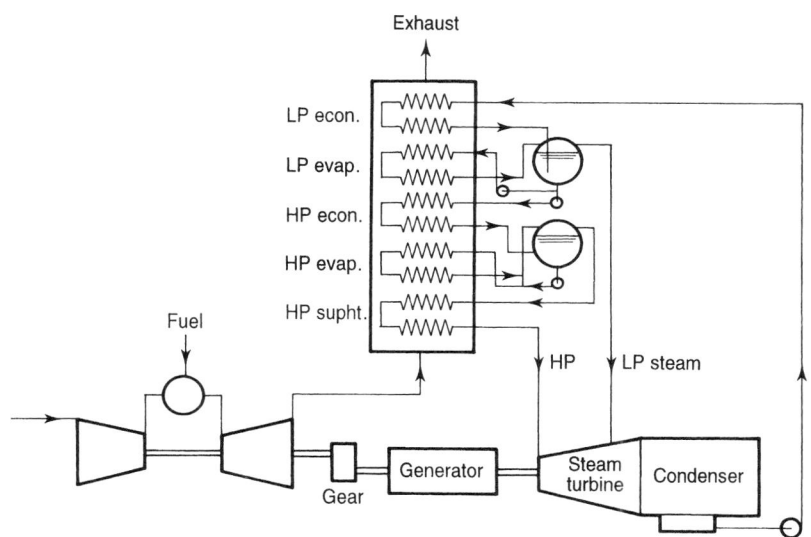

図 1.3　ガスタービンと蒸気タービンのコンバインド・サイクル

ならない．燃料は，循環している作動流体とは別に，補助送風機で流す空気流の中で燃やされる（図 1.8 参照）．循環系のサイクルは，むしろ，蒸気タービンのサイクルに似ている．蒸気タービンの場合にも，燃焼ガス自体がタービンを通ることはない．循環系のガスタービンでは，蒸気タービンの復水器（condensor）に相当するのが図 1.2 に示す予冷器（precooler）であり，それによって，ター

ビンから出た作動流体を冷やしてから，再度，圧縮機に投入する．循環系はほとんど使われていないが，多くの利点があると言われており，1.3節で説明する．

今日では，ガスタービンと蒸気タービンのコンバインド・サイクルが発電用に幅広く用いられており，全体としての熱効率は60%近くとなっている．ガスタービンの排出ガスの温度は，典型的な例で言えば500〜600℃であり，この高温のガスが，排熱回収ボイラ（WHB：Waste Heat Boiler）や，排熱再生式・蒸気発生器（HRSG：Heat Recovery Steam Generator）での高温蒸気の生成に使われる．そして，作られた高温蒸気で発電機を回す蒸気タービンを動かす．図1.3には，そのようなコンバインド・サイクル発電装置を示す．このシステムでは，高圧と低圧の2系統の蒸気が使われている．ガスタービンの方の温度を上げていけば，蒸気発生器（HRSG）に入る排出ガスの温度も上昇し，高圧・中圧・低圧の3系統の蒸気を用い，各タービン間で再熱を行うシステムが可能となる．現在では，このシステムが，電力需要のベース部分をまかなう大規模発電の主流となっている．また，ガスタービンの排出ガスには，未燃焼の酸素が残っているため，ボイラの中に再度燃料を入れて排出ガスを燃やして，蒸気の温度をさらに上げること（追い焚き）もできるが，この方法は，ガスタービンからの排出ガス温度が比較的低い場合によく使われる．このようにして作られた蒸気は，発電だけでなく，製紙業における紙の乾燥，蒸留，建屋の暖房にも用いることができ，このようなシステムをコジェネレーション，もしくは，熱電供給システムと言う．このようにガスタービンと蒸気タービンの2つの熱サイクルが組み合わされたシステムでは，ガスタービンのコンパクトな動力源としての特徴は失われてしまうが，ガスタービン単独の単純なサイクルの場合と比べると全体効率は格段に高くなるため，今日では，このようなコジェネレーション・システムが，大型の発電所で広く採用されている（1.5節参照）．

ガスタービンは，きわめて応用範囲の広い動力装置であり，発電用，機械を動かす動力源，飛行機のジェット・エンジンから，熱や圧縮空気の供給システムに至るまで幅広く用いられている．本章のここから後の部分は，そのようなガスタービンの応用分野の広さを示すためのものになっているが，まず初めに，ガスタービンが回転軸を回す仕事をする場合，すなわち，軸出力を出す場合の様々な方式について説明する．具体的には，発電機を回して発電したり，パイプラインの

中の気体／液体を圧送するポンプを駆動したり，もしくは，陸／海上輸送のエンジンとして使ったりする場合などが考えられる．飛行機のジェット・エンジンに関しては，これらとは別にその後で説明する．地上用（航空用でないという意味）のガスタービンの大半は，発電とパイプラインのポンプ駆動関係であり，陸／海上輸送のエンジンとしては，ガスタービンはまだ，幼少期にあると言わざるを得ない．ただし，舶用エンジンに関しては，1970年代から，海軍の艦艇用としてガスタービンのエンジンが幅広く用いられている．

1.1　1軸／2軸式の開放系ガスタービン

　ガスタービンが，供給電力のベースロード（時間によって変動しない基本部分）の発電のように，軸の回転数一定，負荷も一定のような状態で用いられる場合には，図1.1に示すような1軸式（single shaft）が最適である．この場合，軸の回転数や負荷が変化した時に，すばやく対応できるかどうかというような運用上のフレキシビリティ（柔軟性）はあまり重要でない．反対に，圧縮機の回転の慣性モーメントが大きいため，出力軸から発電機を急に外して負荷を急減させても，軸の回転数が上がり過ぎる（過回転になる）という危険が少ないという利点がある．図1.4（a）のように，タービンの排気で燃焼器入口の空気を加熱する熱交換器を付けると，熱効率を良くすることが出来るが，熱交換器を空気が通る際の摩擦損失で，出力が1割程度落ちる可能性がある．第2章で示すが，サイクルの圧力比が小さい場合には，熱交換器が重要な役割を果たすが，圧力比が上がってくるにつれて，熱交換器の熱効率改善効果は小さくなっていく．今日で

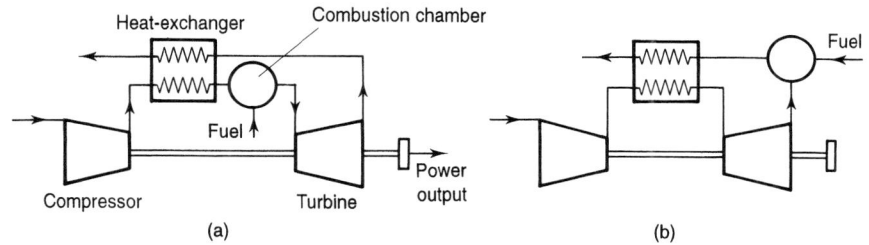

図1.4　1軸式の開放系ガスタービン（熱交換器付）

は，圧縮機設計に利用する空力技術の進歩により，熱交換器なしの単純サイクル（図1.1）でも，出力40 MW以上で，効率が40%を超えるような，圧力比の高い高効率ガスタービンが使えるようになった．一方，熱交換器を用いたガスタービンの例としては，1990年代に，米国のAdvanced Turbine Systems（ATS）という研究開発プログラムで開発された4 MWのSolar Mercuryという再生サイクルのガスタービンがあり，効率は39%近くに達している．ただし，一般的には，効率を上げるには，圧力比を上げる，もしくは，蒸気タービンとのコンバインド・サイクルにすればよいということで，近年までは熱交換器を用いたサイクルというのは，古いタイプという風にとらえられてきた．

　図1.4（b）は，燃料が微粉炭の場合など，燃やした時に出る燃焼ガスが，タービン翼の腐食（corrosion）や浸食（erosion）を起こすような場合に使われるサイクルを示す．熱交換器は，通常は，必要な熱の一部だけを付加的に加えるものであるが，このサイクルの場合は，必要な熱全てを熱交換器で加えなければならず，また，熱交換器では燃料を燃やして生じた熱のすべてを加えられるわけではないことから，通常のサイクルと比べて効率が随分と低くなる．よって，このようなサイクルは，質の良くない燃料が，かなりの低コストで入手できる場合にのみ考慮される．関連して，1950年代の初め頃，石炭を燃料とするガスタービンの開発が進められたが，あまりうまくいっていない．

　負荷や回転数の変化への対応などの運用上のフレキシビリティ（柔軟性）がきわめて重要な場合，たとえば，パイプライン圧送用の圧縮機の駆動，船のスクリューや車両の車輪の駆動などのような場合には，図1.5に示すように，ガス発生器（gas generator）と，負荷を駆動する出力タービン（power turbine）が機械的に連結されていないガスタービンを使うことが望ましい．このような2軸式（twin shaft）のガスタービンでは，圧縮機に連結されている高圧タービンが圧縮機を駆動し，圧縮機・燃焼器・高圧タービンの部分が，低圧タービン（出力タービン）の駆動に必要な高温高圧ガスの発生器の役割を果たす．図1.5の例のように，機械的に独立した出力タービン（一般にfree turbineと呼ぶ）で，上記のパイプライン圧送用の圧縮機を駆動する場合には，出力タービンの回転数を，パイプライン圧送用の圧縮機の回転数と合わせれば，両者の間で回転数を調整するためのギア（歯車）が不要となる．一方，船のスクリューを回す場合には，一般に

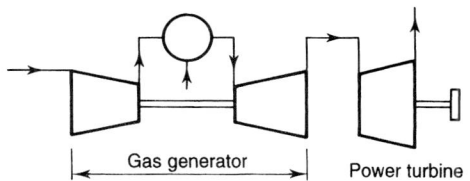

図 1.5　別軸の出力タービン付ガスタービン

スクリューの回転速度がきわめて遅く，同じ回転数では出力タービンの性能が出ないため，減速ギアが必要になる．2軸式のエンジンは，発電機を回すのにも使われているが，それらの多くは，航空機のジェット・エンジンを転用した航空エンジン派生型と呼ばれるもので，推進ノズルの代わりに，出力タービンを取り付ける．発電用の出力タービンは，パイプライン圧送用の圧縮機を駆動する場合と同様，発電機と同じ回転数で回転させれば，発電機との間のギアが不要になる．このように，出力タービンが別軸の2軸式（図1.5）の場合には，始動時にガス発生器のみを回転させればよいので，1軸式（図1.1）の場合と比べて，スタータ（始動装置）が小さくて済むという大きな利点がある．スタータには，電気式，水力モータ，パイプラインで運んでいるガスを膨張させて動かすタービン，さらには，蒸気タービンやディーゼル・エンジンなどが考えられるが，蒸気タービンやディーゼル・エンジンを始動に使うのは，大型の1軸式ガスタービンの場合のみである．図1.5のような別軸の出力タービンを使う場合の問題点としては，それで発電機を回している時など出力タービンに負荷がかかっている時に，その電気的な負荷を取り除くと，出力タービンの回転数が急に上がりすぎて過回転になるということがあげられ，過回転を防止するための制御システムが必須となる．

　1軸式／2軸式どちらの場合でも，燃焼器で加える燃料の流量を調整することで，出力を変えることが出来る．燃料流量調整時の出力の変化の様子は1軸式と2軸式では随分と違ってくるが（第9章），どちらの場合にも，設計点から出力が下がってくるにつれ，サイクルの圧力比や最高温度が下がるため，出力が低い部分負荷の状態では，熱効率は設計点よりかなり下がる．

　ガスタービンの性能は，圧縮機で作動流体（空気など）を圧縮するのに必要な

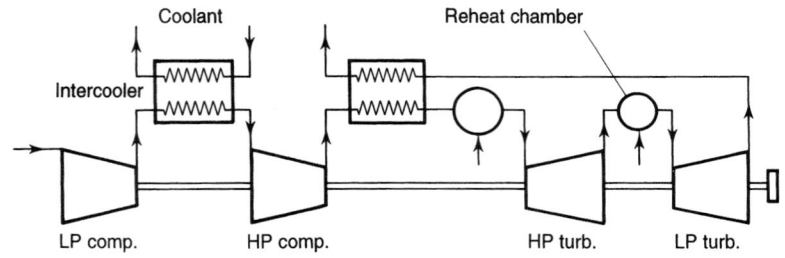

図 1.6　中間冷却，熱交換，再熱付ガスタービン

仕事量を減らしたり，タービンでの作動流体の膨張によって得られる仕事量を増やしたりすることによって，大きく改善される．今，圧縮機の圧力比は変えないとすると，単位質量の空気を圧縮するのに必要な仕事量は，入口での空気の温度に比例することが知られている（第 2 章・式 (2.11) 参照）．よって，空気の圧縮を何段階かに分けて行い，間で中間冷却（intercool）をしてやれば，圧縮を行うのに必要な仕事の総量は減ることになる（これから考えるに，図 1.4 などで，熱交換器は，圧縮機の後につけて，圧縮が終わった後に空気を熱した方が得になることも理解できる）．逆に，同じ圧力比ならタービンで空気がなす仕事量は，タービンに入れる空気の温度が高い方が多くなるので（式 (2.12)），同様にしてタービンでの膨張も何段階かに分け，こちらは途中で再熱（reheat）してやれば，取り出せる仕事量が多くなる．中間冷却，再熱，熱交換を入れたガスタービンの例を図 1.6 に示す．このようなシステムは，多少複雑になっているが，出力の調整を行う際には，再熱用の再燃器（reheat chamber）に投入する燃料流量だけを調節すればよく，その他の部分は，最適に近い状態で運転し続けることが可能である．

　ガスタービンが出始めた当初は，随分と複雑なサイクルが色々考えられたが，これには，当時は実現可能なタービン入口温度や圧力比が低く，その条件の下で，それなりの熱効率を達成しなければならないという事情があった．しかし，サイクルが複雑になるにつれて，簡易でコンパクトな動力源というガスタービン本来の良さは徐々に失われていってしまったと思われる．逆に，初期投資が少なくて小型であることが，熱効率よりも重要なケースはたくさんある（例えば，短時間，ピーク時の電力需要増に対応するなど）．飛行機のエンジンは例外として

除けば，タービン入口温度や圧力比を高くできるようになり，単純サイクルでも経済的に成り立つようになって初めて，ガスタービンが広く普及し始めたという点を見逃すことはできない．

　ガスタービンが広く普及するにつれ，1990 年代の半ばごろより，少しでも高効率にできないかということから，複雑なサイクルをもう一度見直そうという動きが出てきた．ABB 社を採用した再熱システム"sequential combustion"は注目すべき例である．この再熱システムの導入により，圧力比を非常に高く設定することができ，中間冷却や熱交換なしで 36% という高効率を達成している．また，再熱によって，ガスタービンの排出ガス温度は 600℃ を超え，これを使って再熱付の 3 段階の圧力の蒸気システムを駆動することが可能となり，これらを組み合わせたシステム全体の総合効率は 60% に近い値となっている．また，Rolls Royce 社は，船舶用エンジンとして，ICR（Inter-Cooled Regenerative：圧縮機の中間冷却＋熱交換による排気熱の再生）サイクルのガスタービンを開発し，設計点だけでなく，出力が低くなる部分負荷での高効率も実現した．船のエンジンは，巡航時に定格よりかなり低い出力で長時間運転するため，部分負荷での高効率は極めて重要な性能である．ICR エンジンの場合は，中間冷却や熱交換などの付加的な要素を付け加えても，（そのようなものが付いていない）同程度の出力のエンジンと同じ場所に収まること，ということが設計上の重要な要求事項としてあった．また，GE 社は LMS 100 という 100 MW の発電装置において，圧縮機の中間冷却を採用して 46% という熱効率を達成し，ピーク時の電力需要増に対応できる高効率な発電装置としてきわめて魅力的な製品に仕上げた．LMS 100 には，次節で説明するとおり，大型産業用ガスタービンと航空エンジンの両方の技術が組み合わされて使われ，同心 2 軸（twin-spool）のガス発生器に，別軸の出力タービン（free turbine）を組み合わせたシステムが使われている．（図 1.5

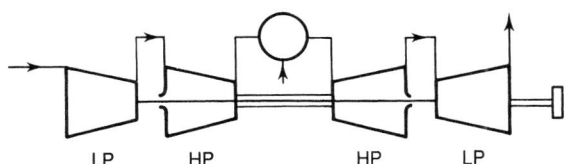

図 1.7　同心 2 軸ガスタービン

のように 2 つの回転軸が別の場所にある場合は単に 2 軸式（英語では twin-shaft）といい，配置上の問題から図 1.7 のように 2 つの回転軸が入れ子になって同じ回転軸で回転している場合は同心 2 軸（英語では twin-spool）と呼ぶことにする）．

1.2 同心多軸のガスタービン

　熱交換器を使わずに高い熱効率を実現するには，圧力比を上げることが重要である．しかしながら，実際に得られる圧力比には限界があり，これには，気体を圧縮するという過程そのものの持つ難しさが大きく関わっている．

　ガスタービンの圧縮機には，どれも，レシプロ式（ピストン式）でなく，軸流／遠心圧縮機のように，連続的に空気を吸い込んで圧縮するタイプが用いられる（例えば図 5.1）．これは，連続式の方が，同じ時間で吸い込める空気の量が多くなるからである．ガスタービンを最大出力で回す時は，圧縮機で空気が強く圧縮されるため，圧縮機の出口では空気の密度 ρ は入口より随分と高くなる．この時，圧縮機の入口から出口まで，通過する空気の質量流量 $\rho U A$ は，途中で空気の出入りがない限り変わらないので，軸方向の空気流速 U をあまり変えないとすれば，出口に行くに従って密度 ρ が上がってくるため，流路の断面積 A は，図 5.1 のように，段々と狭くならざるを得ない．ところが，その形状のままで，最大出力より低い回転数で回すと，最大出力の時ほどは，空気は圧縮されず，出口の密度は，それほど上がってこないため，入り口に比べて，出口での軸方向の空気流速が大きくなってしまう．圧縮機の翼列の向き（図 5.2）は，想定している翼の回転速度と，翼列に流入する軸方向の空気流速から決めるが，軸方向の流速が想定外に大きくなると，翼型に沿って空気が流れることが出来ず，剥離が生じて，流れが失速してしまう．これにより，強い空力的振動や逆流などの非定常な現象が発生するが，このようなことが起こるのは，主に，始動や低出力の時であり，このような状態になると，タービン入口温度が限界値を超えたり，燃焼器で火炎の吹き消えが起こったりする可能性がある．

　ガスタービンが出始めたころ，すでに，軸流圧縮機（例えば図 5.1）で，出口：入口の圧力比を 8：1 以上にしようとすると，上記のような問題が発生する

ということが判明していた．対策として，圧縮機を，2つか，それ以上に分割するというものがある．ここで，分割するというのは，機械的に別部品にする，つまり，圧縮機を分割して，それぞれが別の回転数で回転できるようにするということで，図1.6のように，途中に中間冷却器を入れるというような意味ではないことに注意する．このように，圧縮機を機械的に分割した場合，それぞれを駆動するタービンが必要になるが，これに適しているのが図1.7に示すような同心2軸（twin-spool）方式である．図1.7の方式では，低圧側の圧縮機は低圧タービンで駆動され，高圧圧縮機は高圧タービンで駆動されており，低圧側の軸は，高圧軸の中を通っているだけで，2つの軸は干渉しない．出力は，図のように低圧軸に直結して出すか，もしくは，低圧タービンから出たガスで別軸の出力タービンを回すことで得られる．低圧と高圧の2つの軸は，機械的には独立しているが，空気や燃焼ガスの流れとしてはつながっているため，高圧軸と低圧軸の回転数は空力的にはリンクしている．このことについては第10章で述べる．図1.16には，航空用高バイパス比ターボファン・エンジン，及び，産業用ガスタービンとして販売されている同心3軸（triple-spool）方式のガスタービンを示している．

　これらの同心多軸のガスタービンは，基本的に，航空エンジン用（1.4節）に開発されたものであるが，その派生型として作られた軸出力を供用する同心多軸ガスタービンが多数ある．航空エンジン派生型の大半は，エンジンの推進ノズルを別軸の出力タービン（free turbine）に置き換えたものであり，Rolls Royce社のRB-211や，GE社のLM1600などがその例である．一方，GE社のLM6000は，航空エンジン（CF6-80C2など）から派生して出来たものであるが，出力タービンは無く，図1.7に示すように負荷が低圧軸に直結されており，発電機と低圧軸が同じ回転数で回転する．小型のエンジンの高圧圧縮機は，多くの場合，遠心式（図1.10，第4章など）になっている．この理由は，軸流式（図5.1など）の場合，先に述べた通り，高圧／高密度に空気を圧縮すると，流路幅が狭くなり，小さいエンジンでは，圧縮機の各翼がかなり小さくなって（将棋のコマ程度），相対的に，壁面や角部，翼先端部などの損失の割合が大きくなり，全体効率が悪くなるからである．同心2軸（twin-spool）の方式が最初に採用されたのは，圧力比が，およそ10のガスタービンであるが，実際にこの方式が適してい

るのは，圧力比が最低でも 45：1 あるものである（航空用を除く）．航空用では，同心 3 軸（triple-spool）方式が高バイパス比ターボファン・エンジンに採用されているが，これは，圧力比を非常に高くすることや，径の大きなファンを低速で回転させることが求められているためである．

多軸にせず，単一の圧縮機で高い圧力比を実現する方法として，圧縮機のいくつかの段で，可変静翼（回転数や出力などに応じて，入ってくる空気の向きに合うように静翼の向きを変えられるもの）を採用する方法がある．この方法は GE 社が最初に開発し，今では他社も含めて幅広く用いられている．一例として，Alstom 社の再燃式ガスタービンでは，単軸で圧力比 32：1 となっている．ただし，この方式では，始動時に空気流量のバランスを取るため，圧縮機の中間段に放風弁（blow-off valve）を付けることが必要な場合が多く，多いものでは，放風弁を 3 つ付けているものがある．このような，可変形状を備えた単軸の圧縮機は，ほとんどすべての大規模な発電設備で採用されている．

また，先進的な航空機エンジンでは，多軸，放風弁，可変静翼などが組み合わせて用いられ，特に，1.4 節で述べる高バイパス比ターボファン・エンジンでは，そのような方式がよく採用されている．

1.3　循環系のサイクル

図 1.2 のように，作動流体を外から取り込まず，循環させて何度も使う循環系のサイクルについて考える．このサイクルの最大の利点は，作動流体の圧力を上げて密度を高くできることで，これにより，同じ出力を得るのに必要な作動流体の体積が小さくなり，装置を小型化できる．また，作動している流体の圧力（密度）の調整によって，出力を調整することができる．この場合，サイクルの最高温度を変えずに負荷を変えることができるので，幅広い負荷範囲で，効率がほとんど変化しないことになる．循環系ガスタービン・システムの典型例を図 1.8 に示す．循環系の欠点は，外部から熱を与えるシステムが必要なことで，図 1.8 では，もう 1 つ補助サイクルを組んで，そこで発生させた燃焼ガス（破線）をガス加熱器に通してメインの作動流体（実線）を加熱している．このため，ガス加熱器表面の許容温度以上には温度を上げることができず，燃焼ガスそのものの温度

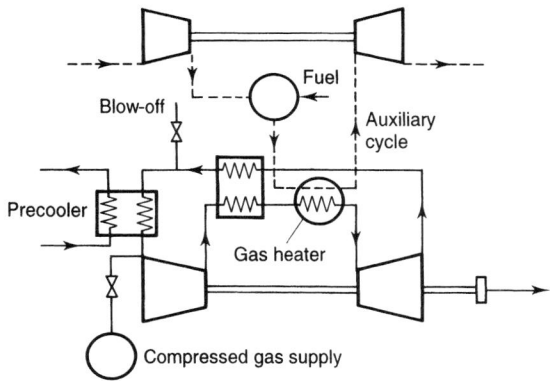

図1.8 循環系のガスタービン・システム

が最高温度になる開放系よりは最高温度が低くなる．図1.8では，圧縮機の前に，水冷の予冷却器（precooler）が入っている．また，出力の調整は，圧縮ガス供給部と放風弁によって作動流体の密度を調整することによって行われる．

循環系では，上記のように，圧縮機やタービンを小さくできる上に，タービン翼の浸食などの燃焼ガスによる有害な影響を排除できる．また，開放系のガスタービンは，大気汚染の著しい環境で動かす際には，空気取り入れ口にフィルタをつけなければならないが，循環系では必要ない．また，循環系では，作動流体の密度が大きいので，熱伝達率が上がって熱交換効率が高くなる上，空気より熱特性が優れている別の気体を使える可能性が出てくる．ただし，次の章で示す通り，空気と，例えば，ヘリウムなどの単原子分子では，比熱にある程度の差があるものの，それが全体効率に及ぼす影響は思ったほど大きくならない．ヘリウムは空気より密度が低いが，空気より流速を速く出来る上に，最適な圧力比が小さくなるため，圧縮機やタービンはそれほど大きくはならない．一方，ヘリウムは優れた熱伝達特性を示すため，熱交換器や予冷器のサイズは，空気の場合の半分程度にできる．よって，作動流体をヘリウムにした方が，設備設置の初期投資が少なくてすむはずである．

ただし，実際に作られた循環系ガスタービンはごく少数で，そのほとんどがEscher-Wyss 社（スイスの機械メーカ，現 Sulzer 社）製であるが，現在稼動しているものはほとんどない．出力は 2〜20 MW，作動流体はどれも空気である

が，燃料は，石炭，天然ガス，石油など多様で，溶鉱炉ガス（溶鉱炉で発生する高温高圧ガス）も用いられている．ドイツでは，ヘリウムを作動流体とする 25 MW の実証用プラントが建設され，最大 250 MW までの大型化が可能と考えられていた．この装置は，高温原子炉（HTR：High Temperature Reactor）が開発されれば，必要になるはずであった．原子力発電において，発電を行うタービンの作動流体と原子炉内で熱を得る冷媒（水や CO_2 など）が別の場合には（加圧水型），冷媒を動かすポンプが必要になるが，発電タービンを回す作動流体が，原子炉内を通過して直接加熱される場合には（沸騰水型），冷媒のポンプが不要な上，冷媒と作動流体との間の熱交換のロスが無いという利点がある．ヘリウムは，核分裂で発生する中性子の吸収が穏やかであるため，原子炉内を通す作動流体としては最適である．しかしながら，高温原子炉 HTR の開発は中断されており，既存の原子炉は，ガスタービンの熱源としては温度がかなり低すぎる状態である．

また，航空宇宙や海中で使うことを目的とした様々な小型の循環系ガスタービン（出力 20～100 kW 程度）が考案され，その熱源としては，プルトニウム 238 などの放射性同位元素，水素燃焼や太陽光などが考えられるが，今のところ，実現には至っていない．

1.4 航空エンジン

ガスタービンが与えた影響が最も大きかったのは，航空エンジンの分野であったことは間違いないであろう．航空用ジェット・エンジンの基本部分の開発は，第 2 次世界大戦中，イギリスの Whittle とドイツの von Ohain によって同時に進められていたが，戦時中で軍事機密とされたため，両者とも，他で同じ開発が進められていることには気付いていなかった．1939 年 8 月 27 日，von Ohain の開発したエンジンを搭載したドイツの Heinkel 実験機が，史上初のジェット機として飛行試験を行っている．一方，イギリスの Gloster-Whittle 機が，Whittle の開発したエンジンで初飛行したのは，1941 年 5 月 15 日のことである．これらの開発は，純粋に軍事目的であって，ジェット・エンジンが最初に採用されたのは，高速飛行できる軍用機であった．これら初期型のジェット・エンジンは，寿

1.4 航空エンジン　17

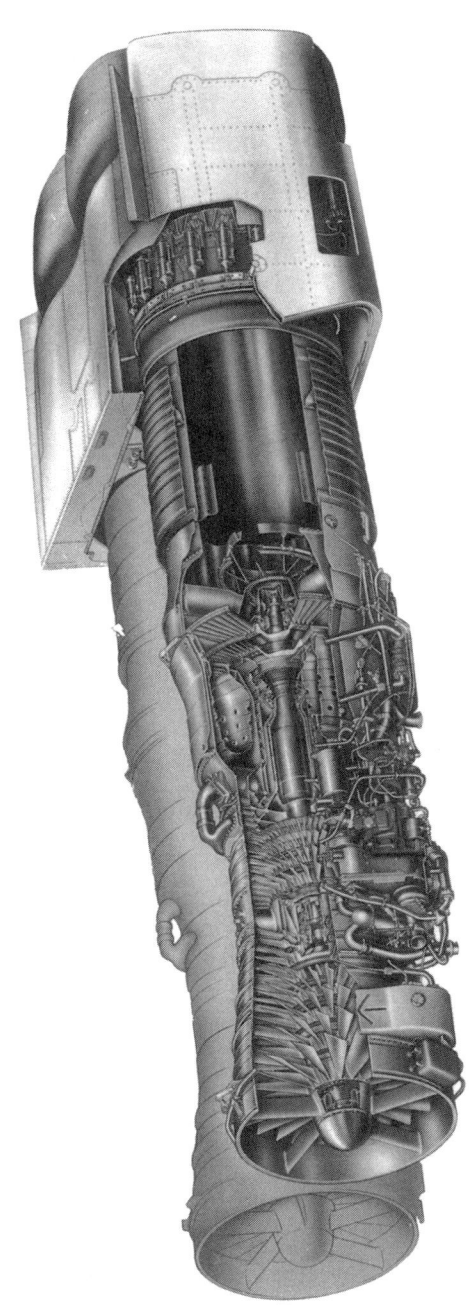

図 1.9　Olympus turbojet engine ［courtesy Rolls-Royce plc］

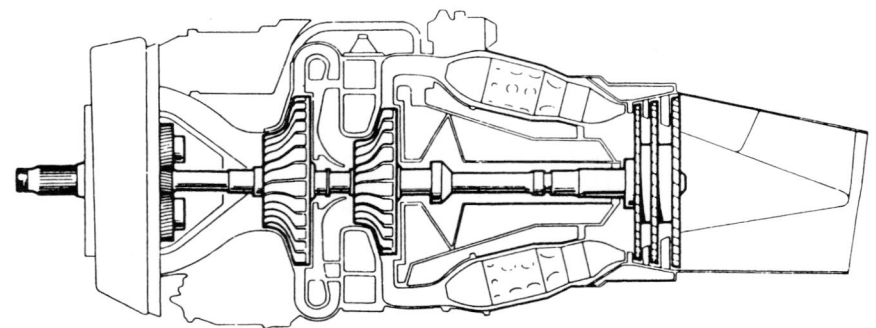

図 1.10　Single-shaft turboprop engine [courtesy Rolls-Royce plc]

命が極端に短い上に，信頼性や燃費もかなり悪く，ジェット・エンジンが民間航空機に使えるレベルに到達するには，かなり大掛かりな開発が必要であった．ジェット・エンジンを用いた民間航空機が出現したのは 1950 年代初頭で，ジェット旅客機の普及により，レシプロ式の航空エンジン（ピストン・エンジン）はほとんどが廃れてしまい，今では，軽飛行機向けのごく小さなマーケットに限られている．

　簡単な方式の航空用ターボジェット・エンジンは，図 1.1 で軸出力がないもの，すなわち，タービンが圧縮機を駆動するのに必要な仕事しかしない方式のものである．このエンジンでは，タービンから出た高温高圧のガスが，推進ノズルを通過して外気と同じ圧力になるまで膨張し，高速のジェットとなって噴出することで，推力が発生する．図 1.9 は Rolls Royce 社の Olympus エンジンである．このエンジンは，初めて製造された同心 2 軸（twin-spool）のエンジンであり，初期型はバルカン爆撃機に用いられ，改良型は超音速旅客機コンコルドに使われるなど，歴史的に見ても重要なものである．この Olympus エンジンは，発電用や舶用の出力タービンを駆動する高温高圧のガス発生器としても広く使われてきた．

　400 ノット（時速約 740 km；1 ノット knot＝毎時 1 海里，1 海里 nautical mile＝1.852 km））以下の低速の航空機では，プロペラの回転とジェット噴出の両方を組み合わせて推力を発生させると，最も推進効率が良い．図 1.10 は，単軸のターボプロップ・エンジンである Rolls Royce 社 Dart エンジンで，2 段の遠

1.4 航空エンジン 19

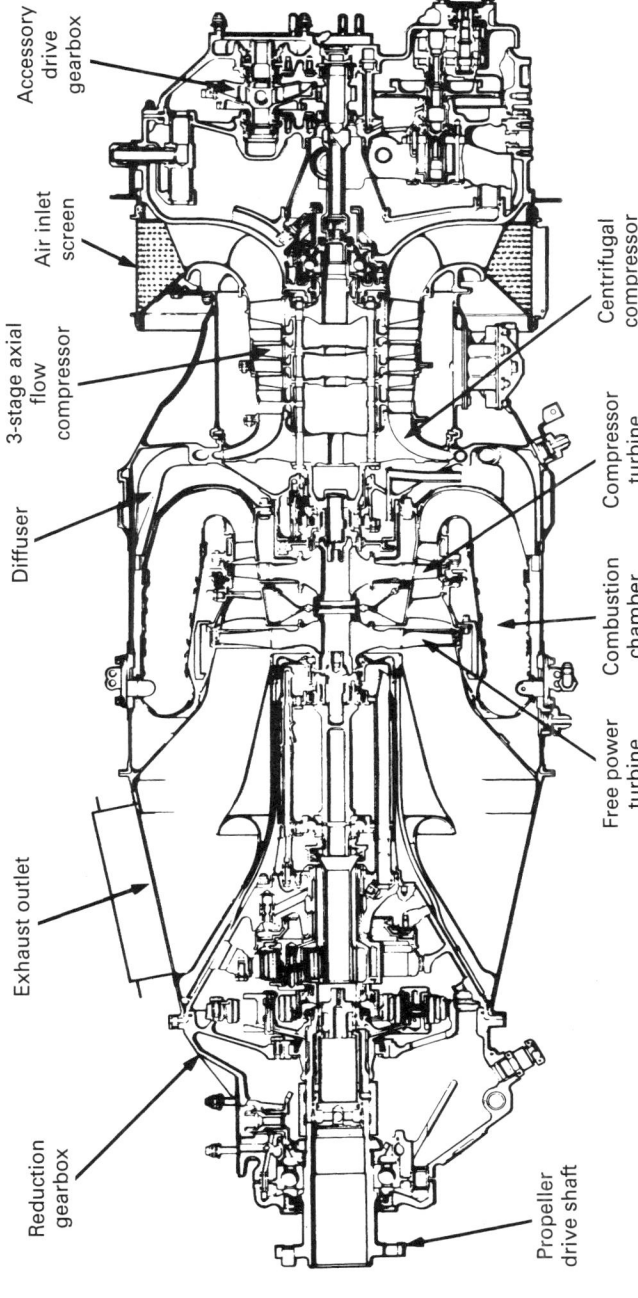

図 1.11 (a) Turboprop engine [©Pratt & Whitney Canada Corp. Reproduced with permission]

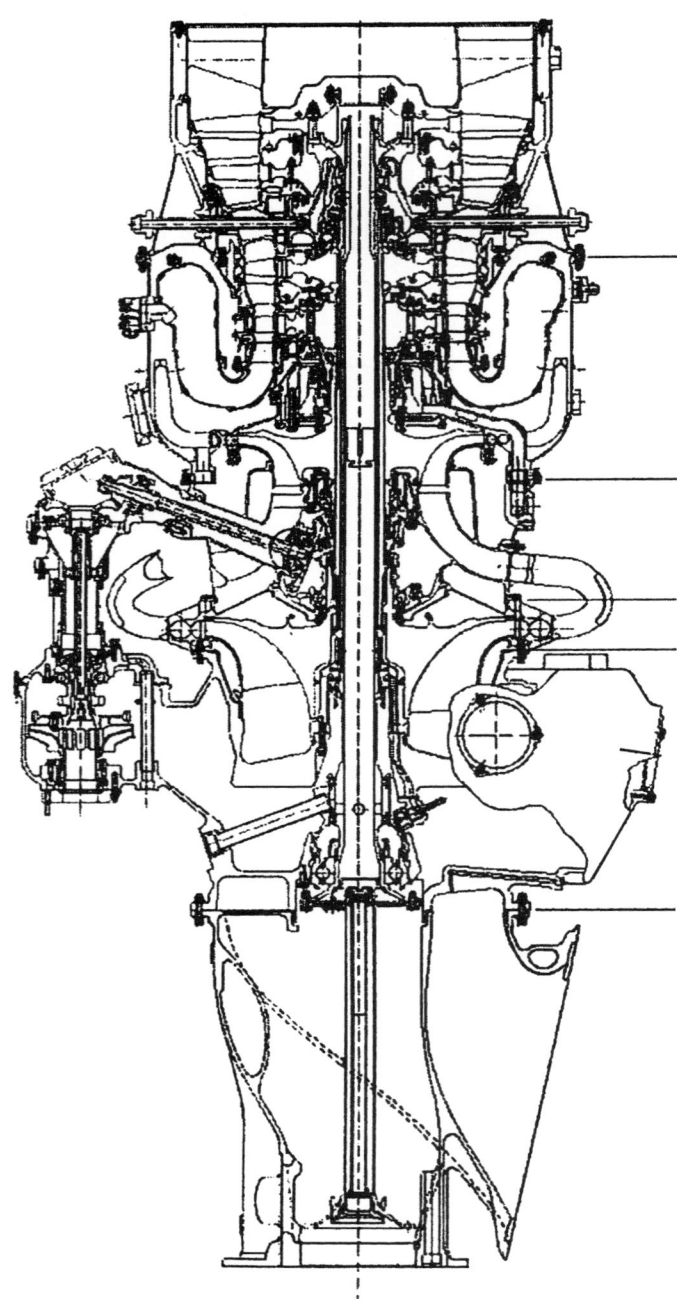

図 1.11 (b) PW100 turboprop [©Pratt & Whitney Canada Corp. Reproduced with permission]

心圧縮機とカン型の燃焼器（図 6.1 参照）が使われている（Rolls Royce 社のエンジンには Dart, Spey, Avon, Trent など，イギリスの川の名前が付いている．また，Dart は，わが国初の国産旅客機 YS-11 に採用されたことでも有名）．このエンジンが航空用に使われ始めたのは 1953 年で，1986 年まで生産され，出力は当初約 800 kW であったが，最後の型では出力が 2500 kW にまで増え，燃費も初期型と比べて約 20％向上しているのは注目に値する．ターボプロップ・エンジンでは，後ろが図 1.5 のように別軸の出力タービン（free turbine）となっていて，その出力タービンでプロペラを駆動，もしくは，プロペラと低圧圧縮機を駆動する形式もある．図 1.11（a）に示す Pratt & Whitney Canada 社の PT-6 エンジンでは，その別軸の出力タービン（free turbine）を採用しており，軸流と遠心を組み合わせた圧縮機，逆流式の燃焼器が使われている．PT-6 エンジンの開発は 1956 年に始まったが，今でも生産は続いており，単発エンジンの練習機用からコミュータ機まで幅広く使われている．出力は 450〜1500 kW である．図 1.11（b）に示す Pratt & Whitney Canada 社の PW100 エンジンは，圧縮機が 2 段の遠心式であるが，圧縮機各段の回転軸が別の同心 2 軸式で，後方には別軸の出力タービンが 1 つある．Dart と PT-6 エンジンでは，エンジンの出力軸とプロペラの回転軸が同一直線上にあるが，PW100 の場合は，同一直線上にない．このように，エンジンの出力軸とプロペラの回転軸が同軸上にない形式は，Honeywell 331 や Rolls Royce T-56 ターボプロップ・エンジンでも見られ，この形式には，機体にエンジンを搭載する際の自由度が増す他，エンジンへの空気取り入れ口の設計が簡単になるという利点がある．

　ヘリコプタで使われるターボシャフト・エンジンは，基本的に，別軸の出力タービン付きターボプロップ・エンジンと同じ（ジェット噴射が無いだけ）で，その出力タービンで，ヘリコプタのメイン・ロータとテイル・ロータを，複雑なギア・ボックスを介して駆動する．また，ヘリコプタの中には，2 つか，場合によって 3 つのエンジンが，ギアを介して 1 つのロータに組みつけられているものもあり，その場合，各エンジンにかかる負荷が同じになるように設計されている．

　一方，高亜音速（音速以下だが音速に近い速度）で飛行する際には，同じ推力でも，上記の低速飛行の時より低流量だがより高速のジェットをエンジンから噴出させる必要がある．当初は，これに対応して，ターボジェット・エンジン（図

3.5 参照）が使われていたが，噴出ジェットが必要以上に速すぎるため，ターボファン・エンジン（図 3.15 参照）がこれに取って代わった．ターボジェット・エンジンでは，吸い込んだ空気を，すべて圧縮・燃焼させ，後方のノズルより噴出させるが，ターボファン・エンジンでは，ファンを通過した空気のうち，内周側の空気のみ，エンジンのコア部に入ってさらに圧縮・燃焼し，高温高圧ガスとして噴出させるが，外周側はコア部に入らず，バイパスして，冷たい空気のまま，外に噴出する．このように，ターボファン・エンジンでは，コア部からの高温・高速のジェットの周りに，低温・低速のバイパス流がそれを包み込むように流れ，全体としてみれば，ターボジェットより噴出ジェットの平均速度が下がるため，推進効率が向上する．また，ジェット騒音も著しく小さくなる（3.1 節参照）．図 1.12（a）は，Pratt & Whitney Canada 社製 PW530 という小型のターボファン・エンジンである．このエンジンは，機械設計が非常にシンプルであるが，性能は良く，初期コストを低く抑えることが重要な小型のビジネス機用に使われている．エンジンの全体構成は，同心 2 軸（twin-spool）で，軸流＋遠心の高圧圧縮機と，逆流式の環状燃焼器を搭載している．遠心圧縮機では，インペラで高速旋回させた空気流を，ディフューザで減速圧縮し，燃焼器入口では軸方向に流れる低速流にしなければならないが，逆流式の燃焼器は，この遠心圧縮機との相性が良く，両者の組み合わせは広く使われている．図 1.12（b）は，A380 旅客機用の GP7200 という，バイパス比の大きなターボファン・エンジンで，GE 社（高圧系担当）と Pratt & Whitney 社（低圧系担当）による Engine Alliance によって作られた．A380 のような長距離旅客機では，燃費が重要視されるため，バイパス比，圧力比，タービン入り口温度が高い設計となっている．GP7200 のような大型のエンジンでは，圧縮機やタービンは全て軸流式で，順流式の環状燃焼器が使われている．燃費を良くするためには，先進的なエンジン・サイクルを用いなければならないが，そのことで，エンジンの信頼性を低下させることは出来ない．双発エンジンの航空機への ETOPS 適用が広がる中，エンジンの信頼性向上は，航空機の安全性向上と，当該機体－エンジンの組み合わせの市場での競争力確保の両面において重要になってきている（ETOPS：extended range twin engine operational standards，エンジン 2 つの航空機では，片方のエンジンが停止した際に，最寄りの空港に 1 つのエンジンだけで確実に到達できる

1.4 航空エンジン　23

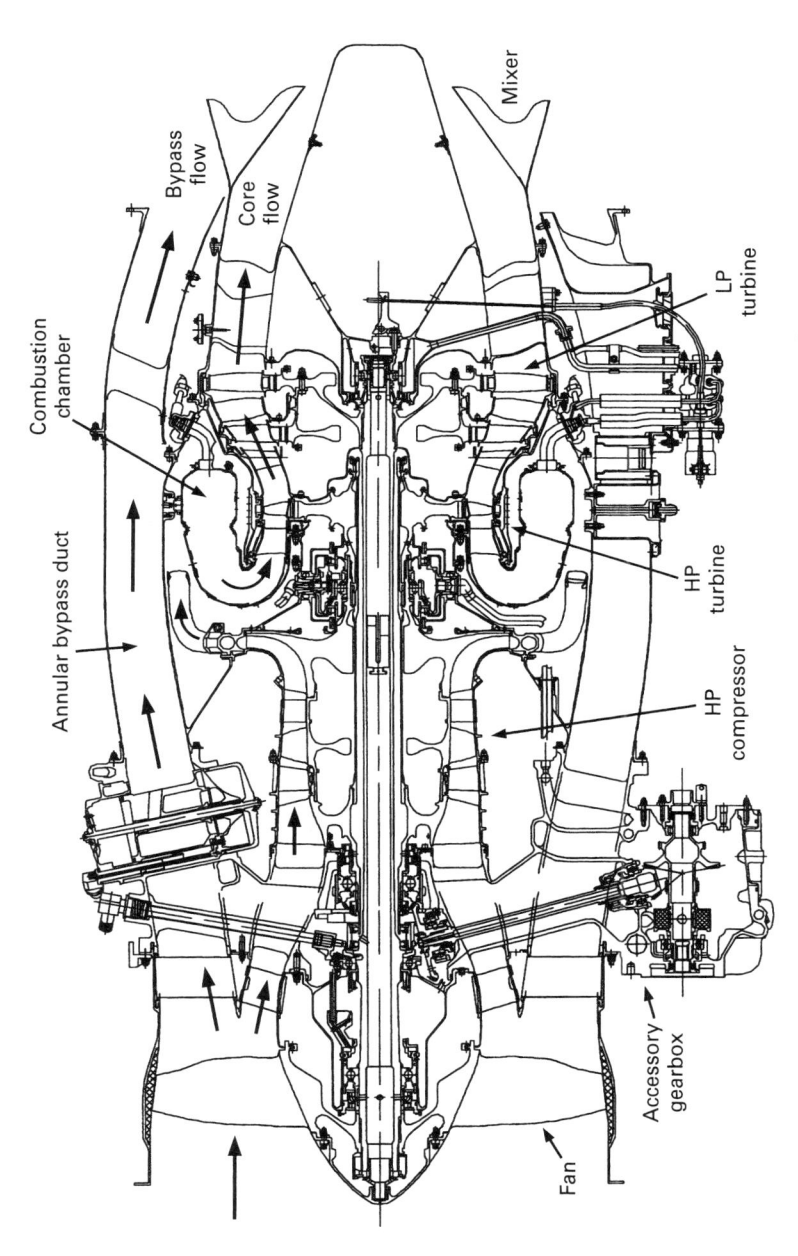

図 1.12 (a) Small turbo engine ［©Pratt & Whitney Canada Corp. Reproduced with permission］

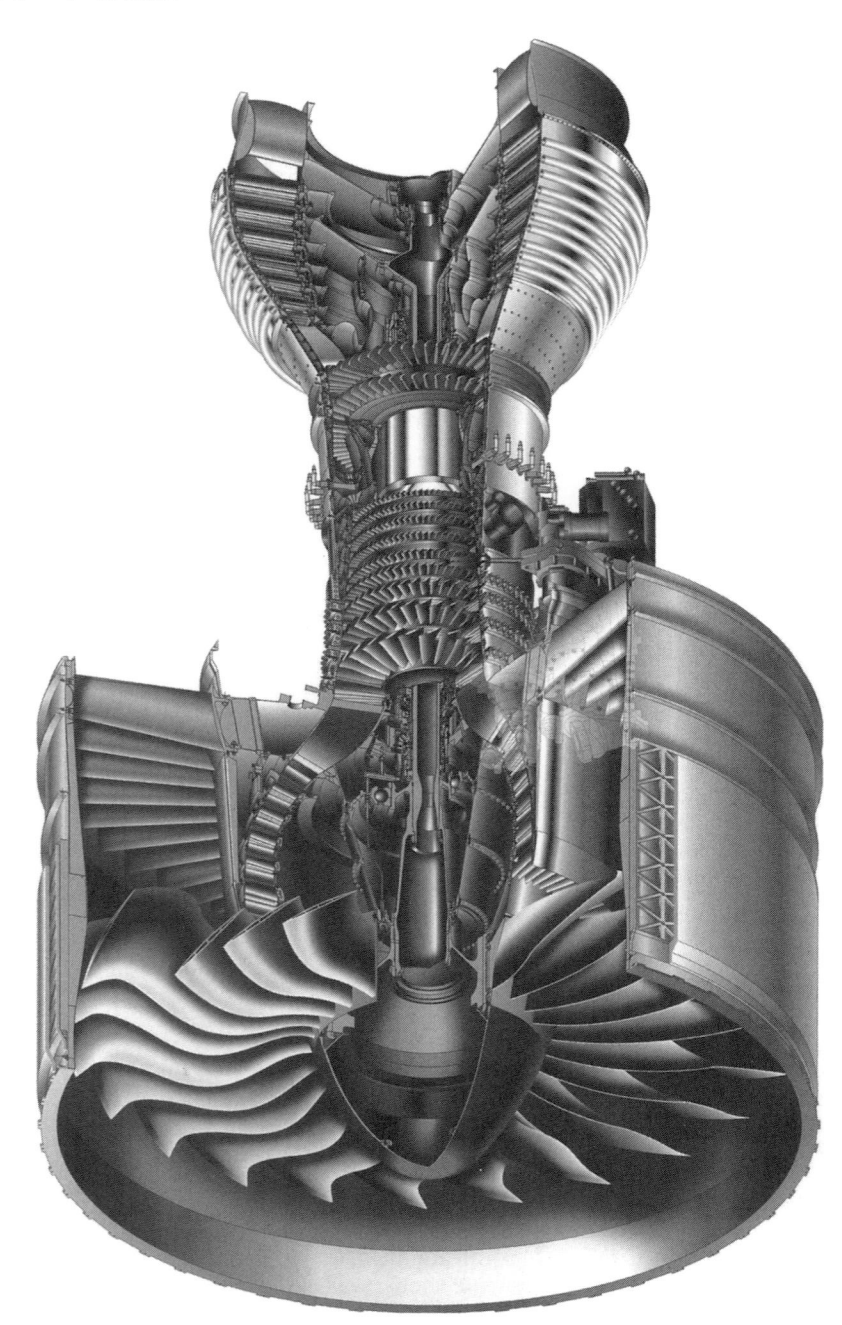

図 1.12 (b) GP7200 turbofan [©United Technologies Corporation 2008. All rights reserved. Reproduced under license]

よう，空港からあまり離れないルートで飛行する必要があるが，エンジン 1 発が停止した状態で飛行可能な時間を ETOPS で認定する．例えば ETOPS-207 の基準を満たす信頼性が認定されれば，エンジン 1 発停止状態で 207 分で飛行できる距離まで空港から離れたルートを飛行できる．エンジンの信頼性向上と共に ETOPS の対象時間は延びてきており，近年では，エンジン 2 つの航空機での洋上飛行が当たり前になってきた）．機体とエンジンの組み合わせの例としては，例えば，Airbus A380 の機体に対しては，上記の Engine Alliance の GP7200 に加えて，Rolls Royce 社のエンジン（Trent 900）との組み合わせも可能で，Boeing 787 の機体との組み合わせでは，GE 社のエンジン（GEnx）と Rolls Royce 社のエンジン（Trent 1000）のどちらかを選択することができる．

　航空機のエンジンでは，容積と重さの問題から，熱交換器を採用しているものはないが，ターボプロップ・エンジンでは可能性が無いわけではない．ターボプロップ・エンジンでは，正味出力の大半はプロペラを駆動するために使われるため，タービンを出たガスの速度は比較的小さく，それを，航空機に搭載可能な大きさの熱交換器に通しても，摩擦損失は許容できない程には大きくならない．1965 年頃，Allison 社は，米海軍向けの再生式ターボプロップ・エンジンを開発したが（再生サイクルは図 1.4 (a) 参照），その目的は，航続距離の長い対潜哨戒用に超低燃費のエンジンを提供することであった．このような場合には，エンジン重量と燃料重量を加えた総重量がいくらになるかが重要であり，このエンジンでは熱交換器による重量増を上回る低燃費の効果があるとされた．また，離陸時には，最大出力が落ちないよう熱交換器をバイパスさせる提案もなされていた．このエンジンは生産するまでには至らなかったが，将来的に，航空用で再生式の可能性がないというわけではなく，航続距離の長いヘリコプタ用のターボシャフト・エンジンや，高高度を巡航する航続距離の長い HALE（High Altitude Long Endurance）無人偵察機用のターボプロップ・エンジンなどへの適用が考えられる．

1.5　産業用ガスタービン

　本書では，状況に応じて「航空用ガスタービン」と「産業用ガスタービン」と

いう用語を使い分けていくことになる．航空用の意味する所は，字のごとく，そのままであるが，産業用は，航空用に含まれないすべてのガスタービンを指す．このように航空用と産業用を分けて考えなければならない理由は，主に3つある．1つ目は，寿命の問題で，産業用の場合は，オーバーホール無しで5万時間のオーダで使えることが求められるが，航空用では，それほど長く使うことは考えられない．2つ目は，容積や重量の問題で，航空用では，他に比べてそれらが非常に重要になる．3つ目は，タービンを出たガスの運動エネルギに関することで，航空用では，それを推進力として使えるが，産業用では，出口の運動エネルギは利用されず無駄になるため，極力小さくしなくてはならない．航空用と産業用における，これらの3つの差異が，それぞれの設計に大きな影響を及ぼすため，基本的な理論は同じだが，両者を区別して考えなければならないことがよくある．

　図1.13は，Siemens社（前Ruston社）のTyphoonという5MWの長寿命ガスタービンの概略図で，燃料は液体燃料とガス燃料の両方が使える．Typhoonは，コジェネレーションや機械動力用に用いられ，図に示すとおり，タービン直結型（図1.1）と別軸の出力タービン付（図1.5）の2通りの構成がある．また，可変静翼（図10.4参照）が多用されており，静翼を動かすためのアクチュエータも図に描かれている．また，図1.14には，大型の単軸ガスタービンであるSiemens V94を示す．この装置は，回転数一定で運転する発電機を駆動するために設計されたもので，圧縮機側（低温側）端に発電機を取り付けて運転する．また，蒸気タービンとのコンバインド・サイクル（図1.3）においては，排熱再生式・蒸気発生器（HRSG）に排気ガスも供給できる．V94の初期型は，大きな2基のサイロ型燃焼器を搭載しており，出力は，およそ150MWであったが，最新型のSGT5-400Fでは，空気流量が増し，サイクル温度も上昇した上に，環状燃焼器を採用して，出力は250MWを超えている．V94は50Hz仕様で，3000回転／分で運転するが，空気力学における相似則の適用により，V84（60Hz, 3600回転／分）や，小型のV63（50-60Hz, 5600回転／分）の設計のベースにもなっている．GE社やWestinghouse社のガスタービンでも，同様な相似則の適用による派生型の設計が行われている．

　ガスタービンが産業用に導入された当初は，出力は10MW程度で，効率は，

1.5 産業用ガスタービン　27

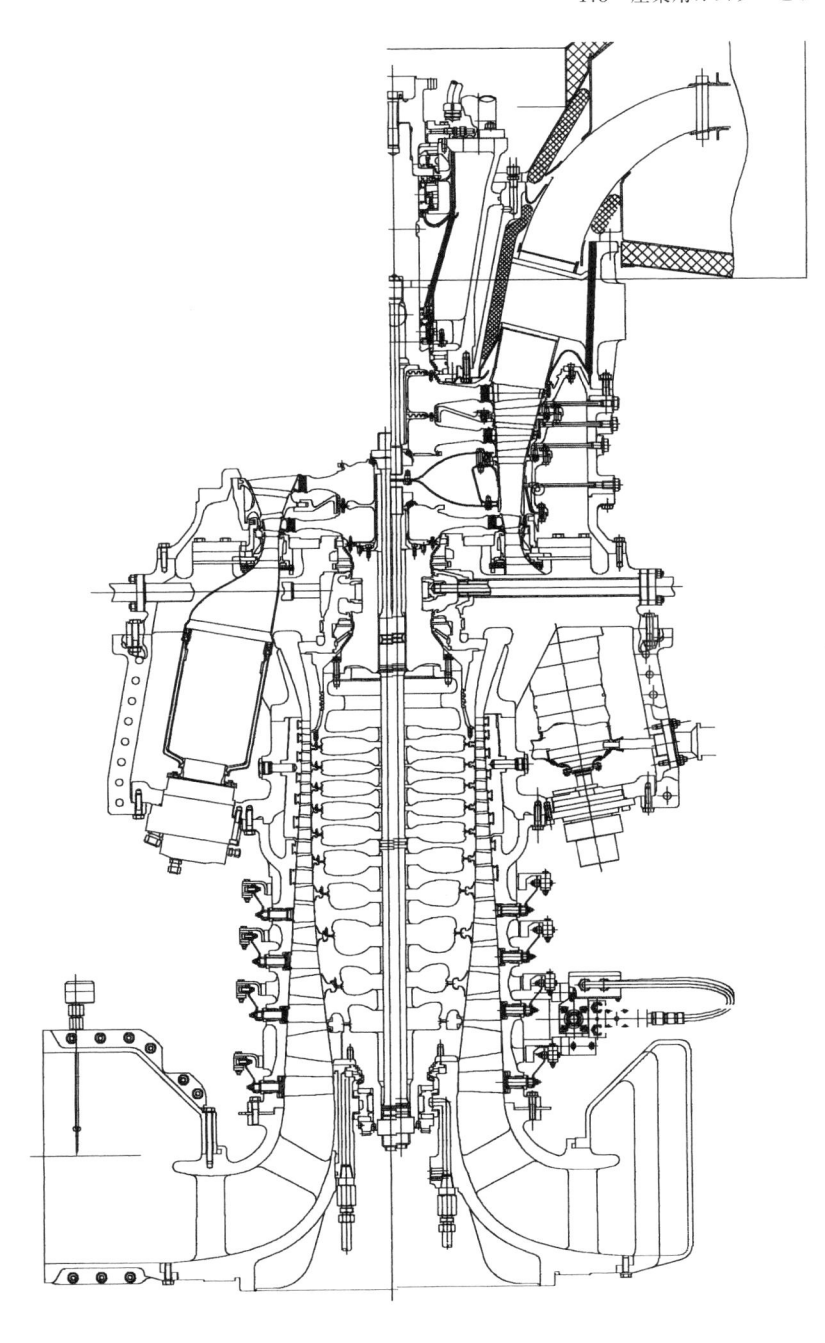

図 1.13　Siemens SGT-100 gas turbine : fixed turbine (top), free power turbine (bottom)　[courtesy Siemens Industrial Turbomachinery Ltd]

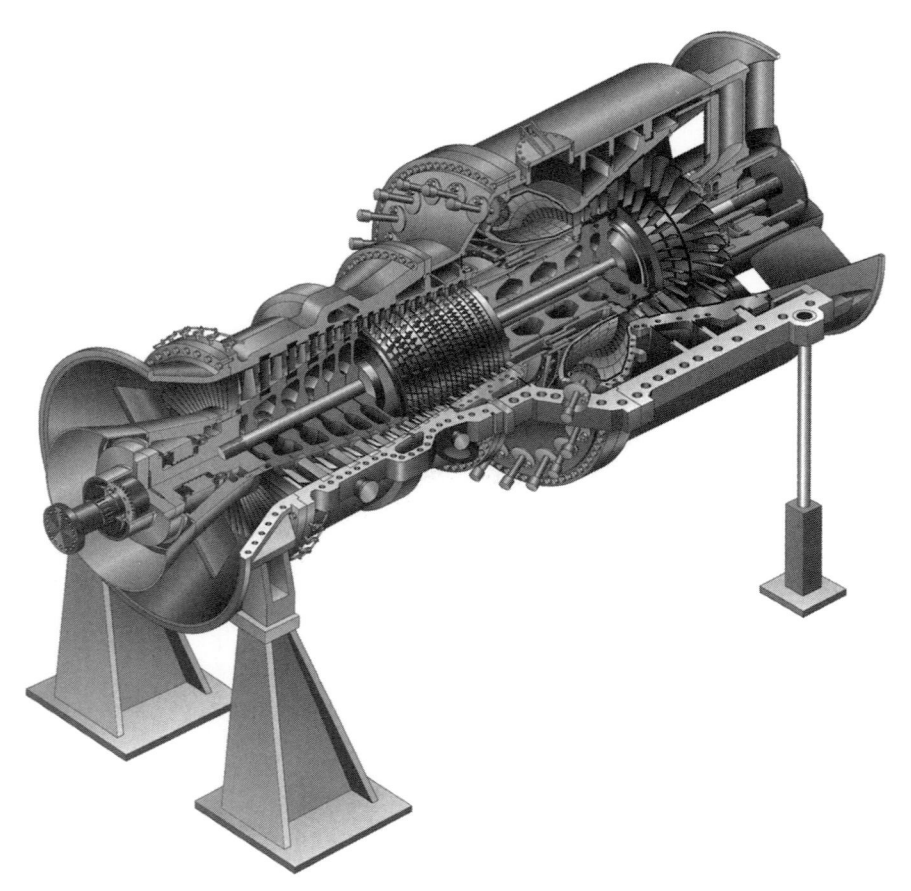

図 1.14 大型の単軸ガスタービン [courtesy Siemens. Copyright ⓐ Siemens AG.]

熱交換器付でも 28〜29％程度であった．より高出力の産業用ガスタービンの開発には，完成された航空エンジンを応用するというのがうまい方法で，航空エンジンは，その膨大な研究開発費の大半が軍事予算でまかなわれるため，これを産業用に応用するとなれば，航空エンジンの製造メーカが断然有利になるということがその背景にある．初期の航空エンジン派生型の産業用ガスタービンは，航空用の排気ノズルを出力タービンに置き換えて作られ，出力は 15 MW 程度，効率は 25％程度であった．航空エンジンを産業用ガスタービンに作り変えるには，ベアリング（軸受け）の強化，天然ガスや軽油を燃料に使えるよう燃焼システム

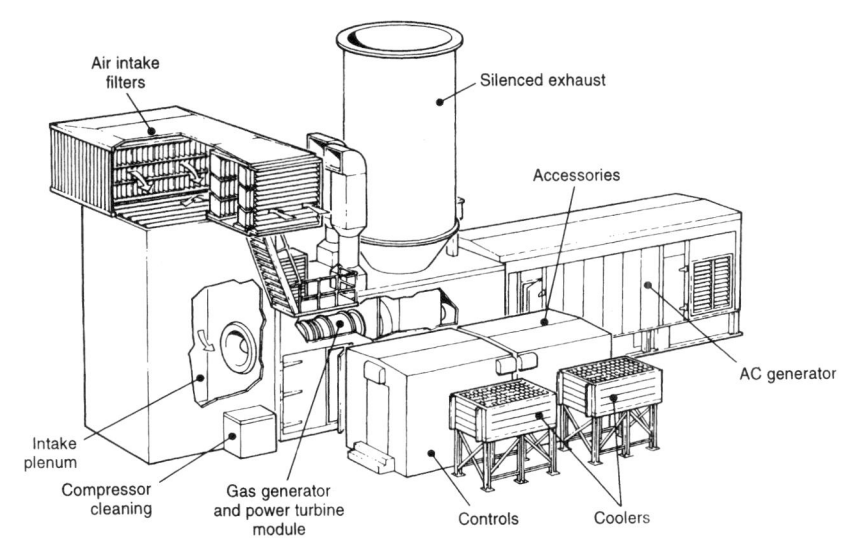

図1.15 ガスタービンを利用した小型コンパクト発電装置 ［courtesy Rolls-Royce plc］

を変更すること，出力タービンの追加，長寿命化のための出力調整などが必要になる．また，出力タービンと負荷の回転数を合わせるための減速ギアが必要になる場合があり，船のスクリューの駆動にガスタービンを使う場合などが例として挙げられる．一方，交流発電機や圧送用のパイプライン・コンプレッサの駆動などに関しては，ギア無しで，出力タービンをそのまま負荷に直結する設計もできる．

例えば，舶用に作り変えられた Olympus エンジンは，出力タービンが単段のコンパクトで軽量な設計になっている．一方，発電用に作り変えられた Olympus エンジンでは，径の大きな2段か3段の出力タービンが3000回転／分，又は3600回転／分で回転しており，発電機に直結されている．この場合には，圧縮機を駆動する径の小さい高圧タービンと，径の大きな低圧の出力タービンの間の流路をスムーズに接続するため，両者をつなぐダクトを軸方向に延長することが必要になる．図1.15は，航空エンジン派生型のガスタービン1個を使用した小型発電設備の典型例を示す．空気取り入れ口は高い位置にあり，ほこりがエンジンに入りにくくなるよう配慮されている．Rolls Royce 社 Trent の航空用と産

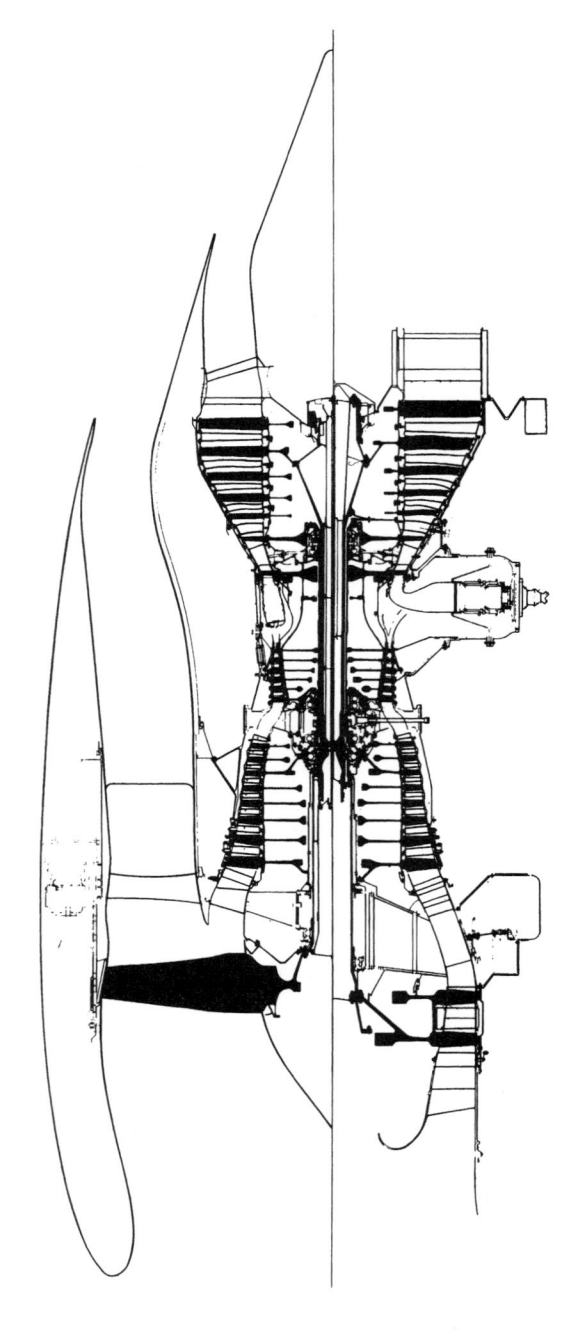

図 1.16 Rolls-Royce 社 Trent のターボファンと産業用ガスタービンの比較 [courtesy Rolls-Royce plc]

業用を比較したものを図 1.16 に示す（Trent 川は Rolls Royce 社の主力工場がある England 中部の都市 Derby の近くを流れる川）．航空用の Trent エンジンは，単段のファンを 5 段の低圧タービンで回転させる同心 3 軸（three-spool）方式の大型ターボファン・エンジンである．産業用では，ファンの代わりに，同程度の圧力比の 2 段の低圧圧縮機が置かれているが，流量はファンより大分少ない．その結果，同じ低圧タービンでは出力に大きな余裕が生じ，それでもって発電機を駆動することができる．航空用の Trent では，ファンを回す低圧軸の回転数は，ファンの外周端（tip）の周速で規定され，およそ 3600 回転／分以下に制限されている．このため，産業用では，その低圧軸を，ギアを介することなく 60 Hz の発電機に直結することができる．また，ファンの代わりに付けた 2 段の低圧圧縮機の翼を付け替えることにより，これを，3000 回転／分の 50 Hz 発電機にも，つなげることができる．この付け替えの際に，ディスク（翼を取り付ける円盤，図 2.19 参照）は共通化できるよう，圧縮機の翼は，ディスクに周方向にはめ込む方式をとっている（通常は軸方向にはめ込んで固定する方式，8.6 節参照）．産業用の Trent は，出力 50 MW で，熱効率は 42％と高いが，これは，圧力比やタービン入口温度が高いためである．また，図 1.16 を見ると，航空用と産業用で燃焼器が大きく異なることが分かる．航空用では環状燃焼器が使われているが，産業用では，径方向に向けて設置されたカン型（図 6.1）である．これは，産業用での低 NO_x 化を図るためで，これに関しては，第 6 章で説明する．

　航空エンジン派生型のガスタービンは，天然ガスや石油のパイプライン圧送用，ピーク電力や非常用電力の発電用，洋上基地での動力源，艦艇用のエンジンとして広く使われてきた．天然ガスの圧送では，運ぶガス自体を圧送用ガスタービンの燃料として用い，典型的な例では，ガス輸送量の 7～10％を消費する．大規模なパイプライン搬送システムが出始めた 1950 年代の中ごろ，天然ガスは非常に安価であったので，圧送用ガスタービンの効率を気にする人は誰もいなかったが，最近では，天然ガスの価格が急騰したため，高効率な圧送設備の需要が高まっている．大規模な天然ガスのパイプラインでは，圧送用に 4500 MW に上る出力を要し，燃料代は，中規模の航空会社のそれに匹敵する．圧送の基地は，約 100 km ごとに設置され，基地に設置する各ガスタービンの出力は 5～25 MW 程度である．多くの圧送の基地が人里離れた所にあり，15～25 MW クラスの航空

エンジン派生型ガスタービンが広く使われている．航空エンジン派生型は軽量コンパクトなため，圧送基地までの搬送が楽になり，オーバーホール時にガス発生器を交換するのも容易になった．ただし，航空エンジン派生型ではないガスタービンを使う場合もあり，Solar 社，Siemens 社や，Nuovo Pignone 社によって製造された 5〜15 MW クラスの多数のガスタービンが稼動している．人里離れた基地の運用に際しては，自動化，および，省人力化が極めて重要であり，コンバインド・サイクルは効率が高いものの，蒸気関係の設備には 24 時間体制で人を配置する必要があるため，ほとんど使われていない．初期のパイプライン圧送用ガスタービンでは，単純サイクルの効率が低かったため，再生式（図 1.4 (a)）が多数用いられた．1970 年代後半には，熱交換器が，従来より効率の高い新しいものに置き換えられたが，単純サイクルのガスタービンの熱効率が改善されるにつれ，再生式はほとんど姿を消した．石油パイプラインの場合は，高コストな処理を施さない限りは，石油はガスタービンの燃料にするには適さないことが多いため，適切な液体燃料をガスタービン用燃料として別途搬送する必要がある．

ガスタービンの発電用としての利用形態は，近年大きく変化してきている．1970 年代は，発電用ガスタービン（特にイギリスや北米）は，主にピーク用と非常用に用いられ，航空エンジン派生型のガス発生器に高負荷の出力タービンを取り付けたものが広く使われていた．この型のガスタービンの注目すべき利点の 1 つは，静止状態から 2 分以内に最大出力まで立ち上げられることであるが，一方で，このような急激な立ち上げは，熱衝撃（thermal shock：急に大きな熱応力がかかること）を引き起こし，オーバーホールの間隔を縮めることになるため，非常時にのみ行われるべきものである．1960 年代の中頃，アメリカの東海岸で大規模な停電（blackout）が発生したことがきっかけとなり，電気が無くても起動（black start）可能なガスタービンへの投資が促進された．イギリスでは，Rolls Royce 社の Avon（Avon 川沿いにある England の Stratford-upon-Avon はシェイクスピアの故郷として有名）や Olympus をベースとした 3000 MW を超える非常用およびピーク電力用の発電設備が導入され，それらは，イギリス全体の電力供給システムの一翼を担ったものの，運転時間は非常に少なかった．北米でも，Pratt & Whitney 社 FT-4 を用いた，似たような航空エンジン派生型の設備が多数設置され，最大出力は 35 MW 程度であったが，効率は 28%

程度で，なおかつ高価な燃料が必要であり，長時間運転することは想定されていなかった．

これとは対照的に，サウジアラビアなど，電力供給システムが急拡大し，安価な燃料が豊富にある場所では，高出力ガスタービンが大型のベースロード発電用として用いられた．砂漠地帯では，ガスタービンは，冷却用の水が必要ないという点で有利である．当初，産業用ガスタービンの出力は，航空エンジン派生型と同程度であったが，年を追う毎にサイクルの改善が進み，産業用として独自にガスタービンをスケールアップして，より高出力のものを作ることが出来るようになった．現在，大型ガスタービンの主要なメーカは，Alstom, General Electric (GE), Siemens, 三菱重工の4社で，どの社も1台で出力250 MWを超える単軸のガスタービンを設計しており，出力の上限は，ディスクの鍛造可能な大きさや，鉄道輸送可能な製品の幅などから決まっている．蒸気タービンと違って，ガスタービンは，基本的に現地で組み立てられることはあまりなく，そのまま運転できる完成品の状態で運ばれる．ただし，サイロ型燃焼器は，組み付けて運ぶのは困難で，現地で別途取り付けられる．回転数3000回転／分，および，3600回転／分で運転される単軸のガスタービンは，コストのかかるギアを介することなく，そのまま，50 Hzおよび60 Hzの発電機を駆動できる．それぞれの回転数に適した圧縮機設計の都合により，60 Hzの発電用ガスタービンの出力は概ね250 MW, 50 Hzの場合は350 MW程度となっているが，出力は，概ね，空気流量とタービン入口温度で決まっている．使用電力の周波数は，北米の標準が60 Hz, ヨーロッパとアジアの大半が50 Hzで，日本は50 Hzと60 Hzを併用している．その他，小型ガスタービンでは，5000〜6000回転／分，出力50〜100 MW程度のものも設計可能で，それらを使う場合は，市場要求に合わせて，ギアを介して，3000回転／分か3600回転／分の出力が出せるようにする．高出力のガスタービンの多くは，累計運転時間が15万時間を超えており，20万時間を超えているものも少なからずある．さらには，一部に30万時間を超えているものもある．

発電用ガスタービンのもう1つの大きなマーケットは，洋上基地での電力供給で，そこでは，ガスタービンでベースロード電力をまかなうが，Solar社やSiemens社の1〜5 MWのガスタービンが多数使われている．より大きな電力需要に対しては，Rolls Royce社のRB-211や，GE社のLM 2500などの航空エンジ

ン派生型が使われ，出力は 20～25 MW 程度である．大型の基地の中には 125 MW もの電力を要するものがあり，表面積や容積の小さいガスタービンが重宝されている．洋上基地では，クレーンでの取り扱いの問題から，発電設備の重さも重要であり，基地のクレーンで発電設備全体を吊り上げられれば，メリットが大きい．航空エンジン派生型がこのマーケットで主流となっているゆえんは，そのコンパクトさにあると言える．

　100～350 MW という大きな出力のガスタービンが使えるようになったことで，発電においては，大型のコンバインド・サイクルが主流になった．日本では燃料を完全に輸入に依存していることから（燃費への関心が高く），大規模コンバインド・サイクルが最初に導入されたのは日本で，液化天然ガス（LNG）を燃料とする 2000 MW のコンバインド・サイクル発電所がいくつかつくられた．大型コンバインド・サイクル設備の典型的な形としては，排熱回収ボイラ（HRSG）付きのガスタービン 2 台と蒸気タービン 1 台の組み合わせで 1 つのブロックを構成し，ガスタービンの排熱だけで蒸気を加熱・蒸発させる場合（追い焚きなしの場合）には，蒸気タービンでガスタービンの半分の出力を出す．1 つのブロックにつき，出力 200 MW のガスタービン×2 と，その半分の 200 MW の蒸気タービンで，概ね，合計 600 MW の出力が出せ，3～4 個のブロックで発電所が構成されている．このような出力 2000 MW に達する大規模なコンバインド・サイクルの発電所は，これまでに，韓国，マレーシア，香港，シンガポール，アメリカ，アルゼンチンなど多くの国に導入されており，総合効率は 55％を超えている．

　イギリスでは，電力供給の民営化により，天然ガスを燃料とする 225～1850 MW のコンバインド・サイクル発電所が多数作られた．天然ガスの枯渇を防ぎ，長期間利用していくための配慮から，天然ガス焚きの発電所の建設は一時的に中断されているが，少数のものに関しては，計画に対する厳格な評価を経て，作り続けられている．長期的に見れば，天然ガス焚きの設備は，石炭をガス化して燃やす設備へと置き換えられていく可能性が十分に考えられる．

　ガスタービン発電設備は，実にコンパクトである．図 1.17（a）は，1950 年代の 128 MW 蒸気タービン発電設備と，160 MW のピーク電力用ガスタービン発電設備（白丸で囲んだ部分）を比較したものである．ガスタービン発電設備に

図 1.17 (a) 蒸気タービン発電設備とガスタービン発電設備の大きさの比較［courtesy Rolls-Royce plc］；(b) コンバインド・サイクル発電設備（空冷式復水器付）［courtesy Siemens. Copyright ⓐ Siemens AG.］

は，20 MW の Olympus ガスタービンが 8 台使われている．蒸気タービンの発電設備の方には，復水器から発生する熱を放出するための 3 基の冷却塔（図の巨大なつぼ型）が必要になっている．この発電所は，今では図 1.17（b）に示す 700 MW のコンバインド・サイクルのベース電力発電設備に作り変えられている．新しい発電所は 3 つのブロックからなり，各ブロックは，150 MW の Siemens V94 ガスタービン 1 台＋排熱回収ボイラと，250 MW の蒸気タービン 1 台から構成されている．また，川の水を冷却に使うことが禁止されたため，3 基の冷却塔の代わりに，空冷式の復水器が使われている．図の左側に見える直方体の建物がそれで，3 基の冷却塔に比べると，見た目には随分コンパクトになった．ただし，空冷式では，川の水による水冷式に比べて復水器の温度（すなわち，蒸気タービンの出口圧）が十分低く出来ないため，多少効率が落ちる．それでも，全体としての熱効率は 51％で，従来の蒸気タービンの発電所の効率よりは随分と高い．

　他の分野でガスタービンの重要性が増しているものとしては，熱と電力を組み合わせた供給システムがあり，コジェネレーション，もしくは，熱電供給設備（CHP：combined heat and power）として知られている．ガスタービンが発電機を回し，排気ガス（典型的な例では 500〜600℃程度）を低レベルの熱源として用いる．工業プロセスの中には，醸造，製紙，セメント加工や化学プロセスなど，大量の蒸気や温水を必要とするものが多数ある．病院や大学などの公的機関も同様である．また，比較的低温の熱は，建物の暖房や空調システムに使える．化学工業においては，酸素を多く含んだ高温ガスで，反応器で圧力損失があっても十分に流れる圧力のものを大量に必要とすることがよくあるが，ガスタービンの排気は，タービン入口温度の制約から，空燃比（空気／燃料）が高いため，未使用の酸素を多く含んでおり，そのような目的には適している．また，そのような高温ガスをまかなうことを主目的としたガスタービンを設計することもでき，さらに軸出力があれば，発電して電力として供出してもよい．その他，化学プロセスで発生する副生成物が燃料として使える場合もある．図 1.18 は，Ruston 社のガスタービンを用いた，初期のコジェネレーション設備の例である．この設備では，工場で使う全ての電力，反応用蒸気，加熱用蒸気，および，冷水を供給している．8 台のガスタービンで 4 台の追い焚き機能付き排熱回収ボイラに高温ガ

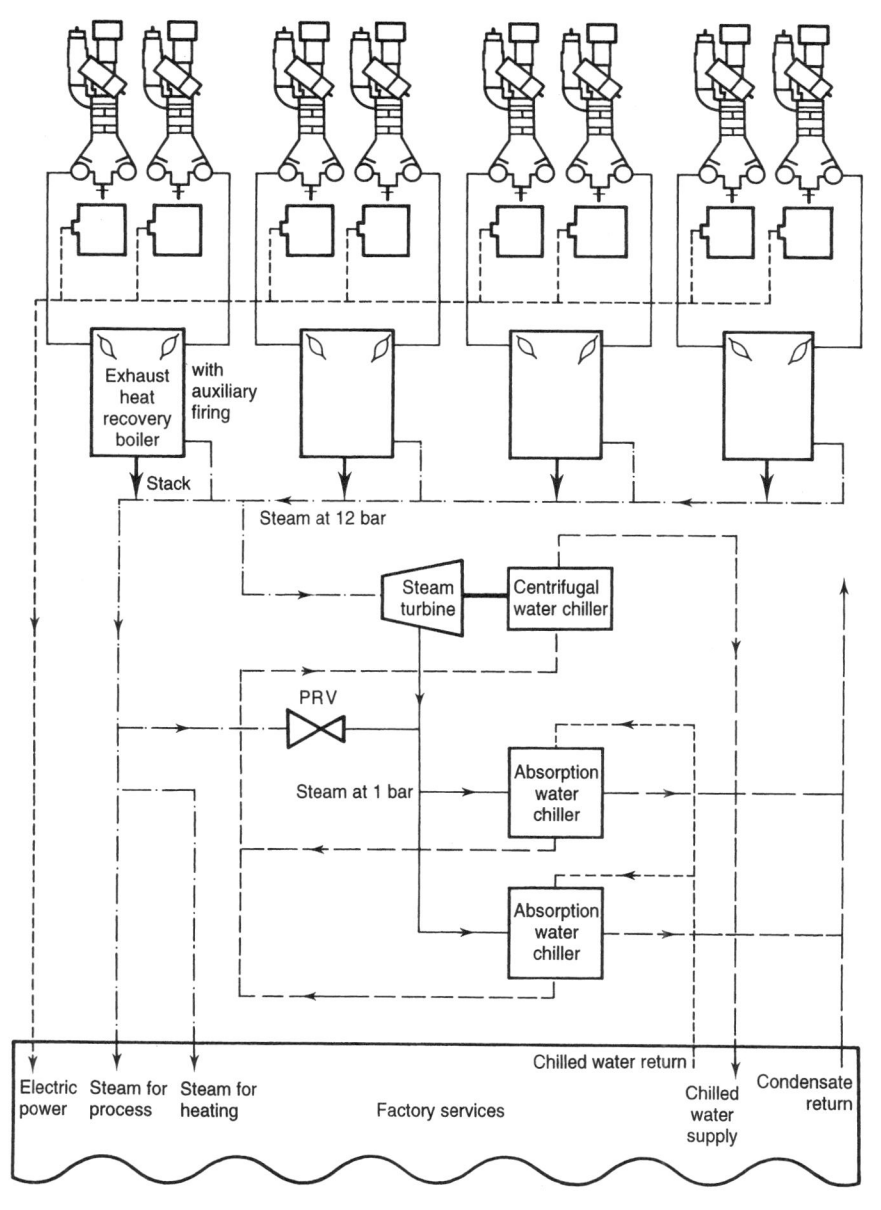

図 1.18 Ruston 社工場向けコジェネレーション設備 ［courtesy of Alstom Power Ltd］

スを供給しており，日中における工場の電力・熱需要の変化に対応して運転するガスタービンの数を調整し，運転するガスタービンは，ほぼ定格（最大出力），すなわち，最大効率で運転するようにしている．新しい工場では，使用するガスタービンは1台か2台程度のことが多く，作り出す電力や蒸気の多くを外部に供出している．ただし，熱や電力の需要の季節変化に対応して，供給を調整するのは，極めて難しいことである．

21世紀の初頭を迎え，もう1つ活発な動きをしているのが，小型の分散型コジェネレーションで，出力100 kWかそれ以下の小型ガスタービンが使われている．ユーザとしては，スーパーマーケットやショッピングモールなどが想定されている．これらの小型の装置は，マイクロ・ガスタービンと呼ばれ，小型であるがゆえに簡易であり，再生式の圧力比の低いサイクルを採用している．効率は中程度であるが，排気ガス中の低レベルの熱を，建屋の暖房や空調，温水の供給に利用できる．ただし，このシステムでは，バックアップとしての公共電力網への接続や，予備の熱供給システムが必要になる．このシステムが成立するのかどうかを明言するにはまだ早いが，大手メーカも，多数の新規参入組に混じって，この分野へ進出しつつある．

1.6　陸上・海上輸送

1950年代の初め頃には，ガスタービンが航空用として使われた経験を踏まえて，商船，列車，車，トラックなどのエンジンにもガスタービンを使うことが考えられた．しかし，当時は，ガスタービンの圧力比や作動温度が低く効率が悪かったため，効率改善のため複雑なサイクルのものが開発されたが，付加的なものが多い複雑サイクルでは製品にまで仕上げることが困難であった．ガスタービンで駆動する商船が欧州・米国の双方で実験船として作られたが，どちらもうまくいっておらず，機関車や車両への適用も失敗に終わっている．ただし，1990年代後半に，航空エンジン派生型ガスタービンが一部の商船で使われている．

一方，ガスタービンは，海軍向け艦艇用エンジンとしては成功してきた長い歴史がある．コンパクトで，大きさに比して出力が大きく，低騒音で，運転に人手もかからないことから，艦艇用エンジンでは，蒸気タービンからガスタービンへ

のシフトが進んだ．イギリス，アメリカ，カナダ，オランダ，日本の各国の海軍では，長年にわたって，ガスタービン運用の経験を積んできている．艦艇用としてガスタービンが初めて使われたのは 1947 年の Motor Gun Boat（英国海軍の小型砲撃艇 MGB2009）である．航空エンジン派生型では，Rolls Royce 社の Proteus が 1958 年に高速巡視艇に初めて使われ，より大型の航空エンジン派生型ガスタービンが艦艇の主エンジンにできる可能性が高いことが明らかになった．

　ガスタービンを艦艇用エンジンとして使用する際の最大の問題は，部分負荷で燃費が悪いことである．最大速度 32 ノット，巡航速度 16 ノットの艦艇で，速度の 3 乗に比例するエンジン出力が必要であるとすれば，巡航時のエンジン出力は，最大出力時の 8 分の 1 に過ぎない．実際，16 ノット以下で動いている時間も多いであろう．この問題を解決し，ガスタービンを高い出力と効率で運転できるようにするため，ガスタービンを蒸気タービンやディーゼル・エンジン，および，ガスタービン自身と組み合わせて用いる方法が採られてきた．これらは，COSAG, CODOG, COGOG, COGAG などと呼ばれ，最初の CO は combined，すなわち，組み合わせを意味する．次の S と D と G は，それぞれ，Steam（蒸気タービン），Diesel（ディーゼル），Gas turbine（ガスタービン）の頭文字を取ったものであり，それらの間にある A と O は and と or の略である．A（and）の場合は，両方のエンジンの出力を足し合わせて使うことが出来るが，O（or）の方は，足し合わせは出来ず，どちらかを用いる．例えば，COSAG は，イギリス海軍における初期のエンジン配置で，蒸気タービンとガスタービンの両方で推進軸を回すが，実際には，どちらか片方でも，両方でも運転できるようにギアが設計されている．ガスタービンは，出力 6 MW の産業用に開発されたもので，元々，加速や急発進を目的としていたが，ユーザの評価が高く，実際にはもっと長い時間使われている．他には，巡航用のディーゼル・エンジンと加速用ガスタービンの組み合わせもある．この場合，ディーゼルの出力は，ガスタービンの出力に比して小さいため，出力を足し合わせるメリットはほとんどない．このため，ディーゼルかガスタービンか，どちらかのモードで運転することになり，すなわち CODOG となる．艦艇用としてのディーゼル・エンジンには，巡航時の燃費が非常に良いという利点がある反面，サイズが大きく，また，海中に伝わる振動音が大きいという問題点がある．また，COGOG の組み合わせ，すなわち，

小型の巡航用ガスタービン（4〜5 MW）と，大型の加速用ガスタービン（20〜25 MW）の組み合わせも広く使われている．しかし，小型の巡航用ガスタービンは，燃費の面でディーゼル・エンジンに及ばないので，COGOG から CODOG に移行していく傾向がある．同じ大きさのガスタービンを使った COGAG の例としては，4 発の LM2500 エンジンを搭載した米国海軍の駆逐艦や，4 発の Olympus エンジンを搭載した英国海軍のインビシブル級空母がある．

ガスタービンのみで構成されたエンジンを搭載した欧米初の軍艦は，1970 年のカナダの DDH-280 で，加速用が複数の Pratt & Whitney 社の FT-4，巡航用が複数の FT-12 である．1980 年代の終わり頃，巡航用の FT-12 は，より高出力で燃費も良い Allison 570 に置き換えられた．英国海軍では，Olympus エンジンを加速用に，Rolls Royce 社の Tyne エンジンを巡航用に採用したが，同様な組み合わせは，オランダ海軍他でも採用された．今では，Olympus エンジンは，より新しい Rolls Royce 社の Spey エンジンに置き換えられている．Olympus と Tyne は，フォークランド紛争で活躍し，COGOG システムによって推力に余力を確保することの重要性が証明された．米国海軍では，LM2500 エンジンを搭載した戦闘用および補給用の大型艦艇を保有している．また，英国海軍の現役の艦艇（23 型）では，ガスタービンとディーゼルと電気を組み合わせた推進システムを用いており，スクリューは電気モータで駆動し，水中探知機列を低速で引っ張るのに必要な力は，ディーゼル・エンジンでまかなっている．このシステムは，CODLAG（<u>c</u>ombined <u>d</u>iesel <u>e</u>lectric <u>a</u>nd <u>g</u>as turbine）として知られている．カナダの巡視用フリーゲート艦では，2 台の LM2500 エンジンと，出力 7 MW 程度の巡航用ディーゼル・エンジン 1 台を組み合わせた CODOG を採用している．近代の軍艦では，多くの電力を必要とし，また，発電用の蒸気もないことから，ガスタービン発電装置はコンパクトな電源としても役立ち，出力 3 MW の Allison 501 エンジンが米国の艦船で用いられているが，他の国々では，ディーゼル発電機を志向しているようである．2007 年時点で建造中の 45 型駆逐艦では，Rolls Royce 社の WR21 ガスタービンをベースとした動力源を用いる予定である．このガスタービンは，予冷却器や熱再生器付で，部分負荷での効率が大きく改善されており，推進システムや先進的な装備を動かすための電力を供給する発電機を駆動することになっている．

1.6　陸上・海上輸送

　コンパクトで高出力の航空エンジン派生型ガスタービンを利用した高速コンテナ船（速度 25 ノット）が，1970 年代の初め頃に運用を開始した．しかし，1970 年代中頃の燃料費急騰により，運用中だった 4 台のコンテナ船のガスタービンは，ディーゼル・エンジンに置き換えられた．これにより，コンテナ船の速度や貨物の搭載可能量は減少したが，高速で航行することは，もはや経済的に成り立たなくなった．ところが，1990 年代には，高速船で再びガスタービンが使われることになった．最初の成功例は高速フェリーで，イギリス本土と，アイルランド，地中海諸国，スカンジナビア半島等を結ぶ航路で運航された．このフェリーは，水のジェット噴射によって進む典型的な双胴船（2 つの船体を甲板でつないだ形式の船．正面から見ると，両サイドのみが浸水していて，中央下部が中抜けになっている．）で，40 ノット以上の高速航行ができる．また，Solar 社の Taurus エンジンを搭載した 500 トン程度の小型フェリーや，LM2500 や LM1600 エンジンを使った，乗客 1000 人，車 300 台搭載の大型フェリーも作られた．他にも，舶用として Alstom 社 GT35 ガスタービンも使われており，航空エンジン派生型に比べると若干重いが，タービン入口温度がそれほど高くないため，低級な燃料を使用することができる．

　20 世紀の最後に，舶用ガスタービン業界において革新的な出来事があったが，それは，LM2500 が豪華客船のエンジンとして選ばれたことであった．LM2500 は，コンバインド・サイクルの一部として使われ，動力用と，ホテルサービス用の両方に用いられる蒸気を生成している．スクリューは電気モータで駆動され，エンジンの全体構成は COGES（combined gas turbine and steam turbine integrated electric drive system）と呼ばれている．豪華客船は，高速である必要はないが，エンジンがコンパクトになると，富裕層向けの宿泊スペースを増やすことができるという利点がある．Queen Mary 2 号は，大西洋を横断する定期便とツアー便の二役をこなしており，高速で巡航する能力が必要であるため，複数の LM2500 とディーゼル・エンジンによる CODAG の構成となっている．また，ガスタービンは，ディーゼル・エンジンに比べて排気ガスがクリーンであり，この環境性能が近年重要になってきている．しかし，2004 年頃の燃料価格の急騰により，再びガスタービンは不利な状況に追い込まれ，Queen Mary 2 号の後継である Queen Victoria 号では，エンジンはすべてディーゼルに置き換え

られた．21 世紀初頭の 10〜20 年の間において，この分野でガスタービンがどのように生き残っていくかを見守るのは興味深いことである．

　ガスタービンは，陸上輸送に関しては目立った貢献をしていない．Union Pacific 社は，1955 年から 15〜20 年間，ガスタービンで動かす大型貨物列車を運行していたが，結局は，ディーゼル・エンジンに，その座を明け渡した．ヘリコプタ用と同じ型のガスタービンをエンジンとする高速の旅客用車両も作られたが，成功例は限られている．成功例としてはフランスが作って米国東部のアムトラックとして運行されたものが挙げられる．高速の旅客用車両としては，パンタグラフを付けた電気式の方が適しており，フランスの TGV が良い成功例である．1990 年代後半に，輸送量が少なくコスト的に電化できない路線で，航空エンジン派生型ガスタービンを用いることに関心が集まったが，現在提示されている提案内容によれば，ガスタービンで電気を作り，車輪は別途設置するモータで駆動するということになりそうである．

　また，長距離トラック／バスのエンジン用の出力 200〜300 kW 程度のガスタービンの開発にはかなりの労力がつぎこまれた．開発されたガスタービンは，遠心式の圧縮機を用いた低圧力比のサイクルで，別軸の出力タービン（free turbine）や，回転式の熱交換器が使われていたが，ディーゼル・エンジンに対して競争力のあるものは出来なかった．普通車用のガスタービンの開発も行われ，開発費の大半は米国政府によるものであったが，成功には程遠く，実現は厳しそうである．ガスタービンも，ピストン・エンジンと同じくらい大量生産されればコストは安くなると思われるが，最大の問題は，やはり，部分負荷での燃費で，普通車のエンジンは，加速や上り坂などの高出力ではなく，低出力の状態で運転される時間が大半になる．可能性としては，電気式とのハイブリッドで，小型の単軸ガスタービンを一定回転数，すなわち，一定の出力で回し，エンジン最大出力時やバッテリー充電時にガスタービンを使う．1990 年代の終わり頃，そのような方式のエンジンの実証モデルが，都市を走るバスに搭載されて試験された．

　陸上輸送の分野でのガスタービン利用のブレイク・スルーとなったのが，米国陸軍の M1 戦車のエンジンとして選ばれたことで，1 万台以上のガスタービンが供給された．戦車においても低出力で運転する時間の割合が大きいため，再生サイクルが採用されている．M1 戦車は湾岸戦争における砂漠での戦闘で活躍した

ものの，戦車のエンジンとして，ガスタービンがディーゼルより優るかどうかについては，いまだ証明されておらず，今の所，他の国に追随する動きはない．

1.7 環境問題

ガスタービンが最初に使われたのは，第2次世界大戦終盤でのジェット戦闘機用エンジンとしてであり，ガスタービンの使用により，航空機の速度が飛躍的に向上した．軍用機としては，この高速化が非常に重要であったため，燃費の悪さやエンジンの寿命の短さはあまり問題にならなかった．また，ジェット排気による騒音もあったが，これも軍用機ではほとんど問題にされなかった．その後，ジェット・エンジンを民間航空機で使うことが考えられ始めると，燃費や，オーバーホールの間隔が重要になってきたが，騒音については，依然として，あまり問題にはされなかった．しかし，1950年代後半になり，相当数のジェット旅客機が空港を離着陸するようになると，騒音問題が深刻となり，騒音問題が民間航空輸送の成長を妨げかねない要因となってきた．当初は，サイレンサ（消音器）を取り付けることで騒音の低減を図ろうとしたが，思った程効果が無い上に，燃費がかなり悪化した．エンジンの騒音については，現象をきちんと理解した上で，設計の最初の段階からその低減について考慮すべきであったことは明らかであろう．後に，ジェット騒音が排気速度の8乗に比例することが数学的に導出され，騒音を抑えるには，基本的に，排気速度を減らし，それによって低下する推力は，通過する空気の流量を増やすことによってまかなえばよいことが分かってきた．これは，ちょうど，ターボファン・エンジンで，推進効率を上げるための方法とも一致する．推進効率を上げて燃費を良くしようという試みが，結果的に，低騒音化にもつながったということは，実に幸運なことと言えるであろう．推進効率を上げるためには，ターボファン・エンジンでバイパス比を上げることが有効であるが（第3章），当初は，丈の長いファン翼の周りの3次元的な流れに関する知見が乏しかったことや，他にも，口径の大きなエンジンは機体への取り付けが難しいという問題があり，バイパス比を上げるのにも限界があった．特に，エンジンを主翼に埋め込むタイプの航空機では，口径の大きなエンジンを装着することが困難であったが，エンジンの装着を，現在主流となっている翼下でのポ

ッド吊り下げ式にすることにより，バイパス比を大きく出来るようになった．パイパス比が大きくなるにつれて，排気ジェットによる騒音は低下したが，一方で，ファンの直径が大きくなったため，同じ回転数でもファン外周端での空気流速が非常に（音速を超えるレベルにまで）高くなることにより，着陸時に地上の広い領域にファンによる騒音をもたらすことが分かってきた．このファン騒音の問題に関しては，ファン前方の空気流入部の内壁に吸音材を使用したり，ファンの動翼と静翼を適切に配置したりすることによって対処されている．航空機の騒音削減には，これまで膨大な研究と投資を要したが，今日，および，将来の航空エンジンの設計によれば，空港での航空機による騒音レベルは劇的に下がると言ってよいであろう．一方，産業用ガスタービンの場合は，排気ガスの速度が遅い上，排気は煙突の上から出されるため，ジェット・エンジンで問題となったような騒音源は無い．ガスタービンは簡素で装着も容易であるため，工業地域のそばに設置される場合もあり，通常は騒音を低く抑えるような仕様となっている．このような低騒音の仕様を満たすため，空気取り入れ口や排気ダクトに吸音材を取り付ける場合もある．

　ガスタービンの航空機用エンジン以外での使用が検討され始めた当初は，ガスタービンは燃焼状態が一定に保たれ，なおかつ，投入する燃料に比べて流す空気の流量の割合が多いので，比較的クリーンな燃焼を行う設備とされていた．1960年代の終わりごろ，ロサンゼルスで光化学スモッグが発生し，それが自動車の排気ガス中に含まれる窒素酸化物 NO_x と日光との光化学反応によるものであることが分かった．このことがきっかけで，ピストン式エンジンの窒素酸化物 NO_x や未燃炭化水素 UHC（<u>u</u>nburned <u>h</u>ydro<u>c</u>arbons）を抑制するための大規模な研究開発プログラムが行われることになったが，ガスタービンも，パイプラインでの圧送，発電や機械動力源の供給などの分野に参入し始めると，排出ガス規制の対象となり，また，その規制は年々厳しくなっていった．航空機用エンジンの排気ガス規制も同様であり，ガスタービンの排気ガス中の有害物質の削減については 6.7 節に書かれているが，そこにもある通り，産業用と航空用では，運用面で要求されることが異なるため，排気ガスのクリーン化に関しても異なったアプローチがなされている．NO_x は燃焼ガスの温度が高くなると発生するが，燃焼ガスの高温化，すなわち，タービン入口温度の高温化は，ガスタービンの効率を上

図 1.19　70 MW コンバインド・サイクル発電設備　[courtesy of GE Energy]

げるための重要なポイントであり，高温化による効率の向上は，通常はNO_xの増加を伴う．このため，1990年代の初めには，低NO_x燃焼システムの設計が，競争力のあるガスタービン開発の鍵となっていた．産業用ガスタービンでは，NO_xを減らす簡易な手法として，水や水蒸気を噴射する方法があるが，ガスタービンの耐久性が損なわれる上，水関係の大型設備を追加するためのコスト増などの問題が生じた．このため，主要メーカは，DLN（dry low NO_x），すなわち，水を使わないで低NO_x化する技術を開発し，1990年代中頃からは，それらが実際に使われている．未燃炭化水素（UHC）については，ガスタービンではNO_x程大きな問題とはなっていないが，今でも厳しい排出規制の対象となっている．また，炭化水素燃料を燃やした際に発生する排気ガスの中で最も量が多い成分は，当然のことながら二酸化炭素であり，二酸化炭素は温室効果により地球

温暖化を引き起こすとされている．二酸化炭素の排出を減らすには，燃焼方法というより，ガスタービン全体の効率を上げて低燃費化する，もしくは，化石燃料を燃やさずに熱を得るなど，燃料の消費量そのものを減らすしか方法が無い．二酸化炭素の排出削減を促進するために，いくつかの国々，特に北欧などでは，炭素税が導入されている．

上記の通り，ガスタービンは，騒音や排気ガスの問題に取り組んで成功したため，再び，環境にやさしい動力装置として有望なものとなった．図 1.19 の写真は，70 MW のコンバインド・サイクルのベースロード発電設備で，2 つの病院の間の，高級住宅街のすぐそばに設置されている．

1.8 　将来展望

高品位の化石燃料が不足し，コスト高となっていることから，低質の石炭や，硫黄分の多い重質油を使う必要が出てきている．それらの燃料は，蒸気タービンのボイラで燃やすことが出来るが，ボイラの保守費用が増す上，厳しくなる一方の排出ガス規制を満たすための排気ガスの洗浄というコストのかかる作業が必要になる．低質な燃料の利用に関して，2 つの異なった試みがなされており，どちらにもガスタービンが関係している．1 つは，流動床（fluidized bed）による燃焼を利用したもので，もう 1 つは，低質の固体／液体燃料を，クリーンな気体燃料に変えるというものである．

流動床の燃焼器は，耐火レンガで内張りされた円筒状の燃焼室の中に，砂状の耐火性粒子が入ったもので，砂状の粒子は，上向きに吹き上げる空気流によって宙に浮いた状態で保持される．ガスタービンと組み合わせて使う場合には，その上昇気流は，圧縮機からの抽気でまかなうことが出来る．発生する硫黄酸化物については，石炭を燃やす場合には灰に取り込まれ，重質油を燃やす場合には，石灰岩やドロマイト（岩石の一種）の粒子に吸着される．図 1.20 には，装置の一例を示す．この装置では，流動床燃焼器内で発生した熱は，その内部に置かれた固体壁への伝達が非常に良いことを利用し，燃焼器内に配管（熱交換器）を通している．圧縮機を出た空気の大半は，その燃焼器内の配管を通して加熱される．燃焼器の流動性を保つ上昇空気流のための抽気量はほんの少しで，これは，燃焼

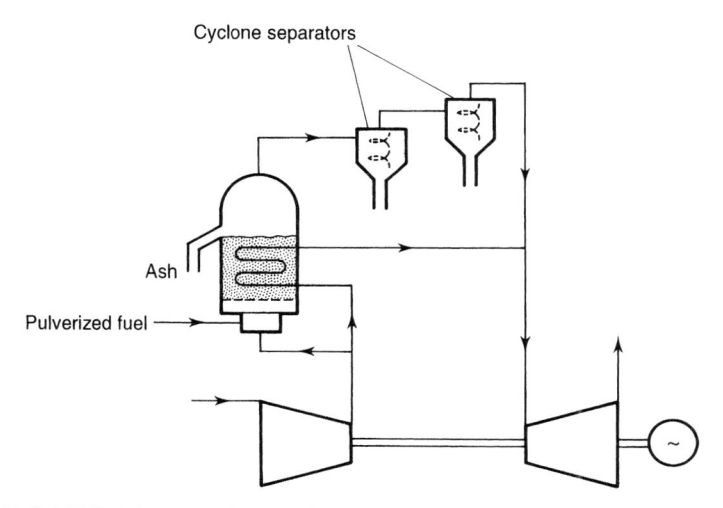

図 1.20 流動床燃焼器を用いたガスタービン

器から出た後,サイクロン式の分離器でごみを取り除いてからタービン入口に戻される.流動床燃焼器を用いたガスタービンでは,装置の腐食(corrosion)や浸食(erosion)が課題で,そのため,あまり進展が見られないが,この問題さえ解決されれば,掘り出された石炭や,さらには,炭鉱のぼた山の捨石を,遠隔操作して燃やすというような可能性が開ける.ぼた山の捨石が使えれば,これまで利用できなかったものから有効な動力が得られるだけでなく,ぼた山が整理されて,そこを有用なスペースとして使えるということにもなり得る.

流動床燃焼器を用いたコンバインド・サイクル発電設備のプロトタイプが,1991年にスウェーデンで供用運転を開始した.この設備は,電力と熱の両方を供給し,容量は,電力が 135 MW で,それとは別に,224 MW の熱を供給できる.電力のうち,34 MW は 2 台のガスタービンで発電され,残りは蒸気タービンで発電する.この設備では,図 1.20 にあるような炉内を通る熱交換器は使われておらず,圧縮機を出た空気はすべて燃焼部に投入され,サイクロン式の分離器で洗浄されてからタービンに送られる.

流動床燃焼器は,他にも,自治体のごみ焼却炉として使える可能性がある.この場合は,ごみを細かく裁断し,鉄,ブリキ,アルミなど,リサイクルできるものは,磁石を使ったり,水に浮かせたり,振動スクリーン(粒子状のものを振動

させながら網の上を運んで，大きさ毎にふるい分ける装置）を使うなどして選別して，残ったおよそ85％のごみを，流動床燃焼器で燃やす．燃焼ガスの温度は，およそ700〜800℃程度となって十分高いので，炉内（燃焼器内）が固まってしまう心配は無い．ただし，炉に火を入れる際には，燃料を使った補助バーナが別途必要になる．燃焼ガスでタービンを回すには，タービン翼の浸食を防ぎ，また，排気ガス規制をクリアするために，何段階かの洗浄装置を通す必要がある．ガスタービンを回して得られる電気や，ごみから選別した有用な材料を売却することで，従来の焼却炉に比べて，かなり，ごみ処理のコストを下げられると期待できる．一般に，流動床燃焼器内の温度がそれほど高くなることは考えにくいので，ガスタービンとしての効率は低く，よって，この型の燃焼器が使われるのは，燃料が安価であるか，もしくは，これまで燃やされることのなかったものを燃やす場合になるであろう．

　低質の石炭や重質油を燃料として利用するもう1つの試みは，それらをクリーンな気体燃料に変換する方法で，ガス化（gasification）と言われる．ガス化の過程で，タービンの腐食を起こすバナジウムやナトリウムなどの不純物や，燃焼時に有害な酸化物となる硫黄分が取り除かれる．ガス化の過程は種々あるが，大方の方法では，大量の水蒸気を必要とするので，コンバインド・サイクルに組み込まれることがあり，これをIGCC（Integrated Gasification Combined Cycle）と言う．一例を図1.21に示す．ガス化のプロセスに必要な高圧空気は，ガスタービンの圧縮機から抽気して用いるが，当該プロセスでの圧力損失を上回る高い圧力で供給しなければならないので，圧縮機からの抽気は，一旦，蒸気タービンで駆動する別の圧縮機（Boost compressor）に送られ，そこでさらに圧縮されてから，ガス化プロセス装置に送られる．排熱回収ボイラで作られた高温蒸気が，その圧縮機の駆動に使われるが，それに使われる割合は小さく，大半は，発電のための蒸気タービンの駆動に回される．このようにしてガス化されてできた気体燃料は，発熱量が典型例で5000 kJ/m^3程度と，天然ガスの39000 kJ/m^3と比べてかなり小さい．これは，ガス化の過程で，燃料が窒素で希釈されてしまうためであるが，ガスタービンでは，どれも，タービン入口温度が上がり過ぎないよう，あらかじめ燃料を希薄な状態で燃やしているため，燃料の方が希釈されていても，ほとんど問題にはならない．これまで，圧縮機から出て燃焼器に投入され

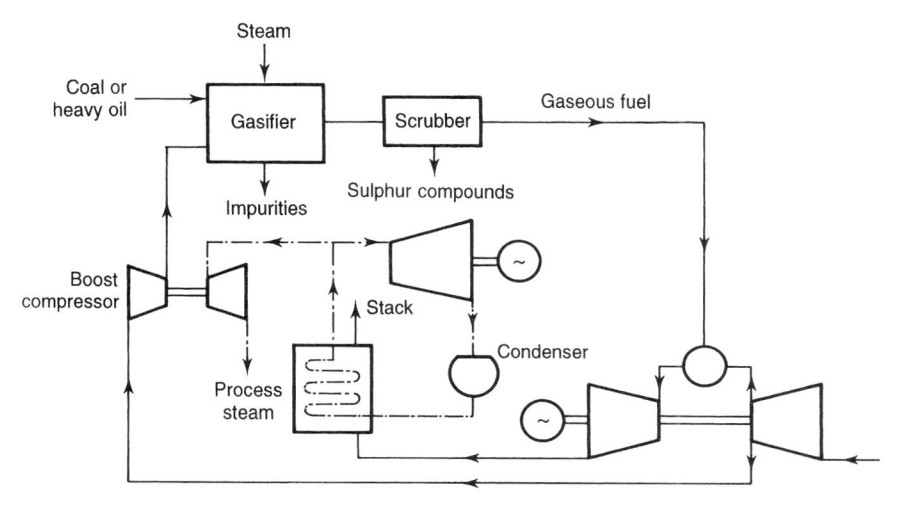

図 1.21 コンバインド・サイクル・ガス化プラント（一点鎖線は蒸気）

ていた窒素の一部が，燃料の一部として燃焼器に投入されることになるだけである．ガス化を利用した設備については 6.8 節でも触れる．

その他，ガスタービンの将来の使われ方の可能性の 1 つとして，エネルギ貯蔵設備として使うということが考えられる．国全体として考えた発電システムの効率は，十分なエネルギの貯蔵設備があって，最も効率の高いベースロード用の発電所を昼夜なく最大効率で運転できれば向上する．これまでは，揚水発電が，そのエネルギ貯蔵の役割を担ってきたが，例えばイギリスでは，揚水発電に適した場所は，すでに，ほぼすべて使われてしまっている．エネルギ貯蔵の代替案を図 1.22 に示す．図の例で，切り替え式のモータ M／発電機 G は，圧縮機／タービンのどちらにも連結可能となっている．夜間は，ベースロードの余剰電力を用いて圧縮機を駆動し，小石程度の大きさのアルミ，もしくは，シリカ（石英，二酸化ケイ素）などが多数詰まった再生器 Regenerator（pebble bed）を通して，地下貯蔵庫（Cavern）に高圧空気を送り込む．その際，再生器には熱が蓄えられる．昼間は，地下の高圧空気が，再生器を通り，再生器に蓄えられた熱を受け取った後，タービンへと向かう．電力のピーク需要に対応するには，タービンに向かう高圧空気を，さらに燃焼器で燃料と共に燃やして加熱してもよい．経済性の観点から地下貯蔵庫を小さくしなければならない場合には，圧縮機で，貯蔵する

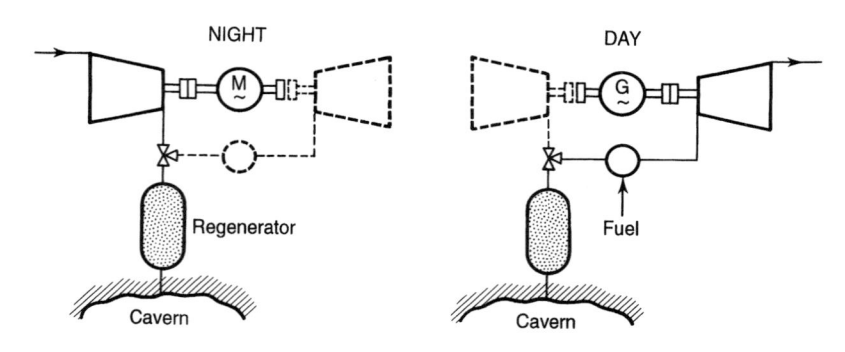

図1.22 エネルギ貯蔵システム

　空気の圧力を，例えば，100気圧前後にまで高める必要がある．しかし，そうすると，空気の温度は約900℃と高温になるが，圧縮機から出た高圧空気を，再生器で熱を奪って冷やしてから地下貯蔵庫に送ることにすれば，地下貯蔵庫がコンパクトになる上，貯蔵庫壁面温度の過度な上昇を防ぐことが出来る．地下貯蔵庫としては，岩塩が水で浸食されて出来た岩塩洞窟を使うことが提案されており，他にも，すき間をふさぐ方法が経済的に成り立てば，廃坑の利用の可能性も出てくる．

　このような空気貯蔵式のガスタービン設備は，1978年にBrown Boveriによって作られ，ドイツで使われた．再生器は無いが，熱交換器，2つの圧縮機とその間の中間冷却器，および，再熱燃焼器が取り付けられている．また，圧縮後の空気を冷却することで，空気を貯蔵する岩塩洞窟を高温から守っている．用途はピーク電力用で，1日に3回，290 MWの電力を1.5時間供給できるが，貯蔵する空気の昇圧には12時間を要する．

1.9　ガスタービンの設計手順

　本書では，主としてガスタービンの理論の導入部分を対象としているが，補足として，ガスタービンの機械設計や運用面の話題などにも触れている．本書の位置づけを明確にするため，図1.23に，ガスタービンの設計手順全体を模式的に示す．この図を見ると，熱力学，空気力学と，機械設計や制御システム設計との

1.9 ガスタービンの設計手順　51

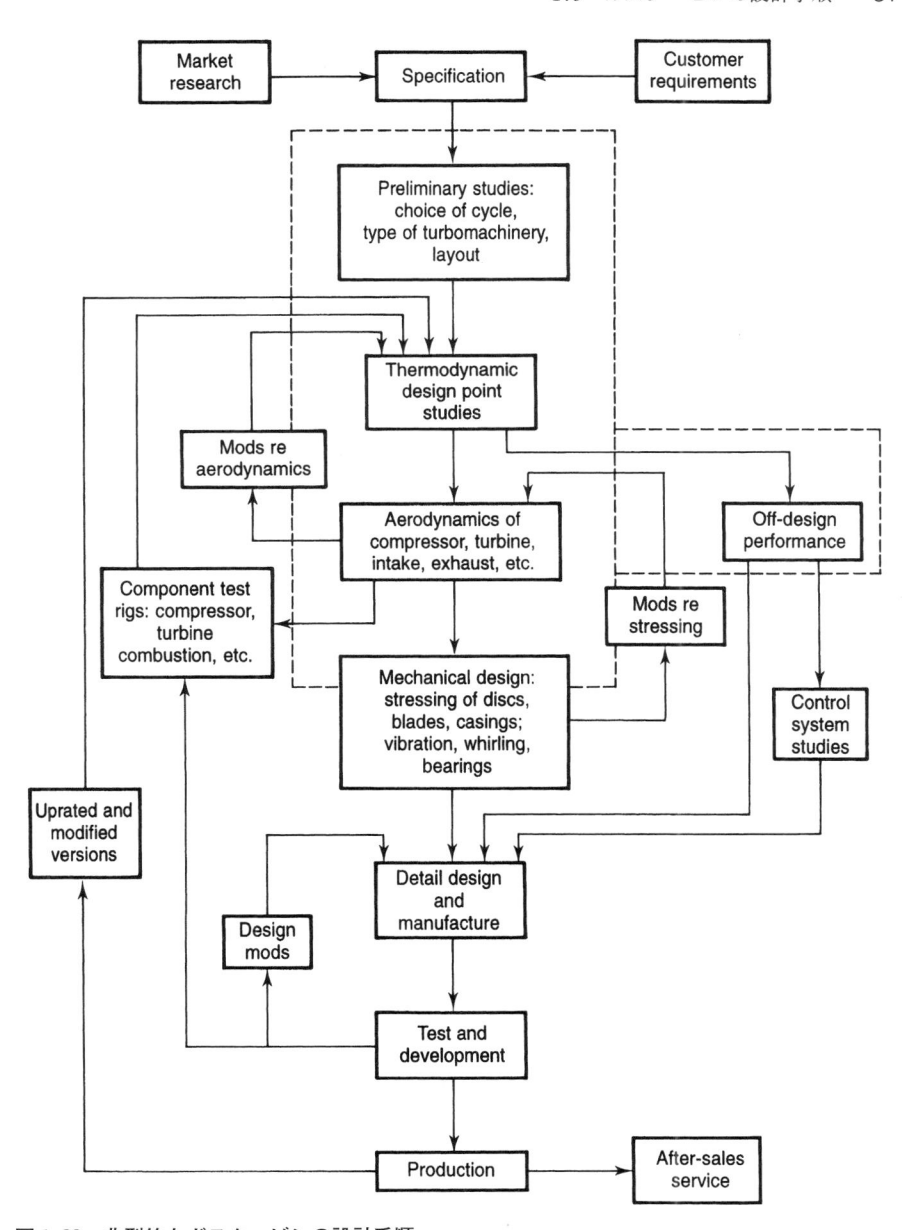

図 1.23　典型的なガスタービンの設計手順

相互関係がよく見えてくるのと同時に，様々な分野の専門家の間での作業結果に関する情報交換が重要であることが分かる．また，設計の際には製作可能性についての検討も同時に行わなければならないが，このような様々な作業グループ間の情報の流れ全体はコンカレント・エンジニアリング（concurrent engineering）と言われる．図中で破線で囲まれている部分が，本書で説明していく内容である．

ガスタービンの設計は，仕様の決定から始まるが，仕様は，市場調査，および，顧客の要求内容から定められる．このことは，航空用でも産業用でも同じである．ただし，ガスタービンの場合は，自分だけに特化された要求に沿ってガスタービンを作らせることが出来るほどの大きな顧客がいることはまず無いので，通常は，仕様は市場調査の結果から決まる．また，高性能のガスタービンの開発には膨大なお金がかかるので，開発が複数の会社によって分担される場合もある．例えば，航空用の V2500 ターボファン・エンジンは，英国の Rolls Royce 社，米国の Pratt & Whitney 社，イタリアの Fiat 社，ドイツの MTU 社と日本の JAEC（日本航空機エンジン協会）の合計 5 カ国の会社および組織によって設計された．

ガスタービンがエンジンとして成功するということは，様々な用途で幅広く使われるということであり，成功例では，設計開始から供用終了までのライフサイクルが 75 年にも達する．本書の初版が執筆された 1950 年には，Rolls Royce 社の Dart ターボプロップ・エンジンは設計の段階であったが，1986 年まで生産が継続され，2007 年の終わり頃でも，依然，約 600 台の Dart エンジンが，Fokker F-27 や BAe 748 などの機体で航空用として使われている．また，PT-6 ターボプロップ・エンジンの設計は 1958 年に始められたが，今でも航空用やヘリコプタ用のエンジンとして生産され続けている．例えば，PT-6 エンジンを搭載した US T-6 Texan 練習機は，2015 年まで生産が継続される計画になっており，供用は，少なくとも 2030 年までは続くと思われる．他にも，2030 年まで供用が続けられる予定の Lockheed 社 P-3 Orion 対潜哨戒機の場合，そのエンジンである Allison 社の T-56 ターボプロップ・エンジンの設計は 1940 年代後半にさかのぼる．T-56 エンジンは Lockheed 社の C-130 Hercules（ヘラクレス）輸送機にも多数使われている．ターボファン・エンジンや，産業用ガスタービンの例につ

いても後述する．

　ガスタービンの仕様が，単に推力や効率だけであることはまれであり，その他，用途に応じて決まる重要な仕様として，重量，コスト，サイズ，寿命，騒音レベルなどがある．しかし，それらの仕様に対応して満たすべき設計基準の多くは，互いに相反するものになっている．例えば，高効率のエンジンは，初期投資が大きくなるが，運転コストは下がる．一方，非常用の発電設備であれば，運転時間は年に50時間にも達しないので，効率は低いが簡易なエンジンが最適であることなどを考慮しなければならない．ガスタービン設計の際の重要な決定事項の1つは，熱サイクルの選択であるが，このことについては第2章と第3章で述べる．また，設計の初期段階で，ガスタービンの各要素について，どのような型の圧縮機，タービン，および，燃焼器を使用するかを検討するのは重要なことであり，これらはエンジンのサイズに大きく影響する．各要素の設計については，第4章〜第7章で述べる．機械設計については第8章で述べられており，応力解析，振動や材料の選択についても触れられている．また，他にも，例えば，エンジンの回転軸を1つにするか複数にするかなど，エンジン形式についても検討する必要があるが，各種形式のエンジンの作動特性については，第9章と第10章で述べられている．

　設計の第1段階は，設計点における熱サイクルの解析を行うことである．この解析では，各要素の効率，抽気量，流体の物性値，圧力損失率などの重要な設計パラメータが入力され，圧力比やタービン入口温度を一定範囲で振った詳細な計算が行われる．そして，その結果として，様々な状態における比推力（通過する空気の単位質量流量あたりの推力）や燃料消費率が決まる．産業界では，このような解析には，商用コードであるGASTURBなどの洗練されたソフトウェアが使われることもあるが，これらのソフトを使えば，最適な設計の解が自動的に得られる訳ではないことをよく理解しておかなければならない．例えば，タービン入口温度を固定して考えると，圧力比を大きく上げても燃料消費率はほとんど改善されない上に，そのようなエンジンを作ろうとすると，かなり複雑かつコスト高になって実用的でない．また，機械設計や空力設計についても考慮する必要がある．設計者が様々なことを考慮した上で，上記の各種設計パラメータを設定すると，熱サイクルを用いた性能解析により比推力が得られ，それにより，所定の

推力を得るために必要な空気流量が決まることになる．

　熱サイクル上の性能解析パラメータは，対象とするエンジンのサイズ，より正確に言えば，通過する空気流量によって，大きく左右される．例えば，出力 500 kW のエンジンのタービンでは，タービン翼が非常に小さくなってしまい，製作上の困難さとコストの問題から空気冷却が困難なため，熱サイクル上の最高温度（タービン入口温度）が 1200 K 程度に制約される．また，サイズが小さいと，軸流圧縮機では圧力比を上げると翼が極端に小さくなるため，遠心式の圧縮機の採用が必要になり，効率が若干下がる．こうなると，効率が重要な場合は，熱交換器の採用を検討することになるかもしれない．一方，出力 150 MW の装置なら，より複雑な形状のタービン翼（空冷タービンなど）を使うことができ，タービン入口温度 1600 K 以上で運転することができる．これは，先ほどの小さなエンジンでの無冷却の例より 400 K も温度が高い．また，大きなエンジンであれば，軸流式の圧縮機を採用することが可能で，圧力比は 30：1 にまで上げることも可能になる．

　熱サイクルによる設計点での性能解析によって，空気流量，圧力比，タービン入口温度などが決まると，次に，圧縮機やタービンなどの回転要素の空力設計に移ることが出来る．ここで，流路の内外径，翼列の回転速度や段数などを定めることが出来るが，空力設計の段階で問題が生じて，空力のスタッフが，性能解析や機械設計のスタッフと，設計点の条件変更が可能かどうかについて相談するということがよくある．例えば，タービン入口温度を少し上げるとか，圧力比を下げる，回転速度を上げるといった内容についてである．また，回転要素の空力設計においては，早い段階から，設計した形状が製作可能かどうかも考慮しなければならない．例えば，小型エンジンの遠心圧縮機の設計などでは，流路を削り出すための工作機械の刃が入るスペースがあるかどうかが重要なポイントになる．一方，大型の航空用ターボファン・エンジンでは，高バイパス比化によるファン径拡大に対応してファン翼が重くなるため，ファン翼が外れた時の回転軸のバランスの崩れが，軸受けの設計や，ファンのコンテインメント設計（ファン翼が外れてエンジン外に飛散すると機体を損傷し，重大事故につながる可能性があるので，そうならないよう，ファン翼が外れても，破片をエンジン内に閉じ込められるようファンケースを丈夫に設計すること）の際に考慮すべき重要な点になる．

熱サイクルによる性能解析や空力設計により，エンジンの主要寸法が決まると，ようやく機械設計の出番となる．この段階で，応力解析や振動解析の結果次第では設計変更が必要になるが，許容応力の面から必要になる設計変更が，空力性能の面とは相容れない結果になることもよくある．さらに，それらと並行して，設計点以外（off design）での性能や，エンジン制御に関する検討も行われる．設計点以外での運転に関しては，航空エンジンの場合は，飛行高度や飛行速度の違いによりエンジンに入る空気の状態が変わることや，推力を落として運転することによる性能の変化を考慮しなければならない．また，エンジンの安全な自動運転を行うための制御システムを設計するには，エンジンのあらゆる場所の温度や圧力などエンジンの状態を示すパラメータ値が予測でき，それらのいくつかを，適切な制御パラメータとして選ぶことが必要になる．

　また，ガスタービンのエンジンは，そのエンジンの将来の発展性も考慮した上で設計しなければならない．エンジンの供用が始まると，顧客から，より高出力，高性能な派生型が望まれるようになり，改造型の開発が行われることになる．実際のところ，まだエンジンの設計をしている段階で，そういった要望が出されることもよくあり，航空エンジンではそのような傾向が顕著である．改造設計を行う際には，基本設計を維持しつつ，空気流量やタービン入口温度を上げたり，要素を改良して高効率化したりすることを検討しなくてはならない．成功例では，長期間に渡ってそのようなエンジンの改造が繰り返され，出力が当初の3倍にも達することがある．一方，時として，エンジンの基本設計自体が時代遅れになり，上記のような改造だけでは，新技術を採用した設計のエンジンと比べて，競争力が無くなってしまうこともある．製造メーカにとって，どのタイミングで設計をリニューアルしていくかは，経営を左右する重要事項である．参考文献［2,3］には，Alstom社の産業用小型ガスタービンや，Pratt & Whitney Canada社のターボプロップ・エンジンで，どのような設計が行われたかが書かれている．また，文献［4,5］では，GE社とWestinghouse社の大型産業用ガスタービンの設計がどのように進化してきたか，具体的には，圧力比やタービン入口温度，空気流量を上げることで，どのように出力と効率を向上させてきたかについて述べられている．文献［6］には，好調なエンジンのシリーズをベースに，圧縮機や発電機を分割できるように設計した例が掲載されている．文献［5］に

は，Westinghouse 501 エンジンが，1968～1993 年の間，どのように設計変更されてきたかが記されており，下の表には，出力が 42 MW から 160 MW まで増強された過程が示されている．空力技術の進展により，圧力比は 7.5 から 14.6 まで上昇する一方，材料や翼の冷却方法が改良されたことによって，サイクルの最高温度もかなり上昇し，結果として，熱効率が 27.1% から 35.6% まで向上している．1968 年時点でのエンジンでは，タービンの初段ノズルしか冷却されていなかったが，1993 年のタイプでは，6 段もの冷却が必要になっている．また，排気が高温化してきていることも注目に値する．このことは，コンバインド・サイクルにおいて，高い熱効率を得るために重要な点である．その後，1999 年に導入された W501G は，出力 253MW，熱効率 39% に達している．W501G の概観図を図 1.24 に示す．W501G は，Siemens 社と Westinghouse 社の合併により，SGT6-5000F と改名されている．

文献 [7] には，高バイパス比エンジンの設計についての内容が記されており，運航計画の設計への影響に力点が置かれている．RB-211 は，元は長距離の民間航空機用として設計されたが，その派生型である RB211-535 は，飛行時間が 1～1.5 時間の短距離の航空機用として開発された．短距離の場合は，タービンが最も高温になる離陸／上昇が，より頻繁に行われることになるが，そのような過酷な使用条件においても，長距離用の場合と同じタービンの寿命を保持できたことが強調されている．文献 [8] では，これまでの長期間に渡る技術の進歩や，今後，性能や重量の面でエンジンを改善していくのに必要となる革新技術について述べられている．

Year	1968	1971	1973	1975	1981	1993
Power (MW)	42	60	80	95	107	160
Thermal efficiency (%)	27.1	29.4	30.5	31.2	33.2	35.6
Pressure ratio	7.5	10.5	11.2	12.6	14.0	14.6
Turbine inlet temp. (K)	1153	1161	1266	1369	1406	1533
Airflow (kg/s)	249	337	338	354	354	435
Exhaust gas temp. (°C)	474	426	486	528	531	584
No. of comp. stages	17	17	17	19	19	16
No. of turbine stages	4	4	4	4	4	4
No. of cooled rows	1	1	3	4	4	6

1.9 ガスタービンの設計手順 57

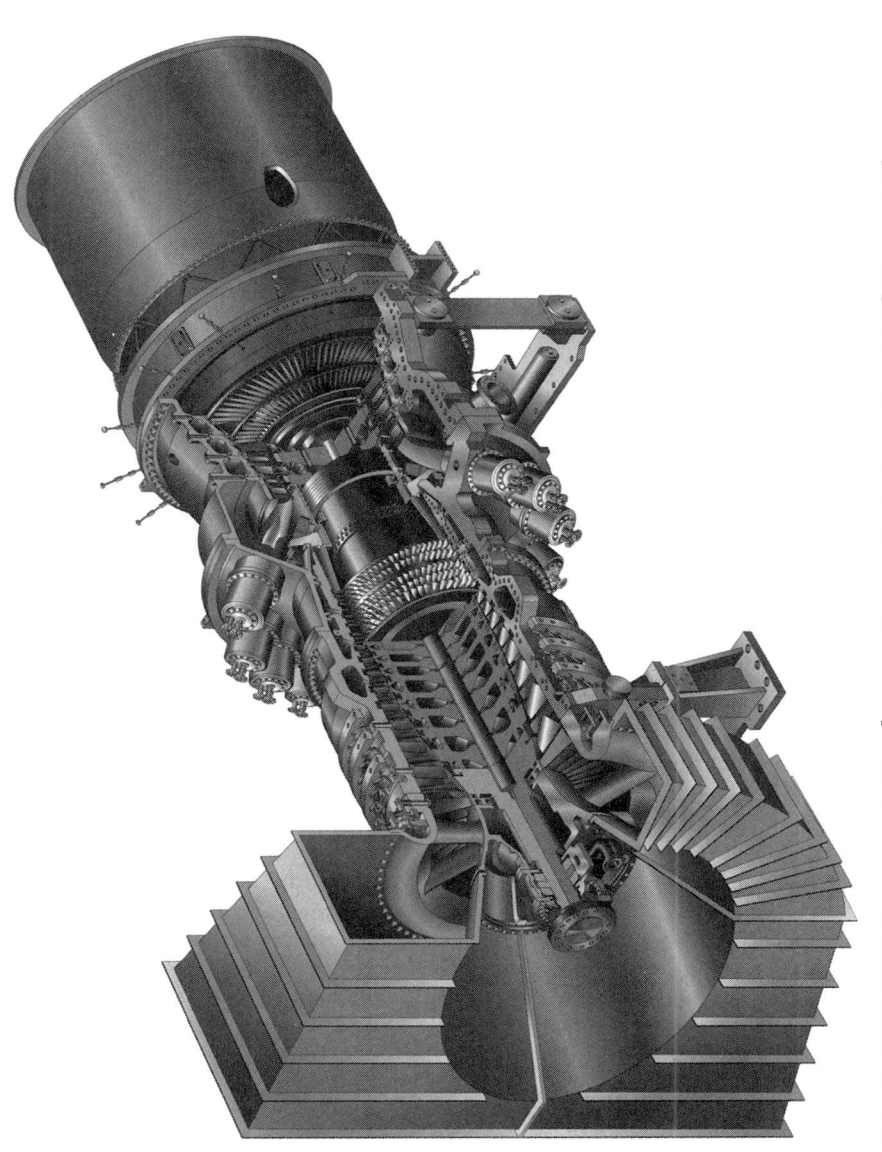

図 1.24 SGT6-5000F Siemens gas turbine ［courtesy Siemens–Westinghouse. Copyright ⓒ Siemens AG.］

以上，表面的にではあるが，ガスタービンの設計過程の全体像を俯瞰してきた．これを通じて，ガスタービン産業が，多くの分野の洗練された技術者に対して，刺激的でやりがいのある仕事を提供できるということが，読者の皆さんにもお分かりいただけたのではないかと思う．

2 産業用ガスタービン

　前章で，ガスタービンには，圧縮器—燃焼器—タービンのような単純サイクルのものから，再生器，中間冷却器，再熱器などを付加した複雑なものまで，様々なサイクルのものがあることを示した．また，航空用では，推進方式に応じて，ターボジェット，ターボプロップ，ターボシャフト，ターボファンなどの形態がある．これら様々なガスタービンの熱サイクルについて，本章と次の第3章で述べるが，本章では，主に，発電やパイプライン圧送などの産業用ガスタービンを扱い，次の第3章で航空用を扱う．航空用では，飛行速度や飛行高度の変化がガスタービンの性能に大きな影響を及ぼす．

　本章の主題となる実際の産業用ガスタービンの性能予測に進む前に，まず，要素の効率が100％で圧力損失が無い，理想的なガスタービンの性能について見ておく．理想的なガスタービンでは，比出力が圧力比とタービン入口温度（サイクルの最高温度）の両方によって決まるのに対し，効率は圧力比のみに依存し，最高温度にはよらないことを示す．このように，理想的なガスタービンについて調べることで，それらのパラメータの重要性を認識でき，また，実際のガスタービンの正確な性能予測についての基礎を身に付けることが出来る．

2.1　理想サイクル

　損失のない理想的なガスタービンの熱サイクルについては，工業熱力学の教科書（例えば文献 [1]）にあり，ここでは，結果の概略だけを示す．理想的なガスタービンでは，次の事柄を仮定する．

　（a）作動流体（多くの場合は空気）は，圧縮と膨張の過程で可逆断熱変化す

る，すなわち，等エントロピ変化する．
  (b) 各要素（圧縮機，燃焼器，タービン等）の入口と出口では，作動流体の運動エネルギの差は小さいとして無視する．
  (c) 空気取り入れ口，燃焼器，熱交換器，中間冷却器，排気ダクト，各要素をつなぐダクト等での圧力損失は無いものとする．
  (d) 熱サイクル全体を通して，作動流体は，成分割合が一定で，比熱も一定の理想気体とする．
  (e) 熱サイクル全体を通して，作動流体の質量流量は一定とする．
  (f) 熱交換器は対向流式とし，熱が高温側から低温側に100％受け渡しされるものとする．よって，上記 (d) (e) と考え合わせれば，熱交換器における低温側の温度上昇量は，取りうる最大の値となり，その値は，高温側の温度下降量と同じになる．

　(d) と (e) の仮定により，作動流体（空気など）に燃料を投入して燃やす燃焼器は，サイクル上，熱源が外部にあって同量の熱のみを作動流体に与える加熱器と置き換えても同じことになる（燃料投入による質量流量の増加や空気と燃焼ガスの物性の違いを無視する）．これにより，上記仮定の理想ガスタービンの性能を考える上では，作動流体を循環させる循環系でも，作動流体を常に新しく取り入れて排気を外に放出する開放系でも，変わりがない．このため，サイクルを示すブロック図は，どれも通常の開放系として描くことにする．

1軸の基本サイクル

　一般に，流れ系の状態1→状態2の変化におけるエネルギの収支を示す式として，

$$Q = (h_2 - h_1) + \frac{1}{2}(C_2^2 - C_1^2) + W \tag{2.0.1}$$

が成り立つ．ただし，Q と W は，それぞれ，1→2の過程で，単位質量流量あたり，流体に与えられた熱と流体がなした仕事で，h は流体の持つ単位質量あたりのエンタルピ（比エンタルピ），C は流速である．理想的な単純ガスタービン・サイクルはジュール（もしくはブレイトン）サイクルと呼ばれ，図2.1の1→2→3→4（→1）のように示される．上記 (b) の仮定より運動エネルギを

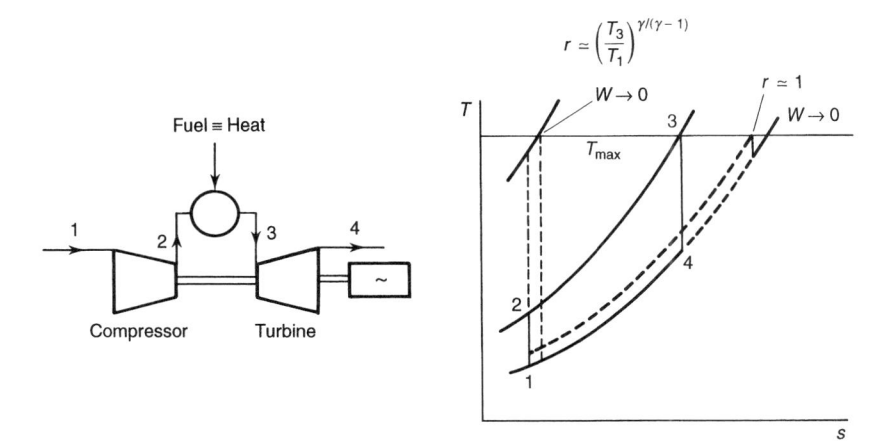

図 2.1 単純ガスタービン・サイクル

無視し，サイクルの各過程でのエネルギ収支を考えると，
$$W_{12}=-(h_2-h_1)=-c_p(T_2-T_1)$$
$$Q_{23}=(h_3-h_2)=c_p(T_3-T_2) \quad (2.0.2)$$
$$W_{34}=(h_3-h_4)=c_p(T_3-T_4)$$

となる．ただし，1→2 では熱の出入りは無く（断熱変化），作動流体は圧縮機から仕事をされており（流体が機械になした仕事を正，機械からなされた仕事は負としている），2→3 の燃焼器では流体が仕事をせず（されず），熱を受け取るのみである．3→4 のタービンでは，作動流体が軸を回す仕事（正）をしている．また，単位質量あたりのエンタルピは，定圧比熱 c_p を用いて $h=c_pT$ と表せる．このサイクルの熱効率は，

$$\eta=\frac{\text{net work output}}{\text{heat suplied}}=\frac{c_p(T_3-T_4)-c_p(T_2-T_1)}{c_p(T_3-T_2)} \quad (2.0.3)$$

と与えられる．分母は燃焼器で与えた熱，分子は，流体がタービンで外部になした仕事から圧縮機で流体の圧縮に利用した仕事を差し引いたもので，サイクル全体として流体が外部になす正味の仕事量 W である．断熱変化における圧力 p と温度 T の関係は，

$$T_2/T_1=r^{(\gamma-1)/\gamma}=T_3/T_4 \quad (2.0.4)$$

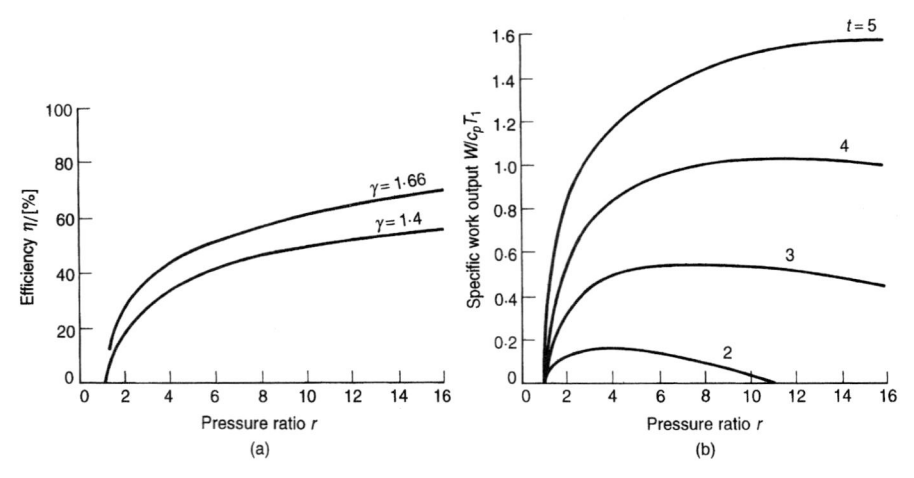

図 2.2 熱効率と比出力の変化（単純サイクル，損失なし）

と与えられる．ただし，r はサイクルの圧力比で $r=p_2/p_1=p_3/p_4$ である．圧力比 r を用いると，サイクルの熱効率は，

$$\eta = 1 - \left(\frac{1}{r}\right)^{(\gamma-1)/\gamma} \tag{2.1}$$

と与えられる．これより，図 2.1 に示すガスタービンの単純サイクルの熱効率 η は，理想的な場合には，圧力比 r と，作動流体の気体の種類によって決まる比熱比 γ のみによって決まることが分かった．図 2.2 (a) には，圧力比 r と熱効率 η の関係を示す．比熱比は，空気（$\gamma=1.4$）と単原子分子の気体であるアルゴン（$\gamma=1.66$）の 2 種類について示している．本節では，以降，空気を作動流体として考える．2.6 節では，空気の代わりに，アルゴンと同じ単原子分子のヘリウムを用いて循環系のサイクルを構成した場合について調べているが，図 2.2 (a) で見られるような，比熱比が高いことによる効率向上の効果は，各要素での損失まで考慮に入れると，実際にはあまり大きくならない．

比出力（単位質量流量の空気が外部になす正味の仕事）W については，これによって，所定の出力に必要な空気流量（すなわち装置の大きさ）が決まるが，これは，圧力比だけではなく，サイクルの最高温度 T_3 の関数にもなる．比出力 W は，上記，熱効率の式（2.0.3）の分子に示した通り，

$$W = c_p(T_3 - T_4) - c_p(T_2 - T_1) \tag{2.1.1}$$

であるが，これを入口空気のエンタルピ $h_1 = c_p T_1$ で無次元化すると，

$$\frac{W}{c_p T_1} = t\left(1 - \frac{1}{r^{(\gamma-1)/\gamma}}\right) - (r^{(\gamma-1)/\gamma} - 1) \tag{2.2}$$

となる．温度比 $t = T_3/T_1$ は吸い込む大気の温度 T_1 に対するサイクル最高温度 T_3 の比である．図 2.2 (b) には，無次元化した比出力 $W/c_p T_1$ と圧力比 r の関係を，温度比 t をパラメータとして示している．タービン入口温度である最高温度 T_3 は，実際には，高い応力がかかった状態のタービン部品の材料が，所定の時間，持ちこたえることができる許容温度によって決まる．温度比 t は，初期のガスタービンでは 3.5～4 程度であったが，空冷タービン翼の導入により，5～6 にまで上がっている．

　図 2.2 を見ると，温度比 t 一定の各カーブが，極大値を持っていることが分かる．圧力比 $r=1$，すなわち，全く圧縮しないで燃やすだけの場合は出力は 0 で，一方，圧縮機で圧縮しすぎて $r = t^{\gamma/(\gamma-1)}$ となると，圧縮機出口の温度がすでにサイクルの最大温度となり，熱を加えられず，タービンで得られる仕事が圧縮機の駆動に必要な仕事とちょうど同じになるため，これも出力は 0 となる（$t=2$ のカーブで $r=11$ 前後に相当）．すなわち，所定の温度比 t において，出力を極大にするための，小さすぎず，また，大きすぎて熱が十分に加えられないことにならない最適な圧力比 r が存在する．式 (2.2) において，$r^{\gamma/(\gamma-1)}$ を別の変数 X と置き，X で右辺を微分すると，比較的簡単に出力極大の条件が求められ，その時の圧力比を r_{opt} とおくと，

$$r_{\mathrm{opt}}^{(\gamma-1)/\gamma} = \sqrt{t} \tag{2.2.1}$$

となる．さらに，式 (2.0.4) の関係を代入すれば，

$$\frac{T_2}{T_1} \times \frac{T_3}{T_4} = t \tag{2.2.2}$$

となるが，温度比は $t = T_3/T_1$ であるから，結局，出力が極大となる条件は $T_2 = T_4$ ということになる．つまり，圧縮機出口 2 とタービン出口 4 で温度が同じになるように，圧縮機の圧力比を調整すれば，出力が最大になるということである．圧力比 r が 1 から，出力最大の $r = t^{\gamma/2(\gamma-1)}$，すなわち $T_2 = T_4$ となるまでの間は，圧縮機出口温度 T_2 は，まだタービン出口温度 T_4 に達せず，T_4 の方が T_2

より高い．この時には，次に示すように，熱交換器を使って，タービン出口の排気（温度 T_4）で，圧縮機出口空気（温度 T_2）を熱することにより，出力を変えることなく，供給熱量 Q を節約することが出来るので，サイクルの熱効率を向上させることができる．

再生サイクル

図 2.3 に示すような熱交換器を用いた再生サイクルでは，排気の熱により燃焼器入口温度が T_2 から $T_5(=T_4)$ まで上げられ，出力を変えることなく，供給する熱量 Q を削減することが出来る．よって，この時の熱効率は，式（2.0.3）と同様に，

$$\eta = \frac{c_p(T_3-T_4)-c_p(T_2-T_1)}{c_p(T_3-T_5)} \tag{2.2.3}$$

と書ける．また，上記の単純サイクルの場合と同様にして，熱効率 η を圧力比 r と温度比 t を用いて表すと，

$$\eta = 1 - \frac{r^{(\gamma-1)/\gamma}}{t} \tag{2.3}$$

となる．これより，熱交換器を用いた再生サイクルでは，単純サイクルのように，効率が圧力比 r だけの関数とはならず，温度比 t が上昇すれば効率も良くなることが分かる．また，温度比 t を一定とすれば，単純サイクルの時と反対に，圧力比が上がると効率が下がる．これらの関係について，図 2.4 に実線で示す．

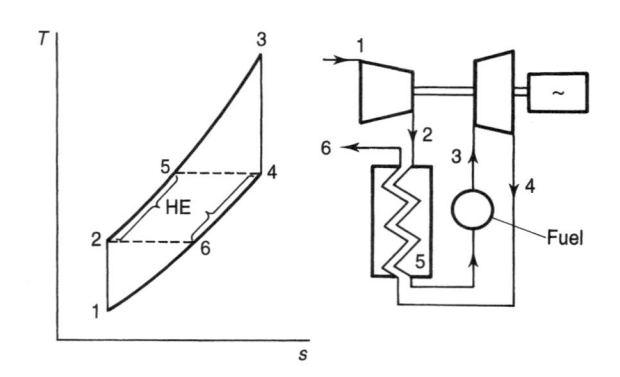

図 2.3　再生サイクル

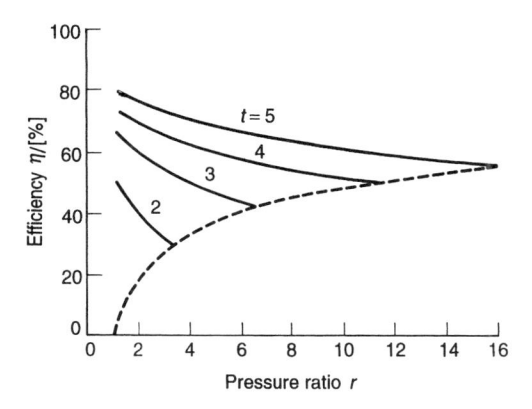

図 2.4 再生サイクルの熱効率（損失なし）

どの温度比 t 一定のカーブも，圧力比 $r=1$ の仮想的な極限では，式 (2.3) より，効率は $\eta=1-1/t$，すなわち，カルノーサイクルの熱効率に等しくなる．これは，圧力比 $r=1$ の仮想的な極限では，カルノーサイクルの熱効率を実現するための条件である「熱の吸収は，すべて，高温源の温度（今の例では T_3）で行われ，熱の排出は，すべて低温源側の温度（T_1）で行われる」という条件が満たされるためである．

再生サイクルの熱効率 η は，どれも，圧力比 r の上昇と共に減少するが，圧縮機出口温度 T_2 とタービン出口温度 T_4 が同じとなる $r^{(\gamma-1)/\gamma}=\sqrt{t}$（式 (2.2.1)）の条件を満たすまで圧力比 r が上昇すると，熱交換器が働く余地が無くなり，その時の熱効率（式 (2.3)）は，単純サイクルの熱効率の式 (2.1) と一致する．この時，出力が最大になることはすでに述べた．図 2.4 では，その圧力比までの再生サイクルの効率を実線で示しているが，それらの終点を結ぶ破線のカーブは，図 2.2 (a) の空気（$\gamma=1.4$）の単純サイクルの効率のグラフと一致する．これより圧力比 r を上げると，逆に，熱交換器で，圧縮機出口空気が冷やされることになり，効率は低下する．

比出力に関しては，熱交換器による再生の有無による変化は無く，再生サイクルでも図 2.2 (b) の結果がそのまま当てはまる．これらより，熱交換器による再生によって効率を高めるには，(a) 比出力最大となる圧力比より十分小さい圧力比としなければならない，(b) サイクルの最高温度が上がっても，圧力比を

高める必要はない，と結論付けられる．実際の損失のあるガスタービンではどうかについては後で述べるが，(a) の結論はそのまま成り立ち，(b) の結論は修正を要するということになる（図2.26）．

再熱サイクル

タービンによる膨張過程（3→4）を高圧側と低圧側に分割し，その間で再度熱を加えると，比出力を大きく向上させることが出来る．図2.5 (a) には，このようなタービン間での再熱の様子を $T-s$ 線図上に示す．図中の右上がりの曲線は圧力一定の曲線で，タービン入口の状態が3, 再熱を行わない単純サイクルではタービンにより $3→4'$ の状態変化をする．再熱する場合は，高圧タービン（3→4）で外部に仕事をした後，再熱（4→5）を行い，低圧タービン（5→6）で再度仕事を行う．再熱を行った場合にタービンがなす仕事の合計は $c_p[(T_3-T_4)+(T_5-T_6)]$, 単純サイクルの場合は $c_p(T_3-T_{4'})$ となるが，図2.1や図2.3を見ると分かるように，$T-s$ 線図では，圧力一定の2つの曲線（2—3と1—4）の縦方向の幅は，エントロピ s が大きくなるにつれて拡大する．このことから，図2.5 (a) では分かりにくいが，T_5 と T_6 の幅の方が，T_4 と $T_{4'}$ の幅より広くなるため，$(T_3-T_4)+(T_5-T_6)>(T_3-T_{4'})$ となり，再熱を行った方がタービンがなす仕事が大きくなることが分かる（同様に図2.1では T_3-T_4 は T_2-T_1

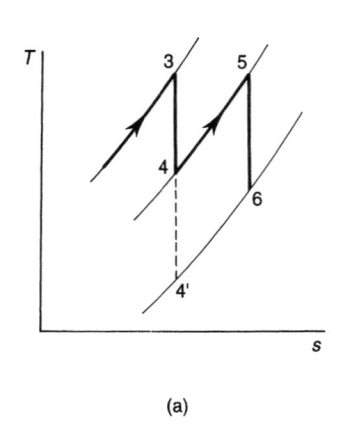

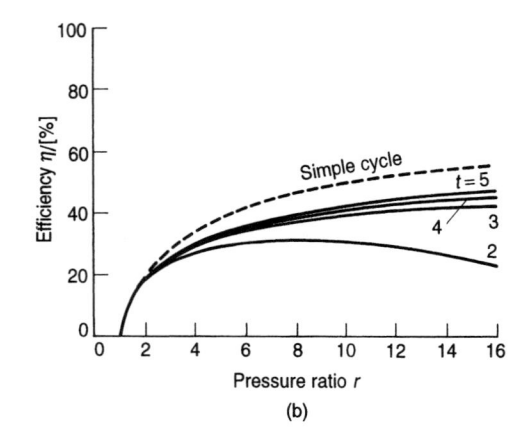

図2.5 再熱サイクル（損失なし）

より大きいため,タービンの仕事は圧縮機に必要な仕事より大きくなり正味の仕事が発生する.このことがガスタービンの本質と言える).

再熱によって,再度,温度をサイクルの最高温度 T_3 まで上昇させるとし,比出力の式を微分して,比出力最大となる条件で計算すれば,タービンを,高圧側と低圧側で圧力比が同じ(すなわち温度低下量や仕事量も同じ)になるように分割して,その間で再熱を行うのが最適という結果が得られる.この最適なタービンの分割を行ったとして,再熱サイクルの比出力と熱効率を計算すれば,次のようになる.ただし,$c=r^{(\gamma-1)/\gamma}$ としている.

$$\frac{W}{c_p T_1}=2t-c+1-\frac{2t}{\sqrt{c}} \tag{2.4}$$

$$\eta=\frac{2t-c+1-2t/\sqrt{c}}{2t-c-t/\sqrt{c}} \tag{2.5}$$

再熱サイクルの熱効率を図 2.5(b)に,比出力を図 2.6 に示す.図 2.6 を単純サイクルの比出力(図 2.2(b))と比べると,再熱によって比出力がかなり上

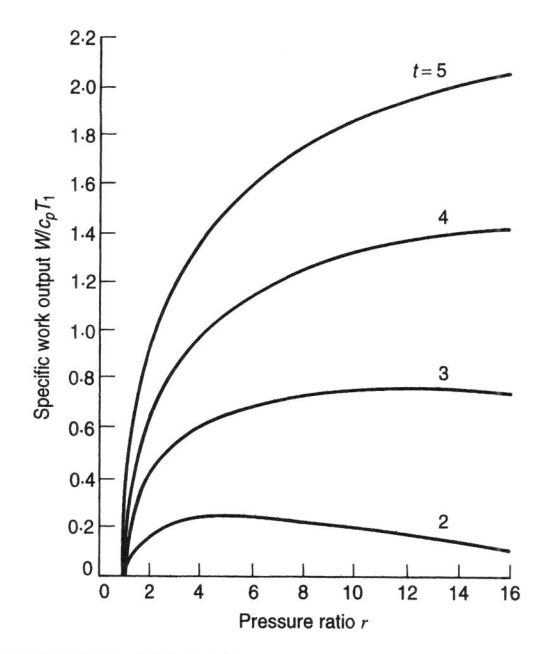

図 2.6 **再熱サイクルの比出力(損失なし)**

昇していることが分かる．ただし，両者の効率を比較すると分かるように，再熱サイクルでは効率が犠牲となっていると言える．再熱サイクルというのは，単純サイクルに，図2.5で$4' \to 4 \to 5 \to 6$（$\to 4'$）に相当する新しいサイクルを付け加えたものと考えることが出来る．再熱サイクルの効率が下がったのは，付け加えたサイクルが，変化する温度・圧力の範囲が狭い，効率の悪いサイクルであったからと考えることも出来る．ただし，サイクルの最高温度が上がり，温度比tが高くなるにつれ，再熱による効率の低下の程度が小さくなっていることは注目すべき点である．

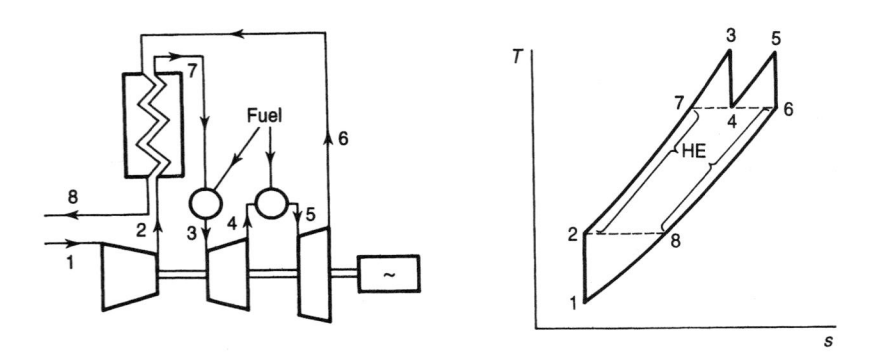

再生再熱サイクル

　再熱サイクルでの効率低下は，熱交換器を付加することによって防ぐことが出来る．このような再生再熱サイクルを図2.7に示す．この場合，再熱によって高くなった排気ガスの熱をそのまま捨てることなく，熱交換器を通して再生することが出来るため，出力が増加しても，供給熱量が増えて効率が下がるということが無くなる．図2.8には再生再熱サイクルの熱効率を示すが，再生サイクルの効率（図2.4）と比較すると，再生サイクルでは再熱を行った方が効率が高くなっていることが分かる．再生再熱サイクルの効率も，再生サイクルと似た傾向があり，圧力比$r=1$ではカルノーサイクルの熱効率と同じ効率となり，圧力比が上がるにつれて効率は低下する．図2.8の破線は，$T_2=T_6$，すなわち熱交換器の働く余地がなくなるまで圧力比rを上げて比出力が最大となる場合の効率であ

図2.7　再生再熱サイクル

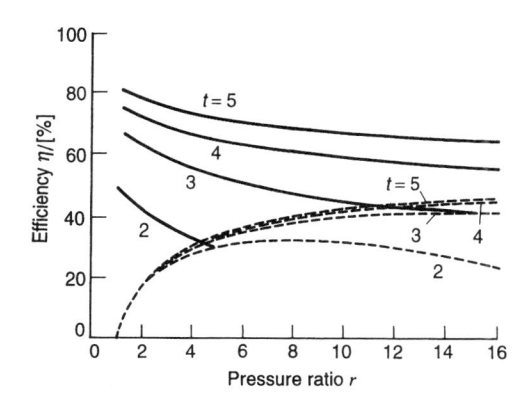

図2.8 再生再熱サイクルの熱効率（損失なし，破線は再生なしの場合）

り，この時は再生ができないため，図2.5（b）に示す再熱サイクルの効率と一致する．

中間冷却サイクル

図1.6に示すように圧縮機を低圧側（LP comp）と高圧側（HP comp）の2つに分割し，その間で空気を中間冷却（Intercool）してやると，再熱サイクルと同様に，比出力を上げることができる．また，中間冷却により，低圧圧縮機から出た空気を，入口の温度T_1まで下げてから高圧圧縮機に入れると仮定すると，低圧側と高圧側の圧縮機の圧力比を同じにした時に比出力が最大になる．しかし，実際にはガスタービンでの中間冷却はほとんど考えられていない．中間冷却器はサイズが大きく，大量の冷却水を必要とするからである．そうなると，ガスタービンの利点である，コンパクトさや，付加設備を必要とせず本体だけで機能する良さが失われることになる．そのようなことから，中間冷却サイクルの性能曲線はここにはのせていない．しいて言えば，図2.5（b）や図2.6の再熱サイクルと似たようなものになる．ただし，中間冷却による比出力の増加や効率の低下は，単純サイクルとの比較でも，それほど大きくはならない．再熱のような高温部でのサイクルの補正に比べて，低温部をいじるのは，大抵の場合，効果が小さい．中間冷却で効率が上がるのは，再熱の場合と同様，熱交換器と組み合わせた場合のみで，その場合の効率は，概ね，図2.8と同じようになる．

ガスタービンの単純サイクルに色々と付加した場合の主な効果については，ここまでの理想的なサイクルの解析でも十分に示せたと思う．ここまでに導出した式は，実際の性能解析で使われることはないが，高圧力比化が，高効率化の決め手であり，比出力を高めるには，タービン入口温度の高温化が決め手になることは示せた．次節で扱う損失のある実際のサイクルでは，高圧力比化と高温化の両方が，高効率化には重要であることが示される．また，理想的なサイクルの解析によって，再生サイクルの高効率化のためには，圧力比を低く抑える必要があることも示した．

2.2 損失を考慮する方法

実際のガスタービンの熱サイクルは，次のような点で，前節の理想サイクルと異なる．

(a) 圧縮機やタービンなどの回転要素では，実際には，作動流体の流速が大きいため，各要素の入口と出口での運動エネルギの差が無視できるとは限らない．また，回転要素での作動流体の圧縮や膨張の際には，摩擦損失を伴う不可逆な断熱変化，すなわち，エントロピの増大が起こっている．

(b) 燃焼器や，空気の取り入れ口や排出口の配管でも，流体の摩擦による全圧損失が起こっている（各要素をつなぐ配管の損失もあるが，これらは要素の損失に含めることが多い）．

(c) 熱交換器については，経済性を考慮すれば，あまり巨大には出来ず，低温側の圧縮機出口空気を高温のタービンを出た空気で加熱するとしても，同じ温度まで上げるのは不可能で，高温側入口と低温側出口で温度差が生じる．

(d) タービンから圧縮機へ動力を伝達する際，軸受けの損失や風損（機械内部を通す冷媒と機械との間の摩擦損失）が発生することや，その他，燃料や潤滑油のポンプなどの補機類の動力が必要なことから，圧縮機での流体の圧縮に必要な仕事量より，多少多くの仕事が実際には必要になる．

(e) 作動流体の定圧比熱 c_p や比熱比 γ は，実際には，サイクル中で一定でなく，作動流体の温度変化や燃焼による成分変化の影響によって変化する．

(f) 理想的なサイクルでは効率の定義が明確であったが，内部での燃焼を伴う

開放系のサイクルでは，効率をどう定義するか明確でない部分がある．圧縮機出口温度（燃焼器入口温度）と，燃料の成分，タービン入口温度（燃焼器出口温度）が与えられれば，燃焼計算によって，燃焼器の燃空比（燃料流量／空気流量）が決まる．また，燃料の燃焼が完了せず，未燃成分が残ることに関しては，燃焼効率というパラメータを導入すればよい．このようにして，実際のガスタービンの燃費性能は，単位正味出力に要した燃料消費量，すなわち燃料消費率 SFC（specific fuel consumption）によって表すことができる．これをサイクルの熱効率に変換するには，燃料の発熱量が必要になる．

(g) 作動流体に直接燃料を投入して燃やす内燃式の場合，圧縮機での空気の質量流量より，タービンでの質量流量の方が，燃料の分，多くなる．細かく言えば，圧縮機を出た空気の 1～2% が抽気され，タービンのディスクや，ディスクに埋め込むタービン翼の根元部の冷却に使われるのに対し，燃空比は，後述の通り，0.01～0.02 程度であるから，多くのサイクル計算では，両者が相殺されるとして，これらの影響を省いても精度は十分保たれる．後述の具体例においても，圧縮機とタービンの流量は同じとしている．一方，タービン入口温度が 1350 K を超えてくると，タービン翼も，ディスクや翼根元部と同様に冷却しなければならず，空冷タービン（7.6 節）が必要になる．空冷タービンのために，圧縮機出口空気の 15% に上る空気が抽気されることがあり，これによる空気流量の変化を考慮することは，正確な解析には必須である．

実際のサイクル計算の例に移る前に，これら（a）から（f）の影響を，どのようにサイクル計算に組み込むかについての説明が必要になる．また，タービン冷却用の抽気流の取り扱い（g）に関する説明も行う．

全温と全圧

上記（a）の項目で述べた流体の運動エネルギに関しては，通常のエンタルピを全エンタルピ（よどみ点エンタルピ）に置き換えれば，式を変えることなく，運動エネルギの寄与を計算に含めることができる．エンタルピ h，流速 C の流れがあるとすると，全エンタルピ h_0 は，外部との仕事や熱のやり取りが無い状

態で流れを速度 0 (よどみ点) まで減速させた時のエンタルピに等しい．エネルギ保存の法則より，

$$(h_0-h)+(0-C^2)/2=0 \tag{2.6.1}$$

であるから，全エンタルピ h_0 は，

$$h_0=h+C^2/2 \tag{2.6}$$

と表せる．完全気体を仮定すれば，エンタルピは単位質量あたり $h=c_p T$ であり，よどみ点での温度である全温を T_0 とすれば，全エンタルピと $h_0=c_p T_0$ の関係があるから，

$$T_0=T+C^2/2c_p \tag{2.7}$$

の関係がある．ここで，$C^2/2c_p$ を動温と呼ぶ．また，よどみ点温度 T_0 を全温と呼ぶのに対して，流れの温度そのもの T は静温と呼んで区別することもある．例えば，常温常圧の空気（定圧比熱 $c_p=1.005\,[\mathrm{kJ/kg/K}]$）が流速 $100\,[\mathrm{m/s}]$ で流れているとすれば，全温と静温の差，すなわち，動温は，

$$T_0-T=\frac{100^2}{2\times 1.005\times 10^3}\simeq 5\,\mathrm{K} \tag{2.7.1}$$

と計算でき，静温に比べてあまり大きくならないことが分かる．一般に，エネルギ保存の法則より，流れに外部との仕事や熱のやり取りがない場合には，全温 T_0 は常に一定となる．例えば，管路の中の流れを考えると，断面積変化により流速が変わる場合はもちろんのこと，壁面と流体や，流体どうしの摩擦による損失が発生し，流体の運動エネルギが熱に変わって流体の温度上昇が起こる場合でも，全温 T_0 は一定に保たれる（静温 T は変化する）．全温を用いると，空気の断熱圧縮に必要な仕事は，

$$W=-c_p(T_2-T_1)-\frac{1}{2}(C_2^2-C_1^2)=-c_p(T_{02}-T_{01}) \tag{2.7.2}$$

と表せる．この式は，圧縮機の効率が100%でなく，摩擦損失等が発生する場合にも成り立つ．同様に，仕事を伴わない加熱の過程は，

$$Q=c_p(T_{02}-T_{01}) \tag{2.7.3}$$

と表せる．このように，静温 T の代わりに全温 T_0 を用いれば，運動エネルギの寄与分を自動的に含めることができる．また，実用面においても，高速気流中では，静温より全温の方が計測しやすいというメリットがある（6.3節参照）．

流れが減速すると，式（2.7）に示す通り，全温 T_0 一定のまま流速 C が下がるので，その分，静温 T は上がるが，この時，同時に，圧力も上昇する．全圧（よどみ点圧力）も，全温と同様，速度を0まで減速させた時の圧力として定義できるが，全温の場合と違って，全圧は外部との仕事や熱のやり取りが無いことに加え，損失無く可逆的に，すなわち，等エントロピ的に速度0まで減速したときの圧力と定義される（断熱変化でも，損失があり可逆的でないとエントロピは増加する）．具体的には，全圧 p_0 は，

$$\frac{p_0}{p} = \left(\frac{T_0}{T}\right)^{\gamma/(\gamma-1)} \tag{2.8}$$

より定義される．ここで，p は流体そのものの圧力で，温度の場合と同様，全圧と区別するときには静圧と呼ぶ．全温と違って，流れで全圧が一定になるのは，外部との熱や仕事のやり取りが無いのに加えて，摩擦損失も無い時だけであり，全圧の損失は，流体の摩擦損失の度合いを示すのに使われる．

ガスタービン内の流れなど，密度が大きく変化する圧縮性流体の全圧の式は，水など密度がほとんど変化しない非圧縮性流体の全圧であるピトー圧 p_0^* を表す式と少し異なる（気体でも流れがさほど速くなく，圧縮／膨張しないと非圧縮性として取り扱える）．非圧縮性流体のピトー圧 p_0^* は，簡単に，

$$p_0^* = p + \frac{\rho C^2}{2} \tag{2.8.1}$$

と表せることが良く知られている．一方，ガスタービン内など，気体の圧縮性を考慮する場合の全圧は，式（2.7）と（2.8），および，理想気体の状態方程式 $p = \rho R T$，比熱の関係式 $c_p = \gamma R/(\gamma-1)$ を用いて，

$$p_0 = p\left(1 + \frac{\rho C^2}{2p} \times \frac{\gamma-1}{\gamma}\right)^{\gamma/(\gamma-1)} \tag{2.8.2}$$

と表せる．上記のピトー圧 p_0^* の式は，正確な全圧の式（2.8.2）をテイラー展開した最初の2項になっており，流速 C が $\sqrt{p/\rho}$（$=\sqrt{RT}$，すなわち音速相当）に比べて小さい場合には，全圧の式（2.8.2）はピトー圧 p_0^* の式に近くなることが分かる．一方，流速 C と音速の比であるマッハ数が $M=1$ の高速状態では，全圧と静圧の比が $p_0/p = 1.89$ であるのに対し，非圧縮性を仮定した全圧であるピトー圧と静圧の比は $p_0^*/p = 1.7$ で，およそ11％の違いが生じる．

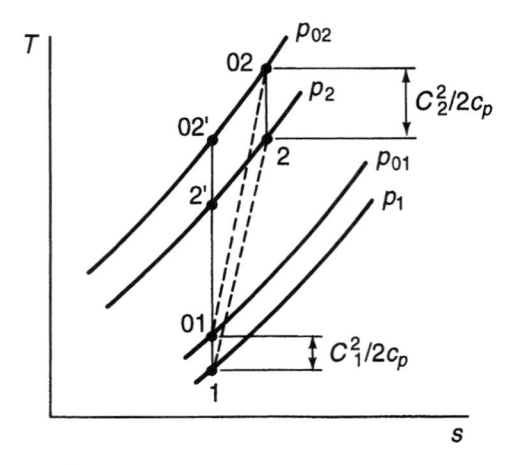

図 2.9 断熱変化の $T-s$ 線図

一般に，要素の入口 1 と出口 2 の状態の間で，損失の無い理想的な等エントロピ変化を仮定すると，

$$\frac{p_{02}}{p_{01}} = \frac{p_{02}}{p_2} \times \frac{p_1}{p_{01}} \times \frac{p_2}{p_1} = \left(\frac{T_{02}}{T_2} \times \frac{T_1}{T_{01}} \times \frac{T_2}{T_1}\right)^{\gamma/(\gamma-1)} = \left(\frac{T_{02}}{T_{01}}\right)^{\gamma/(\gamma-1)} \quad (2.8.3)$$

が成り立つ．また，

$$\frac{p_{02}}{p_1} = \left(\frac{T_{02}}{T_1}\right)^{\gamma/(\gamma-1)} \quad (2.8.4)$$

という関係も成り立つ．このように，等エントロピ変化における全圧と全温の関係（式 (2.8.3)）は，静圧と静温の関係（式 (2.0.4)）と同様になる．流れの全圧や全温は，静温や静圧などの熱力学的な状態と，流れの速度という運動状態の，両方を加味した状態を示しており，断熱圧縮の過程を $T-s$ 線図で示すと図 2.9 のようになる．図 2.9 では，等圧線が，図に示すとおり右上がりのラインとなり，分かりやすくするため，全静圧の差は実際より広げて書いてある．図 2.9 において，状態 1（全圧・全温で言えば 01）から，圧縮されて状態 2（全圧・全温は 02）となる変化は，実際には，等エントロピ変化でなく，損失の発生に伴ってエントロピ s が増加するので，破線のラインに沿って変化する．一方，損失の無い理想的な等エントロピ変化を仮定すると，図の実線に示す通り，状態 1

（もしくは 01）から 2′（もしくは 02′）の状態へと垂直に上昇する．以下，同様にして，本書においては，損失が無く，理想的な変化を仮定した場合に生じる仮想的な状態は，状態の番号にダッシュを付けて示すことにする．

圧縮機とタービンの効率

(a) 等エントロピ効率

　要素の効率は，損失が無い理想的な状態変化を仮定した場合の仕事量と，実際の仕事量との比率で表される．圧縮機やタービンなどのターボ機械では，通過する空気の変化は断熱変化に近いので，損失の無い理想的な状態では等エントロピ変化となる．この等エントロピ変化の時を基準とした要素の効率を，等エントロピ効率（isentropic efficiency）という．圧縮機において，単位質量の空気を，所定の入口圧力から出口圧力まで圧縮するのに必要な仕事量に関して，理想的な等エントロピ変化では W'，実際は W であるとすれば，等エントロピ効率 η_c は，

$$\eta_c = \frac{W'}{W} = \frac{\Delta h'_0}{\Delta h_0} \tag{2.9.1}$$

と表せる．Δh_0 は，圧縮機での全エンタルピ h_0 の増加量で，完全気体を仮定すると，定圧比熱 c_p を用いて $\Delta h_0 = c_p \Delta T_0$ と書ける．定圧比熱 c_p は温度によって変化するので厳密には一定ではないが（図 2.16），圧縮機の温度変化範囲内での定圧比熱の平均値を c_p として用いれば，この $\Delta h_0 = c_p \Delta T_0$ の関係は，実際のガスタービンに対して用いても，通常は十分に精度が高い．また，等エントロピ変化と実際の状態変化で，温度の変化範囲はそれほど大きく違わないので，用いる定圧比熱の平均値の差も小さい．よって，圧縮機の等エントロピ効率は，通常は，全温を用いて，

$$\eta_c = \frac{T'_{02} - T_{01}}{T_{02} - T_{01}} \tag{2.9}$$

と定義される．同様にして，タービンに関しても，単位質量の空気が，所定の入口圧力から出口圧力まで膨張することによってなす仕事量に関し，等エントロピ変化では W'，実際は W であるとすれば，等エントロピ効率 η_t は，

$$\eta_t = \frac{W}{W'} = \frac{T_{03} - T_{04}}{T_{03} - T'_{04}} \tag{2.10}$$

と定義される（タービンでは $W'>W$ なので，効率の定義が圧縮機とは分子と分母が逆になる）．

ガスタービンのサイクル計算を行う時には，圧縮機とタービンの等エントロピ効率 η_c と η_t を，それぞれ，ある値に仮定して行う．その効率の値を用いると，圧縮機では，所定の圧力比（全圧比）の圧縮を行う際の全温の変化は，式 (2.9) より，

$$T_{02}-T_{01}=\frac{1}{\eta_c}(T'_{02}-T_{01})=\frac{T_{01}}{\eta_c}\left(\frac{T'_{02}}{T_{01}}-1\right) \tag{2.11.1}$$

また，式 (2.8.3) に示す等エントロピ変化での全温と全圧の関係より，

$$T_{02}-T_{01}=\frac{T_{01}}{\eta_c}\left[\left(\frac{p_{02}}{p_{01}}\right)^{(\gamma-1)/\gamma}-1\right] \tag{2.11}$$

と求められ，同様に，タービンの場合は，

$$T_{03}-T_{04}=\eta_t\,T_{03}\left[1-\left(\frac{1}{p_{03}/p_{04}}\right)^{(\gamma-1)/\gamma}\right] \tag{2.12}$$

となる．状態の番号は，図 2.1 の基本サイクルと同じである．定置型のガスタービンの圧縮機で，空気取り入れダクトが短くて圧縮機の一部として考えても問題ない場合には，圧縮機入口の全温 T_{01} と全圧 p_{01} は，それぞれ，周囲の大気の気温 T_a や気圧 p_a と等しいとして差し支えない．本章では，どの例でも，そのように仮定して計算を行っている．一方で，空気取り入れダクトが長い上に，フィルタが付いているような場合には，空気取り入れダクトでの全圧損失 Δp_i を考慮して，圧縮機入口での全圧は $p_{01}=p_a-\Delta p_i$ としなければならない．ただし，空気取り入れ部での損失割合は，ガスタービンそれぞれの設置場所における配管の仕方によって変わってくるので，製造メーカでは，空気取り入れ部での損失が無いとした場合の性能を公称値とし，それに，各サイトでの配管等に応じた損失レベルによる補正を加えるという方法を取っている．また，航空エンジンの場合は，インテーク（航空エンジンの空気取り入れ部）で，概ね機体の速度と同じ速さで流入してくる空気が減速される過程で昇圧するため（ラム圧縮），状況が全く異なる．この場合は，圧縮機入口での全温 T_{01} や全圧 p_{01} は，流入空気の動温や動圧がある分，周囲の気圧 p_a や気温 T_a より大きくなるため，摩擦損失が無いとしても，インテークと圧縮機は別要素として考えなければならない．インテ

ークでの全圧損失の取り扱いについては，次の章で述べる．

　図2.1の基本サイクルでは，周囲にある気温 T_a，気圧 p_a の大気を圧縮機に取り入れる一方，タービン出口は大気に開放されていて，タービン出口の静圧 p_4 は，周囲の気圧 p_a と等しくなる．タービン出口では，排気にある程度流速があるため，全温 T_{04} や全圧 p_{04} は，静温 T_4 や静圧 $p_4(=p_a)$ より大きいが，排気は，タービンを出ると，周囲の大気との混合による摩擦で運動エネルギが消滅し，全圧は，最終的に静圧 $p_4(=p_a)$ と等しくなるまで減少する．このように，タービン出口で，もし流体に運動エネルギがある程度あったとしても，それは大気中に捨てられるのみで，結局は無駄になる．そのことまで考慮すれば，理想的には，タービン出口の流速が0になるまで，すなわち，タービン出口全圧が $p_{04}=p_4=p_a$ となるまで，流入する高温高圧ガスを減圧して軸を回転する仕事をさせるのが，考えうる最大のタービンの仕事量ということになるであろう．このように，タービンで，全圧が，入口での値 p_{03} から，周囲の気圧 p_a まで損失無く等エントロピ的に減少し，その際の全エンタルピの減少分をすべて仕事として取り出したと仮定した理想的な仕事量を考え，これを分母とした効率を求めると，それは，式(2.12)で出口全圧を p_{04} から周囲の気圧 p_a に代えたもの，すなわち，次の通りとなる．

$$\eta_t = \frac{T_{03}-T_{04}}{T_{03}\left[1-\left(\frac{1}{p_{03}/p_a}\right)^{(\gamma-1)/\gamma}\right]} \qquad (2.13)$$

　実際には，図2.10のようにタービン出口にディフューザ（流路が拡大する管，図4.5（a））を取り付けると，大気に放出する時の流速が下がり，運動エネルギの損失を少なくできる．この時，図4.5（a）で示すように，ディフューザでは出口より入口の静圧が低くなるので，タービンの出口圧が下がり，タービンの出力を増やすことができる．

　式で示すため，図2.10において，タービン入口を3，タービンで仕事をする回転部の出口を x，ディフューザ出口（大気開放）を4とする．ディフューザ出口4では，流れが気圧 p_a，流速ほぼ0まで減速されるので $p_{04}=p_4=p_a$ となる．また，ディフューザでは仕事や熱の出入りが無いため全温は変化せず $T_{0x}=T_{04}$ である．タービンでの単位質量あたりの仕事量は，回転部の全温差 $T_{03}-T_{0x}$

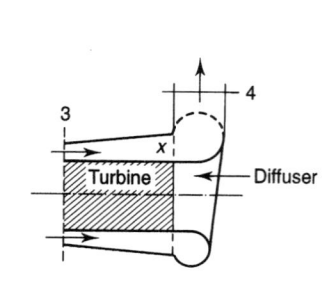

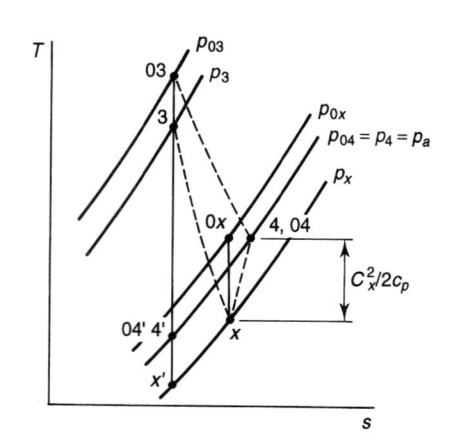

図 2.10 排気ディフューザ付タービン

($=T_{03}-T_{04}$) に定圧比熱 c_p をかけて求められる．ディフューザが無い場合は，出口 4 で流速があったため $p_{04}>p_4=p_a$ であったが，ディフューザ付きでは，出口でほとんど速度を 0 に落として $p_{04}=p_4=p_a$ となるため，タービン出口全圧 p_{04} はディフューザを付けると低下することが分かる．ディフューザでの全圧損失 $p_{04}-p_{0x}$ が小さいとすれば，同時にタービン回転部出口全圧 p_{0x} も下がるため，タービン回転部の差圧，すなわち全圧比 p_{03}/p_{0x} が大きくなり，式（2.12）で示す全温下降量も大きくなって，タービンの仕事量が増えることになる．ただし，ディフューザでの全圧損失 $p_{0x}-p_{04}$ が大きくなると，p_{0x} があまり下がらないため，タービンの仕事量はディフューザを付けてあまり増えなくなる．

　式（2.12）で出口全圧を $p_{04}=p_a$ とおいて，効率 η_t にディフューザでの損失も含めて考えれば，式（2.13）と同じになる．ただし，その場合は，タービンの回転部とディフューザを合わせた要素の性能を表していることを忘れないようにしなければならない．本書では，以降，タービン出口が大気開放されている場合には，式（2.12）において p_{04} を p_a とおいた式を用い，航空機のようにタービンの後ろに推進ノズルがある場合や，後ろに別のタービンがあるような場合には，式（2.12）をそのまま用いる．

(b) ポリトロープ効率

上記では，圧縮機やタービンに対して，圧力比によらない等エントロピ効率について述べたが，ガスタービンの最適な圧力比を求めるために，ある範囲で圧力比を振ってサイクル計算をするような場合には，圧縮機やタービンの効率を，圧力比によらず一定値としてよいのかという問題がある．実際，圧力比が上昇すると，圧縮機の効率は下がり，タービン効率は上がる傾向があることが知られている．その理由について，図2.11を用いながら説明する．温度や圧力は，全温と全圧で考えるが，添字が多くなるため，よどみ点量であることを示す添字の0は省略する．

多段の軸流圧縮機（図5.1の例では白（静翼）と黒（動翼）の組み合わせで1段で，合計16段）を考える．どの段も翼の設計が相似とすれば，各段（stage）ごとの圧縮過程における等エントロピ効率 η_s は，どの段でもそれほど変わらないと仮定しても良いと考えられる．各段で損失の無い理想的な圧縮に必要な全温上昇（必要な仕事に相当）を $\Delta T_s'$ とすれば，式（2.9）より，各段の実際の全温上昇 ΔT_s は，それより大きく $\Delta T_s'/\eta_s$ となる．圧縮機全体で必要な実際の全温上昇量 ΔT は，それらを合計して，

$$\Delta T = \sum \frac{\Delta T_s'}{\eta_s} = \frac{1}{\eta_s} \sum \Delta T_s' \tag{2.14.1}$$

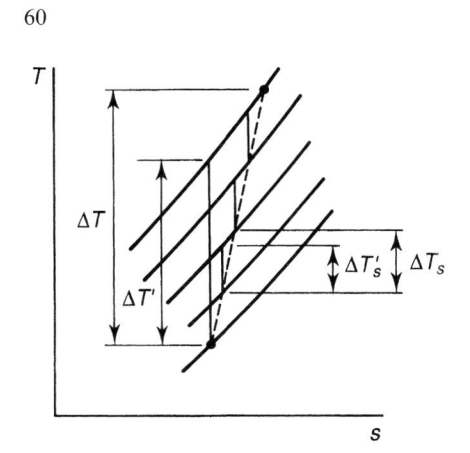

図2.11 圧縮機・タービンの各段ごとの変化と要素全体としての変化の関係

と表せる．また，圧縮機全体での等エントロピ効率を η_c とすれば，同様に $\Delta T = \Delta T'/\eta_c$ であるから，

$$\frac{\eta_s}{\eta_c} = \frac{\sum \Delta T'_s}{\Delta T'} \tag{2.14.2}$$

と書ける．図 2.11 には 4 段分の変化が示してあるが，再熱サイクルの図 2.5 で説明した通り，$T-s$ 線図では，圧力一定の 2 つのラインの縦方向の幅は，エントロピ s が大きくなるにつれて拡大するため，$\sum \Delta T'_s > \Delta T'$ となる．このため，効率に関しては $\eta_c < \eta_s$ となる．つまり，各段ごとの効率 η_s よりも，それぞれの段が合わさった圧縮機全体の効率 η_c の方が低くなり，その差は，全体圧力比が上がるほど大きくなる．これは，式（2.11）に示す通り，所定の圧力比の圧縮を行うのに必要な仕事量は，入口全温に比例して大きくなることに起因するものである．物理現象としては，ある段で損失があり，所定の昇圧を行うのにより多くの仕事を入力すると，理想状態より段出口の全温が上がるため，その次の段の入口全温が高くなる「予熱」を起こし，次の段での仕事量も増えるということに対応している（図 1.6 で説明した中間冷却の逆）．同様にして，タービンも段に分割して考えると，圧縮機の逆で，$\eta_t > \eta_s$ となり，各段の効率より全体効率の方が高くなる．これは，式（2.12）に示す通り，ある段で損失が発生しても，その分，全温が上がれば，次の段で取り出せる仕事量が増えることにより，損失の一部を取り戻すことが可能なためである．

このような背景から，ポリトロープ効率 η_∞ という概念が生まれた．圧縮機の場合を例にとれば，全圧縮の過程を，微小な圧縮過程の集まりと考え，各微小な圧縮過程での等エントロピ効率は一定であるとして，その効率を $\eta_{\infty c}$ とおけば，

$$\eta_{\infty c} = \frac{dT'}{dT} = \text{constant} \tag{2.14.3}$$

と書ける．これをポリトロープ効率（polytropic efficiency）と言う．理想的な等エントロピ変化では，$T/p^{(\gamma-1)/\gamma} = $ 一定 の関係があるので，圧力変化 dp に対して理想的な変化を仮定した温度変化 dT' は，

$$\frac{dT'}{T} = \frac{\gamma-1}{\gamma} \frac{dp}{p} \tag{2.14.4}$$

と表せ，ポリトロープ効率の定義式と合わせると，

$$\eta_{\infty c}\frac{dT}{T}=\frac{\gamma-1}{\gamma}\frac{dp}{p} \tag{2.14.5}$$

となる．ポリトロープ効率 $\eta_{\infty c}$ は一定と考えるので，これを，入口1から出口2まで積分すると，

$$\eta_{\infty c}=\frac{\ln(p_2/p_1)^{(\gamma-1)/\gamma}}{\ln(T_2/T_1)} \tag{2.14}$$

となる．この式を用いれば，圧縮機の出口と入口の全温・全圧の計測値からポリトロープ効率が求められる．この式は，

$$\frac{T_2}{T_1}=\left(\frac{p_2}{p_1}\right)^{(\gamma-1)/\gamma\eta_{\infty c}} \tag{2.15}$$

とも書ける．また，等エントロピ効率 η_c とポリトロープ効率 $\eta_{\infty c}$ の関係は，

$$\eta_c=\frac{T_2'/T_1-1}{T_2/T_1-1}=\frac{(p_2/p_1)^{(\gamma-1)/\gamma}-1}{(p_2/p_1)^{(\gamma-1)/\gamma\eta_{\infty c}}-1} \tag{2.16}$$

と表せる．ここで，式（2.15）の右辺の圧力比にかかる指数 $(\gamma-1)/\gamma\eta_{\infty c}$ を $(n-1)/n$ とおけば，よく知られた，指数 n のポリトロープ変化となる．このように，等エントロピでない変化は一般にポリトロープ変化となり，$\eta_{\infty c}$ がポリトロープ効率と呼ばれるゆえんでもある．

タービンの場合は，ポリトロープ効率の定義は $\eta_{\infty t}=dT/dT'$ となり，同様にして，状態3から4への変化に関し，

$$\frac{T_3}{T_4}=\left(\frac{p_3}{p_4}\right)^{\eta_{\infty t}(\gamma-1)/\gamma} \tag{2.17}$$

および，

$$\eta_t=\frac{1-\left(\frac{1}{p_3/p_4}\right)^{\eta_{\infty t}(\gamma-1)/\gamma}}{1-\left(\frac{1}{p_3/p_4}\right)^{(\gamma-1)/\gamma}} \tag{2.18}$$

となる．図2.12には，圧縮機とタービンにおいて，ポリトロープ効率をどちらも85％，比熱比を $\gamma=1.4$ とし，式（2.16）と式（2.18）を用いて，要素全体の等エントロピ効率 η_c と η_t の圧力比 r による変化を求めたものを示す．ポリトロープ効率は，各要素での過程を，微小な過程（圧力比がほとんど1）に分けた場合の等エントロピ効率であるから，圧力比1の極限での要素の等エントロピ効率

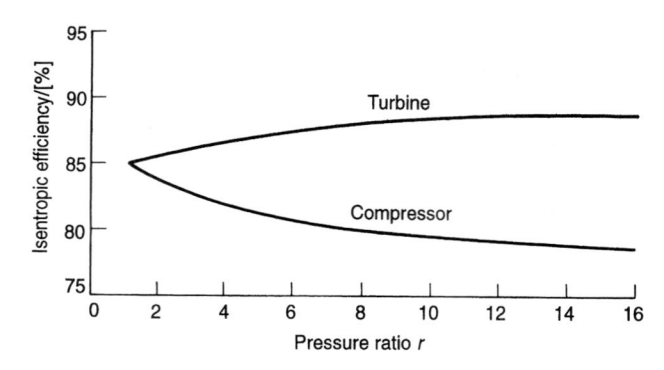

図 2.12 タービンと圧縮機の等エントロピ効率の圧力比による変化（ポリトロープ効率 85％の場合）

は，ポリトロープ効率と等しくなる．

サイクル計算上は，圧縮機に必要な仕事量や，タービンのなす仕事量を計算するのに，式（2.11）や式（2.12）のような形式が最も使いやすい．圧縮機では，式（2.15）において，全温・全圧を示す添字の 0 を戻し，先ほどのポリトロープ指数 n を用いて $(\gamma-1)/\gamma\,\eta_{\infty c}=(n-1)/n$ とすれば，

$$T_{02}-T_{01}=T_{01}\left[\left(\frac{p_{02}}{p_{01}}\right)^{(n-1)/n}-1\right] \tag{2.19}$$

となる．同様にタービンでも別の指数 n を用いて，

$$T_{03}-T_{04}=T_{03}\left[1-\left(\frac{1}{p_{03}/p_{04}}\right)^{(n-1)/n}\right] \tag{2.20}$$

と表せる．ただし，$\eta_{\infty t}(\gamma-1)/\gamma=(n-1)/n$ である．

圧力比を変えてその影響を見るような計算を行う場合には，圧縮機やタービンのポリトロープ効率を一定と置くのが妥当で，そうすれば，圧力比の変化による要素の等エントロピ効率の変化を自動的に組み込むことが出来る．ただし，どちらかと言えば，ポリトロープ効率は，設計の専門家が用いる高度な考え方で，通常，簡易なサイクル計算をしたり，エンジンの試験データを解析したりするのには，等エントロピ効率の方が適している．サイクル計算において，等エントロピ効率を用いる場合は式（2.11）と式（2.12）を，ポリトロープ効率を用いる場合は式（2.19）と式（2.20）を用いる．

全圧損失

　空気取り入れ口や排気ダクトでの全圧損失については上記で説明したが，その他にも，例えば，燃焼器では，保炎や空気と燃料の混合を行う部品での空気抵抗，および，発熱反応に伴う運動量損失により，全圧損失 Δp_b が発生する．燃焼器での全圧損失の詳細は，第6章で述べる．また，熱交換器が組み込まれている場合には，摩擦により，空気側（低温側）での全圧損失 Δp_{ha} と，燃焼ガス側（高温側）での全圧損失 Δp_{hg} が発生する．図 2.13 に示す通り，全圧損失が発生すると，圧縮機での圧力比に対するタービンの圧力比の割合が小さくなり，ガスタービンの正味出力が小さくなる．ガスタービンのサイクルでは，タービンでの出力仕事と，圧縮機駆動に必要な仕事という2つの大きな量の差が正味出力となるため，性能は，全圧損失の影響を大きく受ける．

　全圧損失が固定値の場合には，そのまま，それをサイクル計算に組み込める．図 2.13 に示すように，熱交換器付の単純サイクルでは，タービンの圧力比は，

$$p_{03} = p_{02} - \Delta p_b - \Delta p_{ha}, \quad p_{04} = p_a + \Delta p_{hg} \tag{2.20.1}$$

より求められる．しかし，タービンや圧縮機での損失と同様に，ここでも，圧力比が異なるサイクルを比較する際に，損失を固定値としてよいのかという問題が生じる．流体の摩擦による全圧損失は，通常の管内流と同様，概ね，流れの動圧

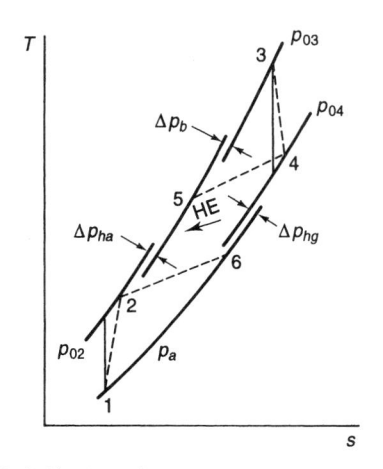

図 2.13　全圧損失を考慮したガスタービン・サイクル

（全静圧差，非圧縮性の場合は式（2.8.1）の $\rho C^2/2$）に比例する．熱交換器での空気側の圧力損失 Δp_{ha} や，燃焼器圧損 Δp_b に関しては，圧力比が上がると，流体の密度 ρ が増えることによる動圧の増加によって，損失量が増えると予想できる．熱交換器や燃焼器入口での流体の密度 ρ は，温度によっても変わるので，正確には圧力に比例はしないが，Δp_{ha} や Δp_b などの全圧損失を，圧縮機出口全圧の一定割合になると仮定すれば，固定値よりは良い近似となる．タービン入口全圧を，その損失割合を用いて表すと，

$$p_{03} = p_{02}\left(1 - \frac{\Delta p_b}{p_{02}} - \frac{\Delta p_{ha}}{p_{02}}\right) \tag{2.20.2}$$

となる．後述の具体例では，この式を用いて全圧損失を計算に組み込んでいる．

燃焼器圧損は，燃焼室を大きくして流速を下げれば小さくすることができ，装置の大きさがそれほど問題にならない産業用ガスタービンでは，それが可能である．一方，航空エンジンでは，重量や容積，エンジンの正面面積などを小さくすることが重要なため，燃焼器を大きくすることが難しく，燃焼器圧損が大きめになることは避けられない．また，航空エンジン設計の際には，空気の密度が薄い高高度での所定の飛行条件における圧損について考慮することも必要である．燃焼器の全圧損失率 $\Delta p_b/p_{02}$ は，大型の産業用ガスタービンの典型例では 2〜3％，航空エンジンでは 6〜8％に達する．

熱交換器の熱交換効率

ガスタービンの熱交換器には，多くの形式があり，対向流式や直交流式と言われるような，高温流と低温流が隔壁をへだてて両側を流れるタイプや，リジェネ型（regenerator）と言われる，周期的に流路を切り替えて蓄熱と放熱を行うタイプなどがある．どのタイプの熱交換器でも，図 2.13 に示した状態番号を使えば，タービン高温排気からの放熱量は $m_t c_{p46}(T_{04} - T_{06})$，圧縮機出口空気側の受熱量は $m_c c_{p25}(T_{05} - T_{02})$ と書ける．ただし，m_t と m_c は，それぞれ，タービンと圧縮機（出口）の質量流量である．放熱量と受熱量は等しいので，質量流量 m_t と m_c が等しいとすれば，

$$c_{p46}(T_{04} - T_{06}) = c_{p25}(T_{05} - T_{02}) \tag{2.21}$$

となる．これだけでは，高温側と低温側の出口温度 T_{05} と T_{06} が決まらないの

で，次に示す熱交換効率より求める．

　低温側の出口温度 T_{05} は，最高でも高温側の入口温度 T_{04} までであるから，この理想状態での受熱量との比較でもって，熱交換効率が次のように定義できる．

$$\frac{m_c c_{p25}(T_{05}-T_{02})}{m_c c_{p24}(T_{04}-T_{02})} \tag{2.21.1}$$

　ここで，状態2～4と状態2～5では，定圧比熱 c_p の平均値に大差は無いので，これらは消去し，最終的に，熱交換効率は，通常は，全温差だけでもって，次のように定義する．

$$熱交換効率 = \frac{T_{05}-T_{02}}{T_{04}-T_{02}} \tag{2.22}$$

　この値を与えれば，熱交換器を出て燃焼器に入る空気の全温 T_{05} が求められる．必要に応じて，さらに式（2.21）を使えば，高温側出口全温 T_{06} も求められる．ただし，式（2.21）の燃焼ガスと空気の定圧比熱 c_{p46} と c_{p25} に関しては，それぞれの気体の成分が違うため，等しいとして消去出来ないことに注意する．

　一般的に，熱交換器は，サイズが大きくなると熱交換する面積が増えて熱交換効率も上がってくるが，一定以上になると効率はあまり上がらなくなる．また，コストは，その熱交換面の面積で大体決まってくるため，それも加味し，最近の熱交換器は，概ね，効率90％で設計される．熱交換器を使う場合，タービン出口温度は熱交換器の材料によって決まり，ステンレス製だと900Kを大きく上回ることは出来ない．熱交換器を付ける再生サイクルのタービン入口温度がそれほど上げられないのもこのためである．また，熱交換器には，始動時に，大きな熱応力がかかるので，ピーク電力の発電用など，始動停止の回数が多いものには使われない．熱交換器が適しているのは，パイプライン圧送用など，一定出力で長期間運転するものであるが，パイプラインの圧送基地は，大抵，人里はなれた不便な場所にあるため，熱交換器の輸送と据付が大きな問題になる．このため，最近の熱交換器には，いくつかの同じモジュールを組み立てて使うタイプのものもある．ただし，熱交換器は，近頃，圧力比の高い単純サイクルや，ベース電力でのコンバインド・サイクルに対して優位性を見出せなくなり，あまり使われなくなった．1990年代後半に導入された Solar Mercury は，4MW の高性能小型発電機で，このガスタービンは，最初から熱交換器付で設計され，熱交換器への

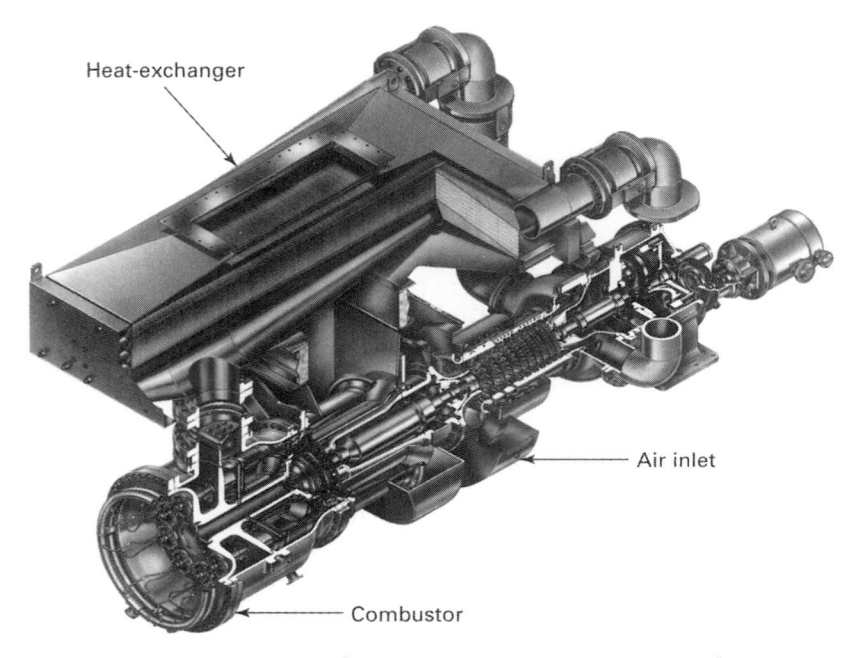

図 2.14　Solar Mercury gas turbine ［courtesy Solar Turbines Incorporated］

流れの出入りが容易になるように，ターボ機械類や燃焼器が配置されている．そのレイアウトを図 2.14 に示す．このレイアウトでは，圧縮機の空気取り入れ口が真ん中辺りにあり，燃焼器は端にあるので，別の燃料を使うとか，有害排気ガスを抑える新技術が開発された時などに，燃焼器の付け替えが簡易に出来るようになっている．

　マイクロ・ガスタービンと呼ばれる小型のガスタービンが市場に出回るようになれば，その圧力比の低さからして，ある程度の効率を確保するには熱交換器が不可欠になると思われる．マイクロ・ガスタービンは，下流に工業プロセス用の蒸気や高温水を供給する排熱再生式・蒸気発生器（HRSG）を付けたコジェネレーション・システムとしても使われる可能性がある．図 2.15 には，マイクロ・ガスタービンのパッケージの一例を示すが，ターボ機械類は非常に小さく，それに比べて熱交換器が大きいことが良く分かる．また，将来，サイクル効率 60％を目指すような場合には，複雑サイクルにおいて熱交換器が再登場する可能性も

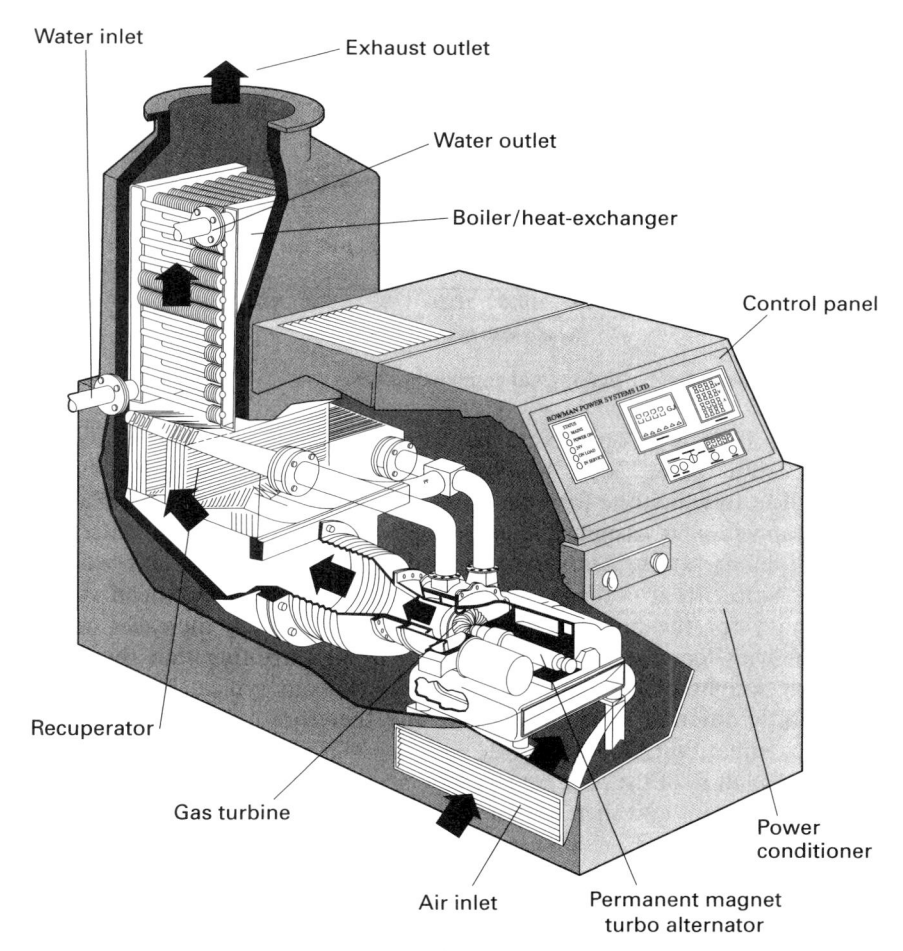

図 2.15 マイクロ・ガスタービンのパッケージの例 [courtesy Bowman Power System]

あり，今後の可能性については文献 [2] に掲載されている．

機械損失

　ガスタービンでは，圧縮機は，ギアを介さずに直結しているタービンにより駆動される．よって，タービンから圧縮機への動力の伝達に際して発生する損失は，軸受けの損失や風損（機械内部を通す冷媒と機械との間の摩擦損失）に限ら

れる．これらの損失はきわめて小さく，通常は，圧縮機を駆動するのに必要な動力の約1%と見積もられる．タービンから圧縮機への動力伝達の機械効率をη_mとおくと，圧縮機を駆動するのに必要な動力は，

$$W = \frac{1}{\eta_m} c_{p12}(T_{02} - T_{01}) \tag{2.22.1}$$

と表せる．以降の計算例では，機械効率はη_mを99%とする．

燃料や潤滑油ポンプなどの補機類を動かすための動力は，装置全体の正味出力からその分を差し引く形で勘案することが多い．ガスタービンの出力を，負荷側に伝達する際のギアの損失も同様に扱う．以降，これらの損失については触れないが，小型小出力の場合など，それらが無視できないケースもある．別軸の出力タービン（free turbine）がある場合（図1.5）には，出力を一定に保たなければならないケースがあるので，燃料や潤滑油のポンプなどの補機類を動かす動力は，圧縮機につながっている方のタービンから得ることになる．

比熱の温度変化

定圧比熱c_pおよび比熱比$\gamma(=c_p/c_v)$は，ガスタービンのサイクル計算上重要な特性値であり，状態変化に対応してこれらの値が変化することを考慮しなければならない．通常のガスタービンの運転状態では，定圧比熱c_pは温度のみの関数と考えてよい．一般気体定数（不変）を$\tilde{R}(=8.314\,[\text{J/mol/K}])$とし，作動流体の気体の分子量を$M$とすれば，気体定数は$R=\tilde{R}/M$と書ける．例えば，空気の場合，平均分子量は28.966（$M=28.966\times10^{-3}\,[\text{kg/mol}]$）より，気体定数は$R_{air}=287\,[\text{J/kg/K}]$となる．また，気体定数と比熱には$R=c_p-c_v$の関係があるので，

$$\frac{\gamma-1}{\gamma} = \frac{\tilde{R}}{M c_p} \tag{2.23}$$

となる．よって，定圧比熱c_pが温度のみの関数なら，作動流体が途中で変化しない限り，比熱比γも温度のみの関数と考えてよい．定圧比熱c_pと比熱比γの温度依存性について，図2.16に示す．図中の燃空比0のデータは空気に対応する．横軸が温度だが，空気については，圧力比35でも圧縮機出口温度が800K程度なので，概ね，図の左半分を参照すればよい．

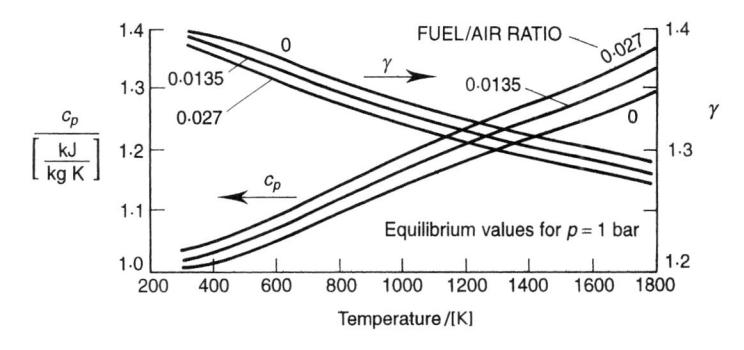

図2.16 定圧比熱 c_p と比熱比 γ の温度変化（空気，燃焼ガス）

　図1.2のような循環系のガスタービンでは作動流体は変化しないが，図1.1のような開放系のガスタービンでは，空気に直接燃料を投入して燃やすため，タービンでは作動流体が空気と燃焼ガスの混合気になる．燃料はケロシン（灯油，ジェット燃料）の場合が多く，その分子式は概ね C_nH_{2n}（n＝12程度）と表せる．燃焼の反応式は $C_nH_{2n}+(3/2n)O_2 \rightarrow nCO_2+nH_2O$ で，概ね完全燃焼するので，燃焼前に投入された燃料と空気の割合（燃空比）が分かれば，燃焼後の燃焼ガスに占める各成分（窒素，酸素，二酸化炭素，水蒸気等）の比率が分かる．よって，各成分気体の比熱比や分子量から，それらの混合気である燃焼ガスの定圧比熱 c_p や比熱比 γ も計算できる．図2.16に示す通り，燃空比が増えると定圧比熱 c_p は上昇し，比熱比 γ は低下する．ただし，ケロシンなど炭化水素系燃料を燃やす場合には，燃焼ガスの平均分子量 M は空気とほとんど変わらず，$R=\tilde{R}/M$ で計算できる燃焼ガスの気体定数は，空気の気体定数 $R_{air}=287$ [J/kg/K] とほぼ同じになる（つまり，比熱 c_p や c_v，その比である γ は変化するが，差の $c_p-c_v=R$ は，ほぼ一定に保たれる）．

　燃焼ガスが高温になると分子の解離が起こり，反応が複雑になるが，燃焼場の圧力は解離を起こす分子数に大きな影響を及ぼすため，そのような高温の状態では，定圧比熱 c_p や比熱比 γ は，温度だけでなく圧力によっても変化する．文献[3]には，この現象を解析した結果が表にまとめられている．解離による定圧比熱 c_p や比熱比 γ への影響は，概ね1500 K以上で現れる．よって，厳密に言えば，図2.16に示す値は，1500 K以上では1気圧の時のみ正しいことになる．た

だし，実際には，1800 K においても，燃空比が低い場合には燃焼場の圧力を 0.01 気圧まで下げても，定圧比熱 c_p は，およそ 4% 増える程度，逆に 100 気圧まで上げても，1% 減る程度で，比熱比 γ の変化率は，それよりさらに小さい．多くの航空用および産業用ガスタービンで，タービン入口温度が 1500 K を超えるものが多数あるが，定圧比熱 c_p や比熱比 γ への圧力の影響はそれほど大きくないとして，本書では無視する．

圧縮機での温度上昇や，タービンでの温度低下は，式 (2.11) と (2.12)，もしくは，式 (2.19) と (2.20) を用いて計算するが，厳密な計算では，比熱比 γ としてある値を仮定して圧縮機・タービンでの温度変化を計算し，求まった温度から，逆にその温度での比熱比 γ を求めて再計算を行うという繰り返しが必要になる．ここまで高い精度が要求される場合には，例えば文献 [1] にあるような，エンタルピやエントロピの表を用いた方がよい．しかし，概念設計や比較検討段階でのサイクル計算では，圧縮機での空気，および，タービンでの燃焼ガスについて，それぞれ，

$$空気: c_{pa}=1.005 \text{ kJ/kg K}, \gamma_a=1.40 \text{ or } \left(\frac{\gamma}{\gamma-1}\right)_a=3.5$$
$$燃焼ガス: c_{pg}=1.148 \text{ kJ/kg K}, \gamma_a=1.333 \text{ or } \left(\frac{\gamma}{\gamma-1}\right)_g=4.0$$

(2.23.1)

のように一定値としても，精度的には十分であることが分かっている．この背景には，図 2.16 に示すように，c_p と γ の温度変化に対する増減が逆になっているということがあげられる．サイクル計算では，$c_p \Delta T$ で計算する圧縮機やタービンでの仕事量が重要になる．例えば，空気で比熱比 γ が上記に示す 1.4 で一定というと，図 2.16 を見るに，実際の比熱比より若干大きめの値を使っていることになると言える．この時，対応する定圧比熱 c_p の値 1.005 は実際より低めになる．式 (2.11) や (2.12) から分かるように，温度変化 ΔT は比熱比 γ が大きいほど大きくなる．よって，温度変化 ΔT を実際より大きめに見積もることになるが，仕事量 $c_p \Delta T$ については，逆に c_p が実際より小さめであるから，両者の誤差が相殺されて，真の値に近づくことが分かる．一方，サイクル中の温度そのものの予測については，そのような効果は期待できず，上記のような定数を用いた計算では，高い精度は望めない．各要素の詳細設計に際しては，より正確

な作動流体の状態量が必要であり，先に述べたような，比熱比や定圧比熱を温度の関数とする繰り返し計算を行わなければならない．

燃空比，燃焼効率とサイクル効率

実際のガスタービンの性能は，燃料消費率 SFC（specific fuel consumption），すなわち，単位出力あたりの燃料消費量で明示される．この値を出すには，燃焼器で所定の温度までガス温度を上げるために投入する燃料の量，正確には，燃料に対する空気の比率である燃空比 f を求める必要がある．図 2.1 で表せる単純サイクルの性能を考えると，燃焼器入口温度（全温）T_{02} は，圧縮機の効率や圧力比から計算するが，サイクルの最高温度となる燃焼器出口温度 T_{03} は，通常は，入力条件の1つとして指定される．燃空比を f とすると，温度 T_{02} で1 kgの空気に f kgの燃料を投入して燃やし，合計 $(1+f)$ kg の燃焼ガスの温度が T_{03} となるような f の値を求めることが課題となる．

今，ガスタービンを流す空気1 kg 当たりで考える．空気1 kg（比エンタルピ h_{a02} [J/kg]）と燃料 f kg（比エンタルピ h_f [J/kg]）を燃焼させて出来る燃焼ガスの各成分 i の質量を m_i [kg]，比エンタルピを h_{i03} [J/kg] とすれば，燃焼前後でのエネルギ保存より，

$$\sum (m_i h_{i03}) - (h_{a02} + f h_f) = 0 \tag{2.23.2}$$

と書ける．燃焼ガスを一体で考え，その混合ガスの定圧比熱を c_{pg} とし，燃焼反応の基準温度 25℃（298 K）における反応熱（反応エンタルピ）を燃料1 kg あたり ΔH_{25} とおけば，上記は，

$$(1+f)c_{pg}(T_{03}-298) + f\Delta H_{25} + c_{pa}(298-T_{02}) + f c_{pf}(298-T_f) = 0 \tag{2.23.3}$$

となる（文献 [1] 参照）．25℃における反応熱 ΔH_{25} とは，25℃の空気と燃料を反応させて，25℃の燃焼ガスが出来たとした場合に吸収する熱で，符号は吸熱反応で正，発熱反応で負（燃焼では負）としている．一般的な燃料の場合，反応熱 ΔH_{25} は数表で調べるか，もしくは，反応前後の物質の持つエンタルピ差から計算する．通常は，燃料の温度は基準温度 25℃ と同じと仮定して右辺第4項は省略し，燃焼器で温度が T_{02} から T_{03} になるような燃空比 f の値を求める．

この計算を毎回行うのは手間がかかる上，ガス温度が高くなって燃焼ガスの分子の解離が起こる場合には反応熱 ΔH_{25} の補正が必要になるため，通常は，数表

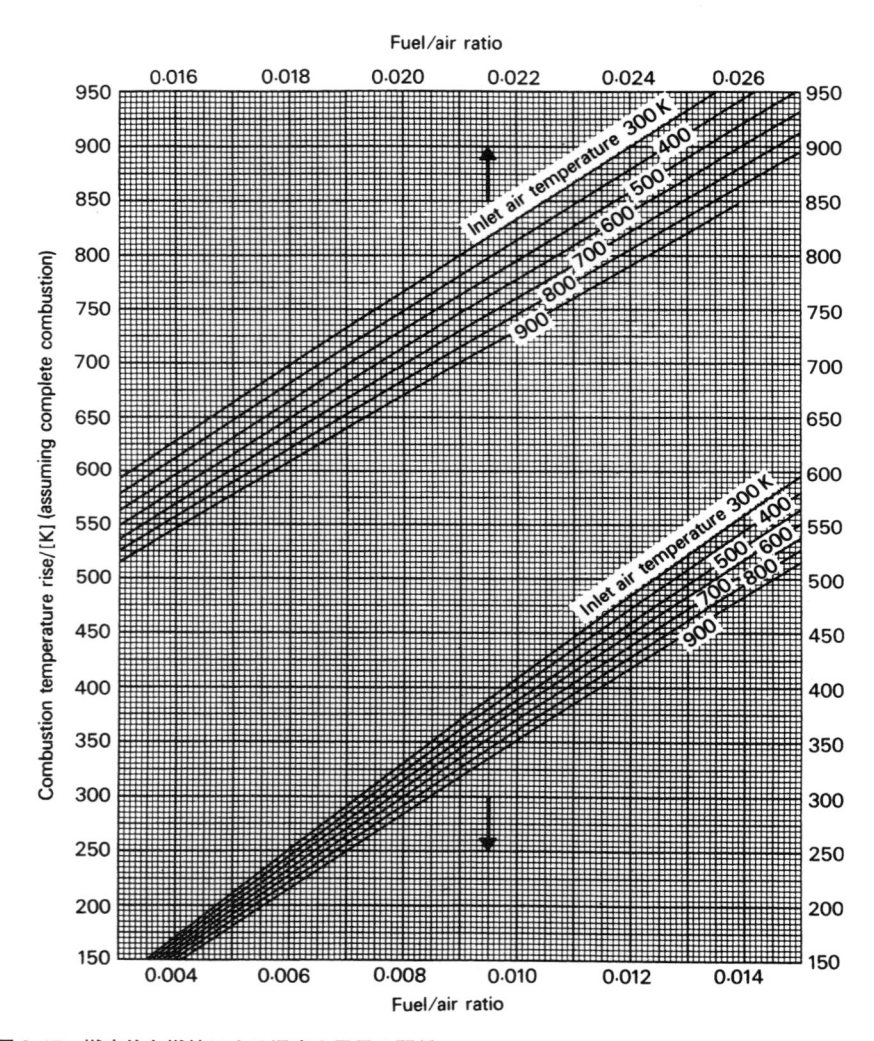

図 2.17 燃空比と燃焼による温度上昇量の関係

かグラフを用いて燃空比 f を求めるが，この方法でも精度は十分に保てる．図 2.17 は，幅広い範囲の燃焼器入口温度 T_{02} をパラメータとして，燃空比 f と燃焼器での温度上昇 $T_{03}-T_{02}$ の関係を示したものであり，以降の数値計算例では，すべて，このグラフを用いる．このグラフは，文献 [4] の大きくて正確なグラ

フを縮小したものであり，燃料としては，成分の質量割合が，水素 H 13.92%，炭素 C 86.08%の炭化水素を仮定している（$C_{12}H_{24}$ に近い）．量論燃空比（燃料と空気中の酸素がどちらも過不足なく完全燃焼する時の燃空比）は 0.068，25℃での反応熱は -43200 kJ/kg（発熱反応）であって，乾燥空気中でケロシンを燃焼させた場合に相当する．炭素と水素の成分比率の異なる炭化水素燃料を用いた場合や，再燃器で燃料を燃やす場合，すなわち，燃料を空気中ではなく燃焼ガスの中で燃やす場合の補正の仕方についても文献 [4] に示されている．

図 2.17 は，上述の燃料が量論燃空比で完全燃焼したと仮定した場合の温度上昇を示しており，その意味で，横軸は理論燃空比と書いてもよいかも知れない．実際には，燃料が完全燃焼せず，完全燃焼した理想的な場合に比べて発熱量が小さくなるが，このことに関して，燃焼効率 η_b という量を導入し，次のように定義する．

$$\eta_b = \frac{\Delta T \text{ 温度上昇させるのに必要な理論上の燃空比}}{\Delta T \text{ 温度上昇させるのに必要な実際の燃空比}} \tag{2.23.4}$$

本書では，燃焼効率に関して，この定義を用いる．燃焼効率のもう 1 つの定義の仕方として，与えられた燃空比 f に対して（実際の温度上昇）/（温度上昇の理論値）とするというものもある．どちらも，燃焼効率の本来の定義である（実際の発熱量）/（発熱量の理論値）とは完全には一致しないが，ガスタービンの場合は，燃焼効率は 98〜99％か，それ以上であるので，上記 3 つのどれを用いても大差ない．

燃空比 f が求められたとして，空気 1 [kg] あたりで考えると，燃料 f [kg] を投入して W_N [kJ] の比出力を得るので，燃料消費率 SFC は，

$$\text{SFC} = \frac{f}{W_N} \tag{2.23.5}$$

となる．燃料消費量（燃料流量）は，通常は kg/h 単位で表示し，比出力 W_N は，空気流量 1 kg/s あたりを考えて kW 単位で表示する．この時，燃料消費率 SFC を kg/kW h 単位で書くと，

$$\frac{\text{SFC}}{[\text{kg/kW h}]} = \frac{f}{W_N/[\text{kW s/kg}]} \times \frac{[\text{s}]}{[\text{h}]} = \frac{3600\, f}{W_N/[\text{kWs/kg}]} \tag{2.23.6}$$

となる．上式では，使用単位を明確にするため，各変数に単位を付けて値を代入

したとして成り立つように書いてある．また，燃料流量を m_f [kg/h]，ガスタービンの出力（power）を kW 単位で表すと，

$$\frac{\text{SFC}}{[\text{kg/kW h}]} = \frac{m_f}{\text{power}} \tag{2.23.7}$$

とも書ける．燃料や空気が25℃の状態から燃焼して，燃焼での生成物も含めてすべて25℃に戻るとして，その過程で発生する理想的な熱量を，燃料1kgあたり $Q_{\text{gr,p}}$ と置くと，空気流量 m [kg/s] に対して，燃料流量は $m_f = m \times f$ [kg/s] であるから，燃焼器での総発熱量は，単位時間あたり，

$$m_f Q_{\text{gr,p}} = f m Q_{\text{gr,p}} \tag{2.23.8}$$

と書ける．$Q_{\text{gr,p}}$ は高位発熱量と呼ばれるが，ガスタービンでは水蒸気が水に戻る際の凝縮潜熱は通常は仕事として取り出せないので，熱効率＝(出力仕事)/(供給熱量) を求める際の供給熱量の計算に関しては，低位発熱量 $Q_{\text{net,p}}$（凝縮潜熱を消去した発熱量）を用い，

$$\eta = \frac{W_N}{f Q_{\text{net,p}}} \tag{2.23.9}$$

とする．低位発熱量 $Q_{\text{net,p}}$ は，上記の反応熱 ΔH_{25} と符号が逆だが値は同じで，以降の数値計算例では 43100 [kJ/kg] を用いる．上記にならって，単位を明示すると，

$$\eta = \frac{W_N/[\text{kW s/kg}]}{f \times Q_{\text{net,p}}/[\text{kJ or kW s/kg}]} \tag{2.23.10}$$

となり，燃空比 f の代わりに燃料消費率 SFC を使って表現すれば，

$$\eta = \frac{3600}{\text{SFC}/[\text{kg/kW h}] \times Q_{\text{net,p}}/[\text{kJ/kg}]} \tag{2.23.11}$$

となる．

　実用上は，熱効率よりも，単位出力あたり必要な熱量である熱消費率（heat rate [kJ/kW h]）を用いることが多い．一般に，燃料価格は，発生熱量 MJ 当たりいくらと提示されることが多く，熱消費率が分かれば，所定の仕事を行うのに必要なコストがすぐに分かる．熱消費率は，SFC×$Q_{\text{net,p}}$ で計算され，逆に，熱効率は 3600/(heat rate) と表せる．

抽気流

2.1 節で，ガスタービンの効率や出力を高めるには，タービン入口温度を上げることが重要であることを示したが，タービン入口温度は，タービンの材料の許容温度による制約がある．近年のガスタービンでは，材料の許容温度以上でも運転できるようにするため，タービンに空冷の翼を用いている．タービン入口温度が 1350～1400 K くらいまでなら無冷却翼を使うことができ，その際には，圧縮機から冷却空気を抽気する必要がないため，抽気による主流流路のガス流量の変化を考慮する必要がない．高温の先進的なガスタービンでは，タービン動静翼の冷却が必要で，冷却に必要な抽気量は，圧縮機を通過する流量の 15% にも達する．このようなガスタービンの正確な性能予測には，抽気による影響を組み込む必要がある．タービンの冷却システムは，図 2.19 の例に示す通り複雑であるが，性能計算上は，ある程度簡単化することができる．今，図 2.18 に示すような，空冷の静翼（左）と動翼（右）の組み合わせを考える．冷却空気量は，圧縮機出口空気流量（抽気前）を基準とした割合で示し，図中の β_D はディスク（disc，動翼を差し込む根元部の円盤：図 2.19 参照）の冷却空気割合，β_S と β_R はそれぞれ，静翼（Stator）と動翼（Rotor）の冷却空気割合を表す．

図 2.18 の冷却空気のうち，静翼とディスクの冷却空気は，主流流路に戻った後，動翼を通過するので，動翼を回す仕事をするが，動翼の冷却空気は動翼を回す仕事が出来ないため，その分，タービンの仕事量が減ることになる．抽気前の

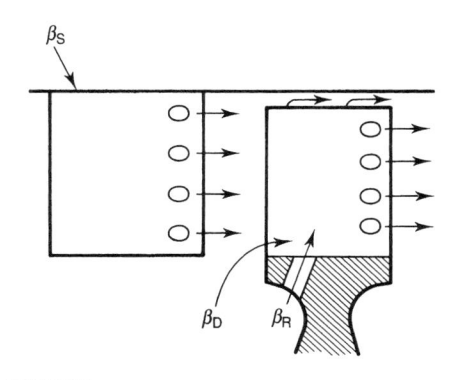

図 2.18　タービン翼の空気冷却

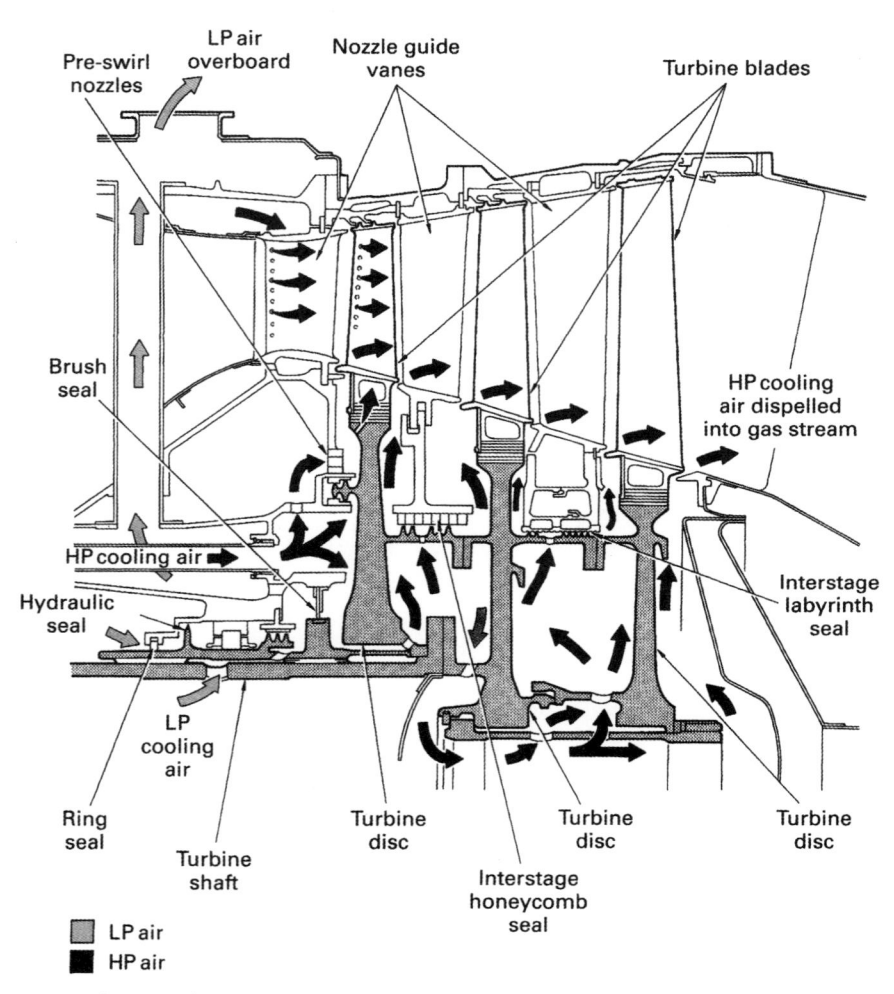

図 2.19　多段タービンの空冷システム［courtesy Rolls-Royce plc］

圧縮機出口空気流量を m_a とすると，タービン動翼を通過する燃焼ガスの流量 m_R は，燃料流量 m_f を考慮して，

$$m_R = m_a(1-\beta_R) + m_f \tag{2.23.12}$$

と表せる．また，燃焼器に入る空気流量は，圧縮機出口空気流量から抽気を差し引いたものであるから，

$$m_a(1-\beta_D-\beta_S-\beta_R) \tag{2.23.13}$$

となり，燃料流量 m_f は，

$$m_f = m_a(1-\beta_D-\beta_S-\beta_R)\cdot f \tag{2.23.14}$$

と表せる．静翼やディスクの冷却空気は，燃焼器を通さず，圧縮機出口から直接抽気して持ってきているので，当然のことながら，主流の燃焼ガスより温度が低い．よって，冷却空気があると，その分，動翼入口の平均ガス温度は低くなる．この影響については，主流と冷却空気が均一になるまで混合したと仮定すれば，混合前後のエンタルピの保存から見積もることができるが（例えば式 (3.18.1)）．実際には，均一になるまで混合するわけではないため，より正確な結果を求めるには，何らか，冷却空気と主流の混合を模擬するモデルが必要になる．

典型例として，静翼の冷却空気割合 β_S が 6% とすれば，静翼直後の温度，すなわち，動翼入口の温度は，冷却空気によって，およそ 100 K 下がり，その分，タービンの出力が下がる．また，冷却空気と主流空気との混合過程での全圧損失による効率低下も発生する．

図 2.19 は，多段タービン空冷システムの一例であるが，これを見ると，冷却システムの複雑さや，冷却を行う場所を適切に把握しておくことの必要性がイメージできる．

2.3 設計点での性能計算

2.1 節であげた様々なサイクルにおいて，各要素の損失が性能にどのような影響を与えるかを調べなければならないが，その前に，まず，圧力比，タービン入口温度（TIT），要素の効率や全圧損失などの設計パラメータから，設計点での性能をどう計算するかを示す必要がある．以下，いくつかの計算例を示す．

最初の例は，中程度の圧力比，および，タービン入口温度の，熱交換器付 1 軸ガスタービンで，圧縮機とタービンの効率は，典型的な値を等エントロピ効率で与えている．2 つ目の例は，圧力比やタービン入口温度が高く，別軸の出力タービン（free turbine）を備えたものである．最後の例は，再熱ガスタービンで，ガスタービン単独，もしくは，コンバインド・サイクルの両方での運転を考慮する．この例では，回転要素の効率にポリトロープ効率を用いる．

例題 2.1

図 2.20 に示す再生サイクルで,下記の条件で運転した場合の,比出力,燃料消費率 SFC,サイクル効率を求める.

圧縮機圧力比	4.0
タービン入口温度	1100 K
圧縮機の等エントロピ効率 η_c	0.85
タービンの等エントロピ効率 η_t	0.87
軸の動力伝達機械効率 η_m	0.99
燃焼効率 η_b	0.98
熱交換器の熱交換効率	0.80
全圧損失	
燃焼器 Δp_b	圧縮機出口全圧の 2%
熱交換器の空気側(低温側)Δp_{ha}	圧縮機出口全圧の 3%
熱交換器の燃焼ガス側(高温側)Δp_{hg}	0.04 bar
外気の気圧と気温 p_a, T_a	1 bar,288 K

入口の全温と全圧は,上記で説明した通り,外気の気温と気圧に等しいとして,$T_{01}=T_a$,$p_{01}=p_a$ とする.また,空気の比熱比は $\gamma=1.4$ とする.圧縮機での全温上昇量は,式 (2.11) より,

$$T_{02}-T_a=\frac{T_a}{\eta_c}\left[\left(\frac{p_{02}}{p_a}\right)^{(\gamma-1)/\gamma}-1\right]$$

$$=\frac{288}{0.85}[4^{1/3.5}-1]=164.7 \text{ K}$$

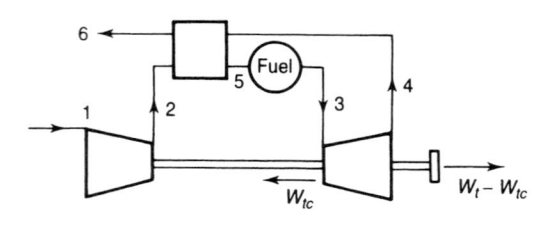

図 2.20 再生サイクル

また，圧縮機の駆動に必要な仕事量は，機械損失も込みで，単位質量の空気あたり，

$$W_{tc} = \frac{c_{pa}(T_{02} - T_a)}{\eta_m} = \frac{1.005 \times 164.7}{0.99} = 167.2 \text{ kJ/kg}$$

となる．また，タービン入口全圧は，圧縮機出口全圧と，熱交換器，および，燃焼器での全圧損失量から，

$$p_{03} = p_{02}\left(1 - \frac{\Delta p_b}{p_{02}} - \frac{\Delta p_{ha}}{p_{02}}\right) = 4.0 \times (1 - 0.02 - 0.03) = 3.8 \text{ bar}$$

と求められる．また，タービン出口全圧と圧力比も，ガスタービンの出口全圧（＝外気の気圧）と熱交換器の高温側の全圧損失から逆算して，

$$p_{04} = p_a + \Delta p_{hg} = 1.04 \text{ bar}, \quad p_{03}/p_{04} = 3.654$$

と求められる．タービンの全温下降量は，燃焼ガスの比熱比 $\gamma = 4/3$ に注意して，式 (2.12) より，

$$T_{03} - T_{04} = \eta_t T_{03}\left[1 - \left(\frac{1}{p_{03}/p_{04}}\right)^{(\gamma-1)/\gamma}\right]$$

$$= 0.87 \times 1100\left[1 - \left(\frac{1}{3.654}\right)^{1/4}\right] = 264.8 \text{ K}$$

となる．これより，タービンのなす仕事は，燃焼ガス単位質量あたり，

$$W_t = c_{pg}(T_{03} - T_{04}) = 1.148 \times 264.8 = 304.0 \text{ kJ/kg}$$

と分かる．今考えている例では，抽気や燃料による質量流量の変化を無視し，圧縮機とタービンの質量流量は同じとしているので，このガスタービンの比出力は，単純に，上記で求めたタービンの仕事から圧縮機の駆動に必要な仕事を差し引けば求められる．出力は単位質量（もしくは単位質量流量）あたり，

$$W_t - W_{tc} = 304.0 - 167.2 = 136.8 \text{ kJ/kg or kW/(kg/s)}$$

となる．つまり，このガスタービンは空気流量 1 kg/s あたり 136.8 kW の出力があるので，例えば，出力 1000 kW にしたい場合は，空気流量を $1000/136.8 = 7.3$ kg/s とすればよいことが分かる．燃料消費率 SFC や効率を求めるには，燃焼器での燃空比が必要になるが，それを求めるには，まず，燃焼器での全温上昇量 $T_{03} - T_{05}$ の計算が必要である．燃焼器入口温度 T_{05} に関して，式 (2.22) と同様に，熱交換器の熱交換効率から，

$$0.80 = \frac{T_{05} - T_{02}}{T_{04} - T_{02}}$$

となり，上記の計算より，

$T_{02}=164.7+288=452.7\text{ K},\ T_{04}=1100-264.8=835.2\text{ K}$

であるから，

$T_{05}=0.80\times382.5+452.7=758.7\text{ K}$

と分かる．燃焼器出口温度（＝タービン入口温度）は $T_{03}=1100\text{ K}$ であるから，燃焼器での全温上昇量は $1100-759=341\text{ K}$ となる．これらより，図 2.17 を用いて，理論燃空比は 0.0094 と分かるが，実際の燃空比は，燃焼効率を考慮して，

$$f=\frac{f\text{ の理論値}}{\eta_b}=\frac{0.0094}{0.98}=0.0096$$

と求められる．よって，燃料消費率 SFC は，

$$\text{SFC}=\frac{f}{W_t-W_{tc}}=\frac{3600\times0.0096}{136.8}=0.253\text{ kg/kW h}$$

となり，サイクル効率は，

$$\eta=\frac{3600}{\text{SFC}\times Q_{\text{net,p}}}=\frac{3600}{0.253\times43100}=0.331$$

と求められる．

近年のガスタービンでは，タービン入口温度，圧力比共に高く，上記の計算を圧力比 10.0，タービン入口温度 1450 K として計算し直すと，比出力は 2.15 倍，サイクル効率は 39.1% になる．このサイクル効率は，図 1.4 を用いて説明した Solar Mercury の効率に近く，実際の Solar Mercury も，この例と同程度の状態で運転されている．

例題 2.2

図 2.21 に示す，別軸の出力タービン（free turbine）付のガスタービンにおいて，下記の条件で運転した場合の，比出力，燃料消費率 SFC，サイクル効率を求める．

圧縮機圧力比	12.0
タービン入口温度	1350 K
圧縮機の等エントロピ効率 η_c	0.86

2.3 設計点での性能計算

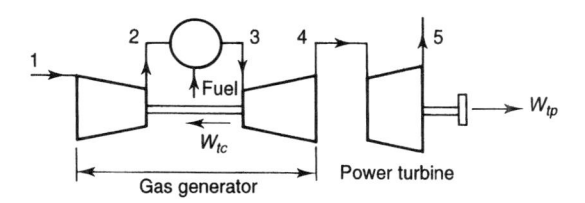

図 2.21 別軸の出力タービン付ガスタービン

各タービンの等エントロピ効率 η_t	0.89
各軸の動力伝達機械効率 η_m	0.99
燃焼効率 η_b	0.99
燃焼器全圧損失 Δp_b	圧縮機出口全圧の 6%
排気ダクト全圧損失	0.03 bar
外気の気圧と気温 p_a, T_a	1 bar, 288 K

例題 2.1 と同様にして,

$$T_{02} - T_{01} = \frac{288}{0.86}[12^{1/3.5} - 1] = 346.3 \text{ K}$$

$$W_{tc} = \frac{1.005 \times 346.3}{0.99} = 351.5 \text{ kJ/kg}$$

$$p_{03} = 12.0 \times (1 - 0.06) = 11.28 \text{ bar}$$

と求められる.ここで,2つのタービン間の全圧 p_{04} は,圧縮機側のタービンの仕事量が圧縮機を駆動するのに必要な仕事量と等しいことから求められる.圧縮機に直結されている方のタービンの全温下降量は,

$$T_{03} - T_{04} = \frac{W_{tc}}{c_{pg}} = \frac{351.5}{1.148} = 306.2 \text{ K}$$

となり,圧縮機側のタービンについては,式 (2.12) より,

$$T_{03} - T_{04} = \eta_t\, T_{03} \left[1 - \left(\frac{1}{p_{03}/p_{04}}\right)^{(\gamma-1)/\gamma}\right]$$

$$306.2 = 0.89 \times 1350 \left[1 - \left(\frac{1}{p_{03}/p_{04}}\right)^{1/4}\right]$$

$$\frac{p_{03}}{p_{04}} = 3.243$$

$T_{04} = 1350 - 306.2 = 1043.8$ K

となる.よって,タービン間の全圧は $p_{04} = 11.28/3.243 = 3.478$ bar と求められる.一方,出力タービン出口全圧は,ガスタービン出口全圧 $p_a = 1$ bar,および,排気ダクトの全圧損失 0.03 bar より $p_{05} = 1.03$ bar であるから,出力タービンの圧力比は $p_{04}/p_{05} = 3.478/1.03 = 3.377$ となる.式 (2.12) より,出力タービンの全温下降量は,

$$T_{03} - T_{04} = 0.89 \times 1043.8 \left[1 - \left(\frac{1}{3.377}\right)^{1/4}\right] = 243.7 \text{ K}$$

となるから,単位質量流量あたりの出力タービンの出力は,

$$W_{tp} = c_{pg}(T_{04} - T_{05})\eta_m$$
$$= 1.148 \times 243.7 \times 0.99 = 277.0 \text{ kW/(kg/s)}$$

と求められる.一方,燃焼器入口温度は $T_{02} = 288 + 346.3 = 634.3$ K,出口温度は 1350 K より,燃焼器での温度上昇は $1350 - 634 = 715.7$ K となるから,図 2.17 より理論燃空比は 0.0202,実際の空燃比は,$0.0202/0.99 = 0.0204$ となる.よって,燃料消費率 SFC とサイクル効率 η は式 (2.23.5) と (2.23.11) より,

$$\text{SFC} = \frac{f}{W_{tp}} = \frac{3600 \times 0.0204}{277.9} = 0.265 \text{ kg/kW h}$$

$$\eta = \frac{3600}{0.265 \times 43100} = 0.315$$

と求められる.

上記のサイクル計算により,ガスタービンの全体性能だけでなく,要素の空力設計や制御に必要な情報も求めることができる.例えば,出力タービン入口温度 T_{04} は,圧縮機を駆動するタービンが耐用温度を超えないように調整するための制御パラメータとして必要になる.排気ガス温度 EGT (exhaust gas temperature) は,コンバインド・サイクルやコジェネレーションを考慮する場合に重要になる.例題 2.2 では,排気ガスの温度は $T_{05} = 1043.8 - 243.7 = 800.1$ K (=527℃) となり,排熱回収ボイラ WHB (waste heat boiler) に供給するには最適な温度である.図 1.3 に示すようなコンバインド・サイクルを考える場合には,タービン入口温度 TIT を上げて,排ガス温度 EGT を上げた方が,発生す

る蒸気の温度が高くなり，蒸気タービンの効率が高くなる．一方，ガスタービンのサイクル効率を上げるために，TIT を固定して圧力比を高くすると，逆に，EGT が下がって，蒸気タービンの効率が下がることになる．次の例では，ガスタービンを複数の目的に使う場合に，それぞれの目的に合うように設計すると設計パラメータがどのように変わるかについて示す．

例題 2.3

図 2.22 に示すような，単独，もしくは，蒸気タービンとのコンバインド・サイクルとして用いる再熱式の高圧力比 1 軸ガスタービンの設計を考える．気温 288 K，気圧 1.01 bar の環境下での運転で，ガスタービンでの必要な出力は 240 MW とする．

圧縮機圧力比	30
圧縮機・タービンのポリトロープ効率	0.89
各タービンの入口温度	1525 K
第 1 段燃焼器全圧損失率 $\Delta p/p_{02}$	0.02
第 2 段燃焼器全圧損失率 $\Delta p/p_{04}$	0.04
排気ガス出口全圧	1.02 bar

熱交換器を使うと，排気ガス温度が下がり過ぎて高効率の蒸気サイクルに組み込めなくなるため，熱交換器は使っていない．

この例のような高温タービンでは，本来は冷却用の抽気を考慮しなければならないが，簡単のため，ここの計算では抽気は無視し，質量流量は一定とする．ま

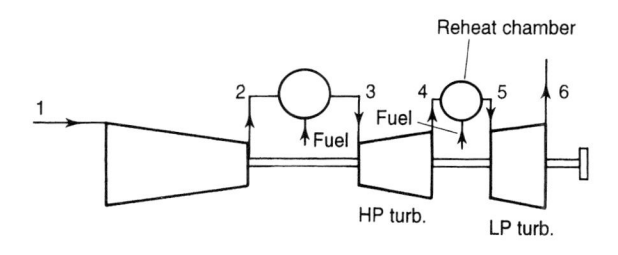

図 2.22 再熱サイクル

た，再熱前後でのタービン圧力比も明示されていないが，手始めとして，両タービンの圧力比が同じとする．ちなみに，式 (2.20) より，圧力比と入口温度が同じであれば，2つのタービンの仕事量は同じになる．また，先に示した通り，理想的な再熱サイクルでは，圧力比が同じ時に出力が最大になる．

まず，圧縮機およびタービンにおけるポリトロープ変化の係数に関して，式 (2.19) と式 (2.20) における指数 $(n-1)/n$ を求めるところから始める．それらは，

圧縮機： $\dfrac{n-1}{n} = \dfrac{1}{\eta_{\infty c}}\left(\dfrac{\gamma-1}{\gamma}\right) = \dfrac{1}{0.89}\left(\dfrac{0.4}{1.4}\right) = 0.3210$

タービン： $\dfrac{n-1}{n} = \eta_{\infty t}\left(\dfrac{\gamma-1}{\gamma}\right) = 0.89\left(\dfrac{0.333}{1.333}\right) = 0.2223$

と求められる．入口の全温と全圧は，外気の気温と気圧に等しいとすれば，

$T_{02}/T_{01} = 30^{0.3210}$, $T_{02} = 288 \times 30^{0.3210} = 858.1$ K

$T_{02} - T_{01} = 858.1 - 288 = 570.1$ K

$p_{02} = 1.01 \times 30 = 30.3$ bar

$p_{03} = 30.3 \times (1-0.02) = 29.69$ bar

$p_{06} = 1.02$ bar, $p_{03}/p_{06} = 29.11$

となる．圧力比 $p_{03}/p_{06} = 29.11$ に関して，高圧側と低圧側のタービンの圧力比が同じで，第2段燃焼器の圧損が無いとすると，各タービンの圧力比は $\sqrt{29.11} = 5.393$ となるが，燃焼器での圧損を考慮して，高圧側のタービン圧力比を $p_{03}/p_{04} = 5.3$ と仮定すると，

$T_{03}/T_{04} = 5.3^{0.2223}$, $T_{04} = 1525/5.3^{0.2223} = 1052.6$ K

$p_{04} = 29.69/5.3 = 5.602$ bar

$p_{05} = 5.602 \times (1-0.04) = 5.378$ bar

$p_{05}/p_{06} = 5.378/1.02 = 5.272$

$T_{05}/T_{06} = 5.272^{0.2223}$, $T_{06} = 1525/5.272^{0.2223} = 1053.8$ K

となる．これらより，作動流体 1 kg あたり，タービン出力を W_t, 圧縮機駆動仕事を W_c, 正味出力を W_N とすると，

$W_t = 1.148 \times [(1525-1052.6) + (1525-1053.8)] \times 0.99 = 1072.3$ kJ/kg

$W_c = 1.005 \times 570.1 = 573.0$ kJ/kg

$$W_N = W_t - W_c = 1072.3 - 573.0 = 499.3 \text{ kJ/kg}$$

と計算できる．これより，240 MW の出力に必要な空気流量は，

$$m = 240000/499.3 = 480.6 \text{ kg/s}$$

と分かる．第 1 段燃焼器については，入口温度が $T_{02} = 858$ K，出口温度が $T_{03} = 1525$ K より，温度上昇は $1525 - 858 = 667$ K で，図 2.17 より，理論燃空比が 0.0197 と分かる．同様に，第 2 段燃焼器では，入口温度 $T_{04} = 1052.6$ K，出口温度 $T_{05} = 1525$ K より，温度上昇は $1525 - 1052.6 = 472.4$ K で，理論燃空比は 0.0142 である．両者を合わせた実際の全体燃空比は，

$$f = \frac{0.0197 + 0.0142}{0.99} = 0.0342$$

となり，熱効率は，式 (2.23.9) より，

$$\eta = \frac{499.3}{0.0342 \times 43100} = 33.9\%$$

と求められる．

ガスタービン単体としての効率はまずまずであり，比出力はかなり大きい．一方，排気ガス温度 $T_{06} = 1053.8$ K $(= 780.8℃)$ は，コンバインド・サイクル全体の効率という観点で見ると高すぎる．再熱式の蒸気サイクルでは，通常は蒸気温度 550～575℃ であり，排気ガス温度は 600℃ 程度でよい．

排気ガス温度 EGT は，高圧タービンの圧力比を低く，低圧タービンの圧力比を高くして，再熱を行う圧力 p_{04} を高くすることによって下げることが出来る．他の条件を固定し，再熱を行う圧力を振って前記のサイクル計算を行った結果を図 2.23 に示す．再熱を行う圧力を上記の $p_{04} = 5.6$ bar から 13 bar まで上げてやれば，排気ガス温度は 605℃ まで下がる．この時，比出力は，最大値より 1 割ほど小さくなるが，熱効率は大幅に改善されて 37.7% まで上がる．さらに再熱の圧力を上げると，ガスタービンの熱効率は若干良くなるものの，排気ガス温度が 600℃ を下回るため，蒸気タービンの方の効率が下がってしまう．再熱を行う圧力が 13 bar の時，高圧タービンの圧力比が 2.284 であるのに対し，下流側の低圧タービンでは 12.23 にもなり，上記の計算で仮定した等しい圧力比からは随分とずれていることが分かる．

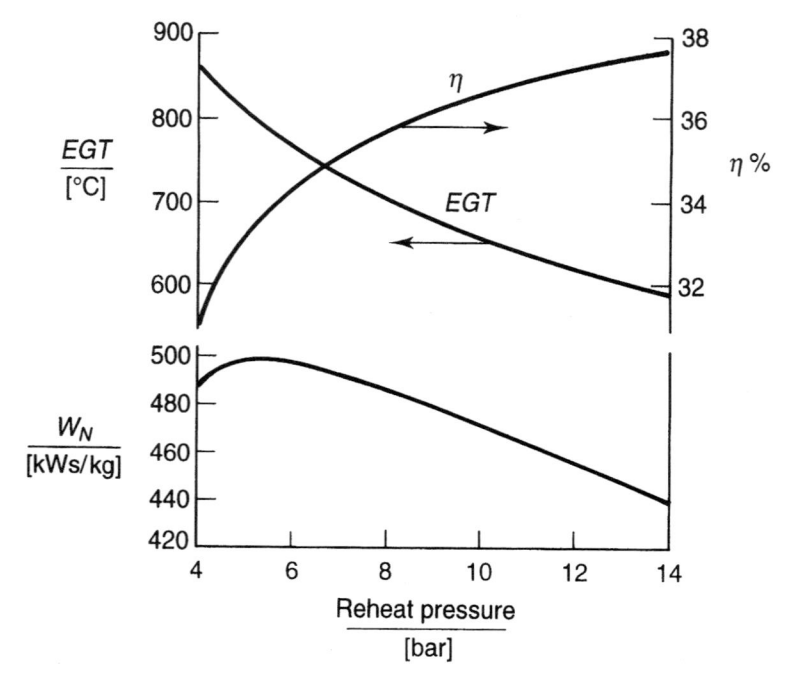

図 2.23　再熱を行う圧力の変更による性能変化

　再熱ガスタービンである ABB 社 GT26 の断面図を通常のガスタービンである同社 GT13E2 の断面図と比較したものを図 2.24 に示す．空気は右側から吸い込まれるが，随分と多段の圧縮機，燃焼器（GT26 は 2 つ），タービンと続いている．GT26 では，再熱を行うことにより比出力が大きくなって，GT13E2 と同程度のサイズで，出力が 165 MW から 241 MW に増えている．比出力を大きくすることは，設置スペースに限りがある中で，出力を上げるのに有効な手段である．図を見ると GT13E2 は，タービンが 5 段になっていることが分かる．一方，GT26 では，2 つの燃焼器の間の高圧タービンは 1 段で，再熱後の下流側の低圧タービンは 4 段になっており，排気ガス温度が 600℃ となるよう，再熱燃焼器の圧力が設定されている．

2.3 設計点での性能計算　107

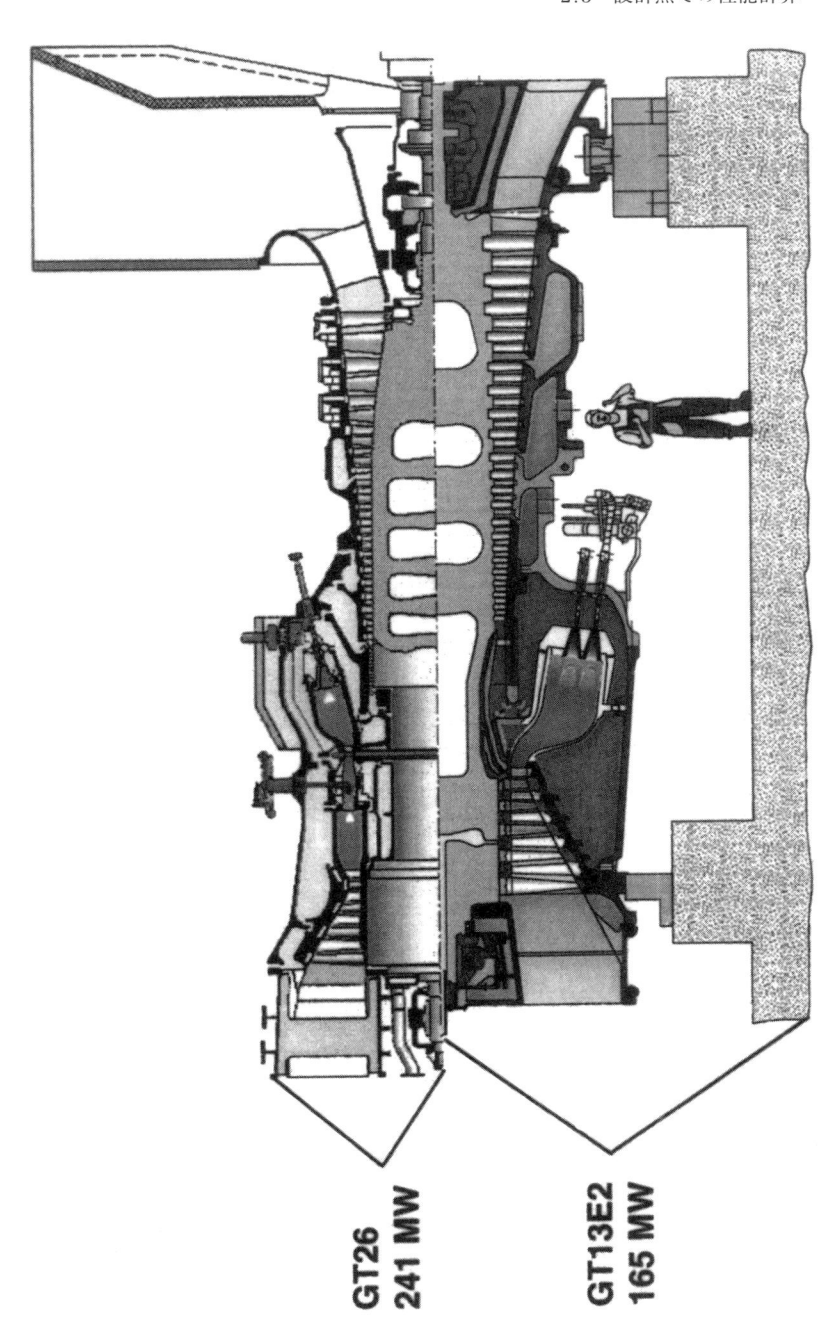

図 2.24　再熱ガスタービンと通常のガスタービンの比較 [courtesy Alstom Power Ltd]

GT26 241 MW

GT13E2 165 MW

2.4 損失のあるサイクルでの性能比較

　損失のある実際のサイクルでは，入力パラメータが多いため，それらから，陽に比出力やサイクル効率を求める式を作るのは難しいが，前節で示した計算例は，そのまま計算プログラムにすることができ，それにより，設計パラメータを振って性能を調べることができる．

　本節では，その結果から，損失のある実際のサイクルと損失のない理想的なサイクルの違いや，各パラメータの重要度などを示す．ただし，今は実際にガスタービンを造るわけではないので，細かな値自体はあまり重要でない．仕様についても完全な形で与えられる訳ではないので，計算に必要なパラメータで明示していないものについては，ある一定の値として進める．結果のグラフは，横軸を圧縮機の圧力比 r_c として表示してある．タービンの圧力比は，全圧損失がある分，圧縮機の圧力比よりは小さくなっている．理想サイクルと損失のあるサイクルの比較は，主に，サイクルの熱効率で行っているが，実用上の性能の評価には，燃料消費量がより直接的に分かる燃料消費率 SFC を用いることが多い．熱効率は SFC に反比例するので，SFC は熱効率の指標にもなる．

1軸の単純サイクル

　図 2.1 に示す 1 軸の単純サイクルでは，損失が無い場合は，効率は圧力比のみによって決まっていたが（図 2.2），損失を考慮した場合には図 2.25 のようになり，効率は，圧力比 r_c とサイクル内の最高温度 T_{03} の両方の関数になる．また，各温度 T_{03} ごとに，効率が極大となる圧力比が存在し，その値は，温度 T_{03} が高いほど大きくなっている．温度 $T_{03}=1000$ K の効率の曲線を見ると分かるように，温度 T_{03} 一定で，圧力比を一定以上上げると効率が下がるが，これは，圧力比を上げると圧縮機の出口温度 T_{02} が上がるため，温度 T_{03} が一定だと，燃焼器での温度上昇幅が小さくなり，あまり燃料が入れられなくなるためである．図 2.1 右図で説明した通り，$T-s$ 線図において，一般に，圧力一定の 2 つのラインの幅は右に行くほど大きくなる．よって，ガスタービンでは，圧縮機で空気を圧縮するのに必要な仕事 $c_p(T_{02}-T_{01})$ より，タービンで得る仕事 $c_p(T_{03}-T_{04})$ の方が大きくなり，その差が，出力となるが，あまり燃料を入れない場合は，状態

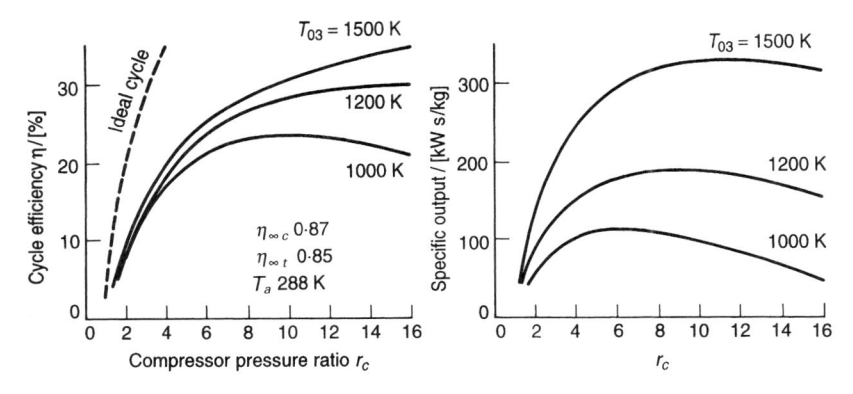

図 2.25　単純サイクルの効率と比出力

2 と状態 3 の横方向の間隔が小さくなり，圧縮機とタービンの仕事の差が小さく，出力が極めて小さくなる．この時にも，損失は一定量発生するため，相対的に損失の割合が大きくなり，効率が下がることになる．温度 T_{03} を一定とすると，効率が極大となる圧力比と，比出力が極大となる圧力比には差があるが，どちらも，極大値付近では曲線がフラットで，多少，圧力比がずれても値は大きくは変わらない．通常は，効率を見て圧力比を決めるが，効率極大よりは，若干低めで圧力比を設定することもある．1.2 節の初めに説明した通り，圧縮機では，空気の密度は，下流に行くに従って徐々に大きくなるが，通過する空気の質量流量 $\rho U A$ は変わらないので，軸方向の空気流速 U をあまり変えないとすれば，流路の断面積 A は，図 5.1 の例のように，徐々に狭くなる．圧力比を上げすぎて圧縮機の翼があまりにも小さくなると，相対的に，壁面摩擦や，外周のチップからの漏れなどによる損失が大きくなって，効率の良い圧縮機の設計が難しくなる．実際のガスタービンの圧力比の設定には，他にも，圧縮機やタービンの段数，回転速度，軸の長さに関連する軸受けの設計などの観点も考慮して決められる．一般に，出力の小さなガスタービンでは，サイズが小さいため，圧縮機の翼高さが小さくなりすぎないようにしなければならないことや，小さい翼は冷却が難しいことなどから，圧力比，タービン入口温度共に低めとなる傾向がある．

理想サイクルでは，効率は圧力比のみの関数であったが，損失を考慮すると温度 T_{03} が高い方が効率も高くなる．これは，同じ入口空気の温度 T_{01} に対してタ

ービン入口温度 T_{03} を上げると，前記の通り，タービンの仕事から圧縮機を駆動する仕事を差し引いた正味の出力の絶対値が大きくなり，損失の割合が相対的に小さくなるからである．ただし，タービン入口温度を上げすぎると，今度は翼の冷却に伴って発生する損失が急増し，効率が下がってくる．比出力の方は，温度を上げた効果がさらに大きく，これにより，装置を小型化することができる．

再生サイクル

熱交換器を付加した再生サイクル（図 2.3）を考える．再生サイクルの比出力は，熱交換器での全圧損失分だけ少し小さくなるだけで，図 2.25 右図とあまり大きな違いは無い．一方，効率に関しては，図 2.26 に示す通り大きく向上し，また，効率極大となる圧力比の値も，熱交換器が無い単純サイクルに比べて小さくなる．また，タービン入口温度 T_{03} を上げた際の効率の上昇幅も，単純サイクルよりずっと大きい．近年では，材料の進歩などにより，タービン入口温度 T_{03} は，年に 10 K のペースで上昇しており，今後もこの傾向は続くと考えられるので，効率の温度依存性が大きいことは，再生サイクルの 1 つの利点と言えるだろう．ただし，温度 T_{03} が上がるということは，タービン出口温度，すなわち，熱交換器の高温側の温度が高くなるということになり，熱交換器の耐熱性が問題に

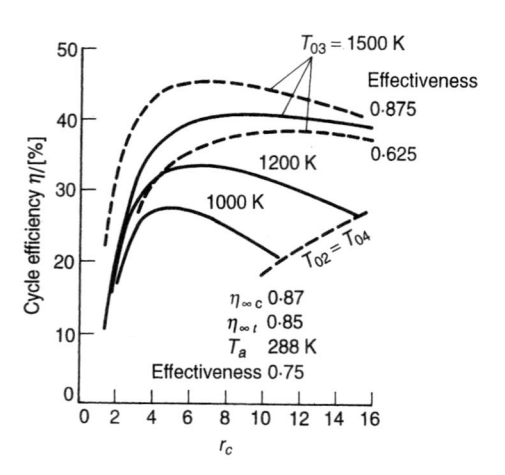

図 2.26　再生サイクルの熱効率

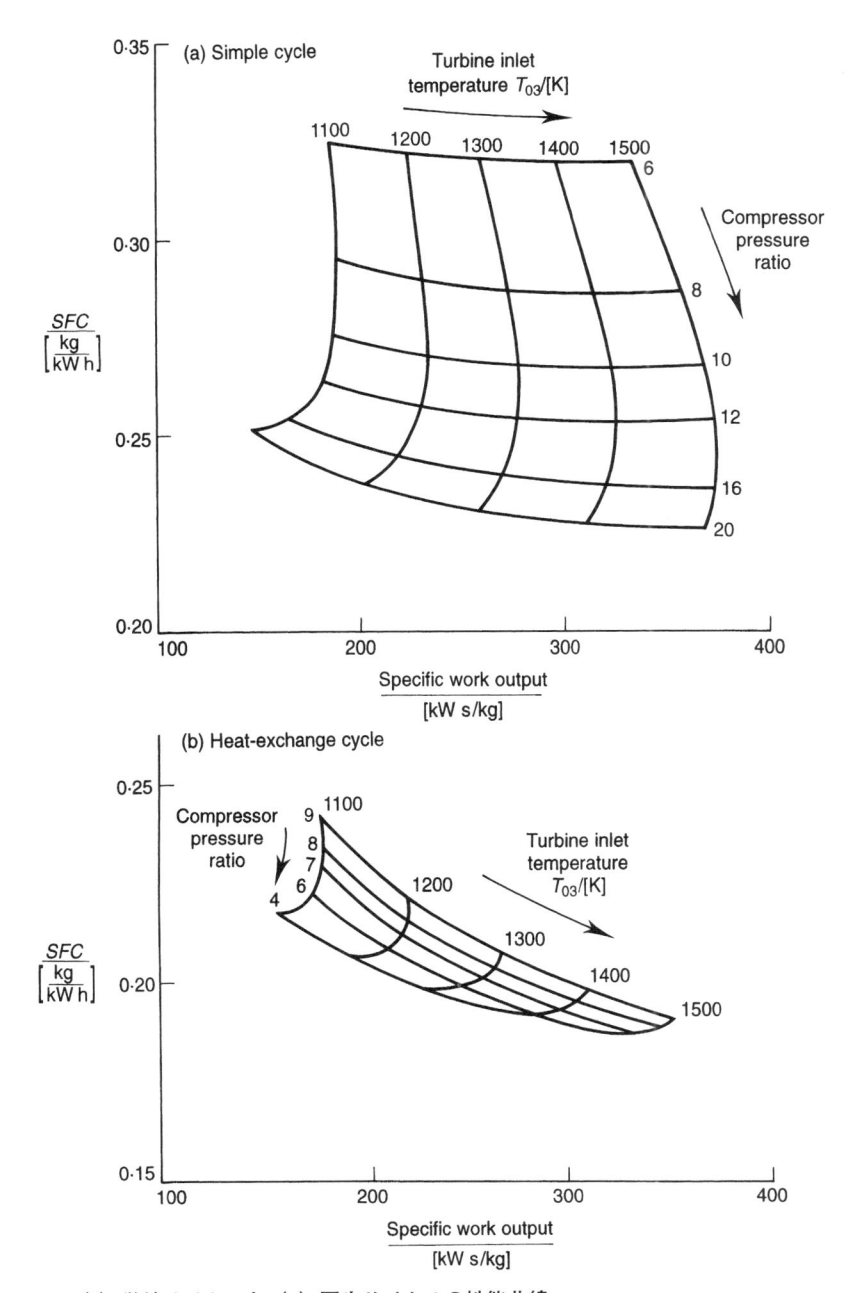

2.4 損失のあるサイクルでの性能比較   111

図 2.27 (a) 単純サイクルと (b) 再生サイクルの性能曲線

なる．ちなみに，ステンレス鋼の熱交換器では耐熱温度は 900 K，より高価なニッケル・クロム合金でも 1100 K 程度である．図 2.26 より，効率が極大となる圧力比は，温度 T_{03} の上昇と共に大きくなっており，図 2.4 で示した損失が無い理想的な再生サイクルでの結論とは異なる．ただし，実際には，圧力比が大きすぎると，熱交換器の高温側と低温側の差圧が大きくなりすぎることや，始動／停止時に熱応力が大きくなることなどから，熱交換器がある場合には，あまり大きな圧力比が取られることはない．

$T_{03}=1500$ K において，熱交換器の熱交換効率を変えた場合のサイクル効率を図 2.26 に破線で示している．熱交換効率が上がると，サイクルの効率も上がる上に，効率極大となる圧力比の値も小さくなるが，効率の極大値付近ではどの曲線もフラットで，圧力比依存性が小さい．最近の再生式のガスタービンでは，圧力比 9〜10，タービン入口温度 1500 K 程度での運転が可能になっている．

図 2.27 のように，燃料消費率 SFC を縦軸，比出力を横軸にとって，タービン入口温度 T_{03} と圧力比を変えてマップで示すと分かりやすい．上側が単純サイクル，下側が再生サイクルであるが，どちらも，タービン入口温度を上げると比出力が大きくなることが分かる．一方，燃料消費率に関しては，再生サイクルの方が温度を上げた効果が大きいことが分かる．

再熱器・中間冷却器付きの再生サイクル

ガスタービンが世に出始めた頃は，圧力比やタービン入口温度が今のレベルより低く，再生に再熱・中間冷却を組み込んだ複雑サイクルが盛んに検討されていた．その後，高圧力比・高温化に伴い，しばらくはそういう複雑サイクルは下火になっていたが，20 世紀終わり頃になって，再び，再熱や中間冷却などが現れ始めた．図 2.28 は再熱・再生サイクル（図 2.7）の損失を考慮した場合の性能曲線であるが，図 2.25 や図 2.26 と比較すると分かるように，再生サイクルに再熱を付加すると，効率を落とすことなく，比出力をかなり上げられることが分かる．ただし，この計算では，タービンを圧力比が同じになるように 2 つに分割し，その間で，サイクルの最高温度まで再加熱すると仮定して計算している．損失が無い場合は，図 2.4 と図 2.8 の比較で示した通り，再生サイクルで再熱を行うと効率が上昇していたが，損失を考慮した計算では，そのような効果は現れて

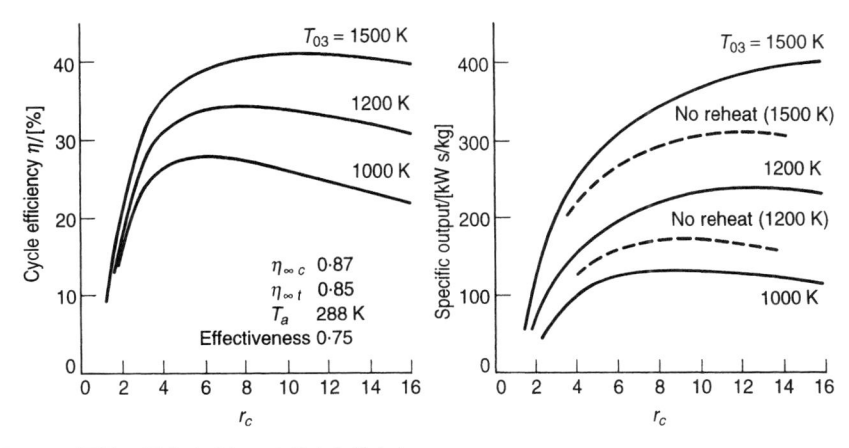

図 2.28　再熱・再生サイクルの効率と比出力

いない．理由として，再熱器の全圧損失もあるが，主に，熱交換器の熱交換効率が1よりだいぶ小さく，再熱して高くなった排気ガスの熱が十分に回収されていないことがあげられる．

再熱式のガスタービンが再び市場投入されたのは，1990年後半のABB社ガスタービンで，排熱蒸気発生器HRSGに供給する排気ガスの温度を上げて，蒸気温度を高める目的のものであった．ABB社では，再熱を行う2段燃焼をsequential combustionと呼び，これによって排気ガス温度を下げることなく高圧力比化することができ，ガスタービン単独とコンバインド・サイクルの両方で競争力のある性能を発揮できている．先の例題2.3では，比出力を最大にするという観点でなく，排気ガスを所定の温度（600℃程度）にするために，再熱器の圧力をどのように設定したかについて説明した．

中間冷却付の再生サイクルICR（intercooled regenerative cycle）では，中間冷却によって圧力損失が発生するが，比出力をかなり増強できる上，効率向上にも一定の効果がある（中間冷却については図1.6および関連の説明を参照）．ただし，2.1節の最後で述べた通り，中間冷却器はサイズが大きい上，冷却水関係の付帯設備が必要になり，本体だけでパッケージとして機能するというガスタービンの良さが失われることになる．また，水の供給が難しい乾燥地帯や，氷結が

問題になる極寒の地域では，当然のことながら，水冷システムは使えない．反対に，海水を冷却水としていつでも使える海軍向けの設備としては，中間冷却は有望である．中間冷却付の再生サイクルの主な利点は，前に述べた通り，部分負荷時の性能向上である（詳しくは第10章）．

　GE社LMS100は，中間冷却付ガスタービン（再生は無し）で，出力は100 MW，熱効率は40％以上に達する．主にピーク電力用のため，運転時間は少ないが，立ち上げが早いことが重要になっている．他のピーク電力用ガスタービンを見ると，大半が単純サイクルで，効率もLMS100より低めである．LMS100では，中間冷却を水冷・空冷のどちらでも行えるようになっており，空冷では送風ファンの駆動にかなりの補助動力を必要とするが，水が使えない場所でも使えるようになっている．

　今でも大半のガスタービンは，単純サイクルを高圧力比したものである．1950～60年代には熱交換器付のガスタービンが多数作られたが，広く使われたのは，米国陸軍のM1A1戦車向けHoneywell社AGT1500くらいで，最近のガスタービンで再生／再熱／中間冷却等を使用している例としては，これまで述べたSolar Mercury，Alstom社GT26，Rolls-Royce社WR21（ICR），GE社LMS100などがあげられる．再生・再熱・中間冷却を組み合わせて熱効率60％超が達成できるという研究報告もある（文献［5］）．

2.5　コンバインド・サイクルおよびコジェネレーション

　ガスタービンで発生させたエネルギのうち軸出力として取り出せなかった分は，排気ガスの熱として取り出して，他の用途に用いることが可能である．ただし，排熱利用後の温度が露点温度を下回ると，凝結した水分と燃料中の硫黄が酸化して発生する硫黄酸化物SOxによる部材の腐食を引き起こすため，露点を下回らないようにしなければならないという制約はある．排気の熱の使われ方は様々であるが，排熱回収ボイラWHB（waste heat boiler）や排熱再生式・蒸気発生器HRSG（heat recovery steam generator）で高温蒸気を生成し，蒸気タービンを回して出力を増やす場合は，ガス／蒸気・コンバインド・サイクル設備，もしくは，単にコンバインド・サイクル設備と呼ばれる（図1.3）．他方，排気

の熱は，出力増強以外にも，地域や工場の暖房，化学プロセス向けの高温水や蒸気，蒸留用の高温ガス，水の冷却や空調設備のための吸収式冷凍機に使う蒸気を作ることなどに利用される場合もある．この場合，ガスタービン本体の軸出力（通常は発電）と合わせて，コジェネレーション，もしくは，熱電供給（CHP：<u>c</u>ombined <u>h</u>eat and <u>p</u>ower）設備と言われる．以下，この2つのシステムについて述べる．

コンバインド・サイクル設備

図 2.29 (a) は，排熱再生式・蒸気発生器 HRSG 内の排気ガスと水／水蒸気の，温度—エンタルピ線図を示したものである．排気ガスのエンタルピ減少量は，水／水蒸気のエンタルピ増加量と等しくなる．蒸気発生器を現実的な大きさに設計するとすれば，図に示す，蒸気出口（排気ガス入口）での温度差，および，ピンチ点（高温側と低温側の温度差が最小となる点）の温度差は，どちらも20度以上必要である．ガスタービン側の排気ガス温度が下がると，生成する蒸気の温度も低くなり，蒸気タービンの圧力比が小さくなる．このため，ガスタービン側で圧力比を上げてガスタービンの効率を上げても，排気ガス温度が下がって蒸気タービンの効率が下がり，全体効率が下がることもある．実際には，大型の産業用ガスタービンでは，ガスタービン単独運転と，コンバインド・サイクル

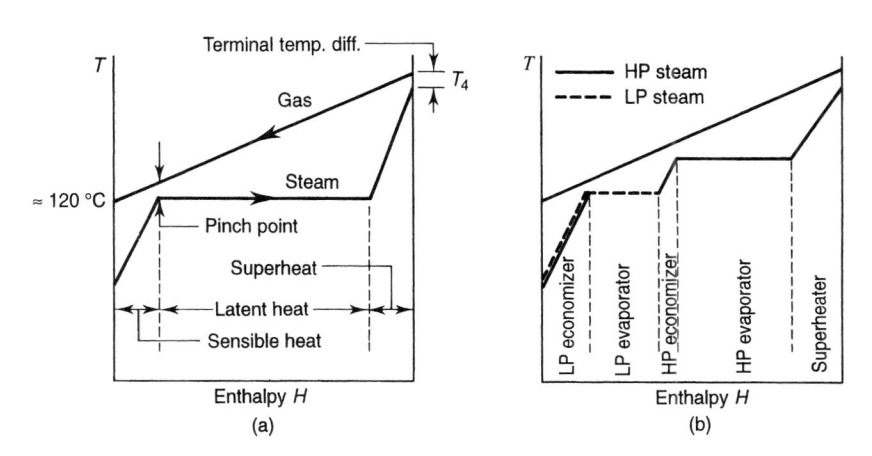

図 2.29　HRSG 内の排気ガスと水/水蒸気の変化　(a) 1 段圧力式　(b) 2 段圧力式

の一部としての運転の両方に使える製品とするため,圧力比は15程度,排気ガス温度は550℃～600℃が適切な範囲となる.一方,航空エンジン派生型では,圧力比が25～35と高く,排気ガス温度が450℃程度と低めのため,コンバインド・サイクルに用いると,蒸気タービンの効率が悪くなる.

コンバインド・サイクル装置は,ベースロード電力を供給する発電所で使われる.サイクル効率は重要であるが,それが全てではなく,最終的には,発電コストがどうなるかが重要になる.発電コストには,燃料費の他に,設備投資のコストも含まれる.例えば,図1.3に示すような高圧・低圧の2段圧力式の蒸気タービンを用いると,蒸気発生器内の状態は図2.29(b)のようになり,左の単段の場合と比べて蒸気の温度が高くなり,効率の向上が見込まれる.一方で,蒸気発生器やタービンの複雑化によるコスト増があり,2段圧力式とした場合にトータルで発電コストを下げられるかどうか,詳細な検討が必要になる(例えば文献[6]).実際には,排気ガス温度600℃のガスタービンに,2段圧力式の蒸気タービンを付加するコジェネレーション設備は幅広く使われており,再熱付で蒸気タービンを3段圧力式とすると,さらに経済性がアップすることから,3段圧力式も使われている.

また,1つの排熱再生式・蒸気発生器HRSGに複数のガスタービンをつなげることもある.その場合には,各ガスタービンに排気の出口を切り替えるバルブが取り付けられ,全体を停止することなく,特定のガスタービンのみを停止してメンテナンスを行うことができる.また,HRSG内で,さらに燃料を投入して追い焚きを行うことも可能である.追い焚きが出来れば,ピーク電力に対応して一時的に出力を上げることができるが,HRSGの設備コストは高くなる.追い焚きで発生する燃焼ガスはタービンを通過するわけでは無いので,より低級な燃料である重油や石炭を燃やすことが可能であるが,複数の燃料を用意することに伴う煩雑さやコスト高から見送られることが多い.

最後に,ガスタービンのサイクルに,蒸気タービンのランキン・サイクルを加えてコンバインド・サイクルにすることによる効率の向上について考える.例として,図2.29(a)のような,1段圧力式の蒸気タービンを付加する場合を考える.

排気ガスの質量流量をm_g,ガスタービン出口温度(=蒸気発生器の入口温度)

を T_4，蒸気発生器出口での排気ガスの温度（＝排気ガスを外に煙突 stack から放出する温度）を T_{stack} とすると，排気ガスが蒸気発生器で与える熱は $m_g c_{pg}(T_4 - T_{\text{stack}})$ となる．一方，蒸気側の質量流量を m_s，蒸気発生器の入口での比エンタルピを h_w（水：液体），出口での比エンタルピを h（過熱水蒸気）とすれば，受熱量は $m_s(h - h_w)$ となる．また，飽和水（飽和温度（＝沸点）の液相の水）の比エンタルピを h_f とし，ピンチ点での排気ガス側温度を T_p として，図2.29 (a) に示す通り，これが，蒸気の飽和温度（沸点）＋ピンチ点温度差に等しいとすれば，水の蒸発潜熱＋気相での温度上昇に必要な熱に関して，

$$m_s(h - h_f) = m_g c_{pg}(T_4 - T_p) \tag{2.23.20}$$

が成り立つ．一方，液相で，飽和温度（＝沸点）までの温度上昇に要する熱に関して，

$$m_g c_{pg}(T_p - T_{\text{stack}}) = m_s(h_f - h_w) \tag{2.23.21}$$

が成り立つ．出力に関して，ガスタービン側の出力を W_{gt}，蒸気タービン側を W_{st} とすれば，コンバインド・サイクル全体の出力は $W_{gt} + W_{st}$ となるが，熱入力は，ガスタービン側のみであって，これを今まで通り Q とおけば，全体効率は，

$$\eta = \frac{W_{gt} + W_{st}}{Q} \tag{2.23.22}$$

と表せる．さらに，全体効率を，ガスタービンの効率と蒸気タービンの効率で表せば，それぞれが全体効率に与える影響がより明確になる．今，HRSG を通じて，排気ガスから蒸気側に与えられた熱を Q_{st} とすれば，これは上記で示した通り，

$$Q_{st} = m_g c_{pg}(T_4 - T_{\text{stack}}) \tag{2.23.23}$$

となり，蒸気タービンの効率を η_{st} とすれば，$W_{st} = \eta_{st} Q_{st}$ となる．一方，ガスタービンの方に関しては，熱入力 Q から，出力 $W_{gt} = \eta_{gt} Q$ を差し引いた残りが，出口温度 T_4 の排気ガスが放出されて外気温度 T_a になるまでに外気に放出される熱 $m_g c_{pg}(T_4 - T_a)$ に等しい．すなわち，放出される熱量 $m_g c_{pg}(T_4 - T_a)$ は $Q(1 - \eta_{gt})$ に等しいので，これに留意すると，蒸気発生器で蒸気タービンに与えられた熱 Q_{st} は下記のように書ける．

$$Q_{st} = m_g c_{pg}(T_4 - T_a) \frac{(T_4 - T_{\text{stack}})}{(T_4 - T_a)} = Q(1 - \eta_{gt}) \frac{(T_4 - T_{\text{stack}})}{(T_4 - T_a)} \tag{2.23.24}$$

これらより，コンバインド・サイクルの全体効率は，

$$\eta = \frac{W_{gt}}{Q} + \frac{W_{st}}{Q} = \frac{W_{gt}}{Q} + \frac{\eta_{st} Q_{st}}{Q} \tag{2.23.25}$$

さらには，

$$\eta = \eta_{gt} + \eta_{st}(1-\eta_{gt})\frac{(T_4 - T_{\text{stack}})}{(T_4 - T_a)} \tag{2.23.26}$$

と表せる．右辺の $(T_4-T_{\text{stack}})/(T_4-T_a)$ は，ガスタービンの排気ガスが外気温度まで下がる際に放出する熱のうち，HRSG を通して蒸気タービン側に与えて回収できた熱の割合を示している．上式より，全体効率は，ガスタービンと蒸気タービンの各効率，ガスタービンの出口温度 T_4，排気ガスの HRSG 出口温度 T_{stack} によって決まることが分かる．典型例をあげると，コンバインド・サイクル用ガスタービンの熱効率が 34%，排気ガス出口温度が 600℃，排気ガスの HRSG 出口温度が，液体燃料の場合で 140℃，硫黄分が少ない天然ガス燃料で 120℃ 程度，蒸気タービンの熱効率は，一段圧力式でおよそ 32% であるから，全体効率は，

$$\eta = 0.34 + 0.32 \times (1-0.34) \times \frac{600-120}{600-15} = 0.513 \tag{2.23.27}$$

となる．蒸気タービンを多段圧力式にするなどして，より効率の高いものに置き換えて熱効率を 36% まで上げたとすれば，全体効率は 53.5% となり，近年，実際に使われているコンバインド・サイクルの効率と合致する．

コジェネレーション装置

図 1.18 に示すようなコジェネレーション装置では，排熱再生式・蒸気発生器 HRSG で作られた蒸気が，遠心式水冷器を駆動する蒸気タービン，吸収式冷却器の熱源，各種の化学処理や加熱等，様々な目的で用いられている．また，その他，病院や製紙工場での利用など，ユーザによって要求内容が異なるため，ガスタービン本体は同じものを使うにしても，蒸気発生器の方はユーザの要求に合わせてアレンジされることもある．

コジェネレーション装置の熱サイクルの設計で主要な課題となるのは，出力電力量と発生蒸気量のバランスを取ることである．例えば，必要な蒸気の量は，冷暖房需要によって決まるため季節要因が大きく，必要電力量に関しては，地域別

に，冬または夏に需要のピークを迎える．例えば，熱を供給することを主目的としてシステム設計を行うと，選んだガスタービンが過剰な電力を発生させることがあり，その場合は，余剰電力を地域の電力網に供することも考えられる．反対に，発電を主目的とし，付随して発生する蒸気を工場に売却することも考えられる．コジェネレーション・システムの経済性や可能性は，その地域の電力会社等の協力の元で行われる運用計画と大きく関わり，例えば，電力会社との余剰電力の売却価格や保守点検や不具合によるシステム停止時の電力供給保証の交渉なども必要になる．この種の検討は，地域暖房をコジェネレーションでまかなう場合に特に重要になる．

　コジェネレーション装置の設計において，出力を定める際には，設置場所の環境をよく調べ，必要最低限の電力が供給できるように留意しなければならない．寒冷な気候下では，ガスタービンの排気ガス温度がかなり下がり，蒸気タービンの方の能力を十分使いきれなくなる可能性がある．そのような場合には，排熱再生式・蒸気発生器（HRSG）での追い焚きを検討しなければならなくなる場合もある．これに関連し，第9章では，設計点以外でのガスタービンの性能について説明している．

　コジェネレーション装置の全体効率は，単位空気流量あたりのガスタービンの出力と排気ガスによる供給熱量の和を，燃空比×発熱量 $Q_{\mathrm{net},p}$（すなわち熱入力）で割ったもので評価できる．事前の大まかな性能予測の段階では，排気ガスから取り出せる供給熱量に関しては，HRSG の入口温度を T_{in} とすると，出口温度は一般に120℃（393 K）を下回らないようにすることから $c_{pg}(T_{\mathrm{in}}-393)$ とすれば，よい近似となる．コジェネレーション装置では，ガスタービンの排気ガス温度が低いと蒸気生成が制約されるため，ガスタービン側で再生サイクルが使われることはあまりない．

既存設備の出力増強

　既存の蒸気タービン発電設備の出力増強のため，ガスタービンを追加するケースもある．一般に，蒸気タービンのタービン部は，ボイラより寿命が長いので，タービン部はそのままで，ボイラを，ガスタービンと排熱再生式・蒸気発生器（HRSG）に置き換えることが可能である．1950年代の設計の発電設備の蒸気条

件であれば，ガスタービンとの相性も良く，出力を3倍程度，熱効率を25%程度から40%以上に引き上げることが出来る．この方式では，同じ場所で，より優れた発電設備に改修することが出来ることになり，発電所の新設と比べて，場所の確保やそれに伴うコストの問題が生じず，発電コスト低減につながる（典型例は文献［7］参照）．

めずらしい例としては，未完成の原子力発電設備を，ベース電力用のコンバインド・サイクル発電設備に作り変えたものがある．蒸気タービンや発電機はそのまま用い，原子炉の代わりに，1285 MWのガスタービンとHRSGを使うというものである．全体の出力は1380 MWで，さらに，化学工場への蒸気の供給も行っている．

2.6 循環系ガスタービン

作動流体を外部から取り込まず循環させて用いる循環系ガスタービンについては1.3節で説明した．そこで，作動流体としては空気より単原子分子の気体の方が良い点があることも述べた．循環系ガスタービンがそれほど広く普及するとは考えにくいが，循環系の利点をきちんと定量化して整理すると勉強になる．本節では，循環系の具体例をあげて，作動流体が空気とヘリウムの場合での性能の差異を示す．

図2.30には循環系ガスタービンの例を示す．図中に，運転条件として，低圧圧縮機入口1の温度と圧力（20気圧，300 K），高圧圧縮機入口3の温度（300 K），タービン入口6の温度（1100 K）が書き込まれている．圧縮機の入口温度は，どちらも，圧縮機の前の冷却器に送られる冷却水の温度と，冷却水と作動ガスに必要な温度差から決まっている．タービン入口温度1100 Kは，循環系としては中程度のレベルで，高温原子炉（HTR：$\underline{h}$igh-temperature $\underline{n}$uclear $\underline{r}$eactor）が出来ていれば，この程度の温度が達成できていたと思われる．また，循環ダクト内を高圧にすればするほど装置は小さくでき，ここでは，サイクル内の最低圧力を20気圧と設定する．圧縮機とタービンのポリトロープ効率は，典型的な値として $\eta_{\infty c}=0.89$，$\eta_{\infty t}=0.88$，熱交換器の熱交換効率は0.7，その他，各要素の圧力損失は，それぞれの入口圧力を基準として，プリクーラとインタクーラ（中

2.6 循環系ガスタービン

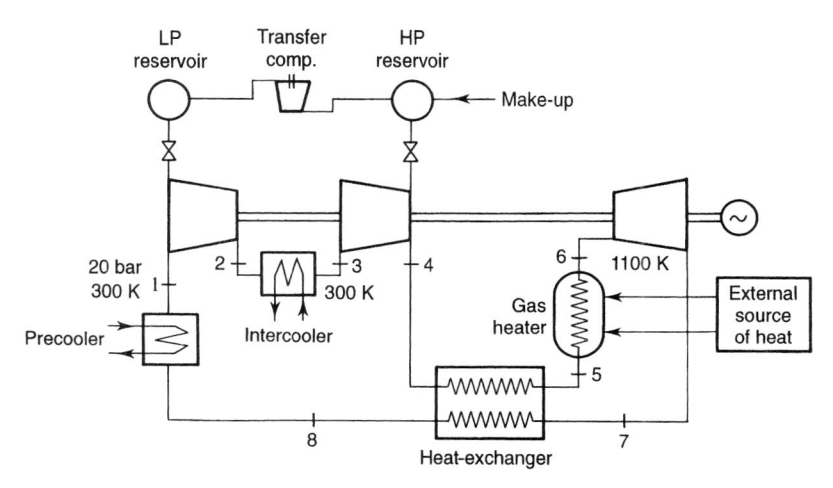

図2.30 循環系ガスタービンの例

間冷却器)が各1%,熱交換器が高温側,低温側共に2.5%,ガス加熱器は3%とする.

性能は,圧力比 p_{04}/p_{01} を横軸にとって評価する.高圧圧縮機と低圧圧縮機の圧力比の分担割合については,$p_{02}/p_{01}=(p_{04}/p_{01})^{0.5}$ とし,高圧側と低圧側の圧力比がほぼ同じになるようにする.また,物性値については,作動流体が空気の時は,比熱比 $\gamma=1.4$,定圧比熱 $c_p=1.005$ kJ/kg/K,ヘリウムの場合は $\gamma=1.666$,$c_p=5.193$ kJ/kg/K とし,どちらの場合もサイクル内で一定値とする.サイクル効率は,

$$\eta=\frac{[(T_{06}-T_{07})-(T_{04}-T_{03})-(T_{02}-T_{01})]}{(T_{06}-T_{05})} \quad (2.24.1)$$

と表せる.循環系ガスタービンで,密度の異なる作動流体を使って出力を比較するときには,作動流体の単位質量あたりの出力を考えるより,単位体積あたりの出力を考えた方がよい.その方が,所定の出力を得るのに必要な装置の大きさが明確に分かる.単位体積あたりの出力は,単位質量あたりの出力に,入口1(20気圧,300 K)での密度をかけて求める.20気圧,300 K では,空気の密度は 23.23 kg/m³ だが,ヘリウム(分子量4)では 3.207 kg/m³ と小さい.

図2.31に性能計算の結果を示す.縦軸は左側が効率,右側が比出力(単位体

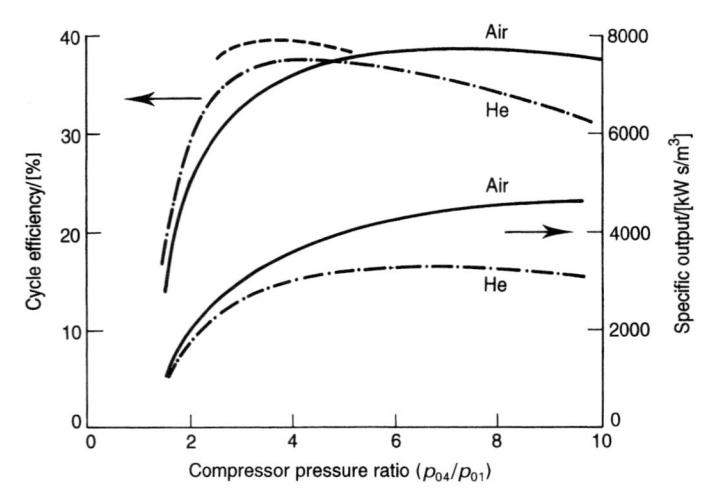

図 2.31 作動流体（空気・ヘリウム）による循環系ガスタービンの性能の違い

積流量あたり）となっている．効率の最大値は，ヘリウムの方が空気より若干低い．ちなみに，空気の定圧比熱 c_p と比熱比 γ を温度の関数として，より精度良く計算しても，効率の最大値はほとんど変わらない．ヘリウムの定圧比熱 c_p と比熱比 γ は，今考えているサイクルの温度範囲内では，温度依存性はあまり大きくなく，影響は小さい．ただし，ヘリウムの場合，熱伝達率が空気より良いため，熱交換器での熱交換効率が高くなると考えられる．ヘリウムで，熱交換器の熱交換効率を 0.7 から 0.8 に上げた場合のサイクル効率を図 2.31 に破線で示している．その場合，効率の最大値は 39.5% となり，空気を用いた場合（熱交換効率 0.7）の効率の最大値 38% より高くなる．

　ヘリウムが空気より熱伝達率が高くなることを具体的に示す．今，直径 d の円管内に，粘性係数 μ，熱伝導率 k，密度 ρ，定圧比熱 c_p の流体を流速 C で流す時の熱伝達率 h を考える．熱伝達率 h を熱伝導率 k と直径 d で無次元化したヌッセルト数 $Nu(=hd/k)$ は，円管内乱流においては，

$$Nu = 0.023 \, Re^{0.8} \, Pr^{0.4} \tag{2.24.2}$$

と与えられる（文献 [1]）．ただし，レイノルズ数は $Re = \rho C d/\mu$，プラントル数は $Pr = c_p \mu/k$ である．プラントル数は流体の物性値のみから決まる．管の径

d は一定とし，ヘリウムと空気のプラントル数はどちらも 0.7 程度であまり大きな違いはないので，これも同じとすれば，

$$\frac{h_h}{h_a} = \left(\frac{\mathrm{Re}_h}{\mathrm{Re}_a}\right)^{0.8}\left(\frac{k_h}{k_a}\right) \tag{2.24}$$

となる．ただし，添え字の h はヘリウム，a は空気を示す．ヘリウムと空気の熱伝導率の比 k_h/k_a は，文献 [8] などによると，およそ 5 である．レイノルズ数は，粘性係数以外に，管の寸法や流速によっても変わる．熱交換器内の流速は，熱交換器での圧力損失 Δp によって決まる．一般に，直径 d 長さ L の円管に Δp の差圧をかけると，圧力勾配により流体が下流に押し流される力は $\pi/4 \times d^2 \times \Delta p$，壁面摩擦応力を τ とすると壁面摩擦による抗力が $\tau \times \pi d \times L$ で，定常流では両者がつり合うため，

$$\Delta p = \left(\frac{4L}{d}\right)\tau = \left(\frac{4L}{d}\right) \times f \times \left(\frac{\rho C^2}{2}\right) \tag{2.24.3}$$

となる．ただし，壁面摩擦応力 τ は摩擦係数 f と動圧 $\rho C^2/2$ の積で表され，f はブラウジウスの式によると，レイノルズ数の関数として，

$$f = \frac{0.0791}{\mathrm{Re}^{0.25}} = \frac{0.0791}{(\rho C d/\mu)^{0.25}} \tag{2.24.4}$$

と与えられる．今，空気とヘリウムで，同じ円管に同じ差圧 Δp をかけるとすれば，

$$(\rho^{0.75} C^{1.75} \mu^{0.25})_h = (\rho^{0.75} C^{1.75} \mu^{0.25})_a \tag{2.24.5}$$

となり，密度の比が $\rho_h/\rho_a = 0.138$，粘性係数の比が $\mu_h/\mu_a = 1.10$ より，流速の比は，

$$\frac{C_h}{C_a} = \left(\frac{1}{0.138^{0.75} \times 1.10^{0.25}}\right)^{\frac{1}{1.75}} = 2.3 \tag{2.24.6}$$

となる．これより，同じ管に同じ差圧をかけても，流速はヘリウムが空気の 2.3 倍になることが分かる．よって，同じ差圧をかけた場合のレイノルズ数の比は，

$$\frac{\mathrm{Re}_h}{\mathrm{Re}_a} = \frac{\rho_h C_h \mu_a}{\rho_a C_a \mu_h} = \frac{0.138 \times 2.3}{1.10} = 0.29 \tag{2.24.7}$$

となるので，熱伝達率の比は，式 (2.24) より，

$$\frac{h_h}{h_a} = 0.29^{0.8} \times 5 = 1.86 \tag{2.24.8}$$

となる．これより，ヘリウムの方が，空気より熱伝達率が2倍近く大きいことが分かった．つまり，ヘリウムを使えば，熱交換面の面積を，空気の時の半分程度にできる．もしくは，同じ熱交換器なら，空気より熱交換効率が高くなる．

一方，単位体積あたりの比出力の比較については，ヘリウムと空気，それぞれ，効率が極大になる状態で比較するのが妥当で，ヘリウムでは圧力比4，空気では7程度として比較すると，空気の方が単位体積あたりの比出力がヘリウムより約45％大きいことが分かる．つまり，同じ出力を得るには，ヘリウムだと空気の1.45倍体積流量を多くしなくてはならない．ヘリウムと空気で，それぞれ，効率極大の圧力比では，圧縮機やタービンの温度差にはそれほど差が無い．それぞれの仕事量は，単位体積あたりだと，$\rho c_p \Delta T$ と表せるが，温度差 ΔT が同じで，すでに示した通り，ヘリウムは密度が空気の0.138倍，定圧比熱は5倍なので，正味出力は0.138×5～0.7倍程度（1.45倍の逆数）となる．

ヘリウムでは，空気と比べると，同じ出力に必要な体積流量が増える．このことは，熱交換器や冷却器の体積を増やす方向に作用するが，それよりも，熱伝達率向上や流速増加による体積低減効果の方が大きく，トータルでは装置を小さくできる．要素をつなぐ配管に関しては，ヘリウムで体積流量が1.45倍になっても，流速が2倍強になるため，直径は約15％小さく出来る．

空気の代わりにヘリウムを循環させた場合の圧縮機やタービンなどの回転要素への影響も大きい．今，質量流量を一定とすると，ヘリウムの定圧比熱 c_p は空気の5倍なので，同じ温度落差なら仕事は5倍になる．この時，回転要素の段数も5倍必要になりそうに思えるが，実際はそうはならない．回転要素では，回転数を上げるほど各段の仕事量（負荷）を大きく出来るが，通常，外周側の速度が音速のオーダになると衝撃波損失が発生して効率が落ちるため，流速や周速にはマッハ数の制約がある．しかし，ヘリウムの場合には，音速が空気よりだいぶ大きいため，マッハ数による制約がかなり緩和される．ヘリウムは比熱比が $\gamma=1.666$ で，気体定数は分子量（He は 4，空気は約 29）に反比例するので，同じ温度でのヘリウムと空気の音速 $\sqrt{\gamma R T}$ の比は，

$$\frac{a_h}{a_a} = \left(\frac{\gamma_h R_h}{\gamma_a R_a}\right)^{0.5} = \left(\frac{1.66 \times 29}{1.40 \times 4}\right)^{0.5} = 2.94 \qquad (2.24.9)$$

となる．これにより，各段の仕事量は概ね4倍に上げられるので，ヘリウムにし

て仕事量が5倍になっても，段数は5/4倍程度にしかならない．加えて，回転要素を通過する流体の流速を上げることにより，流路を小さくし，動翼の高さを減らすことも出来る．空気の代わりにヘリウムを用いた場合に回転要素が大きくなるかどうかについては，より詳細な解析が必要になる．

ヘリウムは，それほどふんだんに使える訳ではないため，大型の装置で高圧下で用いるには，シールが可能かどうかが問題になる．実際，高圧の二酸化炭素を用いた原子炉の冷却では，二酸化炭素の漏れが大きかったという事例があり，それより軽いヘリウムでは，さらにシールが難しくなると予想される．循環系ガスタービンの原子力発電への適用については，1.3 節で色々と課題があることを述べたが，1990 年代中頃までは，将来実用化するための技術について，詳細な検討が行われていた（文献 [9]）．

21 世紀の初頭になり，温室効果ガス削減の要請の高まりから，原子力発電の熱サイクルが見直されている．南アフリカの電力会社 Eskom は，三菱重工と提携し，上記の例と同様なヘリウムの循環系サイクルを使った 165 MW の発電装置を提案している．原子炉は，ペブル・ベッド・モジュール型高温ガス炉（PBMR：pebble bed modular reactor）と称される，これまでにない斬新な設計で，直径約 0.5 mm の二酸化ウラン燃料核を炭素および炭化ケイ素で多層被覆し，さらにグラファイトで被覆した直径約 50 mm の被覆燃料粒子を用いている．原子炉の中にその燃料粒子を多数収納し，400 MW の熱を発生させる．循環サイクルの入口圧力は 9 気圧，圧力比は 3.2 で，サイクルの最高温度は 1173 K，熱効率は 41.2% で，図 2.31 の計算結果と概ね合っている．装置全体としては 165 MW のモジュールを 4 つ組み合わせて 660 MW の出力を出すことが出来るようになっており，小規模の電力需要のある場所のそばに 165 MW のモジュールを置いて送電コストを節約することも可能になっている．また，モジュール組み合わせ方式により，システムに余裕を持たせ，計画的にメンテナンスを行うこともできる．計画では，2008 年に実証試験設備の建設を開始し，2016 年に商用運用を開始することになっている．

3 航空エンジン用ガスタービン

　航空エンジン用の，産業用との違いは，まず第1に，出力が推力という形をとるということである．例えば，航空用のターボジェット・エンジンやターボファン・エンジンでは，推力は，すべて，後方のノズルからのジェット噴出によって生じるが，ターボプロップ・エンジンでは，推力の大半はプロペラの回転によるもので，後方へのジェット噴出による推力は小さい．次に，航空用では，航空機の速度や高度を考慮する必要があるということがあげられる．ガスタービンを使うと，これらの点で有利になることや，重量の割に出力が大きいことなどから，航空エンジンの分野では，推力の小さい軽飛行機を除いて，レシプロ式から，ガスタービン・エンジンへの転換が急速に進んだ．

　航空エンジンの設計では，離陸，上昇，巡航，旋回等，航空機の様々な飛行状態に必要な要求を満たす必要がある上，それらの要求は，民間機と軍用機，短距離機と長距離機でもまた異なる．航空エンジンと言えば，以前は，離陸推力に焦点を当てて設計するのが普通であったが，今日では，それは適切でない．例えば，長距離機のエンジンでは，巡航時の燃料消費率SFCが低いことが要求される上，推力に関しても，推力が出にくい高温日の離陸推力以外にも，最高上昇点（巡航開始点）での推力なども考慮する必要がある．このように，航空エンジン用ガスタービンは，地上用と比べて，設計点をどう設定するかに関してもかなり複雑で，本章の例でも，離陸時と巡航時の2つの設計点での計算を行っている．

　本章では，はじめに，ジェットエンジンの性能評価や，インテーク（エンジンの空気取り入れ口）やノズル（排気ジェット噴出部）での損失を性能評価に組み込むためのパラメータについての説明を行う．次いで，ターボジェット・エンジン，ターボファン・エンジン，および，ターボプロップ・エンジンの性能評価を

行う．機速や高度による性能変化の評価手法については第9章で説明する．ラムジェット・エンジンやロケットなどの推進機関については，本書では取り扱っておらず，他の専門書を参照されたい．

3.1 航空エンジンの性能

図3.1のような航空エンジンを考える．エンジンには，機速に等しい速度 C_a（向きは反対）で空気が流入し，中の原動機によって加速され，流入速度 C_a より速い速度 C_j で後方のノズルから噴出する．これによりエンジンは推進力を得る．中の原動機は様々で，タービンが圧縮機を駆動する単純なガスタービンの場合もあれば，圧縮機を駆動した後に出力タービンでプロペラを駆動するタイプのもの，ラムジェット・エンジンのように，単に燃焼器だけのもある．簡単のため，エンジンの入口と出口で気体の質量流量は同じとすれば（燃料重量を省略），入口と出口の流れの運動量変化によって生じるエンジンの正味推力 F は，入口 a と出口 j の間の検査体積を考えると，

$$F = m(C_j - C_a) \tag{3.1}$$

と書ける．ここで，mC_a は流入運動量抵抗（intake momentum drag），mC_j はグロス推力（gross momentum thrust：$C_a=0$ の静止状態，すなわち，流入運動量抵抗が無いときの正味推力）と言う．さらに排気ガスがエンジン内で周囲の大気圧 p_a まで膨張（圧力低下）せず，p_a より高い p_j の圧力で噴出する時には，その分，エンジンが，差圧 $(p_j - p_a)$×出口面の面積 A_j の力で前方に押されることになるため，エンジンの正味推力はトータルで，

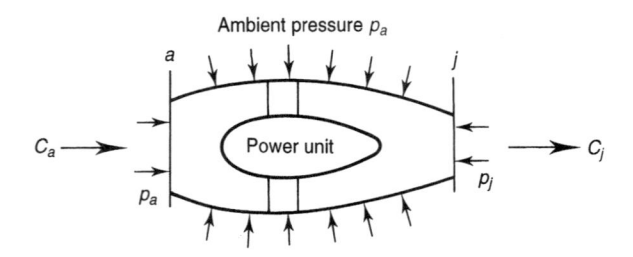

図3.1 推進システム

$$F = m(C_j - C_a) + A_j(p_j - p_a) \tag{3.2}$$

となる．右辺の第1項が運動量変化による推力，第2項が圧力による推力である．航空機が一定速度 C_a で水平飛行している場合には，この正味推力 F（net thrust，以下，単に推力）と，航空機にかかる抵抗が等しくなる．

簡単のため，仮に，排気を周囲の静圧 p_a に等しくなるまで膨張させてからエンジンの外に噴出させるとすると，推力は式（3.1）で示せる．所定の推力を出すエンジンを設計する際には，空気流量 m が少なめで排気ジェットの速度 C_j を大きくする方法と，空気流量 m を大きくし，排気ジェットの速度 C_j を抑える方法の2通りが考えられるが，両者をどうバランスさせれば性能が良くなるかについて，定性的に考える．

図3.1において，エンジン内部の原動機がなす仕事（出力）は，空気の運動エネルギを入口から出口までにどれだけ増やしたか，すなわち $m(C_j^2 - C_a^2)/2$ に等しい．一方，このエンジンは，$F = m(C_j - C_a)$ の力で，単位時間に機体を距離 C_a 動かす仕事 $F \times C_a$ をする．原動機の出力から，エンジンが機体を動かした仕事を差し引いた残りは $m(C_j - C_a)^2/2$ となるが，これは，排気ジェットが持つ運動エネルギに等しくなる．排気ジェットの速度は，地上から見ると $C_j - C_a$ で，排出された後，周囲の空気と混合してエネルギを失い，最終的に速度0となる．原動機がなす仕事（＝エンジンが機体を動かす仕事＋排気ジェットの運動エネルギ）に対するエンジンが機体を動かす仕事の割合を推進効率 η_p と言い，

$$\eta_p = \frac{m\, C_a(C_j - C_a)}{m\,[C_a(C_j - C_a) + (C_j - C_a)^2/2]} = \frac{2}{1 + (C_j/C_a)} \tag{3.3}$$

と表せる．式（3.1）と式（3.3）より，

(a) 機速 $C_a = 0$ の時，推力 F は最大となるが，この時，推進効率 $\eta_p = 0$ となる（地上静止で運転している状態）

(b) $C_j/C_a = 1$ の時，推進効率 η_p は最大となるが，この時，推力 $F = 0$ となる．

が分かる．結論として，排気ジェットの流速 C_j は，機速 C_a より速くなくては推力が出ないが，機速との差が大きすぎない方が推進効率が良くなると言える．

図1.9のOlympusエンジンは，マッハ2.0（音速の2倍）での巡航用にアレンジされた，排気ジェット速度 C_j の大きいターボジェット・エンジンである．一方，図1.12（b）に示すGP7200は，亜音速（音速以下の速度）の大型旅客機用

ターボファン・エンジンで，Olympus エンジンと比べて径が大きいことから分かるように，空気流量が大きく，排気ジェット速度は小さい．よって，推進効率が高い．さらに，図 1.10〜11 に示す Dart, PT-6, PW100 は，シャフトの先に，径が 4m にもなるプロペラを付けて使う航空用ターボプロップ・エンジンで，より高流量，低排出速度となる．ただし，ターボプロップ・エンジンは，通常はマッハ 0.6（音速の 0.6 倍）程度までの巡航速度で使われるのに対し，ファンがナセル（エンジンを覆うケース）内にあるターボファン・エンジンでは巡航マッハ数 0.75〜0.85 で使われる．

推進効率 η_p は，上記から分かる通り，エンジン内の原動機が生み出した出力仕事のうち，どの程度が航空機を動かす仕事に使われたかを示す指標であり，エンジン内の原動機に与えた熱に対する出力の割合を示す熱効率（η_e と表記する）とは異なる．エンジンを通過する空気流量を m，エンジン内原動機に与える燃料の流量を m_f，単位質量の燃料の発熱量を $Q_{net,p}$ とすると，原動機に与えた熱は $m_f Q_{net,p}$ であり，これが，原動機のなした仕事 $m(C_j^2-C_a^2)/2$ と，排気の熱 $mc_p(T_j-T_a)$ の和になる．これからわかるように，原動機の熱効率 η_e は，

$$\eta_e = \frac{m(C_j^2-C_a^2)/2}{m_f Q_{net,p}} \tag{3.4}$$

と表せる．航空エンジン全体としての総合効率 η_o は，エンジン内原動機に与えた熱 $m_f Q_{net,p}$ に対する，エンジンが航空機を動かした仕事 $F \times C_a$ の割合であるから，

$$\eta_o = \frac{m C_a(C_j-C_a)}{m_f Q_{net,p}} = \frac{FC_a}{m_f Q_{net,p}} \tag{3.5}$$

と表せる．また，総合効率は，エンジン内原動機の熱効率 η_e と推進効率 η_p により，

$$\eta_o = \eta_p \eta_e \tag{3.6}$$

と表せる．ここまでの解析により，航空エンジンの効率は，機体の速度 C_a と不可分であることが分かった．機体の速度は広範囲で変化するが，航空エンジンの性能の相対的な比較は，離陸時を想定した地上静止状態での最大出力時（タービン入口温度が最高になる時）と，最適な巡航高度・速度での運転時の 2 つの状態を見れば，概ね可能である．航空エンジンの効率の良し悪しも，産業用と同様，

燃料消費率 SFC（specific fuel consumption）で比較すれば分かりやすい．航空エンジンの場合の燃料消費率 SFC は，通常，単位推力あたり必要な燃料流量 m_f/F [(kg/h)/N] で表す．式（3.5）より，SFC と総合効率 η_o の関係は，

$$\eta_o = \frac{C_a}{\mathrm{SFC}} \times \frac{1}{Q_{\mathrm{net},p}} \tag{3.7}$$

となる．燃料は同じとすると，発熱量 $Q_{\mathrm{net},p}$ は一定であるから，航空エンジンの総合効率は C_a/SFC に比例することが分かる．ちなみに，前章で示した通り，産業用のガスタービンでは，効率は 1/SFC に比例する．

航空エンジンの性能を表すもう1つの重要なパラメータとして，比推力 F_s があげられる．比推力は，単位空気流量あたりの推力 F/m [N/(kg/s)] で，エンジンの大きさは概ね通過する空気流量によって決まるので，比推力により，所定の推力を出すのに必要なエンジンのサイズが推定できる．航空エンジンの場合，重量を軽くする必要がある他，エンジンのサイズが大きいと抵抗が増えることから，サイズがどうかは重要な点である．燃空比を $f(=m_f/m)$ とすれば，燃料消費率 SFC と比推力 F_s の関係は，

$$\mathrm{SFC} = \frac{f}{F_s} \tag{3.8}$$

となる．ただし，この式は，エンジンに吸い込んだ空気がすべて燃焼器を通るターボジェットでのみ成り立ち，ターボファン・エンジンでは燃焼器を通らない空気があるため成り立たない（3.4節参照）．

上空での航空エンジンの性能を見積もるには，まず，各高度での気圧と温度を知る必要がある．それらは，季節や緯度によって変動するが，通常は，平均的な大気状態，正確には，国際標準大気 ISA（International Standard Atmosphere）を用いる．ISA は，中緯度帯の大気の平均的な状態で，温度は，地上（海面）で 15℃，地上から高度 11000 m までは 500 m につき 3.2 K 低下し，高度 11000 m では 216.7 K（−56℃程度），そこから高度 20000 m までは 216.7 K で一定で，それより上では，徐々に温度が上がる．温度分布が決まれば，流体力学で言う静水圧平衡により，圧力分布も決まる．本章の末尾に，国際標準大気 ISA の表の簡易版を掲載しており，以降の計算例でもこれを用いる．注意点として，実際の大気状態は，地上においても上空においても，当然のことながら，ISA か

らかなりずれるので，定期的な観測が行われ，航空機の飛行計画を立てる上での重要な情報となっている．また，航空機の設計や運航の元になる飛行状態は，高度とマッハ数（速度／音速）で整理されており，性能も高度とマッハ数別に定められている．マッハ数が同じでも，高度が違えば，温度が違うことによる音速の違いから，飛行速度が異なる（例えば，地上で音速は良く知られている通り 340 m/s（15℃）だが，-56℃の上空では 295 m/s 程度）．

位置番号

前章で産業用ガスタービンのサイクル内で，主要な要素の入口と出口の位置を番号を使って表した．航空エンジンでも同様に番号を用いるが，航空エンジンの分野では，番号の割り振りの標準となる例が，米国の自動車学会（SAE：Society of Automotive Engineers）の公開文書 ARP755（Aerospace Recommended Practice 755）として示されている．番号の割り振りは以下の通り．

番号	場所
0	一様空気流
1	インテーク入口
2	圧縮機入口
3	圧縮機出口
4	タービン入口
5	タービン出口
6	ミキサ／アフター・バーナ前面
7	ノズル入口
8	ノズル・スロート
9	ノズル・出口（ノズルに拡大部がある場合のみ）

図 3.2 は 1 軸のターボジェット・エンジン，図 3.3 は 2 軸のターボジェット・エンジン，図 3.4 は 3 軸のターボファン・エンジンでの例である．この番号は，航空エンジン派生型ガスタービンでも引き継がれている場合がよくあるが，産業用ガスタービンのメーカではあまり使われていない．この番号の割り振り方は強

3.2 インテークとノズルの効率　133

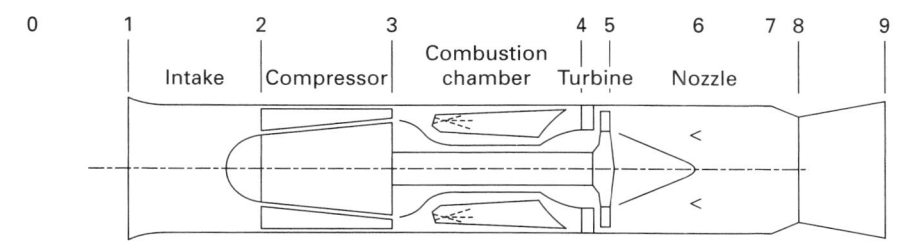

図 3.2　1軸ターボジェットの位置番号

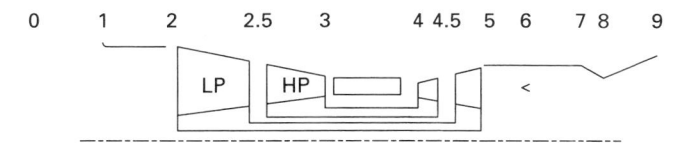

図 3.3　同心2軸ターボジェットの位置番号

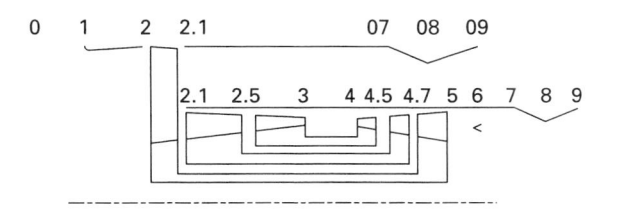

図 3.4　同心3軸ターボファンの位置番号

力なツールとなるが，一方で，教育目的には必ずしも適していないため，以降では使わない．以降は，圧縮機入口を1として，位置番号を明示して用いる．

3.2　インテークとノズルの効率

図 3.5 に示す1軸のターボジェット・エンジンを考える．左のグラフは，損失がない理想的なサイクルを仮定した場合の T–s 線図である．タービンでは，圧縮機を駆動する仕事に相当する高温高圧の燃焼ガスの膨張（圧力低下）が行われ，残りの膨張（圧力低下）に関しては，ノズル内で行われる．また，インテークに関しては，第2章で扱った定置式の産業用ガスタービンでは圧縮機の一部と

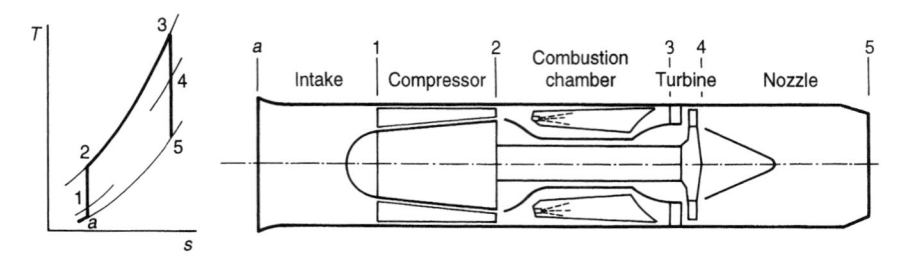

図 3.5　ターボジェット・エンジン

考えたが，航空エンジンの場合には，機速，すなわち，エンジンへの空気の流入速度が性能に与える影響が大きいため，インテークは別の要素として考える．航空エンジンの性能に進む前に，新しく付加されたインテークとノズルという2つの要素での損失をどのように考慮するかについて述べる．

インテーク

インテークは，エンジン性能と航空機の安全性の両方に関わる要素で，機体へのエンジン搭載方法次第で大きく変わる．インテークの基本的な役割は，流入する一様流を，少ない全圧損失で減速・圧縮し，圧力・速度共に一様な流れを圧縮機に届けることである．圧縮機に流入する空気流に偏りがあると，圧縮機がサージ（4.3 節参照）を起こし，非定常な空気の運動による翼の振動により，エンジンの吹き消えや，大きな損傷が発生する可能性がある．航空機が急旋回する場合には，洗練された設計のインテークであっても，圧縮機に送る空気の偏りを無くすことはなかなか困難である．

優れた航空エンジンは，各種の航空機に，様々な形態で，それに適したインテークと共に組み込まれている．戦闘機では，通常，エンジンは機体に埋め込まれており，インテークは単純なピトー式から，エンジン1つに対して機体の両側に空気取り入れ口があるタイプ，さらには，矩形断面で，壁面の一部が可動式になっていて流路が可変となるものなど，様々な例がある．エンジンを複数搭載する輸送機や爆撃機に関して，初期の英国式の設計は，エンジンを翼の付け根部に埋め込む方式で，例えば，Comet, Victor, Vulcan などの航空機がこれに相当し，現在でも Comet の直系の Nimrod 機ではそのような方式を採用している．これ

に対し，フランスが Caravelle 機で始めたのが，エンジンを機体の後方に取り付けるリア・マウント方式で，この方式は，DC-9／MD80 シリーズで広く使われ，ビジネス・ジェット機では，ほとんど例外なくこの方式である．また，米国では，翼の下にエンジンをつり下げるポッド式を B-47 爆撃機で導入したが，この方式は，ジェット機による民間航空輸送の礎となった B-707 型機および DC-8 で採用された（図 3.21 はポッドつり下げ式エンジンがナセルに入っている様子）．ポッドつり下げ方式により，翼の付け根に埋め込む際に生じていたエンジン径の制約が無くなり，エンジン径が大きく，推進効率が高いため燃費が格段に良い高バイパス比ターボファン・エンジンの設計が可能になった．

　現在では，輸送機の大半はポッドつり下げ方式を採用しているが，エンジンが 3 つの場合には，依然，真ん中のエンジンをどう取り付けるかという問題が生じる．エンジン 3 つの航空機は，最近ではほとんど設計されないが，2007 年に，Dassault 社は，以前開発した長距離ビジネス・ジェット機 Falcon 50 の派生型として，3 エンジンの Falcon X を導入した．エンジン 3 つの航空機で最も成功した例は B-727 型機で，他にも，1970 年代に Lockheed 社の L-1011 と，Douglas 社の DC-10 の 2 つの 3 エンジン式広胴機が作られた．どれも，真ん中のエンジンは機体の後方に取り付けられているが，インテークの形式は機種によって異なる．B-727 型機，L-1011 と Falcon 50 は，どれも，図 3.6 左の図のように，エンジンは胴体の中心軸に近い位置に埋め込まれ，S 字のインテークが取り付けられている．一方，DC-10 では，右図の通り，エンジンは垂直尾翼の付け根に取

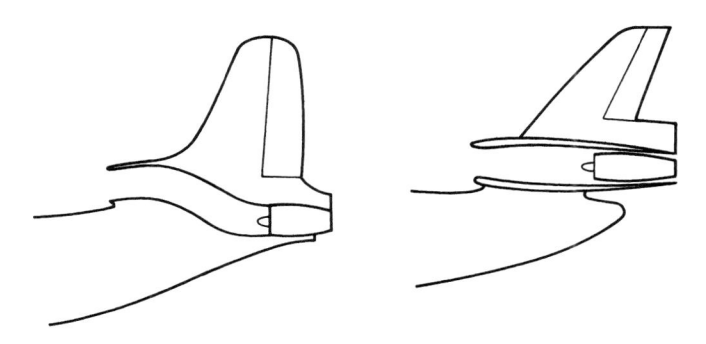

図 3.6　**エンジンの機体後方取付時のインテーク**

り付けられ，インテークはまっすぐなダクトになっている．これらを見るに，インテークの設計では，空力と構造の相反する要求をうまく調和させる必要があることが分かる．

最近の設計の圧縮機では，圧縮機初段入口の軸方向流入マッハ数が 0.4〜0.5 であるのに対し，亜音速機の巡航マッハ数（すなわちインテーク入口マッハ数）は 0.8〜0.85，超音速機ではマッハ 2〜2.5 にもなるため，それらをインテークで減速・圧縮しなくてはならない．また，離陸時には，流速が遅いため，インテークで空気を吸い込んでエンジンを最大空気流量・最大出力で運転できるようにしなければならない．このように，インテークの設計では，幅広い範囲の飛行状態を検討しなければならない上，機体とエンジン両方の技術者の協力が必要になる．インテークの空力設計については，文献 [1] に詳しい．

インテークでの損失を計算に組み込むために必要なインテークの効率については，第 2 章で示したのと同様の等エントロピ効率 η_i と，その他にラム効率 η_r がある．等エントロピ効率 η_i については圧縮機で示したのと似た考えが適用できる．インテーク入口（一様流）の静温を T_a，全温を T_{0a}，静圧を p_a，全圧を p_{0a}，流速を C_a とし，インテーク出口の全温を T_{01}，全圧を p_{01} とする．インテークでは，圧縮機と違って仕事の入力がないため，入口と出口で全温は不変であることと，全温の式（2.7）に注意すれば，

$$T_{01} = T_{0a} = T_a + \frac{C_a^2}{2c_p} \tag{3.8.1}$$

が分かる．この式は，損失の有無に関わらず常に成立し，これにより，圧縮機入口全温 T_{01} が求められる．インテークで損失の無い等エントロピ変化をしたと仮定した場合に，入口静圧 p_a と出口全圧 p_{01} に対応して，温度が入口静温 T_a から出口全温 T'_{01} に変化したとすると，式（2.8）より，

$$\frac{p_{01}}{p_a} = \left(\frac{T'_{01}}{T_a}\right)^{\gamma/(\gamma-1)} \tag{3.8.2}$$

が成り立つ．これに対し，損失がある実際の場合のインテーク出口全温は T_{01} であるから，圧縮機の場合の式（2.9）と同様に，インテークの等エントロピ効率を，

$$\eta_i = \frac{T'_{01} - T_a}{T_{01} - T_a} \tag{3.9}$$

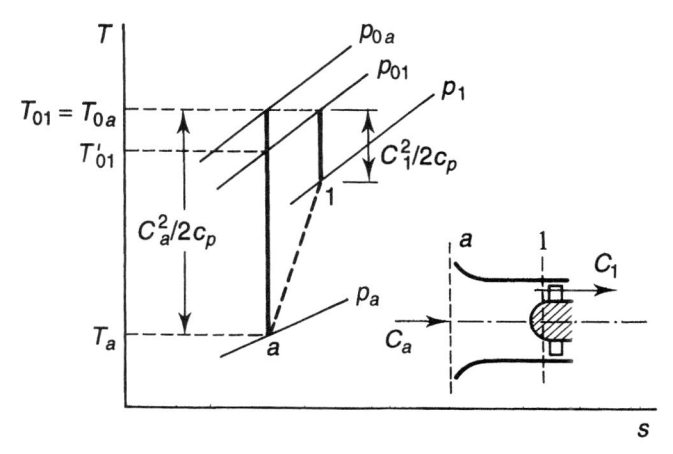

図 3.7 インテークにおける空気流の状態変化

と定義できる．これらより，

$$T'_{01} - T_a = \eta_i \frac{C_a^2}{2c_p} \tag{3.9.1}$$

となる．また，入口と出口の圧力比は，

$$\frac{p_{01}}{p_a} = \left[1 + \frac{T'_{01} - T_a}{T_a}\right]^{\gamma/(\gamma-1)} = \left[1 + \eta_i \frac{C_a^2}{2c_p T_a}\right]^{\gamma/(\gamma-1)} \tag{3.10a}$$

と導ける．この式を用いれば，インテーク入口空気（一様流）の状態，すなわち，入口の静圧 p_a，静温 T_a，流速 C_a とインテークの等エントロピ効率 η_i から，インテーク出口（圧縮機入口）の全圧 p_{01} を求めることができる．さらに，音速は $(\gamma R T)^{1/2}$ で，マッハ数は流速／音速であることに注意すると，

$$\frac{p_{01}}{p_a} = \left[1 + \eta_i \frac{\gamma-1}{2} M_a^2\right]^{\gamma/(\gamma-1)} \tag{3.10b}$$

が得られる．ただし，M_a は一様流のマッハ数（＝機速のマッハ数）である．また，インテーク入口の静温と出口の全温に関して，

$$\frac{T_{01}}{T_a} = \left[1 + \frac{\gamma-1}{2} M_a^2\right] \tag{3.11}$$

が成り立つ．この式も，損失の有無とは無関係に常に成り立つ式である．一方，ラム効率 η_r は，動圧に着目して，

$$\eta_r = \frac{p_{01} - p_a}{p_{0a} - p_a} \tag{3.11.1}$$

と定義される．ラム効率と等エントロピ効率の値の大きさはほぼ同じで，また，どちらからでも他方の効率を求めることが出来る（両者の関係を示すグラフは文献［1］参照）．ラム効率の方は実験で求めやすいということ以外は，等エントロピ効率 η_i に勝る利点があるわけではないので，以降は，等エントロピ効率 η_i を用いる．流入流速が音速以下の亜音速インテーク（すなわち亜音速機のエンジンのインテーク）では，等エントロピ効率やラム効率は，概ね流入マッハ数 0.8 まではマッハ数によらず一定になるので，サイクル計算には便利である．地上静止状態 $C_a=0$ の時は，式の上では，全圧損失が 0 になってしまうが，地上静止での運転状態では，実際，インテーク内での流速が遅い上，加速流になるため損失は非常に小さく，0 としてもあまり問題ない．

インテークの等エントロピ効率は，インテークが機体のどの位置に取り付けられるかによっても代わるが，以降の亜音速機の例では $\eta_i=0.93$ として計算する．超音速機のインテークの場合は，これより効率が低く，インテーク入口マッハ数が大きくなると効率が低下する．実用上は，超音速インテークの場合は，等エントロピ効率やラム効率は使われず，入口と出口の全圧の比 p_{01}/p_{0a} をマッハ数の関数として表す．インテークの入口と出口の全圧の比 p_{01}/p_{0a} は，全圧回復率と言われる．圧力の比に関して，

$$\frac{p_{01}}{p_a}=\frac{p_{01}}{p_{0a}}\times\frac{p_{0a}}{p_a} \tag{3.11.2}$$

であり，入口での全静圧比は，

$$\frac{p_{0a}}{p_a}=\left[1+\frac{\gamma-1}{2}M_a^2\right]^{\gamma/(\gamma-1)} \tag{3.11.3}$$

であるから，一様流の静圧とマッハ数，および，インテークの全圧回復率からでも，圧縮機入口全圧 p_{01} を求めることが出来る．超音速インテークの性能に関しては，文献［2］に一部のデータが載っているが，超音速インテークの設計は高度な空気力学の専門知識を要するものであり，設計情報の多くは機密事項となっている．超音速インテークでは，入口の超音速流を，衝撃波を介して亜音速に減速し，さらに，圧縮機入口までディフューザで減速することになるが，米国国防省で採用されている概算としては，衝撃波による損失のみを考慮した全圧回復率を，

$$\left(\frac{p_{01}}{p_{0a}}\right)_{\text{shock}} = 1.0 - 0.075(M_a - 1)^{1.35} \qquad (3.11.4)$$

と近似する式が，マッハ数 $1 < M_a < 5$ の範囲で用いられている．インテーク全体としての全圧回復率は，上式の回復率に，さらに，その下流のディフューザでの減速に関する全圧回復率をかけて求めなければならない．

推進ノズル

　推進ノズルは，図3.5のターボジェット・エンジンの断面図に示す通り，タービンの下流にあり，タービンから出た高温高圧の燃焼ガスを，膨張させて高速のジェットとして外気に噴出させる要素である．図3.15に示す2軸のターボファン・エンジンでは，外周側を通過する低温のバイパス流用のノズルと，内周側の高温コア流用のノズルの2つのノズルがある．ただし，ターボファン・エンジンでも，図3.16に示すように，バイパス流とコア流を混合して1つのノズルからジェットを噴出させる場合もある．タービン出口からノズル出口までの構造を図3.8に示す．ガス流路は，タービン出口では断面が環状であるが，図に示す通り，ディフューザで内周部にも流路が拡大して円形のジェットになる．その後ろには，ジェット・パイプと言われる直管部があるので，流路拡大部で断面積が拡大して流速が落ちれば，ジェット・パイプでの摩擦損失を減らす効果がある．推力の増強が必要な場合には，図に示すように，ジェット・パイプ内にアフター・

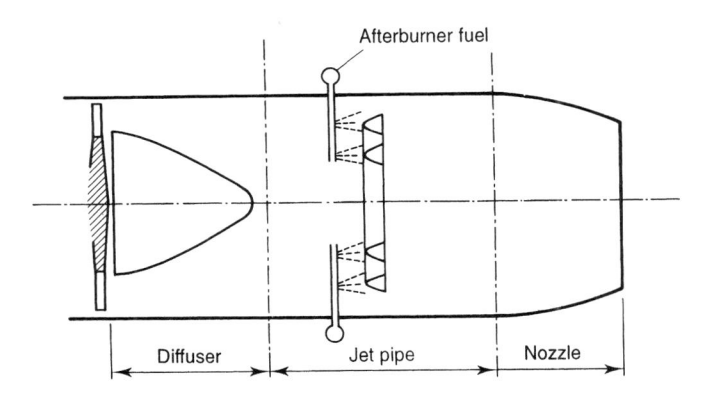

図3.8　推進ノズルの概要

バーナを置き，そこから燃料を吹いて燃焼させて推力を増強することができる（アフター・バーナは再熱器と呼ばれることもあるが，産業用ガスタービンで，タービン間に熱を与え，その状態で常用運転する再熱とは異なる概念である）．

ノズルでは，高温高圧の燃焼ガス（全圧 p_{04}）の出口を絞り，高速にして，低圧の外気（静圧 p_a）に噴出させる．当然，外気に対する燃焼ガスの圧力比 p_{04}/p_a を上げると，噴出するジェットの速度は大きくなるが，図3.8のような，出口を絞っただけのCノズル（convergent nozzle）を使う場合には，臨界圧力比（損失を無視すれば $[(\gamma+1)/2]^{\gamma/(\gamma-1)}$ で，比熱比 $\gamma=1.333$ の燃焼ガスなら 1.853，式 (3.10b) で $\eta_i=1$，$M_a=1$ と置くと求められる）で，ちょうど出口マッハ数が1（流速＝音速）となり，それ以上，圧力比を高くしても，出口マッハ数は1のままで，出口面の流速を音速以上に上げることは出来ない．この状態を，ノズルが出口でチョークしていると言う．この時，出口面の圧力は，外気の静圧 p_a より高くなり，式 (3.2) でいう，圧力による推力が発生する．ノズルの出口で超音速にし，出口面で外気の静圧になるまで燃焼ガスを膨張させるには，図3.17のエンジンについているような，一旦絞ってから広げるCDノズル（convergent-divergent nozzle）を付けてやる必要がある．CDノズルを付ければ，臨界圧力比を超えても，燃焼ガスはスロート（断面積最小の場所）で音速になった後，拡大部でさらに膨張・減圧して超音速になり，外気圧 p_a まで減圧することが可能である．この時は，圧力による推力は無くなるが，Cノズルに比べて出口での流速が大きくなるので，運動量による推力は大きくなる．航空エンジンでは，中程度の圧力比のエンジンでも，ノズルの圧力比が臨界圧力比を超える運転状態が発生する．仮に，ノズル内で摩擦損失が無く，燃焼ガスが等エントロピ変化するとすれば，臨界圧力比を超えた場合，Cノズルを付けて出口流速は音速だが圧力による推力が加わる場合と，CDノズルを付けて，圧力による推力は0だが，出口流速が増える場合を比較すると，CDノズルを付けた方が推力が大きくなる．しかし，実際にはノズル内の損失があるので，CDノズルを付けても理論値ほどの流速は出ない．また，CDノズルではエンジンが重くなる分不利な上に，エンジンが長くなるため，機体への搭載が難しくなるという問題が生じる．

文献[3]の実験によると，ノズルの圧力比 p_{04}/p_a が3以下であれば，CDノズルの断面積を圧力比に合わせて最適に設計したとしても，推力はCノズルと

変わらない．CD ノズルを圧力比最大の運転条件に合わせて固定形状で設計すると，それより圧力比が低い場合には，拡大部で衝撃波が発生して効率はさらに下がる．このようなことから，航空エンジンのノズルは，通常は C ノズルを採用している．また，C ノズルの場合には，下記の 3 つの機構をノズルに組み込み易いという利点もある．

(a) 可変機構：3.8 節で示す通り，アフター・バーナを搭載する場合には，ノズルの出口断面積を変える可変機構が必要になる．初期の航空エンジンでは，始動性を良くするために出口断面積の可変が行われたが，今日では，そういう目的での可変はほとんど必要ない．図 3.9 (a) はノズルの出口断面積を可変とする機構の例で，左は，目の虹彩（iris）のように出口が開いたり閉まったりする方式（虹彩：日本人だと眼球の茶色に見える環状の部分：虹彩の内側は黒い瞳孔で，虹彩の大きさが変化することで瞳孔が開いたり閉じたりし，眼球内に入る光の量を調節する），右は，中心の物体が前後することで出口断面積が変化する方式である．

(b) 逆噴射装置（thrust reverser）：着陸時にジェット噴出の向きを逆にして，着陸に必要な滑走路の距離を短くするもの．民間機の大半が採用している．図 3.9 (b) の左側．

(c) 消音装置：ジェット騒音は，高速の排気ジェットと周囲の大気とが混合する際に発生し，その騒音レベルは，排気ジェットの流速を下げれば小さくなる．ターボファン・エンジンでは，ターボジェット・エンジンに比べて，同

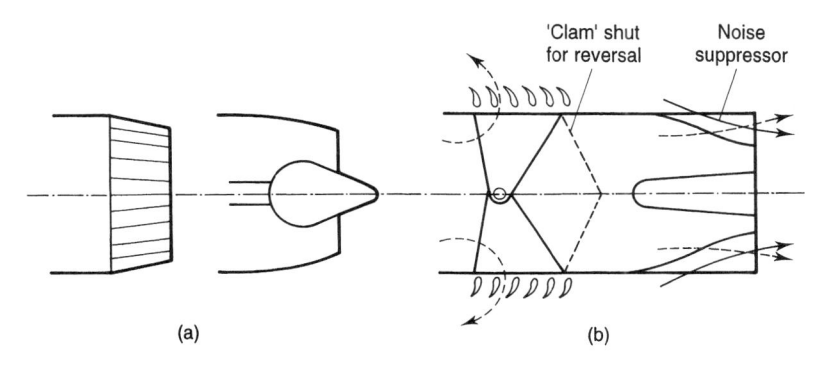

図 3.9 ノズルの可変機構，逆噴射装置および消音装置

じ推力でも，排気ジェット速度が小さいため騒音は小さくなる．図 3.9（b）に示すように，周方向に，排気ジェットと周囲の空気が交互になるようにする消音装置（ローブ・ミキサなど）を付け，高速のジェットが周囲の大気と接する面積を増やしてやれば，排気ジェットと周囲の大気との混合が早くなり，排気ジェット速度が早く下がって騒音を小さく出来る．

ただし，超音速機のエンジンでは，インテーク入口での動圧が大きいため，静圧より全圧がかなり高くなり，その影響で，ノズルの圧力比も大きくなる．マッハ数 2〜3 の機体用のエンジンでは，ノズル圧力比が 10〜20 にもなり，臨界圧力比よりかなり大きくなるため CD ノズルが必要で，可変機構を付加することにより装置が複雑化するが，スロートや出口の面積が可変の CD ノズルを用いて衝撃波発生による損失を抑えなければならない．CD ノズル（図 3.17 参照）の設計の際の主な制約事項として，以下の点があげられる．

(a) 抵抗の増加を避けるため，ノズル出口径はエンジン径以下に抑えること．
(b) 流路拡大部の拡大角は大きいほどノズルは短く出来るが，開き角が 30 度を超えると，ジェットの噴出速度の径方向成分が急速に大きくなり，軸方向成分が減って推力が小さくなるため，開き角は 30 度以下に抑えること．

CD ノズルの設計は，コンコルドのような超音速で長時間飛行する超音速旅客機では特に重要で，航続距離やペイロード（旅客や貨物の重量）は，エンジンの性能に大きく左右される．このため，文献 [4] にあるように，超音速旅客機では，インテークやノズルが飛行状態に応じて最適な形状となるよう，スロートや出口の面積が連続的に変わる可変機構を備えている．一方，軍用機では，通常は亜音速で飛行し，ごく短時間だけ超音速飛行できれば良いため，超音速飛行時の燃費はあまり重要でない．

ここで，ノズルでの損失をサイクル計算に組み込むことを考える．対象は C ノズルとする．2 つの方法があり，1 つは，これまでと同じ等エントロピ効率 η_j，もう 1 つは比推力係数 K_F を用いる方法で，比推力係数 K_F は，グロスの比推力 $[mC_5+A_5(p_5-p_a)]/m$ の（実際の値）/（等エントロピ変化を仮定した場合の値）である（グロス推力は式 (3.2) で $C_a=0$ としたもの）．ただし，添字の 5 はノズル出口を表し，p_a は外気の静圧，m は空気流量（〜ノズルを通過する燃焼ガスの流量）である．ノズル出口で $p_5=p_a$ となるまで膨張・加速する場合に

は，圧力による推力が無いため，グロスの比推力は C_5 に等しくなる．よって，この場合には，K_F は，出口流速 C_5 の（実際の値）／（等エントロピ変化を仮定した場合の値）と簡単化でき，リグ試験では計測しやすいが，説明上は等エントロピ効率の方が便利であるため，以下では等エントロピ効率を用いる．

インテークの場合の式（3.9）と同様に，ノズル入口全圧 p_{04} から静圧 p_5 まで等エントロピ変化したと仮定した時の出口の静温を T'_5，実際の出口の静温を T_5 とすると，等エントロピ効率 η_j は，

$$\eta_j = \frac{T_{04} - T_5}{T_{04} - T'_5} \tag{3.11.5}$$

と定義される．また，ノズルでは仕事や熱の出入りがないため全温は一定で $T_{04} = T_{05}$ であるから，この定義式の分子と分母は，いずれも出口5の動温で，出口流速の2乗に比例する．ノズル出口で $p_5 = p_a$ の場合には，上記の通り，グロスの比推力は C_5 に等しいから $\eta_j = K_F^2$ の関係がある．ここで，(p_{04}, T_{04}) から (p_5, T'_5) への等エントロピ変化を考えて，式（2.8）より $T'_5 = T_{04}(p_5/p_{04})^{(\gamma-1)/\gamma}$ と表し，それを上式に代入して T'_5 を消去すれば，

$$T_{04} - T_5 = \eta_j T_{04} \left[1 - \left(\frac{1}{p_{04}/p_5} \right)^{(\gamma-1)/\gamma} \right] \tag{3.12}$$

を得る．ノズルの圧力比が臨界圧力比以下の場合は，ノズル出口静圧 $p_5 =$ 外気圧 p_a となり，圧力による推力は無くなる．ノズルの圧力比が臨界圧力比を超え

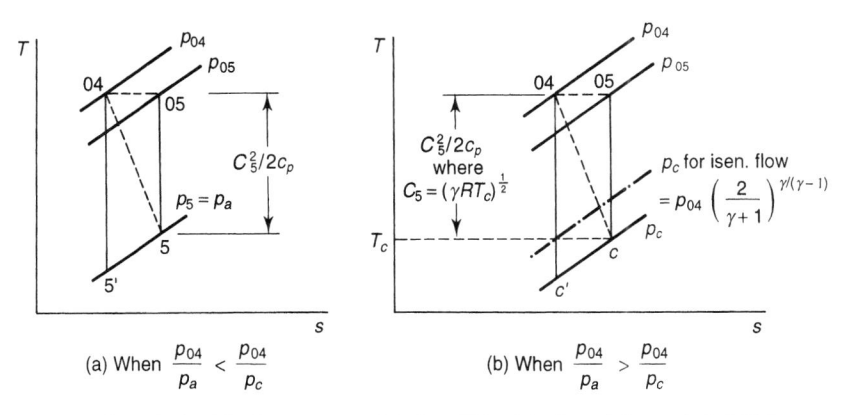

図 3.10 ノズルの損失 (a) 出口でチョークしない場合 (b) 出口でチョークする場合

ると，上記で説明した通り，Cノズルでは出口速度は音速に等しくなり，ノズルがチョークする．この時のノズル出口静圧を臨界圧力と言い，これを p_c と置くと $p_5=p_c>p_a$ となる．また，ノズルが出口でチョークしている場合は，出口流速 C_5 は音速 $(\gamma R T_5)^{1/2}$ に等しく，$M_5=1$ となる．等エントロピ変化を仮定すると，臨界圧力 p_c は入口全圧 p_{04} によって一意的に決まるが（例えば式（3.10b）で効率 $\eta_i=1$，$M_a=1$ とおく），損失があるノズルの場合の臨界圧力 p_c はどうなるであろうか．

ノズルでは，圧縮機やタービンと違って外部との熱や仕事のやり取りがないため，インテークと同様，全温は全圧損失があっても常に一定で $T_{04}=T_{05}$ である．静温と全温の関係は，式（2.7）より，

$$\frac{T_{04}}{T_5}=\frac{T_{05}}{T_5}=1+\frac{C_5^2}{2c_p T_5}=1+\frac{\gamma-1}{2}M_5^2 \tag{3.12.1}$$

となり，ノズルがチョークした時，すなわち $M_5=1$ の時のノズル出口面の静温（臨界温度）を T_c と置くと（$T_5=T_c$），

$$\frac{T_{04}}{T_c}=\frac{\gamma+1}{2} \tag{3.13}$$

となる．静温 T_c や静圧 p_c は，それぞれ，実際にノズルに損失が発生しつつチョークした場合の出口面の静温と静圧（臨界圧力）であるが，これに対し，ノズル入口全圧 p_{04} から臨界圧力 p_c まで等エントロピ変化してチョークした時のノズル出口の静温を T_c' とすると，先の，等エントロピ効率 η_j の定義式（3.11.5）で $T_5=T_c$，$T_5'=T_c'$ とおくことにより，

$$T_c'=T_{04}-\frac{1}{\eta_j}(T_{04}-T_c) \tag{3.13.1}$$

を得る．今，ノズル内で仮定した等エントロピ変化は (p_{04}, T_{04}) から (p_c, T_c') であるから，式（2.8）を用いれば，

$$p_c=p_{04}\left(\frac{T_c'}{T_{04}}\right)^{\gamma/(\gamma-1)}=p_{04}\left[1-\frac{1}{\eta_j}\left(1-\frac{T_c}{T_{04}}\right)\right]^{\gamma/(\gamma-1)} \tag{3.13.2}$$

となる．これに式（3.13）を代入すると，

$$\frac{p_{04}}{p_c}=\frac{1}{\left[1-\frac{1}{\eta_j}\left(\frac{\gamma-1}{\gamma+1}\right)\right]^{\gamma/(\gamma-1)}} \tag{3.14}$$

となり，ノズルの入口全圧 p_{04} と等エントロピ効率 η_j から，ノズルがチョークした時の出口面静圧である臨界圧力 p_c（損失を考慮したもの）を求めることができる．また，ノズル内で損失があると，ノズルがチョークするのに必要な圧力比 p_{04}/p_c（臨界圧力比）が上がることが分かる（$\eta_j=1$ とおけば，前述の損失が無い場合の臨界圧力比 $[(\gamma+1)/2]^{\gamma/(\gamma-1)}$ と一致する）．

ノズルがチョークした場合のエンジンの推力を求めるには，圧力による推力 $A_5(p_c-p_a)$ を求める必要があるが，ノズルの出口面積 A_5 については，エンジンの空気流量 m（〜ノズルを通過する燃焼ガスの質量流量）より，概ね，

$$A_5 = \frac{m}{\rho_c C_c} \tag{3.15}$$

となる．ただし，チョーク状態での出口面での密度は $\rho_c = p_c/RT_c$，出口流速（＝音速）は $C_c = (\gamma RT_c)^{1/2}$ より求められる．上式はあくまでも近似式であって，実際のノズル出口面積を求めるには，壁面上の境界層厚さも考慮しなければならない．また，文献［4］によると，円形断面のノズルでは，損失を考慮すると，流速のマッハ数が1となり実際にチョークする位置は，Cノズル出口面より少し外になる．実際のエンジン開発では，所定の運転状態を保つためのノズル出口面積は，試行錯誤しながら試験によって見つけていく．また，同じ設計のエンジンであっても，個々のエンジンで，組み付け誤差や要素の効率の微妙な違いにより，同じ運転状態を保つためのノズル出口面積にも多少の差異が生じる．ノズル出口面積の微妙な調整は，ノズル・トリマと言われる小さなタブをつけて面積を減らすことによって行われる．

近年の航空機は，ほとんどがターボファン・エンジンで，ターボジェット・エンジンは使われなくなってきているが，より複雑なターボファンに進む前に，ターボジェットの基本的な性質について理解しておくことが大切である．最近では，M4.0のミサイル用の先進的なターボジェット・エンジンの開発も行われているが，安全保障上の理由で一般には公開されていない．

3.3 ターボジェット・エンジンのガス・サイクル

ターボジェット・エンジンのガス・サイクルは，損失がない理想的な場合の

$T-s$ 線図は，図 3.5 のようになるが，損失がある場合は，エントロピ s の増加があるため，図 3.11 のようになる．この図に基づいて，ターボジェット・エンジンの性能計算例を示す．

例題 3.1

高度 10000 m，M 0.8 の巡航状態での比推力と燃料消費率 SFC を求める．各要素の性能は下記の通り：

圧縮機圧力比	8.0
タービン入口温度	1200 K
等エントロピ効率	
圧縮機 η_c	0.87
タービン η_t	0.90
インテーク η_i	0.93
ノズル η_j	0.95
タービンから圧縮機への動力伝達機械効率 η_m	0.99
燃焼効率 η_b	0.98
燃焼器の全圧損失 Δp_b	圧縮機出口全圧の 4%

図 3.5 および図 3.11 中の位置番号を用いる．入口空気の状態は，章末の標準大気表（ISA）より，高度 10000 m では，

$$p_a = 0.2650 \text{ bar}, \quad T_a = 223.3 \text{ K}, \quad a = 299.5 \text{ m/s}$$

と分かる．インテーク出口（圧縮機入口）1 の状態について，インテークでは熱や仕事の出入りが無いため全温は一定で，全温 T_{01} は，流入空気の全温 T_{0a} に等しく，

$$\frac{C_a^2}{2c_p} = \frac{(0.8 \times 299.5)^2}{2 \times 1.005 \times 1000} = 28.6 \text{ K}$$

$$T_{01} = T_{0a} = T_a + \frac{C_a^2}{2c_p} = 223.3 + 28.6 = 251.9 \text{ K}$$

一方，インテーク出口の全圧は，式 (3.10a) より，

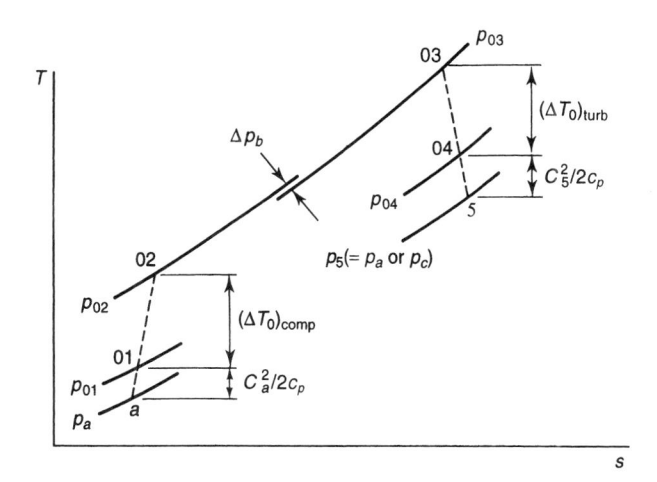

図 3.11 ターボジェットのサイクル（損失あり）

$$\frac{p_{01}}{p_a} = \left[1 + \eta_i \frac{C_a^2}{2c_p T_a}\right]^{\gamma/(\gamma-1)} = \left[1 + \frac{0.93 \times 28.6}{223.3}\right]^{3.5} = 1.482$$

$p_{01} = 0.2650 \times 1.482 = 0.393 \text{ bar}$

圧縮機出口（燃焼器入口）の状態は，式（2.11）より，

$$p_{02} = \left(\frac{p_{02}}{p_{01}}\right) p_{01} = 8.0 \times 0.393 = 3.144 \text{ bar}$$

$$T_{02} - T_{01} = \frac{T_{01}}{\eta_c}\left[\left(\frac{p_{02}}{p_{01}}\right)^{(\gamma-1)/\gamma} - 1\right] = \frac{251.9}{0.87}[8.0^{1/3.5} - 1] = 234.9 \text{ K}$$

$T_{02} = 251.9 + 234.9 = 486.8 \text{ K}$

タービンから圧縮機への動力伝達に関して，損失を考慮すると $W_t = W_c/\eta_m$ となるから，タービンの全温下降量に関して，

$$T_{03} - T_{04} = \frac{c_{pa}(T_{02} - T_{01})}{c_{pg}\eta_m} = \frac{1.005 \times 234.9}{1.148 \times 0.99} = 207.7 \text{ K}$$

$T_{04} = 1200 - 207.7 = 992.3 \text{ K}$

タービン入口全圧は燃焼器の圧損を考慮すると，

$$p_{03} = p_{02}\left(1 - \frac{\Delta p_b}{p_{02}}\right) = 3.144 \times (1 - 0.04) = 3.018 \text{ bar}$$

タービン出口全圧は，式（2.12），もしくは，

$$T'_{04} = T_{03} - \frac{1}{\eta_t}(T_{03} - T_{04}) = 1200 - \frac{207.7}{0.90} = 969.2 \text{ K}$$

$$p_{04} = p_{03}\left(\frac{T'_{04}}{T_{03}}\right)^{\gamma/(\gamma-1)} = 3.018\left(\frac{969.2}{1200}\right)^4 = 1.284 \text{ bar}$$

とすれば求められる．ただし，比熱比や定圧比熱については，式 (2.23.1) を用いた．これよりノズル圧力比が，

$$\frac{p_{04}}{p_a} = \frac{1.284}{0.265} = 4.845$$

と求められる．一方，このノズルの臨界圧力比は，式 (3.14) より，

$$\frac{p_{04}}{p_c} = \frac{1}{\left[1 - \frac{1}{\eta_j}\left(\frac{\gamma-1}{\gamma+1}\right)\right]^{\gamma/(\gamma-1)}} = \frac{1}{\left[1 - \frac{1}{0.95}\left(\frac{0.333}{2.333}\right)\right]^4} = 1.914$$

であるから，ノズルはチョークする．よって，ノズル出口では，前節で示した通り，

$$T_5 = T_c = \left(\frac{2}{\gamma+1}\right)T_{04} = \frac{2}{2.333} \times 992.3 = 850.7 \text{ K}$$

$$p_5 = p_c = p_{04}\left(\frac{1}{p_{04}/p_c}\right) = \frac{1.284}{1.914} = 0.671 \text{ bar}$$

$$\rho_5 = \frac{p_c}{RT_c} = \frac{0.671 \times 10^5}{287 \times 850.7} = 0.275 \text{ kg/m}^3$$

$$C_5 = (\gamma R T_c)^{1/2} = (1.333 \times 287 \times 850.7)^{1/2} = 570.5 \text{ m/s}$$

$$\frac{A_5}{m} = \frac{1}{\rho_5 C_5} = \frac{1}{0.275 \times 570.5} = 0.006374 \text{ m}^2/\text{(kg/s)}$$

このエンジンの単位質量流量あたりの推力（比推力）は，

$$F_s = (C_5 - C_a) + \frac{A_5}{m}(p_c - p_a)$$

$$= (570.5 - 239.6) + 0.006374 \times (0.671 - 0.265) \times 10^5$$

$$= 330.9 + 258.8 = 589.7 \text{ N/(kg/s)}$$

と求められる．図 2.17 のグラフより，燃焼器入口温度 $T_{02} = 486.8$ K，燃焼器での温度上昇が $T_{03} - T_{02} = 1200 - 486.8 = 713.2$ K となる燃空比は 0.0194 と読み取れる．燃焼効率は 0.98 であるから，実際に必要な燃空比は，

$$f = \frac{0.0194}{0.98} = 0.0198$$

でなくてはならない．よって，燃料消費率 SFC は，

$$\mathrm{SFC} = \frac{f}{F_s} = \frac{0.0198 \times 3600}{589.7} = 0.121 \text{ kg/h/N}$$

と求められる．エンジンの推力が 6000 N 必要とすると，必要な空気流量は，

$$m = \frac{F}{F_s} = \frac{6000}{589.7} = 10.17 \text{ kg/s}$$

燃料流量は，

$$m_f = f \times m = 0.0198 \times 10.17 \times 3600 = 725.2 \text{ kg/h}$$

となる（燃料流量は，通常，kg/s でなくて kg/h で表示される）．また，推力 6000 N の時のノズル出口面積は，

$$A_5 = 0.006374 \times 10.17 = 0.0648 \text{ m}^2$$

と求められる．

ターボジェット・エンジンの性能

　上記のようなサイクル計算を条件を変えて繰り返し行うと，タービン入口温度 T_{03} や圧縮機の圧力比 r_c の変化による燃料消費率 SFC や比推力の変化を求めることが出来る．ただし，圧縮機とタービンのポリトロープ効率を一定とする．図 3.12 には，高度 9000 m，マッハ数 0.8 の巡航状態でのターボジェット・エンジンの性能を示す．

　比推力はタービン入口温度 T_{03} によって大きく変わり，可能な限り温度を上げた方が，所定の推力を出すエンジンを小さくできることが分かる．一方，燃料消費率 SFC に関しては，同じ圧力比で T_{03} を上げると燃料消費率が上がっており，図 2.27 で示した産業用の単純サイクルとは逆の傾向になっていることが分かる（ただし，SFC の定義は，産業用の場合は，入力熱量（燃料）と出力仕事というエネルギの関係（2.23.5）であるのに対し，ターボジェットの場合は，式（3.8）のように，単位推力を発生させるのに必要な燃料流量で定義している）．ただし，T_{03} を上げて比推力が上昇すると，エンジンが小さく軽くなり，航空機全体で見れば，その分，空気抵抗や総重量が下がって必要な推力が小さくて済む効果の方が重要で，超音速など高速の航空機ほどその傾向が強くなる．

　また，圧力比に関しては，圧力比が高いほど，燃料消費率 SFC が小さくなる

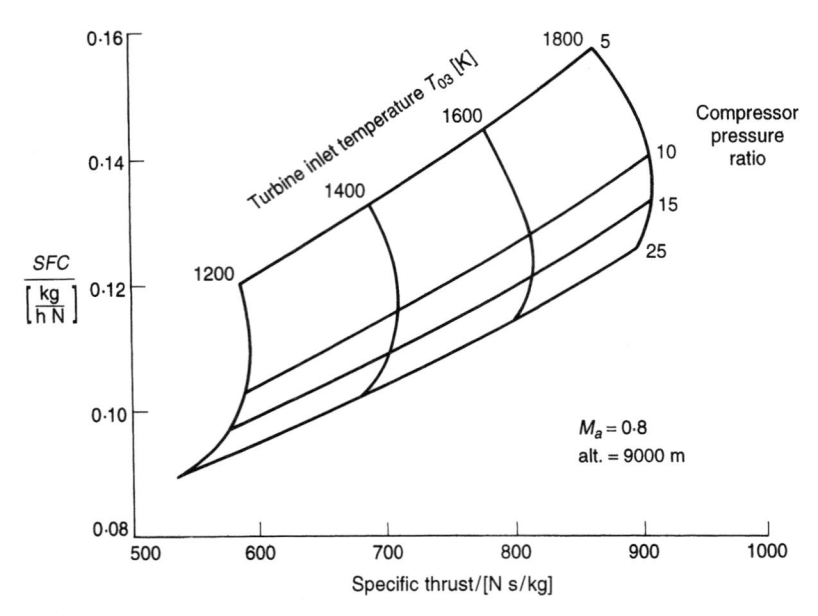

図 3.12　典型的なターボジェット・エンジンの性能

ことが分かる．圧力比が比推力に与える影響に関しては，図 2.25 に示した産業用ガスタービンと同様で，タービン入口温度一定で圧力比を上げると，初めのうちは比推力が増えるが，途中から減り始める．理由は，先に産業用に関して図 2.25 の所で説明したのと同様で，比推力極大となる圧力比の値がタービン入口温度が上がると大きくなる点も同じである．

　同様な計算を，同じ高度で巡航速度（マッハ数）を変えて行うと，巡航速度が性能に与える影響を調べることができる．一般には，圧力比とタービン入口温度が同じとすると，巡航速度の上昇により，燃料消費率 SFC が上がって，比推力が下がる．これには，式（3.1）で右辺の mC_a に相当する流入運動量が増えることと，もう 1 つは，流入空気の全温が流入速度（=巡航速度）と共に上がることにより，圧縮機入口の全温も上がって，同じ圧力比でも空気を圧縮するのに必要な仕事（式（2.11））が増えることが関係している．また，圧縮機入口の全温が上がることにより，タービン入口温度も高めなければ，所定の推力が得られないため，特に超音速機などの高速機用のエンジンでは，タービン入口温度を高くす

ることが求められる．一方，高度を上げた場合には，流入空気の静温が下がることにより全温が下がり，上記の逆で，圧縮機の仕事が減るため，燃料消費率が下がって，比推力が上がる．

　航空エンジンの最適な圧力比とタービン入口温度の設定については，エンジンの機械設計に関係しており，どのような航空機に使われるかによって大きく左右される．タービン入口温度が高い方が熱サイクル的には良いが，高価な合金や冷却翼を必要とするため，構造が複雑で製造コストが上昇する上，エンジンの寿命を縮める傾向がある．同様に，圧力比を高めてサイクル効率を高めようとすると，圧縮機やタービンの負荷が高くなるため，段数が増え，一定以上のレベルになると，多軸のエンジンにする必要が生じる．図 3.13 では，性能マップ上に，航空機の種類に応じて，どのような設計のエンジンが望ましいかを書き込んでいる．小型のビジネス・ジェット機や練習機では，トータルの飛行時間が短いためSFC はそれほど重要でなく，より簡易で，信頼性が高く，低価格のエンジンが求められる．初期型のビジネス・ジェット用エンジンでは，低圧力比で中程度のタービン入口温度で十分とされ，Rolls Royce 社の Viper や GE 社の J85 は，圧力比 5〜6，タービン入口温度が 1100 K であり，20 から 21 へと世紀が変わろう

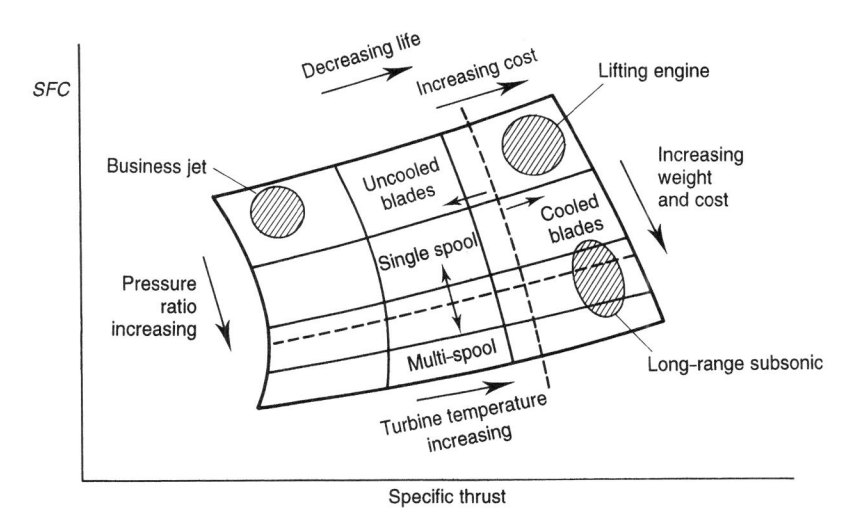

図 3.13　航空エンジンの用途と設計パラメータの関係

としている時点でも使われ続けている．特にJ85は，T-38練習機用のエンジンとして，2020年まで使われる予定である．しかし，ビジネス・ジェット機でも，騒音を低減しなければならないことや，航続距離を延ばすため燃料消費率を下げる必要が出てきていることから，ターボジェットからターボファンへの切り替えが進められている．一方，垂直離着陸機（VTOL機：vertical take-off and landing）用の浮上用エンジン（図3.30）などでは，エンジンの自重や体積に対する最大推力の割合（推重比）が最も重要な点で，上記と同様，使用時間は短いので燃料消費率はあまり問題にならない．また，部品の寿命もそれほど長く設定する必要はないので，低圧力比で，タービン入口温度が非常に高いエンジンが選ばれ，圧力比は，一段のタービンで圧縮機の仕事がまかなえるレベルに設定される．1960年代初めには，推重比が格段に大きいエンジンが作られている．これらに対し，航続距離の長い，すなわち，燃費の良い旅客機や爆撃機用のエンジンとしては，当初より，圧力比の高いターボジェット・エンジンが使われていた．B-52型機は，ジェット機として1955年に供用が開始され，エンジンは1961年に低バイパス比ターボファンに付け替えられたが，予定では2030年まで運用されることになっている．民間航空機用のエンジンは，ほぼすべて，ターボジェットからターボファンへ切り替えられており，超音速旅客機のコンコルドのエンジンがターボジェットであるが，後継の超音速機には，離陸騒音の問題から，ターボジェットは採用されない見通しである（コンコルドは2003年に退役した）．将来の超音速旅客機は，離陸騒音がターボファンと同等レベルまで低くなければならない見通しで，そのためには，離陸時にはターボファン，超音速での巡航時にはターボジェットと同様な作動をする可変サイクル・エンジンの開発が必要になると思われる．また，超音速機では，実際には亜音速での飛行時間もある程度あるので，亜音速飛行時の燃料消費率も重要なポイントになる．よって，エンジンの設計においては，超音速巡航時に加えて亜音速での巡航時の性能も加えた，多目的最適化が必要になる．

飛行状態によるエンジンの性能変化

上記，図3.12等で示したのは，エンジン設計のため，設計点（設計計算を行う高度や機速）を設定し，熱サイクルの圧力比やタービン入口温度を振って性能

の変化を調べたものである．これに対し，設計された所定のエンジンについて，高度や機速が変わった場合に，性能がどのように変化するかについても調べなければならないが，その方法については，詳しくは，第9章で述べる．ここでは，ターボジェット・エンジンの結果だけをまとめておく．

　高度や機速が変わると，エンジンの空気流量，入口での空気の運動量，全温，全圧が変化する．それに応じて，インテーク通過後の，圧縮機入口での全温や全圧も変わるため，エンジンの回転数が同じでも，圧力比やタービン入口温度が変わる．これにより，エンジンの推力や燃料消費率 SFC が変化するが，その様子を図 3.14 に示す．エンジンの回転数は最大回転数で一定としている．図 3.14 の左側のグラフは，推力（比推力でないことに注意）の変化を示しているが，高度が上がると，推力が急減することが分かる．高度が上がると，前記の通り，温度低下により比推力は上昇するが，気圧の低下と共に流入空気の密度が下がり，エンジンを通過する空気の質量流量の低下が著しいため，トータルで推力は下がる（高度 11000 m では空気の密度は地上の約 3 割：章末の表参照）．一方，SFC については，高度が上がると，入口温度の低下のため下がる．ただし，第 9 章で示す通り，気圧は SFC には影響しないので，推力程の大きな変化にはならない．これらより，燃料消費量（＝SFC×推力）は，高度上昇と共に急減することが分かる．また，高度一定で機速（マッハ数）を上げると，SFC は上昇し，推力は，流入運動量抵抗の増加のため一旦減少するが，流入空気のラム圧により（流量が

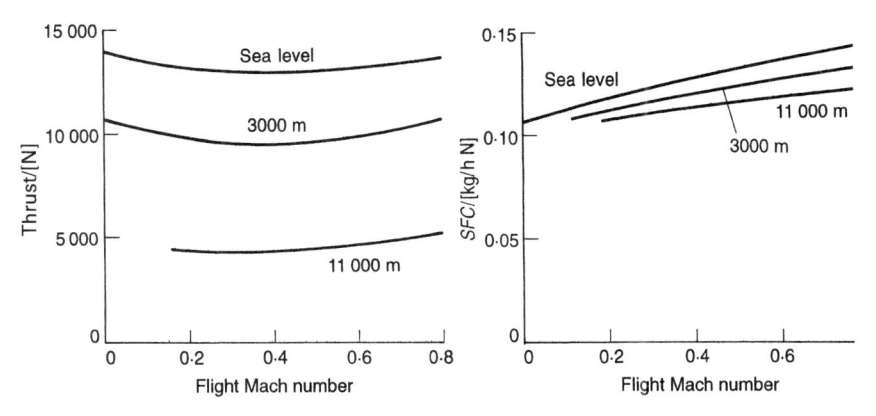

図 3.14　ターボジェットエンジンの推力と SFC の飛行マッハ数と飛行高度による変化

増えることなどによって）増加する．超音速ではこの効果による推力増加が重要になる．

エンジン推力の指標

エンジンの推力は，エンジンだけをテストセルに固定して運転し，歪ゲージのついたロードセルで測定することができる．パイロットは，エンジンの推力がどのくらいまで出るのかを正確に知っておかねばならず，特に，滑走路長，航空機の重量，大気状態から勘案して離陸推力にあまり余裕がない状態の時は，それが重要になる．しかし，エンジンを航空機に取り付けた状態で，推力を直接測ることは未だに出来ておらず，エンジンの状態を示す他の計測値から推力を推算することになる．エンジン推力は，燃料流量で調整され，回転数，タービン入口温度と燃料流量がそれぞれのリミットを上回らないように制限がかけられている．

地上静止状態でのターボジェット・エンジンの推力は，式（3.2）より，

$$F = mC_5 + A_5(p_5 - p_a) \tag{3.16.1}$$

と表せる（記号は先の例題3.1および図3.5を参照）．質量流量の計算式，状態方程式，および全温の定義式（2.7）と，ノズルでは他との仕事や熱のやりとりがないため全温一定 $T_{04} = T_{05}$ に注意して，

$$m = \rho_5 A_5 C_5, \quad \rho_5 = \frac{p_5}{RT_5}, \quad C_5^2 = 2c_p(T_{04} - T_5) \tag{3.16.2}$$

であるから，推力は，

$$\begin{aligned} F &= \rho_5 A_5 C_5^2 + A_5(p_5 - p_a) \\ &= \frac{p_5}{RT_5} A_5 \times 2c_p(T_{04} - T_5) + A_5(p_5 - p_a) \\ &= \frac{2c_p}{RT_5} A_5 p_5 (T_{04} - T_5) + A_5(p_5 - p_a) \\ &= \frac{2\gamma}{\gamma - 1} A_5 \left(\frac{p_5}{p_{04}}\right)\left(\frac{p_{04}}{p_a}\right) p_a \left(\frac{T_{04}}{T_5} - 1\right) + A_5 p_a \left(\frac{p_5}{p_{04}} \frac{p_{04}}{p_a} - 1\right) \end{aligned} \tag{3.16.3}$$

と書ける．ノズル出口でチョークするとすれば，全静温比 T_{04}/T_5 は式（3.13）より $(\gamma+1)/2$ となり，簡単のためノズルの損失を無視すれば，圧力比 p_{04}/p_5 は，前節で示した通り，臨界圧力比 $[(\gamma+1)/2]^{\gamma/(\gamma-1)}$ に等しくなる．これより，

$$\frac{F}{A_5 p_a} = \left[\frac{2\gamma}{\gamma - 1}\left(\frac{2}{\gamma+1}\right)^{\frac{\gamma}{\gamma-1}}\left(\frac{p_{04}}{p_a}\right)\left(\frac{\gamma+1}{2} - 1\right)\right] + \left\{\left(\frac{2}{\gamma+1}\right)^{\frac{\gamma}{\gamma-1}}\frac{p_{04}}{p_a} - 1\right\}$$

$$= \frac{p_{04}}{p_a}\left\{\left(\frac{2}{\gamma+1}\right)^{\frac{\gamma}{\gamma-1}}\left[\left(\frac{2\gamma}{\gamma-1}\right)\left(\frac{\gamma-1}{2}\right)+1\right]\right\}-1 \tag{3.16.4}$$

を経て，

$$\frac{F}{A_5 p_a} = \frac{p_{04}}{p_a}\left\{\left(\frac{2}{\gamma+1}\right)^{\frac{\gamma-1}{\gamma}}(\gamma+1)\right\}-1 \tag{3.16.5}$$

となる．ここで，比熱比 γ で表される部分をまとめて K とおけば，簡単に，

$$\frac{F}{A_5 p_a} = K\left[\frac{p_{04}}{p_a}\right]-1 \quad \text{ただし } K = f(\gamma) \tag{3.16.6}$$

と書ける．この式により，地上静止状態での推力（飛行状態では流入空気の運動量抵抗を除く推力）を求めることができる．ノズル入口全圧 p_{04} と気圧 p_a の比については，

$$\frac{p_{04}}{p_a} = \frac{p_{04}}{p_{01}} \cdot \frac{p_{01}}{p_a} = \text{EPR} \times \text{RPR} \tag{3.16.7}$$

と表せる．ここで，p_{04}/p_{01} は圧縮機入口全圧に対するタービン出口全圧（ノズル入口全圧）の比で，エンジン圧力比 EPR（engine pressure ratio）と呼ばれ，p_{01}/p_a は，圧縮機入口全圧の気圧 p_a に対する比で，ラム圧力比 RPR（ram pressure ratio）と言われる．ラム圧力比は，式（3.10b）に示す通り，入口空気のマッハ数とインテークの効率により決まる（圧縮機のように仕事を加えて圧縮するのでなく，流入空気を単にせき止めて減速させることで，その勢い（動圧）で静圧が増えることをラム圧縮と言う．よって，ラム圧縮では全圧は増えず，摩擦損失で多少減り，外部から仕事や熱が加わらないので全温は不変だが，圧縮機やタービン，燃焼器のように仕事や熱の出入りがあると全温が変化する）．これより，

$$\left(\frac{F}{A_5 p_a}+1\right)/\text{RPR} = K \times \text{EPR} \tag{3.16.8}$$

となる．燃焼ガスの比熱比 $\gamma=1.333$ を用いると，$K=1.2594$ となる．エンジン圧力比 EPR は，直接計測により信頼性の高い値が簡易に得られ，推力レベルを示すパラメータとして幅広く用いられている．

3.4 ターボファン・エンジン

ターボファン・エンジンは（例えば図 1.12(b)），当初は，高亜音速の飛行で，

排気ジェットの平均速度を下げて推進効率を高めるための手段であったが，排気ジェット速度を下げることはジェット騒音の低減にもつながるため，騒音低減という意味でも重要な役割を担っている．全体構成の概略は図 3.15 の通りである．図 3.15 の斜線部は回転部の根元のハブやディスク（図 2.19）で，斜線部より外側の翼部が空気や燃焼ガスの流路である．図 3.15 において，エンジン前面にあるファン $1\rightarrow 2$ を，低圧タービン（$5\rightarrow 6$）で駆動する．低圧タービンに高温高圧ガスを供給するコア部には，圧縮機（$2\rightarrow 3$），燃焼器（$3\rightarrow 4$），高圧タービン（$4\rightarrow 5$）があるが，これらの回転軸（高圧軸）と，ファン—低圧タービンの回転軸（低圧軸）が別の軸の同心 2 軸エンジンとなっている．ファン（$1\rightarrow 2$）を通過した空気のうち，内周側の流れ（コア流）は，ターボジェットと同様，圧縮機・燃焼器・タービンを通過するが，外周側の流れ（バイパス流）は，それらをバイパスして外周側のノズル出口 8 から排出されている．よって，ターボファンの推力は，温度の低い外周側のバイパス流によるものと，内周側の高温のコア流によるものの 2 つの合計になる．また，図 3.16 のように，コアとバイパスが混合してから外に排出される場合もある．

以下，コア流を添字 h（hot），バイパス流を添字 c（cold）で表す．コアに対するバイパスの流量比をバイパス比と呼び，コアの質量流量を m_h，バイパスの質量流量を m_c とすると，

$$B = \frac{m_c}{m_h} \tag{3.17.1}$$

で定義される．トータルの空気流量を m とすれば，

$$m_c = \frac{mB}{B+1}, \quad m_h = \frac{m}{B+1}, \quad m = m_c + m_h \tag{3.17.2}$$

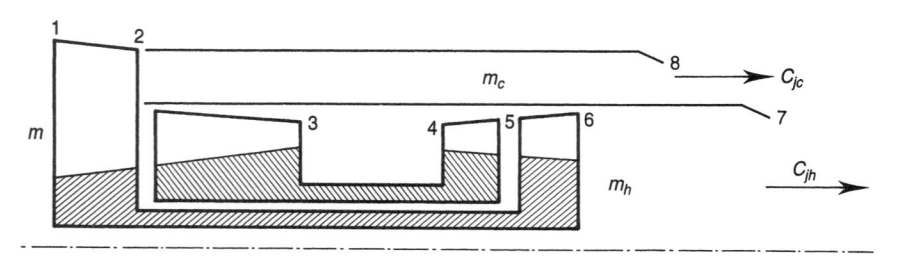

図 3.15　同心 2 軸ターボファン・エンジン

と書ける．どちらのノズルもチョークせず，外気圧まで膨張するとすると，ターボファンの推力は，

$$F=(m_c C_{jc}+m_h C_{jh})-mC_a \tag{3.17.3}$$

となる（ターボジェットの場合の式（3.1）に相当）．

ターボファン・エンジンの性能計算はターボジェットと似たもので，主な流れは以下の通り．

(a) エンジンの全体圧力比 OPR（overall pressure ratio：ファンの圧力比 × 圧縮機の圧力比）とタービン入口温度がこれまでと同様に与えられる．加えて，ファン圧力比 FPR とバイパス比も与えられる．

(b) エンジン流入空気条件1とファン圧力比から，ファン出口2の全圧，すなわち，バイパス・ダクト入口2の全圧が求められる．バイパス流の流量は上記の通りで，バイパス・ノズルの扱いもこれまでと同様．

(c) ファン駆動動力は低圧タービン（5→6）から得られるが，ファンは空気，低圧タービンは燃焼ガスが通過することに注意して，仕事のつり合いの式は，

$$m c_{pa} \Delta T_{012} = \eta_m m_h c_{pg} \Delta T_{056} \tag{3.17.4}$$

となる．よって，低圧タービンの全温低下は，

$$\Delta T_{056} = \frac{m}{m_h} \times \frac{c_{pa}}{\eta_m c_{pg}} \times \Delta T_{012} = (B+1) \times \frac{c_{pa}}{\eta_m c_{pg}} \times \Delta T_{012} \tag{3.17.5}$$

となる．低圧タービンの全温低下量はバイパス比の値によって大きく変わる．低圧タービンの圧力比は，その全温比とタービン効率から求め，これよりコア・ノズル入口の状態も求められる．

(d) バイパス流とコア流が混合する場合（図3.16）は，混合後の状態を，エンタルピおよび運動量の保存から計算する．

(e) 燃焼器の燃空比については，空気流量はコア側だけが対象となるため，

$$m_f = f/m_h \tag{3.17.6}$$

となる．よって，ターボファンでは，式（3.8）が成り立たないことに注意する．

例題 3.2

図 3.15 のターボファン・エンジンが 1.0 bar，288 K の地上静止状態にあって下記の条件で運転されている時の推力と燃料消費率 SFC を求める．

全体圧力比	25.0
ファン圧力比	1.65
バイパス比	5.0
タービン入口温度	1550 K
ファン，圧縮機，タービンのポリトロープ効率	0.90
ノズル（コア，バイパス）の等エントロピ効率	0.95
低圧・高圧軸の動力伝達効率	0.99
燃焼器の全圧損失	1.50 bar
総空気流量	215 kg/s

ポリトロープ指数 n に対して $(n-1)/n$ は，式（2.19-20）より，それぞれ，

$$\text{圧縮機・ファン}: \frac{n-1}{n} = \frac{1}{\eta_{\infty c}}\left(\frac{\gamma-1}{\gamma}\right)_a = \frac{1}{0.9 \times 3.5} = 0.3175$$

$$\text{タービン}: \frac{n-1}{n} = \eta_{\infty t}\left(\frac{\gamma-1}{\gamma}\right)_g = \frac{0.9}{4.0} = 0.225$$

今，エンジンは静止状態であるから，エンジン入口全温と全圧は，それぞれ，静温と静圧に等しく $T_{01} = T_a$，$p_{01} = p_a$ となる．ファンの全温上昇量は，式（2.19）より，

$$\frac{T_{02}}{T_{01}} = \left(\frac{p_{02}}{p_{01}}\right)^{(n-1)/n}, \quad T_{02} = 288 \times 1.65^{0.3175} = 337.6 \text{ K}$$

$$T_{02} - T_{01} = 337.6 - 288 = 49.6 \text{ K}$$

圧縮機の圧力比は，全体圧力比 OPR とファン圧力比 FPR より，

$$\frac{p_{03}}{p_{02}} = \frac{25.0}{1.65} = 15.15$$

圧縮機の全温上昇量も，式（2.19）より，

$$T_{03} = T_{02}\left(\frac{p_{03}}{p_{02}}\right)^{(n-1)/n} = 337.6 \times 15.15^{0.3175} = 800.1 \text{ K}$$

$T_{03}-T_{02}=800.1-337.6=462.5\,\mathrm{K}$

と求められる．バイパス側のノズルの圧力比は，

$$\frac{p_{02}}{p_a}=\mathrm{FPR}=1.65$$

であり，臨界圧力比は式（3.14）より，

$$\frac{p_{02}}{p_c}=\frac{1}{\left[1-\frac{1}{\eta_j}\left(\frac{\gamma-1}{\gamma+1}\right)\right]^{\gamma/(\gamma-1)}}=\frac{1}{\left[1-\frac{1}{0.95}\left(\frac{0.4}{2.4}\right)\right]^{3.5}}=1.965$$

であるから，バイパス・ノズルはチョークせず，ノズル出口圧力 p_8 は外気圧 p_a と等しくなる．よって，バイパス側では圧力による推力はなく，バイパス側のジェットによる推力は，

$$F_c=m_c C_8$$

となる．式（3.12）より，ノズルの入口全温 T_{02} と出口静温 T_8 の差は，

$$\begin{aligned}T_{02}-T_8&=\eta_j T_{02}\left[1-\left(\frac{1}{p_{02}/p_a}\right)^{(\gamma-1)/\gamma}\right]\\&=0.95\times337.6\times\left[1-\left(\frac{1}{1.65}\right)^{1/3.5}\right]=42.8\,\mathrm{K}\end{aligned}$$

となるから，バイパス・ノズルの出口流速 C_8 は，

$$C_8=[2c_p(T_{02}-T_8)]^{1/2}=(2\times1005\times42.8)^{1/2}=293.2\,\mathrm{m/s}$$

と求められる．バイパス流の流量は，

$$m_c=\frac{mB}{B+1}=\frac{215\times5.0}{6.0}=179.2\,\mathrm{kg/s}$$

より，バイパス側のジェットによる推力は，

$$F_c=179.2\times293.2=52532\,\mathrm{N}$$

となる．圧縮機と高圧タービンの仕事のつり合いから，高圧タービンの全温下降量は，

$$T_{04}-T_{05}=\frac{c_{pa}}{\eta_m c_{pg}}(T_{03}-T_{02})=\frac{1.005\times462.5}{0.99\times1.148}=409.0\,\mathrm{K}$$

となり，同様に，ファンと低圧タービンの仕事のつり合いから，低圧タービンの全温下降量は，ファンには低圧タービンの $B+1$ 倍の流量が流れることを考慮して，

$$T_{05}-T_{06}=(B+1)\frac{c_{pa}}{\eta_m c_{pg}}(T_{02}-T_{01})=\frac{6.0\times1.005\times49.6}{0.99\times1.148}=263.2\,\mathrm{K}$$

となる．これらより，高圧タービンと低圧タービンの出口全温は，それぞれ，

$T_{05} = T_{04} - (T_{04} - T_{05}) = 1550 - 409.0 = 1141.0$ K

$T_{06} = T_{05} - (T_{05} - T_{06}) = 1141.0 - 263.2 = 877.8$ K

と求められる．全圧に関して，高圧タービン入口全圧は，

$p_{04} = p_{03} - \Delta p_b = 25.0 - 1.50 = 23.5$ bar

高圧タービンと低圧タービンでのポリトロープ変化より，低圧タービン出口（ノズル入口）全圧は，

$$\frac{p_{04}}{p_{05}} = \left(\frac{T_{04}}{T_{05}}\right)^{n/(n-1)} = \left(\frac{1550}{1141.0}\right)^{1/0.225} = 3.902$$

$$\frac{p_{05}}{p_{06}} = \left(\frac{T_{05}}{T_{06}}\right)^{n/(n-1)} = \left(\frac{1141.0}{877.8}\right)^{1/0.225} = 3.208$$

$$p_{06} = \frac{p_{04}}{(p_{04}/p_{05})(p_{05}/p_{06})} = \frac{23.5}{3.902 \times 3.208} = 1.878 \text{ bar}$$

となる．よって，コア・ノズルの圧力比は，

$$\frac{p_{06}}{p_a} = 1.878$$

となる．臨界圧力比は，式（3.14）より，

$$\frac{p_{06}}{p_c} = \frac{1}{\left[1 - \frac{1}{0.95}\left(\frac{0.333}{2.333}\right)\right]^4} = 1.914$$

であるから，コア・ノズルも出口でチョークせず $p_7 = p_a$ となる．コア側の推力に関しても，バイパス側と同様に下記のようにして求められる．

$$T_{06} - T_7 = \eta_j T_{06}\left[1 - \left(\frac{1}{p_{06}/p_a}\right)^{(\gamma-1)/\gamma}\right]$$

$$= 0.95 \times 877.8 \times \left[1 - \left(\frac{1}{1.878}\right)^{1/4}\right] = 121.6 \text{ K}$$

$C_7 = [2c_p(T_{06} - T_7)]^{1/2} = [2 \times 1148 \times 121.6]^{1/2} = 528.3$ m/s

$m_h = \dfrac{m}{B+1} = \dfrac{215}{6.0} = 35.83$ kg/s

$F_h = 35.83 \times 528.3 = 18931$ N

エンジンの総推力は，

$F_c + F_h = 52532 + 18931 = 71463$ N

となる．燃料流量に関しては，燃焼器での温度上昇から算出する．燃焼器入口全温 $T_{03}=800$ K に対し，出口全温が $T_{04}=1550$ K より，温度上昇が 750 K であるから，図 2.17 のグラフより，燃空比は 0.0221 と読み取る．ただし，これは完全燃焼を仮定した場合であるから，燃焼効率 99% より，実際の燃空比は $(0.0221/0.99)=0.0223$ となる．よって，燃料流量は，

$$m_f = 0.0223 \times 35.83 \times 3600 = 2876.4 \text{ kg/h}$$

となり，燃料消費率 SFC は，

$$SFC = \frac{2876.4}{71463} = 0.0403 \text{ kg/h/N}$$

と求められる．

ノズルがチョークしていない場合には，出口面圧力による推力は発生しないため，推力の計算にノズル出口面積は必須ではないが，練習になるし，他の目的で使うため求めておく．ノズル出口面積は，出口での気体の密度を，状態方程式 $\rho=p/RT$ で求め，質量流量の式 $m=\rho AC$ に当てはめて求める．具体的には，バイパスとコアについて，それぞれ，

	バイパス（低温側）	コア（高温側）
静圧（bar）	1.0	1.0
静温（K）	294.8(T_8)	756.2(T_7)
密度（kg/m³）	1.191	0.4647
質量流量（kg/s）	179.2	35.83
流速（m/s）	293.2	528.3
ノズル出口面積（m²）	0.5132	0.1459

となる．バイパス側のノズル出口面積の方が，コア側よりだいぶ大きくなっている．図 1.12（b）に示す GP7200 エンジンは，本例と同程度のサイクル，および，バイパス比で運転されている．図 1.12（a）のエンジンは，バイパス比がもう少し低く 2.5 程度である．

上記，例題 3.2 では，エンジンの地上静止状態での総推力が 71463 N となったが，離陸時は，滑走速度が 60 m/s 程度に達するため，エンジン流入空気の運

動量抵抗が $mC_a = 215 \times 60 = 12900$ N も生じ，正味推力は 58563 N に減じる（式 (3.1)）．バイパス比が大きなエンジンでは，さらにその減少率が大きくなるので，地上静止と離陸時の推力は区別しなければならない．

バイパスとコアの排気の混合

推力増強のためのアフター・バーナ付ターボファン・エンジンの場合，バイパスとコアの両方で別々に再燃するのを避けるため，あらかじめ，バイパスとコアの排気を混合しておくことが重要である．また，亜音速の旅客機においても，排気を混合させてから排出した方が有利になり，燃料消費率 SFC が下がる場合がある．ここでは，図 3.16 に示すような，断面積一定のダクトでのバイパス流とコア流の混合を考える．外部との熱のやりとりは無いものとし，図の面 A（バイパスは状態番号 2，コアは 6）から混合が開始され，面 B（状態番号 7）で均一の流れになるまで混合されるとする．

混合後の均一な流れでの気体の各物性値は添字 m を付けて表すとすれば，混合前後でのエンタルピの保存より，

$$m_c c_{pc} T_{02} + m_h c_{ph} T_{06} = m c_{pm} T_{07} \tag{3.18.1}$$

となる．質量流量に関しては，$m = m_c + m_h$ となる．混合後の気体の物性値については，流量比で線型補間して，

$$c_{pm} = \frac{m_c c_{pc} + m_h c_{ph}}{m_c + m_h}$$

$$R_m = \frac{m_c R_c + m_h R_h}{m_c + m_h} \tag{3.18.2}$$

$$\left(\frac{\gamma - 1}{\gamma}\right)_m = \frac{R_m}{c_{pm}}$$

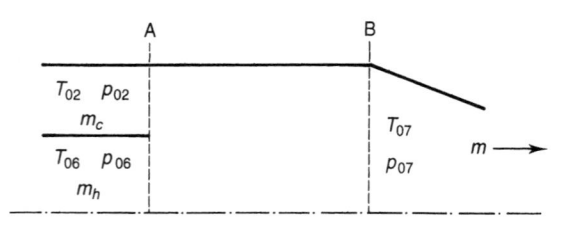

図 3.16 　断面積一定のダクト内での流れの混合

とする．面 A と面 B の間の検査体積を考えると，そこでの力のつり合いから
$$(m_c C_c + p_2 A_2) + (m_h C_h + p_6 A_6) = m C_7 + p_7 A_7 \qquad (3.18.3)$$
となる．面 A より下流で旋回による遠心力が無いとすれば，面 A で静圧は均一になり，$p_2 = p_6$ となる．また，全体の質量流量は，
$$m = \rho_7 C_7 A_7 \qquad (3.18.4)$$
と表せる．

ノズル入口全圧 p_{07} が分かれば推力が計算できるが，全圧 p_{07} を求めるには，下記の手順が必要になる．まず，低圧タービンの設計を考慮して，コア側の出口マッハ数 M_6 の値を与える（典型例で 0.5 程度）．M_6 を決めた後に，下記の計算（一部繰り返し計算）を行う．

(a) 面 A のコア側で全温 T_{06}，全圧 p_{06} とマッハ数 M_6 の 3 つが分かれば，そこでの状態量がすべて分かる．また，質量流量より，断面積 A_6 も算出できる．これらより，面 A のコア側にかかる力（$m_h C_7 + p_6 A_6$）が得られる．

(b) 面 A のバイパス側静圧は $p_2 = p_6$ であり，加えて全温 T_{02}，全圧 p_{02} の 3 つより，バイパス側の状態量もすべて分かる．コア側と同様にして，面 A のバイパス側にかかる力（$m_c C_2 + p_2 A_2$）が得られる．

(c) 上記（a），（b）と，先に示した面 AB 間の検査体積における力のつり合いから，面 B に作用する力（$m C_7 + A_7 p_7$）を得る．

(d) 混合部は断面積一定より $A_7 = A_6 + A_2$．これより，$m = \rho_7 C_7 A_7 = (p_7/R_m T_7) C_7 A_7$ となる．

(e) 面 B の全温 T_{07} は，混合前後のエンタルピ保存式より求められるが，面 B のその他の状態量が不定であるので，面 B でのマッハ数 M_7 をある値と仮定し，静温 T_7 と流速 C_7 を求める．次に $m = \rho_7 C_7 A_7$ より ρ_7 を算出し，状態方程式から p_7 を算出する．

(f) 面 B に作用する力 $m C_7 + A_7 p_7$ を計算し，（c）で求めた値と比較する．

(g) （f）で値が一致するまで，マッハ数 M_7 の値の調整と再計算を繰り返し，マッハ数 M_7 の正値を得る．これより静圧 p_7 も求められる．

(h) 静圧 p_7 とマッハ数 M_7 より，面 B（ノズル入口）での全圧 p_{07} が得られる．バイパス側のファン出口全圧 p_{02} が，コア側の低圧タービン出口全圧 p_{06} より少し大きめ（静圧 $p_2 = p_6$ なら M_6 より M_2 が少し大きめ）になるように設計して

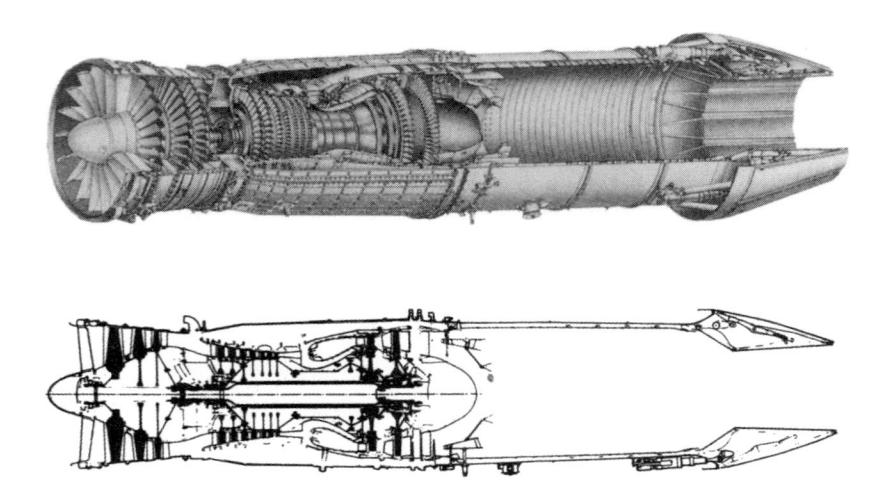

図 3.17　F404 military turbofan ［courtesy General Electric Company］

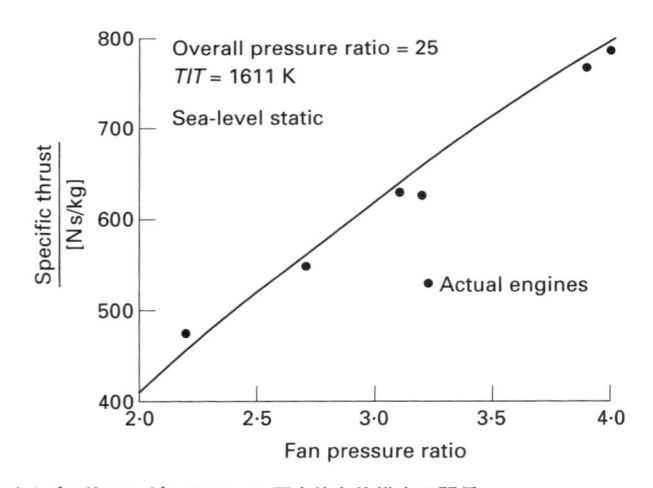

図 3.18　低バイパス比エンジンのファン圧力比と比推力の関係

やれば（$p_{02}/p_{06}=1.05\sim1.07$ 程度），混合による圧力損失を最も小さくできる．実際には，熱サイクルを決めるパラメータを少し変えるだけで p_{02}/p_{06} の圧力比が大きく変わり，混合による圧力損失が大きくなって，混合したことの利点が失われる．バイパスとコアの排気の混合を行うべきかどうかに関しては，明確な基

準は無く，混合損失に加えて，エンジンの重量や機体への組み付けに関しても，同時に勘案しなければならない．文献 [6] には，混合損失に関する実験結果が述べられている．

　戦闘機用のターボファン・エンジンでは，バイパス比が 0.3〜0.5 程度と低く，離陸や空中戦等に備えたアフター・バーナによる推力増強が必要で，アフター・バーナの前でバイパスとコアの流れを混合させるノズルを用いている．図 3.17 の GE 社 F404 ターボファンはそのようなエンジンの一例である．混合損失を抑えるためには，ファン出口と低圧タービン出口の全圧は同程度にしなければならないが，これは，すなわち，ファン圧力比 FPR とエンジン圧力比 EPR も概ね同じにしなければならないということである．飛行状態が同じならラム圧力比 RPR は同じであるから，前節の最後の式で示した通り，ターボジェットの推力はエンジン圧力比 EPR によって決まる．ターボファンの推力は，バイパス比が低い場合はターボジェットと同様で，エンジン圧力比 EPR と近いファン圧力比 FPR によって決まる．最近の軍用エンジンでは，ファン圧力比は 3.5〜4.0 で，3 段のファンを用いている．図 3.18 は低バイパス比ターボファンの地上静止状態での比推力を，ファン圧力比 FPR の関数として示している．図には，全体圧力比 OPR，および，タービン入口温度も付記されている．実線が計算値で，黒丸は，実際のエンジンの公開データをプロットしたものである．バイパス比は，当該ファン圧力比 FPR において，バイパスとコアの排気混合前の全圧が合うように調整される．文献 [7] には，軍用エンジンでの熱サイクル設計に役立つ情報が掲載されている．

ターボファン・エンジンの最適化

　ターボファン・エンジンの最適化を行う際に，値を振ることのできるパラメータは，全体圧力比 OPR，タービン入口温度 TIT，バイパス比 BPR とファン圧力比 FPR の 4 つである．最適な性能となる 4 つのパラメータの組み合わせを求める手順は複雑で，文献 [8] が参考になるが，最適化のプロセスにおいては，サイクル上の解析結果だけでなく，実際のエンジンの設計からの制約，例えば，回転要素の場合は段数や重量なども考慮する必要がある．また，背景にある物理現象への理解も重要であり，例えば，全体圧力比とタービン入口温度は，式 (3.6)

における熱効率 η_e に関連するパラメータである一方，バイパス比やファン圧力比は推進効率 η_p に関連するパラメータと捉えることができる．

上記，4つのパラメータのうち，まず，ファン圧力比 FPR だけを変えて，他は固定して考える．この時，回転要素の効率に関してはポリトロープ効率一定とすると，全体圧力比 OPR 一定より，燃焼器入口温度は一定で，燃焼器出口温度（＝タービン入口温度）も一定であるから，燃焼器での燃空比は一定で，またバイパス比一定よりコアの空気流量も一定であるから，投入する燃料流量は FPR を振っても変わらない．一方，比推力に関しては，ファン圧力比 FPR が小さいと，コア側からバイパス側に LP タービンで伝達される仕事量が小さくなるため，コア推力が大きく，バイパス推力が小さくなる．反対に FPR が大きいと，バイパス推力が大きく，コア推力が小さくなる．両者の合計は，図 3.19 下側の1つの曲線のようになり，ある FPR の値で極大となる．また，燃料流量は一定であるので，比推力極大の時に，燃料消費率 SFC は極小となる．

タービン入口温度（TIT）を変えて，上記の操作を繰り返すと，各タービン入口温度 TIT に対して，最適なファン圧力比 FPR，および，その時の比推力と SFC が求められる（図 3.19 の○印）．各タービン入口温度 TIT において，その最適な FPR を選んだ状態での比推力と SFC をプロットすると図 3.20（a）のようになる．ただし，全体圧力比 OPR とバイパス比 BPR は一定である（ターボジェットでの図 3.12 で示した通り，燃料を増やして TIT が増えて排気ガス速度が上がり比推力が上がると SFC も上がると考えられるが，最初に SFC が少し下がっているのは，TIT 上昇により相対的に損失の割合が下がり，熱効率が向上する効果によるものと考えられる）．さらに，図 3.20（a）に示した曲線を，バイパス比を変えて作っていくと図 3.20（b）のようになる．破線は，バイパス比を連続的に変えて曲線を描いた場合にできる包絡線である．最後に，これを全体圧力比に関して繰り返すことにより，最適化が完了する．ここでは，上記の解析の結果得られる定性的なターボファンの性能の傾向を示すに留める．

(a) バイパス比を上げると，比推力が低下するが，燃料消費率は下がる（図 3.20（b））．
(b) タービン入口温度を上げると，最適な（＝SFC 最小の）ファン圧力比が高くなる（図 3.19）．

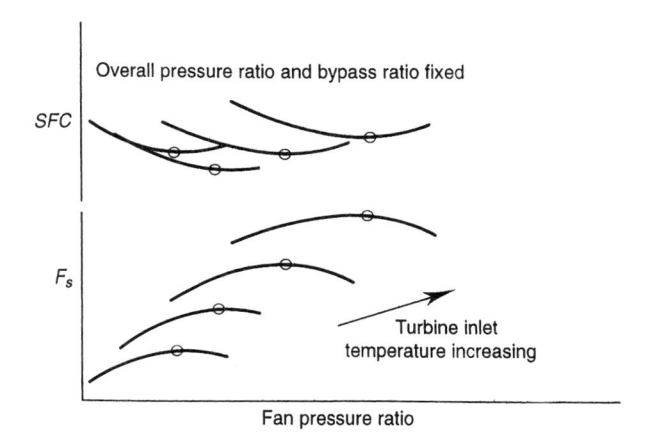

図 3.19 ファン圧力比の最適化

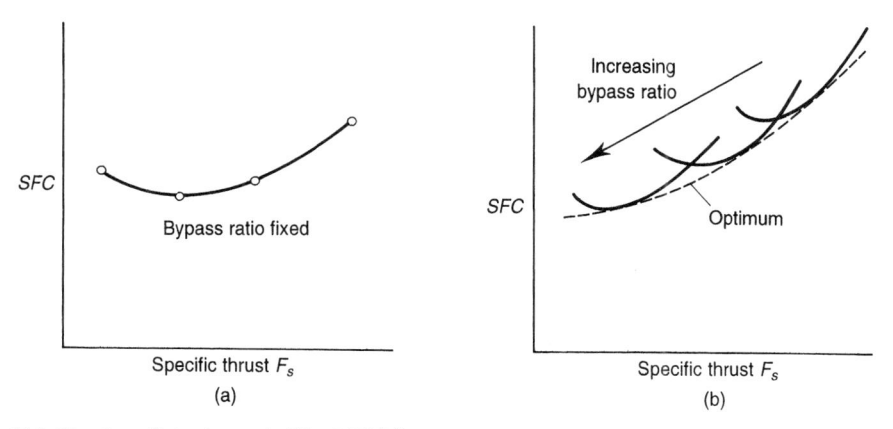

図 3.20 ターボファン・エンジンの最適化

(c) バイパス比を上げると，最適な（=SFC 最小の）ファン圧力比が下がる（コアとバイパスの推力バランスがとれたところが最適なファン圧力比になるため）．

(d) 燃料消費率が最小となる比推力 F_s は低い値になる（高バイパス比ターボファンでは重要なポイント）．

実際には，民間航空機では，騒音低減のため，ファンは1段（動翼1段 + 静翼1段）のみで（図 1.12，図 1.16 参照），ファン圧力比は，運転状態によって

変わるが，概ね 1.5～1.8 程度である．一方，軍用では，ファンは 2 段～3 段で，圧力比は 4.0 程度にもなる（図 3.17 の F404 の断面図ではファンが 3 段になっている）．

　実際のターボファンの設計で，上記のパラメータをどのように設定するかについては，搭載する航空機の仕様次第であり，高バイパス比，低バイパス比のどちらにも，それなりの需要がある．長距離旅客機では，燃費が重要であり，バイパス比 4～6，全体圧力比 25～30 のターボファン・エンジンが長い間使われてきたが，1990 年代後半に GE90 が登場し，バイパス比 8 という，それまでにない高バイパス比が実現された．さらに，2008 年ごろ供用開始予定の次世代のエンジンでは，バイパス比が 10～12 で，全体圧力比は 50 近くになっている．ファン圧力比は，バイパス比の上昇に伴って下がってきている．一方，軍用機で，超音速までの加速が可能，かつ，亜音速飛行での低燃費が求められるものに関しては，エンジンの正面面積を小さくするため，バイパス比が 0.5～1.0 の低バイパス比エンジンが用いられ，超音速飛行時には，場合によってアフター・バーナによる推力増強が行われる．現在開発中の軍用エンジンでは，タービン入口温度がかなり高く設定できるため，アフター・バーナ無しで，マッハ 1.4 までの加速が可能になっている．短距離の旅客機では，長距離便ほどは燃費は重要でなく，バイパス比 1 程度のエンジンが MD80 等で長年使われてきたが，燃料の高騰と騒音問題の深刻化の影響で，そのような低バイパス比エンジンを搭載した機体は急速に数を減らしつつある．代わって，最近の 150 席クラスの中短距離機である A320 や B737-700 等では，長距離機のエンジンと同レベルのバイパス比のエンジンを搭載しており，それらの後継機では，さらに燃料消費率を 15% 程度削減した高性能のエンジンが搭載されることは間違いなさそうである．

　図 3.20（b）に示した通り，ターボファン・エンジンの燃費を良くするには，バイパス比を高くして推進効率を上げる必要があり，結果として比推力は小さくなる．ただし，図 3.20（b）は，エンジン単体での性能であり，機体への統合時にエンジンが航空機全体の性能へ与える影響を考慮する必要がある．高バイパス比エンジンは，大口径のファンを用いるため，バイパス比の増加に伴い，エンジンの外径と重さが増える．また，エンジンを翼の下につり下げる方式が主流であり，地面とのクリアランス確保のため，エンジン径の増加に伴って，航空機の脚

3.4 ターボファン・エンジン　169

を長くしなければならない可能性があり，それに伴う重量増や必要推力の増加が見込まれる．例として，Rolls Royce 社の Trent エンジンのモックアップ（実物大模型）を図 3.21 に示す．地面とのクリアランスを少しでも多く確保するために，ナセル（エンジンを収納しているケース：表面に RR のロゴが見える）の下面が平らになっていることが分かる．後方には逆噴射装置（Thrust Reverser：図 3.9）のドアが開いているのが見える．このエンジンでは，逆噴射装置でバイパス空気の向きのみ反転させる仕組みになっている．ナセルの設計においては，空気抵抗を小さくし，ギア・ボックス，潤滑油タンク，制御機器などの補機類

図 3.21　高バイパス比ターボファン・エンジンのナセル [courtesy Rolls-Royce plc]

に，簡易にアクセスして整備できるよう配慮しなければならない．

ナセルと，ナセルの翼への取り付け部を合わせてポッドと呼ぶが，ポッドの抵抗の影響について簡単に考察する．式（3.3）に示した推進効率は，エンジン内の原動機がなした仕事に対して，エンジンがその正味推力で航空機を距離 C_a だけ動かした仕事の割合であるが，ポッドも含めて考えた推進システムでは，推力は正味推力からポッドの抵抗を差し引いたものになるから，

$$\eta_p = \frac{2}{1+\frac{C_j}{C_a}} \left[\frac{正味推力-ポッド抵抗}{正味推力} \right] \tag{3.19.1}$$

となる．ただし，簡単のため，ノズルがチョークした場合の出口面圧力による推力は無視する．ポッド抵抗 0 の時の推進効率は，正味推力＝グロス推力 － 流入運動量抵抗に注意して，

$$\begin{aligned}\eta_p &= \frac{2}{1+\frac{グロス推力}{流入運動量抵抗}} = \frac{2\times 流入運動量抵抗}{流入運動量抵抗+グロス推力} \\ &= \frac{2\times 流入運動量抵抗}{2\times 流入運動量抵抗+正味推力} = \frac{2}{2+\frac{正味推力}{流入運動量抵抗}}\end{aligned} \tag{3.19.2}$$

と書き換えられるから，ポッド抵抗を考慮すると，

$$\begin{aligned}\eta_p &= \frac{2}{2+\frac{正味推力}{流入運動量抵抗}} \left[\frac{正味推力-ポッド抵抗}{正味推力} \right] \\ &= \frac{2}{2+\frac{正味推力}{流入運動量抵抗}} \left[1-\frac{\left(\frac{ポッド抵抗}{流入運動量抵抗}\right)}{\left(\frac{正味推力}{流入運動量抵抗}\right)} \right]\end{aligned} \tag{3.19.3}$$

となる．式中の（正味推力／流入運動量抵抗）は $(C_j-C_a)/C_a = C_j/C_a - 1$ に等しく，C_j/C_a は，バイパス比が上がると，排気ジェットの平均速度 C_j が下がるため小さくなる．図 3.22 は，その（正味推力／流入運動量抵抗）を横軸に取り，（ポッド抵抗／流入運動量抵抗）を変えて，ポッド抵抗込みでの推進効率がどのように変化するかを表示したものである．図より，バイパス比が大きいエンジンでは，特に，ポッド抵抗による推進効率低下の影響が大きいことが分かる．このような，エンジンを機体に搭載する際に生じる影響については，機体メーカが，

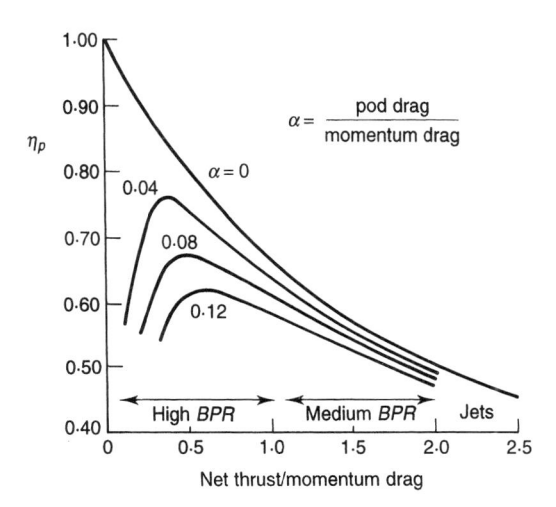

図 3.22 ポッド抵抗の推進効率への影響

エンジンメーカと協力して慎重に評価しなければならない．

　バイパス比を上げると，排気ジェットの平均速度 C_j が下がってジェット騒音を抑制できるが，逆に，ファン径が大きくなった影響で，ファンのチップ（外周端）での流速が増し，そこで発生する静圧の変動が空気に伝播することによるファン騒音が大きくなる．航空機が着陸に向けて推力を下げて降下している場合には，ジェット騒音より，むしろ，ファン騒音の方が問題になる．ファン騒音は，特定の周波数にピークを持つ特性があり，幅広い周波数帯を持つジェット騒音よりも不快感が増す場合がある．ファン騒音は，インテーク表面での吸音処理や，圧縮機の入口ガイド弁 IGV（inlet guide vane）を使わないこと，ファン動翼と静翼の軸方向の間隔を適切に設定することなどによって低減することができる．次世代の民間航空エンジンでは，バイパス比が 10～12 と高くなるが，ファン圧力比を下げることにより回転数を落とし，ファンの周速が 2000 年のレベルから 10～15％削減される予定になっている．

エンジン推力の指標

　ターボジェット・エンジンでは，推力レベルの指標としてエンジン圧力比

EPR を用いるのが便利であることを示したが，ターボファンでは，コアとバイパスの2つにノズルが分かれているため，問題が複雑になる．例題 3.2 のケースでは，バイパス側が全推力の 74% を発生させており，コア側は 26% でしかなく，エンジン圧力比 EPR からはコアの推力しか分からない．Pratt & Whitney 社の JT-8D 等の初期の低バイパス比ターボファン・エンジンでは，推力の指標として，そのままエンジン圧力比 EPR（ターボファンでは図 3.15 の形態で p_{06}/p_{01} と考えられる）が使われていたが，高バイパス比エンジンの出現により，エンジンメーカ各社で対応が違ってきている．Pratt & Whitney 社では，高バイパス比の大型エンジンでも，依然として EPR を使っているが，Rolls Royce 社は，RB-211 エンジンの推力を出すために，下記に示す IEPR（integrated engine pressure ratio）を採用している（IEPR については原著の式に不明な点があり，各種文献と原著の式を総合して，概ね，下記の通りと判断した．趣旨はコアのみを考えた EPR である p_{06}/p_{01} に対し，バイパスの EPR である p_{02}/p_{01}（=FPR）とコアの EPR p_{06}/p_{01} を，バイパス比相当の重み付けを行って平均を採ったものと言える．重み付けに関しては，原著の記述より，ファン出口面積とコア・ノズル出口面積を用いてみた）．

$$\text{IEPR} = \frac{\text{ファン出口全圧} p_{02} \times \text{ファン出口面積} + \text{コアノズル入口全圧} p_{06} \times \text{コアノズル出口面積}}{(\text{ファン出口面積} + \text{コアノズル出口面積}) \times \text{入口全圧} p_{01}}$$

(3.19.4)

また，GE 社は，CF-6 の推力レベルを示す指標としてファンの回転速度（N_1）を用いている．3社のどの方法でも概ね同じ結果となり，また，どれにも利点と欠点がある．IEPR を使う方法は，より厳密であるが，新たにバイパス流の計測が必要になる．エンジン圧力比 EPR は，多くの人にとってなじみのパラメータであるが，生みだす推力の割合が小さいコア流の状態を用いているという問題がある．ファンの回転速度は，最も扱いやすいが，推力に直接つながるものではないため，地上でのエンジン試験で検定することが必要である．これら3つの手法について，文献［9］で比較されているが，どの方法を用いるにしても，1つ言えることとして，エンジン性能が運転回数と共に徐々に劣化して推力が下がる状況が把握できるものでなくてはならない．

3.4 ターボファン・エンジン　173

　信号のデジタル処理が進展し，多くのデータがそろってくれば，将来の新しいエンジンでは，推力を計算してパイロットに表示できる可能性もある．

ターボファン・エンジンの各種型式

　ターボファン・エンジンでは，パラメータの変更がエンジンの機械設計に与える影響が大きい．特にバイパス比の影響は大きく，低バイパス比と高バイパス比では，各要素の径や回転速度，エンジンの形態等が大きく異なる．

　初期のターボファンの中には，既存のターボジェットを改造して作った，図3.23に示すようなアフト・ファン型がある（アフト aft（⇔ fore）は後方を意味する言葉，after と関連）．図3.15と同様，斜線部の外が空気・燃焼ガスの流路で，高温高圧ガス発生器の役割を果たす上流側の圧縮機・燃焼器・高圧タービンの後方に，外周側がファン，内周側が低圧タービンのファン付タービン翼が設置されている．この型式には，2つの大きな問題がある．1つ目は，ファン付タービン翼に関するもので，この部品は，外周側は低温だが，内周側は高温流にさらされる．翼は一体で成型しなければならないため，結局，外周のファン部も含めて，全体を高価で重いタービン材でつくらなければならないことになる（内周と外周を別の材料にしてつなげられれば良いが，強度や信頼性の問題が生じると考えられる）．もう1つは，ファン付タービン翼を高速で回転させつつ，そこで高温高圧のコア流がバイパス側にもれないようにするシールの問題である．アフト・ファン型は，長い間，設計に採用されていないが，近年，将来の超高バイパス比エンジン UHB（ultra high bypass）の型式の候補の1つに挙がっている．ただし，将来の UHB では，低圧タービンとファンは別にしてギアを介してつなぐ型式になりそうで，上記のような，複雑なファン付タービン翼は必要ないと思

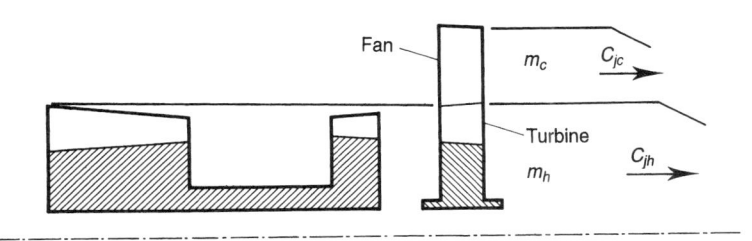

図3.23　アフト・ファン型ターボファン

われる.

図 3.24 には，その他 4 つのターボファンの型式を示している．図 3.24（b）（図 3.15 と同じ）は，最も簡素な 2 軸エンジンで，中程度のバイパス比・全体圧力比のターボファン，もしくは，PW530（図 1.12（b））や Rolls Royce 社 Pegasus（図 3.30）等の小型のエンジンに適している．この型式で高バイパス比化した場合，先に示した通り，ファン外周端速度の制約（第 5 章参照）から低圧軸の回転数をあまり上げられない（ため低圧タービンも回転が遅く各段の仕事が少なすぎる）という問題が生じる．その他の型式は，バイパス比・全体圧力比が高いエンジンで採用されている．図 3.24（a）は，ファンの直後に，ブースター段と呼ばれる低圧圧縮機が付いているのが特徴で，低圧軸は回転数が低いためブースターによる圧縮はそれほど見込めないが，PW4000，GE90，GP7200（図 1.12（b））等の大型旅客機用エンジンで広く使われている．図 3.24（c）は，ブースター段をファンと切り離して中圧圧縮機として独立させ，各段の圧縮機の圧力比があまり大きくなりすぎないよう，低圧・中圧・高圧の 3 軸の構成になっている．空力面では多くの点で一番魅力的な型式であり，Rolls Royce 社の大型ターボファン・エンジンである Trent ではこの型式が採用されている（図 1.16）．図 3.24（d）は，ギア付ターボファン GTF（geared turbofan）で，この型式は，

(a) Two-spool

(b) Two-spool

(c) Three-spool

(d) Two-spool geared fan

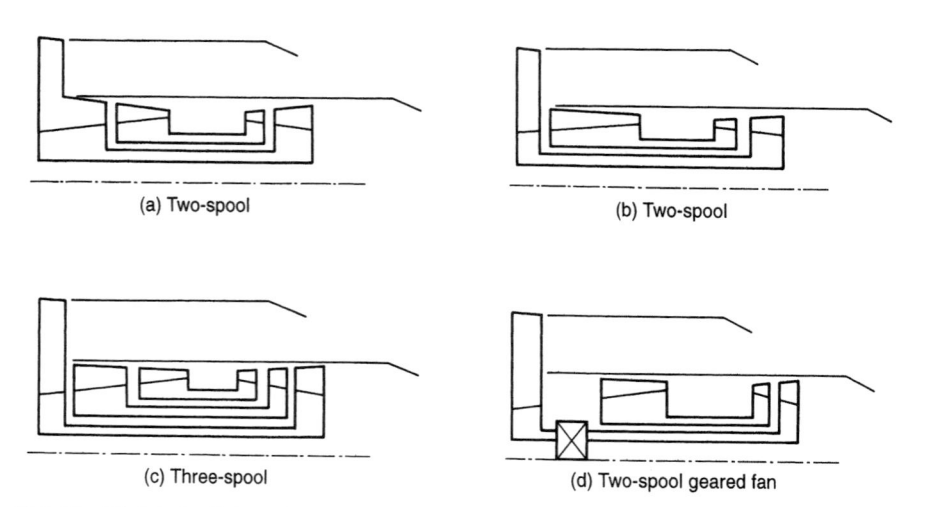

図 3.24　高バイパス比ターボファンの各種型式

元々，ターボシャフト・エンジン（ヘリコプタ用エンジン）の派生型として作られた小型のターボファンで使われていた．大型のターボファンの場合，ギアによって 60MW 程度の動力を伝達する必要があり，冷却も含めたギアシステムの軽量化が課題となる．GTF の開発は Pratt & Whitney 社が主導している．完成すれば，周速の制約から低回転でしか回せないファン軸から，低圧タービン軸を切り離すことにより，低圧タービン軸をこれまでより高回転で運転することが可能となり，タービン各段の負荷が上がって段数が削減できる．これによる軽量化の効果がギアの重量増より勝れば，燃費と騒音の両面でメリットがありそうである．ただし，ギアの分だけメンテナンスの手間が増える点に関しては，運航者側には歓迎されない可能性がある．航空エンジンの高バイパス比化に関しては，他にも，オープン・ロータ（open-rotor）方式が検討されており，この型式では，ファンをナセル内に収納せず，プロペラと同様，外気流中で回転させて推進する．オープン・ロータ方式の課題としては，ファンの回りに覆いがないため，遠方場の騒音が大きくなる点や，機体への搭載が難しくなる点がある．他にも，通常のターボファン・エンジンでは，ファン翼が根元から外れても，ナセルを突き破って飛行中に機体を破損させる重大事故が発生しないように，ファンケースやナセルを丈夫に作って耐空性を確保しているが，それらが無いオープン・ロータ方式の場合，耐空性をいかに確保し証明するかという問題もある．

　航空機の燃費，すなわち CO_2 削減に関する絶え間ない要請により，今後もエンジンの設計は変化を余儀なくされ，しかも，その変化も変革と言ってよいほどの大きなものになっていくと思われる．一方で，運航者サイドは，厳しく現実を見る保守的な立場を崩すことは無く，性能向上の結果として信頼性が下がることは決してあってはならない．航空機の燃費（CO_2 排出）を削減する最も簡易な方法の 1 つは，多分，航空機の巡航速度を M0.83〜0.85 から M0.78〜0.80 程度に少し落とすことであるが，飛行時間や今の航空管制システムには大きな影響を与えることになりそうだ．

3.5　ターボプロップ・エンジン

　ターボプロップ・エンジンは，図 1.10 に示すようなエンジンで，図の左に見

える出力軸にプロペラを取り付け，プロペラの回転で大半の推力を発生させつつ，後方からの排気ジェットの噴出によっても多少の推力を得るプロペラ機用エンジンである．

ターボプロップ・エンジンの推力は，プロペラによる推力と排気ジェットによる推力の合計になるが，これを力ではなく，出力（仕事量）の合計として捉えると次のようになる．まず，全推力で機体を動かす仕事の合計を，推進出力 TP (thrust power) と呼ぶことにする．これに対し，プロペラを回す軸出力を SP (shaft power) とすると，そのうち，その軸出力でプロペラを回して得た推力が機体を押してなす仕事の割合をプロペラ効率と言い，これを η_{pr} とおく．よって，プロペラによる推力が機体を押す仕事は $SP \times \eta_{pr}$ になる．一方，排気ジェットによる推力を F，機速を C_a とすると，排気ジェットによる推力が機体を押す仕事は，ターボジェットで説明した通り $F \times C_a$ であるから，

$$TP = SP \times \eta_{pr} + F \times C_a \tag{3.20.1}$$

となる．大半の推力はプロペラによるものであるから，推進出力 TP はプロペラの効率 η_{pr} によって大きく変わり，また，飛行状態でプロペラの効率がかなり変わるので，推進出力も飛行状態に影響される．

実際には，ターボプロップ・エンジンには，用途に応じて様々なプロペラを取り付けて用いるので，プロペラを除くエンジンそのものの出力を表す必要があり，次式で定義するエンジン相当出力 EP (equivalent power) が使われる．

$$EP = \frac{TP}{\eta_{pr}} = SP + \frac{FC_a}{\eta_{pr}} \tag{3.20.2}$$

エンジン相当出力 EP は機速によって変化するため，機速も併記する必要がある．静止状態では，定義式より，EP は軸出力 SP と等しくなるが，実際には，排気ジェットがあれば，静止状態でもその分の推力は発生しているので，離陸推力を考える際には，その点を考慮する必要がある．平均的なプロペラが kW あたり 8.5N の推力を出すので，これを参照し，離陸時のエンジン相当出力 EP は，通例として，$SP+(F/8.5)$（ただし軸出力 SP の単位は kW，排気ジェットの推力 F は N）で計算する．

ターボプロップ・エンジンの性能は，離陸時のエンジン相当出力 EP が基本になり，燃料消費率や比推力も EP を用いて表されることが多い．ただし，本来

は，軸出力や排気ジェットによる推力を求めるのが望ましい形であり，EP は概念上の便利な値と捉えるべきものである．ターボプロップの熱サイクルは，第 2 章の産業用ガスタービンの基本サイクルと同等であるが，ターボプロップでは，出力として，プロペラ回転用の軸出力分と，排気ジェットの，どちらにどれだけ振り分けるかについての自由度がある．これについては，機速と高度に応じて，それぞれ最適な分配率が存在するが，簡単な設計法として，タービン出口圧力が圧縮機入口圧力と同じになるように分配率を設定するというものがある．そのように設計すれば，タービン出口圧力が多少変わっても，エンジン相当出力 EP に与える影響は小さくなる．また，ターボプロップは，通常，ノズルがチョークしない状態で運転されるので，ノズルは C ノズルでなく，単なる直管となっている．

　図 1.5 のように，別軸の出力タービンでプロペラ軸を回転させる 2 軸式のターボプロップを考え，ターボジェットと比較する．式 (3.6) で示すエンジンの効率 $\eta_0 = \eta_p \eta_e$ を考えると，燃料の熱で流入空気の運動エネルギを増やすまでが熱効率 η_e で，そこからそれが機体の推進に使われる割合が推進効率 η_p であった．高温高圧ガスが生成されるまではどちらも同じだが，ターボジェットでは，その高温高圧ガスのエンタルピを，ノズルでの加速により，直接，排気ジェットの運動エネルギに変えるが，ターボプロップは，高温高圧ガスのエンタルピで出力タービンを回転させ，ギアを介してプロペラ軸を回転し，プロペラが回転して流れの運動エネルギを増やす．高温高圧ガスのエンタルピが流れの運動エネルギに変わる部分の効率に関しては，ターボジェットはノズル効率，ターボプロップは（出力タービン効率）×（減速ギアの効率）×（軸出力に対するプロペラが増やした運動エネルギの割合）がそれに相当する．両者を比べると，ターボプロップの方が小さくなり，その分，ターボプロップはターボジェットより熱効率 η_e は小さくなる．ターボプロップが M0.6 以下の速度の航空機用エンジンとして確固たる地位を確保しているのは，作り出した流れの運動エネルギが機体を動かす仕事にどの程度使われるかの割合，すなわち，推進効率 η_p がターボジェットより断然高いため全体効率も高くなるからである．ターボプロップは，ビジネス機や地方路線の短距離便のエンジンとして広く使われており，出力は概ね 500〜2000 kW の範囲である．普通のプロペラの設計だと，プロペラ効率は，飛行速度 M0.6 を超え

ると急激に下がるため，ある程度の速度を必要とする長距離便には普及せず，ターボファンにその座を譲っている．例外として，長時間飛行する巡視用の航空機では，巡視エリアまではM0.6程度で飛行し，巡視中はもっと遅い速度で飛ぶため，ターボプロップが採用されている．

　1980年代前半に，飛行速度M0.8でプロペラ効率0.8を目指した設計が注目された．そのようなプロペラの開発が成功すれば，今のターボファンより燃費を大きく削減できる．翼の設計は，これまでのプロペラと大きく異なり，後退角を持つ超音速翼で，枚数も8〜10枚と多く（通常は4枚程度），既存のプロペラと区別するためプロップ・ファン（propfan）と呼ばれている．しかしながら，研究によると，プロップ・ファンで推進する航空機は，これまでのターボプロップ機と比べて，より大きな推力を必要とするとのことで，さらには，出力が8000 kWを超えてくると，減速ギアの設計が難しくなるという課題もある．

　また，良く知られている通り，プロペラから発生して客室に伝わる客室騒音は，ターボファンより大きく，乗客が耐え難いレベルになりそうだという問題もあるが，これに関しては，プロペラを客室より後方に配置するプッシャ（pusher）型とすることで解決できる見込みである．ターボプロップ・エンジンについてまとめたものとしては文献［10］があげられる．

　その他の形態としては，ターボプロップとターボファンの間を取ったUDF（unducted fan）があり，UDFは1980年代にGE社が開発した．UDF（又は，前節のオープン・ロータ）では，その名の通り，ファンをナセル内（ダクト内）に収納せず，プロペラと同様，外気流中で回転させて推進する．UDFのファンは，図3.23で示したファン付タービン翼に似たものであるが，ファン部は，動翼のみ2列の互いに逆方向に回転する可変ピッチ（根元が回転して翼の取り付け角が可変）の2重反転方式で，それぞれ，その方向に回転する2列のタービン翼列に直結されていて，ギアはない．UDFは実際に飛行試験まで行われ，燃費を大幅に削減できることが実証されたが，騒音と客室の振動の問題が起こっている上，エアラインが，このような先駆的な新技術の採用には積極的でないようである．また，ギアなしでの成立性を疑問視するエンジンメーカもある．一方，UDFのコンセプトは，長距離巡航ミサイルの推進システムとしても有望と考えられており，低燃費の効果により，所定の燃料で射程を長くできる可能性があ

る．

　ガスタービンが民間航空機用エンジンとして使われ始めた1950年代には，ターボプロップとターボジェットの得失をめぐり，激しい論争が行われたが，当時は燃料が安く，燃費はそれほど重要ではなかったため，ターボジェットに軍配が上がった．そして，その後，ターボファンがそれに取って代わった．1980年代中頃に，上記のプロップ・ファンやUDFがターボファンに挑戦を試みたが，実ることなく，1990年代中頃には，ターボファンがその地位を確固たるものとした．

　一方，ターボプロップは，1990年代中頃までの期間は，10～60席で速度400～600 km/hの小型機を中心としたニッチの市場での地位を確立していた．ターボプロップ付の小型機は，飛行時間60～90分，航続距離にして400 km～500 km程度で運航され，コミュータ機運航会社があちこちで立ち上げられ，小都市間や大型ハブ空港への便が運航された．15～20年間燃料価格が落ち着いていたところ，30～70席クラスのターボファン・ジェットエンジンを搭載したリージョナル・ジェット（regional jet）が登場し，そちらの方が燃費が悪いにも関わらず，完全に小型機の市場を席捲してしまった．実際，リージョナル・ジェットであるBombardier RJやEmbraer 145の方が，乗客に受けがだいぶ良く，BAe，Fokker，Saab，Dornierなどのメーカはターボプロップ機から撤退した．ターボプロップ機の売り上げは，年に50機程度にまで落ち込み，それをBombardier社Dash 8と，ATR 42/72が分け合う形となった．その後，2000年代初頭，燃料が高騰すると，リージョナル・ジェットのうち小型のものは消滅し，ターボプロップ機の売り上げが急速に伸びた．リージョナル・ジェットは，Embraer 170/190に見られるように，その主体を90～100席クラスへと移している．ターボプロップ機としてまだ生産を続けているのは，上記のBombardier社Dash 8（現Q-400）と，ATR 42/72の2機種のみで，年間で150～200機程度に売り上げが増えているが，新しいターボプロップ機の開発コストを正当化できるほどの大きなマーケットにはなっていない．ターボプロップ・エンジンとしては，近年開発された高出力のものとしてPW150（3800 kW）と，Rolls Royce AE2100（4500 kW）があり，PW150はQ-400に，AE2100は軍用輸送機であるC-130JとC27に，それぞれ採用されている．

ターボプロップ・エンジンの新規開発としては，唯一，エアバス A400M 軍用輸送機のエンジン TP400 がある．出力は 8000 kW と大型で，プロペラの翼は 8 枚であり，多国間で結成されたコンソーシアムにより共同開発されている．A400M は 2009 年供用開始予定で（遅れている），最高速度は M0.72 であるが，通常はもっと低い速度で運航することになっている．

3.6 ターボシャフト・エンジン

ターボシャフト・エンジンは，ヘリコプタのメイン／テイルロータを駆動するガスタービン・エンジンとして重要なものであり，軽量で高出力のため，ヘリコプタ用としては，ほとんど例外なく，ターボシャフト・エンジンが使われている．ヘリコプタ用のターボシャフト・エンジンは，どれも図 1.5 に示す形式で，ロータ軸を回す別軸の出力タービンを備えている．ヘリコプタ・エンジンの制御では，ロータが常に一定速度で回転していて，ピッチ（翼の取り付け角）の変化で推力を調整し，必要トルクの増加には，ガス発生器側の軸の回転数を上げて対応するのが基本であり，それが理想的であるが，実際には，過渡状態においてロータの回転速度が多少変動するので，そのような変動が極力少なくなるよう，エンジンの制御や応答性に気を配らなくてはならない．ターボシャフト・エンジンの設計は，ターボプロップ・エンジンと基本的な部分は同じだが，ターボプロップ機は高度 6000〜8000 m を巡航するのに対し，ヘリコプタの飛行高度はもっと低いため，ターボシャフト・エンジンの設計もそれに合わせてある．また，ヘリコプタの速度は，ロータの空力的な制約から，160 ノット（時速 300 km/h）程度までに制限されており，排気ジェットによる推力は期待できないので，ターボシャフトでは，ロータ軸への出力が最大になるように設計される．

ヘリコプタの設計や生産台数は，軍需に左右される傾向が長い間続いている．民間用に関しては，旅客輸送の分野に本格的に入り込んだ例は無く，むしろ，洋上の資源掘削設備への搬送，捜索，救助，伐採木材の搬出，救急医療，警察業務などのニッチの市場に浸透している．多くの場合，航続距離はあまり問題ではなく，低燃費よりも軽量であることが重視されるが，北海油田の例では，次第に陸地から離れた遠い場所に油井を掘り始めているため，航続距離も徐々に重要度を

増している．ターボシャフトの出力レンジは 400〜2000 kW 程度で，比較的小型のエンジンであるため，簡素なつくりにする必要がある．主なターボシャフトのエンジンとしては，軍用の GE 社 T-700 と，民間用の Rolls Royce Allison 250 がある．

20 から 21 世紀への過渡期において，ターボシャフト・エンジンの新しい適用先として，ティルト・ロータ（tilt rotor）機が現れた．ティルト・ロータ機は，離着陸時には，ヘリコプタと同様に，ロータ軸を上に向けて垂直離着陸し，上空でロータ軸が水平になるまでエンジンを 90 度回して，プロペラ機のように高速で巡航できるようにしたものである．V-22 Osprey は，米軍用のティルト・ロータ機で，供用開始予定は 21 世紀初頭，供用開始後も研究開発が続く予定となっている．この機体は，2 つのメインロータを持ち，300 ノット（556 km/h）での水平巡航が可能である．また，一方のエンジンが停止しても安全に運航できるようにするため，回転軸が主翼全体を貫き，片方のエンジンで両方のメインロータを駆動できる仕組みとなっており，機構は複雑である．エンジンは Rolls Royce AE1107 で，基本部分は先に紹介した Rolls Royce AE2100 ターボプロップ・エンジンと似ているが，ロータ軸を上に向ける鉛直モードの時の潤滑システムに関連して，かなりの改修が必要となった．Bell 社は，民間用のティルト・ロータ機 Bell 609 の開発を計画しており，エンジンは PT-6 ターボシャフト・エンジンで，2010 年の供用開始を目指している．

3.7　APU

航空機では，電気，油圧，圧縮空気等を供給するための動力源が必要になる．飛行中は，それらの動力を，メイン・エンジンからギアを介して取り出すことができるが，民間航空機の場合，エンジン始動前に，人の乗降や機内サービス，荷物や貨物の搭載と積み下ろしなどを行わなければならず，エンジン停止状態で，比較的長い時間，動力が必要になる．また，外気温度 −40〜40℃ の範囲でも，客室は快適な温度と湿度を保たなければならない．これら，地上で航空機に必要な動力は，電力や適温の空気を供給する専用の移動車両からか，もしくは，航空機に組み込まれている補助動力装置 APU（auxiliary power unit）から得ること

になる．APU は，機上で必要な動力をまかなう目的で作られた小型のガスタービンで，地上での作業の際に必要となる他，ETOPS 認定機（1.4 節参照）では，飛行中にエンジンが停止した場合に，上空の低温状態にエンジンがさらされた後，エンジンの再始動を行うための動力を供給できることが要求される．飛行中のエンジン停止に際して，動いている方のエンジンから抽出する電気や油圧動力が増えることや，安全のために動力に余裕を持たせる必要があるためである．

最初の民間ジェット機である Comet や B707，DC-8 では，APU は搭載されていなかった．それらのジェット機は特別便として運航され，地上設備が充実した大きな空港間でしか運航されなかったためである．それらより小さめの DC-9，B727，BAC 1-11 等のジェット機が導入されると，地上設備があまり整っていないような空港にも運航されるようになったため，すべて APU を搭載している．その次の世代の大型機（B747，DC-10，L-1011，A300）などは，すべて APU を搭載しており，民間機では，APU は標準で装備されるようになった．また，大半のターボプロップ機やリージョナル・ジェット機では，地上設備が整っていないような小さな空港でも駐機時間を短くするため，APU を搭載している．軍用機では，様々な基地を行き来できるようにすることや，航空機自体の装備で必要なことが完結するようにすること，戦闘時にすぐ離陸できるようにすることなどの目的で APU が搭載されている．

初期型の APU は，1 軸の単純なガスタービンで，圧縮した空気の 3 割程度を抽気して機内サービスに使うため，タービンに比べて圧縮機が大きめになっている．

その圧縮機からの抽気バルブの開度によって，出力を，圧縮空気の供給と，電力の供給のどちらにどれだけ振り分けるかの比率が決まる．抽気バルブを全開にすると，圧縮空気の供給量が最大になり，多量の圧縮空気が必要なメイン・エンジンの始動への対応が可能になる．バルブを閉めていくと，電力の供給が増えてくる．圧縮空気を用いてメイン・エンジンを始動する際には，小型の空気タービンにその圧縮空気を送り，付属のギアを介してメイン・エンジンの高圧軸を回転させるが，始動には，およそ 4 気圧の圧縮空気が必要である．APU が単純な 1 軸のガスタービンの場合，地上で圧縮機出口圧力が 4 気圧とすると，圧力比が 4 しかなく，熱効率が非常に悪くなる．

このため，最近の APU では，1 軸のガスタービンに，別途，空気を圧縮するためだけの専用の圧縮機を直結し，ガスタービンでその圧縮機を駆動して圧縮空気を供給する．APU のインテークは共通で，そこから取り入れられた空気は，空気圧縮専用の圧縮機と，ガスタービン用の圧縮機に分配される．このようにすれば，空気圧縮専用の圧縮機の圧力比は 4 程度としながら，ガスタービンの圧縮機の圧力比はもっと高くして，効率を高めることができる．典型例では，ガスタービン側の圧力比は 8〜12 程度になっている．図 3.25 は Honeywell 131 APU である．ガスタービンで発生させる交流電力の周波数を一定に保つために軸は一定回転数で回転しており，空気圧縮専用の圧縮機の回転数も一定であるが．その状態で，圧縮空気の空気流量を調整するため，入口空気流量を調整する入口ガイド弁 IGV（inlet guide vane）が取り付けられている．

B747 型機などの大型旅客機では，もっと大きくて性能の良い APU が搭載されており，B747-400 では，図 3.26（a）に示す PW901 APU が使われている．この APU では，ガスタービン部が 2 軸式になっており，空気圧縮専用の圧縮機を，出力タービンで駆動している．高温高圧ガス発生器は，ビジネス・ジェット機用の JT-15D ターボファン・エンジンを元にして作られたものである．この APU でメイン・エンジンの始動を行う場合，4 気圧で流量 165 kg/min の圧縮空気を供給し，同時に 215 kW の電力を供給する．A380 では，さらに大きな APU を使っている．また，図 3.26（b）に示す Honeywell 331 APU は，1 軸のガスタービンで空気圧縮専用の圧縮機を駆動しており，ガスタービン部は Honeywell 331 ターボプロップ・エンジンの派生型である．この系列の APU は，B777，A330，A340 の APU として使われている．

APU では，熱効率がすべてではなく，他にも，低騒音，低容量，低重量，高空での始動性，信頼性，メンテナンスのしやすさ，価格などが重要な点としてあげられる．また，最近の ETOPS 機では，信頼性向上の観点から，APU を運転しない状態で搭載して飛行することが不可欠となっている．民間機では，APU は，例外なく，テイル・コーン（tail cone：胴体の最後尾で円錐状にしぼまっている部分）に格納されているが，テイル・コーン内は貴重なスペースであり，また，主要な油圧配管や制御配線が通っているため，APU 不具合の際に発生する破片がそれらを傷つけないように，それらを保護する必要がある．

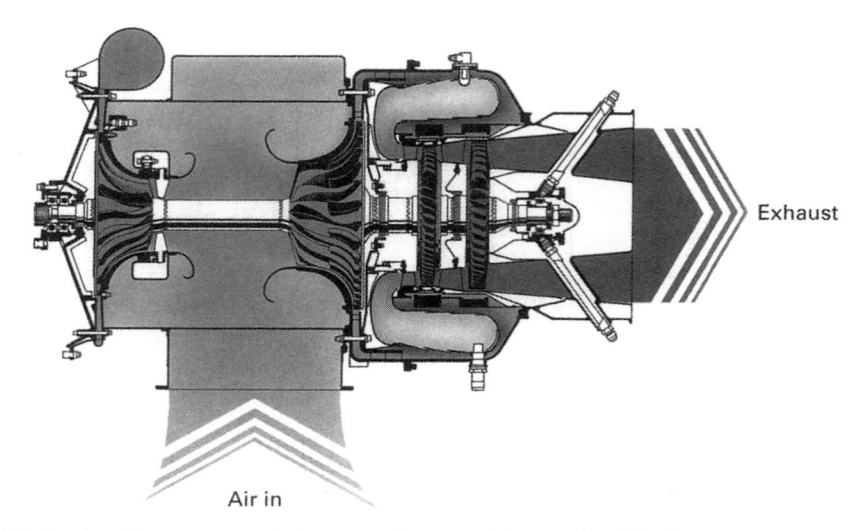

184   3 航空エンジン用ガスタービン

図 3.25 Auxiliary power unit ［courtesy Honeywell International Inc.］

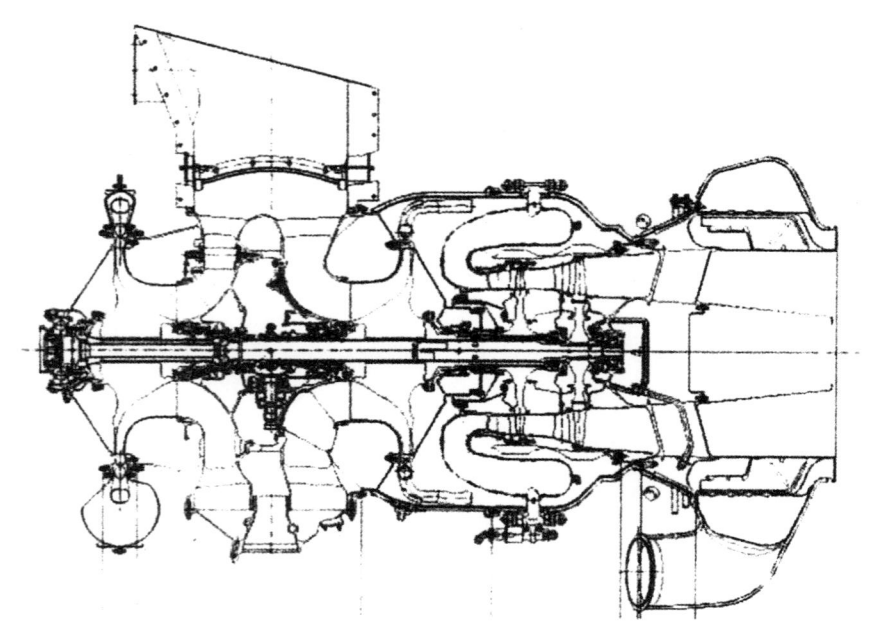

図 3.26 (a) PW901 APU ［©Pratt & Whitney Canada Corp. Reproduced with permission.］

3.7 APU 185

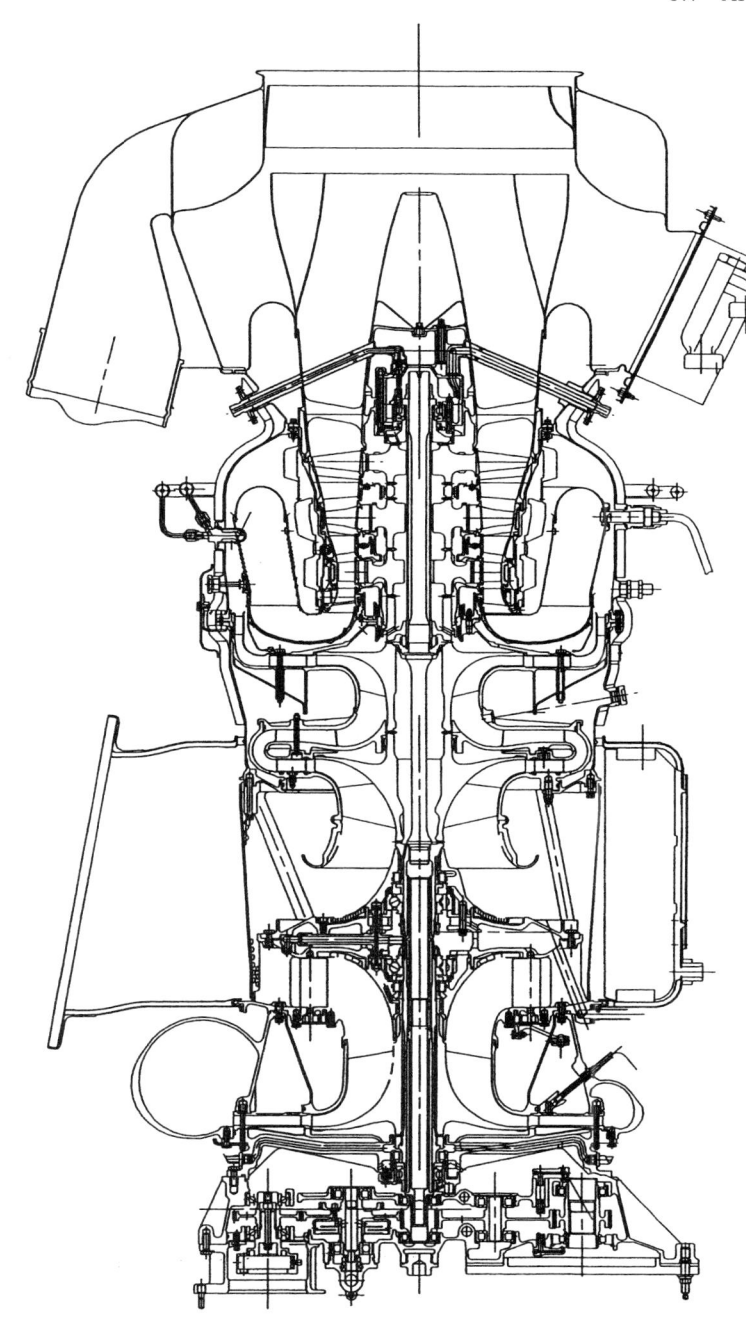

図 3.26 (b) Honeywell 331-500APU [courtesy Honeywell International Inc.]

3.8 推力増強

エンジンを設計変更して推力を上げるには，タービン入口温度を上げて比推力を高めたり，空気流量を増やしたりする方法が考えられる．これに対し，離陸時や，亜音速から超音速への加速の時，空中戦の時などに，推力を一時的に大きくすることは，推力増強（thrust augmentation）の範疇に入る．推力の増強には色々な方法が提案されているが，主には，水噴射とアフター・バーナの2つがある．

水噴射では，かなりの量の水を積む必要があるが，離陸・上昇時に使い切れば，重量増の影響は限定的である．圧縮機入口で水を噴射すると，水滴が蒸発し，周りから潜熱を奪うため，圧縮機入口温度が下がる．第9章で示す通り，ターボジェット・エンジンで圧縮機入口温度が下がると，音速が下がるため，圧縮機を同じ実回転数で回しても，マッハ数が上がって圧力比や流量が増えることなどにより，推力が増える（例題9.2参照）．実際には，メタノールを混ぜて使うが，そうすると凝固点が下がる上，メタノールは燃焼器で燃えてくれる．また，燃焼器に直接噴射する場合もあり，その時には，噴霧が空気の流れをブロックする効果により，圧縮機の出口圧力が高まって圧力比を押し上げ，推力が上昇する．いずれにしても，水噴射の直接の効果は説明した通りであり，噴射した水の分だけエンジン流量が増えることによる推力増加の効果は二次的なものに過ぎない．最近では，水噴射による航空機の推力増強はほとんど行われていない．

アフター・バーナでは，図3.8に示す通り，ジェット・パイプ内でも燃料を噴霧して燃やすが，燃焼器の場合のように，後方に，高速回転による大きな応力がかかるタービン動翼がないため，タービン入口温度よりかなり高い温度になるまで燃やすことができる．推力の増加量を最大にするには，アフター・バーナで，量論比で燃焼（存在する酸素すべてがちょうど消費されるように燃焼）するように燃料流量を調整することが望ましく，燃焼ガス温度は2000 K程度まで上げることができる（主燃焼器では，通常，量論比よりも燃料が少なく酸素が余っている）．図3.5のターボジェット・エンジンで，ノズル$4 \to 5$内のアフター・バーナで再燃を行った場合のT–s線図を，図3.27に示す．再燃の分，燃料流量が増え，推力も増えるが，燃料流量の増加率ほど推力は増しないため，燃料消費率

は一般に悪化する．以下に，その簡単な見積もりを示す．今，ノズル出口がチョークするとすれば，出口流速は，そこでの音速 $\sqrt{\gamma RT}$ に等しい．また，出口でチョークしているので，式 (3.13) より出口静温は $T_7 = [2/(\gamma+1)] T_{06}$ となり，ノズル入口全温 T_{06} に比例する．再燃を行わない場合も同様で，結局，排気ジェット速度，すなわち，排気ジェットの運動量によるグロス推力は，それぞれのノズルの入口全温のルートに比例する．地上静止を仮定し，出口面圧力による推力を省略すれば，これが正味推力となる．図 3.27 の例では，再燃を行わない場合のノズル入口全温が 959 K，再燃後は 2000 K であるから，正味推力は，再燃により，$\sqrt{2000/959} = 1.44$ 倍に増えることがわかる．一方，燃料消費に関しては，概ね，燃焼器での温度上昇量に比例するとすれば，図 3.27 の例では，再燃を行わない場合の温度上昇 $1200 - 565 = 635$ K，再燃を行う場合は，これに $2000 - 959 = 1041$ K 加わり，合計 1676 K であるから，再燃を行うことで燃料消費が $1676/635 = 2.64$ 倍になると見積もれる．つまり，推力 44% 増のために，燃料は 164% も増えており，燃料消費率の大きい再燃は，短い時間にとどめるべきものであることが分かる．ただし，この見積もりは，離陸等の機速が遅い場合のもので，機速が上がってくると，推力が 100% 以上増加するケースが多々ある．これは，正味推力が，式 (3.1) で述べた通り，グロス推力（排気ジェットの運動量による力）と流入空気の運動量抵抗の差で決まっているからで，グロス推力のみ

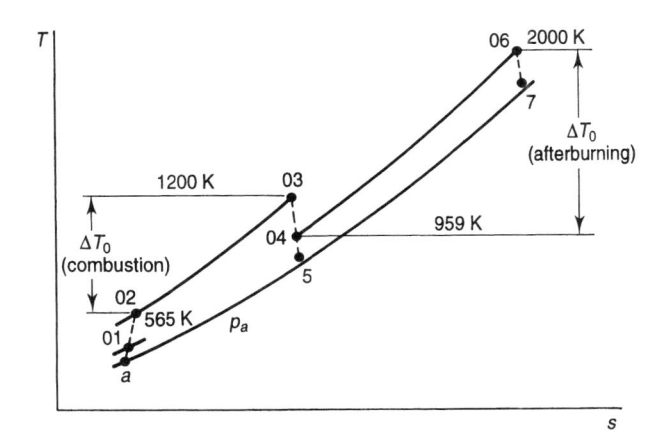

図 3.27 　再熱付ターボジェットのサイクル

が増加すると，差の増加率は大きくなる．超音速旅客機のコンコルドでは，M0.9からM1.4に加速する遷音速突破の時に，アフター・バーナを焚いてすばやく加速して，機体の空気抵抗が大きいM1.0付近の飛行時間を短くすることにより，再燃による燃料消費を加味しても，トータルでの燃料消費量を減らすことに成功している．低バイパス比のターボファン・エンジンでは，コアとバイパスの混合後に再燃を行うため，再燃時に使える酸素の量が多く，アフター・バーナの効果はさらに大きい．軍用のターボファン・エンジンでは，離陸時と空中戦の時にアフター・バーナを使用している．

アフター・バーナ付のエンジンでは，ノズル出口面積が変えられるよう可変ノズルとすることが重要である．通常，アフター・バーナは，エンジンが最大回転数の推力最大の状態で使用される．再燃を行っても，エンジンが同じ回転数で回るように，すなわち，通過する空気の質量流量が変わらないようにしなければならないが，再燃を行うと，ノズル出口の温度が上がって密度が下がるため，ノズル出口面積を広げてやらなければ，質量流量は一定に保てない．このため，可変ノズルが必要となる．ちなみに，出口面積を増やすと，その分，圧力による推力も大きくなる．

また，アフター・バーナでは全圧損失が大きくなる場合がある．燃焼器での全圧損失について，詳しくは6.4節で説明するが，空気や燃焼ガスの粘性による摩擦損失の他，高速気流の加熱膨張による流れの加速に伴う運動量変化に起因する全圧損失が発生する．後者の損失は，断面積一定の直管中の気流を途中で加熱すると，膨張して加速する際に発生する全圧損失であるが，損失率は，気流の入口マッハ数と，管出入口の温度比によって決まり，図3.28のようになる（式(6.0.5)参照）．気流の入口マッハ数が大きくて，加熱による温度上昇比が大きいと，出口マッハ数が上がって1に達し，サーマル・チョーク（thermal choking）を起こす．図3.28には，サーマル・チョークに達する条件のラインも明示してある．図3.28より，損失を抑えるためには，入口マッハ数を小さくすることが重要であることがわかる．ジェットエンジンでは，タービン出口マッハ数が0.5程度と高いため，図3.8に示すように，タービン出口とアフター・バーナの間にディフューザ（拡大流路）を設けて，マッハ数を0.25〜0.3程度まで下げている．

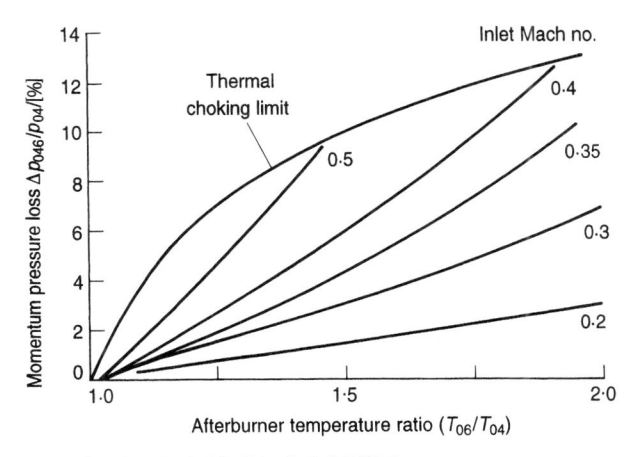

図 3.28 アフター・バーナにおける加熱による全圧損失

　また，アフター・バーナの装置そのものがジェット・パイプ内にあることによる摩擦損失は，再燃を行うと行わないに関わらず，常に発生する．また，再燃を行うと，排気ジェットの温度を上げることによって速度が上がるので，ジェット騒音が大きくなるという問題も発生する（上記に示した通り，排気速度は音速に近く，温度が上がると音速が上がるため）．コンコルドの Olympus エンジンでは，離陸時にも再燃を行い，離陸推力を 15〜20% 増やしているが，このため，排気温度は 1400 K に達する．コンコルドの騒音の大きさは問題であるが，軍用機での経験から推測される排気 1400 K での騒音レベルよりは，コンコルドの離陸騒音はかなり低めである．しかし，今後は，他の亜音速旅客機と同レベルにまで騒音を抑えなければいけないことを考慮すると，将来の超音速旅客機で離陸時に再燃を行うことは考えられない．よって，前にも述べた通り，可変サイクルのエンジンが必要になると思われる．

3.9　その他の話題

コアの共通化

　ジェットエンジンのコア部は，高圧圧縮機，燃焼器，高圧タービンおよびシャ

フトで構成されているが,温度が高く,かつ,回転数が大きくて応力レベルも高いため,他のどの部位よりも,過酷かつコストのかかる開発課題を抱えている.2軸エンジンの場合には,すでにあるコアを利用し,バイパス用の低圧部をそれに合わせて作ることで開発コストを削減できる.このようにすれば,例えば,共通のコアから,民間用の高バイパス比エンジンと,軍用の低バイパス比エンジンの両方を開発することができる.B-1B 爆撃機用の F101 低バイパス比エンジンは GE 社が開発したが,そのコア部は,後に,ファンと,SNECMA 社のタービンが付加されて,CFM56 という高バイパス比の民間エンジンとして使われている.CFM56 は A320,B737,A340 等の民間機に使われ,民間用としては,近年で最も売れたエンジンであり,このことからも,コアを共通化することの妥当性がわかる.また,Rolls Royce Allison 社では,AE2100 ターボプロップ・エンジンのコア部を,Embraer 社リージョナル・ジェット機用の AE3007 ターボファン・エンジンに使っている.他にも,図 3.29 に示す通り,PW530 と PW545 が共通のコアを用い,ビジネス・ジェット機用として異なる推力レンジをカバーしている.PW530 は,推力 13.9 kN で,簡素なつくりであるのに対し,PW545 では,ブースター(図 3.24 (a) 参照)を 1 段追加し,より大きなファンをつけて空気流量を増やすことで,推力を 19.6 kN まで増強している.

VTOL 用エンジン

垂直離着陸機(VTOL 機:vertical take-off and landing)用のエンジンでは,離陸時に,翼の揚力を使わず,エンジンの力だけで機体を持ち上げなければならないため,離陸重量の 120% の推力が必要である.そのため,巡航時に最適なエンジンのサイズよりかなり大きく,巡航時には,部分負荷での運転となるため,性能が悪くなる(第 9 章と第 10 章参照).VTOL 機に関して,民間用,軍事用共に多くの試みがあったが,民間機としては,VTOL はあまり向いていない上,都市部ではエンジン騒音の問題も起こることが判明した.よって,軍用機,特に戦闘機用に焦点が絞られた.VTOL 機は,未整備の場所や,戦闘で被害を受けた飛行場からも発着する能力がある.

VTOL エンジンとして,今日までに作られたエンジンでの唯一の成功例は,推力偏向ノズルを備えた Rolls Royce Pegasus エンジンで,Harrier/AV-8B 機用

3.9 その他の話題   191

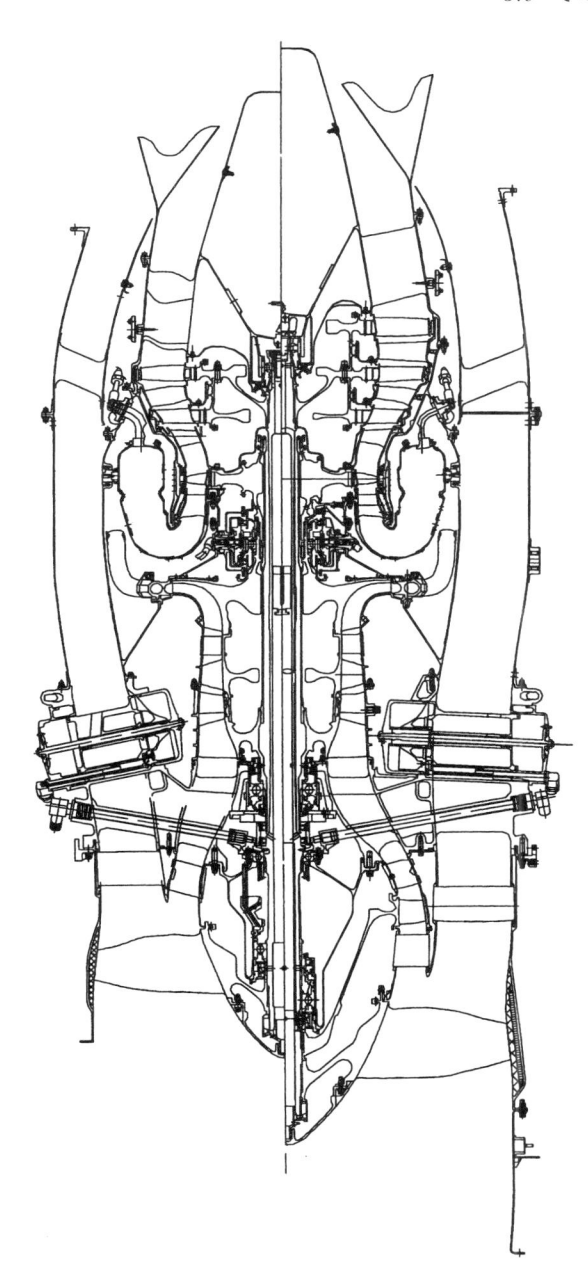

図 3.29 Common core, PW530 (top) and PW545 [©Pratt & Whitney Canada Corp. Reproduced with permission]

として使われている．Pegasusは，コア流とバイパス流，それぞれに2本ずつ，計4本の偏向ノズルを備えたエンジンで，図3.30に示す通り，4本足の形態になっている．このエンジンは，機体の重心付近に搭載する必要があり，バイパス

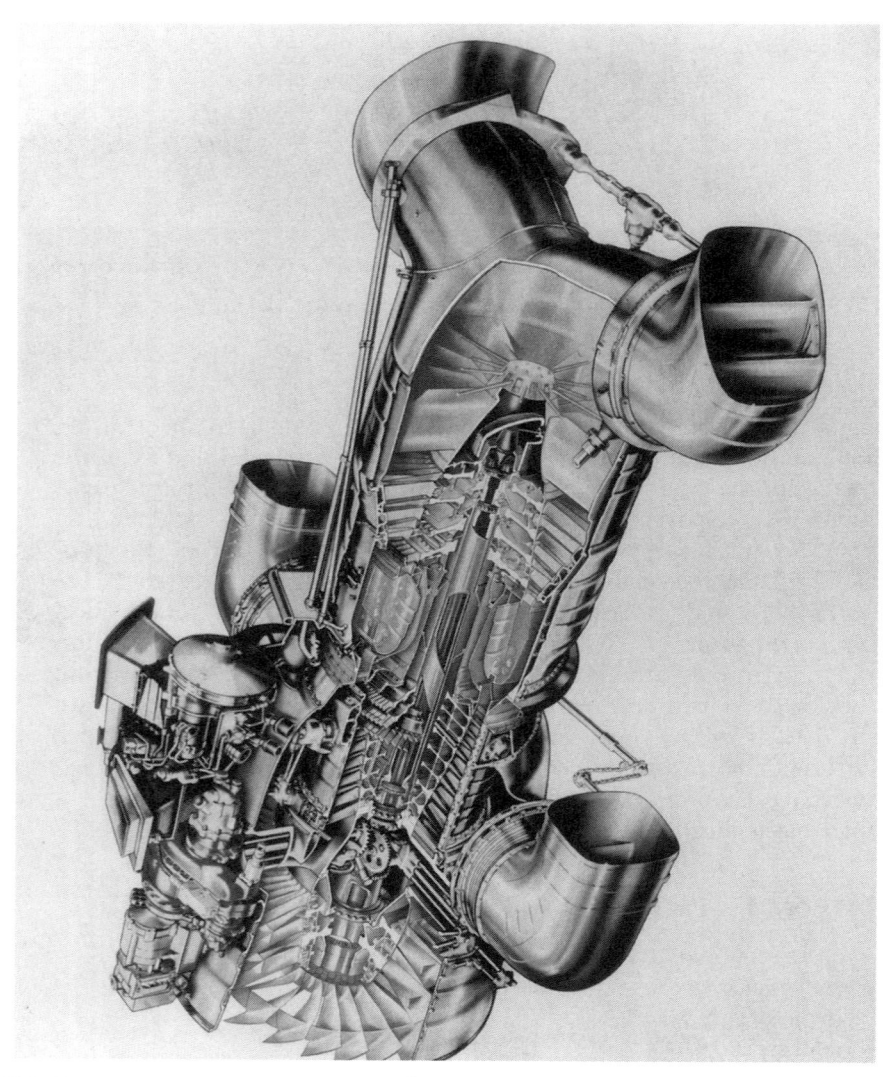

図3.30 Pegasus vectored thrust engine [courtesy Rolls-Royce plc]

とコアがほぼ同じ推力を出すよう設計されている．偏向ノズルの向きを変えることにより，離陸時には鉛直方向，巡航時には水平方向に推力を発生する他，鉛直・水平両方向に推力を発生させたり，前にノズルを向けて，後ろ向きの力を出したりすることもできる．このため，VTOL の他，滑走路を使った通常の離着陸 CTOL（conventional take-off and landing）や，短い滑走での離着陸 RTOL（reduced take-off and landing）も可能である．短めでも，例えば 100m でも滑走路があれば，ペイロード（運べる旅客や貨物）をかなり増やすことができる．

　VTOL 機が実際に運用された結果や，また，フォークランド紛争での実戦の教訓として，この機体は，短距離での離陸と垂直着陸の組み合わせ STOVL（short take-off and vertical landing）での運用，すなわち，戦闘機を簡素な基地から発進させて，必要に応じて垂直離着陸できるようにしておくことが最も望ましいことが分かった．

　航空エンジンの設計における一番の課題は，離陸時と巡航時という，必要推力が全く異なる条件での性能をいかに両立させるかということである．この点は，短時間でも超音速飛行の能力を有しつつ，大半の時間は亜音速で飛行する超音速戦闘機用エンジンの場合は，さらに難しくなる．アメリカとイギリスで開発中の Joint Strike Fighter（F-35，および，Lightning II）の場合には，Harrier よりさ

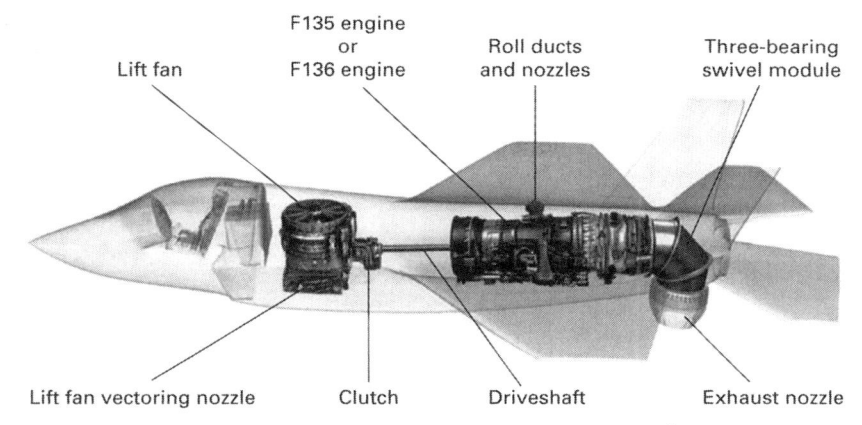

図 3.31　Joint Strike Fighter engine configuration for power and lift ［courtesy Rolls-Royce plc］

らに複雑なエンジンが要求される．JSF 用に 2 つの設計が競合しており，どちらも推力偏向ノズルを用いるが，エンジンの構成は全く異なる．ボーイング社の設計は，排気ジェットを直接下に向けて上昇する Harrier と似たタイプで，Harrier の後ろ側の 2 つの偏向ノズルに，もう 1 つ加えた 3 本足のような形である．一方，Lockheed-Martin 社の設計は，図 3.31 の通りで，エンジンは，後方に 1 つの推力偏向ノズルを備えたアフター・バーナ付ターボファンで，機体前方に搭載しているリフト・ファンは，離陸の時だけに使われる．リフト・ファンは，低圧タービンによって，図に示しているシャフトを回転させて駆動されるが，リフト・ファンの回転軸と，シャフトの回転軸は垂直に交わるため，間に機械式のクラッチを挟んで，軸の連結と切り離しを行っている．結局，Lockheed-Martin 社の設計が採用されたが，機械式のクラッチや，後方の推力変更ノズルの機械設計にはまだ課題が残っているようである．

International Standard Atmosphere

z [m]	p [bar]	T [K]	ρ/ρ_0	a [m/s]
0	1·013 25	288·15	1·000 0	340·3
500	0·954 6	284·9	0·952 9	338·4
1 000	0·898 8	281·7	0·907 5	336·4
1 500	0·845 6	278·4	0·863 8	334·5
2 000	0·795 0	275·2	0·821 7	332·5
2 500	0·746 9	271·9	0·781 2	330·6
3 000	0·701 2	268·7	0·742 3	328·6
3 500	0·657 8	265·4	0·704 8	326·6
4 000	0·616 6	262·2	0·668 9	324·6
4 500	0·577 5	258·9	0·634 3	322·6
5 000	0·540 5	255·7	0·601 2	320·5
5 500	0·505 4	252·4	0·569 4	318·5
6 000	0·472 2	249·2	0·538 9	316·5
6 500	0·440 8	245·9	0·509 6	314·4
7 000	0·411 1	242·7	0·481 7	312·3
7 500	0·383 0	239·5	0·454 9	310·2
8 000	0·356 5	236·2	0·429 2	308·1
8 500	0·331 5	233·0	0·404 7	306·0
9 000	0·308 0	229·7	0·381 3	303·8
9 500	0·285 8	226·5	0·358 9	301·7
10 000	0·265 0	223·3	0·337 6	299·5
10 500	0·245 4	220·0	0·317 2	297·4
11 000	0·227 0	216·8	0·297 8	295·2
11 500	0·209 8	216·7	0·275 5	295·1
12 000	0·194 0	216·7	0·254 6	295·1
12 500	0·179 3	216·7	0·235 4	295·1
13 000	0·165 8	216·7	0·217 6	295·1
13 500	0·153 3	216·7	0·201 2	295·1
14 000	0·141 7	216·7	0·186 0	295·1
14 500	0·131 0	216·7	0·172 0	295·1
15 000	0·121 1	216·7	0·159 0	295·1
15 500	0·112 0	216·7	0·147 0	295·1
16 000	0·103 5	216·7	0·135 9	295·1
16 500	0·095 72	216·7	0·125 6	295·1
17 000	0·088 50	216·7	0·116 2	295·1
17 500	0·081 82	216·7	0·107 4	295·1
18 000	0·075 65	216·7	0·099 30	295·1
18 500	0·069 95	216·7	0·091 82	295·1
19 000	0·064 67	216·7	0·084 89	295·1
19 500	0·059 80	216·7	0·078 50	295·1
20 000	0·055 29	216·7	0·072 58	295·1

Density at sea level $\rho_0 = 1\cdot2250 \text{ kg/m}^3$.
Extracted from: ROGERS G F C and MAYHEW Y R
Thermodynamic and Transport Properties of Fluids
(Blackwell 1995)

4 遠心圧縮機

　第2次世界大戦中のガスタービンの進歩にはめざましいものがあり，特に，簡素なターボジェット・エンジンを作ることに重点が置かれた．圧縮機に関しては，ドイツでは軸流式が基本であったのに対し，イギリスは遠心式が中心であった（文献［1,2］）．イギリスでは開発期間を短くすることが重要とされ，遠心圧縮機には小型高速回転のレシプロ式エンジン用過給機としての設計経験がすでにあったことが考慮された．遠心圧縮機は，米英の初期の戦闘機用のエンジンで使われていた他，初の民間ジェット定期便として飛行したCometのエンジンでも使われた．その後，必要推力レベルが上がるにつれ，軸流圧縮機の方が大推力のエンジンには向いていることが明らかとなり，その結果，軸流式が開発費の多くを占めるようになり，効率も遠心式よりだいぶ高くなってきた．

　ところが，1950年代後半に，今度は，小型エンジンでは，圧縮機は遠心式にしなければならないことが明らかとなり，遠心圧縮機の研究開発が再開された．前章で説明したターボプロップ・エンジン，ターボシャフト・エンジン，APUなどの小型エンジンでは，ほとんど例外なく遠心圧縮機が採用されており，代表的な例として，Pratt & Whitney Canada 社のPT-6や，Honeywell 331 などがあげられる．また，遠心圧縮機は，小型ターボファンのコア部にも使われている（図1.12（a），文献［3］参照）．遠心式は，基本的に，体積流量が小さいものに適しているが，利点として，同じ圧力比なら軸流式より短くできること，FOD（foreign object damage：異物混入による損傷）に強いこと，翼表面の付着物による性能劣化が穏やかであることや，所定の回転数で作動可能な流量範囲が広いことなどがあげられる．作動する流量範囲が広い点に関しては，第9章で示す通り，タービンとのマッチングの際に生じる問題を回避する上で重要になる．

4 遠心圧縮機

アルミニウム合金の遠心圧縮機の場合，1段で圧力比4:1程度が可能であり，タービン入口温度1000〜1200 Kの再生サイクルでは，その程度の圧力比が適している（2.4節）．実際，そのような構成のガスタービンが自動車用エンジンとして多数提案され，Leyland社，Ford社，General Motors社，Chrysler社では，デモ・エンジンも試作されたが，量産には至っていない．その後，チタン材の登場で，周速を格段に大きくすることが可能となり，空力技術の進歩とあいまって，遠心1段で圧力比8:1が実現できるようになった．さらに高い圧力比が必要な場合には，軸流圧縮機との組み合わせや（図1.11），遠心2段（図1.10）などが使われる．遠心2段は，段の間の流路が複雑になるが，実用的とされている．第1章の文献[3]では，1984年に供用開始されたPratt & Whitney Canada社のPW100ターボプロップ・エンジンに関し，圧縮機を同心2軸の全段遠心式とするに至った設計プロセスが紹介されている．

遠心圧縮機は，天然ガスのパイプラインでの圧送用として広く使われており，この場合は，通常，圧力比が1.2〜1.4と低く，入口圧力は極めて高い状態で運転されるが，設計方法は特に変わらない．空気分離装置（空気を分解して窒素，酸素，アルゴン等を作る装置）での圧縮過程など，高い圧力比を必要とする場合には，最大5段の多段遠心圧縮機が使われ，段の間で中間冷却が行われる．そのような遠心圧縮機の駆動には，増速ギアを介して，蒸気タービンや電気モータ等も使われる．また，遠心圧縮機は，大型冷凍機用の圧縮機としても用いられるが，この場合は，一般に1軸の産業用ガスタービンで圧縮機が駆動され，定回転で運転される．このように，遠心圧縮機は，単体でも様々な用途があるが，本章では，ガスタービン用の遠心圧縮機を対象とする．

4.1 作動原理

遠心圧縮機の構成は図4.1に示す通りで，図4.1（b）に示す通り，中心軸回りに回転するインペラ（Impeller）は，ディスク（斜線部）と，ディスク上に周方向均一に多数取り付けられたベーン（白色部）から成っており，ベーンのチップ側に沿うようにケーシングがある．空気は，図4.1（b）で言えば，左から流入し，ベーンで仕切られたディスクとケーシングの間のスペースを通って，上側

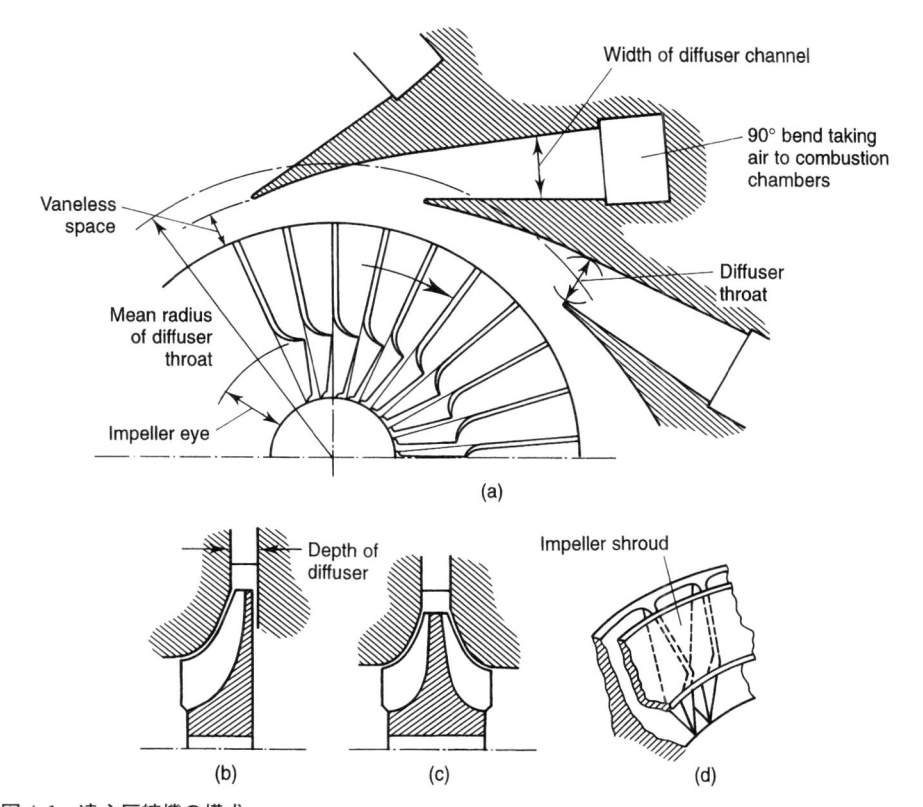

図 4.1 遠心圧縮機の構成

（外周側）に出る．ベーンを出た後は，図 4.1（a）に示すように，外周側のベーンの無いスペースを通り，さらに外側のディフューザ（拡大流路）を通過して，圧縮機の外に出る．図 4.1（c）のように，ディスクの両側にベーンが取り付けられているタイプもあり，取り込む空気量を増やすために用いられている．インペラ入口（Impeller eye：正面から見ると目のように見える）から流入した空気は，インペラの回転で押されて周方向の速度成分を与えられるが，ベーン間の流路幅が半径方向に広がることによる減速と静圧上昇も生じる．ベーン間の空気は，インペラと共に高速回転しているが，空気に外向きにかかる遠心力は，内向きにかかる圧力勾配による力とつり合う（もしくは，回転の向心力＝圧力勾配による力となる）ので，ベーン間の空気の静圧は，内側より外側の方が高くなるこ

とが分かる．ベーンの外周端から出て高速回転する空気流は，ディフューザによって減速され，静圧が上昇し，ディフューザ出口の流速は，インペラ入口と同程度になるが，その過程で，全圧の損失が発生する．通常は，静圧上昇の半分はインペラで，残りはディフューザで起こるように設計する．

図4.1 (a)で，ベーンが時計回りに回転すると，ベーンの右側面（腹側）が空気を押すため，ベーンの左側面より右側面の方が静圧が高くなり，チップ（ケーシングとベーンの接触面側）では，ベーン右側（腹側）から左側（背側）への空気の移動（漏れ，リーク）が発生し，圧力比の低下を招く．このため，ベーンとケーシングのすき間（クリアランス）を極力小さくしなければならない．図4.1 (d)に示すように，ベーンのチップ側にシュラウドを付けると，チップでの漏れを無くすことができるが，一方で，インペラの製作が非常に難しくなる上，シュラウドも一緒に回転するため，シュラウドが外の空気とすれて生じる摩擦損失（風損）が発生する．過給機など，遠心圧縮機が単独で用いられる場合にはシュラウドが使われてきたが，ガスタービン用遠心圧縮機では使われていない．

最近の遠心圧縮機は，かなりの高回転で運転されるため，強い遠心力が生じ，ベーンに大きな応力がかかる．圧力比が高い場合には，次節の図4.4で示すように，空力的には外周部が曲がった後退翼の形のベーンが望ましいが，高回転になると，遠心力でベーンがまっすぐに伸びて，有害な曲げ応力が発生するため，実際には，図4.1のようなまっすぐなベーンが採用されてきた．しかし，近年の先進的な応力解析手法や高強度材料の出現により，高性能の遠心圧縮機では後退翼型のベーンが採用されるようになってきている．

4.2 入力仕事量と圧力上昇の関係

遠心圧縮機において，動かないディフューザ部では，空気に仕事が与えられないためエンタルピ（すなわち全温）は変化せず，空気に対する仕事の入力とエンタルピの上昇は，すべて，回転するインペラ部で生じる．

図4.2に示すような，インペラを通過する空気流を考える．インペラ入口では，空気は軸方向に流速 $C_1 = C_{a1}$ で流れており，周方向の速度成分は無いものと

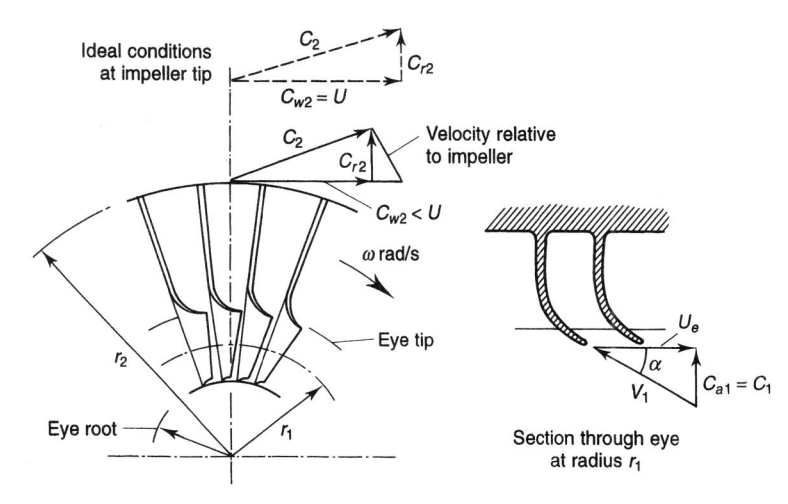

図 4.2　インペラ内の流れ

する．この流入流れを，回転するインペラのベーンから見ると，右のインペラ入口部断面図に示す通り，流入空気は，ベーンの回転速度 U_e と反対向きの相対的な周方向の速度成分を持って流入してくるように見える．図では，回転するベーンから見た空気の相対的な流入速度ベクトル V_1 と回転面のなす角度を α としており，インペラ回転時に空気がベーン間にスムーズに流入するよう，流入角度 α に合わせて入口でベーンを曲げておく必要がある．

一方，インペラ外周側の出口面での空気の流速を C_2 とすると，C_2 には，半径方向外側に向かう速度成分 C_{r2} と，周方向の速度成分 C_{w2} がある．ベーン間の空気は，基本的にはベーンと一緒に回転しているので，インペラ出口空気の周方向速度は，ベーン外周端の回転速度 U と同じになるはずであるが，これは理想的な状態（図の破線の速度三角形）であり，実際には，空気の慣性のため，ベーンと同じ速度では空気は回りきらず，流出面での空気の回転速度 C_{w2} は，ベーンの回転速度 U より遅くなる（実線の速度三角形）．この現象をスリップ（slip）と呼び，ベーン外周端の回転速度 U に対する空気の回転速度 C_{w2} の割合を，スリップ係数 $\sigma(=C_{w2}/U)$ と呼ぶ．スリップ係数 σ は，ベーンの枚数 n で決まり，ベーンの枚数が多いほど，空気のベーンへの追従性が良くなるため，スリップ係数 σ が1に近づく．スリップ係数 σ とベーンの枚数 n の関係については様々な解析

がなされているが，図4.2のような型のベーンについて，実験結果に最もよく合致する関係としてStanitz（文献［4］）による式，

$$\sigma = 1 - \frac{0.63\pi}{n} \tag{4.1.0}$$

がある．

インペラを通過する質量流量 m の空気の流れを考えると，単位時間（1秒）に，空気の角運動量は，入口で0から，出口で $mC_{w2}r_2$ まで増加する．角運動量の増加は，単位質量流量あたりでは $C_{w2}r_2$ で，これはインペラに加えるトルク（力のモーメント）に等しいから，

$$\text{トルク（理論値）} = C_{w2}r_2 \tag{4.1}$$

となる（トルクと角運動量の関係に疎い場合は，1 kg の空気を1秒で速度 C_{w2} まで加速するのに（加速度 C_{w2} に）必要な力は $1 \times C_{w2}$，この力を半径 r_2 にかけるのでモーメントが $r_2 \times C_{w2}$ と考えてもよい）．ベーンの回転角速度（ラジアン／秒）を ω とすると，

$$\text{仕事（理論値）} = C_{w2}r_2\omega = C_{w2}U \tag{4.1.1}$$

となる（仕事＝力×距離，ベーンの半径 r_2 の位置に C_{w2} の力をかけて1秒に角度 ω ラジアン動かしたとして，動いた距離は $r_2 \times \omega$，すなわち，仕事は $C_{w2} \times r_2 \times \omega$ と考えてもよい）．これは，スリップ係数 $\sigma(=C_{w2}/U)$ を用いると，

$$\text{仕事（理論値）} = \sigma U^2 \tag{4.2}$$

と書ける．実際には，インペラの軸を駆動する仕事入力が，上記のように，すべて，空気の角運動量の増加につながることはなく，ベーン間の空気がケーシングとすれて発生する摩擦損失や，ディスクの風損（ディスクと流路外の空気との摩擦損失）がある．このため，実際に必要な仕事量は，式（4.2）より多くなるが，実際に必要な仕事量の上記の理論値に対する比を仕事入力係数 $\psi(>1)$ とする．これを用いれば，

$$\text{必要な仕事} = \psi\sigma U^2 \tag{4.3}$$

と書ける．インペラ入口の空気の状態番号を1，インペラ出口を2，ディフューザ出口を3とおくと，先に述べた通り，空気がインペラを出てからは，外部との仕事や熱のやりとりがないので $T_{02} = T_{03}$ であり，圧縮機内の全温の変化はインペラ部（1→2）のみで発生する．流路内での摩擦損失の有無に関わらず，空気

のエンタルピの変化は仕事の入力に等しいので,

$$T_{03} - T_{01} = \frac{\phi \sigma U^2}{c_p} \tag{4.4}$$

となる.ただし,c_p は圧縮機内を通過する空気の定圧比熱の平均値とする.仕事入力係数 ϕ は,実際には 1.035〜1.4 程度となる.

遠心圧縮機の性能に関して,圧力比は,式 (2.8.3) および式 (2.9) より,

$$\frac{p_{03}}{p_{01}} = \left(\frac{T'_{03}}{T_{01}}\right)^{\gamma/(\gamma-1)} = \left[1 + \frac{\eta_c(T_{03}-T_{01})}{T_{01}}\right]^{\gamma/(\gamma-1)} = \left[1 + \frac{\eta_c \phi \sigma U^2}{c_p T_{01}}\right]^{\gamma/(\gamma-1)} \tag{4.5}$$

となる.ただし,η_c はディフューザ部の損失も考慮した遠心圧縮機全体の等エントロピ効率である.

上式で,等エントロピ効率 η_c,仕事入力係数 ϕ,および,スリップ係数 σ について,それぞれの違いと関係をよく理解しておく必要がある.仕事入力係数 ϕ は,インペラ軸を駆動する仕事入力に対し,どの程度が空気の運動エネルギ増加に使われたかに関連する(ϕ はその逆数).仕事入力は一定として,内部の摩擦損失が増えて仕事入力係数 ϕ が上がったとすると,加えた仕事のうち空気の運動エネルギの増加に寄与する分が減り,全圧が上がってこないため,等エントロピ効率 η_c は下がる.ただし,その場合にも,全温の上昇量 $T_{03}-T_{01}$ は一定である.これは,仕事入力のうち,空気の運動エネルギにつながらず,内部摩擦で熱になってしまった分は空気の温度を押し上げるためである.このように,仕事入力係数 ϕ が上がると等エントロピ効率 η_c は下がるが,等エントロピ効率は,インペラ部だけでなく,ディフューザ部の損失によっても変わることに注意する.

一方,インペラ外周でのスリップによる圧力比の減少に関しては,一部にベーンの回転速度ほど増速できなかった空気が発生していると理解できる(その分は仕事入力も小さくなる).これは,インペラの処理能力の問題であり,空気が損失の無い理想的な等エントロピ変化をしたとしても,スリップは発生し得る.所定の圧縮機のサイズで,より大きな仕事量を空気に与えられるようにするためには,スリップ係数 σ が 1 に近いことが望ましいが,このためベーンの枚数を増やすと,インペラ入口面でベーンの厚み分の断面積が占める割合が増え,空気の有効入口面積が減る.そうすると,流量が同じなら流速が上がり,摩擦損失が増加するため,仕事入力係数 ϕ が上がり,等エントロピ効率 η_c が下がるという問

題が生じる．よって，スリップを抑えながら効率もある程度保てる妥協点を見つけなければならないが，最近の設計では，スリップ係数 0.9，すなわち，ベーンの枚数で 19〜21 枚程度となっている（4.4 節参照）．

圧力比を求める式（4.5）を見直すと，圧力比に影響する要因として，作動流体は変えないとすれば，上記の他に，インペラの周速（外周端の回転速度）U と，圧縮機入口全温 T_{01} があげられる．全温 T_{01} に関しては，仕事入力一定で，全温 T_{01} が下がると，圧力比が上がることが分かる．周速 U に関しては，回転ディスクにかかる周方向応力が周速 U の 2 乗に比例するため，図 4.1（b）のような片側だけにベーンを取り付けた軽量合金のインペラで，U は 460 m/s 程度以下としなければならない．その程度の周速があれば圧力比 4 : 1 は実現可能であるが，チタンを使えば，さらに周速を上げられ，圧力比 8 : 1 が可能になる．図 4.1（c）のように，両側ベーンのインペラの場合には，ディスクの負荷が大きくなるため，片側の場合より周速を抑えなければならない．

例題 4.1

遠心圧縮機の基本的な設計条件として次の内容が与えられているとする．

仕事入力係数 ϕ	1.04
スリップ係数 σ	0.9
回転数 N	290 rev/s
インペラ外径	0.5 m
インペラ入口面外径	0.3 m
インペラ入口面内径	0.15 m
空気流量 m	9 kg/s
入口全温 T_{01}	295 K
入口全圧 p_{01}	1.1 bar
等エントロピ効率 η_c	0.78

この時，下記の計算を行う．

(a) インペラ入口空気の流速は軸方向成分のみと仮定して，圧力比と必要な入力仕事を求める．

(b) インペラ入口面で流速は一様として，入口面の内周端と外周端で，それぞ

れ流入角 α（図 4.2 参照）を求める．
(c) インペラ外周の出口面での流路の軸方向の幅を見積もる．

(a) インペラの周速は $U=\pi\times0.5\times290=455.5\,\mathrm{m/s}$ である．式（4.4）より，圧縮機による全温上昇量は，

$$T_{03}-T_{01}=\frac{\psi\sigma U^2}{c_p}=\frac{1.04\times0.9\times455.5^2}{1005}=193\,\mathrm{K}$$

であるから，圧縮機の駆動に必要な仕事は，

$$mc_p(T_{03}-T_{01})=9\times1.005\times193=1746\,\mathrm{kW}$$

となる．また，圧力比は，式（4.5）より，

$$\frac{p_{03}}{p_{01}}=\left[1+\frac{\eta_c(T_{03}-T_{01})}{T_{01}}\right]^{\gamma/(\gamma-1)}=\left(1+\frac{0.78\times193}{295}\right)^{3.5}=4.23$$

(b) インペラ入口面の空気の流入角を求めるには，軸方向の流入速度を求めなければならない．入口面の状態番号を 1，入口流速 C_1 の軸方向成分を C_{a1} とおくと，入口流速は軸方向成分のみだから $C_{a1}=C_1$ となる．入口面の断面積を A_1 とすれば，空気の質量流量は $m=\rho_1 A_1 C_{a1}$ であるが，今，密度 ρ_1 と C_{a1} が両方未定のため，繰り返し計算が必要になる．

繰り返し計算の結果は初期値によらないので，初期値はどのようにとっても構わないが，何らかの基準があった方がやりやすい．簡単な方法として，入口の全温と全圧が与えられているので，仮に，これらを静温と静圧に等しいとして入口の密度を求め，質量流量の式から流速 C_{a1} を出して，それらを初期値とするという方法がある．この初期値は，真の値と比べると，密度は高め，流速は低めになる．計算では，初期値を元に，あらためて速度と密度を算出し，初期値と合っていなければ，算出した値をまた初期値として計算する．これを合うまで繰り返す．下記には，最初の初期値の出し方と，何度か繰り返し計算した後の最後の計算の様子を示す．ちなみに，実際には，流量と効率を両立させるため，流入流速は通常 150 m/s 程度に設定される．

インペラ空気流入面は内径 0.15 m，外径 0.3 m の環状で，その面積は，

$$A_1=\frac{\pi(0.3^2-0.15^2)}{4}=0.053\,\mathrm{m}^2$$

となる（ベーンの厚みによるブロッケージは無視している）．最初の初期値に関し，上記の説明の通り，静温に T_{01}，静圧に p_{01} を用いると，

$$\rho_1 \simeq \frac{p_{01}}{RT_{01}} = \frac{1.1 \times 10^5}{287 \times 295} = 1.30 \text{ kg/m}^3$$

$$C_{a1} = \frac{m}{\rho_1 A_1} = \frac{9}{1.30 \times 0.053} = 131 \text{ m/s}$$

となる．次に，この流速 $C_{a1}(=C_1)$ を元に，静温と静圧を求め，状態方程式から密度を得る．

$$\frac{C_1^2}{2c_p} = \frac{131^2}{2 \times 1005} = 8.5 \text{ K}$$

$$T_1 = T_{01} - \frac{C_1^2}{2c_p} = 295 - 8.5 = 286.5 \text{ K}$$

$$p_1 = \frac{p_{01}}{(T_{01}/T_1)^{\gamma/(\gamma-1)}} = \frac{1.1}{(295/286.5)^{3.5}} = 0.992 \text{ bar}$$

$$\rho_1 = \frac{p_1}{RT_1} = \frac{0.992 \times 10^5}{287 \times 286.5} = 1.21 \text{ kg/m}^3$$

質量流量の式より，流入流速は，

$$C_{a1} = \frac{m}{\rho_1 A_1} = \frac{9}{1.21 \times 0.053} = 140 \text{ m/s}$$

となる．最初に求めた流入流速と差があるので，再度，計算を繰り返す．

最後に，仮に，$C_{a1} = C_1 = 145$ m/s で計算を始めたとすると，上記と同様にして，

$$\frac{C_1^2}{2c_p} = \frac{145^2}{2 \times 1005} = 10.5 \text{ K}$$

$$T_1 = T_{01} - \frac{C_1^2}{2c_p} = 295 - 10.5 = 284.5 \text{ K}$$

$$p_1 = \frac{p_{01}}{(T_{01}/T_1)^{\gamma/(\gamma-1)}} = \frac{1.1}{(295/284.5)^{3.5}} = 0.968 \text{ bar}$$

$$\rho_1 = \frac{p_1}{RT_1} = \frac{0.968 \times 10^5}{287 \times 284.5} = 1.185 \text{ kg/m}^3$$

となり，流速 C_{a1} は，

$$C_{a1} = \frac{m}{\rho_1 A_1} = \frac{9}{1.185 \times 0.053} = 143 \text{ m/s}$$

となる．これは，初めの値と概ね合っているので，$C_{a1}=143$ m/s とする．この時の流入角度 α に関して，インペラの回転速度は，外周端（tip）では $\pi\times0.3\times290=273$ m/s，内周端（root）では $\pi\times0.15\times290=136.5$ m/s であるから，

$\alpha(\text{tip})=\tan^{-1}(143/273)=27.65°$

$\alpha(\text{root})=\tan^{-1}(143/136.5)=46.33°$

となる．

（c）インペラの空気流路の設計は，試行錯誤の繰り返しになるが，最終的に，入口から出口に至る経路上での流速の変化率をできるだけ均一にし，局所的な流れの減速によるベーン背側（図 4.2 の回転なら左側面）の剝離を防ぐことが目標になる．形状設計の後，実際に意図したように空気が流れるかどうかは，模型を作って試験して調べる他はなく，文献 [4] にある解析は，空気の粘性を無視した解析であるため，設計に使うには十分でない．ここでの課題である，インペラ外周出口面の軸方向の幅を計算するには，外周出口面での空気の半径方向速度，および，インペラとディフューザでの全圧損失割合を仮定する必要がある．インペラ外周出口面 2 での空気の半径方向速度 C_{r2} は，周方向速度に比べて小さく，設計者が定めることができるが，およそ，インペラ入口 1 での軸方向流速 C_{a1} と同じとすれば概ね妥当である．$C_{r2}=C_{a1}$ とすると，(b) より $C_{r2}=143$ m/s となる．一方，インペラ出口 2 での旋回速度成分は，インペラ外周端の周速 U とスリップ係数 σ より，

$C_{w2}=\sigma U=0.9\times455.5=410$ m/s

よって，インペラ出口 2 での動温は，

$$\frac{C_2^2}{2c_p}=\frac{C_{r2}^2+C_{w2}^2}{2c_p}=\frac{143^2+410^2}{2\times1005}=93.8\text{ K}$$

となる．一方，インペラ出口 2 の全温は (a) より $T_{02}=295+193=488$ K であるから，静温 T_2 は，

$$T_2=T_{02}-\frac{C_2^2}{2c_p}=488-93.8=394.2\text{ K}$$

と分かる．一方，圧力について，まず，圧縮機全体での等エントロピ効率 η_c は 78% で，22% の損失が発生しているが，このうち半分（11% 相当）がインペラで発生しているとし，インペラ通過時の等エントロピ効率を 89% とする．(a) の

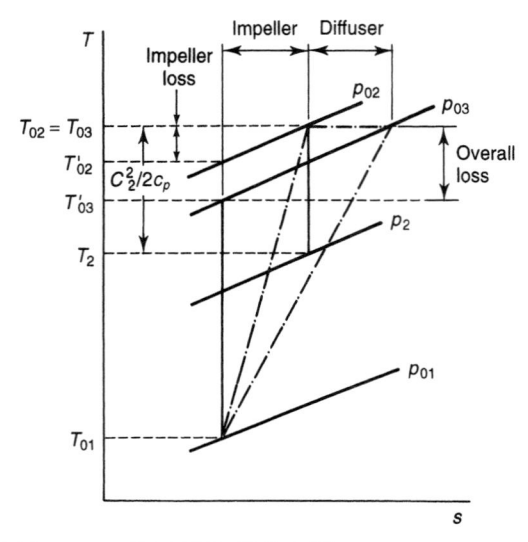

図 4.3 インペラとディフューザでの変化（損失あり）

結果より，インペラでの全温上昇は $T_{02}-T_{01}=193\,\text{K}$ であるから，インペラの圧力比は，式（4.5）より，

$$\frac{p_{02}}{p_{01}} = \left[1+\frac{\eta_c(T_{02}-T_{01})}{T_{01}}\right]^{\gamma/(\gamma-1)} = \left(1+\frac{0.89\times 193}{295}\right)^{3.5} = 1.582^{3.5}$$

$$p_{02} = 1.582^{3.5} \times 1.1\,\text{bar}$$

となる．静圧 p_2 は，式（2.8）より，

$$\frac{p_2}{p_{02}} = \left(\frac{T_2}{T_{02}}\right)^{\gamma/(\gamma-1)} = \left(\frac{394.2}{488}\right)^{3.5}$$

$$p_2 = \frac{p_2}{p_{02}} \cdot p_{02} = \left(\frac{394.2}{488}\times 1.582\right)^{3.5} \times 1.1 = 2.58\,\text{bar}$$

と計算できる．これより，インペラ出口の密度は，

$$\rho_2 = \frac{p_2}{RT_2} = \frac{2.58\times 10^5}{287\times 394.2} = 2.28\,\text{kg/m}^3$$

と分かる．インペラ外周出口面の面積 A は，質量流量を考えると，

$$A = \frac{m}{\rho_2 C_{r2}} = \frac{9}{2.28\times 143} = 0.0276\,\text{m}^2$$

となるから，軸方向の幅は，

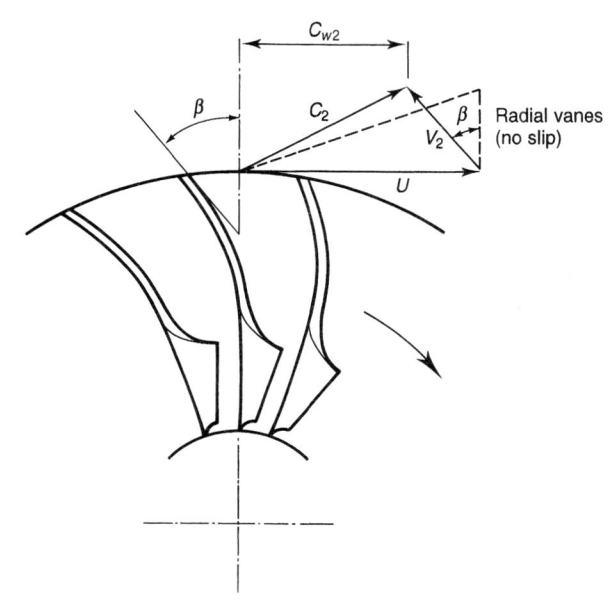

4.2 入力仕事量と圧力上昇の関係 209

図 4.4 後退翼のベーン

$$\frac{0.0276}{\pi \times 0.5} = 0.0176 \text{ m} (1.76 \text{ cm})$$

と求められる．この結果は，次節でのディフューザ部の設計に関する説明にも用いる．

最後に，先に述べた後退翼のベーンについて説明する．図 4.4 には後退翼のベーンの概略図を示す．後退角 β は，通常は概ね 30～40 度程度に設定される．図 4.4 のベーン出口の速度三角形において，破線は，図 4.3 のような後退角のない直線翼ベーンの場合，実線は後退翼ベーンの場合を示す．簡単のため，どちらもスリップはなく，周方向の流速はベーンの回転速度に等しいとしている．流量や他の寸法は同じとすれば，後退角の有無に係わらず，半径方向の速度成分はどちらも同じになる．V_2 は回転するインペラから見た空気の相対流速で，相対流速は，後退翼の方が直線翼よりも大きくなることが分かる．インペラの設計において，インペラから空気の流れを見ると，所定の流入空気に対して，流出空気の相対速度が大きい方が，入口から出口までの減速・圧縮の程度が小さくなる．次節

で示す通り，ベーン間流路を拡大して減速・圧縮する場合は剝離の危険があり，難しい設計となるため，減速による圧縮の度合いが少ない方が設計が楽になる．一方，図のC_2はベーンから出る空気の実際の流速であり，固定されているディフューザから見た空気の流速はこの流速C_2で，これをいかに減速・圧縮するかがディフューザの課題となる．この実際の出口流速C_2に関しては，後退翼の場合には，図を見ると分かるように，直線翼に比べて小さくなるので，直線翼の場合に比べて，ディフューザによる減速・圧縮も相対的に穏やかとなり，設計が楽になる．もしくは，同じ設計なら，後退翼ベーンを用いた方が，インペラ，ディフューザ共に，効率が上がる方向に作用するとも言える．ただし，後退翼では，出口の実流速の周方向成分C_{w2}が小さくなる分，同じ回転数で空気に与えられる仕事の量は小さくなるが（スリップに似た現象），効率が上がる分である程度補える．また，後退翼のベーンを用いた方が，所定の回転数で作動する流量範囲が広くなるという利点があり，タービンとのマッチングを考える上でも有利になる（第9章）．

4.3 ディフューザ

第6章の燃焼器の所で示す通り，効率の良い燃焼器の設計を行う際に，燃焼器に流入する速度が小さい方が設計が楽になる．よって，圧縮機出口では，流速を遅くして，全温のうち運動エネルギが占める割合を少なくする必要があり，圧縮機出口流速は，通常，90 m/s程度に抑えられる．

一般に，流路を拡大して流れを減速する方が，流路を絞って加速させるより難しい．このことは，以降，本書全体を通して強調していく大切な事柄である．一般に，図4.5（a）に示すような下流に向かって流路が拡大するディフューザの場合には，減速により下流の方が静圧が高くなる逆圧力勾配（圧力の高い方に向かって流れる状態）が発生するため，壁面付近で剝離して逆流しやすくなる．流路の拡大が急すぎると，逆流部で渦が形成され，運動エネルギが熱に変わる全圧損失が発生する．一方，拡大率を低くしすぎると，流路が長くなって，流れが壁面に接触する面積（濡れ面積）が増えることによる摩擦損失が増大する．実験によると，ディフューザの最適な拡大角は7度であるが，拡大率がその2倍くらい

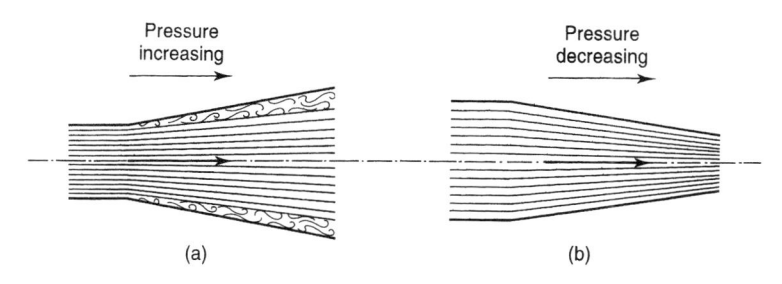

図 4.5 (a) ディフューザ内の減速流 (b) ノズル内の加速流

までなら，全圧損失をそれほど急激に増やすことなく短くできる．文献 [5] には，矩形断面および円形断面のディフューザの設計データが掲載されている．一方，図 4.5 (b) に示すように，下流に向かって流路が縮小するノズルの場合には，流れは加速・減圧し，どんなに急に絞っても，流れは流路一杯に広がって流れ，壁面付近ではほぼ壁面に沿って流れる．この場合の損失は，通常の壁面摩擦による損失と変わらない．

インペラから出た高速の旋回流は，効率良く減速・圧縮するため，図 4.1 に示すように，ディフューザのベーンにより多数の流路に分けられる．通常，ディフューザ部の流路は，厚み (Depth，軸方向の幅，図 4.1 (b) 参照) は一定で，幅 (Width) が徐々に広げられている (図 4.1 (a) 参照)．ディフューザのベーン先端の角度は，そこに来る空気流に沿うように設計し，ベーン間の流路に空気がスムーズに流入するようにしなければならない．インペラ外周端とディフューザの間には，ベーンの無いスペースがあるため，インペラ出口と，ディフューザ入口では流れの速さや向きが異なる．ベーンの無いスペースを設ける理由については，4.4 節で圧縮性の影響を踏まえて説明する．

ディフューザへの空気の流入角度を求めるには，そのベーン無しスペースでの流れを考える必要がある．そこでは，外部からトルクが作用しないため，空気の角運動量 $C_w \times r$ は一定に保たれる (C_w は周方向の流速)．よって，周方向の流速 C_w は，半径に反比例して小さくなる．一方，半径方向の空気の動きに関しては，半径方向に垂直な流路断面積 ($2\pi r \times$ 軸方向の幅 Depth) が半径の増加に比例して大きくなるため，半径方向速度 C_r は外に行くほど小さくなる．このように，ベーン無しスペースでは，空気が外に行くにつれて，周方向速度 C_w，半径

方向速度 C_r 共に小さくなるため，ディフューザと同様な流れの減速・圧縮が起こることが分かる．これにより，密度も増加するため，半径方向速度 C_r は，C_w と違って，半径 r に反比例はせず，質量流量一定より算出しなければならない．次の例題では，具体的に，これらの計算をやってみることにする．ディフューザのベーン入口での周方向流速 C_w と半径方向流速 C_r が分かれば，そこでの流れの向きが判明するので，それにあわせてベーンの入口角度を設定する．

ただし，圧縮機の流量や圧力比が変わると，ベーンの無いスペースでの流れも変化するため，設計で仮定した条件以外の時には，空気がスムーズにディフューザに入っていかない可能性があり，それが損失につながる恐れもある．重量や装置の複雑さがあまり問題にならないガスタービンであれば，可動式のディフューザ・ベーンを採用し，幅広い運転状態で入口角度が適切になるよう調整することができる．

ディフューザ・ベーン入口での温度と圧力を一定とすると，ディフューザを通過する空気の質量流量は，各ディフューザ流路のスロート面積（最小断面積，図4.1 の Diffuser throat）の合計によって決まる．ディフューザの厚み（軸方向の幅）や流路の数が決まっていて，入口での温度と圧力が与えられれば，スロートの幅を質量流量に合わせて決めることができる．ディフューザの流路の数は，4.6 節で示す通り，インペラのベーンの数より十分少なくしなければならない．また，ディフューザ流路の長さは，先に述べた通り，文献［5］などの設計データを用いて最適な長さに設定することになる．ベーンの形状は，スロート面までは，上記に示したようなベーンのない空間での空気の回転運動に沿うよう曲面にしなければならないが，スロート以降は，適切に設計すれば空気の方が壁面に沿って流れてくれるので，直線形状でも問題ない．インペラとディフューザの間のベーンなしの空間でも流れは減速・圧縮されるが，スロート以降で適切に設計された壁面に囲まれた拡大流路を通過する方が，より短い距離で減速・圧縮を行うことができる．ちなみに，ベーンのない空間では，周方向に回転しながら，その回転半径が徐々に大きくなるらせん運動をし，その軌跡は，およそ，対数スパイラル曲線（非圧縮性流体の場合 $\tan^{-1}(C_r/C_w)=$ 一定）に沿う．

各ディフューザ流路を通過した流れは，さらにその外周に置かれたボリュート（図 4.6 参照，スクロール，渦巻き室，ディフューザを出た空気が，さらにその

外でらせん運動して減速・圧縮されるように構成された渦巻き状の流路．形状は，回るに従って径と断面積が増えていく巻貝や管楽器のホルンのようなイメージ）を通って，それぞれに対応する燃焼室へと運ばれていく場合もある．ただし，これは産業用ガスタービンの場合だけで，インペラの周囲にディフューザが無く，直接ボリュートに空気が送られるものもある．航空用の場合には，体積や正面面積が小さいことが重要なので，各ディフューザから，直接，対応する個別の燃焼室，または，環状燃焼器に圧縮された空気が送られる．

例題 4.2

例題 4.1 の遠心圧縮機のディフューザを考える．追加の条件として，

ベーン無しスペースの半径方向の幅	5 cm
ディフューザ流路のスロート位置の平均半径	0.33 m
ディフューザ流路の軸方向の幅	1.76 cm
ディフューザ・ベーンの数（流路の数）	12

が与えられた時，

(a) ディフューザ入口の空気の流入角度
(b) ディフューザ流路のスロートの幅

を求める．

簡単のため，ベーン無しスペースでの損失はないものとし，圧縮機全体の損失のうち半分がディフューザのスロートに達する前に生じるとする．状態番号 1 は，これまで通り，インペラ入口，2 については，以降，適宜指定する．

(a) ディフューザ入口（ベーン先端）を状態番号 2 とすると，そこでの半径は $r_2 = 0.25 + 0.05 = 0.3$ m，また，インペラとディフューザ間のベーン無しスペースで空気の角運動量 $C_w \times r$ は一定より，ディフューザ入口 2 での周方向速度 C_{w2} は，

$$C_{w2} = 410 \times \frac{0.25}{0.30} = 342 \text{ m/s}$$

となる．ディフューザ入口 2 の半径方向速度 C_{r2} を求めるには繰り返し計算が必要で，初期値としては，ディフューザ入口速度 C_2 が，その周方向成分 C_{w2} と等

しいと仮定して計算を始めてもよい．ここでは，計算の最終段階のみ示す．仮に $C_{r2}=97$ m/s として，

$$\frac{C_2^2}{2c_p}=\frac{342^2+97^2}{2\times 1005}=62.9 \text{ K}$$

ベーン無しスペースでの全圧損失は小さく，ディフューザ入口 2 の全圧 p_{02} は，インペラ出口と同じとすれば，例題 4.1（c）の結果より，

$$\frac{p_{02}}{p_{01}}=1.582^{3.5}$$

これより，例題 4.1（c）と同様にして，ディフューザ入口 2 の状態は，

$$T_2=T_{02}-\frac{C_2^2}{2c_p}=488-62.9=425.1 \text{ K}$$

$$\frac{p_2}{p_{02}}=\left(\frac{T_2}{T_{02}}\right)^{\gamma/(\gamma-1)}=\left(\frac{425.1}{488}\right)^{3.5}$$

$$p_2=\frac{p_2}{p_{02}}\cdot\frac{p_{02}}{p_{01}}\cdot p_{01}=\left(1.582\times\frac{425.1}{488}\right)^{3.5}\times 1.1=3.38 \text{ bar}$$

$$\rho_2=\frac{p_2}{RT_2}=\frac{3.38\times 10^5}{287\times 425.1}=2.77 \text{ kg/m}^3$$

ディフューザ入口 2（ベーン先端）位置での半径方向の流れ C_{r2} に垂直な流路断面積 A_{r2} は，半径 $r_2=0.3$ m，ディフューザの軸方向の幅が 0.0176 m より，

$$A_{r2}=2\pi\times 0.3\times 0.0176=0.0332 \text{ m}^2$$

であり，質量流量の式 $m=\rho_2 A_{2r}C_{2r}$ より，半径方向速度 C_{r2} は，

$$C_{r2}=\frac{m}{\rho_2 A_2}=\frac{9}{2.77\times 0.0332}=97.9 \text{ m/s}$$

と求められる．これは最初に仮定した 97 m/s と近い値になっている．$C_{r2}=97.9$ m/s として，ディフューザ入口 2 での空気の流入角度は，

$$\tan^{-1}(C_{r2}/C_{w2})=\tan^{-1}\frac{97.9}{342}=16°$$

となる．ベーン先端の角度をこれに合わせると，迎え角が 0 度となる．

(b) ディフューザ流路のスロート位置を 2 とする．スロートまでは回転の角運動量が保存されるとし，(a) と同様にして，まず，そこでの空気の流入角度を求める．平均半径は $r_2=0.33$ m であるから，角運動量の保存より，

$$C_{w2}=410\times\frac{0.25}{0.33}=311 \text{ m/s}$$

仮に，繰り返し計算の過程で仮に $C_{r2}=83$ m/s となったとすると，

$$\frac{C_2^2}{2c_p} = \frac{311^2+83^2}{2\times 1005} = 51.5 \text{ K}$$

$$T_2 = T_{02} - \frac{C_2^2}{2c_p} = 488 - 51.5 = 436.5 \text{ K}$$

$$\frac{p_2}{p_{02}} = \left(\frac{T_2}{T_{02}}\right)^{\gamma/(\gamma-1)} = \left(\frac{436.5}{488}\right)^{3.5}$$

$$p_2 = \frac{p_2}{p_{02}} \cdot \frac{p_{02}}{p_{01}} \cdot p_{01} = \left(1.582 \times \frac{436.5}{488}\right)^{3.5} \times 1.1 = 3.71 \text{ bar}$$

$$\rho_2 = \frac{p_2}{RT_2} = \frac{3.71 \times 10^5}{287 \times 436.5} = 2.96 \text{ kg/m}^3$$

スロートではベーンの厚みにより面積が狭まるが，簡単のため，最初の近似として，これを無視すれば，半径方向の流れに垂直な流路断面積 A_{r2} は，

$$A_{r2} = 2\pi \times 0.33 \times 0.0176 = 0.0365 \text{ m}^2$$

(a) と同様に C_{r2} を質量流量から再計算すると，

$$C_{r2} = \frac{m}{\rho_2 A_2} = \frac{9}{2.96 \times 0.0365} = 83.3 \text{ m/s}$$

となり，仮定した値に近いので，この値を正とする．この時，スロートでの流れの角度は，

$$\tan^{-1}(C_{r2}/C_{w2}) = \tan^{-1}(83.3/311) = 15°$$

となる．スロート断面積を A_2，スロートの流速 C_2 の向きはそのスロート断面に垂直として質量流量の式より $m = \rho_2 A_{r2} C_{r2} = \rho_2 A_2 C_2$ であるから，

$$A_2 = A_{r2} \cdot \frac{C_{r2}}{C_2} = 0.0365 \times \sin(15°) = 0.00945 \text{ m}^2$$

となる．また，ディフューザの軸方向の幅が 0.0176 m，流路の数は 12 であるから，各流路のスロートの幅は，

$$\frac{0.00945}{12 \times 0.0176} = 0.00440 \text{ m} (4.40 \text{ cm})$$

と求められる．

ディフューザ出口の流速も，圧縮機全体の等エントロピ効率が指定されていれば，出口での密度を求めること等により求められ，出口面積も計算できる．さらに，所定の拡大率を定めれば，ディフューザの長さも求められる．

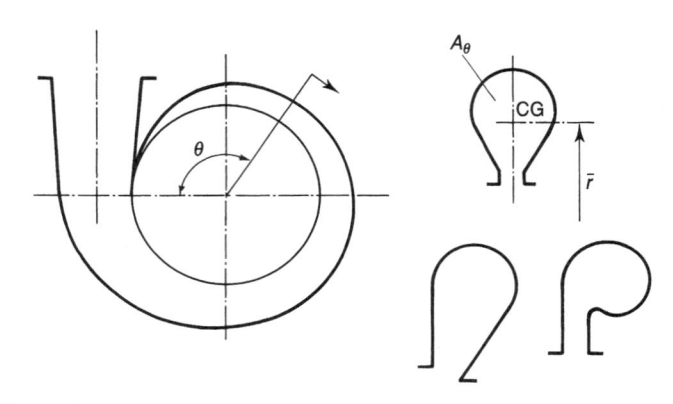

図 4.6 ボリュート

　このような計算によって，ディフューザ形状の概略が定められる．それに基づいてベーン形状を定めれば，ベーンの厚みを考慮した各半径での面積や速度が求められる．それらから最終的にスロート面積を求めた後，壁面境界層によって流路の有効断面積が減ることを考慮に入れるための係数を組み込む．以上のように，ディフューザの設計は，基本的に近似の連続となるが，これまでの説明で，設計手法は十分に示すことができた．

　ディフューザに関しては，これまで示した矩形断面のものより，円形断面の方が効率が高くなることが知られている．円形断面のディフューザを使う場合には，インペラの回りに円筒のリングを置いて，リングの周上に接線方向の穴をあけてそこに空気を通し，その後につけるディフューザは，スロート部より下流を円錐状に広げる．このようなパイプ式ディフューザを用いた遠心圧縮機では，等エントロピ効率が85％にもなる．

　また，先に述べた通り，ディフューザの外に，さらに空気をらせん状に旋回させて減速・圧縮するボリュート（渦巻き室，図 4.6）を置く場合もある．図 4.6 右上に示す流路断面図では，下（内側）に開いた口からディフューザを出た空気が入ってくる．図 4.6 のボリュートでは，角度 $\theta = 0°$ の位置から右に回るにつれて，流路断面積 A_θ と断面の重心位置の半径 $\bar{r}$ が徐々に増えるらせん形になっている．ボリュート設計の際には，ボリュート内の摩擦損失を無視し，流れの角運動量 $K = C_w \times r$ が保存されるとして設計する．ボリュートの体積流量を V とす

ると，$A_\theta/\bar{r} = V(\theta/2\pi K)$ の関係がある（流路断面の重心の半径を決める $\bar{r}=\bar{r}(\theta)$ のらせん関数は別途必要）．ボリュートの断面形状が摩擦損失に与える影響はほとんどなく，図 4.6 の右下に示す様々な断面形状を用いても効率はほとんど変わらない．ボリュートについてのさらに詳しい内容については文献［7］を参照されたい．

4.4 圧縮性の影響

圧縮性流体（流速の変化や加熱等に伴って膨張・収縮し密度が変わる流体で，主に気体．液体はほとんど縮まないので基本的に非圧縮性流体）が管路や物体の周りを流れる場合，流速が音速を超えると，衝撃波 shock wave の発生により，流れの剝離や大きな全圧損失を引き起こす可能性があることが良く知られている．ディフューザ等のように，流れを減速・圧縮する場合には，元々低速でも剝離を起こしやすいので，衝撃波の発生には特に注意しなければならない．航空エンジン用などで，流量を上げて圧縮機を小型化しようとすると，どうしても内部の流速を上げなければならないが，そのような場合に，マッハ数を一定値（臨界マッハ数）以下にして，衝撃波の発生による全圧損失を抑えることが重要である．ここまでの例題の計算で求めてきたのは，圧縮機内の代表的な箇所の断面の平均流速であるが，実際には，断面内でも流れは一様でなく，曲がっている部分などでは局所的に流速が平均値より高くなる．このため，設計の段階では，臨界マッハ数は 1 より低い値，概ね 0.8 程度に抑える必要がある．

インペラおよびディフューザの入口マッハ数

インペラに流入した空気流は，ベーンに沿って流れの方向を曲げられる．流れが曲がる際にはいつもそうであるが，図 4.7（a）に示すように，ベーン間流路右の凸面側（背側）は，直感的に分かるように，流れが曲がりきれずに壁面から離れて剝離する危険性が高い．流れがベーンに押し付けられる流路左の凹面側（腹側）では，流れが減速・圧縮されるが，流路右の凸面側（背側）では，逆に，流れが加速して局所的に超音速になり，衝撃波が立ちやすくなる．

図 4.2 右図に示した通り，インペラ入口面での空気流 $C_{a1}=C_1$ は一様で回転軸

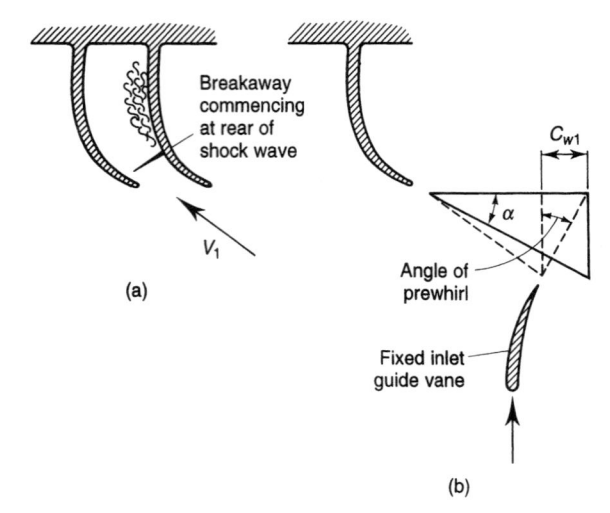

図 4.7 (a) ベーン背側での衝撃波発生とはく離
　　　　(b) インペラ入り口での予回転の効果

に平行（図の真上向き）とすると，インペラ自体の回転速度U_eは外周側ほど大きいため，インペラに対する流入空気の相対流速 V_1 は，入口面では外周端で最大となる．インペラ入口において，インペラに対する流れのマッハ数は，静温を T_1 とすれば $M = V_1/\sqrt{\gamma R T_1}$ となり，このマッハ数を臨界マッハ数以下にしなければならない．航空エンジンでは，さらに，地上で臨界マッハ数以下であっても，上空で温度が下がって音速が下がれば，同じ回転数でも臨界マッハ数を超える可能性がある．インペラ入口でのマッハ数を下げるためには，図 4.7 (b) に示すように，入口ガイド弁 IGV (inlet guide vanes) と呼ばれる静翼列を設けて，流入空気に，あらかじめ，インペラの回転と同じ向きの回転（予回転：prewhirl）を与えておけばよい．このようにすれば，インペラに対する空気の相対的な回転速度が下がって，速度三角形は図の破線で示すようになり，軸流速度，すなわち，空気流量を保ったまま，入口マッハ数を抑えることができる．また，そのようにすれば，流入角度 α が大きくなって，ベーンの曲がりを抑えられるという利点もある．

　ただし，残念ながら，入口ガイド弁 IGV で予回転を行うと，空気に与えられ

る仕事量はその分少なくなる．インペラに入る前に，空気が，予回転により，すでに C_{w1} の回転速度を持っているとすると，インペラによる角運動量の増加は，単位質量あたり $C_{w2}r_2 - C_{w1}r_1$ と表せる．インペラ入口面において，予回転による回転速度 C_{w1} はどこでも同じとすると，半径 r_1 の大きい外周側ほど入口での角運動量が大きくなる．この場合，流入空気がインペラから受ける仕事量は，入口面の半径位置によって変わることになり，その平均値は，平均半径位置での角運動量から決まる．先に述べた通り，インペラの回転速度は入口面の外周端で最も速く，そこでの流入空気の相対速度は，予回転によって抑えなければならないが，内周側ではインペラの回転速度が遅いため，流入マッハ数もそれほど上がらず，外周端ほどの予回転は必要ない．そこで，予回転による回転速度 C_{w1} は，入口面の外周側で大きく，内周に行くにつれて徐々に小さくなる方が好ましく，入口ガイド弁 IGV を，根元から先端に行くにつれて迎え角が変わる，ねじれた3次元形状にすればそれが可能になる（ねじれた3次元形状については，図 8.26 右図のイメージ）．

　具体例を示すため，再び，例題 4.1 と 4.2 で示した遠心圧縮機について考える．例題 4.1 と 4.2 の結果より，インペラ入口面の状態は，図 4.2 右図の速度三角形の記号を用いると，

　　流入流速（軸方向）$C_1 = C_{a1} = 143$ m/s

　　入口面外周端でのインペラ回転速度 $U_e = 273$ m/s

　　入口面外周端でインペラから見た空気流の相対速度

　　$V_1 = \sqrt{143^2 + 273^2} = 308$ m/s

　　入口面での音速 $= \sqrt{\gamma R T_1} = \sqrt{1.4 \times 287 \times 284.5} = 338$ m/s

　　入口面外周端でインペラから見た空気流の相対マッハ数 $= 308/338 = 0.91$

と求められる．地上静止状態での運転で実際に生じるマッハ数の最大値もこの程度であるとしても，先に述べた通り，航空エンジンの場合には，それだけでは不十分で，上空での巡航時の状態も考慮しなければならない．例として，高度 11000 m（気温 217 K）を飛行する航空機エンジンの圧縮機として運転することを考える．その高度での航空機の最低速度を 90 m/s として，例題 3.1 と同様にエンジン入口全温を求めると，最も低い場合

エンジン入口流速による動温＝$C_a^2/2c_p$＝$90^2/2/1005$＝4 K
エンジン入口全温＝217＋4＝221 K

となる．インテークでは全温は変化しないため，圧縮機入口全温もこれと同じになる．上空でも例題4.1（地上静止）と同じ回転数でインペラを回転させ，流入角度α（図4.7）も同じになるように空気流量を調整するとすると，空気の流入軸流速度も例題4.1と同じになる．例題4.1で流入軸流速度C_1＝145 m/sの時の動温$C_1^2/2c_p$＝10.5 Kを出しているので，簡単のため，これを用いると圧縮機入口の静温はT_1＝221－10.5＝210.5 Kとなり，例題4.1（地上静止）の場合より静温が低いことが分かる．このため，地上静止で0.91であった入口面外周端でのインペラに対する空気の相対速度のマッハ数は，静温（音速）の違いにより，$0.91\times(284.5/210.5)^{1/2}$＝1.06となる．

これでは，インペラのベーンに対する流入空気のマッハ数が高すぎるため，入口ガイド弁IGVにより30度の予回転を行う．まず，例題4.1と同じ地上静止の条件で，30度の予回転を行った場合にどうなるかを考える．遠心圧縮機の空気流量9 kg/sは，流入空気の軸方向速度成分C_{a1}と密度ρ_1およびインペラ入口面積A_1（＝0.053 m^2）で決まるが，軸方向速度成分C_{a1}を変えないで，IGVで旋回成分を追加すると，旋回成分も合わせたトータルの入口流速C_1が上がり，全圧一定では静圧が下がるため，密度ρ_1が下がって，空気流量は9 kg/sを下回る．よって，空気流量9 kg/sを保ったまま旋回成分を与える場合には，入口の軸方向速度成分C_{a1}も増やさなければならない．これを求めるには，例題4.1と同様な繰り返し計算が必要になる．

仮に，入口の軸方向流速をC_{a1}＝150 m/sとおくと，30度の旋回成分がある場合の入口の流速の大きさは，

C_1＝150/cos 30°＝173.2 m/s

となる．この速度に相当する動温は$C_1^2/2c_p$＝14.9 Kで，例題4.1より入口全温はT_{01}＝295 Kより入口静温は，

$T_1 = T_{01} - C_1^2/2c_p$＝295－14.9＝280.1 K

と求められる．一方，入口全圧はp_{01}＝1.1 barであるから，式（2.8）より，入口静圧は，

$$p_1 = p_{01}\left(\frac{T_1}{T_{01}}\right)^{\gamma/(\gamma-1)} = 1.1 \times \left(\frac{280.1}{295}\right)^{3.5} = 0.918 \text{ bar}$$

となり，状態方程式より密度は，

$$\rho_1 = \frac{p_1}{RT_1} = \frac{0.918 \times 10^5}{287 \times 280.1} = 1.14 \text{ kg/m}^3$$

となる．これを，流量の式に代入して，入口の軸方向速度成分 C_{a1} を再計算すると，

$$C_{a1} = \frac{m}{\rho_1 A_1} = \frac{9}{1.14 \times 0.053} = 149 \text{ m/s}$$

となり，仮定した値と近いので，上記の値が妥当と分かる．この時，入口の旋回速度成分は $C_{w1} = 149 \tan 30° = 86$ m/s となる．一方，インペラの回転速度は，入口外周端で $U_e = 273$ m/s であるから，入口面でのインペラに対する空気の相対速度の最大値は，図4.2右図と図4.7を参照して，

$$V_1 = \sqrt{C_{a1}^2 + (U_e - C_{w1})^2} = \sqrt{149^2 + (273-86)^2} = 239 \text{ m/s}$$

に減じられ，流入マッハ数も，

$$M_1 = \frac{V_1}{\sqrt{\gamma R T_1}} = \frac{239}{\sqrt{1.4 \times 287 \times 280.1}} = 0.71$$

まで抑制される．上空での状態での計算も同様で，上空ではマッハ数の最大値が0.8を少し上回る程度になり，30度の予回転が妥当であることが分かる．

　流入部で30度の予回転を行った場合の圧力比への影響について考える．今，仮に，予回転によるインペラ入口面での周方向流速 C_{w1} が，半径位置によらず一様で，上記の計算の通り $C_{w1} = 86$ m/s であるとする．インペラ入口面の平均半径を r_1，出口面の半径を r_2，流量を m kg/s とすると，先に示した通り，空気流の角運動量の増加は，1秒間に $m(C_{w2}r_2 - C_{w1}r_1)$ となる．1秒間の角運動量の増加は，そのために加えたトルク（力のモーメント）に等しいので，これがインペラに加えるトルクとなる．インペラの回転角速度を ω rad/s とすると，式(4.1.1)で示した通り，インペラに加える仕事はトルク×ω に等しいので，$m(C_{w2}r_2\omega - C_{w1}r_1\omega)$ となる．また，インペラの外周端の回転速度 $U = r_2\omega$，および，インペラの入口面（平均半径 r_1 位置）の回転速度 $U_e = r_1\omega$ に注意すると，仕事は $m(C_{w2}U - C_{w1}U_e)$ となる．さらにスリップ係数 $\sigma(=C_{w2}/U)$ を用いると

$m(\sigma U^2 - C_{w1}U_e)$ となるが，以上は損失の無い理想的な場合であり，実際にインペラを回転する仕事入力は，これに仕事入力係数 $\psi(>1)$ をかけた $m\psi(\sigma U^2 - C_{w1}U_e)$ となる．例題 4.1 より，インペラ入口の外周端の回転速度が 273 m/s，内周端の回転速度が 136.5 m/s であるから，インペラ入口平均半径 r_1 での回転速度 U_e は，

$$U_e = \frac{273 + 136.5}{2} = 204.8 \text{ m/s}$$

である．インペラを通過する空気の全エンタルピの上昇 $mc_p(T_{03} - T_{01})$ は，損失の有無に関わらず，インペラ回転に要した仕事入力に等しいから，

$$m\psi(\sigma U^2 - C_{w1}U_e) = mc_p(T_{03} - T_{01})$$

これより，全温上昇は，

$$T_{03} - T_{01} = \frac{\psi}{c_p}(\sigma U^2 - C_{w1}U_e) = \frac{1.04}{1005} \times (0.9 \times 455.5^2 - 86 \times 204.8) = 175 \text{ K}$$

となる．よって，遠心圧縮機の圧力比は，式（4.5）より，

$$\frac{p_{03}}{p_{01}} = \left[1 + \frac{\eta_c(T_{03} - T_{01})}{T_{01}}\right]^{\gamma/(\gamma-1)} = \left[1 + \frac{0.78 \times 175}{295}\right]^{3.5} = 3.79$$

と求められる．例題 4.1（a）より，予回転が無い場合の圧力比は 4.23 であったから，予回転によって圧力比が下がっていることが分かる．また，入口ガイド弁 IGV の翼角度を可変にすることにより，設計点以外での性能を良くすることができる場合もある．

ここまで，インペラ部のマッハ数について検討したが，次に，その外のベーン無しスペース，および，ディフューザ部のマッハ数について，先の例題を元に考える．

例題 4.1（c）において，インペラ出口流速 C_2 について，$C_2^2/2c_p = 93.8$ K より $C_2 = 434$ m/s と求められる．また，インペラ出口静温は $T_2 = 394.2$ K であるから，インペラ出口のマッハ数は，

$$\frac{C_2}{\sqrt{\gamma R T_2}} = \frac{434}{\sqrt{1.4 \times 287 \times 394.2}} = 1.09$$

と求められる．一方，例題 4.2（a）において，インペラとディフューザ間のベーン無しスペースで空気の角運動量一定より，ディフューザ入口 2 での周方向速度は $C_{w2} = 342$ m/s，半径方向速度は $C_{r2} = 97.9$ m/s であるから，これらから計

算すると流速は $C_2=356$ m/s と分かる．また，温度は $T_2=425.1$ K とあるから，ディフューザ入口でのマッハ数は，

$$\frac{C_2}{\sqrt{\gamma RT_2}} = \frac{356}{\sqrt{1.4 \times 287 \times 425.1}} = 0.86$$

となる．この例では，インペラ出口マッハ数が 1.09（超音速），ディフューザ入口マッハ数が 0.86（亜音速）で，ベーン無しスペースで超音速から亜音速への減速が行われていることが分かる．この例のように，ベーンの無い空間で，角運動量一定で減速する場合には，径方向の速度成分が音速以下ならば，回転成分も含めた全体速度が音速を超えていても，衝撃波の発生による損失を伴うことなく，亜音速に減速できることが知られている（文献 [8]）．

ディフューザ入口マッハ数が高くなり，ディフューザのベーン先端（図 4.1 参照）に高マッハ数の流れが衝突することは，衝撃波発生のリスクが高まるだけでなく，ベーン先端での減速の際に静圧が局所的に高くなることからも好ましくない．そうなると，ベーン先端を通る円周上に静圧の分布が生じることになり，そこから発生する圧力変動が，ベーン無しスペースを通過してインペラにまで伝わる．圧力変動はベーン無しスペースを伝わるうちにかなり減衰するものの，それでも十分強力で，インペラのベーンを加振して，高サイクル疲労による破断を引き起こす場合がある．特に，圧力変動の周波数が，回転速度やインペラとディフューザのベーン枚数比で決まる固有振動数と一致する場合が危険であり，それを避けるために，インペラのベーン枚数は，ディフューザのベーン枚数の倍数にならないようにする．通例では，インペラのベーン枚数を奇数，ディフューザのベーン枚数を偶数とする．

以上により，インペラとディフューザの間にベーン無しスペースを設ける理由は明らかとなった．インペラ出口のベーン先端とディフューザ入口のベーン先端が近すぎると，ディフューザのベーン先端での空気流のマッハ数が高くなり，衝撃波による損失や，周方向の静圧分布による圧力変動発生のリスクが高くなる．

4.5 圧縮機の特性をグラフ表示するための無次元量

圧縮機の特性は，各回転速度において，出口の圧力や温度と質量流量の関係を

プロットすることで表せると考えられるが，その場合，入口の温度・圧力の状態や，作動流体の物性によってグラフが変わってくる．圧縮機の作動範囲において，それらをすべて網羅するには，膨大な数の試験が必要であり，結果の表示も複雑になるが，各パラメータから無次元数を構成し，無次元数で整理することで簡単化することが出来る．圧縮機の特性は，これから示すように，2つのグラフで整理できる．

圧縮機の作動特性に関する次元解析を行う前に，下記の3点を述べておく．

(a) 温度の次元を考える際には，理想気体の状態方程式 $RT=p/\rho$ に着目し，RT が $ML^{-1}T^{-2}/ML^{-3}=L^2/T^2$ の次元，すなわち（速度）^{2} の次元となることを利用する（M：質量，L：長さ，T：時間）．特定の気体（例えば空気）を対象とする場合には，R は定数として消去できるが，作動流体を変更する可能性がある場合には，最終形まで R を残す必要がある．

(b) 密度 ρ は圧縮機の特性に影響を与えるが，圧力 p と上記 RT が与えられていれば，状態方程式 $\rho=p/RT$ から求められるので，密度 ρ をパラメータに加える必要はない．

(c) 圧縮機の特性に影響を与える気体の他の物性として粘度があげられる．粘度は無次元数としてはレイノルズ数として評価できるが，今考えている圧縮機のような装置は，通常，レイノルズ数が十分に高い乱流状態で運転されており，レイノルズ数の影響は小さく，性能解析には含めない．

これらに留意して圧縮機の特性に関する次元解析を行う．まず，圧縮機の作動に関連するすべての変数を組み込んだ一般形として，

$$\text{Function}(D, N, m, p_{01}, p_{02}, RT_{01}, RT_{02})=0 \tag{4.6}$$

とおく．ただし，D は圧縮機の長さスケール（通常はインペラの外径），N は回転数 [rev/s]，m は質量流量である．添え字の 1 は圧縮機入口，2 は圧縮機出口の状態とする．

次元解析の定理（バッキンガムの π 定理）より，式 (4.6) の 7 変数の式は，各変数の次元が質量 M，長さ L，時間 T の 3 つの基本単位により表せることにより，$7-3=4$ つの無次元数の式に整理することができる．式 (4.6) の 7 変数からできる 4 つの無次元数の組み合わせは無数にあるが，下記の通り p_{02}，T_{02}，m，N を無次元化した，

4.5 圧縮機の特性をグラフ表示するための無次元量

$$\frac{p_{02}}{p_{01}},\ \frac{T_{02}}{T_{01}},\ \frac{m\sqrt{RT_{01}}}{D^2 p_{01}},\ \frac{ND}{\sqrt{RT_{01}}} \tag{4.6.1}$$

の4つの無次元数の組み合わせが最も有用である．今，圧縮機のサイズを固定し，作動流体も1つに限定して考えると，気体定数 R と長さスケール D は変わらないので，これらを消去すると，圧縮機の特性は，

$$\mathrm{Function}\left(\frac{p_{02}}{p_{01}},\ \frac{T_{02}}{T_{01}},\ \frac{m\sqrt{T_{01}}}{p_{01}},\ \frac{N}{\sqrt{T_{01}}}\right)=0 \tag{4.7}$$

と表せる．$m\sqrt{T_{01}}/p_{01}$ と $N/\sqrt{T_{01}}$ は，実際には無次元ではないが，それぞれ，無次元流量，および，無次元回転数と呼ばれる．

式（4.7）で一般的に表される関係のグラフ表示としては，各無次元回転数 $N/\sqrt{T_{01}}$ ごとに，圧力比 p_{02}/p_{01} と温度比 T_{02}/T_{01} を，無次元流量 $m\sqrt{T_{01}}/p_{01}$ の関数として表すのが最も有用であることが経験的に知られている．次節で示す通り，温度比 T_{02}/T_{01} の代わりに，関連する変数，例えば，等エントロピ効率などで表示することもできる．

最後に，無次元流量や無次元回転数の物理的な意味について考える．無次元流量は，

$$\frac{m\sqrt{RT}}{D^2 p} = \frac{\rho A C\sqrt{RT}}{D^2 p} = \frac{\rho A C\sqrt{RT}}{RTD^2\rho} \propto \frac{C}{\sqrt{RT}} \propto M_F$$

となり，無次元回転数は，

$$\frac{ND}{\sqrt{RT}} = \frac{U}{\sqrt{RT}} \propto M_R$$

となることから分かるように，無次元流量は空気の流量を決める方向の流速（インペラ入口なら軸流方向の流速，出口なら半径方向の流速）のマッハ数 M_F，無次元回転数はインペラ外周端の回転速度（周速）のマッハ数 M_R に対応する量である．よって，無次元流量 $m\sqrt{T}/p$ と無次元回転数 $N/\sqrt{T}$ が同じなら，図4.2等で示した流れの速度三角形が相似となるため，ベーンに対する流体の流入・流出角度も同じとなり，圧縮機内の流れが同じ（相似）になる．よって，流れの入口と出口の状態から決まる圧力比，温度比，等エントロピ効率といった圧縮機の性能も同じになる．これが，無次元量で圧縮機の性能を表示することの本質である．

4.6 圧縮機の特性

前節で述べたとおり，圧縮機の圧力比と温度比を，回転数ごとに，流量の関数としてグラフ表示する．等エントロピ効率は，式（2.9-11）で示した通り，圧力比と温度比より，

$$\eta_c = \frac{T'_{02}-T_{01}}{T_{02}-T_{01}} = \frac{(p_{02}/p_{01})^{(\gamma-1)/\gamma}-1}{T_{02}/T_{01}-1} \tag{4.8}$$

と表せる．初めに，一定回転数で運転している圧縮機の出口のバルブを，全閉から徐々に開いていくことを考える．この時，圧力比 p_{02}/p_{01} は流量によって図4.8のように変化する．まず，バルブ全閉で流量0の状態（点A）では，インペラに取り込まれた空気がインペラの回転による仕事を受けて全圧が上昇する．バルブを開けていくと，空気が流れ始め，インペラ入口空気の流入角度がベーン角度と近くなるにつれて圧力比も上昇し，設計点Bで効率・圧力比共に最大となる．さらにバルブを開けて流量を増やすと，軸方向流速が上がって，再び，空気の流入角がベーンの角度と合わなくなり，流れが剥離して効率と圧力比が急速に低下する．バルブをさらに開くと，理論上は，点Cで圧力比が1となり，インペラを回転させた仕事がすべて摩擦損失で失われることになる．

点Aの状態で運転することは不可能ではないが，実際には，点AとBの間の大半では，サージ（surge）と呼ばれる現象が発生するため，安定した状態で運転することができない．サージが発生すると，圧縮機の出口圧力が急低下し，激しい空気の脈動が起こって装置全体に伝播する．サージは次のように説明できる．圧縮機が，図4.8のグラフで設計点Bより低流量側，すなわち，傾きが正の位置の状態（例えば点D）になるまで下流のバルブ開度を絞って運転している時を考える．圧縮機の中の流れは，平均的には，これまで述べたような流れになるが，乱流であるため，瞬間的には色々な方向を向いて流れている．このため，局所的に小さな剥離などの変動が起こるが，一時的に圧縮機を通過する空気流量が点Dの状態から減ると，圧力比も下がって出口全圧が下がる．ここで，圧縮機下流部の圧力がすぐに対応して十分下がり切らなければ，圧力の高い下流部から圧力の低い圧縮機への逆流が起こり，通常の流れが維持できないため，圧縮機の圧力比は急減する．すると，圧縮機から下流に空気が行かなくなるが，下

4.6 圧縮機の特性　227

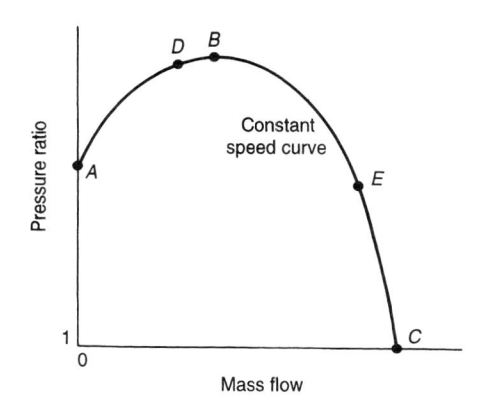

図4.8　圧縮機の特性曲線

流部で詰まっていた空気は徐々に下流に抜けていくため，今度は下流側の圧力が急激に下がって，再び圧縮機から下流へ空気が流れ始める．この時，下流側の圧力が一時的に低くなっているため，圧縮機の出口流量が定常状態より大きくなるが，バルブ開度が十分でないため空気を流しきれず，次第に圧縮機下流部の圧力が上がって，また逆流が起こる．このようなサイクルを，短い周期で繰り返す．

　バルブを絞って点Bより左側（低流量側）に持っていっても，圧縮機下流部の方が圧縮機出口より早く圧力が下がる場合もあって，すぐにサージに入るとは限らないが，元々，点Aと点Bの間は不安定であり，点Bの状態からバルブを絞っていくと，遅かれ早かれ，逆流が起こってサージに入る．一方，点Bより右側（高流量側）の，傾きが負の領域では，上記のような不安定は発生せず，安定な運転が行える．ガスタービンでは，サージが起こるかどうかは，圧縮機より下流にあるタービン等の要素が吸い込める空気流量の余力によって決まるが，その余力がどう変化するかについては，作動状態によっても変わる．

　サージはディフューザ内流路の剥離から発生している可能性が高く，実際，ディフューザのベーン枚数を増やすと，サージの可能性が高まる．これは，乱れた空気の流れを，各流路どれにも同程度の流量が流れるように振り分けるのが難しいことに起因している．インペラの1つのベーン間流路に対し，対応するディフューザ流路が複数あって，出口で同じ配管につながっている場合，サージが近くなると，流れの良いディフューザ流路に空気の流れが集中し，空気があまり流れ

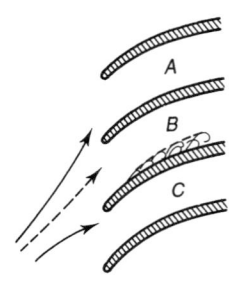

図 4.9　回転失速

ない流路が出てくる傾向がある．このようなことが1箇所でも起こると，出口圧力が下がってサージに入りやすくなる．このため，通常は，ディフューザのベーン枚数は，インペラのベーン枚数より少なくする．そうすると，1つのディフューザ流路に複数のインペラ流路から出た空気が流入することになり，ディフューザ流路間の入口空気圧力・速度のばらつきが抑制され，流路の流れの状態がどれもほぼ同じになる．このような時は，大半のディフューザ流路で逆流が発生するような運転状態になるまでは，サージが発生しにくくなる．

その他にも，不安定や性能低下を引き起こす要因として，回転失速（rotating stall）があげられる．回転失速は，サージにつながることもあるが，通常の安定な運転状態においても発生するものである．圧縮機内部の流路に流れや形状の不均一があって，例えば，図 4.9 に示すように，ある流路 B で剥離が起こったとすると，流路 B に空気が入りにくくなり，流路 C は流入空気の迎え角が小さくなるが，流路 A は迎え角が大きくなる．すると，今度は，流路 A 内の背側で同様な剥離が生じ，流路 B への流入空気の迎え角が小さくなって，流路 B では剥離が収まって流速が回復してくる．このようにして，剥離による流路内の失速が次々に流路間を伝播していくのが回転失速である．インペラ入口部では，回転方向とは逆向きに失速が伝播していく．回転失速は空力的な振動を引き起こし，別の部位の疲労破壊につながる．

一方，図 4.8 の特性曲線で点 B より右の高流量側に関しては，バルブを開くにつれて流量が増えて圧力が下がるが，圧力低下に伴って密度が低下するため，径方向の流速は大きくなることが分かる．一方，インペラの回転速度は一定で，周方向の流速はそれほど変わらないため，トータルの流速が大きくなり，ディフ

ューザ入口での流れの迎え角が大きくなってくる．さらに，バルブを開き続けると，ディフューザ流路内の流れが音速に達し，チョークして，それ以上バルブを開いて圧縮機下流部の圧力を下げても，流量が増えなくなる．この状態を例えば点 E とおくと，点 E が，所定の回転数で，流量最大の状態になる．様々な回転数で，運転可能な範囲の特性曲線をプロットしたものを図 4.10（a）に示す．各回転数での低流量側のサージ限界をつなげた曲線をサージ限界線（surge line）と呼ぶ．

温度比 T_{02}/T_{01} については，先に示した式で示した通り，圧力比と等エントロピ効率の関数となり，圧力比のグラフ図 4.10（a）と似たものになる．等エントロピ効率は図 4.10（b）に示す通りで，図 4.10（a）の圧力比のグラフに重ね合わせて，1 つのグラフにして表示する場合もある．等エントロピ効率は，流れの向きがベーン角度に合う設計点付近で極大になるが，効率の極大値は，回転数によらず，ほぼ一定である．図 4.10（a）で，各回転数で等エントロピ効率が極大になる状態の点を結んで破線で示してあるが，圧縮機の運転状態が，常に，この破線上にくるようにガスタービンを設計できることが理想である．第 9 章では，圧縮機が特性曲線上のどの状態で運転されているかを見積もる方法について述べる．

最後に付け加えることとして，無次元流量 $m\sqrt{T_{01}}/p_{01}$ と無次元回転数 $N/\sqrt{T_{01}}$ について，それぞれ，全温と全圧を基準値で無次元化した，修正流量（equivalent flow）$m\sqrt{\theta}/\delta$ と修正回転数（equivalent speed）$N/\sqrt{\theta}$ をあげておく．ただし，$\theta = T_{01}/T_{\text{ref}}$, $\delta = p_{01}/p_{\text{ref}}$ で，基準値 T_{ref} および p_{ref} については，通常は，海抜 0 m（sea level）での国際標準大気（ISA：International Standard Atmosphere）の値が用いられる．θ や δ は無次元であるから，修正流量 $m\sqrt{\theta}/\delta$ や修正回転数 $N/\sqrt{\theta}$ は，それぞれ，実際の流量や回転数と同じ次元を持つ．また，圧縮機が海抜 0 m の ISA 状態に置かれて運転されると，修正流量や修正回転数の値は，それぞれ，実際の圧縮機の流量，および，回転数と等しくなるので，そのような視点で見ると分かりやすい．

230   4 遠心圧縮機

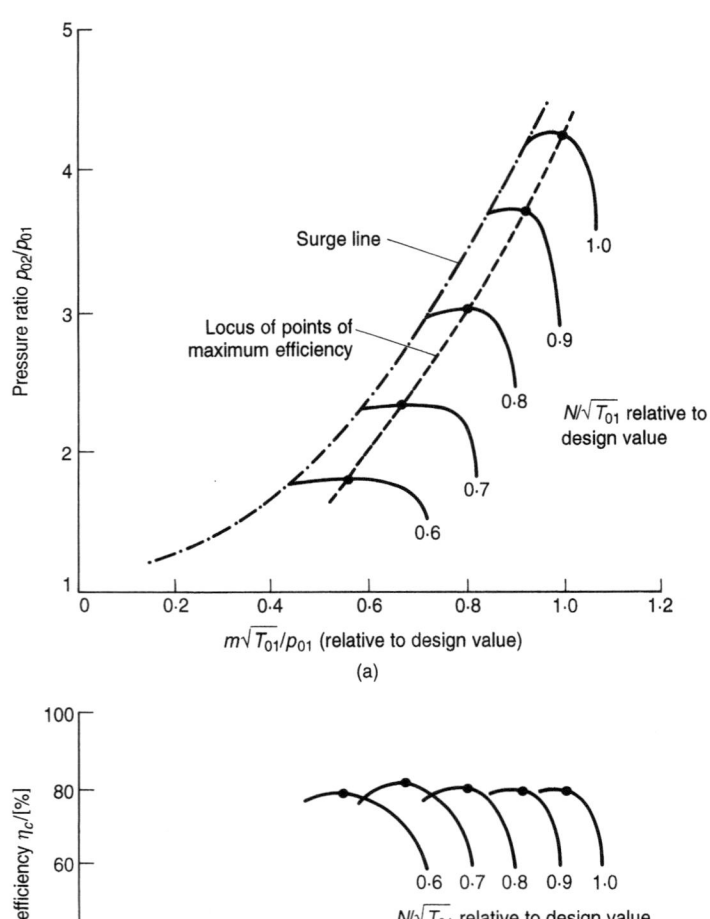

図 4.10 遠心圧縮機の特性曲線

4.7 コンピュータ設計手法

　ここまで説明してきた遠心圧縮機の設計方法は，この分野を学ぶ人への導入部としてはよいが，実際には，もっと洗練された設計方法がある．例えば，文献［9］では，NGTE（National Gas Turbine Establishment：英国のガスタービン研究機関で現在は DRA に統合されている）で開発されたコンピュータ設計手法が紹介されている．この手法では，インペラ流路の形状設計に Marsh matrix throughflow という流体解析ソフトを利用しており，インペラの応力解析プログラムも含まれていて，設計した圧縮機の性能も出せる．また，圧縮機の部品の機械加工に必要な NC 工作機械用の形状データも出せるようになっており，実際にこの手法で設計し，試作・試験したところ，性能が良くなっている．

　文献［10］には圧縮機の性能予測手法が掲載されており，上記文献［9］の手法で設計された圧縮機を含む 7 種類の圧縮機の試験結果と予測結果とが比較されている．流量―圧力比の特性曲線やチョーク流量の予測精度は十分で，効率の予測は，設計点での誤差が 1～2% 程度，設計点より低い回転数では若干誤差が大きくなっている．残念ながら，サージ限界の一般的な予測手法はまだ出来ていない．

　文献［11］には，遠心圧縮機の設計手法として，産業界で一般的に使われている手法のまとめが掲載されており，圧縮機の概略設計に始まり，最新の CFD（computational fluid dynamics：計算流体力学）技術を利用した経験的な設計手法が述べられている．また，インペラの機械設計の基本的な部分も含まれている．

5 軸流圧縮機

　ガスタービンの燃料消費率を下げるには，全体圧力比を上げることが重要であることは，すでに2.4節や3.3節で述べたが，第4章では，遠心圧縮機において圧力比を高くしていくことも容易ではないことが分かった．一方，軸流圧縮機は，初期の頃より，遠心圧縮機より高い圧力比・高い効率が実現できる可能性を持っているとされてきた．また，軸流圧縮機には，同じ正面面積の遠心圧縮機より流量をかなり多くできるという利点もあり，この点は，コンパクトさが要求される航空エンジンにとっては特に重要なポイントになる．空気力学の研究によって，それらの軸流圧縮機の利点は，実際に形となって実現し，今日では，大容量のガスタービンでは圧縮機の大半を軸流式が占め，遠心式は，軸流式では翼が小さくなりすぎて取り扱いができないような小型ガスタービンの場合に限って用いられるようになってきている．

　初期の軸流圧縮機は，圧力比が5程度で，段数が10段程度必要であったが，歳月を経て性能の改善が進み，圧力比も大きくなって，航空用のターボファン・エンジンでは，圧力比が40を超えている．また，空力技術の進歩によって，段あたりの圧力比も大きくできるようになり，結果として，同じ圧力比での段数は大幅に削減されている．これによって，同じ性能を出す圧縮機でも重量は軽くなり，この点は，特に航空エンジン用ではメリットが大きい．ただし，段あたりの圧力比が大きくなるということは，各翼周りの流れのマッハ数が上がり，流れの転向角も大きくなる高度な設計となり，航空用に比べて重量がそれほど重要でなく，また，予算も限られている産業用では，そのような高度な設計の採用は妥当ではないとされる場合が多いため，多少段数が多いが標準的な設計での翼列が用いられている．

本書では，基本的なことをマスターするのに重点を置いているため，主として亜音速（音速以下）の圧縮機の設計を扱う．超音速流を圧縮する圧縮機については，まだ実験段階の域を出ていないが，遷音速の圧縮機，すなわち，翼を固定して見た空気流速が一部超音速になるような圧縮機については，航空用・産業用どちらでもうまく使われている．これらの話題に関しては，より専門的な書物を参照されたい．

本章での説明は，概ね，NGTE（National Gas Turbine Establishment）で開発された英国式の設計手法（文献 [1,2,3]）に基づいている．一方，米国式の設計思想は，NASA の前身である NACA で生み出されたもので，文献 [4] に詳しい．また，Horlock の著書（文献 [5]）にも軸流圧縮機に関する有用な情報が記載されている．

5.1　作動原理

軸流圧縮機は，図 5.1 の断面図に示す通り，回転する動翼（黒）と静止している静翼（白）の翼列（周方向に翼が並んだもの）の組み合わせで構成される段を並べたもので，作動流体は，まず，動翼によって流速を得て，静翼で減速される際に，動翼で得た運動エネルギを圧力に変換する．この動作を，段の数だけ繰り返す（立体的な図としては図 1.9 や図 1.12 (b) の圧縮機を参照）．

圧縮機では下流ほど圧力が高くなるため，逆圧力勾配の流れとなり，圧力比が上がるほど設計が難しくなる．軸流圧縮機では，動翼と静翼のどちらでも減速・圧縮が行われている．動翼では，回転によって流体を押して流体を加速させるが，動翼を固定して翼間の流路の流れを見ると，図 5.2 右図に示す通り，流路が拡大し，流れは減速・圧縮されている（遠心圧縮機のインペラと同様．図 5.2 では↔で有効流路の幅が示されており，左図のタービン翼列では流れ方向に流路が絞られ，右図の圧縮機翼列では，流路が拡大していることが分かる．一般に，翼列では，軸方向に対してなす翼の角度 θ が大きいほど通過する空気の有効流路は狭くなり，具体的には，有効流路は 0 度の時の $\cos\theta$ 倍になる．右図の圧縮機翼列では，入口より出口の方が翼の角度が浅く，流路が拡大し，左図のタービンではその逆で，出口の方が翼の角度が深くなっていることが分かる．実際の減速率

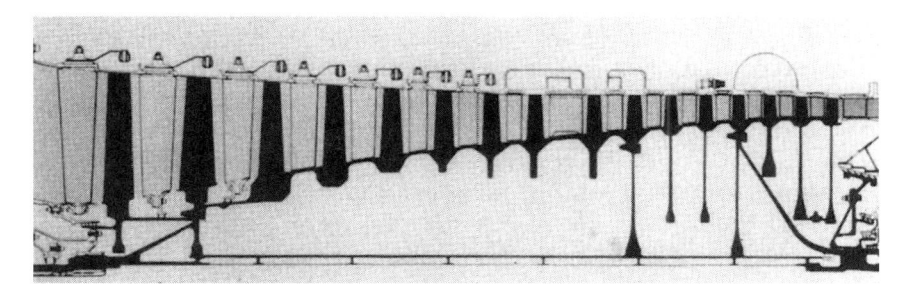

図 5.1 16 段の高圧力比・軸流圧縮機 [courtesy of GE Energy]

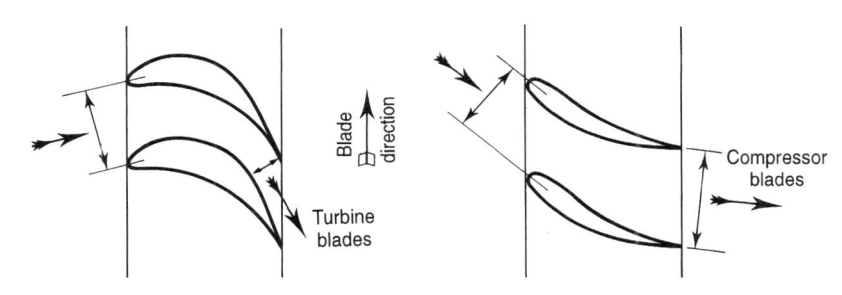

図 5.2 タービン動翼（左図）と圧縮機動翼（右図）の比較

については，密度や径方向の流路幅変化も加味する必要がある）．4.3 節で述べた通り，流路を広げて流れを減速・圧縮する際には，拡大率を適度に抑えて剥離を防止しなければ，適切に減速・圧縮することができない．このように，圧縮機では，翼間流路の拡大率に制約があるため，各段あたりの圧力比には限りがあり，流れが順圧力勾配で加速するタービンのように，流路断面積を大きく変えて圧力比を大きくすることが出来ない．このため，1 段のタービンで多段の圧縮機翼列を駆動することになる．

　圧縮機の翼列は，空気力学，および，実験結果に基づいて，慎重に設計しなければならない．それには，全圧損失を減らすということもあるが，軸流圧縮機では，特に圧力比が高い場合によく発生する失速（stall）を極力回避するという意味合いもある．圧縮機の失速は，単独翼の失速と同じで，流れが翼の向きと合わなくなると発生する．圧縮機では，先に述べたとおり，下流側の方が圧力が高い逆圧力勾配の状態になっているため，流れが不安定になる危険性を常に秘めてお

り，設計で想定した以外の流量や回転数になると，逆流が容易に発生し得る．

図 5.1 の左端を見ると分かるように，この圧縮機では入口ガイド弁 IGV (inlet guide vane) と呼ばれる初段の静翼列があり，初段動翼列に流入する空気の向きを調整している．産業用では，設計点以外での性能を上げるため，多くは可変の IGV をつけており，回転数に応じて初段動翼に入る空気の向きを調整している．一方，航空用では，空気流量をなるべく多くし，エンジンの重量を削減する観点から，多くは IGV 無しの設計になっている．

図 5.1 に示す通り，圧力比の高い圧縮機では，入口と出口では翼の大きさがかなり違う．これは，後で説明する通り，圧縮機内では軸方向の流速 U を一定に保つことが望ましいが，空気が下流に流れて圧力が上がると密度 ρ も上がるので，質量流量 $\rho U A$ 一定より，流路の断面積 A を小さくする，すなわち，翼高さを低くしていくことが必要になるためである．ところが，圧縮機の回転数が設計値より低いと，後段での密度は設計値より低くなるため，軸方向流速が設計より大きくなり，空気流の向きが翼と合わなくなる．これを回避するための手法は色々あるが，どれも，機構が複雑になる．Rolls Royce 社と Pratt & Whitney 社の取り組みは，主に，軸を途中で切り離して回転数を変える多軸式であるが，GE 社の取り組みは，主に，静翼を可変ピッチにするというもので，図 5.1 でも，IGV と，初めの 6 段の静翼には，角度可変のためのピボットが上側（外周側）に取り付けられているのが見える．他には，放風弁 (blow-off valve) を付けるという方法もあるが，先進的なガスタービン・エンジンでは，これらすべての対策を組み込まなければならない場合もある．軸流圧縮機の設計では，冒頭の概念設計の段階から，設計点から大きく離れた状態での性能も考慮に入れる必要があることを認識しておかなければならないが，この話題については，本章の最後に取り扱う．

初期の軸流圧縮機では，流れはどこも亜音速で，効率を上げるために断面が翼型の翼列を用いなければならないことが分かってきた．その後，高い圧力比で流量をより大きくする必要が生じたことから，翼間流れのマッハ数を上げる必要が生じ，特に，初段動翼の外周端（チップ）が一番厳しい条件となった．このようなことから，流れが部分的には超音速となる遷音速の圧縮機の設計が必要となり，遷音速領域では，円弧を組み合わせたレンズ型の翼が最適であることが分か

った.さらにマッハ数が高くなると,放物線を用いた翼型の方が効率が高くなることが知られているが,最新の高効率圧縮機では,翼形状は3次元的で,単純な翼型の断面形状のものは用いられていない.

ガスタービンの出力や効率が時代と共に上がってきたのは,圧縮機開発と,サイクル温度上昇の結果と言える.圧力比を維持しながら段数を減らすことは,航空エンジン用では軽量化という意味で重要で,産業用でもコストダウンの面で重要である.時代と共にガスタービンの性能が向上してきたことを示す例として,Siemens社とRolls Royce社の公開データを示す.下記の表は,Ruston社ガスタービンの派生型として作られている一連のSiemens社小型産業用ガスタービンとその性能値を示している.

エンジン	年	出力 MW	圧力比	段数
TB 5000	1970	3.9	7.8	12
Tornado	1981	6.75	12.3	15
Typhoon	1989	4.7	14.1	10
Tempest	1995	7.7	13.9	10
Cyclone	2000	12.9	16.9	11

また,Rolls Royce社の民間航空エンジンでの例を下記に示す.他社でも傾向は概ね同じである.性能値は概算のものであるが,どちらも,着実に進歩してきていることがよく分かる.Avonは単純な1軸式のターボジェット・エンジンでComet 4という航空機のエンジンとして用いられた.Speyは同じ2軸の低バイパス比・ターボファン・エンジン,RB-211とTrentは大型の高バイパス比・ターボファン・エンジンである.Typhoon(SGT-100)とTrentの圧縮機の断面図が,それぞれ,図1.13と図1.16に掲載されている.

エンジン	年	出力 MW	圧力比	段数
Avon	1958	44	10	17
Spey	1963	56	21	17
RB-211	1972	225	29	14
Trent	1995	356	41	15
Trent	2005	380	50	15

軸流圧縮機の基礎的な説明に入る前に1つ述べておくが,実際に使われている高性能の圧縮機の設計は,ある種,職人芸の世界であり,エンジンメーカ各社

は，どこも，独自の一連のノウハウを有しており，それらは競合他社との関係で，各社の独占的な知的財産として，一般には公開されていない．本書はあくまでガスタービンの入門書であるということを念頭におき，軸流圧縮機の設計に関する基礎的な内容を取り扱う．

5.2 軸流圧縮機の基礎

軸流圧縮機の作動流体は，通常は空気であることが多いが，循環系のガスタービンでは，ヘリウムや二酸化炭素などを作動流体にすることもある．下記の内容は，どんな作動流体であっても使える内容であるが，特に指定しない限りは，空気を使うものとする．

図5.3右下図は軸流圧縮機の1段分（動翼+静翼）を示している．動翼の回転により作動流体に仕事が与えられるが，他に熱や仕事の出入りが無いとすると，動翼で与える仕事入力 W は，全エンタルピの上昇量に等しいので，

$$W = mc_p(T_{02} - T_{01}) \tag{5.1}$$

と書ける．ただし m は質量流量である．静翼は固定されていて動かないので，仕事の入力はなく，他に外界との熱や仕事のやりとりも無いとすれば，$T_{02} = T_{03}$ が損失の有無に関係なく成り立つ．静翼部では，全温一定の元，運動エネルギを圧力に変換している．全圧の上昇は動翼部のみで発生し，静翼部では，全圧が上昇する要素はなく，摩擦損失分だけ全圧が低下する．当然のことながら，動翼部でも摩擦損失は発生するので，同じ仕事量が入力された等エントロピ圧縮と比べると，全圧上昇量は少ない．図5.3には，損失を考慮した圧縮機の動静翼での状態変化の $T-s$ 線図を示している．

翼の設計を考えるには，上記のような熱力学的な解析だけでは不十分で，流れの速度三角形を考えなければならない．軸流圧縮機では図1.12（b）に見られるように，動翼（図7.26のようなもの）が回転ディスクに多数取り付けられている（図7.15のイメージ）．翼部（作動流体が通る部分）のハブ（根元，内周端）からチップ（外周端）までの径方向長さを翼高さと言う．軸が回転すると動翼も回転するが（静翼は不動），当然，内周側より外周側の方が回転速度（周速）が大きくなる．今，ちょうどハブとチップの中間の径の面を考え，そこでの動翼の

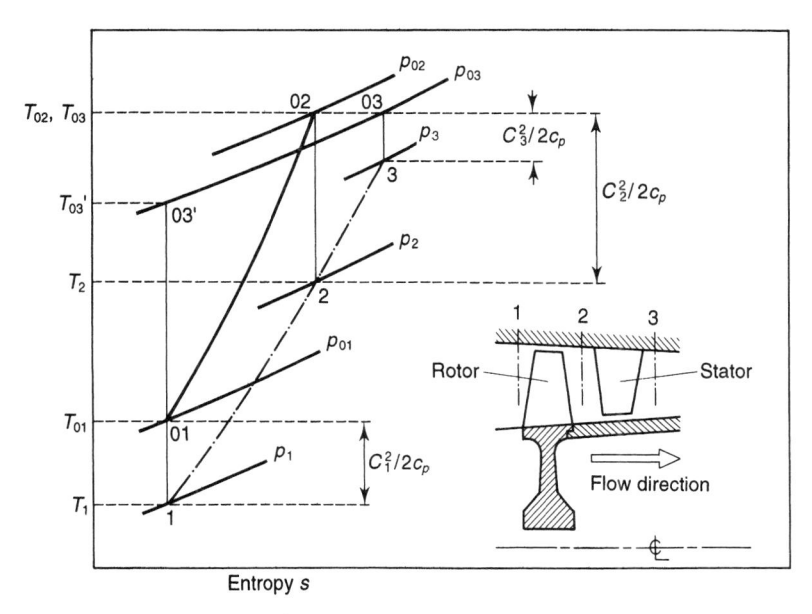

図 5.3 軸流圧縮機 1 段での状態変化

　回転速度を U とする．動静翼の周りを通過する空気の流れに関しては，簡単のため，あまり大きくない径方向の流速を省略し，軸方向速度成分（添字 a：axial）と旋回速度成分（＝周方向速度成分，添字 w：whirl）のみの 2 次元的な流れを考える．圧縮機後段で翼高さが低い場合は，内周側と外周側で翼の回転速度にあまり差がないので，上記のような仮定は妥当であるが，翼高さが高い前段では，内周と外周で翼の回転速度の差が大きいため，3 次元的な取り扱いが必要になる．これについては後述する．

　図 5.4 には，動静翼を通過する流れと速度三角形を示す．エンジンの回転軸は上下方向で，空気は上から下に流れており，圧縮機の翼列を外周のケーシングの側から見ている．図に示す通り，入口では，軸方向から角度 α_1 だけずれた（旋回速度成分がある）速度 C_1 の流れが動翼に向かっている．動翼が停止していると，この角度では翼間に空気がうまく入らないが，動翼が矢印の方向に回転すると，動翼を固定して見た（動翼に対する）空気の相対速度は，右の速度三角形で，速度 C_1 と速度 U（左向き）のベクトルを加えた速度 V_1 になり，動翼の翼

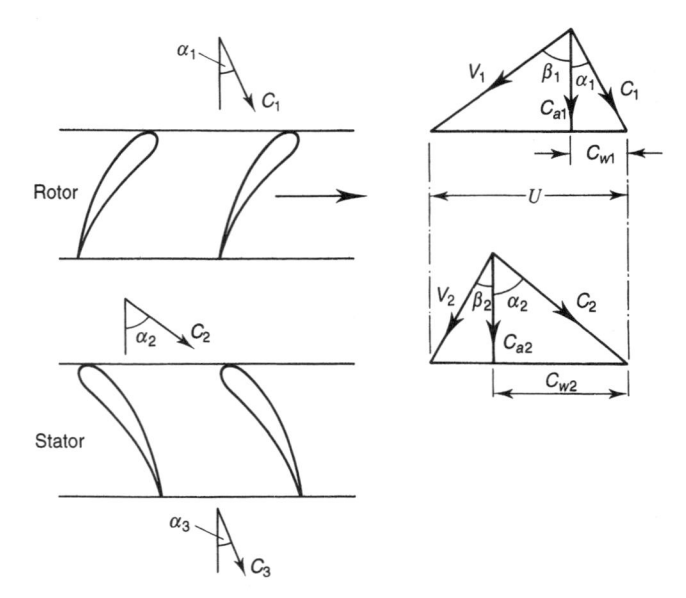

図5.4 動静翼を通過する流れと速度三角形

間にうまく流入する．動翼の翼間を通過後，動翼を固定して見た空気の相対速度は V_2 となるが，動翼自体が速度 U（右向き）に回転しているため，実際にはベクトル V_2 にベクトル U（右向き）を加えた速度 C_2 で流出する．動翼の回転により空気が運動エネルギを得た結果，流出速度 C_2 は流入速度 C_1 より大きくなっていることが分かる．静翼は静止しているから簡単で，図の通り，速度 C_2 で流入し，速度 C_3 で流出する．なお，空気の軸方向速度成分は常に一定，すなわち，$C_a=C_{a1}=C_{a2}$ になるよう設計されているとする．もし，段の出口（静翼出口）の空気流の速度と角度が，段の入口（動翼入口）と同じになるように設計すれば（$C_1=C_3$，$\alpha_1=\alpha_3$），相似な形状の動静翼の段を順次追加することで圧力比を上げることが可能になる．図中の動翼入口と出口の2つの速度三角形について，幾何学的に，

$$\frac{U}{C_a}=\tan\alpha_1+\tan\beta_1 \tag{5.2}$$

$$\frac{U}{C_a}=\tan\alpha_2+\tan\beta_2 \tag{5.3}$$

が成り立つ．今，質量流量 m の空気が，動翼の回転により角運動量を得て，旋回速度成分が C_{w1} から C_{w2} に増加するのに必要な仕事は，動翼の回転速度を U とすると，4.4節の遠心圧縮機のインペラの仕事の計算式（4.1.1）と同様に，

$$W = mU(C_{w2} - C_{w1}) \tag{5.3.1}$$

となる．ここで，旋回速度成分を軸方向速度 C_a と角度 α_1, α_2 で置き換えると，

$$W = mUC_a(\tan\alpha_2 - \tan\alpha_1) \tag{5.3.2}$$

となり，式 (5.2) と (5.3) より，$\tan\alpha_2 - \tan\alpha_1 = \tan\beta_1 - \tan\beta_2$ であるから，

$$W = mUC_a(\tan\beta_1 - \tan\beta_2) \tag{5.4}$$

と書ける．ただし，β_1 は動翼から見た空気の流入角度，β_2 は動翼から見た流出角度である．よって，動翼の上流側の向きが角度 β_1 に合っていれば，空気はスムーズに翼間に流入し，流出角度 β_2 は，概ね動翼の下流側の向きとなる．また，$\beta_1 - \beta_2$ が，翼間で空気が曲げられた角度（転向角）になる．式 (5.4) で示す仕事が動翼を回転するために与えられ，この仕事が段での圧力上昇分として空気に吸収されると同時に，その一部は摩擦損失で熱に変わる．これまで何度も述べた通り，損失の大小とは無関係に，空気の全エンタルピ（単位質量あたり c_p × 全温）は，与えられた仕事の分だけ上昇する．よって，今考えている動翼と静翼の組み合わせ 1 段での全温上昇量を ΔT_{0S} とすると，

$$\Delta T_{0S} = T_{03} - T_{01} = T_{02} - T_{01} = \frac{UC_a}{c_p}(\tan\beta_1 - \tan\beta_2) \tag{5.5}$$

となる．一方，全圧の上昇量は，損失の大小に大きく影響される．段の入口から出口までの変化の等エントロピ効率を η_S とすると，圧力比 R_S は，式 (4.5) と同様に，

$$R_S = \frac{p_{03}}{p_{01}} = \left[1 + \frac{\eta_S \Delta T_{0S}}{T_{01}}\right]^{\gamma/(\gamma-1)} \tag{5.6}$$

となる．段当たりの圧力比を高めて段数を削減するには，効率 η_S を除くと，全温上昇量 ΔT_{0S} を大きくする必要があり，それには，式 (5.5) より，

（ⅰ）　動翼の回転速度 U を上げる
（ⅱ）　軸方向流速 C_a を上げる
（ⅲ）　動翼における転向角 $(\beta_1 - \beta_2)$ を大きくする

の 3 つが考えられる．このうち，動翼にかかる遠心応力の制約から（ⅰ）には限

りがあり，また，先に述べた逆圧力勾配の流れであるということや，次節で述べる空力的な問題により（ii）や（iii）にも制約がある．

5.3　圧力比を決める各要因

前節の最後に示した圧力比に関わる3つの要因について説明する．

（i）　回転速度

動翼にかかる遠心応力は，回転速度や重さ，形状によって決まる．遠心応力が最大になるのは，翼を取り付けている根元部（root, hub側）であり，

$$(\sigma_{ct})_{\max} = \frac{\rho_b \omega^2}{a_r} \int_r^t a r \, dr \tag{5.6.1}$$

と表せる．ただし，σ_{ct} の添字 ct は遠心の応力（centrifugal stress），ρ_b は翼（blade）の材料の密度，$a(=a(r))$ は径方向 r に垂直な断面で切った断面積，添字および積分区間の r は root（根元，ハブ側，内周側），t は tip（チップ，外周側先端），ω は回転角速度 [rad/s] である．簡単のため，断面積 a が根元からチップまで径方向位置によらず一定で，$a=a_r$ とおけるとすると，

$$(\sigma_{ct})_{\max} = \frac{\rho_b}{2}(2\pi N)^2(r_t^2 - r_r^2) = 2\pi N^2 \rho_b A \tag{5.6.2}$$

となる．ただし，N は回転数（$\omega = 2\pi N$），A は圧縮機全体の環状流路の断面積（$A = \pi(r_t^2 - r_r^2)$）である．チップの回転速度は，$U_t = r_t \omega = r_t \times 2\pi N$ であるから，周速 U_t を用いると，遠心応力の最大値は，

$$(\sigma_{ct})_{\max} = \frac{\rho_b}{2} U_t^2 \left[1 - \left(\frac{r_r}{r_t}\right)^2\right] \tag{5.6.3}$$

と表せる．式中の r_r/r_t はハブ・チップ比（<1, hub-tip ratio）と呼ばれる形状パラメータである．遠心応力の最大値は，周速 U_t の2乗に比例して大きくなり，また，ハブ・チップ比 r_r/r_t が小さくなると大きくなる．すなわち，翼取り付け部の半径 r_r に比べて，翼高さ $r_t - r_r$ が高い（長い）ような形状では，根元の遠心応力が大きくなることが分かる．ハブ・チップ比については，空力面を考える際にも重要なパラメータになる．

翼の径方向rに垂直な断面積aは実際には一定でなく，翼根元部の応力や，翼を取り付けているディスク（回転円盤：図2.19参照）の負荷を少なくするため，外側ほど小さくなっていて，上式のr方向積分は数値計算等で評価する．

圧縮機の翼列の設計で，実際に遠心応力が大きな問題になることはあまりない．初段動翼が最も翼高さが高いため遠心応力も一番大きくなるが，後段では，翼が小さくなるため，遠心応力は小さい．ただし，設計の際に，それで安心してよい訳ではなく，他にも，作動流体の流れによって翼にかかる曲げ応力が，流れと共に変動して疲労破壊を引き起こす場合がある．この点に関しては，圧縮機では，一部の段が失速して流れが不安定になることにより生じる空力的な振動発生の可能性が無視できないため，タービンと比べて問題がかなり難しくなる．空気や燃焼ガスの流れによって翼にかかる曲げ応力の予測手法については，第8章で述べる．

チップの周速が350 m/s程度の場合は，遠心応力が内外周径の設定に影響することはあまりないが，高バイパス比のターボファン・エンジンのファン（図1.12（b））では，チップの周速が450 m/sに達し，また，ファン部ではハブ・チップ比が小さいため，丈が長くて重いファン翼を固定するディスクの設計が難しくなる．このような場合には，内周側半径r_rが，ディスクの許容応力によって決まってくることもある．

(ii) 軸方向流速

式（5.5）と（5.6）で示した通り，段あたりの圧力比を上げようとすると，軸方向の流速C_aが大きい方が望ましい．また，軸方向の流速が大きいということは，単位断面積あたりの流量が大きいということになり，同じ推力なら小型・軽量となる．これは，特に航空エンジンでは重要なポイントである．

ただし，軸方向流速を上げることには空力的な制約がある．入口ガイド弁IGV無しの軸流圧縮機の初段動翼入口の流れを考えると，図5.5の実線の速度三角形で示す通り，流入空気に旋回成分がなく，速度C_1で軸方向にまっすぐ流入する．動翼の回転速度を右向きにUとすると，動翼に対する空気の相対速度は，図のV_1となり，$V_1^2 = C_1^2 + U^2$の関係がある．対応するマッハ数については，動翼入口での静温T_1は式（2.7）より$T_1 = T_{01} - C_1^2/2c_p$，音速は$a = \sqrt{\gamma R T_1}$

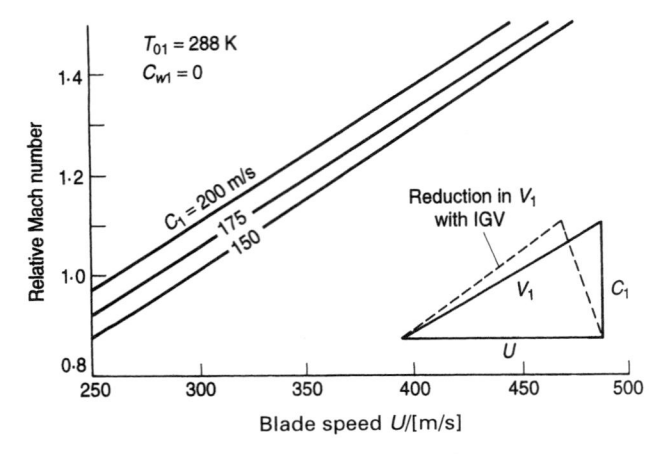

図5.5 動翼の回転速度と動翼から見た流入マッハ数の関係

より，V_1/a から計算できるが，動翼の回転速度 U と動翼から見た流入マッハ数の関係を図5.5に示す．一般に，産業用ガスタービンでは，圧縮機入口での流速は $C_1=150$ m/s 程度であるのに対し，先進的な航空エンジンでは $C_1=200$ m/s に達するものがある．

　初期型の圧縮機では，動翼の先端（チップ）での空気の相対速度のマッハ数は1以下で，流れはどこも亜音速となるよう設計されていたが，1950年代初め頃には，マッハ数を1.1まで上げても損失が増えないようにすることが可能になった．図1.12（b）に示すような高バイパス比航空エンジンのファンのチップでは，マッハ数が1.5程度に達する場合もある．図5.5の速度三角形に示す破線の三角形は，入口ガイド弁 IGV を追加して流入空気に旋回成分を持たせた場合のもので，動翼に対する空気の相対速度 V_1 が IGV によって若干小さくなることが分かる．実際，空気の相対速度 V_1 が一部で音速を超える遷音速の状態で圧縮機が運転できることが実証されるまでは，IGV はマッハ数を抑える手段として必要であった．その後，5.12節で示すように，2軸式の圧縮機（図1.7）が採用されると，上流の低圧側 LP を高圧側 HP より低回転で運転することにより，圧縮機初段動翼入口チップでのマッハ数が抑制できるようになってきた．圧縮機の後段では，温度が上がっている分，音速が大きくなるため，同じ回転速度でもマッハ数は小さくなる．

圧縮機の入口外径を一定とすると，内周側のハブの径を小さくしてハブ・チップ比 r_r/r_t を下げていけば，環状流路の断面積が増える分，総流量を増やすことが出来る．ただし，内周側を広げても面積があまり増えない上，ハブ・チップ比を下げると，先に述べた通り，ディスクの負荷が増えるという問題等が起こる．このため，航空エンジンの圧縮機でも，ハブ・チップ比が 0.4 を大きく下回るような形状は使われておらず，産業用では，通常は，ハブ・チップ比はもっと大きめに設定する．

作動流体が空気の場合は，一般に，応力による制約よりも，圧縮性の影響が大きくならないようにチップ部でのマッハ数を一定以下にすることの方が条件的に厳しくなる．一方，循環系のガスタービンでは，ヘリウムや二酸化炭素を作動流体として利用でき，ヘリウムのような軽い気体では，気体定数が大きいため，同じ温度でも音速が大きく，マッハ数はあまり問題にならない．この場合，むしろ，応力による制約が支配的となる．反対に，二酸化炭素のような重い気体の場合には，逆になる．

(iii) 動翼での転向角

大半の圧縮機の動翼では，径方向位置が同じなら，入口と出口で回転速度 U は同じであるから，図 5.4 の入口と出口の 2 つの速度三角形は，図 5.6 のように底辺を重ね合わせることが出来る．動翼を固定して見た空気流は，入口で速度 V_1，出口で速度 V_2 で，動翼間の流路により，空気流がベクトル V_1 の方向から V_2 の方向へと転向される．入口の空気流は同じまま，翼の後縁出口角に相当する β_2 を小さくすると，転向角 $\beta_1-\beta_2$ は大きくなり，出口の速度三角形は図の破線の位置に移動するので，出口速度 V_2 が小さくなることが分かる．言い換えると，転向角を大きくして空気流を大きく曲げると，流れがより強く減速・圧縮される．

動翼を設計する際には，翼間流路で，どの程度流れを減速・圧縮できるのかを知るための判断基準が必要になるが，最も古いものとしては $V_2/V_1 \geq 0.72$ という基準があり，V_2/V_1 が 0.72 を下回ると損失が増えるとされている．V_2/V_1 は de Haller 数と呼ばれる．この方法は，非常に簡易なため，今でも概略設計で用いられているが，最終的な設計計算では，後述の減速率（diffusion factor）が用

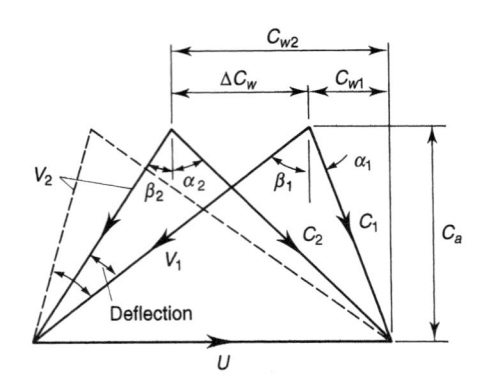

図 5.6 動翼で転向角を増やした場合の速度三角形の変化

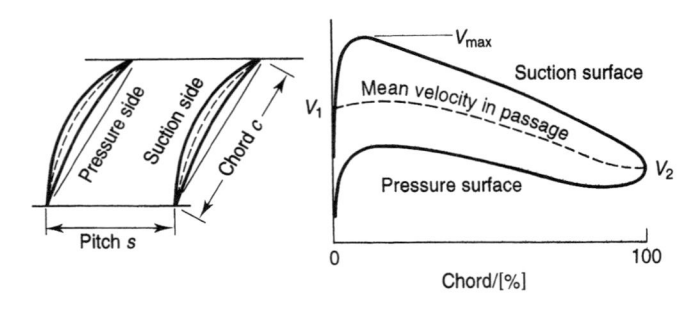

図 5.7 翼列のピッチとコード長（左図），および，翼面上の流速分布（右図）

いられる．減速率を用いる手法は，NACA（NASA の前身）で考案されたもので，米国・欧州どちらでも幅広く用いられている．

NACA 定義の減速率について，図 5.7 の翼列を例として説明する．図 5.7 では，翼列のピッチ（pitch, 周方向間隔）を s，コード長を c としている．翼間の流れのうち，右の凸面の背側（suction side）に沿う流れと，左の凹面の腹側（pressure side）に沿う流れに関して，それぞれ，背側・腹側の翼面上の流速分布は図 5.7 右図のようになる．背側では，前縁からコード長の 10〜15% 程度下流に行った場所で速度が最大になり，そこから出口流速 V_2 まで徐々に減速されている．翼間を流れる空気流の摩擦損失は，主に，翼面上の境界層の発達に伴って発生し，翼の両面で発達した境界層は，後縁で合流して，翼列の下流では後流（wake：流れの中に物体（今の例では翼列）を置くと，流れが物体に接して生じ

5.3 圧力比を決める各要因

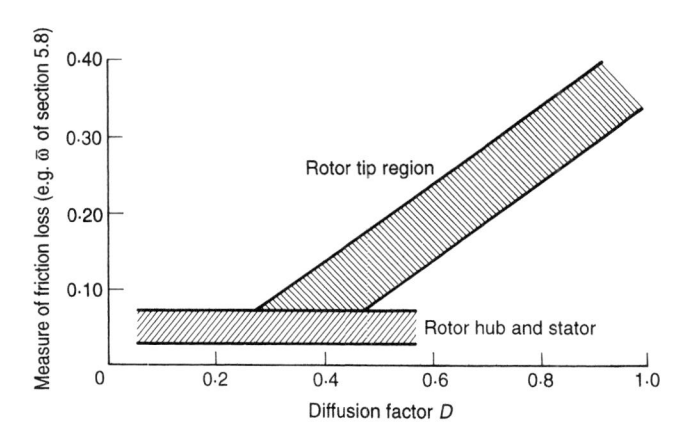

図5.8 減速率 D と摩擦損失の関係

た摩擦損失分だけ全圧が下がった領域（＝後流）が流れの中に生じる．図5.24参照）を形成する．境界層が大きく発達して厚くなる領域では摩擦損失も大きいが，境界層は流れが大きく減速するほど厚くなり，今の例では，背側の最大速度点より下流の減速域がそれに相当する．NACAの減速率 D は，この背側の翼面上での減速域に関連するものであり，簡単に言えば $D \approx (V_{max} - V_2)/V_1$ と書ける．また，各種の翼列試験の結果より，最大速度は $V_{max} = V_1 + 0.5(\Delta C_w s/c)$ となることが知られている．ここで，ΔC_w は，図5.6に示す通り，動翼に流入する空気流の旋回速度成分 C_{w1} と，動翼から流出する空気流の旋回速度成分 C_{w2} の差 $\Delta C_w = C_{w2} - C_{w1}$，すなわち，動翼による旋回速度の増加量である．これらより，

$$D \approx \frac{V_{max} - V_2}{V_1} \approx \frac{V_1 + \frac{\Delta C_w}{2} \cdot \frac{s}{c} - V_2}{V_1} \approx 1 - \frac{V_2}{V_1} + \frac{\Delta C_w}{2V_1} \cdot \frac{s}{c} \tag{5.7}$$

となる．NACAでの翼列試験の結果（文献［6］）から得られた，減速率 D と翼列の摩擦損失の関係を図5.8に示す．NACAでは，同じ翼型断面の翼列で，翼の配置を色々と変えて試験を行い，最大流速が，亜音速か，多少音速を超える程度までの流れであれば，図5.8の関係が成り立つことを示した．図5.8より，動翼の内周面（ハブ面）や静翼での摩擦損失量は，減速率 D が 0.6 までは D によ

らないが，動翼のチップ側では，減速率 D が 0.4 を超えると摩擦損失が急増することが分かる．NACA の減速率 D は，翼列の速度三角形とピッチ／コード比 s/c から求められ，それらを決めた段階で，動翼の転向角が大き過ぎないかどうかを簡易に判別できるという利点がある．米国では，ピッチ／コード比 s/c の逆数はソリディティ（solidity，翼列の詰まり具合：翼の厚みが空間を占める割合）とも呼ばれる．

5.4 圧縮機の内外周面境界層による有効流路の減少

圧縮機内の流れは，基本的に下流の方が圧力が高い逆圧力勾配であるから，内周面（ハブ側面）や外周面（ケーシング面，チップ側）上の境界層は徐々に厚くなる．このため，内周面と外周面の間の環状の流路を実際に空気が通過できる有効流路断面積は，形状から計算される断面積より小さくなる．この影響で，同じ流量の空気を流すと，軸流速度は想定よりだいぶ大きくなるため，設計の段階で，境界層による有効流路減少の影響を取り込んでおかなければならない．ただし，これまで説明した通り，圧縮機内の流れは局所的に加減速や転向を繰り返す上，チップとケーシングの間からのリークによる流れも無視できないため，境界層の成長率を計算するのは極めて困難である．このため，通常は，これまでの圧縮機試験の結果から得られている経験的な補正係数のようなものを利用することになる．

英国での試験結果によると，圧縮機各段の実際の全温上昇量は，式（5.5）で計算した値より常に小さくなる．これは，式（5.5）では，内周から外周まで半径方向に流れが一様と仮定しているが，実際には，内外周面の境界層の影響で，図 5.9 のように，段を通過するにつれて軸方向流速 C_a の半径方向変化は大きくなり，4 段目あたりでは，中間高さ辺りでピークを持つ速度分布になるためである．このように，軸方向流速 C_a が径方向に変化することによって，動翼の回転が流れに与える仕事量がどのように変化するかを考えてみる．式（5.4）と（5.2）より，流れに与えられる仕事量は，

$$\begin{aligned} W &= mU[(U - C_a \tan \alpha_1) - C_a \tan \beta_2] \\ &= mU[U - C_a(\tan \alpha_1 + \tan \beta_2)] \end{aligned} \quad (5.8)$$

5.4 圧縮機の内外周面境界層による有効流路の減少　249

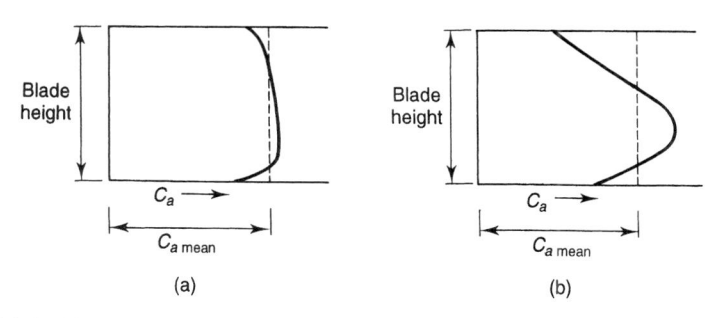

図 5.9　軸方向流速の径方向分布：(a)初段，(b)4 段目

と表せる．今，設計後のある翼列を想定し，流入角 α_1 や回転速度 U，翼列の形状は変えないで，軸方向流速 C_a が変化した時の影響を見る（β_1 は変化する）．また，角度 β_2 は，概ね動翼の後縁の出口角度によって決まるので，これも軸方向流速 C_a によらない（α_2 は変化する）．このとき，式 (5.8) より，軸方向流速 C_a が大きくなる中央部分では，動翼の回転が流れに与える仕事量が減ることが分かる．ただし，逆に，内周のハブ側や外周のチップ側では，軸方向流速 C_a が平均より小さくなっているので，仕事量が増え，中央部分の仕事量の減少と相殺されるようにも思えるが，実際には，内周側や外周側では，境界層の影響や，チップすき間からのリークによる流れの影響で，それほど仕事量が増えないため，軸方向流速に分布があるとトータルで仕事量は減ることになる．この傾向は，圧縮機の段数が増えるにつれ，さらに顕著になる．

この軸方向流速の径方向変化による仕事量の変化は，有効仕事係数 $\lambda(<1)$ という係数を導入し，これを式 (5.4) の理想的な仕事量にかけることによって考慮することができる．有効仕事係数 λ を用いると，段あたりの実際の全温上昇量は，式 (5.5) より，

$$\Delta T_{0S} = \frac{\lambda}{c_p} U C_a (\tan\beta_1 - \tan\beta_2) \tag{5.9}$$

と表せる（この式での C_a は図 5.9 に示す C_a の平均値 $C_{a\,mean}$，すなわち，入口の流入一様流の軸方向速度と考えられる）．下流段に行くに従って軸方向流速の変化が大きくなることから，有効仕事係数 λ は，図 5.10 に示す通り，圧縮機の段数が増えるほど下がる．

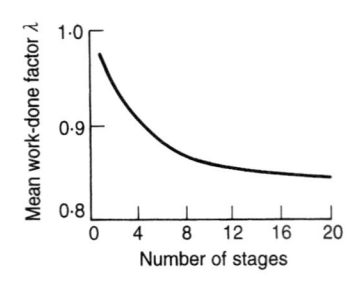

図5.10 圧縮機の有効仕事係数 λ の段数による変化

　有効仕事係数 λ は，動翼の回転によって空気流に与えられる仕事量が，式 (5.4) より実際には少ないことを示すものであり，摩擦損失とは直接関係がない．摩擦損失は等エントロピ効率に関係し，式 (5.6) で示す通り，与えられた仕事量，すなわち全温上昇量に対して，どの程度全圧が上昇するかに関わるものである（損失が大きいと，同じ仕事量が流れに与えられても，全圧上昇量は少なくなる）．

　式 (5.5) の所で，動翼の回転で空気流に与えられる仕事量は，軸方向流速 C_a が大きいほど大きくなると述べたのに対し，上記の有効仕事係数 λ の説明では，軸方向流速が大きい所の方が仕事量が少なくなるとしており，一見，矛盾しているように見えるが，これは何を固定して考えるかという問題で，丁寧に説明すれば，実際にはそうではない．元々仕事量を決めているのは，軸方向流速というより，式 (5.3.1) に示すように動翼での周方向の流速変化 ΔC_w である．設計の段階で減速率の制約などから転向角 $\beta_1 - \beta_2$ を固定すると，回転速度 U 一定でも軸方向流速 C_a を増やした方が周方向の流速変化 ΔC_w が大きくなり，仕事量が増える．ただし，この時，流入角度 α_1 を減らす必要がある．一方，上記は，翼列の設計が終わって，形状や回転速度 U が固定されている状態で，軸方向流速 C_a に分布ができると，各半径位置での仕事量（すなわち ΔC_w）がどうなるかを述べたものである．形状が決まっているので，動翼の出口角で決まる β_2，初段の流入角 α_1，2段目以降の流入角 α_1，（＝前段静翼の出口角 α_3）は変化しないが、流速 C_1，C_2，C_3 や角度 β_1，α_2 は境界層による流速変化によって変動する．

　その他，圧縮機内外周面の境界層の発達に伴う有効流路断面積の減少の影響を示す別の方法として，その縮減率を，直接，流路のブロッケージ係数 (blockage factor）として表す方法もあり，米国での圧縮機設計ではこの方法が採り入れられている．有効仕事係数とブロッケージ係数のいずれも，特定の組織で行われた圧縮機の開発実績に基づく経験的な補正である．

5.5　反動度

　先に示した通り，軸流圧縮機の各段（動翼＋静翼）では，流れの減速・圧縮が，動翼の翼間流路と，静翼の翼間流路の両方で行われており，両方の流路で静圧が上昇する．段全体での静圧上昇量に対する動翼部での静圧上昇量の割合の目安となる反動度 Λ (degree of reaction) を，次式で定義する．

$$\Lambda = \frac{動翼での静エンタルピ上昇量}{段全体の静エンタルピ上昇量} \tag{5.9.1}$$

　静エンタルピ h は，$h=c_p T$ の通り，定圧比熱 c_p と静温 T の積で表され，全エンタルピは，式（2.6）に示す通り，静エンタルピと運動エネルギの和 $h_0 = h + C^2/2$ として表される．また，全エンタルピは，定圧比熱 c_p と全温 $T_0 (= T + C^2/2c_p)$ の積 $h_0 = c_p T_0$ として表せる．圧縮機内温度変化による定圧比熱 c_p の変化は無視できるレベルであるから，反動度 Λ は，段全体での静温上昇量に対する動翼での静温上昇量の割合とも考えられる．

　反動度 Λ は圧縮機の設計に役立つ考え方であり，動静翼を通過する流速の大きさや角度によって表すことができる．今，図5.4に示す圧縮機の動翼と静翼の翼列において，(a) 軸方向流速 C_a は一定，(b) 入口と出口の流速の絶対値は等しい（$C_3 = C_1$）とする．条件（b）より，段前後での静温の上昇量 ΔT_S と全温の上昇量 ΔT_{0S} は等しくなり，$\Delta T_S = \Delta T_{0S}$ と書ける．動翼での静温の上昇量を ΔT_A，静翼での静温の上昇量を ΔT_B とすると，式（5.5）より，

$$\begin{aligned} W &= c_p(\Delta T_A + \Delta T_B) = c_p \Delta T_S = UC_a(\tan\beta_1 - \tan\beta_2) \\ &= UC_a(\tan\alpha_2 - \tan\alpha_1) \end{aligned} \tag{5.10}$$

となる．一方，空気流に仕事が与えられて全温が上昇するのは，空気が動翼を通過する時のみであるから，

$$W = c_p \Delta T_A + \frac{1}{2}(C_2^2 - C_1^2) \tag{5.10.1}$$

と表せる．これと式 (5.10) より，

$$c_p \Delta T_A = UC_a(\tan \alpha_2 - \tan \alpha_1) - \frac{1}{2}(C_2^2 - C_1^2) \tag{5.10.2}$$

となり，図 5.4 の速度三角形から $C_2 = C_a \sec \alpha_2$，$C_1 = C_a \sec \alpha_1$ ($\sec \alpha \equiv 1/\cos \alpha$) となるので，

$$\begin{aligned}
c_p \Delta T_A &= UC_a(\tan \alpha_2 - \tan \alpha_1) - \frac{1}{2}C_a^2(\sec^2 \alpha_2 - \sec^2 \alpha_1) \\
&= UC_a(\tan \alpha_2 - \tan \alpha_1) - \frac{1}{2}C_a^2(\tan^2 \alpha_2 - \tan^2 \alpha_1)
\end{aligned} \tag{5.10.3}$$

となる．これらより，反動度 Λ は，

$$\begin{aligned}
\Lambda &= \frac{\Delta T_A}{\Delta T_A + \Delta T_B} \\
&= \frac{UC_a(\tan \alpha_2 - \tan \alpha_1) - \frac{1}{2}C_a^2(\tan^2 \alpha_2 - \tan^2 \alpha_1)}{UC_a(\tan \alpha_2 - \tan \alpha_1)} \\
&= 1 - \frac{C_a}{2U}(\tan \alpha_2 + \tan \alpha_1)
\end{aligned} \tag{5.10.4}$$

と求められる（軸方向流速 C_a 一定なら，$C_{w1} = C_a \tan \alpha_1$，$C_{w2} = C_a \tan \alpha_2$ より，後の式 (5.18) に示す通り $\Lambda = 1 - (C_{w2} + C_{w1})/U$ となる．動翼で単位質量の空気に与えられる仕事 W は，式 (5.3.1) より $U(C_{w2} - C_{w1})$ であるが，この仕事 W は，式 (5.10.1) に示す通り静温・静圧の上昇に関わる分 $c_p(T_2 - T_1)$ と運動エネルギ上昇分 $(C_{w2}^2 - C_{w1}^2)/2$ のどちらかに振り分けられる．運動エネルギへの振り分け割合は $(C_{w2}^2 - C_{w1}^2)/2/[U(C_{w2} - C_{w1})] = (C_{w2} + C_{w1})/2U$，動翼での静温・静圧の上昇への振り分け割合は，その残りの $1 - (C_{w2} + C_{w1})/U$ で，これが反動度 Λ になっている．すなわち，段の出入口の流速が同じ $C_1 = C_3$ なら，反動度 Λ は，動翼で空気流に加えられる仕事のうち，空気流の静温・静圧の上昇に使われる割合に等しい．よって，反動度 Λ が大きいと動翼内での静圧の上昇が大きく，その分静翼で運動エネルギを静圧の上昇に変換する手間が省けるため，静翼の負担が少ないことが分かる）．

一方，式 (5.2) と (5.3) を加えると，

$$\frac{2U}{C_a} = \tan \alpha_1 + \tan \beta_1 + \tan \alpha_2 + \tan \beta_2 \tag{5.10.5}$$

となるから，反動度 Λ は，動翼から見た流入角度 β_1 と流出角度 β_2 を用いると，

$$\Lambda = 1 - \frac{C_a}{2U}\left[\frac{2U}{C_a} - (\tan\beta_1 + \tan\beta_2)\right]$$
$$= \frac{C_a}{2U}(\tan\beta_1 + \tan\beta_2) \qquad (5.11)$$

と表せる．設計の際に，反動度 $\Lambda = 0.5$ が重要になるが，その時は，

$$\tan\beta_1 + \tan\beta_2 = \frac{U}{C_a} \qquad (5.11.1)$$

となり，これと，(5.2) と (5.3) より，それぞれ，

$$\tan\alpha_1 = \tan\beta_2 \Rightarrow \alpha_1 = \beta_2$$
$$\tan\beta_1 = \tan\alpha_2 \Rightarrow \alpha_2 = \beta_1 \qquad (5.11.2)$$

が得られる．また，軸方向流速 C_a は一定で，図 5.4 より，流入流速 C_1，流出流速 C_3 と，

$$C_a = C_1\cos\alpha_1 = C_3\cos\alpha_3 \qquad (5.11.3)$$

の関係があるが，入口と出口の流速の絶対値は等しい（$C_3 = C_1$）としているので，空気の流入・流出角度も等しい（$\alpha_1 = \alpha_3$）．まとめると，反動度 $\Lambda = 0.5$ の時は，流れの角度について $\alpha_1 = \beta_2 = \alpha_3$，および，$\beta_1 = \alpha_2$ が成り立つ．この時，図 5.6 の 2 つの速度三角形（右が動翼入口，左が動翼出口）が，ちょうど左右対称になり，$C_1 = V_2$，$V_1 = C_2$ となる．また，図 5.4 において，回転している動翼から見た空気の流入角度は β_1 になるので，動翼の前縁角度は概ね β_1 に合わせることになる．同様に，動翼の後縁角度は β_2，静翼の前縁角度は $\alpha_2 (=\beta_1)$，後縁角度は $\alpha_3 (=\beta_2)$ に合わせるから，動翼と静翼は前縁角度が同じ，後縁角度も同じで，ちょうど左右反対になった形になる．このため，反動度 $\Lambda = 0.5$ の翼列を，対称翼列（symmetrical blading）とも呼ぶ（図 5.4 は対称翼列と言える）．

1 つ注意点として，上記の式変形では，軸方向流速 C_a の径方向変化による仕事量の減少を考慮しておらず，式 (5.10) では有効仕事係数 $\lambda = 1$ と仮定したことになっている．動翼と静翼が左右対称になる対称翼列は，一般に反動度 0.5 と言われるが，実際には，有効仕事係数が 1 より小さいことにより，反動度 Λ は 0.5 から少しずれる．

反動度 Λ の定義は，最初に示した通り，段全体の静エンタルピ上昇量に対する動翼での静エンタルピ上昇量の割合であるが，対応する静圧の上昇割合として

も表すことができる．熱力学におけるエントロピ変化の式 $Tds=dh-vdp$ ($v=1/\rho$：比体積：単位質量あたりの体積）について，非圧縮性（密度 ρ 一定）の等エントロピ流れ ($ds=0$) を仮定すると，

$$0=dh-dp/\rho \tag{5.11.4}$$

となる．これを，状態1から2まで積分すれば，

$$h_2-h_1=(p_2-p_1)/\rho \tag{5.11.5}$$

となり，静エンタルピ h の変化量が静圧 p の変化量と連動していることが分かる．

反動度 Λ について，極端な例として $\Lambda=0$ と $\Lambda=1$ の場合について，それぞれ考えてみる．まず，反動度 $\Lambda=0$ の場合は，空気流は動翼で仕事を得て全温が上がるが，動翼では静温（および静圧）は上昇せず（$\Delta T_A=0$），仕事はすべて速度（運動エネルギ）の上昇に当てられ，減速・昇圧（昇温）はすべて静翼で行われる．この時，式 (5.11) で $\Lambda=0$ より $\beta_2=-\beta_1$ となるから，図5.4で言えば，動翼は後縁が右下を向く「く」の字のような翼列となり（図7.1の翼型のイメージ），入口と出口の有効流路断面積が等しい衝動型（impulse type）となる．一方，反動度 $\Lambda=1$ の場合は，動翼入口と出口で流速は同じで ($C_1=C_2$)，運動エネルギは上昇せず，動翼で得た仕事で静温・静圧が上昇する．この時には，静翼では状態変化は無く，$\alpha_2=-\alpha_1(=-\alpha_3)$ よりくの字の翼列により流れの向きを変えるだけの衝動型になると考えられる（式 (5.10) で α_1 が正，α_2 が負の場合は仕事が負になるため成立せず，α_1 が負で α_2 が正，すなわち，動翼の回転方向と逆向きの予旋回が与えられていることが前提になると考えられる）．

圧縮機内で効率良く空気流を減速・圧縮するには，動翼と静翼で減速・圧縮過程を分担することが望ましく，よって，反動度 $\Lambda=0.5$ 程度が好まれる．ただし，圧縮機の効率が反動度が少しずれると大きく変わるという訳でなく，例えば，後述の通り，反動度 Λ は，径方向にかなり変化し，ハブの径に対して翼高さが高くハブ・チップ比の小さい段ではその傾向が強い．

ここまでの内容の理解をより確実にするために，例題を先にやった方がよいと思う場合には，5.7節の翼列の平均半径での簡易設計の例題を先にやってもよい．ただし，圧縮機の設計の全体像を把握するには，流れの3次元性を理解する必要があり，次節ではそれについて述べる．

5.6 流れの3次元性

ここまでの翼列理論では，主に平均半径面での2次元流れを仮定し，翼高さ方向の流れは無いものとしてきた．翼高さが流路の内径に比べて小さく，ハブ・チップ比が0.8を超えるような後段の翼列では，そのように仮定してもあまり問題ないが，前段ではハブ・チップ比が小さいため注意が必要である．例えば，航空エンジンの圧縮機初段では，ハブを小さくして同じ正面面積でもより多くの流量の空気を取り入れるため，ハブ・チップ比を0.4程度にまで下げている．また，図5.1のように，ハブ・チップ比が圧縮機前段で小さく，後段に行くに従って大きくなる場合には，流路が半径方向に傾斜を持ち，流れの向きが回転軸に平行でなくなるため，軸方向や周方向の流速と比べると小さいながらも，半径方向の流速が生じることを考慮しなければならない．また，圧縮機内の空気は，周方向に旋回しているため，外向きの遠心力と，それにつり合う内向きの圧力勾配が生じ，概ね，翼の内周側より外周側の方が静圧が高くなるが，実際の流れでは，その遠心力と圧力勾配とのつり合いを補完するための径方向の流れが生じる．

流路内径に対して翼高さが大きくハブ・チップ比が小さい場合には，内周側と外周側では動翼の回転速度 U（回転半径に比例）の差が大きい．このため，流入空気の流速 C_1 や角度 α_1 が同じでも，半径方向位置によって図5.4で示した速度三角形が変わり，動翼から見た空気の流入角度 β_1 が変わってくる．さらに，上記で述べた径方向の静圧分布から密度の違いが生じ，流速にも影響が出る．これらによって，動翼から見た空気の流入角度 β_1 は，内周側と外周側のどちらも，平均半径での値からかなりずれることになる．翼列を通過する空気の摩擦損失を減らして，効率の高い軸流圧縮機を設計するには，どの半径位置でも動翼の前縁角度を空気の流入角度 β_1 に合わせて，空気をスムーズに翼間に誘導する必要があるので，翼を，前縁角度が半径方向に変化するひねった3次元形状としなければならない（図8.26右図のイメージ）．

翼列を通過する空気流の半径方向の力のつり合いについて，図5.11のような微小な検査体積を設定して考える．図5.11（a）は圧縮機の回転軸に垂直な断面で，周方向流速 C_w の旋回運動と半径方向の圧力勾配を示している．一方，図5.11（b）は，回転軸に平行な断面で，軸方向流速 C_a と半径方向流速 C_r，およ

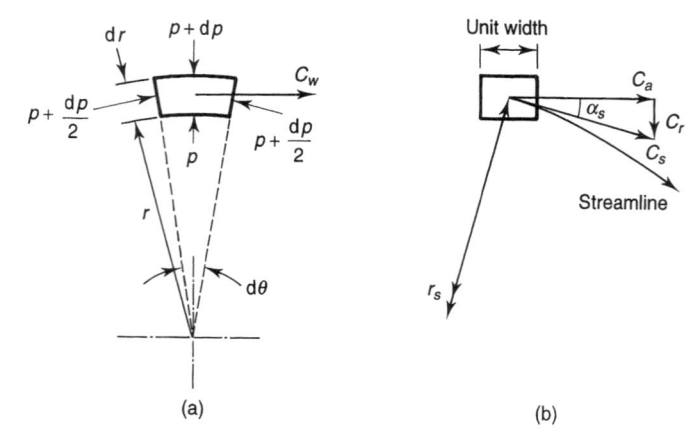

図5.11 圧縮機内流れの半径方向の力のつり合い

び，両者を合成した速度 C_s を示している．図5.11（b）には，検査体積を通る流線も示しており，図の例では，流れが軸方向から角度 α_s だけ内向きになっていることが分かる．これらの図に示す流体の運動について，以下の3つの力を考える．

（ⅰ）回転軸周りの旋回運動に必要な向心力

（ⅱ）図5.11（b）に示すように，径方向の流速によって流線が曲率を持つことに関連する向心力の半径方向成分．

（ⅲ）図5.11（b）において，流線に沿って流れが加速する場合，その加速に必要な力（向きは流線の方向：C_s の方向）の半径方向成分

以下，（ⅰ），（ⅱ），（ⅲ），それぞれの力の大きさ $F_{(i)}, F_{(ii)}, F_{(iii)}$ について考える（$F_{(ii)}$ と $F_{(iii)}$ は少し分かりにくいが，勘の良い読者ならお気付きのとおり，通常は，それらは $F_{(i)}$ に比べて小さく，後の式（5.12）から（5.13）に至る過程で消去されるので，主に $F_{(i)}$ に注目しても差し支えない）．また，重力の影響は小さいので無視する．

まず，図5.11（a）において，密度 ρ，体積 $r\,d\theta \times dr$，すなわち，質量 $m = \rho r d\theta\, dr$ の検査体積の流体が，曲率半径 r，速度 C_w で旋回するのに必要な向心力 $F_{(i)}$ は，

$$F_{(i)} = \frac{mC_w^2}{r} = (\rho\, r\, dr\, d\theta)\frac{C_w^2}{r} \tag{5.12.1}$$

5.6 流れの3次元性

となる．同様に，図 5.11 (b) において，流速 C_S で曲率半径 r_S で曲がるのに必要な向心力 $F_{(ii)}$ は，大きさが mC_S^2/r_S で，向きは図の r_S と示す矢印の向きであるから，その半径方向成分（図 5.11 (b) の真下の方向）は，

$$F_{(ii)} = \frac{mC_S^2}{r_S}\cos\alpha_S = (\rho\, r\, dr\, d\theta)\frac{C_S^2}{r_S}\cos\alpha_S \tag{5.12.2}$$

となる．また，図 5.11 (b) において，流線に沿って流れが dC_S/dt の加速度を持つとすると，それに必要な力は，流線の向きに mdC_S/dt である．これの半径方向成分 $F_{(iii)}$ は，

$$F_{(iii)} = m\frac{dC_S}{dt}\sin\alpha_S = (\rho\, r\, dr\, d\theta)\frac{dC_S}{dt}\sin\alpha_S \tag{5.12.3}$$

となる．3つの半径方向の力の合計を F_I とおいてまとめると，内向きを正として，

$$F_I = \rho\, r\, dr\, d\theta\left[\frac{C_w^2}{r} + \frac{C_S^2}{r_S}\cos\alpha_S + \frac{dC_S}{dt}\sin\alpha_S\right] \tag{5.12.4}$$

となる．これとつり合い，上記の (i), (ii), (iii) で示す運動を起こす力は，検査体積を周囲の4面から押す圧力であるが，その半径方向成分の合計は，

$$F_P = (p+dp)(r+dr)d\theta - p\, r\, d\theta - 2\left(p+\frac{dp}{2}\right)dr\frac{d\theta}{2} \tag{5.12.5}$$

となる．最初の2項が上下面に作用する圧力，第3項が左右面に作用する圧力に対応し，左右面に作用する圧力は，簡単のため，平均値 $p+dp/2$ の圧力が両側から幅 dr 全体に作用すると仮定している（$\theta/2$ は $\sin(\theta/2)$ の近似）．F_I と F_P を等置し，2次以上の高次の項を省略すると，

$$\frac{1}{\rho}\frac{dp}{dr} = \frac{C_w^2}{r} + \frac{C_S^2}{r_S}\cos\alpha_S + \frac{dC_S}{dt}\sin\alpha_S \tag{5.12}$$

が得られる．この式は，翼間の流れの3次元運動に関する径方向のつり合いを表す厳密な式であるが，大半の設計では，図 5.11 (b) に示した流れの曲がりや加速は旋回運動に比べると小さいので，右辺の後ろの2項（$F_{(ii)}$ と $F_{(iii)}$ に相当）を省略し，

$$\frac{1}{\rho}\frac{dp}{dr} = \frac{C_w^2}{r} \tag{5.13}$$

を得る．基本的に，この式が半径方向の力のつり合いを示す式となる．

ここまで考えた力のつり合いに加えて，エネルギの収支についても考える．エ

ネルギには熱エネルギと運動エネルギがあり，式（2.6）より，全エンタルピ h_0 と静エンタルピ h について，

$$h_0 = h + \frac{C^2}{2} = h + \frac{1}{2}(C_a^2 + C_w^2) \tag{5.13.1}$$

の関係がある．ただし，半径方向流速 C_r は，軸方向流速 C_a や周方向流速 C_w に比べて小さいとして省略している．これを半径 r 方向に微分すると，

$$\frac{dh_0}{dr} = \frac{dh}{dr} + C_a\frac{dC_a}{dr} + C_w\frac{dC_w}{dr} \tag{5.14}$$

となるが，熱力学でのエントロピ変化の式 $Tds = dh - dp/\rho$ より，

$$\frac{dh}{dr} = T\frac{ds}{dr} + \frac{1}{\rho}\frac{dp}{dr} \tag{5.14.1}$$

であるので，これを式（5.14）に代入すると，

$$\frac{dh_0}{dr} = T\frac{ds}{dr} + \frac{1}{\rho}\frac{dp}{dr} + C_a\frac{dC_a}{dr} + C_w\frac{dC_w}{dr} \tag{5.14.2}$$

となる．さらに，式（5.13）の関係を用いると，

$$\frac{dh_0}{dr} = T\frac{ds}{dr} + C_a\frac{dC_a}{dr} + C_w\frac{dC_w}{dr} + \frac{C_w^2}{r} \tag{5.14.3}$$

となることが分かる．ここで，Tds/dr の項について，図5.3 をはじめ，損失のあるサイクル計算の $T-s$ 線図で示してきた通り，エントロピ変化 ds は，全圧損失（による熱の発生）や燃焼その他の熱の出入りがあると生じる．翼間で局所的に超音速になって衝撃波損失が発生したり，壁面摩擦損失が起こったりすると，その部分でエントロピ s が上昇して ds/dr が値を持つが，今はその効果は他項に比べて小さいとして無視すると，

$$\frac{dh_0}{dr} = C_a\frac{dC_a}{dr} + C_w\frac{dC_w}{dr} + \frac{C_w^2}{r} \tag{5.15}$$

となる．また，全エンタルピ h_0 については，外部と熱や仕事のやり取りがない限り，損失の有無によらず一定である．圧縮機では，流れる空気に外部から仕事の入力（動翼が空気を押す仕事）があるが，単位質量の空気に動翼が与える仕事量が，半径方向位置にはよらず一定であると仮定すると $dh_0/dr = 0$ となる．圧縮機では，下流に行くに従って動翼を通過する度に全エンタルピが増えていくが，この仮定に基づけば，軸に垂直な断面では全エンタルピは一様で分布がな

い．その場合，
$$C_a \frac{dC_a}{dr} + C_w \frac{dC_w}{dr} + \frac{C_w^2}{r} = 0 \tag{5.16}$$
となる．図5.4を用いた例で，翼間流れでは軸方向流速C_aは流れ方向に一定としたが，半径方向にも分布が無く一定，すなわち，$dC_a/dr=0$とすると，さらに簡単になり，
$$\frac{dC_w}{dr} = -\frac{C_w}{r}, \quad \text{or} \quad \frac{dC_w}{C_w} = -\frac{dr}{r} \tag{5.16.1}$$
となる．これを積分すると，最終的に，周方向速度C_wについて，
$$C_w r = \text{constant} \tag{5.17}$$
が得られる．この場合，ある場所の周方向速度C_wは，その位置の半径rに反比例する．そのような旋回運動は，中心の特異点を除いて，渦度が至る所0のため，自由渦型 (free vortex) と呼ばれる．

ここまでの解析により，(a) 単位質量の流体に加えられる仕事量は半径位置によらず一定，(b) 軸方向流速C_aも半径位置によらず一定，(c) 周方向流速C_wの分布は式 (5.17) に示す通り自由渦型，以上の3つの条件を満たせば，半径方向の力のつり合いの式 (5.13) が満たされることが分かる．よって，直感的には，これらを圧縮機の翼列設計の基本とするのが理想的であると思われ，後の第7章で示す通り，実際に軸流タービンの設計で用いられているが，圧縮機の翼列では以下のような問題点がある．

自由渦型の設計の問題点の1つである，反動度の径方向変化について示す．図5.4の例で，入口と出口の流速が同じ ($C_3=C_1$) で，軸方向流速一定 ($C_{a1}=C_{a2}=C_a$) とすると，式 (5.10.4) で示した通り，動翼での減速・圧縮割合を示す反動度Λは，
$$\Lambda = 1 - \frac{C_a}{2U}(\tan \alpha_2 + \tan \alpha_1) \tag{5.17.1}$$
と表せ，動翼前後の旋回速度成分を用いると，
$$\Lambda = 1 - \frac{C_{w2} + C_{w1}}{2U} \tag{5.18}$$
と書ける．動翼の回転速度Uは，その位置の半径rに比例するので，平均半径r_mでの回転速度をU_mとおくと，$U=U_m r/r_m$と表せ，

$$\Lambda = 1 - \frac{C_{w2}\,r + C_{w1}\,r}{2U_m r^2/r_m} \tag{5.18.1}$$

となる．今，自由渦型の設計（$C_w r = $一定）とするため，入口空気流の角度 $\alpha_1 (=\alpha_3)$ を調整して $C_{w1} r = $一定となるよう設定し，動翼流路出口でも $C_{w2} r = $一定となるようにする．その場合には，

$$\Lambda = 1 - \frac{\text{定数}}{r^2} \tag{5.19}$$

となり，反動度は内周側の方が外周側より小さくなることが分かる（内周ほど $C_w r = $一定より旋回速度 C_w が大きく，動翼の回転速度 U が小さいので，式 (5.18) を見ても，内周側の方が反動度 Λ が小さくなることが分かる）．よって，平均半径付近で反動度 Λ を最適値の 0.5 に設定しても，内周側では反動度が小さく，外周側では反動度が大きくなる．この傾向は，ハブ・チップ比が小さくなるほど強くなる．

上記の自由渦型以外の設計方法について，式 (5.15) まで戻って考える．一般に，径方向には圧力比が変化しないよう，動翼が単位質量の空気に与える仕事量は径方向に一定にすることが望ましいので $dh_0/dr = 0$ は成り立つとする．すると式 (5.16) となるが，ここで，軸方向流速 C_a の径方向一定にこだわらなければ，旋回速度 C_w を自由渦の関係式 (5.17) 以外の速度分布とすることが可能である．例えば，より一般的な，以下の旋回速度分布を考えてみる．

$$C_{w1} = aR^n - \frac{b}{R}, \quad C_{w2} = aR^n + \frac{b}{R} \tag{5.20}$$

ただし，a, b, n は半径によらない定数で，$R = r/r_m$ である．動翼の回転速度は $U = U_m R$ と表せるから，動翼が単位質量あたりの空気になす仕事は，

$$U(C_{w2} - C_{w1}) = 2bU_m \tag{5.20.1}$$

となり，半径によらず一定になる．以下，図 5.4 を見ながら，指数 n が -1，1，0 の 3 つの場合について考える．定数 a と b については，後で示す通り，反動度 Λ と全温上昇量によって決まる．

<$n = -1$ の場合>
式 (5.20) より，旋回速度は，

$$C_{w1}=\frac{a}{R}-\frac{b}{R}, \quad C_{w2}=\frac{a}{R}+\frac{b}{R} \tag{5.20.2}$$

となり，旋回速度が半径に反比例する自由渦の関係式を満たすことが分かる．この時，式 (5.16) より軸方向速度 C_a は半径によらず一定で，反動度 $\varLambda$ は，式 (5.18.1) より，

$$\varLambda=1-\frac{2ar_m}{2U_mR\,r}=1-\frac{a}{U_mR^2} \tag{5.21}$$

となる．

＜$n=1$ の場合＞

式 (5.20) の旋回速度は，

$$C_{w1}=aR-\frac{b}{R}, \quad C_{w2}=aR+\frac{b}{R} \tag{5.21.1}$$

となる．この時，軸方向流速 C_a については，式 (5.16) から計算する必要がある．半径 r の代わりに $R=r/r_m$ を用い，式 (5.16) を全微分の形式で表すと，

$$C_a dC_a + C_w dC_w + \frac{C_w^2}{R}dR=0 \tag{5.21.2}$$

となる．これを，平均半径 $R=1$ を基準として，半径 R まで積分すると，

$$-\frac{1}{2}[C_a^2]_1^R=\frac{1}{2}[C_w^2]_1^R+\int_1^R\frac{C_w^2}{R}dR \tag{5.21.3}$$

となる．動翼と静翼の間（添字 2）の場所で考えると，軸方向速度は $C_a=C_{a2}$，旋回速度が $C_{w2}=aR+b/R$ であるから，これらを代入して計算すると，

$$C_{a2}^2-(C_{a2}^2)_m=-2(a^2R^2+2ab\ln R-a^2) \tag{5.22}$$

を得る．ただし，添字 m は平均半径 $R=1$ での値を示す．軸方向速度 C_{a2} も半径方向に分布があるので，C_{a2} は平均半径での値 $(C_{a2})_m$ と同じではなく，平均半径での値からのずれが上式のように表されている．同様にして，動翼入口（添字 1）では，

$$C_{a1}^2-(C_{a1}^2)_m=-2(a^2R^2-2ab\ln R-a^2) \tag{5.23}$$

となる．両方の式を見ると違いがあるので，図 5.4 で，平均半径 ($R=1$) での軸方向流速が動翼の前後で同じ，すなわち $(C_{a2})_m=(C_{a1})_m$ であるとしても，平均半径以外では同じ半径位置でも軸方向流速 C_{a2} と C_{a1} は異なることが分かる．よっ

て，反動度 Λ については，軸方向流速が一定として求めた反動度の式 (5.18) は用いることが出来ず，最初の定義まで戻って計算し直す必要がある．

先に説明したとおり，動翼での静温上昇を ΔT_A，静翼での静温上昇を ΔT_B とすると，反動度は $\Lambda = \Delta T_A/(\Delta T_A + \Delta T_B)$ となる．動翼＋静翼の1段での静温上昇 $\Delta T_S (= \Delta T_A + \Delta T_B)$ に対して，全温上昇 ΔT_{0S} とおくと，式 (2.6) の全温の定義より $\Delta T_{0S} = \Delta T_S + (C_3{}^2 - C_1{}^2)/2c_p$ であるが，今，動翼入口の流速 C_1 と静翼出口の流速 C_3 は，平均半径だけでなく，どの半径位置でも同じになるとすれば，$\Delta T_{0S} = \Delta T_S$ となる．また，これまでと同様に，段の全エンタルピの上昇 $c_p \Delta T_{0S}$ は，動翼で加えられた仕事 $W = U(C_{w2} - C_{w1})$ に等しいことに注意すれば，

$$c_p(\Delta T_A + \Delta T_B) = W = U(C_{w2} - C_{w1}) \tag{5.23.1}$$

が得られる．また，動翼の前後での変化（1→2）に着目し，そこでの全エンタルピ上昇量 $c_p \Delta T_A + (C_2{}^2 - C_1{}^2)/2$ を，動翼で加えられた仕事 $W = U(C_{w2} - C_{w1})$ と等置して，移項すると，

$$c_p \Delta T_A = \frac{1}{2}(C_1^2 - C_2^2) + U(C_{w2} - C_{w1}) \tag{5.23.2}$$

となる．動翼の前後での流速 C_1 と C_2 の3方向成分のうち，半径方向成分は小さいとして無視し，軸方向成分と周方向成分のみを考慮すると，$C_1^2 = C_{a1}^2 + C_{w1}^2$，$C_2^2 = C_{a2}^2 + C_{w2}^2$ であるから，

$$c_p \Delta T_A = \frac{1}{2}[(C_{a1}^2 + C_{w1}^2) - (C_{a2}^2 + C_{w2}^2)] + U(C_{w2} - C_{w1}) \tag{5.23.3}$$

となる．よって，反動度 Λ は，

$$\Lambda = 1 + \frac{C_{a1}^2 - C_{a2}^2}{2U(C_{w2} - C_{w1})} - \frac{C_{w2} + C_{w1}}{2U} \tag{5.23.4}$$

と求められる．動翼前後での軸方向速度の式 (5.22) と (5.23) において，平均半径位置 $R = 1$ では軸方向速度が等しい，すなわち，$(C_{a2})_m = (C_{a1})_m$ とすると，

$$C_{a1}^2 - C_{a2}^2 = 8ab \ln R \tag{5.23.5}$$

となる．これより，平均半径より外側（$R > 1$）では，動翼入口の方が出口より軸方向流速が大きく，内側（$R < 1$）では，出口の方が大きいことがわかる．また，最初に決めた動翼前後での旋回速度分布 (5.20.2) より，

$$C_{w2} - C_{w1} = \frac{2b}{R}, \quad C_{w2} + C_{w1} = 2aR \tag{5.23.6}$$

となり，動翼の回転速度は半径に比例し，$U=U_m R$ に注意すれば，

$$\Lambda = 1 + \frac{2a \ln R}{U_m} - \frac{a}{U_m} \tag{5.24}$$

となる．このような翼列の設計を1次型（first power blading）と呼ぶ．定数 a に関しては，$R=1$ とおけば，

$$a = U_m(1-\Lambda_m) \tag{5.24.1}$$

となり，平均半径での動翼の回転速度 U_m と反動度 Λ_m で決まることが分かる．一方，定数 b に関しては，

$$c_p \Delta T_{0S} = U(C_{w2}-C_{w1}) = 2bU_m \tag{5.24.2}$$

となることから，$b = c_p \Delta T_{0S}/2U_m$ となり，全エンタルピ上昇量に関連していることが分かる．定数 a と b を求めるこれら2つの式に関しては，指数 n によらず成り立つ．

＜$n=0$ の場合＞

動翼前後の旋回速度は，

$$C_{w1} = a - \frac{b}{R} \quad \text{and} \quad C_{w2} = a + \frac{b}{R} \tag{3.24.3}$$

となり，$n=1$ の場合と同様にして，軸流速度は

$$C_{a2}^2 - (C_{a2}^2)_m = -2\left[a^2 \ln R - \frac{ab}{R} + ab\right] \tag{5.25}$$

$$C_{a1}^2 - (C_{a1}^2)_m = -2\left[a^2 \ln R + \frac{ab}{R} - ab\right] \tag{5.26}$$

となる．このような翼列の設計を指数型（exponential blading）と呼ぶ．同様に，平均半径で軸流速度一定 $(C_{a2})_m = (C_{a1})_m$ とおくと，反動度は，

$$\Lambda = 1 + \frac{a}{U_m} - \frac{2a}{U_m R} \tag{5.27}$$

となる．結果をまとめると，

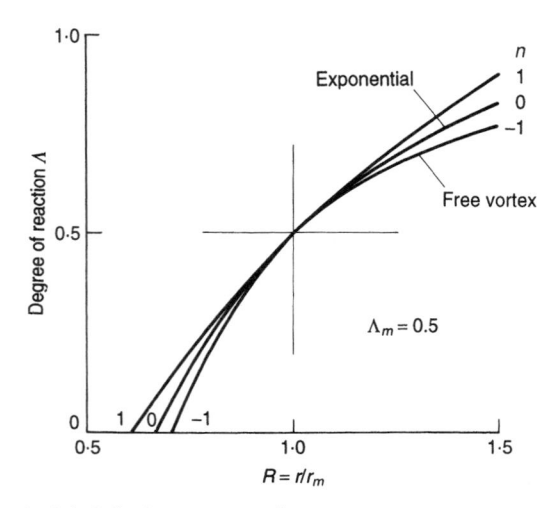

図 5.12 反動度の径方向変化（$n=-1, 0, 1$）

n	Λ	設計手法
-1	$1-\dfrac{1}{R^2}(1-\Lambda_m)$	自由渦型
0	$1+\left[1-\dfrac{2}{R}\right](1-\Lambda_m)$	指 数 型
1	$1+(2\ln R-1)(1-\Lambda_m)$	1 次 型

(5.27.1)

となる．図 5.12 には，平均半径での反動度を $\Lambda_m=0.5$ とした場合の半径方向の反動度 Λ の変化を示す．平均半径よりも内側では $n=1$ の 1 次型の設計が最も反動度の低下が少ないが，どの場合にも，半径 R を小さくしていくと，途中で反動度 Λ が 0 になっていることが分かる．そこより内側では，反動度 Λ が負，すなわち，動翼で仕事を受けて全エンタルピが上昇するが，肝心の静圧はむしろ低下し，その分，静翼で余分に減速・圧縮する必要が生じる．図 4.5 に示す通り，ある長さの流路で一定以上の減速・圧縮をしようとすると，流れの剝離等を招き，損失が増大する．例えば，$n=-1$ の自由渦型の設計の場合には，式 (5.21) と (5.24.1) より，$\Lambda=0$ となるのは $R=\sqrt{1-\Lambda_m}$ の位置と求められ，$\Lambda_m=0.5$ の時は $R=0.707$ となる．翼間流路のチップ半径（外周面半径）を r_t，ハブ面半径（内周面半径）を r_r とすると，$r_m=(r_t+r_r)/2$ より，

$$r/r_t=(r/r_m)(r_m/r_t)=R(r_m/r_t)=R[1+(r_r/r_t)]/2 \tag{5.27.2}$$

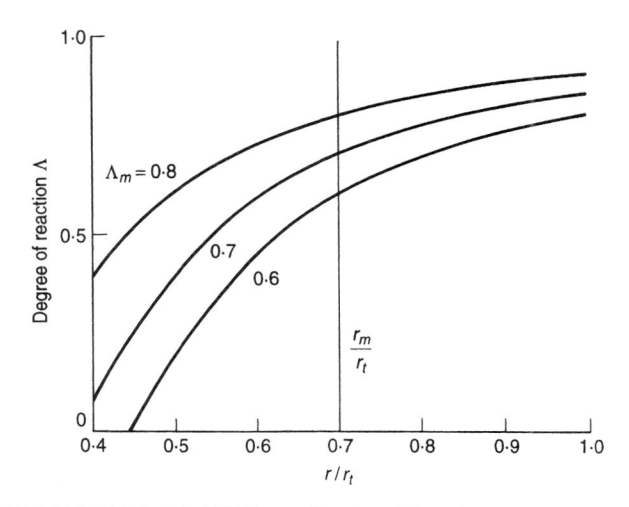

図5.13 反動度の径方向変化（自由渦型，ハブ・チップ比 0.4）

の関係が成り立つ．図5.13 は，ハブ・チップ比 $r_r/r_t=0.4$ の圧縮機に自由渦型の設計を適用した場合について，平均半径 $r_m/r_t=0.7$ での反動度が $\Lambda_m=0.6$，0.7，0.8 の3つの場合について，内周面から外周面までの反動度 Λ の変化を示したものである．図より，ハブ・チップ比が小さい圧縮機の場合には，内周で反動度が負にならないようにするため，平均半径での反動度を大きめに設定しなければならないことが分かる．

上記に示した翼列設計法では，主に，軸方向流速 C_a，旋回速度 C_w，および，全エンタルピ h_0（もしくは動翼で加えられる仕事 W）の半径方向分布を決めて，そこから反動度 Λ を求めたが，他の方法もある．例えば，軸方向流速 C_a，仕事 W，反動度 Λ がどれも半径方向に一定とする設計もあり，そのような設計では，自由渦型の設計に比べて，径方向のねじれが小さい翼となるが，そのままでは半径方向の力のつり合いの式が満たせなくなる．このため，設計を修正してつり合いを満たすように出来ない場合には，設計で想定した通りに空気が流れず，翼の角度と空気流の向きにずれが生じて効率の低下を招くことになる．

圧縮機では，通常は，動翼から単位質量流量の空気に加えられる仕事量は半径方向によらず一定とすることが望ましいが，図1.12（b）や図3.24 に示した高バイパス比ターボファン・エンジンの大口径のファンは例外で，ファンを出た流

れは，内周側はコアへ，外周側はバイパスへと二手に分かれるため，コアに入る内周側では圧力比が小さく，バイパスに入る外周側では，ファン動翼の回転速度が大きい分，圧力比を大きくする設計も考えられる．この場合，ファン動翼出口では，全エンタルピ h_0 が外側の方が大きくなるため dh_0/dr は0にならず，式 (5.16) の代わりに式 (5.15) のつり合いの式を用いることになる．

次の5.7節では，まず，ここまでに説明した設計手法を具体的に用いた例題を示し，その後，ここで示した翼列の3次元設計についての補足説明を行うことにする．

5.7　設計プロセス

ここまでに説明した設計手法を使って軸流圧縮機の設計を行うが，設計の過程で何度も設計者の判断が求められることになる．ここでは，低コストで比較的簡易な構造のターボジェット・エンジン用圧縮機を考える．

ガスタービンの設計過程全体については，図1.23にその概略が示されている．市場調査により，離陸推力約12000Nの低コストなターボジェット・エンジンの需要があることが分かっているとする．また，事前検討により，コストを抑えるため，圧力比は低めで，タービン入口温度も中程度の1軸の軸流式ガスタービンが適していることが分かっている．設計点は，地上静止状態 ($p_a=1.01$ bar, $T_a=288$ K) で，

  圧力比　　　　　　　4.15
  空気流量　　　　　　20 kg/s
  タービン入口温度　　1100 K

とする．これらの仕様が決まった時点で，次に，圧縮機，タービン，その他の要素の空力設計の検討を行う必要がある．重量および騒音低減のため，圧縮機には入口ガイド弁IGVをつけないものとする．タービンの設計については第7章で述べる．

圧縮機の主な設計プロセスは次の通り：
（ⅰ）回転数，および，流路内外径の設定
（ⅱ）圧縮機の効率を仮定し，段数を設定

（ⅲ）　各段の平均半径位置での空気流の角度を計算
（ⅳ）　空気流の角度の径方向変化の設定
（ⅴ）　圧縮性の影響を検討
（ⅵ）　翼列試験データに基づき，翼形状を設定．
（ⅶ）　設定した翼列形状での効率を，翼列試験データを元にして計算．
（ⅷ）　非設計点での性能予測
（ⅸ）　設計した圧縮機のリグ試験

　上記の（ⅰ）から（ⅴ）までを本節で説明し，残りについては後で述べる．実際には，上記の設計プロセスは，燃焼器，タービン，材料，応力解析，軸受けや部材強度などの機械設計の各担当者とやりとりしながら進めるシステム設計の一部として行われるものである．

回転数および流路内外径の設定

　圧縮機の回転数については，動翼のチップ周速（外周端の回転速度），軸方向流速，および，初段入口でのハブ・チップ比から決める．また，圧縮機の流路断面積は，流量，軸方向流速，および，入口空気の条件から決まる．

　経験的に，動翼のチップ周速 U_t は，350 m/s 程度であれば応力的に許容範囲に入り，また，軸方向流速 C_a は 150 m/s から 200 m/s 程度が妥当である．図5.5で示した通り，入り口ガイド弁 IGV を追加すると，動翼に対する空気の相対速度が若干小さくなるが，今の例では IGV が無いので，軸方向流速 C_a はあまり高くせず 150 m/s とする．また，圧縮機入口でのハブ・チップ比は 0.4 から 0.6 程度が妥当である．以下，具体的に計算してみる．

　図3.5の1軸ターボジェット・エンジンを想定し，添字1を圧縮機入口，添字2を圧縮機出口とする．圧縮機入口（動翼入口）1において，質量流量を m，流路断面積を A，軸方向流速を C_{a1}，流路内周（<u>r</u>oot）半径を r_r，外周（<u>t</u>ip）半径を r_t とすると，連続の式より，

$$m = \rho_1 A C_{a1} = \rho_1 \pi r_t^2 [1-(r_r/r_t)^2] C_{a1}$$
$$r_t^2 = \frac{m}{\pi \rho_1 C_{a1} [1-(r_r/r_t)^2]} \tag{5.27.3}$$

となる．地上静止状態での運転を考え，インテークでの損失を無視すると，圧縮

機入口全温は $T_{01}=T_a=288\,\text{K}$, 入口全圧は $p_{01}=p_a=1.01\,\text{bar}$ となる. この時, 圧縮機入口 1 での状態は,

$$C_1=C_{a1}=150\,\text{m/s}\ (C_{w1}=0)$$

$$T_1=T_{01}-\frac{C_1^2}{2c_p}=288-\frac{150^2}{2\times1005}=276.8\,\text{K}$$

$$p_1=p_{01}\left[\frac{T_1}{T_{01}}\right]^{\gamma/(\gamma-1)}=1.01\times\left[\frac{276.8}{288}\right]^{3.5}=0.879\,\text{bar}$$

$$\rho_1=\frac{p_1}{RT_1}=\frac{0.879\times10^5}{287\times276.8}=1.106\,\text{kg/m}^3$$

$$r_t^2=\frac{20}{\pi\times1.106\times150\times[1-(r_r/r_t)^2]}=\frac{0.03837}{1-(r_r/r_t)^2}$$

(5.27.4)

と計算できる. また, 動翼のチップ周速 U_t は, 圧縮機の回転数を $N[\text{rev/s}]$ とすると, $U_t=2\pi r_tN$ と書け, $U_t=350\,\text{m/s}$ とすると, 回転数は $N=350/(2\pi r_t)$ となる. ハブ・チップ比 r_r/r_t を 0.4 から 0.6 の範囲とし, 外周半径 r_t と回転数 N を計算すると,

r_r/r_t	r_t [m]	N [rev/s]
0.40	0.2137	260.6
0.45	0.2194	253.9
0.50	0.2262	246.3
0.55	0.2346	237.5
0.60	0.2449	227.5

(5.27.5)

となる. ここで, 圧縮機と同軸で回転するタービンについても考慮しておくのが良いが, 第 7 章の例題で示す通り, 回転数 $N=250\,\text{rev/s}$ は, 今考えている 1 軸のガスタービンでは妥当な値で, この時, タービン入口外径は $0.239\,\text{m}$ となる. 回転数を $N=250\,\text{rev/s}$ に設定すると, 上記の表より, ハブ・チップ比 0.5 が妥当で, 圧縮機入口外径は, 表より $r_t=0.2262\,\text{m}$ となる. これらと合うように動翼のチップ周速 U_t を修正すると,

$$U_t=2\pi r_tN=2\pi\times0.2262\times250=355.3\,\text{m/s}$$

(5.27.6)

となる.

ここで, 動翼に対する空気流のマッハ数をチェックしておく必要があるが, マッハ数が大きくなると考えられる初段動翼入口チップ部で, 動翼から見た空気の

相対流速 V_{1t}，および，そのマッハ数は，図5.4でIGV無し ($\alpha_1=0°$) の時の速度三角形より，

$$V_{1t}^2 = U_{1t}^2 + C_{a1}^2 = 355.3^2 + 150^2, \quad V_{1t} = 385.7 \text{ m/s}$$
$$a = \sqrt{\gamma R T_1} = \sqrt{1.4 \times 287 \times 276.8} = 331.0 \text{ m/s} \quad (5.27.7)$$
$$M_{1t} = \frac{V_{1t}}{a} = \frac{385.7}{331.0} = 1.165$$

と計算できる．動翼に対する空気流のマッハ数が1を少し超える遷音速流になっているが，この程度であれば，衝撃波による損失はほとんど問題にならない．衝撃波損失の取り扱いについては，後で説明する．

次に流路の寸法を考える．圧縮機入口では，ハブ・チップ比 $r_r/r_t=0.5$，外周半径が $r_t=0.2262$ m より，内周半径は $r_r=0.1131$ m で，平均半径は $r_m=0.1697$ m である．今，後段も含めて，流路の平均半径が一定として形状を考える（図5.15の実線の形状）．圧力比は4.15より，圧縮機出口全圧は $p_{02}=4.15 \times 1.01 = 4.19$ bar となる．圧縮機出口2の状態を計算するため，圧縮機全体でのポリトロープ効率を $\eta_\infty=0.90$ とすると，式 (2.19) より，出口全温 T_{02} は，

$$T_{02} = T_{01}\left[\frac{p_{02}}{p_{01}}\right]^{(n-1)/n}, \quad \frac{n-1}{n} = \frac{\gamma-1}{\gamma\eta_\infty} = \frac{0.4}{1.4 \times 0.9} = 0.3175 \quad (5.27.8)$$
$$T_{02} = 288.0 \times 4.15^{0.3175} = 452.5 \text{ K}$$

と求められる．また，出口の流速は，入口と同じで，旋回成分がなく軸方向のみ，すなわち，$C_2 = C_{a2} = 150$ m/s とすれば，圧縮機出口での状態が，

$$T_2 = T_{02} - \frac{C_2^2}{2c_p} = 452.5 - \frac{150^2}{2 \times 1005} = 441.3 \text{ K}$$
$$p_2 = p_{02}\left[\frac{T_2}{T_{02}}\right]^{\gamma/(\gamma-1)} = 4.19 \times \left[\frac{441.3}{452.5}\right]^{3.5} = 3.838 \text{ bar} \quad (5.27.9)$$
$$\rho_2 = \frac{p_2}{RT_2} = \frac{3.838 \times 10^5}{287 \times 441.3} = 3.03 \text{ kg/m}^3$$

と求められる．質量流量 $m=20$ kg/s は変化しないことに注意すると，圧縮機出口面積 A_2 は，

$$A_2 = \frac{m}{\rho_2 C_{a2}} = \frac{20}{3.03 \times 150} = 0.0440 \text{ m}^2 \quad (5.27.10)$$

と求められる．出口も平均半径は $r_m=0.1697$ m であるから，翼高さ $h(=r_t-r_r)$ は，

$$A_2 = \pi(r_t^2 - r_r^2) = \pi\left[\left(r_m + \frac{h}{2}\right)^2 - \left(r_m - \frac{h}{2}\right)^2\right] = 2\pi r_m h$$

$$h = \frac{A_2}{2\pi r_m} = \frac{0.044}{2\pi \times 0.1697} = 0.0413 \text{ m} \tag{5.27.11}$$

となり，圧縮機出口での内周側と外周側の半径は，それぞれ，

$$r_t = r_m + h/2 = 0.1697 + 0.0413/2 = 0.1903 \text{ m}$$
$$r_r = r_m - h/2 = 0.1697 - 0.0413/2 = 0.1491 \text{ m} \tag{5.27.12}$$

となる．以上をまとめると，

$$\begin{aligned}
&N = 250 \text{ rev/s} &&r_t = 0.2262 \text{ m（入口）}\\
&U_t = 355.3 \text{ m/s（入口）} &&r_r = 0.1131 \text{ m（入口）}\\
&C_a = 150 \text{ m/s} &&r_t = 0.1903 \text{ m（出口）}\\
&r_m = 0.1697 \text{ m（一定）} &&r_r = 0.1491 \text{ m（出口）}
\end{aligned} \tag{5.27.13}$$

となる．

圧縮機の段数

ポリトロープ効率 0.90 と仮定した場合には，圧縮機出口全温は，式（5.27.8）より 452.5 K であるから，圧縮機での全温上昇量は 452.5－288＝164.5 K となる．動翼と静翼の組み合わせ 1 段での全温上昇量は，ガスタービンの用途によって様々な値が考えられるが，亜音速流の翼列なら 1 段で 10〜30 K，もっと流速が大きい高性能の遷移音速流の翼列の場合には 45 K かそれ以上になる．今，考えている圧縮機の例について，各段の詳細は別途計算するとして，段数を定めるため，現在分かっている内容から，1 段あたりの全温上昇量を概算で求めてみる．今，平均半径 r_m での動翼の回転速度 U は，どの段でも，

$$U = 2\pi r_m N = 2\pi \times 0.1697 \times 250 = 266.6 \text{ m/s} \tag{2.27.14}$$

で，平均軸方向流速は入口と同じ $C_a = 150$ m/s で一定とする．図 5.9 で示した通り，軸方向流速には半径方向に分布があることを考慮すると，ある 1 つの段での全温上昇量は，式（5.9）に示す通り，有効仕事係数 λ を用いて，

$$\Delta T_{0S} = \frac{\lambda U C_a (\tan\beta_1 - \tan\beta_2)}{c_p} = \frac{\lambda U (C_{w2} - C_{w1})}{c_p} \tag{5.27.15}$$

と書ける．ただし，ここでの添字の 1 と 2 は，図 5.4 に示す通り，ある段の動翼の前後を示す．動翼から見た空気の流入角 β_1 と流入速度 V_1 は，図 5.4 におい

て，仮に初段と同様，予旋回が無く $\alpha_1 = 0°$ とすると，

$$\tan \beta_1 = \frac{U}{C_a} = \frac{266.6}{150}$$

$$\beta_1 = 60.64° \tag{5.27.16}$$

$$V_1 = \frac{C_a}{\cos \beta_1} = \frac{150}{\cos 60.64°} = 305.9 \text{ m/s}$$

となる．次に，動翼の出口流速 V_2 を概算で求めるため，先に説明した de Haller 数 $V_2/V_1 \geq 0.72$ の基準を用い，$V_2/V_1 = 0.72$ とすると，$V_2 = 305.9 \times 0.72 = 220$ m/s となる．この時，図 5.4 の動翼出口の速度三角形を参照すると，動翼から見た空気の流出角度 β_2 は，

$$\cos \beta_2 = \frac{C_a}{V_2} = \frac{150}{220}, \quad \beta_2 = 47.01° \tag{5.27.17}$$

と求められる．これらを式（5.27.15）に代入し，有効仕事係数は仮に $\lambda = 1$ とすれば，段あたりの全温上昇量は概ね，

$$\Delta T_{0s} = \frac{266.6 \times 150 \times (\tan 60.64° - \tan 47.01°)}{1005} \approx 28 \text{ K} \tag{5.27.18}$$

となる．1 段あたりの全温上昇量を 28 K とすると，164.5/28 = 5.9 より，段数は，およそ 6 から 7 段程度必要で，有効仕事係数 λ（軸流速度の径方向変化）の影響を考慮すると，7 段が妥当と言える．よって，以下，7 段の軸流圧縮機として設計を進める．

段数を 7 とすると，段あたり平均で 23.5 K の全温上昇が必要であるが，後述の通り，初段と最終段は全温上昇量を若干低めに設定するのが一般的である．よって，初期設定としては，初段と最終段の全温上昇量を $\Delta T_0 \sim 20$ K，その他は $\Delta T_0 \sim 25$ K 程度とするのが妥当である．

各段の平均半径での流れの設定

ここまでの考察で，回転数，流路の内外径，段数などが決まったが，次に，各段の平均半径位置での空気の流入・流出角度の設定を行う．これにより，設定した段数で実際に動静翼が設計可能かどうかも調べることが出来る．平均半径位置では軸方向流速は $C_a = 150$ m/s で一定とする．

今，入口ガイド弁 IGV が無いので，初段では，図 5.4 において流入角 $\alpha_1 = 0°$，

旋回速度 $C_{w1}=0$ であるが，流出角 α_3 は入口と同じ $0°$ とはせず，2 段目の流入角 α_1 を与えるように設定する（初段の流出角＝2 段目の流入角）．また，有効仕事係数 λ は，図 5.10 で説明した通り，後段ほど軸方向流速の径方向変化が大きくなることから，初段で 0.98，2 段目で 0.93，3 段目で 0.88，後の 4 段は 0.83 とする．

:::
初段と 2 段目
:::

まず，初段について，式（5.27.15）より，20 K の全温上昇を実現するのに必要な動翼での旋回速度の増分 $\Delta C_w = C_{w2} - C_{w1}$ は，

$$\Delta C_w = \frac{c_p \Delta T_{0S}}{\lambda U} = \frac{1005 \times 20}{0.98 \times 266.6} = 76.9 \text{ m/s} \qquad (5.27.19)$$

と求められる．今，初段は予旋回が無く $C_{w1}=0$ であるから，$C_{w2}=76.9$ m/s となる．よって，図 5.4 における流れの角度は，それぞれ，

$$\tan \beta_1 = \frac{U}{C_a} = \frac{266.6}{150} = 1.7773, \qquad \beta_1 = 60.64°$$

$$\tan \beta_2 = \frac{U - C_{w2}}{C_a} = \frac{266.6 - 76.9}{150} = 1.264, \quad \beta_2 = 51.67° \qquad (5.27.20)$$

$$\tan \alpha_2 = \frac{C_{w2}}{C_a} = \frac{76.9}{150} = 0.513, \qquad \alpha_2 = 27.14°$$

となり，初段動翼前後の速度三角形は図 5.14（a）のようになる．動翼における流れの転向角は $\beta_1 - \beta_2 = 8.98°$ とそれほど大きくない．また，動翼における de Haller 数は，

$$\frac{V_2}{V_1} = \frac{C_a/\cos \beta_2}{C_a/\cos \beta_1} = \frac{\cos \beta_1}{\cos \beta_2} = \frac{0.490}{0.620} = 0.790 \qquad (5.27.21)$$

となり，0.72 より十分大きいので，動翼での減速・圧縮が無理の無い範囲に収まっていることが分かる．

次に，初段での圧力比 $(p_{03}/p_{01})_1$ を考える．ただし，添字については，括弧内の 01 と 03 は，図 5.4 に示す位置 1（動翼入口）と 3（静翼出口）のよどみ点の値，括弧の外の 1 は 1 段目であることを示す．各段での等エントロピ効率の値は，圧縮機全体として仮定したポリトロープ効率の値とほぼ同じであるから，初段の等エントロピ効率を 0.90 とすると，圧力比と初段出口全圧・全温は，式

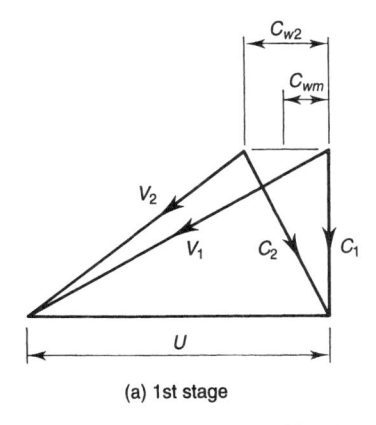

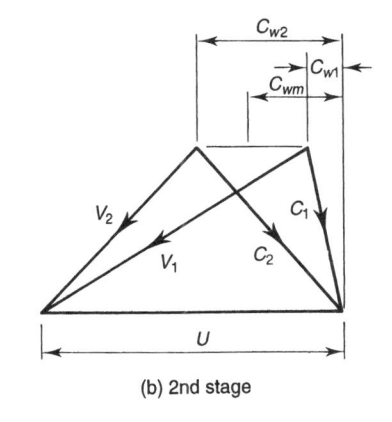

図 5.14 動翼前後の速度三角形 (a) 初段 (b) 2 段目

(5.6) より,

$$\left(\frac{p_{03}}{p_{01}}\right)_1 = \left[1 + \frac{\eta_S \Delta T_{0S}}{T_{01}}\right]^{\gamma/(\gamma-1)} = \left(1 + \frac{0.90 \times 20}{288}\right)^{3.5} = 1.236$$

$$(p_{03})_1 = 1.01 \times 1.236 = 1.249 \text{ bar}$$

$$(T_{03})_1 = 288 + 20 = 308 \text{ K}$$

(5.27.22)

となる（厳密にポリトロープ効率 0.90 として式 (5.27.8) より計算しても，初段圧力比は 1.235 でほとんど変わらない．図 2.11 に示す通り，考える圧力比が小さいほど，両者の差は小さくなると考えられる）．また，初段の反動度 Λ については，式 (5.18) より，

$$\Lambda \approx 1 - \frac{C_{w2} + C_{w1}}{2U} = 1 - \frac{76.9}{2 \times 266.6} = 0.856$$

(5.27.23)

となる．ただし，式 (5.18) は，段の入口と出口で空気流速が同じ ($C_3 = C_1$) と仮定して求めた反動度であり，今の例では，それらが同じではないため厳密には成り立たないが，今の例でも出口流速 C_3 は入口流速 C_1 とそれほど大きく違わないので，上記の値でもよい近似となる．反動度で 0.856 という値は大きいが，図 5.12，図 5.13 で示した通り，一般に，内周側では反動度が小さくなり，余分な減速・圧縮が必要になる負の反動度は避けなければならないので，初段の平均半径での反動度としては，この程度の値が必要になる．以降，2 段目では平均半

径での反動度が 0.7, 3〜4 段目では 0.5 を目処として設計する（ハブ・チップ比が下流ほど上がって反動度の径方向変化が小さくなると予想されるため).

さらに，初段の流出角 α_3 の設定が必要であるが，これは 2 段目の流入角 α_1 と等しくなるため，先に 2 段目について考える．2 段目は，先に示した通り，全温上昇量 ΔT_{0S}=25 K, 有効仕事係数 λ=0.93 であるから，式（5.27.15）より，

$$\tan\beta_1 - \tan\beta_2 = \frac{c_p \Delta T_{0S}}{\lambda U C_a} = \frac{1005 \times 25}{0.93 \times 266.6 \times 150} = 0.6756 \tag{5.27.24}$$

となる．また，2 段目も初段と同様に，反動度 Λ について，段の入口と出口で空気流速が同じでない上，λ=1 でないため厳密ではないが，概ね，式（5.11）が成り立ち，2 段目の反動度を Λ=0.7 とすれば，

$$\tan\beta_1 + \tan\beta_2 \approx \Lambda \frac{2U}{C_a} = \frac{0.7 \times 2 \times 266.6}{150} = 2.4883 \tag{5.27.25}$$

となる（式（5.27.24）との対応を考え，この式の右辺 $2\Lambda\lambda U/C_a$ として有効仕事係数 λ を入れた方がさらに精度が良くなると考えられる．3 段目以降も同様）．両式を連立して解くと，

$$\beta_1 = 57.70°, \quad \beta_2 = 42.19° \tag{5.27.26}$$

となり，式（5.2）と（5.3）を用いると，

$$\alpha_1 = 11.06°, \quad \alpha_2 = 41.05° \tag{5.27.27}$$

と求められる．これより，初段の流出角は α_3=11.06° とすればよいことが分かった．2 段目について，動翼前後の旋回速度は，図 5.4 より，

$$\begin{aligned}C_{w1} &= C_a \tan\alpha_1 = 150 \tan 11.06° = 29.3 \text{ m/s} \\ C_{w2} &= C_a \tan\alpha_2 = 150 \tan 41.05° = 130.6 \text{ m/s}\end{aligned} \tag{5.27.28}$$

で，旋回速度の増分は ΔC_w=101.3 m/s となるが，これは初段での増分 76.9 m/s よりだいぶ大きい．これは，2 段目は，初段に比べて全温上昇量が大きく，有効仕事係数が小さいことによる．また，2 段目は，動翼での転向角も $\beta_2 - \beta_1$=15.51° と，初段に比べて大きくなっているが，動翼での de Haller 数は V_2/V_1=cos 57.70°/cos 42.19°=0.721 で妥当な範囲に入っている．初段の出口流出角 α_3 が求められたので，初段静翼の de Haller 数も求めてみると，

$$\frac{C_3}{C_2} = \frac{\cos\alpha_2}{\cos\alpha_3} = \frac{\cos 41.05°}{\cos 11.06°} = 0.768 \tag{5.27.29}$$

と大きく，静翼での減速・圧縮の負担が小さいことを示唆している．また，これは，式（5.27.23）で示した通り，初段の平均半径では反動度が大きく，動翼の負担が大きいことにも対応している．

2段目動翼前後の速度三角形は，図5.14（b）のようになる．また，2段目出口の全圧と全温は，初段と同様にして，

$$\begin{aligned}\left(\frac{p_{03}}{p_{01}}\right)_2 &= \left[1+\frac{\eta_S \Delta T_{0S}}{T_{01}}\right]^{\gamma/(\gamma-1)} = \left(1+\frac{0.90\times 25}{308}\right)^{3.5} = 1.280 \\ (p_{03})_2 &= 1.249\times 1.280 = 1.599 \text{ bar} \\ (T_{03})_2 &= 308+25 = 333 \text{ K}\end{aligned} \quad (5.27.30)$$

と求められる．2段目の出口流出角 α_3 については，同様に，3段目の流入角から決める．

図5.14を見ながら，速度三角形の形状と反動度の関係について復習してみる．反動度の式（5.18）において，動翼前後の旋回流速 C_{w1} と C_{w2} の平均値を $C_{wm}=(C_{w1}+C_{w2})/2$ とおくと，反動度は $\Lambda=1-C_{wm}/U$ と書ける．図5.14を見ると，どちらも速度三角形の頂点が右よりのため C_{wm}/U の値が0.5より小さく，反動度は0.5より大きくなることが分かる．反動度 $\Lambda=0.5$ では，図5.6で説明した通り，2つの速度三角形が左右対称となる．また，初段の図5.14（a）を見ると，予旋回 C_{w1} が無いため，いきおい速度三角形の頂点が右に偏り，反動度が大きいことが分かる．2段目では予旋回 C_{w1} がある分，偏りが小さく，従って反動度も下がって0.5に近づく．3段目以降では，ハブ・チップ比が大きく，相対的に内周側で反動度が小さくなりにくいため反動度0.5と設定する．

3段目

3段目については，全温上昇量が $\Delta T_{0S}=25$ K，有効仕事係数が $\lambda=0.88$，反動度が $\Lambda=0.5$ より，平均半径での流れ角については，同様にして，

$$\begin{aligned}\tan\beta_1 - \tan\beta_2 &= \frac{c_p \Delta T_{0S}}{\lambda U C_a} = \frac{1005\times 25}{0.88\times 266.6\times 150} = 0.7140 \\ \tan\beta_1 + \tan\beta_2 &= \Lambda\frac{2U}{C_a} = \frac{0.5\times 2\times 266.6}{150} = 1.7773\end{aligned} \quad (5.27.31)$$

となり，動翼から見た空気の流入・流出角は $\beta_1=51.24°$，$\beta_2=28.00°$ と求められ

る．これより動翼の de Haller 数を求めると，$\cos 51.24°/\cos 28.00° = 0.709$ で，しきい値である 0.72 を下回っている．事前検討の段階では，この程度の値なら目をつぶって先に進むことも出来るが，勉強のため，de Haller 数を上げて動翼の減速・圧縮の負担を減らす方法を考える．まず，反動度 Λ を下げて負担を一部静翼に肩代わりさせることが考えられるが，反動度を下げても，あまり de Haller 数には効かない．例えば $\Lambda=0.40$ とすると de Haller 数は 0.725 となるが，平均半径でこれほど低い反動度を設定するのはあまり好ましくない．それより，反動度は 0.5 のまま，負担そのものを減らすべく全温上昇量を 1 K だけ下げて $\Delta T_{0S}=24$ K とすれば，

$$\tan \beta_1 - \tan \beta_2 = 0.6854 \tag{5.27.32}$$

となり，$\beta_1=50.92°$，$\beta_2=28.63°$ となって，動翼の de Haller 数は 0.718 となる．この値なら，事前検討段階では十分許容範囲である．他にも，動翼の回転速度や軸方向流速を上げることなどが de Haller 数を上げる有効な手段として考えられる．

段の全温上昇量を $\Delta T_{0S}=24$ K とすれば，3 段目出口の全圧・全温は，

$$\begin{aligned}\left(\frac{p_{03}}{p_{01}}\right)_3 &= \left[1+\frac{\eta_S \Delta T_{0S}}{T_{01}}\right]^{\gamma/(\gamma-1)} = \left(1+\frac{0.90\times 24}{333}\right)^{3.5} = 1.246 \\ (p_{03})_3 &= 1.599 \times 1.246 = 1.992 \text{ bar} \\ (T_{03})_3 &= 333+24 = 357 \text{ K}\end{aligned} \tag{5.27.33}$$

となる．また，反動度 $\Lambda=0.5$ より，動翼前後の速度三角形は対称で，図 5.4 において，$\alpha_1=\beta_2=28.63°$，$\alpha_2=\beta_1=50.92°$ となるから，動翼前後の旋回速度は，

$$\begin{aligned}C_{w1} &= C_a \tan \alpha_1 = 150 \tan 28.63° = 81.9 \text{ m/s} \\ C_{w2} &= C_a \tan \alpha_2 = 150 \tan 50.92° = 184.7 \text{ m/s}\end{aligned} \tag{5.27.34}$$

と求められる．

4・5・6 段目

上記の通り，4 段目から 6 段目までは，有効仕事係数を $\lambda=0.83$，反動度を $\Lambda=0.5$ とする．段あたりの全温上昇量 ΔT_{0S} を 25 K とおくと，3 段目と同様に，動翼の de Haller 数が 0.695 とかなり小さくなるため，全温上昇量を 24 K まで下げると，de Haller 数は 0.705 まで回復する．これでも若干低いが，事前

検討段階では一応許容範囲として，この値で先に進める．同様にして，

$$\tan\beta_1 - \tan\beta_2 = \frac{c_p \Delta T_{0S}}{\lambda U C_a} = \frac{1005 \times 24}{0.83 \times 266.6 \times 150} = 0.7267$$

$$\tan\beta_1 + \tan\beta_2 = \Lambda\frac{2U}{C_a} = \frac{0.5 \times 2 \times 266.6}{150} = 1.7773$$

(5.27.35)

より，平均半径での流れの角度が $\beta_1 = 51.38°(=\alpha_2)$，$\beta_2 = 27.71°(=\alpha_1)$ となる．これより各段の全圧・全温の変化を計算し，まとめると，下記の通りとなる．

Stage		4	5	6
p_{01}	[bar]	1.992	2.447	2.968
T_{01}	[K]	357	381	405
p_{03}/p_{01}		1.228	1.213	1.199
p_{03}	[bar]	2.447	2.968	3.560
T_{03}	[K]	381	405	429
$p_{03} - p_{01}$	[bar]	0.455	0.521	0.592

(5.27.36)

各段とも全温上昇量は 24 K で同じだが，圧力比は後段ほど小さくなっている．ただし，全圧上昇量としては，後段の方が大きい．

7段目

ここまでの計算で，7段目の入口では，全圧 3.560 bar，全温 429 K と分かっている．圧縮機出口全圧は $4.15 \times 1.01 = 4.192$ bar とならなければならないため，7段目の圧力比は，

$$\left(\frac{p_{03}}{p_{01}}\right)_7 = \frac{4.192}{3.560} = 1.177 \tag{5.27.37}$$

となる．等エントロピ効率を 0.90 とすると，必要な全温上昇量 ΔT_{0S} は，

$$\left(\frac{p_{03}}{p_{01}}\right)_7 = \left[1 + \frac{\eta_S \Delta T_{0S}}{T_{01}}\right]^{\gamma/(\gamma-1)} = \left(1 + \frac{0.90 \times \Delta T_{0S}}{429}\right)^{3.5} = 1.177 \tag{5.27.38}$$

より，$\Delta T_{0S} = 22.8$ K と求められる．有効仕事係数 $\lambda = 0.83$，反動度 $\Lambda = 0.50$ より，これまでと同様に計算すると，平均半径での流れの角度は $\beta_1 = \alpha_2 = 50.98°$，$\beta_2 = \alpha_1 = 28.52°$ となり，動翼の de Haller 数は 0.717 と妥当な値になる．

軸方向流速一定で反動度 0.5 より，圧縮機出口平均半径での空気の流出角は $\alpha_3 = \alpha_1 = 28.52°$ となり，出口空気流が旋回速度成分を持つが，燃焼器入口では，空気流に旋回成分が無く，軸方向にまっすぐ流れていることが望ましい．よっ

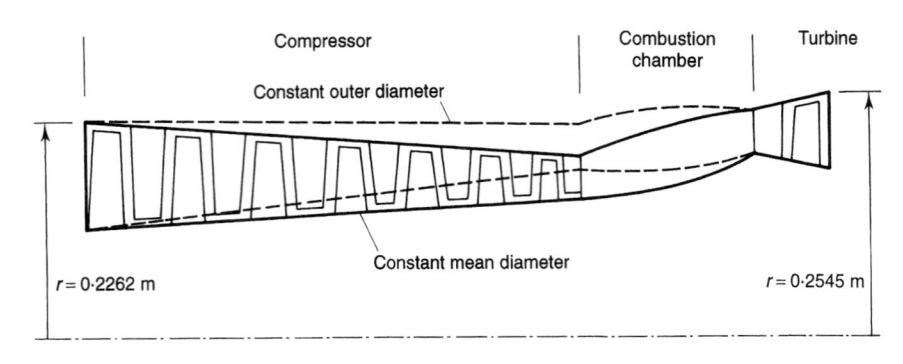

図5.15 軸流圧縮機の環状流路

て，7段目の後ろに静翼列を設けるか，もしくは，燃焼器の前につけるディフューザに，そのような機構を組み込むことなどを考慮する必要がある．

以上の設計は，図5.15に実線で示す通り，流路の平均半径が一定として行ったが，図の実線の形状を見ると分かる通り，この設計では，圧縮機出口とタービン入口の径の違いから，燃焼器に無理が生じ，燃焼器で流れを曲げる必要があるため，付加的な損失が生じる．これを避けるためには，圧縮機流路の外径を一定とする破線の形状の方が望ましい．この場合，流路の平均半径は後段に行くほど大きくなるため，平均半径での動翼の回転速度が増し，同じ全温上昇量なら旋回速度の上昇量 ΔC_w を低くできる．このため，動翼の de Haller 数が増え，動翼に課される減速・圧縮の負担を抑えられる．もしくは，段あたりの全温上昇量を増やして，例えば7段のところを6段にすることも可能となる．細かな点を言えば，流路外径一定の場合は，各段の動翼の入口と出口で平均半径での回転速度 U が異なるため，各段の全温上昇量の計算では，式（5.27.15）を修正し，動翼入口での回転速度を U_1，動翼出口での回転速度を U_2 とすると，$\Delta T_{0S} = \lambda(U_2 C_{w2} - U_1 C_{w1})/c_p$ とした方が精度が良い．

実際には，平均半径一定，内径一定，外径一定のどの設計の圧縮機も使われている．内径一定の圧縮機は，産業用ガスタービンでよく見られ，この場合には，動翼をはめ込むディスクを同じ径にできるためコストダウンにつながる．また，タービンの段数を減らすため，圧縮機よりタービンの径をかなり大きくする場合が多いが，産業用の場合には，ガスタービンの正面面積はあまり問題ではない

し，逆流式の燃焼器を採用することによって，その段差を簡単に埋められるため，それほど大きな問題は生じない．図 1.13 の Typhoon の圧縮機では，後ろ側 5 段が内径一定になっている．外径一定の設計は，主に段数を少なくしたい場合に用いられ，航空エンジン用圧縮機でよく見られる．図 1.16 の Trent エンジンでは，中圧圧縮機の最初の 5 段が内径一定になっている一方，高圧圧縮機は外径一定の設計になっている．また，図 5.1 に示す LM 2500 用圧縮機は，軍用のターボファン・エンジン TF-39 の高圧圧縮機をベースとして作られたもので，外径一定の設計になっている．

コンコルドの Olympus 593 エンジンでは，低圧圧縮機は内径一定，高圧圧縮機は外径一定の設計で，圧縮機の入口径とタービンの出口径がほぼ同じであり，その他の装備品を高圧圧縮機の周りに詰め込むことで，エンジン全体がほぼ円筒形になっている．これは，コンコルドが超音速飛行するため，エンジンの正面面積を小さくして抵抗を小さくしなければならないためと言える．

以上の計算例に関して，軸方向流速を 200 m/s として練習してみると勉強になる．この場合，同じ流量なら入口流路断面積は小さくなるが，ハブ・チップ比を 0.6 まで上げると外周面半径は 0.2207 m となり，元の計算結果の 0.2262 m とほぼ同じになる．平均半径での動翼の回転速度は 280.1 m/s と大きくなり，同じ圧力比 4.15 なら，段数 5 段で設計可能である．さらに，外径一定の設計にすれば，現状の技術で 4 段の圧縮機とすることもできる．

流れ角の半径方向の変化

ここまで各段の平均半径での流れの設定を行ったが，次に，それを径方向へと展開する．5.6 節で述べた通り，各段での空気流の半径方向分布の設定方法は色々あるが，初段については，入口ガイド弁 IGV が無いため入口の旋回速度は 0 で，なおかつ，どの半径位置でも一定の軸方向速度で空気が流入するため設定方法は限られる．その他の段では，入口の流入角度を，軸方向流速と前の段の静翼出口角度によって決めることができるため，いくつかの選択肢から設定方法を選ぶことが出来る．

ここでは，5.6 節で述べた方法を用いて，初段と 3 段目の空気流の半径方向分布を設定する．初段では入口で $C_w=0$ であることを考慮して，$C_w r=$ 一定の自由

渦型の設計を行う．一方，3段目では，上記の通り，平均半径での反動度を $\Lambda_m=0.50$ と設定した上で，(i) 自由渦型，(ii) 反動度一定，(iii) 指数型の3種類の設計を行う．

図5.4を参照しながら，まず，初段について考える．自由渦型では，軸方向流速 C_a は径方向にも一定である．入口面（位置1）では，予旋回が無いため $C_{w1}=0$, $\alpha_1=0$ で，動翼から見た空気の相対的な流入角 β_1 は，単純に，軸流速度 $C_{a1}=150$ m/s と，動翼の回転速度 U のみから決まる．式（5.27.13）より，初段動翼の入口では，根元（内周・root）半径は $r_r=0.1131$ m，チップ（外周）半径は $r_t=0.2262$ m，平均半径は $r_m=0.1697$ m で，回転速度 U は，平均半径で $U_m=266.6$ m/s であり，半径に比例することを考慮すると，内周で $U_r=177.7$ m/s，外周で $U_t=355.3$ m/s となる．よって，各半径位置での流入角 β_1 は

内周：$\tan\beta_{1r}=U_r/C_a=177.7/150,\qquad \beta_{1r}=49.83°$
平均：$\tan\beta_{1m}=U_m/C_a=266.6/150,\qquad \beta_{1m}=60.64°$ （5.27.39）
外周：$\tan\beta_{1t}=U_t/C_a=355.3/150,\qquad \beta_{1t}=67.11°$

となる．ただし，添字の r は内周面（根元 root），t は外周面（チップ tip）を表す．次に，動翼出口面（位置2）での流れ角を考えるが，その際に，図5.3右下図に示すように，初段内でも，位置 $1\to 2\to 3$ と行くにつれて，質量流量と軸方向流速一定の状態で密度が増すため断面積が小さくなることを考慮する必要がある．そのため，まず，初段出口で断面積がどのくらい小さくなるかを計算してみる．具体的には，初段出口では，式（5.27.27）より $\alpha_3=11.06°$，式（5.27.22）より全圧が $p_{03}=1.249$ bar，全温が $T_{03}=308$ K であることを考慮すれば，

$$C_3=\frac{C_a}{\cos\alpha_3}=\frac{150}{\cos 11.06°}=152.8 \text{ m/s}$$

$$T_3=T_{03}-\frac{C_3^2}{2c_p}=308-\frac{152.8^2}{2\times 1005}=296.4 \text{ K}$$

$$p_3=p_{03}\left[\frac{T_3}{T_{03}}\right]^{\gamma/(\gamma-1)}=1.249\times\left[\frac{296.4}{308}\right]^{3.5}=1.092 \text{ bar} \qquad (5.27.40)$$

$$\rho_3=\frac{p_3}{RT_3}=\frac{1.092\times 10^5}{287\times 296.4}=1.283 \text{ kg/m}^3$$

$$A_3=\frac{m}{\rho_3 C_{a3}}=\frac{20}{1.283\times 150}=0.1039 \text{ m}^2$$

となる．また，式（5.27.11-12）と同様にすれば，

$$A_3 = \pi(r_t^2 - r_r^2) = \pi\left[\left(r_m + \frac{h}{2}\right)^2 - \left(r_m - \frac{h}{2}\right)^2\right] = 2\pi r_m h$$

$$h = \frac{A_3}{2\pi r_m} = \frac{0.1039}{2\pi \times 0.1697} = 0.0974 \text{ m} \quad (5.27.41)$$

$$r_t = r_m + h/2 = 0.1697 + 0.0974/2 = 0.2184 \text{ m}$$

$$r_r = r_m - h/2 = 0.1697 - 0.0974/2 = 0.1210 \text{ m}$$

となり，初段出口面（位置3）の内外径も分かった．流路形状として，図5.15の実線をイメージして入口1と出口3の内外径を直線で結び，間の動翼出口2（＝静翼入口）の内周と外周の半径が，それぞれ，入口1と出口3のちょうど平均になるとすれば，動翼出口2での内周面と外周面の半径，および，そこでの動翼の回転速度が，

$$r_t = \frac{0.2262 + 0.2184}{2} = 0.2223 \text{ m}, \quad U_t = 349.2 \text{ m/s}$$

$$r_r = \frac{0.1131 + 0.1210}{2} = 0.1171 \text{ m}, \quad U_r = 183.9 \text{ m/s} \quad (5.27.42)$$

と求められる．また，動翼出口2での空気流の旋回流速については，平均半径での旋回流速が式（5.27.19）より $C_{w2m} = 76.9$ m/s と分かっており，自由渦の関係式（$C_w r =$ 一定）を用いると，

$$C_{w2r} = \frac{C_{w2m} r_m}{r_r} = \frac{76.9 \times 0.1697}{0.1171} = 111.4 \text{ m/s}$$

$$C_{w2t} = \frac{C_{w2m} r_m}{r_t} = \frac{76.9 \times 0.1697}{0.2223} = 58.7 \text{ m/s} \quad (5.27.43)$$

と求められる．以上の諸量と，図5.4の速度三角形を参照すると，動翼出口2（静翼入口）での流れ角について，

$$\tan \alpha_{2r} = \frac{C_{w2r}}{C_{a2}} = \frac{111.4}{150}, \quad \alpha_{2r} = 36.60°$$

$$\tan \alpha_{2m} = \frac{C_{w2m}}{C_{a2}} = \frac{76.9}{150}, \quad \alpha_{2m} = 27.14°$$

$$\tan \alpha_{2t} = \frac{C_{w2t}}{C_{a2}} = \frac{58.7}{150}, \quad \alpha_{2t} = 21.37° \quad (5.27.44)$$

$$\tan \beta_{2r} = \frac{U_r - C_{w2r}}{C_{a2}} = \frac{183.9 - 111.4}{150}, \quad \beta_{2r} = 25.80°$$

$$\tan \beta_{2m} = \frac{U_m - C_{w2m}}{C_{a2}} = \frac{266.6 - 76.9}{150}, \quad \beta_{2m} = 51.67°$$

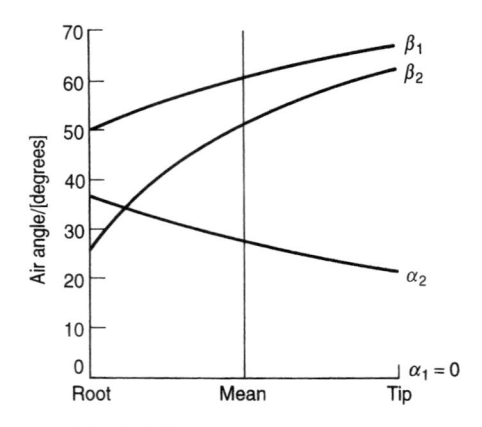

図 5.16 流れ角の径方向変化（初段）

$$\tan\beta_{2t} = \frac{U_t - C_{w2t}}{C_{a2}} = \frac{349.2 - 58.7}{150}, \qquad \beta_{2t} = 62.69°$$

と計算できる．以上の計算を他の半径位置に関しても行って，初段の流れ角の半径方向変化を求めたものを図 5.16 に示す．図より，動翼根元部での流れの転向角 $\beta_1 - \beta_2$ が大きくなっていることが分かる．また，基本的に，動翼の前縁および後縁角度を，それぞれ，β_1 や β_2 に合わせて動翼間に空気がスムーズに流れるようにしなければならないが，β_1 や β_2 が半径方向に変化していることから，動翼を翼高さ方向にねじれた 3 次元形状としなければならないことが分かる．

内周面での反動度 Λ_r は，式 (5.27.23) において，$C_{w1}=0$，$C_{w2}=111.4$ m/s より，

$$\Lambda_r \approx 1 - \frac{C_{w2}}{2U_r} = 1 - \frac{111.4}{2 \times 183.9} = 0.697 \tag{5.27.45}$$

となり，内周面でも反動度が十分高いことが分かる（動翼の回転速度が入口と出口で異なる場合の仕事が $U_{2r}C_{w2r} - U_{1r}C_{w1r}$（$C_{w1r}=0$）より U_r には動翼出口 2 での値 183.9 を使っている）．

以上の計算では，初段出口での流路断面寸法を求める際に，断面上で諸量の変化が小さいとして 1 次元的な計算を行ったが，厳密には，半径方向の変化があり，それを考慮しなければならない．タービンの場合にはこの変化が大きく，第 7 章でその取り扱いについて説明するが，圧縮機では段あたりの圧力比が小さい

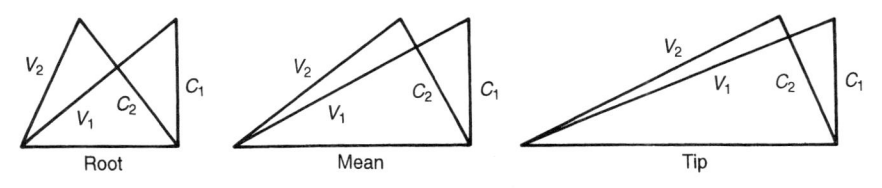

図 5.17 初段動翼前後の速度三角形（根元，平均半径，チップ）

ため，半径方向の変化も小さく，今の例では，初段出口面での密度変化は，内周面と外周面の差でも絶対値の 4% 程度に留まる．それより下流では流路の幅がせまくなりハブ・チップ比が上がるので，その差はさらに縮小する．

内周面，平均半径，外周面それぞれでの，初段動翼前後の速度三角形を図 5.17 に示す（平均半径の図は図 5.14 (a) と同じ）．図より，内周面では，他に比べて，動翼の入口流速 V_1 に対する出口流速 V_2 の割合が小さく，流れの減速・圧縮の程度が大きいことを示唆している．また，動翼に対する流入空気の相対流速は V_1，静翼に対する流入空気の相対流速は C_2 であるから，動翼では V_1 が大きいチップ部，静翼では C_2 が大きい根元部で相対マッハ数が大きくなり，圧縮性の影響が強くなることが分かる．

続いて，3 段目の流速分布を考える．平均半径での反動度は $\Lambda_m=0.5$ としており，その他の，平均半径での諸量について，これまでに計算した値をまとめると，

$$\begin{aligned}
&p_{01}=1.599\,\text{bar}, \quad p_{03}/p_{01}=1.246, \quad p_{03}=1.992\,\text{bar} \\
&T_{01}=333\,\text{K}, \quad \Delta T_{0S}=24\,\text{K}, \quad T_{02}=T_{03}=357\,\text{K} \\
&\alpha_1=\beta_2=28.63°, \quad \beta_1=\alpha_2=50.92° \\
&C_{w1}=81.9\,\text{m/s}, \quad C_{w2}=184.7\,\text{m/s}, \quad \Delta C_w=102.8\,\text{m/s}
\end{aligned} \quad (5.27.46)$$

となる．3 段目の入口と出口の内外径，および，動翼の回転速度を求め，結果をまとめると，

	r_r [m]	r_t [m]	r_r/r_t	U_r [m/s]	U_t [m/s]
動翼入口 1	0.1279	0.2115	0.605	200.9	332.2
動翼出口 2	0.1310	0.2084	0.629	205.8	327.5
動翼出口 3	0.1341	0.2053	0.653	210.6	322.5

(5.27.47)

となる．式 (5.27.43-44) で示したように，初段と同様にして自由渦型の設計を

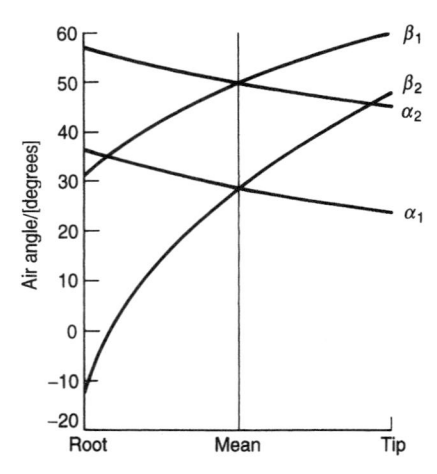

図5.18 流れ角の径方向変化（3段目，自由渦型）

行い，根元，平均半径，および，チップでの，旋回速度と流れ角を求めると下記の通りとなる．

	root	mean	tip
C_{w1} [m/s]	108.7	81.9	65.7
α_1	35.93°	28.63°	23.65°
β_1	31.58°	50.92°	60.63°
C_{w2} [m/s]	239.3	184.7	150.4
α_2	57.9°	50.92°	45.1°
β_2	$-12.6°$	28.63°	49.7°
$\beta_1-\beta_2$	44.2°	22.29°	10.9°
Λ	0.161	0.50	0.668

(5.27.48)

ただし，反動度は表（5.27.1）に示す $\Lambda=1-(1-\Lambda_m)/R^2$ [rootとtipの $R(=r/r_m)$ は動翼出口2の値を使用] を用いている．図5.18には，自由渦型の設計での3段目の流れ角の半径方向変化を示す．自由渦型の設計では，翼高さ方向のねじれが大きく，また，根元部では動翼の転向角 $\beta_1-\beta_2$ が大きいことが分かる．

次に，5.6節の最後の部分で説明した反動度 Λ が一定 ($\Lambda=0.5$) の設計を考える．また，軸方向流速 C_a，単位質量流量の空気に与える仕事量 W も半径方向に

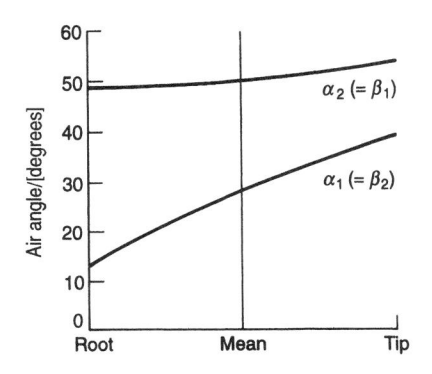

図5.19 流れ角の径方向変化（3段目，反動度0.5一定）

一定とするが，前に説明した通り，このままでは半径方向の力のつり合いの式が満たせないことに注意する．反動度が0.5の場合，速度三角形が左右対称になるから，図5.6で2つの三角形が対称な場合を考えると $U = \Delta C_w + 2C_{w1}$ となることが分かる．また，動翼が単位質量流量の空気に与える仕事量 $W = U\Delta C_w$ が半径方向に一定より，$U\Delta C_w = U_m \Delta C_{wm} =$ 一定となる．これらに注意すれば，内周面について，

$$\Delta C_{wr} = \Delta C_{wm}\frac{U_m}{U_r} = \Delta C_{wm}\frac{r_m}{r_r} = 102.8 \times \frac{0.1697}{0.1279} = 136.4 \text{ m/s}$$

$$C_{w1r} = \frac{U_r - \Delta C_{wr}}{2} = \frac{205.8 - 136.4}{2} = 34.7 \text{ m/s}$$

$$\tan \alpha_{1r} = \frac{C_{w1r}}{C_a} = \frac{34.7}{150}, \quad \alpha_{1r} = \beta_{2r} = 13.03° \quad (5.27.49)$$

$$C_{w2r} = C_{w1r} + \Delta C_{wr} = 34.7 + 136.4 = 171.1 \text{ m/s}$$

$$\tan \alpha_{2r} = \frac{C_{w2r}}{C_a} = \frac{171.1}{150}, \quad \alpha_{2r} = \beta_{1r} = 48.76°$$

となることが分かる．外周面についても同様に計算すると，$r_t = 0.2115$ m，$U_t = 332.2$ m/s より，$\alpha_{1t} = \beta_{2t} = 39.77°$，$\alpha_{2t} = \beta_{1t} = 54.12°$ となる．反動度一定の設計で求めた流れ角の半径方向分布を図5.19に示すが，図5.18の自由渦型の設計と比べて，反動度一定の場合は動翼のねじれが小さいことが分かる．ただし，上記の通り，このままでは径方向の力のつり合いが満たされていないことや，3段目ではまだハブ・チップ比があまり大きくないことなどにより，実際には，この

設計が効率最大とはならない場合が多い．また，この計算では，初段で考慮した流路断面積が流れ方向に縮小する影響は考慮していないので多少の誤差があるが，効率などと違って，反動度は理論値と実際の値に多少のずれがあっても大きな問題は生じない．

最後に，3段目に関して，指数型の設計を行う．平均半径での反動度はこれまでと同様に $\Lambda_m=0.5$ として，半径方向の反動度の変化は，表（5.27.1）の $n=0$ の場合の式を用いる．3段目入口では，内周側の半径は $r_r=0.1279$ m，平均半径は $r_m=0.1697$ m より，内周側は $R=r_r/r_m=0.1279/0.1697=0.754$ であるから，入口内周側の反動度は，

$$\Lambda_r = 1 + \left[1 - \frac{2}{R}\right](1-\Lambda_m) = 1 + \left(1 - \frac{2}{0.754}\right) \times (1-0.5) = 0.174 \quad (5.27.50)$$

となる．この値は，表（5.27.48）に示した自由渦型の設計での値 0.161 より若干大きくなっており，このことは図 5.12 で示した傾向とも合致している．定数 a と b に関しては，式（5.24.1）と（5.24.2）より，

$$\begin{aligned} a &= U_m(1-\Lambda_m) = 266.6 \times (1-0.5) = 133.3 \text{ m/s} \\ b &= \frac{c_p \Delta T_{0S}}{2 U_m \lambda} = \frac{1005 \times 24}{2 \times 266.6 \times 0.88} = 51.4 \text{ m/s} \end{aligned} \quad (5.27.51)$$

となる．旋回速度については，式（5.24.3）より，

	root	mean	Tip
R（動翼入口 1）	0.754	1	1.246
C_{w1} [m/s]	65.1	81.9	92.0
R（動翼出口 2）	0.772	1	1.228
C_{w2} [m/s]	201.5	184.7	175.2

(5.27.52)

となる．軸方向流速 C_a については，指数型では，上記 2 つの設計（自由渦型，反動度一定）と違って，半径方向に変化する．平均半径での軸方向流速は $C_{a1m}=150$ m/s であるから，動翼入口では，式（5.26）を用いると，内周側と外周側で，それぞれ，

$$C_{a1r}=167.5 \text{ m/s}, \quad C_{a1t}=131.9 \text{ m/s} \quad (5.27.53)$$

と求められる．同様に，動翼出口についても，式（5.25）より，

$$C_{a2r}=189.1 \text{ m/s}, \quad C_{a2t}=112.5 \text{ m/s} \quad (5.27.54)$$

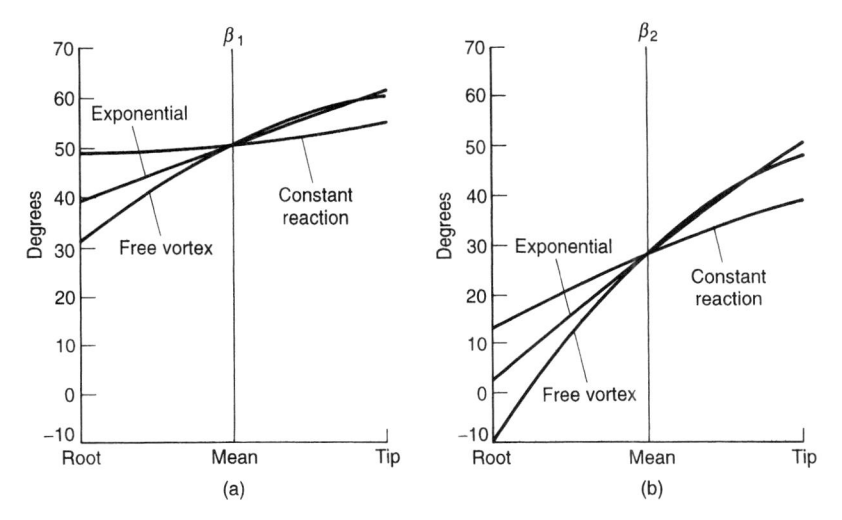

図 5.20 流れ角の径方向変化，3 段目 (a) β_1 (b) β_2

と求められる．これらより，動翼前後の空気の流れ角に関しても，これまでと同様に，$\beta_{1r}=39.03°$，$\beta_{2r}=1.31°$，$\beta_{1t}=61.23°$，$\beta_{2t}=53.53°$と求められる．

以上，自由渦型，反動度一定，指数型の3つの設計を行ったが，動翼前後の動翼から見た空気の流入角 β_1 と流出角 β_2 の半径方向分布の設計法による違いを，それぞれ，図 5.20 (a) と (b) に示す．図より，自由渦型の翼は径方向のねじれが最も大きく，反動度一定の場合はねじれが最も少なくなり，指数型がその中間であることが分かる．動翼での流れの転向角 $\beta_1-\beta_2$ [deg] を比較すると，

	root	mean	Tip
自由渦型	44.2	22.29	10.9
反動度一定	35.73	22.29	14.35
指数型	37.72	22.29	7.70

(5.27.55)

のようになり，自由渦型の設計の内周面上（root）で最も転向角が大きく，そこでの減速・圧縮の空力的な負担が大きいことを示唆している．流れのマッハ数に関しては，図 5.17 を用いて，動翼に関しては外周面上（tip）の流入流速 V_1，静翼に関しては内周面上（root）の流入流速 C_2 が最大になることを示した．計算の詳細は省略して結果のみ示すと，まず，動翼入口で動翼から見た流入空気流

のマッハ数は，チップ部 r_t において，

	C_{a1} [m/s]	C_{w1} [m/s]	V_1 [m/s]	T_1 [K]	M
自由渦型	150.0	65.7	305.8	319.7	0.853
反動度一定	150.0	82.5	291.3	314.0	0.820
指　数　型	131.9	92.0	274.0	320.1	0.764

(5.27.56)

となる．一方，静翼の流入空気流のマッハ数は，根元部 r_r において

	C_{a2} [m/s]	C_{w2} [m/s]	C_2 [m/s]	T_2 [K]	M
自由渦型	150.0	239.3	282.4	317.3	0.791
反動度一定	150.0	171.1	227.5	331.2	0.624
指　数　型	189.1	201.5	276.3	319.0	0.772

(5.27.57)

となる．動翼での相対マッハ数の方が静翼より大きくなっているが，指数型の設計では，他の方法と比べて，動翼での相対マッハ数が低く抑えられることが分かる．マッハ数を抑えることの重要性については，5.10節の圧縮性の影響の中で説明する．ここでは，3段目の翼列について示したが，それより後段では，静温が上がって音速が上がるため，マッハ数は下がる傾向にある．

指数型の設計では，軸方向流速が半径方向にも変化するため，流量を一定とすると，実際には，軸方向流速が一定の自由渦型や反動度一定の場合とは，流路断面積が多少異なるはずで，厳密には，質量流量を求める式，

$$m = 2\pi \int_{r_r}^{r_t} \rho r C_a \, dr \tag{5.27.58}$$

の数値的な積分を行って流路断面積を求める必要がある．

上記に示した3つの設計方法には，それぞれに利点があり，どの設計方法を選択するかは，設計チームのそれまでの経験によるところが大きい．一見すると，反動度一定の設計が良さそうに見えるが，先に述べた通り，半径方向の力のつり合いをこのままでは満たしていないため，うまく修正できなければ，実際の流れ角が設計値と異なり，損失が生じることになる．

ここで，各段での全温上昇量を決める際に，初段と最終段での全温上昇量を少なめにして負荷を下げたことに立ち返ってみる．まず，初段に関しては，動翼チップ部でのマッハ数が最も大きくなるという問題がある．加えて，横風や高迎角，急旋回等の飛行状態によって圧縮機入口での空気流に偏りが生じ，軸方向流

速に分布が生じることも考えられる．初段の負荷を小さくすることで，これらの問題が一部回避できる可能性がある．一方，最終段に関しては，ディフューザを通して燃焼器に旋回の無い流れを送る必要があることを考慮すれば，出口の流れが軸方向にまっすぐ流れることが理想で，できる限り旋回成分を小さくする必要がある．この場合にも，最終段の負荷を多少下げることで，問題解決につながる可能性が高まる．

本節では，圧縮機の各段の翼列を通過する空気の流れ角を設定したが，次に，その流れ角を実現するための翼型の設計を行う必要があり，それについて次節で説明する．

5.8 翼型の設定

前節で，翼列を通過する空気の流れ角が設定されたが，次に，それらを反映した翼型の設計を行う．圧縮機翼列に求められることは，第1に，流入空気を所定の転向角だけ曲げて送り出すことで，図5.4の表記に従えば，動翼での転向角は $\beta_1-\beta_2$，静翼での転向角は $\alpha_2-\alpha_3$ である．ただし，流れる空気流の角度が翼の角度と完全には一致しないことに注意する．圧縮機翼列では，流れを転向させることにより減速・圧縮を行うが，その際には，境界層が発達しやすく，損失が大きくなりやすい．圧縮機翼列に求められることの2つ目は，流れの減速・圧縮を，できるだけ高い効率で，つまり，できるだけ少ない全圧損失で行うことである．損失を避けるためには，翼の角度を，なるべく空気流の角度に合わせることが必要になる．ただし，圧縮機は設計点以外でも運転されるため，作動範囲全体での効率を考えると，必ずしも，設計点で翼の角度を空気流の角度にちょうど合わせるのが最も良いとは言い切れない．

翼列の設計では，単独翼周りの流れの計測データや，翼列試験（カスケード試験：cascade test）のデータを参照する．単独翼周りの流れの計測データを用いる場合には，となりの翼があることによる流れの干渉の影響を，何らかの係数によって補正した上で用いるが，一般には翼列試験のデータの方が広く使われる．翼列試験というと，実際の軸流圧縮機と同じように，回転ディスクの外周に動静翼を埋め込んだ供試体を製作し，それを円筒の流路内において空気を流して試験

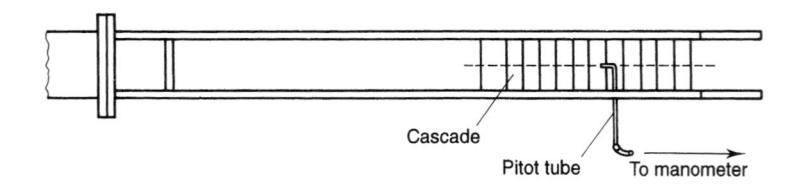

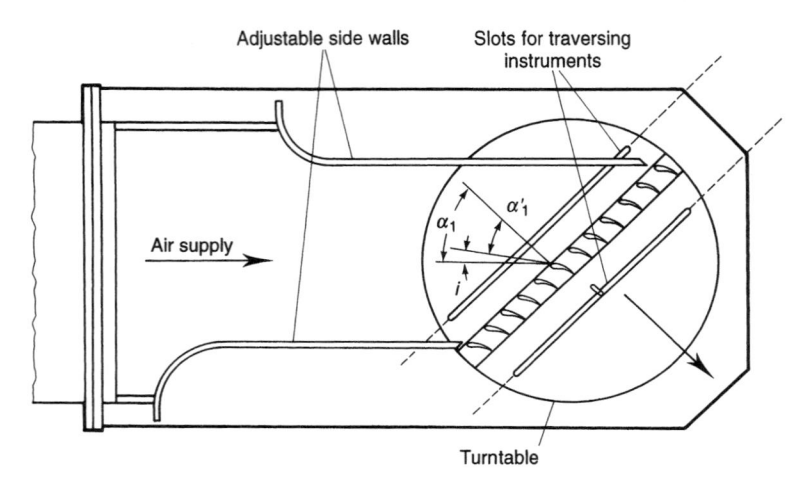

図 5.21 翼列試験装置（上図の破線上をピトー管の先端が動いて全静圧分布を測定する）

することをイメージするかもしれないが，実際の翼列の基礎データの取得では，図 5.21 に示すように，直線的に翼を並べて空気を流す．この試験装置の方が，機構が簡易な上，流れが 2 次元的であるため，測定結果の解釈も容易になる．

英国，米国の両方で，圧縮機用の翼列試験がさかんに行われてきたが，翼列試験の結果データは，主に，(a) 所定の転向角を損失最小で実現するための翼の角度，(b) 効率を計算するための翼の形状抵抗係数，の 2 つからなる．また，遷音速の翼列試験では，圧縮性の影響についても知ることが出来る．典型的な翼列試験と試験結果について次に述べる．

圧縮機の翼列試験

翼列の風洞試験装置は図 5.21 に示すような構成で，直線状に並べられた翼列に空気を流す．全静圧や流れの向きの測定のため，翼列から上流と下流にそれぞ

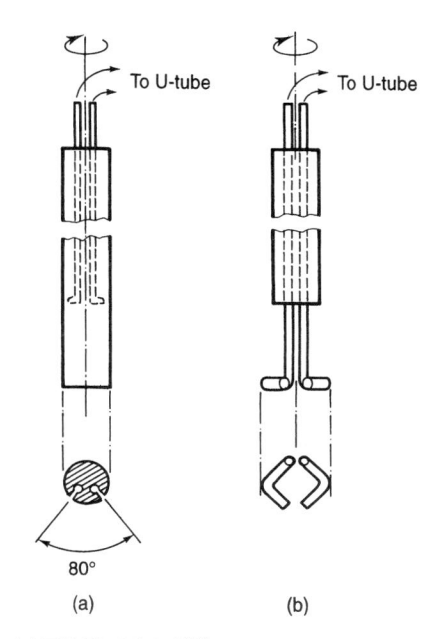

図 5.22 ヨーメーター：(a) 円筒型　(b) かぎ型

れ 1 コード長分だけ離れた面上を，プローブが動けるようになっている．また，風洞壁面の影響を極力小さくするため，なるべく風洞の流路を大きく取る他，風洞壁面での境界層の吸い込みもよく行われる．

　翼列は，図 5.21 に示すように，大きな回転板上に取り付けられており，回転板を回して迎え角が変えられるようになっている．装置によっては，翼を取り外さずに翼の間隔や取り付け角が変えられるものもある．圧力と速度の測定には，通常の L 字のピトー全静圧管が用いられる．流れの向きの測定には，様々な装置が用いられるが，最も一般的なものとしては，図 5.22 に示すような (a) 円筒型 (b) かぎ型のヨーメータ（yawmeter）があげられる．測定原理は，円筒型もかぎ型も同じで，どちらも，図に示すように，軸周りに回転できるようになっていて，2 つの孔で計測する全圧が等しくなる向きをもって流れの向きとする．翼列風洞試験に関するさらに詳しい内容については文献 [7, 8] を参照のこと．

　ここで，翼型 3 つ分を示した図 5.23 を用いて，翼列の形状を表す各種パラメータについて説明する．それぞれの翼型は，まず，翼型の中心線であるキャンバ

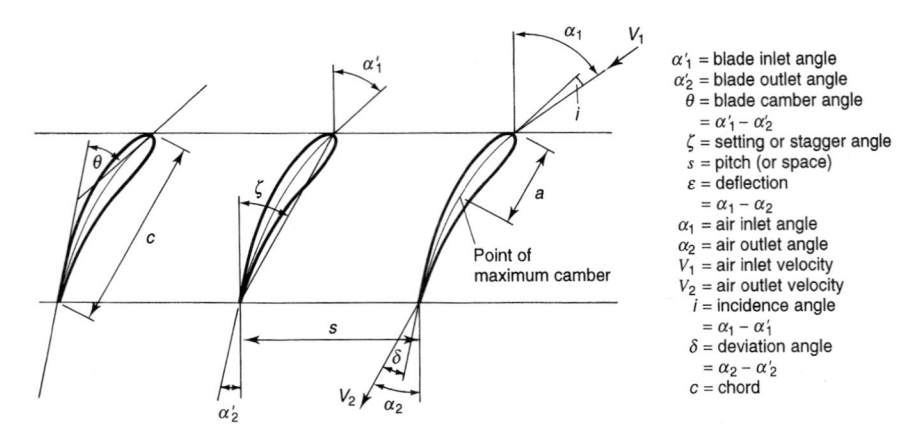

図 5.23　翼列の形状パラメータ

α'_1 = blade inlet angle
α'_2 = blade outlet angle
θ = blade camber angle
　 = $\alpha'_1 - \alpha'_2$
ζ = setting or stagger angle
s = pitch (or space)
ε = deflection
　 = $\alpha_1 - \alpha_2$
α_1 = air inlet angle
α_2 = air outlet angle
V_1 = air inlet velocity
V_2 = air outlet velocity
i = incidence angle
　 = $\alpha_1 - \alpha'_1$
δ = deviation angle
　 = $\alpha_2 - \alpha'_2$
c = chord

線（camber line：図 5.7 では破線）が決められ，キャンバ線に沿って，背側と腹側に図 5.27 に示すような翼厚を加えることで形成される．図 5.23 では，各翼型に対して，前縁の点から後縁の点まで曲線のキャンバ線が引かれている．一番左の翼型に示す通り，前縁の点から後縁の点までの直線距離がコード長 c である．また，翼型の前縁（または後縁）の点の間隔がピッチ s である（図 5.7 も参照）．前縁の点を結ぶ線を左右に引き，同様に後縁を結ぶ線も引くと，両者は平行で，これらに垂直な軸方向の基準線を引く．前縁でのキャンバ曲線の接線とその軸方向基準線のなす角 α'_1 が翼の入口角で，同様に，後縁では α'_2 が出口角になる．これに対し，右の翼に示す V_1 の矢印は流入空気の向きで，これと軸方向基準線のなす角 α_1 が空気の流入角であるが，これは翼の入口角 α'_1 と必ずしも一致しない．両者の差 $i = \alpha_1 - \alpha'_1$ を迎え角（incidence angle）と呼ぶ．出口も同様で，空気の流出角 α_2 と翼の出口角 α'_2 との差 $\delta = \alpha_2 - \alpha'_2$ を偏差角（deviation angle）と呼ぶ．また，真ん中の翼に示す通り，翼の前縁と後縁を結ぶ直線と軸方向基準線のなす角 ζ をスタガ角（stagger angle）と呼ぶ．翼の中心線であるキャンバ線のキャンバとは，そもそも，反る（そる）という意味の言葉で，翼の反り具合を示している．圧縮機の翼では転向角がそれほど大きくないので反り（キャンバ）もそれほど大きくないが，図 7.1 に示すようなタービン翼では反りが大きい．左の翼型に示すように，キャンバ線の前縁での接線と後縁での接線のなす角

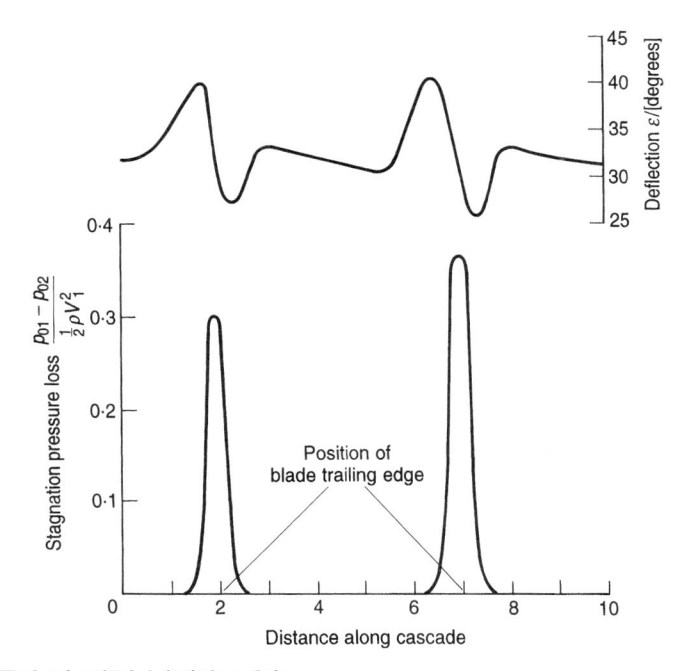

図 5.24 翼列の全圧損失と転向角の分布

θ をキャンバ角と呼び,$\theta = \alpha'_1 - \alpha'_2$ となる.キャンバ角 θ が大きいほど反りが大きい.右の翼型の図では,翼の前縁と後縁を結ぶ直線とキャンバ線との距離が最大になる点が示されており,その点と前縁との距離を a としている.

翼列の風洞試験の結果の一例を図 5.24 に示す.上図は,空気が翼列を通過することで曲げられる角度である転向角 $\varepsilon = \alpha_1 - \alpha_2$(deflection angle)を示しており,下図は損失率を示している.横軸は,翼に沿って(翼の前縁点を結んだ線に平行な方向に)測った距離で,損失がある位置は,ちょうど,翼の後流(wake)が通過していると考えられる.損失率は,翼での全圧損失 $w = p_{01} - p_{02}$ を,流入空気の動圧で無次元化したもので,

$$\text{loss} = \frac{p_{01} - p_{02}}{\frac{1}{2}\rho V_1^2} = \frac{w}{\frac{1}{2}\rho V_1^2} \tag{5.28}$$

と表せる.様々な迎え角 $i = \alpha_1 - \alpha'_1$ に対して図 5.24 のようなデータを取得し,

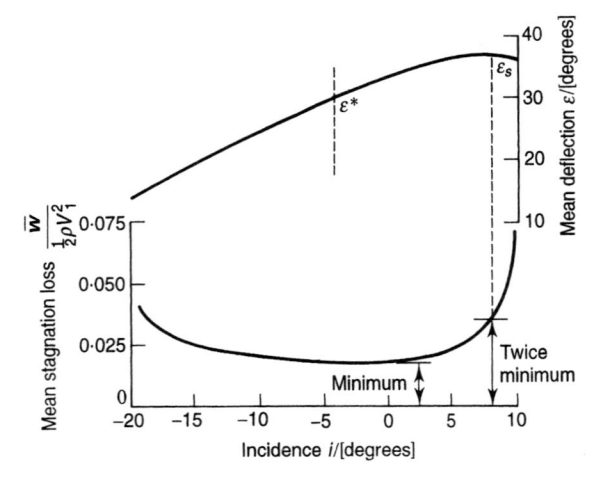

図 5.25　翼列による全圧損失と転向角の迎え角による変化

損失の空間平均値 $\overline{w}/\frac{1}{2}\rho V_1^2$ および転向角 ε の空間平均値をプロットしたものを図 5.25 に示す．図より，比較的広い迎え角 i の範囲で，損失が低いフラットな領域が存在し，その範囲を超えると損失が急増することが分かる．損失が急増している領域では，単独翼の失速と同様に，翼面上で剝離が起こっている．また，転向角に関しては，失速が起こる付近まで迎え角と共に増加していることが分かる．

図 5.25 より，今設定している翼形状での最適な空気の転向角 $\varepsilon = \alpha_1 - \alpha_2$ を定める必要があるが，上記の通り，損失はなるべく小さくする必要があり，また，設計点だけでなく作動領域全体のことも考慮する必要がある．具体的には，失速が起こる転向角 ε_s の 8 割にあたる $\varepsilon^* = 0.8\,\varepsilon_s$ を基準転向角（nominal deflection）とする．ただし，失速が起こる付近は流れが不安定で，角度 ε_s は特定が難しい場合があるため，損失が最小値の 2 倍となった状態をもって失速とみなす．

以上は，ある形状の翼列に関して得られたデータであるが，さらに，キャンバ線やピッチ／コード比 s/c などの翼形状パラメータを変えて，基準転向角 ε^* を算出する．結果をまとめると，基準転向角 ε^* は，主にピッチ／コード比 s/c，出口空気流出角 α_2 によって変化し，その他，キャンバ角などのパラメータにはあまりよらないことが分かる．そのことを踏まえて，データを図 5.26 のように

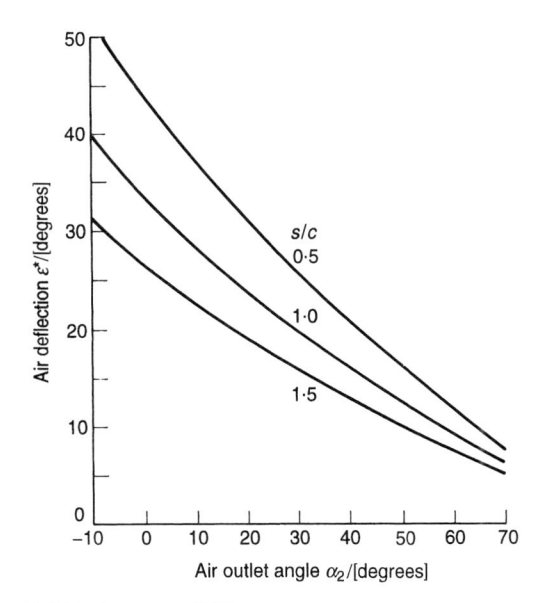

図 5.26 転向角の設計曲線（マスター曲線）

まとめる．この図では，ピッチ／コード比 s/c のいくつかの値に関して，横軸の出口空気流出角度 α_2 に対する縦軸の基準転向角 ε^* の値をプロットしてある．この図を用いると，空気流の流入角，流出角，ピッチ／コード比 s/c の 3 つのパラメータのうち 2 つが決まれば，残り 1 つの値が求まるため，設計上とても便利であり，マスター曲線と呼ばれる．例えば，前節で計算したように，翼列への空気の流入・流出角がすでに設定されていれば，それを実現するのに適した翼列のピッチ／コード比 s/c が図から読み取れる．

例として，前節で計算した 3 段目動翼の平均半径位置では，空気の入口流入角が $\beta_1=50.92°$，出口流出角が $\beta_2=28.63°$ であったから，基準転向角としては $\varepsilon^*=\beta_1-\beta_2=22.29°$ が適切で，図 5.26 より，$s/c=0.9$ の翼列が適切と分かる．

さらに，ピッチ s とコード長 c のそれぞれの値を決めるには，翼平面形のアスペクト比（縦横比）h/c を考慮する必要がある．ただし，h は翼高さ（＝径方向の流路幅，$h=r_t-r_r$）である．これは，翼平面形のアスペクト比 h/c が，後の図 5.31 の所で説明する通り，翼列流れの 2 次損失に関連しているからであり，

そこで説明する通り，$h/c=3$ 程度が適正な値になる．アスペクト比 $h/c=3$ と仮定して進めると，式（5.27.47）より，3段目入口での動翼高さは $h=r_t-r_r=0.2115-0.1279=0.0836$ m であるから，そこでのコード長 c は，

$$c=\frac{0.0836}{3}=0.0279 \text{ m} \tag{5.28.1}$$

となり，ピッチは，$s/c=0.9$ より，

$$s=0.9\times 0.0279=0.0251 \text{ m} \tag{5.28.2}$$

となる．平均半径は $r_m=0.1697$ m であるから，3段目動翼の翼の枚数 n は全周で，

$$n=\frac{2\pi r_m}{s}=\frac{2\pi\times 0.1697}{0.0251}=42.5 \tag{5.28.3}$$

と計算できる．振動時の共振を避けるため，隣り合う翼列の翼の枚数は，なるべく同じ数の倍数とならない方が望ましく，それを避ける手段の1つとして，動翼は偶数枚，静翼は奇数枚とする方法がある．今の場合，3段目動翼の翼の枚数を43枚とすれば，そこから逆算して，

$$s=0.0248 \text{ m}, \quad c=0.0276 \text{ m}, \quad h/c=3.03 \tag{5.28.4}$$

となる．

ところで，動翼の翼枚数を奇数にするというのは，以前と違って，最近ではあまり一般的ではなくなってきている．動翼は高速で回転するため，動翼に多少の質量の付加や削除を行って回転時に偏心をおこさせないよう調整することが必要であるが，動翼を偶数枚にすると，運転中に動翼が損傷した場合，現場で，その回転バランス調整のやりなおしをせずに動翼の交換だけで運転再開できる．例えば，高バイパス比ターボファン・エンジンのファンの場合には，ファン動翼の枚数は偶数にすることが多く，エアラインでは，ちょうどバランスのとれた予備の1組のファン動翼を用意しておき，運転中にファン動翼が1枚損傷した場合には，それと対称な位置のファン動翼と一緒にセットで取り替える．

　上記の例では，空力的な観点から，翼のアスペクト比とコード長を定めたが，初段動翼のコード長は，異物混入による損傷（FOD：foreign object damage）に対する耐性から決まることも多い．特に，航空エンジンではその傾向が強く，空力的に最適なアスペクト比より少し小さめのアスペクト比の翼が採用されてい

る．

　翼形状を設定する上で，もう1つ必要なことがある．翼の入口角度 α_1' については，図 5.25 の結果等より，空気の流入角度 α_1 と迎え角 i（0 とし，簡単に $\alpha_1'=\alpha_1$ とすることが多い）から決めることが出来るが，翼出口角度 α_2' についても，空気の出口流出角度 α_2 とずれがあるので，その差の偏差角 $\delta=\alpha_2'-\alpha_2$ が分からなければ設定できない．空気が翼出口角度 α_2' と同じ角度で流出することが理想であるが，実際には，4.2 節で説明した遠心圧縮機インペラ出口のスリップと同様，空気の慣性のため，出口角 α_2' までは曲がり切れず，図 5.23 の右の翼の例では，出口で V_2 の方向へと流出する．翼列試験の結果を調べると，翼出口の偏差角 δ は，主に，翼の反り具合とピッチ／コード比によって決まっている．また，キャンバ線形状や空気の流出角 α_2 自体によっても変わる．これらから，偏差角 δ について，一般的に，

$$\delta = m\theta\sqrt{s/c} \tag{5.29}$$

$$m = 0.23\left(\frac{2a}{c}\right)^2 + 0.1\left(\frac{\alpha_2}{50}\right) \tag{5.29.1}$$

と表せることが分かっている．ただし，θ は図 5.23 左図で示したキャンバ角，a は，図 5.23 の右の翼で説明した通り，キャンバ最大位置と前縁との距離，α_2 はラジアンでなく度の単位とする．キャンバ線（翼中心線）を円弧形状とすることがよくあるが，その場合には，対称性から，キャンバ最大位置はコード長のちょうど中間で $2a/c=1$ が成り立つ．この時は m の式（5.29.1）がより簡単になるが，時々使われる放物線のキャンバ線などを含むより一般的な式は（5.29.1）となる．入口ガイド弁 IGV については，他の圧縮機翼列と違って，基本的には下流に行くに従って流路が狭まり流れが加速するノズルの一種であり，式（5.29）の s/c にかかる指数を 0.5 でなく 1 とし，また，m については 0.19 で一定とする．

翼型の設定

　キャンバ線を円弧型とすると，上記の通り $2a/c=1$ であり，また，今考えている 3 段目動翼平均半径では，式（5.27.46）より，動翼を固定して見た空気の出口流出角が $\beta_2=28.63°$ であるから，偏差角 δ は，式（5.29.1）より，

$$\delta = \left[0.23 + 0.1 \times \frac{28.63}{50}\right]\sqrt{0.9} \times \theta = 0.273\,\theta \tag{5.29.2}$$

となる（動翼を固定して見た流れを考えているため，式 (5.27.46) の角 β_1, β_2 が図 5.23 の角 α_1, α_2 に相当）．また，図 5.23 に示す通り，キャンバ角は $\theta = \alpha'_1 - \alpha'_2$, 偏差角は $\delta = \alpha_2 - \alpha'_2$ であるから，

$$\begin{aligned}
\theta &= \alpha'_1 - \alpha'_2 \\
&= \alpha'_1 - \alpha_2 + \delta \\
&= \alpha'_1 - \alpha_2 + 0.273\,\theta \\
0.727\,\theta &= \alpha'_1 - \alpha_2 \\
&= 50.92° - 28.63°
\end{aligned} \tag{5.29.3}$$

となる．ただし，迎え角は $i=0°$，すなわち，$\alpha'_1 = \alpha_1 = 50.92°$ とした．これより，キャンバ角は $\theta = 30.64°$ と求まり，翼後縁の出口角度は $\alpha'_2 = \alpha'_1 - \theta = 20.28°$，出口での偏差角は $\delta = \alpha_2 - \alpha'_2 = 8.35°$ と求められる．

また，翼のスタガ角 ζ は，円弧キャンバ線の場合の対称性を考慮すると，

$$\zeta = \alpha'_1 - \frac{\theta}{2} = 50.92° - \frac{30.64°}{2} = 35.60° \tag{5.29.4}$$

となる．以上の形状パラメータを用いて作図した 3 段目動翼のキャンバ線を図 5.27 左図に示す．次に，キャンバ線に背側と腹側に厚みを加えて最終的に翼の形状を作成するが，キャンバ線からの厚み分布については，例えば図 5.27 右図のようなものがあり，キャンバ線に沿った両側の厚みが指定されている．厚み分布としては，英国では RAF 27 や C series と呼ばれる分布が広く用いられ，米国では NACA が広く用いられてきた．一般に，翼間を流れる空気の流速が十分音速より小さく，中程度の負荷の翼列では，厚み分布の多少の違いなら，最終的な圧縮機の性能にほとんど影響がないことが分かっている．厚み分布のより詳細な内容や，放物線型のキャンバ線を用いた場合の取り扱いなどは文献 [9] に詳しい．また，遷音速流れを伴う翼列では，図 5.35 に示すような薄く先端のとがった二重円弧の翼型が最も性能が良いことが知られている．

以上により 3 段目平均半径での翼型が設定できたが，他の半径位置でも同様に設定できる．ただし，平均半径位置での考察より翼の枚数 n は規定されているので，他の半径位置でのピッチ（翼間隔）s は自動的に定まり，空気の流入・流出角と図 5.26 からピッチ／コード比 s/c が分かるため，コード長 c も求められ

5.8 翼型の設定　299

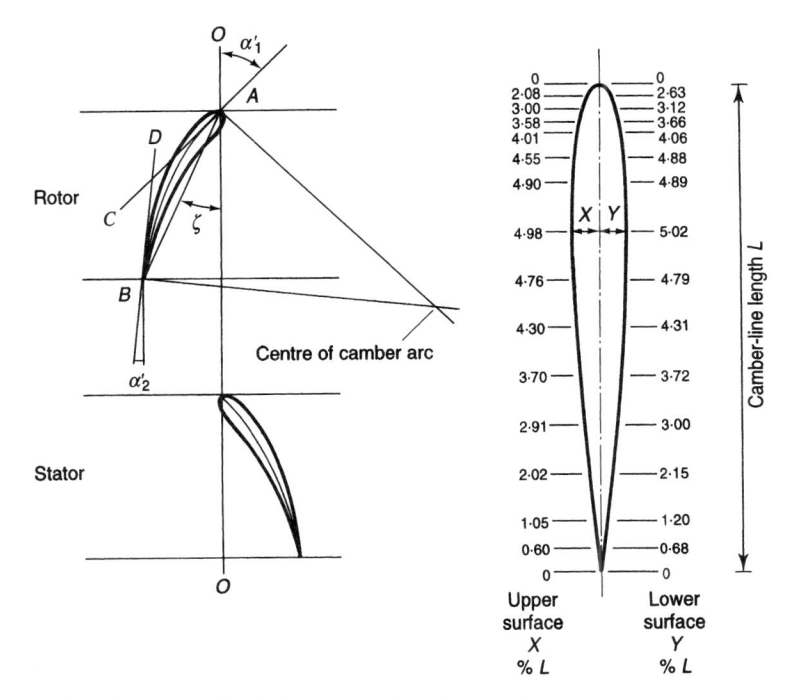

図 5.27 設計した 3 段目動翼の翼型（左）と翼厚み分布（右）

る．このようにして，翼全体の 3 次元形状が設定できる．

　最後に，de Haller 数と同様に翼列にかかる減速・圧縮の空力的な負荷を表す指標として説明した減速率 D（diffusion factor）を計算してみる．式（5.7）より，減速率 D は，

$$D = 1 - \frac{V_2}{V_1} + \frac{\Delta C_w}{2V_1}\frac{s}{c} \tag{5.29.5}$$

と表せる．3 段目のチップ側について，自由渦型での設計結果の表（5.27.48）などより，軸流流速は $C_a=150\,\mathrm{m/s}$，$\beta_1=60.63°$，$\beta_2=49.7°$，転向角 $\beta_1-\beta_2=10.9°$ となり，図 5.26 より，ピッチ／コード比 $s/c=1.1$ となる．また，旋回速度の増分は $\Delta C_w = C_{w2}-C_{w1}=150.4-65.7=84.7\,\mathrm{m/s}$ で，流入速度は $V_1=C_a/\cos\beta_1=305.8\,\mathrm{m/s}$，流出速度は $V_2=C_a/\cos\beta_2=231.9\,\mathrm{m/s}$ であるから，これらを上式に代入すると，減速率 D は，

$$D = 1 - \frac{231.9}{305.8} + \frac{84.7}{2 \times 305.8} \times 1.1 = 0.39 \tag{5.29.6}$$

と計算できる．図 5.8 でチップ領域での減速率 D と摩擦損失率の関係を見ると，0.39 はまだ損失が増加し始める前で許容範囲であることが分かる．3 段目の De Haller 数は，0.72 のしきい値付近であったが，減速率 D についても損失が増加し始めるあたりにあり，両者が矛盾していないことが分かる．また，3 段目動翼の根元部でも同様に計算すると，減速率がチップ部より少し大きくなるが，これは，主に，旋回速度の増分 ΔC_w が根元部の方が大きいことによる．初段動翼のチップ部では，減速率 $D=0.23$ であり，そこでの空力的な負荷が小さいことに対応しているが，マッハ数が高く遷音速領域に達していることから，付加的な損失が考えられ，これについては 5.10 節で詳しく述べる．

5.9 効率の計算

翼列形状の設計が終わったら，次に，その形状での効率，すなわち，所定の仕事入力でどの程度の圧力比が実現できるかという計算が必要になる．翼列を通過する空気により，翼には揚力と抗力が発生するが，損失は，翼列の各翼の抗力係数によって決まるので，まず抗力係数を求め，そこから段の効率を計算する．

図 5.28 に示すような，翼列を空気が通過する一般的な例を考え，翼に作用する揚力と抗力を考える．図 5.23 と同様に，流入空気の速度 V_1 が軸方向となす角，すなわち流入角を α_1，流出空気は速度 V_2 で流出角を α_2 とすると，入口と出口の静圧差は，

$$\begin{aligned} \Delta p &= p_2 - p_1 \\ &= \left(p_{02} - \frac{1}{2} \rho V_2^2 \right) - \left(p_{01} - \frac{1}{2} \rho V_1^2 \right) \end{aligned} \tag{5.30.1}$$

と書ける．ただし，全静圧の関係は，正確には式 (2.8.2) であるが，密度変化が小さいとして非圧縮性を仮定した式 (2.8.1) を用いた．式 (5.28) で用いた全圧損失の空間平均 $\overline{w} = p_{01} - p_{02}$ を用い，軸方向流速 V_a は一定とすると，

$$\begin{aligned} \Delta p &= \frac{1}{2} \rho (V_1^2 - V_2^2) - \overline{w} \\ &= \frac{1}{2} \rho V_a^2 (\tan^2 \alpha_1 - \tan^2 \alpha_2) - \overline{w} \end{aligned} \tag{5.30}$$

5.9 効率の計算

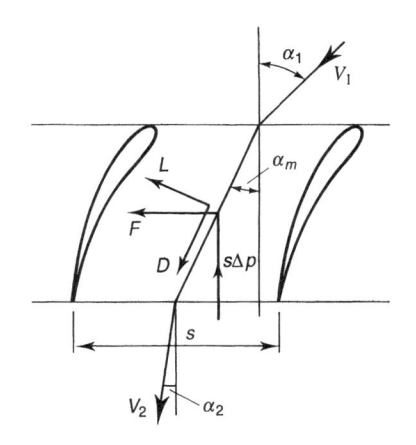

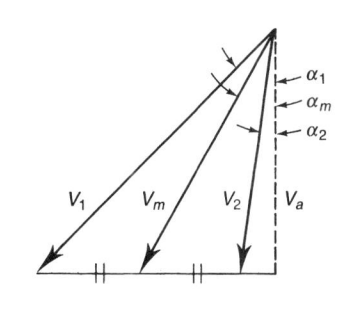

図 5.28 翼間流れにより翼列に作用する力

となる．次に，翼列に作用する揚力 L と抗力 D の向きについて，次のように設定する．まず，図 5.28 右図のように，入口空気の流入速度ベクトル V_1 と出口の流出速度ベクトル V_2 に対し，軸方向速度成分 V_a は同じで，旋回速度成分がちょうど入口と出口の平均になる平均流速ベクトル V_m を考える．また，この平均流速ベクトル V_m が軸方向となす角を α_m とする．図 5.28 左図に示すように，翼が翼間を流れる空気から受ける力のうち，この平均流速ベクトル V_m に平行な成分を抗力 D，垂直な成分を揚力 L とする．

揚力や抗力を求めるため，図 5.28 左図で，翼列の前縁を結んだ線，後縁を結んだ線と隣り合う 2 枚の翼の間に挟まれた検査体積の空気に作用する力を考える．翼高さ方向（紙面に垂直な方向）は単位長さ 1 として計算する．まず，軸方向の力のつり合いについて考える．検査体積に流入・流出する空気は軸方向流速も流量も同じなので，流入・流出する軸方向の運動量は同じだが，入口面より出口面の静圧が Δp だけ高いので，圧力差 Δp，作用する面積 $s \times 1$ より，$s\Delta p$ の力が検査体積の空気に上流向きにかかっており，この力がそのまま，翼 1 枚に軸方向上流向きに作用する．一方，周方向の力のつり合いについては，質量流量が $m = s\rho V_a$，上流側の流入面では流入空気の旋回速度成分が $V_a \tan \alpha_1$，流出面では $V_a \tan \alpha_2$ で，周方向に作用する力 $F =$（周方向の運動量変化）$=$（質量流量）$\times$（入口と出口での旋回速度成分の差）であるから，

$$F = s\rho V_a \times V_a(\tan\alpha_1 - \tan\alpha_2)$$
$$= s\rho V_a^2(\tan\alpha_1 - \tan\alpha_2) \tag{5.31}$$

の力が検査体積にかかっており，この力がそのまま，図に示す通り，翼1枚に周方向に作用する．これらの力を，図5.28左図に示す通り，揚力Lと抗力Dの方向に分解し，揚力係数と抗力係数を求める．その際，代表速度として，図5.28右図で説明した平均流速V_mを使うことにする．平均流速V_mと軸方向流速V_aの関係は，

$$V_m = \frac{V_a}{\cos\alpha_m} \tag{5.31.1}$$

となるが，図5.28より，角α_mについては，

$$\tan\alpha_m = \frac{1}{2}(\tan\alpha_1 + \tan\alpha_2) \tag{5.31.2}$$

が成り立つ．一般に，抗力＝抗力係数×代表面積×動圧と書けるが，最初に，抗力として，主に翼表面摩擦によって生じる形状抗力（profile drag）を考え，対応する形状抗力係数をC_{Dp}とおく．また，代表面積は，翼の平面形の面積とし，コード長cと翼高さhの積$c \times h$とする．動圧は，代表速度をV_mとしているから$1/2\rho V_m^2$である．翼高さ方向には単位長さ（$h=1$）を考えていることに注意すれば，

$$D = \frac{1}{2}\rho V_m^2 c\, C_{Dp} = F\sin\alpha_m - s\Delta p\cos\alpha_m \tag{5.31.3}$$

と分かる．FとΔpについて，式（5.30）と（5.31）を代入すると，右辺は，

$$\frac{1}{2}\rho V_m^2 c\, C_{Dp} = s\rho V_a^2(\tan\alpha_1 - \tan\alpha_2)\sin\alpha_m$$
$$- \frac{1}{2}\rho V_a^2 s(\tan^2\alpha_1 - \tan^2\alpha_2)\cos\alpha_m + \overline{w}s\cos\alpha_m \tag{5.31.4}$$

となるが，

$$\tan^2\alpha_1 - \tan^2\alpha_2 = (\tan\alpha_1 - \tan\alpha_2)(\tan\alpha_1 + \tan\alpha_2)$$
$$= 2(\tan\alpha_1 - \tan\alpha_2)\tan\alpha_m \tag{5.31.5}$$

が成り立つことにより，式（5.31.4）の右辺の最初の2項が等しいので，それらは相殺され，形状抗力係数C_{Dp}は，

$$C_{Dp} = \left(\frac{s}{c}\right)\left(\frac{\overline{w}}{\frac{1}{2}\rho}\right)\left(\frac{\cos\alpha_m}{V_m^2}\right) = \left(\frac{s}{c}\right)\left(\frac{\overline{w}}{\frac{1}{2}\rho}\right)\left(\frac{\cos^3\alpha_m}{V_a^2}\right) = \left(\frac{s}{c}\right)\left(\frac{\overline{w}}{\frac{1}{2}\rho V_1^2}\right)\left(\frac{\cos^3\alpha_m}{\cos^2\alpha_1}\right)$$

と表せる．揚力 L についても，同様にして，

$$L = \frac{1}{2}\rho V_m^2 c\, C_L = F\cos\alpha_m + s\Delta p \sin\alpha_m \tag{5.32.1}$$

となり，

$$\begin{aligned}
\frac{1}{2}\rho V_m^2 c\, C_L &= s\rho V_a^2 (\tan\alpha_1 - \tan\alpha_2)\cos\alpha_m \\
&\quad + \frac{1}{2}\rho V_a^2 s(\tan^2\alpha_1 - \tan^2\alpha_2)\sin\alpha_m - \overline{w}\, s \sin\alpha_m
\end{aligned} \tag{5.32.2}$$

より，揚力係数 C_L は，

$$C_L = 2(s/c)(\tan\alpha_1 - \tan\alpha_2)\cos\alpha_m - C_{Dp}\tan\alpha_m \tag{5.33}$$

と求められる．また，式中の空気流の角度は，図 5.23 と図 5.28 右図より，

$$\begin{aligned}
\alpha_1 &= \alpha_1' + i \\
\alpha_2 &= \alpha_1 - \varepsilon^* \\
\alpha_m &= \tan^{-1}\left[\frac{1}{2}(\tan\alpha_1 + \tan\alpha_2)\right]
\end{aligned} \tag{5.33.1}$$

と表せる．ある形状の翼列について，図 5.25 のような翼列試験データが分かっているとすると，各迎え角 i での損失率 $\overline{w}/\left(\frac{1}{2}\rho V_1^2\right)$ も求められるので，これらを式（5.32）や（5.33）に代入すると，図 5.29 に示すような揚力係数 C_L と形状抗力係数 C_{Dp} のグラフを描くことが出来る．揚力係数 C_L を求める式（5.33）で，図 5.29 に示すように C_{Dp} は 1 より十分小さく，右辺の第 2 項 $C_{Dp}\tan\alpha_m$ は第 1 項に比べて無視できるオーダであるから，第 2 項は省略すると，より簡便な近似式，

$$C_L = 2(s/c)(\tan\alpha_1 - \tan\alpha_2)\cos\alpha_m \tag{5.34}$$

が得られる．この式を用い，図 5.26 のマスター曲線と同様に，ピッチ／コード比 s/c をパラメータとして，出口空気流出角度 α_2 に対する揚力係数 C_L の値をプロットすると図 5.30 のようになる．

これらを用いて段の効率を計算するが，その前に，図 5.31（a）に示す環状流路抵抗（annulus drag）と，図 5.31（b）に示す 2 次抵抗（secondary drag）という形状抗力以外の抗力による損失に関する考察が必要である．2 次抵抗による損失は，翼の外周先端（チップ）や後縁から発生する渦によって生じる全圧損失

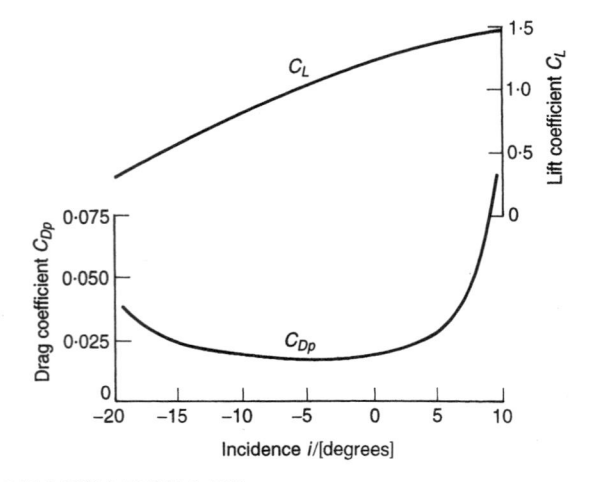

図 5.29 翼列の揚力係数と形状抗力係数

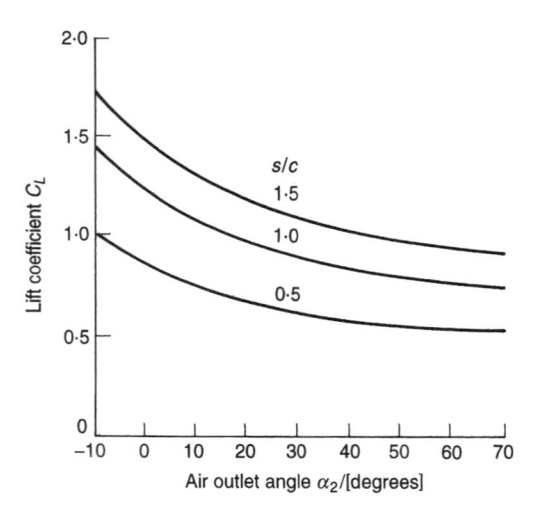

図 5.30 設計で用いる揚力係数曲線

で，圧縮機の試験結果から見ると，この 2 次抵抗による損失も，上記の形状抵抗による損失と同程度の大きさになる．2 次抵抗による損失は，翼外周先端（チップ）と流路外側ケーシングの間のすき間であるチップ・クリアランス（tip clearance）によって大きく変化するので，これをなるべく小さくしなければならず，

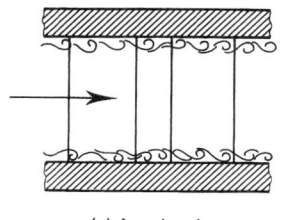

(a) Annulus drag (b) Secondary losses

図 5.31　(a)環状流路抵抗と(b)2次抵抗

概ね，翼高さ h の 1〜2% の範囲に収める（ただし，クリアランスが小さすぎると，翼端とケースの擦れ（ラビング）が起こる）．2次抵抗は，揚力係数 C_L が大きく，背側と腹側の静圧差が大きいと大きくなる傾向があり，圧縮機翼列の設計では，一般に，

$$C_{DS}=0.018\,C_L^2 \tag{5.35}$$

の関係式を用いて2次抵抗の抗力係数 C_{DS} を評価し，これから損失を見積もる．一方，図 5.31（a）に示す環状流路抵抗は，流路の外周面（ケーシング）と内周面（ハブ）での空気流と壁面の摩擦によるものである．この抗力の大きさは，摩擦が生じる内外周面の面積（濡れ面積）に概ね比例するが，先に図 5.28 の翼間流路で考えた検査体積での濡れ面積は，およそピッチ s×コード長 c に比例する．今，抗力係数を定める際の代表面積は，上記の通りコード長 c×翼高さ h に設定しているので，環状流路抵抗の抗力係数 C_{DA} は，環状流路抵抗の抗力を代表面積 $c\times h$ で割ったもの，すなわち，s/h に比例することが分かる．圧縮機の設計では，環状流路抵抗の抗力係数 C_{DA} について，

$$C_{DA}=0.020\,(s/h) \tag{5.36}$$

という経験式を用いる．これらを総合すると，トータルの抗力係数は，一般に，

$$C_D=C_{Dp}+C_{DA}+C_{DS} \tag{5.37}$$

と書ける．

以上は，図 5.21 に示したような直線的な翼列試験データに基づいて各抗力係数を見積もったものであるが，実際の環状の翼列では直線翼列の結果とずれが生じる．環状の圧縮機翼列では，これまでの式で各抗力係数 C_{Dp}，C_{DA}，C_{DS} を求

めて,トータルの抗力係数 C_D を求めた上で,式 (5.32) に示した形状抗力係数 C_{Dp} と全圧損失の関係式をを全抗力係数 C_D にも適用して,

$$C_D = \left(\frac{s}{c}\right)\left(\frac{\overline{w}}{\frac{1}{2}\rho V_1^2}\right)\left(\frac{\cos^3 \alpha_m}{\cos^2 \alpha_1}\right) \tag{5.38}$$

を用いれば,環状の圧縮機翼列における全圧損失の比率 $\overline{w}/\left(\frac{1}{2}\rho V_1^2\right)$ の計算が出来ることが知られている.この全圧損失の比率から,まず,翼列通過時の静圧上昇量をベースにした翼列通過時の効率 η_b を考え,そこから,全圧・全温ベースの段の等エントロピ効率 η_S へと発展させる.

損失がない理想的な状態での翼列通過時の空気の静圧上昇量 Δp_{th} は,式 (5.30) で $\overline{w}=0$ とおくと,

$$\begin{aligned}\Delta p_{th} &= \frac{1}{2}\rho V_a^2(\tan^2 \alpha_1 - \tan^2 \alpha_2) \\ &= \frac{1}{2}\rho V_a^2\left(\frac{1}{\cos^2 \alpha_1} - \frac{1}{\cos^2 \alpha_2}\right)\end{aligned} \tag{5.38.1}$$

より,

$$\frac{\Delta p_{th}}{\frac{1}{2}\rho V_a^2/\cos^2 \alpha_1} = 1 - \frac{\cos^2 \alpha_1}{\cos^2 \alpha_2} \tag{5.38.2}$$

となる.ここで,$V_a/\cos \alpha_1 = V_1$ より,

$$\frac{\Delta p_{th}}{\frac{1}{2}\rho V_1^2} = 1 - \frac{\cos^2 \alpha_1}{\cos^2 \alpha_2} \tag{5.38.3}$$

となることが分かる.これは,損失が無い場合の静圧上昇量 Δp_{th} を入口動圧で無次元化した式であるが,簡単のため,出入口での動圧差を無視し,損失による静圧低下分は全圧の低下量 $\overline{w}$ に等しいとして,実際の静圧上昇量は $\Delta p_{th} - \overline{w}$ とする.また,翼列の効率 η_b を,損失がない理想的な場合に対する実際の静圧上昇量の比率 $(\Delta p_{th} - \overline{w})/\Delta p_{th}$ で定義し,

$$\eta_b = \frac{\Delta p_{th} - \overline{w}}{\Delta p_{th}} = 1 - \frac{\overline{w}}{\Delta p_{th}} = 1 - \frac{\overline{w}/\frac{1}{2}\rho V_1^2}{\Delta p_{th}/\frac{1}{2}\rho V_1^2} \tag{5.39}$$

と表す.段の効率を考えるにあたって,まず,反動度 0.5 の対称翼列を考える.

5.9 効率の計算

対称翼列では基本的に動翼と静翼が対称で形状が同じなので，上記で定義した翼列の効率 η_b は，動翼でも静翼でも概ね同じと見なせる（チップクリアランスの有無などを除けば）．

動翼について，動翼入口を位置1，動翼出口を位置2とすると，上記で，静圧上昇量から定義した翼列の効率 η_b は，

$$\eta_b = \frac{p_2 - p_1}{p_2' - p_1} \tag{5.39.1}$$

と書ける．ただし，p_2' は損失が無い理想的な場合の動翼出口静圧，p_2 は実際の動翼出口静圧である．ここで，静圧出口を位置3とし，式 (2.9) と同様であるが，全温でなく静温上昇量をベースとした段全体での効率を $\eta_S = (T_3' - T_1)/(T_3 - T_1)$ とする．今，段全体での実際の静温上昇量を $\Delta T_S = T_3 - T_1$ とおくと，反動度0.5より，動翼と静翼での静温上昇量は等しいから $T_2 - T_1 = \Delta T_S/2$ となる．同様にして，全温・全圧を用いた等エントロピ効率の式 (5.6) と同様だが，静温・静圧をベースとした式は $p_3/p_1 = [1 + \eta_S(\Delta T_S/T_1)]^{\gamma/(\gamma-1)}$ となる．これらより，動翼での静圧比 p_2/p_1 および静温上昇量 $T_2 - T_1 = \Delta T_S/2$ について

$$\frac{p_2}{p_1} = \left[1 + \frac{\eta_S \Delta T_S}{2 T_1}\right]^{\gamma/(\gamma-1)} \tag{5.39.2}$$

の関係が得られる（反動度0.5と式 (5.11.5) より密度変化を小さいとすれば，動翼と静翼の静圧上昇量も概ね等しく，動翼の静圧比 p_2/p_1 と静翼での静圧比 p_3/p_2 も概ね等しい（$p_2/p_1 = p_3/p_2$）と考えられるので，元の式の左辺は $p_3/p_1 = (p_3/p_2)(p_2/p_1) = (p_2/p_1)^2$，右辺は $\eta_S(\Delta T_S/T_1) \ll 1$ より，テイラー展開の2次以上の微少量を無視すると $[1 + \eta_S(\Delta T_S/2T_1)]^{2\gamma/(\gamma-1)}$ と等しいため）．上式で，損失がない場合には $\eta_S = 1$ より，

$$\frac{p_2'}{p_1} = \left[1 + \frac{\Delta T_S}{2 T_1}\right]^{\gamma/(\gamma-1)} \tag{5.39.3}$$

となるから，動翼の効率 η_b は，

$$\begin{aligned}\eta_b &= \left[\frac{p_2}{p_1} - 1\right] \Big/ \left[\frac{p_2'}{p_1} - 1\right] \\ &= \left\{\left[1 + \frac{\eta_S \Delta T_S}{2 T_1}\right]^{\gamma/(\gamma-1)} - 1\right\} \Big/ \left\{\left[1 + \frac{\Delta T_S}{2 T_1}\right]^{\gamma/(\gamma-1)} - 1\right\}\end{aligned} \tag{5.39.4}$$

と表せる．ここで，段あたりの静温の上昇量 ΔT_S は 20 K 程度であるのに対し，

入口静温 T_1 は 300 K 程度で，ΔT_S は T_1 より 1 桁小さい．これに注意して，上式をテイラー展開し，2 次以上の微小項を消去すると，結局，

$$\eta_b = \eta_S \tag{5.39.5}$$

となる．これは反動度 0.5 の場合であるが，平均半径での反動度が 0.5 でない場合の静温ベースの段の効率 η_S は，概ね，動翼と静翼，それぞれの翼列の効率の平均として，

$$\eta_S = \frac{1}{2}(\eta_{b\,\text{rotor}} + \eta_{b\,\text{stator}}) \tag{5.39.6}$$

と近似できるが，反動度 Λ が 0.5 からかなりずれている場合には，

$$\eta_S = \Lambda \eta_{b\,\text{rotor}} + (1-\Lambda)\eta_{b\,\text{stator}} \tag{5.39.7}$$

として，反動度によって，動翼，もしくは静翼の効率にバイアスをかければ，より良い近似になる．

以上について，具体的に，3 段目の平均半径面を例にとって，静温ベースの段の効率 η_S を求めてみる．まず，動翼の翼列流れについては，式 (5.31.2) より

$$\tan \alpha_m = \frac{1}{2}(\tan \alpha_1 + \tan \alpha_2) = \frac{1}{2}(\tan 50.92° + \tan 28.63°) = 0.889 \tag{5.39.8}$$

より，

$$\alpha_m = 41.63° \tag{5.39.9}$$

となる．先に示した通り，ピッチ／コード比は $s/c = 0.9$ で，図 5.30 より，$\alpha_2 = 28.63°$ の時には揚力係数 $C_L = 0.875$ となる．よって，式 (5.35) より，2 次抵抗の抗力係数は，

$$C_{DS} = 0.018\, C_L^2 = 0.018 \times 0.875^2 = 0.0138 \tag{5.39.10}$$

と計算できる．また，式 (5.28.4) より，ピッチ $s = 0.0248$ m，翼高さ $h = 0.0836$ m であるから，式 (5.36) より，環状流路抵抗の抗力係数は，

$$C_{DA} = 0.020\,\frac{s}{h} = 0.020 \times \frac{0.0248}{0.0836} = 0.0059 \tag{5.39.11}$$

となる．また，形状抗力係数は，図 5.29 で迎え角 $i=0$ の時の値を取り，$C_{Dp} = 0.018$ とする．これらより，トータルの抗力係数は，

$$C_D = C_{Dp} + C_{DA} + C_{DS} = 0.018 + 0.0059 + 0.0138 = 0.0377 \tag{5.39.12}$$

となる．環状の翼列の場合の抗力係数と全圧損失の関係式 (5.38) より，全圧損

失の入口動圧に対する割合は,

$$\frac{\overline{w}}{\frac{1}{2}\rho V_1^2} = \frac{C_D}{(s/c)}\frac{\cos^2\alpha_1}{\cos^3\alpha_m} = \frac{0.0377}{0.9} \cdot \frac{\cos^2 50.92°}{\cos^3 41.63°} = 0.0399 \qquad (5.39.13)$$

と求められる．また，静圧上昇量に関して，損失がない場合には，式（5.38.3）より，

$$\frac{\Delta p_{th}}{\frac{1}{2}\rho V_1^2} = 1 - \frac{\cos^2\alpha_1}{\cos^2\alpha_2} = 1 - \frac{\cos^2 50.92°}{\cos^2 28.63°} = 0.4842 \qquad (5.39.14)$$

となるため，式（5.39）より，静圧上昇量をベースとした動翼の翼列の効率は，

$$\eta_b = 1 - \frac{\overline{w}/\frac{1}{2}\rho V_1^2}{\Delta p_{th}/\frac{1}{2}\rho V_1^2} = 1 - \frac{0.0399}{0.4842} = 0.918 \qquad (5.39.15)$$

となる．反動度 0.5 より，静翼の翼列の効率も同程度であり，静温ベースの段の効率は，式（5.39.5）より，概ね，

$$\eta_S = 0.92 \qquad (5.39.16)$$

と求められる．3段目動翼入口での静温は $T_1 = 318.5$ K で，3段目の全温上昇量は 24 K であったが，入口と出口で空気流速（平均半径位置）はほとんど同じなので，3段目の静温上昇量も $\Delta T_S = 24$ K となる．これらより，入口と出口の静圧比 $R_S(=p_3/p_1)$ は，式（5.39.2）の前に示した通り，

$$R_S = \left[1 + \frac{\eta_S \Delta T_S}{T_1}\right]^{\gamma/(\gamma-1)} = \left[1 + \frac{0.92 \times 24}{318.5}\right]^{3.5} = 1.264 \qquad (5.39.17)$$

と求められる．以上は静圧や静温をベースとした計算であるが，設計の際には，全圧や全温などのよどみ点量が必要になる．静圧や静温を，それぞれ，全圧や全温に変換することも可能であるが，実際には，下記に示す通り，上記の静温・静圧に基づく段の効率は，式（5.6）に示すような全温・全圧に基づく等エントロピ効率とほとんど同じ値になる．

図 5.32 には，段の入口 1 から出口 3 までの状態変化を示す $T-s$ 線図を示す．1 は入口の静温・静圧の状態，01 は入口のよどみ点状態，3-3′ と 03-03′ は圧力一定のラインで，圧力の値は，それぞれ，出口の静圧 p_3 と全圧 p_{03} である．静温に基づく段の効率は，

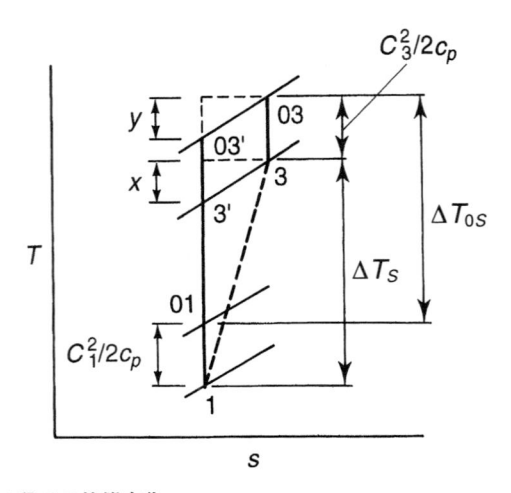

図 5.32　圧縮機 1 段での状態変化

$$\eta_S = \frac{T'_3 - T_1}{T_3 - T_1} = \frac{T_3 - T_1 - x}{T_3 - T_1} = 1 - \frac{x}{\Delta T_S} \tag{5.39.18}$$

と書ける．ただし，$x = T_3 - T'_3$ である．同様に，全温に基づく段の等エントロピ効率は，

$$\eta_S = \frac{T'_{03} - T_{01}}{T_{03} - T_{01}} = \frac{T_{03} - T_{01} - y}{T_{03} - T_{01}} = 1 - \frac{y}{\Delta T_{0S}} \tag{5.39.19}$$

となる．ただし，$y = T_{03} - T'_{03}$ である．段の入口と出口で流速が等しく $C_1 = C_3$ とすると，$\Delta T_{0S} = \Delta T_S$ となる．また，段あたりの圧力比はそれほど大きくないため，図 5.32 で，3-3′ と 03-03′ の圧力一定のラインはほぼ平行となり，x と y の値はほぼ等しくなる．これらより，静温・静圧をベースとして求めた段の効率を，全温・全圧に基づく等エントロピ効率とほぼ同じものと見なすことができる．全温・全圧に基づく等エントロピ効率を $\eta_S = 0.92$ とすると，全温上昇量は $\Delta T_{0S} = 24$ K，入口全温は $T_{01} = 333$ K より，段の圧力比 $R_S (= p_{03}/p_{01})$ は，式 (5.6) より，

$$R_S = \frac{p_{03}}{p_{01}} = \left[1 + \frac{\eta_S \Delta T_{0S}}{T_{01}}\right]^{\gamma/(\gamma-1)} = \left[1 + \frac{0.92 \times 24}{333}\right]^{3.5} = 1.252 \tag{5.39.20}$$

と求められる（式 (5.27.33) に相当）．

段の効率については，当初，ポリトロープ効率を 0.90 とし，等エントロピ効率もそれに等しいと仮定したが，今回の計算では，3 段目の等エントロピ効率がおよそ 0.92 と求められた．2 次抵抗や環状流路抵抗による損失の予測精度なども考慮すれば，両者は概ね合っていると言える．また，他の段の計算でも，3 段目の場合と同じくらいの精度で効率が一致していれば，今回の軸流圧縮機の設計が比較的保守的なものであり，それほど問題なく予定の性能が出ると言ってよい．圧縮機全体の等エントロピ効率に関しては，上記の計算を各段に対して行い，各段の圧力比を掛け合わせて全体圧力比を算出して，等エントロピ変化での全温上昇量と実際の全温上昇量の比から求めることが出来る．

　ここまで説明した軸流圧縮機の設計の流れをまとめると次のようになる．まず，効率，チップの周速，軸方向流速などを仮定し，そこから，流路内外径や，各段の平均半径での空気流の角度を計算する．次に，自由渦型，指数型など適切な設計法を用いて，径方向の空気流の角度分布を求める．その際，動翼内の応力や，減速率などの空力的な負荷，マッハ数などが所定の値を超えないよう留意する．続いて，翼列試験データに基づいて，形状を設定し，空気流の角度や，直線的な 2 次元翼列とした場合の揚力・抗力係数を計算する．最後に，それらから，環状の翼列とした場合の，平均半径位置での全圧損失を経験式から求め，等エントロピ効率，および，圧力比を計算する．

5.10　圧縮性の影響

　圧縮機の高性能化につれて正面面積あたりの流量やチップの周速が上がったことにより，翼に対する空気流のマッハ数が高くなってきている．初期の圧縮機では，流れはどこも亜音速であったが，今日では，産業用ガスタービンの圧縮機でも翼に対する流れのマッハ数が 1 を超えるものがあり，航空用では，高バイパス比ターボファン・エンジンのファン動翼外周部で，マッハ数が 1.5 にも達する．ただし，遷音速の圧縮機翼列の詳細設計までは本書の対象外で，マッハ数が高い場合の取り扱いに関する基本的な内容と，主要な参考文献の紹介に留める．当該分野の技術の大半は，各製造メーカ固有の知的財産に属するもので，公開されている文献等から知ることはできない．

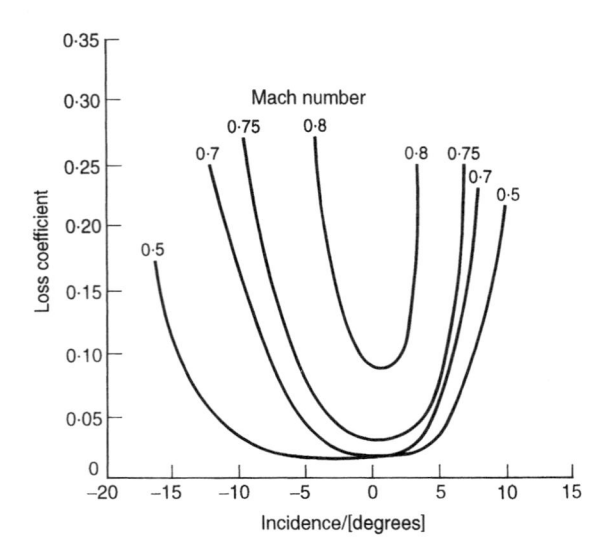

図 5.33　全圧の損失率に対する流入マッハ数の影響

　翼列性能に対する圧縮性の影響，特に，動翼に対する空気の流入マッハ数の影響を調べるには，高速空気流中の翼列試験が必要で，このマッハ数を超えると損失が増えてくるが，それ以下なら低速の場合と性能があまり変わらないというしきい値，すなわち，臨界マッハ数（critical Mach number）M_c を知ることが重要である．臨界マッハ数を超えてさらにマッハ数を上げていくと，最終的に，動翼を回す仕事がすべて損失となり，全圧の上昇が全く起こらない状態になる．この時のマッハ数，すなわちマッハ数の最大値を M_m とすれば，図 5.28 などに示したような典型的な亜音速型の翼列では，迎え角 0 度の時で，臨界マッハ数 M_c が 0.7，マッハ数の最大値 M_m が 0.85 程度となる．マッハ数が十分低く，圧縮性の影響が無い場合の翼列の全圧の損失率は図 5.25 に示したが，同様な亜音速型の翼列に関して，マッハ数を上げて 0.5〜0.8 とした場合の全圧の損失率を図 5.33 に示す．マッハ数が上がると，損失が低くフラットな迎え角 i の範囲が狭まっており，設計点以外での性能に問題が生じる可能性が高くなることが分かる．また，損失の最小値も流入マッハ数と共に上がってきており，この型の翼列では，マッハ数を 1 に近づけることが出来ないことがわかる．マッハ数が上がっ

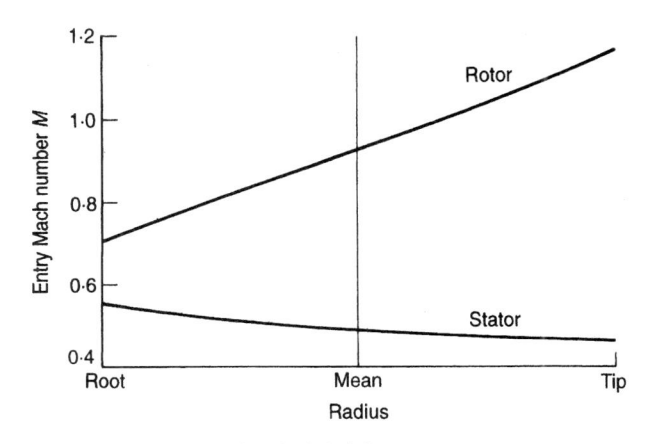

図 5.34　動翼と静翼での流入マッハ数の径方向変化

て圧縮性の影響が出てくると，全圧と静圧の差，すなわち動圧は，非圧縮性を仮定した式 $p_{01}-p_1=\dfrac{1}{2}\rho V_1^2$ の誤差が大きくなるので，式 (5.28) で $w/(1/2\rho V_1^2)$ とした全圧の損失率に関しても，圧縮性の影響がある場合には $w/(p_{01}-p_1)$ とする．

　図 5.34 には，5.7 節で設定した圧縮機初段の動翼入口と静翼入口での，翼から見た空気流のマッハ数の径方向分布を示す．先に述べた通り，動翼ではチップ（外周），静翼では根元（内周）でマッハ数が高くなるが，全体として静翼の方はマッハ数が低いことが分かる．動翼は自身が回転する分，空気との相対速度が大きくなるが，静翼ではそれが無いためである．

　マッハ数が低い場合の翼列の損失は，NACA での多数の試験結果［文献 10,11］などにより，図 5.8 で示した通り，減速率 D で整理できることが分かっているが，マッハ数が 1 に近くなる遷音速領域では，損失がそれよりかなり大きくなる．損失増加の原因は衝撃波の発生によるものと分かっているが，マッハ数による損失の増加量は，翼の間隔であるピッチ s によっても大分変わってくる．具体的には，5.3 節で図 5.7 を用いて説明したピッチ／コード比 s/c の逆数のソリディティ（solidity，翼列の詰まり具合）が下がる，つまり，ピッチ／コード比 s/c が大きくなり翼の間隔が相対的に広がると，圧縮性による損失増加が大きくなる．これについて，図 5.35 を用いて説明する．

　図 5.35 に示すような，衝撃波損失が比較的小さくなる二重円弧翼型 DCA

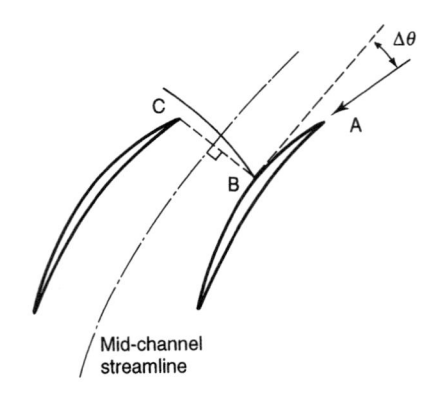

図 5.35　二重円弧翼列の翼間流れに発生する衝撃波

（double circular arc）の翼列を考える．空気は，前縁 A の所に矢印で示しているように，前縁の背側面の接線に平行に超音速で流入してくるとする．その超音速流が背側の凸面に沿って A から B に向かってゆるやかに転向しながら（向きを変えながら）流れる時に，圧縮性流体力学で言う膨張波が発生し，流れが加速してマッハ数が高くなる．そして，腹側の面が現れる BC 面の手前に，図に示す通り，点 B を根元とし，点 C の上流に達する弓形の衝撃波が立ち，衝撃波により，流れは不連続に超音速から亜音速に減速される．その際に全圧の損失が発生し，その損失量は，衝撃波前の超音速流のマッハ数が大きいほど大きくなる．衝撃波前のマッハ数の値は B と C の間で分布があるが，点 A のマッハ数 M_A と点 B のマッハ数 M_B の平均値を，衝撃波前のマッハ数と仮定して損失を計算する（点 A はとなりの流路の点 C に相当）．点 A のマッハ数は流入空気のマッハ数で形状によらず一定であるが，点 A から点 B でのマッハ数の増分は，転向した角度が大きいほど大きくなる．翼列のソリディティが下がると，点 A から B の距離が伸びて超音速での転向角が増え，その分，点 B でのマッハ数が上がることにより損失が増える．マッハ数 M_A，M_B と転向角の関係を図 5.36 上図に，衝撃波による全圧の損失率 ω を下図に示す．これまで設計してきた軸流圧縮機の例では，初段動翼チップ部での流入マッハ数は 1.165 で，流入角は 67.11°，流出角は 62.69° より転向角は翼全体で 4.42° であるが，そのうち，図 5.35 でいう点 A から点 B までの超音速流での転向により 2 度分だけ曲げると仮定する．この

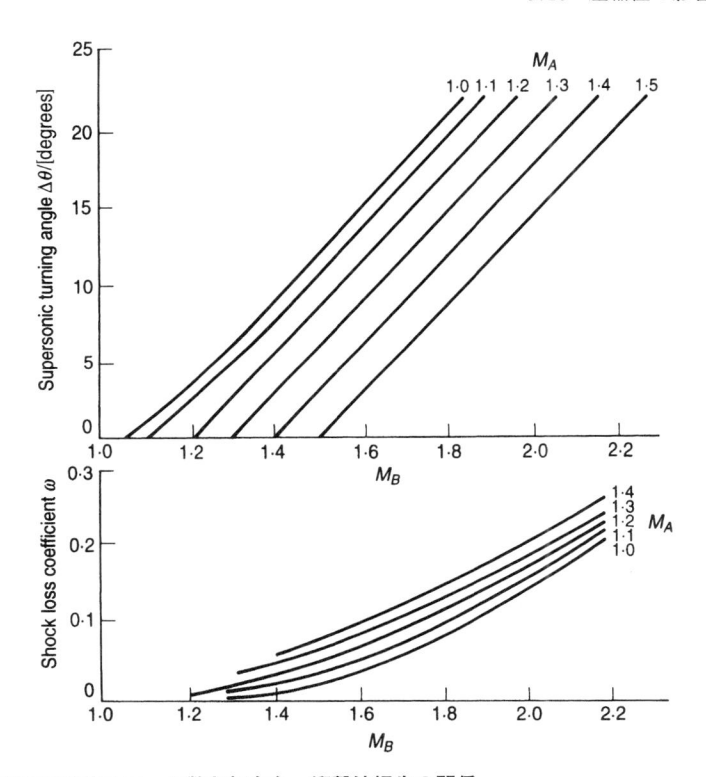

図 5.36 膨張波前後のマッハ数と転向角, 衝撃波損失の関係

場合, 点Bでのマッハ数は, 図 5.36 より $M_B=1.2$ で, 衝撃波による全圧の損失率は $\omega=0.015$ となる. 設計によっては, この衝撃波による追加損失がもっと大きくなる. このことが初段動翼での全温上昇量を少なめに設定して負担を減らしたことの理由の1つである.

航空用の高バイパス比ターボファン・エンジン (図 1.12 (b) など) のファンは径が大きいため, 従来のターボジェットより回転数が低いにもかかわらず, チップの周速はかなり速くなっており, マッハ数は 1.4〜1.6 に達する. このため, 図 5.35 のような二重円弧翼では不十分であり, 図 5.35 を使って言えば, 前縁の点 A から BC 面までに流れを減速させて, 衝撃波前のマッハ数を 1.2 程度にまで下げて, 損失を抑える必要がある. 図 5.35 の例では, 点 A から B までの背側では, 壁面が凸面で流れから離れて行き, 局所的には流路が広がるため膨張波が

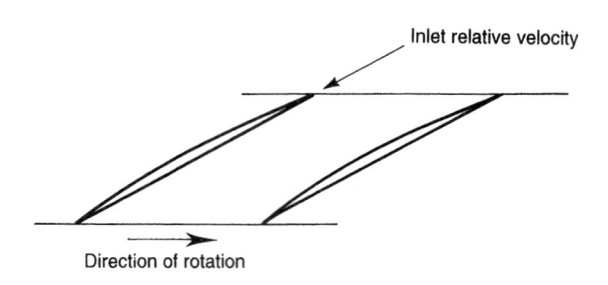

図 5.37　入口超音速の翼列

発生して流れが加速したが，反対に，図 5.37 に示すように，背側の面を凹面とし，壁面が前縁から流れの方にせり出して流路を狭めるようにすれば，超音速流を減速して，衝撃波前のマッハ数を下げることが出来る．もしくは，外周面（ケーシング）と内周面（ハブ）の間の環状流路の断面積を，当該部分で流れ方向に小さくしてもよいし，それら両方をやってもよい．結果として出来た翼型の形状を図 5.37 に示すが，これまでのものと比べてほとんどまっすぐで，転向角が極めて小さいことが分かる．近年まで，マッハ数の増加による損失の増加は，衝撃波通過時の損失によるものとされてきたが，最近では衝撃波のみによる損失はマッハ数による損失増加の一部であって，衝撃波と壁面境界層の干渉による粘性損失（摩擦損失）の増大の影響も大きいことが分かってきている．遷音速の圧縮機やファンにおける空力的な課題についての分かりやすい解説については Kerrebrock の著書［12］にまとめられている．

　航空用の高バイパス比ターボファン・エンジンは 1970 年代に導入されたが，ファン動翼は翼高さが長く，しなったため，過度な振動やねじれによる変位を抑えるために，翼高さの中間付近に，図 5.38（a）（別の角度から見た図 8.27 右図も参照）に示すようなダンパー（図の例では 2 箇所）をつけなければならず，ダンパー取り付け部付近の流れはマッハ数が高いため，そこで大きな損失が発生した．図 5.38（a）では，離陸時にかもめがエンジンに衝突してファン動翼が欠けてしまった様子も示されており，鳥衝突の衝撃の強さがうかがえる．また，ファン動翼をチップ側から見た写真を図 5.38（b）に示すが，図 5.37 で説明した通り，先端の背側が凹面になっていることが分かる．その後，加工技術や応力解析技術の進展により，ワイド・コード・ファン（コード長の長いファン，例えば図

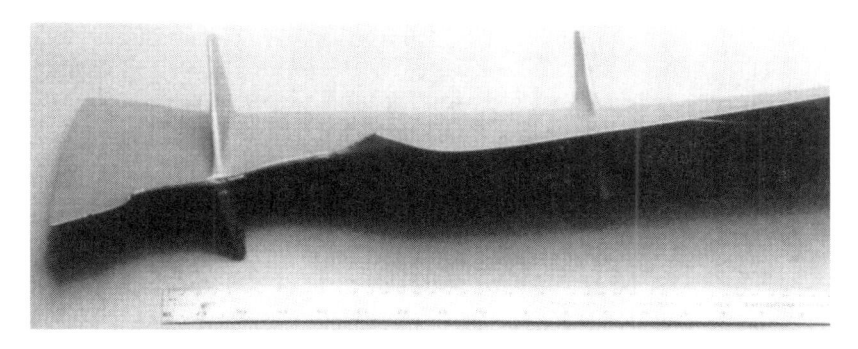

図 5.38 (a) 中間ダンパー付ファン動翼（鳥衝突で欠けている）

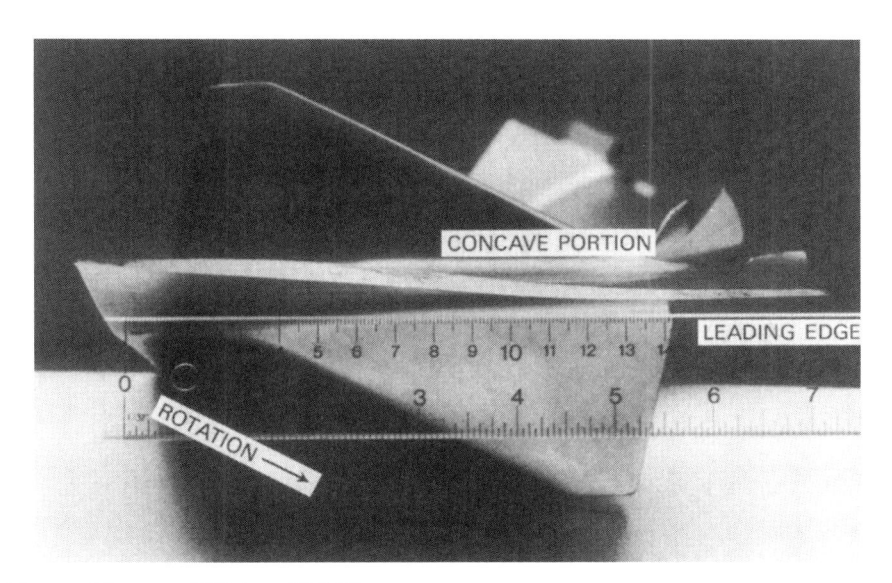

図 5.38 (b) ファン動翼チップ部翼型

1.12 (b)）が開発され，ダンパーが不要になったため空力性能が向上し，また，鳥の衝突に対しても強くなっている．ちなみに，鳥打ち込み試験は，航空エンジンの型式証明取得のための要件となっている．PW530（図 1.12 (a)）のファンは，ワイド・コードで，鍛造材からの削り出しにより一体物として作られている．図 1.16 に示す Trent エンジンのファンは，内部がハニカム状（図 6.10(a)

参照）に補強された中空の構造とすることで重量を許容範囲に収めている．ファン動翼の枚数は偶数で，先に述べたとおり，1枚が損傷しても，対称位置の動翼とセットで交換することにより，現場での回転バランス調整が不要になっている．

5.11　設計点以外での性能

　ここまで主に設計点での翼列の性能について述べてきたが，実際には，圧縮機は，アイドルから最大出力まで，様々な条件で運転されるため，幅広い範囲の回転数や入口条件の下で，所定の性能を出さなければならない．前節で，圧縮機の翼列では，一定の迎え角の範囲では損失が低くフラットになるが，それを超えると損失が急増し性能が悪化することを示した（図5.25）．空気流の角度が翼列の向きからさらに大きくずれると，流れの失速が起こり，圧縮機全体がサージを起こして，ガスタービンの運転ができなくなる．また，エンジンの損傷が起こったり，航空エンジンでは安全性に重大な支障をきたしたりする場合がある．

　多段の軸流圧縮機全体の設計点以外での性能については，各段の性能と，段と段の相互干渉について検討することで，ある程度の見通しが得られる．まず，各段での設計点以外での性能について調べる．1つの段での全温上昇は，式（5.5）より，

$$\Delta T_{0S} = \frac{UC_a}{c_p}(\tan\beta_1 - \tan\beta_2) \tag{5.40.1}$$

と表せる．動翼から見た流出角 β_2 は概ね動翼後縁の出口角度と同じになるが，流入角 β_1 は，軸方向流速 C_a や動翼の回転速度 U によって変わるため，流量や回転数などの作動条件によって大きく変化する．そこで，式（5.8）と同様に，角度 β_1 の代わりに角度 α_1 を用いれば，

$$\Delta T_{0S} = \frac{U}{c_p}[U - C_a(\tan\alpha_1 + \tan\beta_2)] \tag{5.40.2}$$

と表せる．流入角 β_1 と違って，角度 α_1 は，前段の静翼後縁の出口角度と概ね同じで，図5.23に示した偏差角 δ 分を除けば，作動条件によらない．上式の両辺を動翼の回転速度 U の2乗で割って無次元化すると，

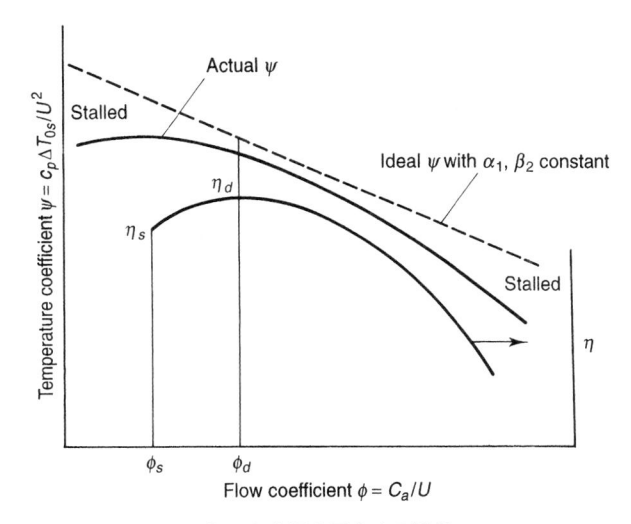

図5.39 圧縮機各段における流量率 ϕ と全温上昇率 ψ の関係

$$\frac{c_p \Delta T_{0S}}{U^2} = 1 - \frac{C_a}{U}(\tan \alpha_1 + \tan \beta_2) \quad (5.40.3)$$

となるが，左辺の $c_p \Delta T_{0S}/U^2$ を全温上昇率 ψ（temperature coefficient），右辺の C_a/U を流量率 ϕ（flow coefficient）という．角度の部分に関して，$k = \tan \alpha_1 + \tan \beta_2$ と置くと，簡単に，

$$\psi = 1 - \phi k \quad (5.40.4)$$

と書ける．流れの角度 α_1 や β_2 がそれぞれ静翼と動翼の出口角に等しく一定で，k が作動条件によらず一定とした場合の流量率 ϕ と全温上昇率 ψ の関係を図5.39に破線で示す．流量率 ϕ が減ると全温上昇率 ψ が直線的に増加し，$\phi = 0$ で $\psi = 1$ となっていることが分かる．これについては，次のように考えられる．式(5.3.1) で，仕事入力 $W = m c_p \Delta T_{0S}$ に注意すると，全温上昇量 ΔT_{0S} は，

$$\Delta T_{0S} = \frac{U \Delta C_w}{c_p} \quad (5.40.5)$$

と表せる．（これと式(5.40.2) を比較すれば，旋回速度の増分が $\Delta C_w = U - C_a(\tan \alpha_1 + \tan \beta_2)$ と表せることが分かる．今，簡単のため，動翼の回転速度 U を固定して考えると，流量率 ϕ を下げる，すなわち流量を下げて軸方向速

度 C_a を小さくすれば，上式に示す通り，旋回速度の増分 ΔC_w が大きくなるから，単位体積の空気になされる仕事 W，すなわち全温上昇量 ΔT_{0S} が増え，全温上昇率 ψ が増加することが分かる．また，図 5.39 で，設計点の状態での流量率 $\phi = C_a/U$ を ϕ_d とおき，そこから流量率 ϕ を小さくする，すなわち，角度 α_1, β_2 一定で設計点より流量を下げて軸方向流速 C_a を小さくしていくと，図 5.4 や図 5.23 から分かるように，流入角度 β_1 が大きくなり，流入流速ベクトル V_1 が次第に横に寝てきて，迎え角 i が大きくなる．逆に，流量率 ϕ を大きくし，流量を上げて軸流流速 C_a を大きくすると，迎え角 i は負の側に振れることになる．図の破線は，偏差角 δ が無く，流れが翼後縁の角度で流出するとして求めたが，図 5.23 に示すように，実際の空気の流出角は，偏差角分だけ翼後縁の角度より大きくなり，その分 k が大きくなることなどにより，実際の全温上昇率 ψ は破線より小さくなると考えられる．図には，実際の流量率 ϕ と全温上昇率 ψ の関係を実線で示しているが，破線との差を見ると，設計点付近，すなわち迎え角 i の絶対値が小さく流入空気の向きが翼前縁角度と合っているときは，動翼でなされる仕事 $c_p\Delta T_{0S}$ すなわち全温上昇率 ψ が理想的な場合に近いが，流量が設計点からずれて，流入空気と翼前縁の角度のずれが大きくなるにつれて，理想的な場合との差が大きくなっている．さらに，空気と翼の角度のずれである迎え角 i の絶対値が大きくなりすぎると，流れが失速する)．式 (5.40.5) を変形すると，

$$\frac{c_p \Delta T_{0S}}{U^2} = \frac{\Delta C_w}{U} \tag{5.40.6}$$

となるので，流量率 $\phi = 0$ で，全温上昇率 $\psi = 1$ の時は，$\Delta C_w = U$ となり，旋回速度の増分が動翼の回転速度に等しくなることが分かる．ただし，この状態では，動翼での転向角が大きすぎて，減速率が大きくなり過ぎるため正常な流れにはならず，適切な運転を行うには，概ね，$\psi = \Delta C_w/U = 0.3 \sim 0.4$ 程度としなければならない．図 5.39 には，段の等エントロピ効率 η_S も示すが，設計点付近で極大となり，流入空気の角度が翼列とずれるにつれ，効率が下がっていることが分かる．段での全圧上昇量を Δp_{0S} とすると，式 (5.6) より，圧力比は，

$$\frac{p_{01} + \Delta p_{0S}}{p_{01}} = 1 + \frac{\Delta p_{0S}}{p_{01}} = \left(1 + \frac{\eta_S \Delta T_{0S}}{T_{01}}\right)^{\gamma/(\gamma-1)} \tag{5.40.7}$$

となる．これまでと同様に，$\Delta T_{0S}/T_{01}$ が 1 より十分小さいことに注意して，右

辺をテイラー展開し，2次以上の微小項を省略すると，

$$\frac{\Delta p_{0S}}{p_{01}} = \frac{\gamma}{\gamma-1}\frac{\eta_S \Delta T_{0S}}{T_{01}} \tag{5.40.8}$$

となる．ここで，比熱比 $\gamma=c_p/c_v$，気体定数 $R=c_p-c_v$ より $(\gamma-1)/\gamma=R/c_p$ で，理想気体の状態方程式 $p_{01}=\rho_{01}RT_{01}$ を用いると，

$$\frac{\Delta p_{0S}}{\rho_{01}} = \eta_S c_p \Delta T_{0S} \tag{5.40.9}$$

さらに，両辺を U^2 で割ると，

$$\frac{\Delta p_{0S}}{\rho_{01}U^2} = \eta_S \frac{c_p \Delta T_{0S}}{U^2} \tag{5.40.10}$$

となる．左辺の $\Delta p_{0S}/(\rho_{01}U^2)$ を圧力係数（pressure coefficient）というが，圧力係数は，等エントロピ効率 η_S と全温上昇率 ψ の積になることが分かる．流量率 ϕ を設計点から減らしていくと，効率が下がって最終的に失速を起こすが，増やしていっても効率は低下し，最終的にチョークして，それ以上流量が流れない最大流量に達する（図5.39の実線は，横軸の流量率 ϕ が概ね流量に対応すると考えれば，図4.8の特性曲線と似たものと考えられる）．

ここまで，単段での性能に着目してきたが，実際の圧縮機は多段で，各段のどれもが失速やチョークを起こさず，高い性能を維持することが重要になる．多段での圧縮機の性能は，各段の性能を順に積み上げていく方法（stage stacking）によって推測することが出来るが，ここでは，その簡単な例を示す．例えば，各段の特性曲線が図5.40のように表せるとし，各段が設計点 ϕ_d で運転されていたとする．今，なんらかの原因で初段入口の質量流量が設計点から少し下がって，初段の作動点が ϕ_1 の位置にずれたとする．この時，効率は少し下がるが，全温上昇率 ψ が大きくなる方が効いて，式（5.40.10）に示す通り，出口全圧が増え，それにつれて出口の静圧や密度も設計点より高くなる．すると，2段目では，設計点より質量流量が減った上に，密度も上がるため，軸方向速度 C_a はさらに減少し，初段より流量率が小さい ϕ_2 の位置で作動することになる．同様にして，さらに下流の段に流量減少の影響が伝播すると，最終的に，下流のどこかの段で流量率が ϕ_n となり失速を起こす．入口流量が増えた場合も同様で，下流に行くに従って流量率が増えていってチョークを起こす．このように，各段の性能を順

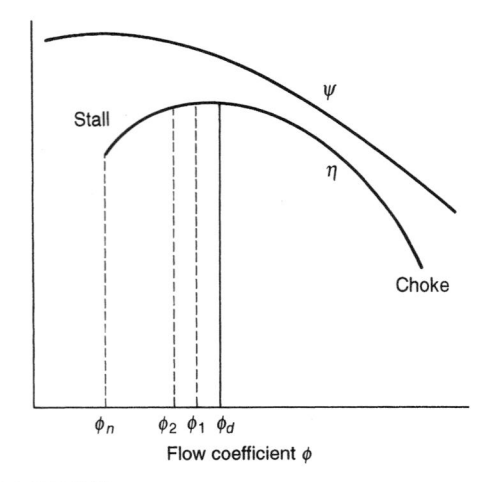

図 5.40　圧縮機各段の特性曲線

に積み上げて多段の性能を推測する方法（stage stacking）については，文献 [13] に掲載されている．

以上，設計点以外での性能に関連して流量率 ϕ の説明も行ったが，流量率 ϕ については，設計点での性能を調べる際にも使えるパラメータで，特に，装置の回転数が分かっている場合には有用である．例えば，50 Hz の交流発電を行う 1 軸のガスタービンがあり，その周波数と同じ 1 秒に 50 回転，すなわち，3000 [rev/min] で軸流圧縮機を運転するとすると，流量率 ϕ は，経験的に 0.4 から 1.0 の範囲にしなければならないことが分かっている．5.7 節で設計した軸流圧縮機の例で言えば，初段の平均半径では軸流流速が $C_a = 150$ m/s，動翼の回転速度が $U = 266.6$ m/s であるから，流量率は $\phi = C_a/U = 150/266.6 = 0.563$ となる．平均半径と軸方向流速が一定の設計であれば，後段の平均半径でも流量率は同じになる．

5.12　軸流圧縮機の特性

多段軸流圧縮機の全体としての特性は，図 4.10 に示した遠心圧縮機の場合と同様で，図 5.41 のようになる．図に示す通り，横軸の無次元流量 $m\sqrt{T_{01}}/p_{01}$ に

5.12 軸流圧縮機の特性　323

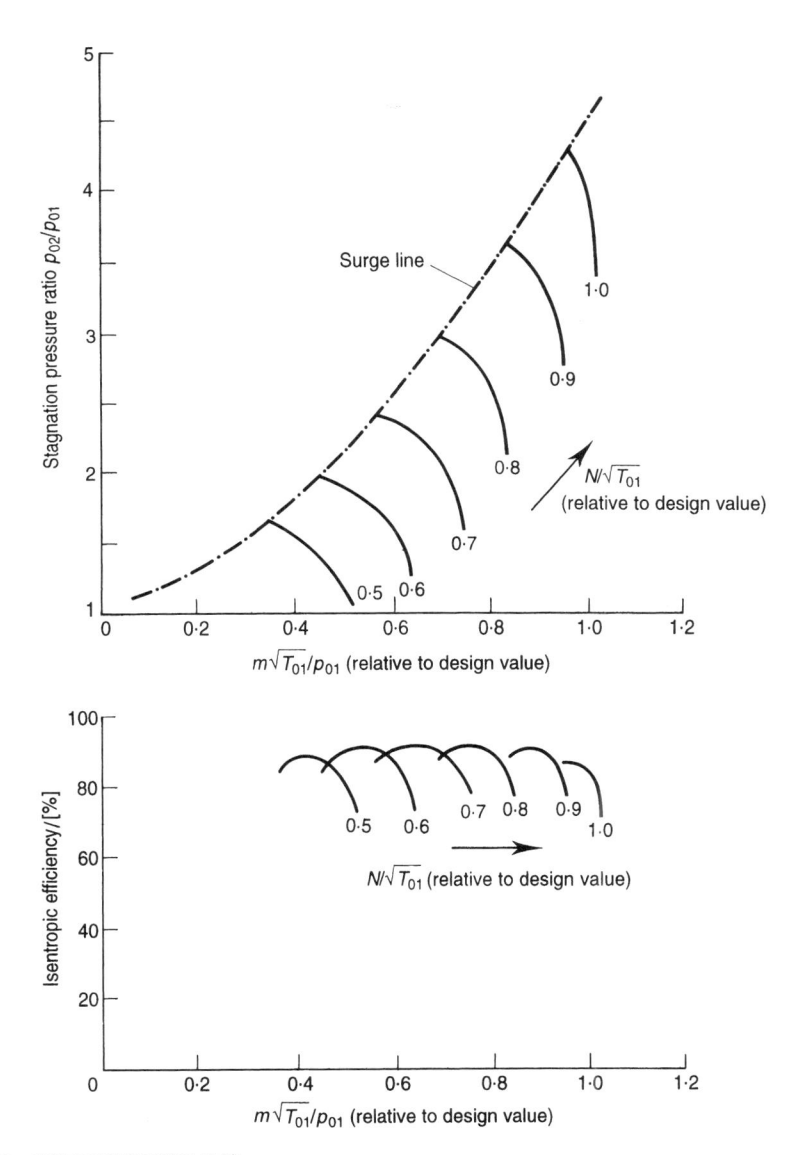

図 5.41　軸流圧縮機の特性曲線

対する圧力比 p_{02}/p_{01} および等エントロピ効率 η_c の値が，無次元回転数 $N/\sqrt{T_{01}}$ ごとに表されている．各回転数での作動範囲は，遠心圧縮機と同様，高流量側がチョークするまで，低流量側ではサージが起こるまでとなっているが，遠心圧縮機の場合と違って，圧力比が極大値をとる前にサージに入っているため，作動可能な流量の範囲が狭くなっていることが分かる．特に高回転側では，特性曲線が垂直に近くなってきており，作動領域がサージ限界に近いことが分かる．このようなことから，軸流圧縮機を用いたガスタービンでは，作動不安定を避けるため，各要素のマッチングに特に気を配る必要がある（第9章参照）．軸流圧縮機のサージの現象は複雑で，いまだ完全には解明されていない．一部の翼列で流れの失速が起こっても，それが常にサージにつながるわけでもなく，両者の切り分けも難しい．また，4.6節で説明した回転失速（rotating stall）も軸流圧縮機で起こることがある．回転失速が起こると効率が低下し，翼が振動するが，サージには至らないこともある．圧縮機の翼列の失速やサージの現象の分かりやすい解説が Greitzer の著書 [14] に掲載されている．

　第9章で示す通り，圧縮機を燃焼器やタービンと組み合わせてガスタービンとして運転する場合には，マッチングの関係で圧縮機の作動範囲は単体の場合と比べてかなり狭まる．このため，圧縮機の性能の全体像を調べるには，圧縮機単体を，外部から何らかのトルクを与えて駆動して試験しなければならない．圧縮機のリグ試験では，回転数を連続的に変えられ，また，それを細かく制御できなければならず，圧縮機を駆動する動力がそれに対応できるものでなければならないが，これまでの試験では，動力として，電気モータ，蒸気タービン，ガスタービンなどが用いられてきた．また，駆動する動力が大きいことも圧縮機の試験を難しくしている要因の1つである．コンコルドの Olympus エンジン（図1.9）は，離陸時の運転状態で，圧縮機の駆動に 75 MW の動力が必要で，そのうち 25 MW が低圧圧縮機，50 MW が高圧圧縮機の駆動に使われる．定格推力 350 kN（約35トン，77000ポンド）の航空用ターボファン・エンジンのファンは，流量が 1100 kg/s，圧力比 1.7，すなわち毎秒 1.1 トンの空気の全圧を 1.7 倍にするが，これには 60 MW の動力を要する．例題2.3と同程度の出力 250 MW の産業用ガスタービンの圧縮機の駆動には，概ね 300 MW の動力を要する．圧縮機リグ試験で必要な動力を下げる方法は主に2つあり，1つは，空気流入部を絞って

圧縮機入口空気を減圧し，薄い空気で試験する方法，もう1つは，スケールダウンした小さい模型で試験する方法である．減圧する場合には，流速は合わせるが密度を下げるので質量流量が減り，動力も比例して小さくできるが，レイノルズ数が下がって空気の粘性の影響が実際より大きく出るため，実際より効率が低く出ることが問題である．減圧による圧縮機リグ試験としては，Siemens Westinghouse 社が，Advanced Turbine System の 300 MW 圧縮機を，25MW の動力で試験した例がある．また，スケールダウンした模型を使ったものとしては，ABB 社が 250 MW 再燃式ガスタービンの圧縮機を，30%のスケールモデルで試験し，必要な動力を 25～30 MW に抑えた例がある．単段のファンは，新しい空力形状の効果を評価する時など，スケールモデルで試験されることが多いが，そのまま技術開発用のエンジンに取り付けて回す場合もある．圧縮機リグ試験のもう1つの課題として，リグ試験では実際の運転状態とケーシングの温度が異なり，シャフト（回転軸）の熱膨張による軸方向変位も再現できないため，性能に大きな影響を与えるチップ・クリアランスなどの状態が，実際にガスタービンとして運転している時と異なるという点がある．このため，メーカによっては，燃焼器やタービンも付けて圧縮機の試験を行う場合があるが，その場合には，圧縮機の作動範囲を確保するため，排気ノズルを可変にするなどの工夫が必要になる．このように，圧縮機のリグ試験は，煩雑でコストもかかるが，高性能のガスタービン開発には不可欠のものである．文献［15］には，産業用ガスタービンの圧縮機開発プログラムの典型例が掲載されている．

軸流圧縮機の特性について

多段の軸流圧縮機の設計点以外での作動特性について，さらに詳細に考える．軸流圧縮機は，軸方向流速一定で設計すると，下流に行くほど密度が増加するため，図 5.15 に示すように，流路断面積が下流ほど小さくなる．各段における流路断面積は，5.7 節で計算したように，設計点での空気の密度と軸方向流速から決めたものであるから，設計点以外での作動状態では，軸方向流速は一定ではなくなる．例えば，設計点より低い回転数で運転すると，圧力比が下がり，密度も低下するため，後段ほど軸方向流速 C_a が大きくなり，これが行き過ぎると，後段のどこかでチョークしてそれ以上流量が増やせなくなる．図 5.42 では設計点

326   5 軸流圧縮機

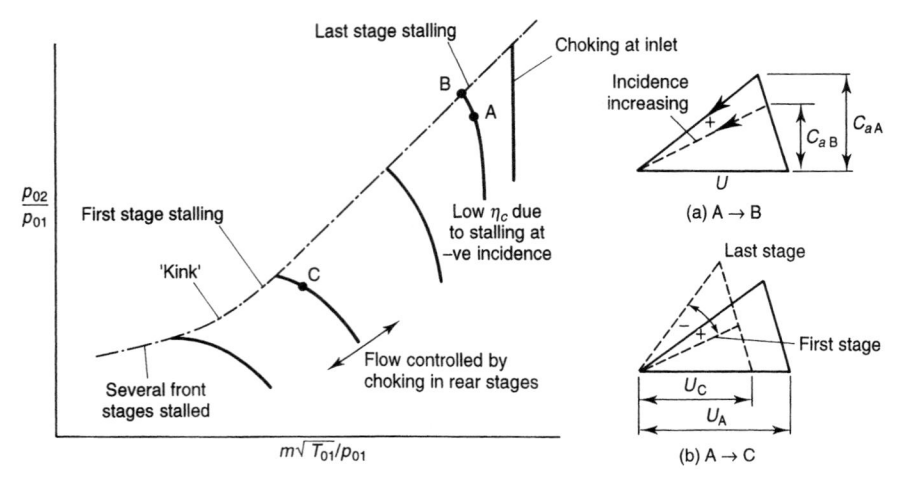

図5.42 軸流圧縮機の非設計点での作動特性

をAとしているが，図に示すように，設計点より低い回転数では，多段軸流圧縮機の高流量側の限界は，後段でチョークすることによって決まる．一方，設計点より高い回転数で運転すると，後段では逆に密度が上がって流せる質量流量が多くなり，上流から来る空気をすべて通過させる余裕が生じる．このため，さらに流量を増やしていくと，最終的には入口がチョークし，そこで流量が決まってしまうため，作動線は，右端の垂直な直線（流量一定）となる．

圧縮機が点Aの設計点で作動している時は，各段で流量率C_a/Uが設計通りで，翼列に対する迎え角も最適な範囲に収まっている．そこから，流量が減って作動状態が点Bに移ったとすると，圧力比が上がるため後段の密度は設計より高くなり，さらに流量も減るため，後段の軸方向流速は設計より低くなる．すると，例えば，最も影響が大きくなる最終段の動翼入口では，速度三角形が図5.42（a）のようになり，設計より迎え角が大きくなるため，場合によって，翼列の失速を起こす．このように，設計点を含めた高回転の領域では，翼列の失速は，まず最終段で起こる．

設計点より回転数を落とし，作動点がAからCに移動した場合，回転数も流量も下がるが，流量の下がる効果の方が大きいため，初段入口では，図5.42（b）に示す通り，迎え角が大きくなる．一方，下流側では，圧力比が下がって

密度が下がる効果が大きく,軸方向速度が上がって迎え角は小さくなる.よって,低回転では,翼列の失速はまず初段で起こることが多い.また,軸流圧縮機では,上流側のいくつかの段の翼列で失速が起こってもサージに入らず運転可能な場合があり,これが,図 5.42 に示すように,低回転で作動範囲が低流量側まで延びてサージ・ラインに折れ曲がり (kink) が生じる原因であるとされている.文献 [13] には,段の翼列の失速と圧縮機全体のサージとの関係が,各段の性能を順に重ね合わせる方法 (stage stacking) を用いて詳細に説明されている.

また,どの回転数でも,サージ・ラインから高流量側に大きく離れた作動状態では,流量が上がって軸流速度 C_a が増え,迎え角がマイナスの側に振れているため,腹側が剥離し,効率が下がる.

2 軸の圧縮機

圧力比の高い圧縮機ほど,設計点と設計点以外での密度の差が大きくなるため,軸方向流速の差も大きくなり,空気流と翼列の向きとのずれが大きくなって失速を起こしやすくなる.例えば,設計点以外で後段で軸方向流速が大きくなりすぎることの対策として,放風弁 (blow-off valve) を用いる方法がある.具体的には,圧縮機の中間段のどこかに放風弁を設けておき,必要な時にそれを開けると,それより後段での流量が減って軸方向流速の増加を抑えることが出来る.圧縮した空気をそのまま放出してしまうのは無駄が多いが,エンジンの作動線がサージ・ラインと交わらないようにするために,あえて放風することが必要になる場合がある (第 9 章).より良い方法としては,次に示す 2 軸圧縮機にするという方法がある.

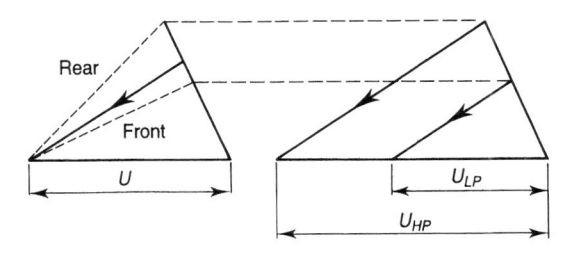

図 5.43 軸流圧縮機 2 軸化の効果 (左:単軸の場合,右:2 軸の場合)

上記で述べた通り，図 5.42 で設計点 A から回転数を落として作動点を C に移すと，図 5.42 (b) に示したように，初段では軸方向流速が下がって迎え角が大きくなり，最終段では軸方向流速が上がって迎え角がマイナスの方向に振れるが，圧力比が大きくなるほど，その程度が大きくなる．仮に，図 5.43 に示すように，初段の回転数を落とし，最終段の回転数を上げることが出来れば，迎え角を設計点と同じにすることが可能になる．これを実現するには，圧縮機を 2 つ（またはそれ以上）に分割し，図 1.7 に示すように，それぞれを別のタービンで駆動すればよい．2 軸式のガスタービンでは，低圧圧縮機を低圧タービンで駆動し，高圧圧縮機を高圧タービンで駆動するが，低圧側と高圧側の回転軸が別なので，回転数をそれぞれにあったものにすることが出来る．この時，低圧側と高圧側の回転軸は，機械的には切り離されているが，空力的には強い関係が保持されていて，ガスタービンが設計点以外で運転されるときにもうまく動作するように設計できる．詳細は第 10 章で述べる．

可変形状の圧縮機

上記以外で，高圧力比でも非設計点の性能を維持できる方法として，入口ガイド弁 IGV を含む上流側の複数の段で可変静翼（variable stator）を用いる方法があり，これによれば，1 軸でも圧力比 16 が実現できる．低回転の時に，図 5.44 のグラフ中の図で示すように，上流の段で静翼を＋印を中心に実線から破線の位置へと回転させて入口角 α_1 を大きくしてやれば，その分，迎え角が下がって失速を遅らせることができる．各段の特性を考える際に，式 (5.40.4) において，翼後縁での偏差角 δ がない理想的な場合には，

$$\psi = 1 - k\phi \qquad (5.40.11)$$

となり，$k = \tan\alpha_1 + \tan\beta_2$ となることを示した．可変静翼を用いて，角度 α_1 を増やすと k が増えるため，同じ流量率 ϕ での全温上昇率 ψ が小さくなる．その様子を図 5.44 に示す．また，回転速度 U 一定で角度 α_1 を増やすと，空気流が動翼の入口角度に最も合う時の軸流速度 C_a は下がるため，図 5.44 でいう全温上昇率 ψ 極大の位置が低流量側にずれることになる．このようにして，角度 α_1 を増やすと，失速が起こる流量が低流量側にずれ，サージ・マージンが大きくなる．可変静翼の最大の利点の 1 つは，始動やアイドリングなど低回転の時に，静翼の

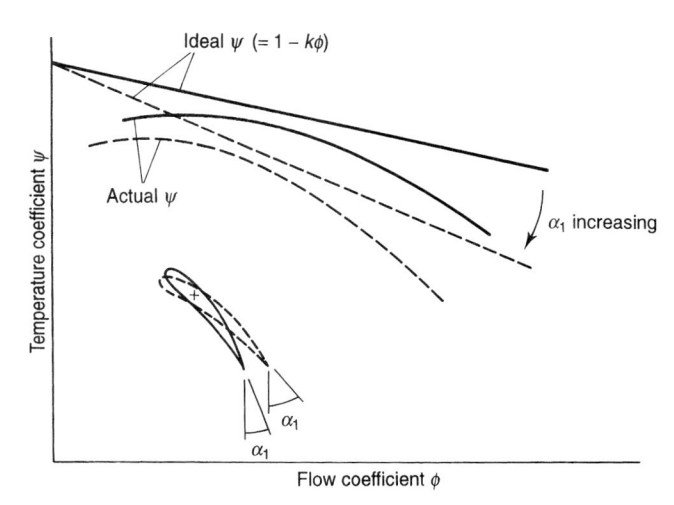

図 5.44　静翼可変の効果

角度を大きくすることでサージ・マージンが増やせることにある（第9章参照）.

文献 [15] にある Ruston 社 Tornado の圧縮機では, 入口ガイド弁 IGV と, 続く4段で可変静翼を用いることで, 圧力比 12 を実現している. IGV の可変量は角度で 35°, 続く4段の静翼の可変量は, それぞれ, 32°, 25°, 25°, 10° となっている. 圧縮機の設計回転数は 11805 rev/min で, 回転数が 10000 rev/min を下回ると可変静翼列が閉まり始め, 8000 rev/min 以下で, 最も閉じた状態（α_1 最大）となる. 静翼可変の効果は, ある程度精度良く予測できるが, 作動条件に応じた角度の最適化には圧縮機のリグ試験が必要になる.

図 5.1 は, GE LM 2500 という航空エンジン派生型のガスタービン圧縮機で, TF-39 という軍用のターボファン・エンジンが元になっている. 合計 16 段で圧力比 16 を実現しており, 本章の最初でも述べた通り, IGV と続く6段が可変静翼になっている. 流量はおよそ 70 kg/s で, ガスタービンの出力は 23 MW である. 1990 年代の終わり頃, GE 社は出力を 29 MW まで増強した LM 2500＋を導入した. 熱効率は 38% 程度である. 出力増強に際して, 既存の圧縮機の初段の前に, 第0段と称する段を設けており, 流量は 85 kg/s, 圧力比は 23 まで上がっている. LM 2500＋の圧縮機の設計と開発については文献 [16] に掲載されている. 第0段の圧力比は 1.438, チップのマッハ数は 1.19 で, 圧縮機全体のポ

リトロープ効率は 0.91 である．事前の設計検討では，動翼列の各翼をディスクのスロットにはめ込む方式の場合，翼取り付け部に発生する応力の制約から，ハブ・チップ比を 0.45 にする必要があったが，翼とディスクの一体成型（GE 社の言う blisk：blade and disk の短縮形）を採用することにより，ハブ・チップ比を 0.368 まで下げられ，流路が広がって軸方向流速が若干下がることにより，チップのマッハ数が下がっている．また，blisk の設計によってワイド・コード翼が採用でき，異物混入による損傷（FOD）にも強くなっている．

5.13 終わりに

　ここまで述べた軸流圧縮機に関する理論や設計法などは，当該分野が非常に複雑化してきている現状では，ごく基本的な導入部分に過ぎないと言わざるを得ない．軸流圧縮機を最初に研究し，経験データに基づく理論的な設計法を確立した NGTE や NACA の時代から時が経ち，この分野でも，計算機を用いた，より高度な設計手法の開発に大半の労力が割かれるようになってきた．圧縮機の開発に関しても計算機が長年使われてきたが，近年の計算速度や記憶容量の急激な増大は，ターボ機械の設計に多大な影響を与えており，このことは国境を越えた全世界的な傾向と言える．計算機を用いた圧縮機の設計法として，streamline curvature と matrix throughflow と呼ばれる 2 つの方法があり，どちらも，軸方向と半径方向でなす面の流れを決めることを基本としている．これまで述べた，翼高さ方向の半径位置を固定し，周方向と軸方向でなす円筒面の流れを考える古典的な方法とはだいぶ異なる．文献 [17] では，上記 2 つの計算機を用いた設計手法をユーザの視点で比較している．さらに，先進的な数値解析手法を用いた設計法として time marching と呼ばれるものがあり，この方法では，流れの初期状態を定め，そこから非定常の流体方程式を用いて，平衡状態の解が得られるまで流れ場を時間進行させる（文献 [18]）．計算機による設計手法のまとめとその応用については，文献 [19,20] に掲載されている．計算機を用いた設計により，control diffusion や end bend といった翼形状が導入されている．前者は，高亜音速飛行用の翼の断面形状から発展したスーパー・クリティカル翼を利用したもので，後者は，環状流路内外面での境界層による軸方向流速の低下を考慮して翼列

の内周面側（根元）と外周面側（チップ）の翼形状を変えるというものである．計算機を用いた設計は今後ますます重要性を増していくと考えられるが，一方で，経験的な手法や，リグ試験が完全にそれらに取って代わられることもないと思われる．

　最後に，文献に関しては，ここまで圧縮機設計の基本に焦点を当てて数を絞って紹介したが，近年では圧縮機設計に関する文献の数も膨大になっている．1982年に改訂されたHorlockの著書［5］やGostelowの著書［8］には，どちらもかなりの数の参考文献が掲載されている．Dunhamの著書［21］では，この分野で先駆的な働きをしたNGTEのHowellの業績がまとめられている他，今日のような高性能の計算機が無かった時代に，設計者が膨大な数の実験データを参照し，その物理的な意味の解釈に苦心せざるを得なかったことなどが述べられている．近年では，CFD技術により，ガスタービン開発当初には考えもしなかったような細かな流れまで予測が可能になっているのである．

6 燃焼器

　ガスタービン燃焼器の設計は，流体，燃焼，機械設計などの要素を含む複雑なものである．燃焼器は，ガスタービンの他の部位と比べて，理論的な取り組みがあまりなされておらず，開発は試行錯誤によるところが大きい．また，近年のガスタービン高温化に伴って，燃焼器の機械設計は複雑化してきており，その重要性が増している．CFDの進歩は燃焼器設計にも大きな影響を与えており，CFDによって複雑流の解析が進むことによって試行錯誤の度合いが減ってきている．CFDの手法については本書の対象外であるが，その重要性については十分認識しておく必要がある．

　本章の主目的は，燃焼器に対する，多様，かつ相反する設計要求を，いかにまとめて最適な設計とするのかを示すことにある．また，燃焼器が使われる対象によってもその要求事項は変わってくる．例えば，航空用と産業用では，燃焼器は違っている面もあれば似ている面もある．ガスタービンの燃料は，主に，原油を蒸留して得られる石油系の液体燃料と天然ガスの2種類であるから，それらを燃やす燃焼器に焦点を当てる．1990年代中頃に石炭のガス化に注目が集まったが，ガス化には大量の蒸気が必要になるため，長期的に見れば，現在天然ガスを使っているコンバインド・サイクルの代替案として位置付けられる．

　初期のガスタービン燃焼器では，高い燃焼効率，安定な火炎，および，目に見える煙（スモーク）を減らすことが主な目標であったが，1970年代初め頃には，これらの目標は概ね達成された．初期の燃焼器では，排気ガスに対する配慮がなされていなかったが，1960年代中頃に，ロサンゼルスでの光化学スモッグの原因物質として，大気中の窒素酸化物（NO_x）が特定されてから状況が変わった．当初，ガスタービンは，燃料の割に空気が多く，薄い状態で燃やすため，クリー

ンな燃焼をしていると考えられていたが，不都合なことに，ガスタービンの熱効率向上の基本である高温化と高圧化が，いずれも NO_x 排出の急増を招くことが分かってきた．Lippfert [1] は，航空エンジンにおける排出ガスと熱サイクルの関係に関する調査を先駆けて行った1人である．産業用に関しても，航空用からの技術転用が中心であるので，状況は同じである．

このようなことから，排気ガス対策がなされていない初期型の燃焼器と，NO_x，CO（一酸化炭素），UHC（unburned hydrocarbon：未燃の炭化水素）などの有害ガスの低排出化に対する強い要請を反映して作られた今の燃焼器には明確な違いがある．初期型の燃焼器では，燃料を燃やす前に空気と混合させず，拡散火炎（diffusion flame）によって燃焼させていたため火炎は安定であったが，NO_x などの有害排気ガス成分が多かった．今の燃焼器では，燃料を空気とあらかじめ混合させてから混合気を燃焼させる希薄予混合（lean pre-mix）方式を採用しているものがあり，この方式では，NO_x などの有害排気ガスを格段に少なくすることが出来るが，一方で，火炎の安定性が悪くなる．実際，そのような燃焼器では，火炎の不安定，消炎，燃焼振動やそれに伴う耐久性などの問題が生じている．

6.1 運用面からの要求事項

第2章で，ガスタービンの熱サイクルにおいては，高温化と各要素の高効率化が重要であることを述べた．燃焼器の高効率化に関しては，高い燃焼効率と低い全圧損失が求められるが，サイクル計算の典型的な値としては，燃焼効率は99％以上，全圧損失は圧縮機出口全圧の2〜8％程度と仮定される．これらは，圧縮機やタービンなどの回転要素の効率ほどは注目されないが，燃焼器は，極度の高温状態にさらされること，タービンに適切な温度分布の燃焼ガスを供給しなければならないこと（7.3節），長期間に渡って常に有害排出物を最小化しなければならないことなどの点で，重要な要素であることに違いはない．

航空機や船舶は，当然のことながら，燃料を搭載して運航しなければならないため，ほぼ例外なく（単位体積の発熱量が大きい）液体燃料が使われる．一時，水素航空機が提案され，飛行試験もいくつか行われたが，現状では水素が幅広く

使われる見通しはあまり立っていない．航空エンジンの場合は，高度や機速の変化により流入空気条件が広範囲に渡る．例えば，典型的な亜音速の輸送機では，巡航時は，高度11000 m 程度のため，外気は ISA（国際標準大気：第3章末尾の表）によれば 0.2270 bar, 216.8 K であるが，地上では 1.013 bar, 288.15 K である．よって，航空エンジンの燃焼器には，上空では，地上の時よりかなり密度の低い空気が流入するが，地上とそれほど変わらないタービン入口温度（すなわち空燃比）で燃焼させなければならない場合もある．また，機体の上昇や下降に際しては，外気の状態が急激に変化するが，燃焼器はその瞬間々々に合わせた燃料流量で，消炎したり，逆に既定の温度以上の燃焼ガスを発生したりすることのないよう，常に安定な燃焼をすることが求められる．例えば，高性能の戦闘機では，地上から高度11000 m まで2分以下で上昇しなければならないので，燃焼器もそれに対応した作動をすることが求められる．また，飛行中の消炎を想定して，燃焼器は，あらゆる飛行状態で再着火できることが求められる．超音速の航空機の場合には，超音速巡航時には，流入空気の高い動圧によりエンジン入口全圧は地上大気とあまり差が無いが，全温はかなり高めになるなど，飛行高度やマッハ数が亜音速機に比べて幅広く，より広範囲の流入空気条件でのエンジン運転が必要になる．超音速旅客機の構想があるが，超音速機は巡航時に高高度で飛行するため，高高度の大気中に排出する NO_x の問題は，構想の是非を左右しかねない重要な課題である．

　地上用ガスタービンでは，燃料を運ぶ必要がないため，燃料の選択肢は航空用や船舶用より広がるが，上記に示したような高度の影響は地上用でも無いわけではないことに注意が必要である．例えば，南米では海抜4000 m，カナダ西部でも海抜1000 m の高地で運転されている．パイプライン圧送用，動力源，コジェネレーション用のガスタービンの燃料としては，一般には天然ガスが好まれる．天然ガスが利用できない場合には，石油精製で得られる液体燃料が使われる．精製後の残油を燃料とするガスタービンも少数存在するが，残油の使用には前処理が必要で，それにコストがかかる．また，定常運転用には天然ガスが好まれるが，ピークロード対応のための燃料としては，貯蔵スペース削減の観点から液体燃料を使う場合もある．ガスタービンとしては，通常は天然ガスを使いつつ，一時的に短い時間は液体燃料に切り替えられる仕様とすることも考えられ，燃焼器

も両方の燃料に対応可能な設計で，時によっては2種類の燃料を同時に燃やせる設計とすることが考えられる．また，有害排気ガス削減の観点から，水や蒸気の噴射への対応も必要になる場合がある．

　1.6節で述べた通り，ガスタービンは，艦艇のエンジンや，その他の機械動力源としても幅広く使われている．形式としては，COGOG，COGAG，CODOGがあり，コンパクトで高出力な航空エンジンの派生型がよく使われている．高速フェリーでもウォータージェットによる推進の動力源としてガスタービンが使われており，大半が航空エンジンの派生型であるが，古くて重いAlstom社GT35を使っている例もある．舶用ディーゼルエンジンももちろん使われているが，GT35はタービン入口温度が低いため，軽油等より低級な燃料でも運転できる．また，ガスタービンは客船用エンジンの分野でも使われており，主に，アラスカなど排出ガス規制の厳しい地域へ対応することを目的としている．豪華客船Queen Mary 2号ではディーゼルエンジンと航空エンジン派生型ガスタービンを組み合わせたCODAG方式を採用しており，大西洋横断時の高速運航が可能になっている．

6.2　燃焼器の型式

　通常の開放系のガスタービン用燃焼器では，燃焼は連続的に行われ，圧縮機から供給された高圧空気中で燃料が燃やされる．着火時には電気火花が使用されるが，着火後は火炎の熱で自己保炎され燃え続ける．燃焼器の型式の選択には自由度があり，重量や容積，正面面積など，航空用と地上用それぞれの要求事項に合わせて，幅広い型の燃焼器が作られている．また，近年の厳しいNO_x排出規制は，航空用・産業用どちらの燃焼器の設計にも大きな影響を与えている．

　初期の航空エンジンでは，図6.1に示すようなカン型燃焼器が用いられており，圧縮機から出た空気流が分岐されて，それぞれの燃焼室（図6.1の例では8個）に供給される．燃焼室は，回転軸を中心とする周状に配置され，それぞれ圧縮機やタービンとつながっており，各燃焼室に燃料噴射部がある．カン型燃焼器は，ディフューザで流れが分岐される遠心圧縮機との相性が良く，図1.10に示すRolls Royce社Dartエンジンはその一例である．カン型燃焼器の大きな利点

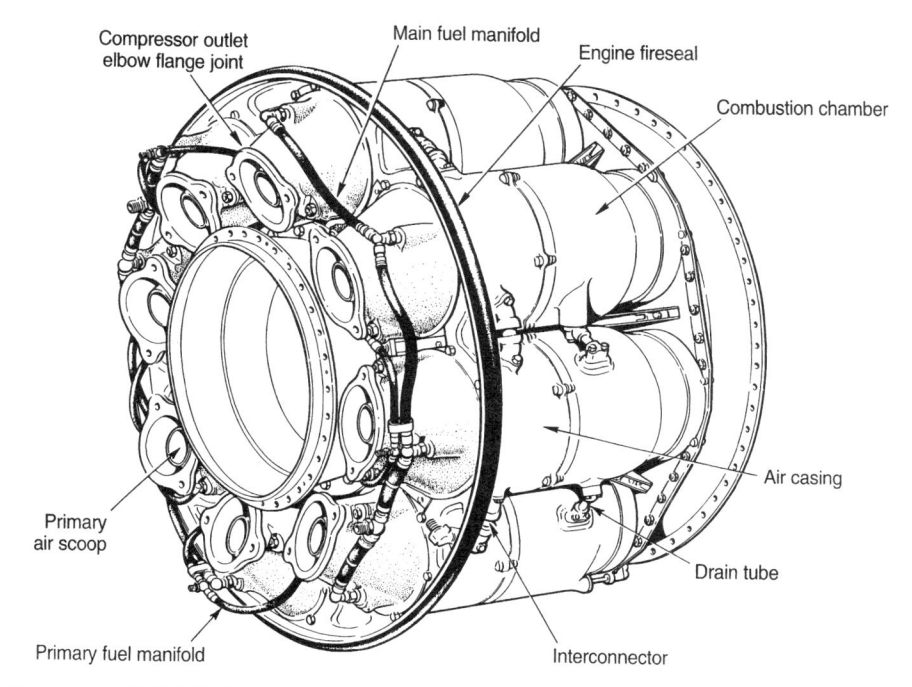

図6.1 カン型燃焼器 [courtesy Rolls-Royce plc]

としては，燃焼室がそれぞれ独立しているので，開発の際には，1つの燃焼室を模擬した試験を行えばよく，空気流量および燃料流量も1つの燃焼室分で済む点があげられる．ただし，航空エンジンに適用するには，重量や容量，正面面積の点で難があるため今日ではあまり使われていない．また，補助動力装置（APU：auxiliary power unit）などの小型ガスタービンでは，図6.1の燃焼室1つに相当する単管燃焼器がよく使われる．

カン型燃焼器は，今でも産業用ガスタービンで幅広く用いられているが，最近の燃焼器では，環状の空気流路の中に筒状の燃焼室が周状に複数配置されているカニュラ型（cannular：can+annular）も使われている．図1.13に示すSiemens社Typhoonの燃焼器はこのタイプで，他にもGE社やWestinghouse社の産業用ガスタービンの燃焼器でもこのタイプが使われている．図1.13の例では，軸流圧縮機下流のディフューザを出た空気流を，一旦上流側に逆流させて燃焼器

に入れている．こうすることで，タービンと圧縮機をつなぐ軸が短くなる他，メンテナンス時の燃焼室や燃料ノズルへのアクセスも良くなっている．

容積的に最もコンパクトになるのが，環状燃焼器（アニュラ型：annular）で，この型では燃焼室が一体で仕切りがない．図1.16上側の断面図に示すように，環状の空気流路内に，環状の燃焼室がある二重構造で，燃焼室内には周方向に複数の燃料噴射弁（燃料ノズル，バーナ）が配置されている．環状燃焼器を用いると全圧損失が少なくなり，エンジン全体としての正面面積も小さくできる．ただし，環状燃焼器にもいくつかの不都合な点があり，そのため，カニュラ型燃焼器が考えられてきた．環状燃焼器では，燃焼室に燃料ノズルごとの周方向の仕切りがないので，燃料ノズルの数を増やしたとしても，燃料濃度分布や出口温度分布を周方向に均一にするのが難しいという問題がある．また，直接火炎の熱にさらされる燃焼室の壁（燃焼器ライナ）が径の大きな環状となるため，径の小さな筒状の燃焼器ライナと比べて構造的に弱く，座屈の危険がある．他にも，開発時に，燃焼器全体で試験する必要があり，必要な設備容量が大きくなるという問題もある．しかし，これらの問題に対する取り組みが盛んに行われた結果，近年の航空エンジン燃焼器では，例外なく，この環状燃焼器が使われており，Olympus 593（図1.9），PT-6（図1.11（a）），PW530（図1.12（a）），GP7200（図1.12（b））などがその例としてあげられる．産業用でも，ABB社やSiemens社が150 MW超級のガスタービンで環状燃焼器を採用している．

大型の産業用ガスタービンでは，スペース的に余裕があるため，縦置きの円筒型大型燃焼器を採用している例もあり，牧場のサイロに似ていることからサイロ型と呼ばれる．例えば，ABB社のガスタービンでは1つのサイロ型燃焼器，Siemens社では2つのサイロ型燃焼器を使っている．これらの燃焼器では，流路の断面積が大きく，流速を下げられるため全圧損失が小さくなる上，より低級な燃料を燃やすこともできる．Siemens社の後のバージョンのガスタービンでは，その2つのサイロ型燃焼器を横置きにしているため，サイロ風ではなくなっているものもある．

図1.16では，Rolls Royce社の航空用と産業用のTrentエンジンが比較されているが，燃焼器に明確な違いがある．産業用では，それぞれ独立したカン型の燃焼器が径方向内側に向けて配置されているが，これは，蒸気や水を噴射しなく

ても有害排気物質を少なくできる DLE（dry low emission）型とするためのものである．一方，航空用では環状燃焼器が使われている．

ここまで様々な燃焼器の形態について述べたが，次節からは，主に燃焼室内での燃焼方法について説明する．

6.3　燃焼器設計に関連する主な要因

ここ 50 年くらい，ガスタービン燃焼器の設計に関わる事項は変わっていなかったが，最近，新しい要求事項が加わった．主な項目を下記にまとめる．

（a）燃焼器出口温度（タービン入口温度）は，大きな応力がかかるタービンの耐用温度を考えて，一定以下としなければならない．タービン入口温度については，材料や冷却技術の進歩により，かつて 1100 K 程度であったのが，今では，航空エンジンでは 1850 K 以上になっている．

（b）タービン動翼に局所的に周囲より高温のガスが当たることがないよう，燃焼器出口温度の分布は，所定の範囲内に収めなければならない．タービン翼は，さらされる温度によってその許容応力が大きく左右されるが，外周側ほどかかる遠心応力が小さくなることから，実際には，外周側の方のガス温度が高くなることには問題が少ない．

（c）燃焼器を通過する空気流の流速は，平均値で言えば 30〜60 m/s で，その中で，アイドルから定格まで，幅広い範囲の空燃比（空気／燃料の質量流量比）で安定燃焼を行わなければならない．単純サイクルのガスタービンの例では，タービン入口温度から計算すると，燃焼器の空燃比が 60〜120，熱交換器をつけたものでは 100〜200 程度のものがあるが，空気と炭化水素燃料がどちらも過不足なく完全に反応して燃焼する時の空燃比（量論比）は，およそ 15 である．このため，安定燃焼させつつ，所定の温度のガスをタービンに供給するには，まず燃料流量に見合った適切な量の空気だけを入れて燃焼させた後，残りの空気は希釈空気として燃焼ガスに混ぜることが必要になる．

（d）燃焼時に発生するすす（炭素の粒）の堆積によるコーキング（coking）を防がなければならない．すすの微粒子がタービンに達すると，それがタービ

ン翼に当たって翼を磨耗させたり（erosion），タービン翼の冷却孔をふさいでしまったりする可能性がある．また，燃焼器ライナなど燃焼室内壁に堆積したすすが，何らかの空力的な振動で大きな固まりとなって剝がれ落ち，高速のガスに乗ってタービンに達すると，より大きな損傷が起こる可能性がある．

(e) 航空エンジン用燃焼器の場合には，高度や速度などの飛行状態によって燃焼器入口圧力が大きく変化するので，広い範囲の圧力で安定燃焼させることが必要である．また，高空での巡航時に燃焼器の火が消えた場合に備えて，高空で再着火できる能力を備えている必要がある．

(f) 排気ガス中のすすを減らす必要がある．初期のジェットエンジンでは排気ガス中にすすが多く，運航頻度が増すにつれ，空港周辺の大気汚染が重大な問題となった．また，軍用機では，すすが多いと航跡が残って遠方から発見されやすいこと，地上用のガスタービンでも，住宅地に近い場所に設置されるようになってきていることなどから，すすを減らすことが求められている．

(g) 排気ガス中の NO_x, CO, UHC などの有害ガスを低いレベルに抑えなければならない．ガスタービンの効率は，主に圧力比とタービン入口温度を上げることによって向上してきたが，それらは NO_x を増やす方向に作用する．排気ガス規制の強化に伴って，燃焼器の設計も大きく変化してきている．

ガスタービン用ということで燃焼器の設計が楽になる点をあげるとすれば，圧縮機出口での密度と質量流量の関係から，燃焼器入口での空気流速が運転条件によらずほぼ一定になる点くらいである．

航空用燃焼器では，さらに，コンパクトで軽量であることが求められるが，これらの要求に関しては，寿命が他の用途より短めでもよいことなどで多少緩和される．航空エンジン用燃焼器は，厚さ 0.8 mm 程度の耐熱合金の板材で作られるが，寿命は 1 万時間程度でよい．一方，産業用ガスタービンの燃焼器は，もっと丈夫に作られるが，寿命は 5 万時間程度要求される．また，耐火材のライナ（燃焼室外壁）が使われることもあるが，上記（d）と同様で，耐火材が剥がれない

ことが必要である．

　前に説明した通り，ガスタービンの熱サイクルは各構成要素の効率に大きく左右されるため，上記の項目に加えて，燃焼効率が高いことが求められる．つまり，大半の作動条件では燃料がほぼすべて完全燃焼し，燃料の持つ熱量がほぼ全部燃焼ガスに与えられることが重要になる．また，燃焼器での全圧損失は消費燃料の増加と出力の低下を招くため，極力小さくしなければならない．次節以降で説明するが，燃焼器の体積が小さい，すなわち，燃焼反応に使える時間が短いほど，上記のすべての項目を満たした上で，なおかつ燃焼効率を高くすることが困難になる．その意味で，産業用の方が航空用よりは燃焼器の設計は楽になると言える．

6.4 燃焼過程

　液体燃料の燃焼には，燃料噴霧中の細かな液滴と空気の混合，液滴の気化，炭素鎖の切断，分子レベルでの炭化水素と酸素の混合，燃焼の化学反応などが含まれる．小さな容積の中の空気流中でこれらの過程がすみやかに行われるには，まず，温度が高いことが必要である．気体燃料の場合には，液体燃料に比べて上記の過程が簡単になるが，以下の説明の大半は気体燃料の場合にも使える内容である．

　ガスタービンの燃焼器では，全体空燃比が100程度の場合もあるのに対し，先に述べた通り，量論空燃比は15であるから，空気は燃焼室に段階的に入れていかなければならない．図6.2に示すように，3段階に分けて空気を入れるとすると，まず全体の15～20%の空気を，上流の燃料噴霧流の周りから第1領域（primary zone）に投入し，燃焼プロセスを迅速に行う高温状態を作るための燃焼を行う．続いて，ライナ（燃焼室壁）の中間に開けられた穴から全体の30%程度の空気を第2領域（secondary zone）に投入し，燃焼プロセスを完了させる．この際，投入した空気で局所的に温度が下がったり燃料濃度が下がったりして燃焼プロセスを阻害しないよう，投入する場所に注意する．そして，最後に，下流から残りの空気を第3領域（tertiary zone，または希釈領域）に投入し，燃焼ガスと混合して，タービンに供給する所定の温度のガスになるまで冷却する．

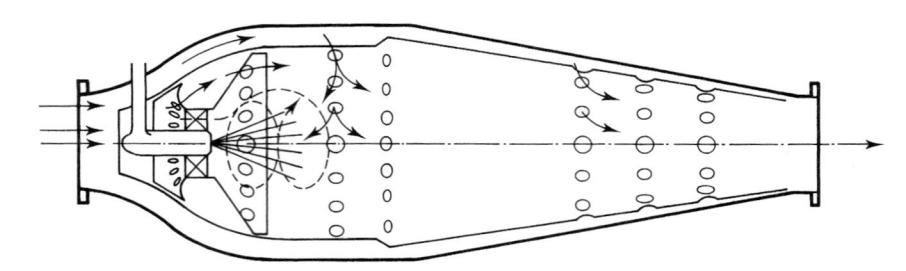

図 6.2　燃焼室への燃料と空気の投入

　この際，出口温度の均一化を図るため，燃焼ガスと空気の乱流による混合を十分に促進する必要がある．

　ただし，空気の流速は，燃料と空気の混合気の燃焼速度（数 m/s）より 1 桁大きいため，単に，上記のように，燃焼室をいくつかの領域に分けて段階的に空気を導入するだけでは，火炎を保持することは出来ない．吹き消えないよう火炎を保持するには，空気の段階的な導入に加えて，上記第 1 領域で流れが再循環し，混合気の一部が上流に向かうことが必要である．第 1 領域で流れを再循環させる方法として，図 6.2 に示すようなスワーラを使う方法がある．これは典型的な英国式で，中心軸から噴霧状に噴き出す燃料噴出部のすぐ脇（図の⊠印）に，軸流圧縮機の静翼列と同様な，流れに旋回速度を与えるスワーラを配置し，このスワーラを通して第 1 領域に空気を投入する．スワーラを通過した空気は，図の破線で示すような旋回流となる．旋回流では，その旋回の中心付近が負圧となり，特に旋回の強いスワーラ出口付近で圧力が下がるため，下流に出た流れが燃料噴出孔の方に逆流する再循環流が形成される．この再循環流は，燃焼室の途中から投入する空気を概ね径方向内向きに導入し（図の二股の矢印），下流に向かう流れを遮断することによって，強めることが出来る．

　火炎を保持する方法は他にも多数あり，例えば，図 6.3 (a) に示す米国式の例では，スワーラを使わず，燃焼室上流壁を球状とし，その下流の適切な位置から空気を投入することで再循環領域を形成している．図 6.3 (b) では，燃料を上流向きに噴き出すことで，燃料と空気の混合を良くしているが，この形式の場合，燃料噴射部の過熱を防ぐのが難しいという問題がある．このため，上流向きの燃料噴射は，主燃焼器よりも，推力増強時に短時間のみ使用される航空エンジ

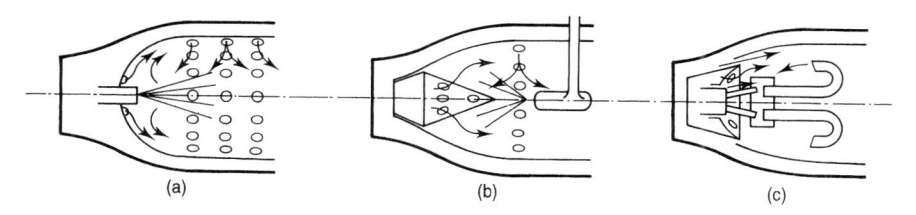

図 6.3 各種保炎の方法

ンのジェット・パイプ内でのアフター・バーナ（図 3.8）でよく用いられる．図 6.3 (c) では，杖のような形をした蒸発管を用いた燃料ノズルの例を示している．この燃焼器では，蒸発管から出る気化した燃料と空気の混合気が，その他の穴から入った空気と混合する．液体燃料を使う場合には，一般に，広い作動領域全体で適切に燃料を微粒化し，その噴霧を適切な位置に送り込むのが難しい場合が多いが，蒸発管を用いれば，その問題を回避することができる（6.6 節参照）．課題としては，蒸発管内での燃料過熱による炭素の堆積（コーキング）を防止することがあげられる．環状燃焼器では，燃料に高い圧力をかけてオリフィスから噴射する圧力噴霧式の燃料ノズルでは燃料噴霧を適切に分布させるのが難しいため，蒸発管を用いて燃料を気化させてから噴射する方式が適しており，実際に航空エンジンで用いられている．航空エンジンでは，杖型の代わりに図 6.4 に示すような，よりコンパクトな T 字型の蒸発管を用いている．Sotheran [2] は，Rolls Royce 社における蒸発管開発の歴史について説明している．コンコルドの Olympus 593 エンジンでは，スモーク低減のため，燃料ノズルを蒸発管を用いる方式に置き換えたが，最近の民間および軍用のエンジンでは圧力と温度が非常に高くなっているため，燃料を気化するだけではスモークを完全に除去することができなくなっている．蒸発管を用いた燃料ノズルは，今でも RB-199，Pegasus ターボファン，RTM322 ターボシャフトなどのエンジンで用いられている．

燃料の着火温度は，炭素鎖が切断されて分子量が小さくなるほど高くなる．燃焼室として使える体積が限られていて，2 番目の空気を適切な位置から徐々に入れられない場合には，燃焼ガスの局所的な急冷による反応の遅れを防ぐのが難しくなる．この場合，2 番目の空気導入の際に大きな乱れが生じるような工夫を行えば，局所的な急冷が緩和されて燃焼効率の改善が見込めるが，その分，全圧の

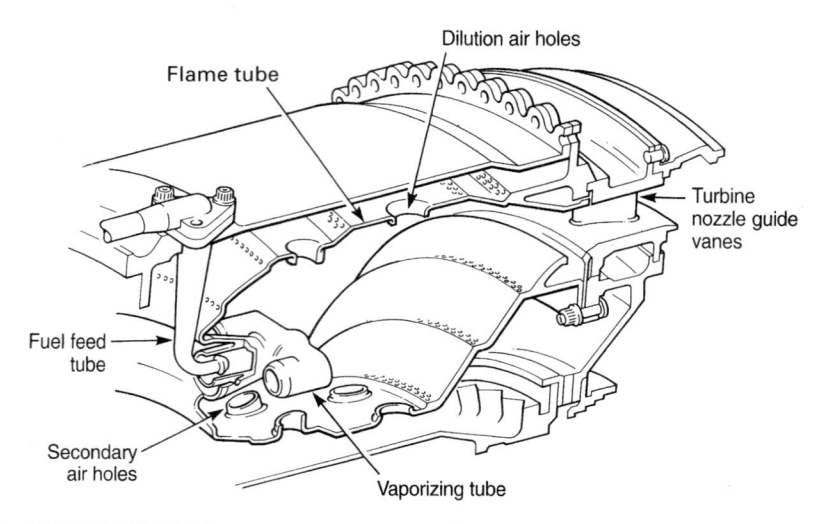

図6.4 蒸発管付の燃焼器 [courtesy Rolls-Royce plc]

損失が大きくなるので,両者のバランスを考えてうまく調整することが必要になる.

　燃焼器での全圧損失は大きく見て2つに分けられる.1つ目は,壁面摩擦や乱れによる流体どうしの摩擦による損失,2つ目は,流れの加熱に伴う全圧損失である.2つ目の損失に関しては,燃焼による加熱でガス流の温度が上がって膨張し,流速が上昇して増加した運動量に対応する静圧の低下 ($\Delta p \times A$) が,力のつり合いから生じることによる.ここで,摩擦損失の無い断面積一定の管内流を途中で加熱する例を考える.マッハ数の低い非圧縮性の気体の流れを考えると,状態方程式 $p=\rho RT$ において,動圧は静圧より小さく,静圧の変化量は静圧の絶対値に比べて十分小さいため,概ね定圧状態で加熱・膨張が起こると考えられ,$\rho T=$一定,すなわち,$\rho \propto 1/T$ の関係が保持される.断面積 A 一定の1次元非粘性流れでは,管の入口を1,出口を2とすると,管内空気に作用する力のつり合いより,

$$A(p_2-p_1)+m(C_2-C_1)=0 \tag{6.0.1}$$

が成り立つ.ただし,C_1 と C_2 は,それぞれ管の入口と出口の流速である.非圧

縮性の流れでは，全圧は $p_0 = p + \rho C^2/2$ と表せるので，全圧損失は，

$$p_{02} - p_{01} = (p_2 - p_1) + \frac{1}{2}(\rho_2 C_2^2 - \rho_1 C_1^2) \tag{6.0.2}$$

と表せる．また，質量流量 m 一定より $m = \rho_1 A C_1 = \rho_2 A C_2$ であるから，式 (6.0.1) は $p_2 - p_1 = -(\rho_2 C_2^2 - \rho_1 C_1^2)$ となることに注意すれば，

$$\begin{aligned} p_{02} - p_{01} &= -(\rho_2 C_2^2 - \rho_1 C_1^2) + \frac{1}{2}(\rho_2 C_2^2 - \rho_1 C_1^2) \\ &= -\frac{1}{2}(\rho_2 C_2^2 - \rho_1 C_1^2) \end{aligned} \tag{6.0.3}$$

が得られる．これより，全圧損失の入口動圧に対する割合を求めると，

$$\frac{p_{01} - p_{02}}{\rho_1 C_1^2 / 2} = \frac{\rho_2 C_2^2}{\rho_1 C_1^2} - 1 = \frac{\rho_1}{\rho_2} - 1 \tag{6.0.4}$$

となる．ここで，温度と密度の関係 $\rho \propto 1/T$ を用いると，

$$\frac{p_{01} - p_{02}}{\rho_1 C_1^2 / 2} = \frac{T_2}{T_1} - 1 \tag{6.0.5}$$

が得られる．また，非圧縮性では，式 (3.11) より静温と全温は等しいから，$T_2/T_1 = T_{02}/T_{01}$ となる．

断面積一定などの条件は，実際の燃焼器では厳密には当てはまらないが，マッハ数が十分低い流れにおける燃焼であれば，上記の結果は概ね正しく，加熱に伴う全圧損失がどの程度かを見積もることができる．燃焼器の入口と出口の温度比は概ね2～3程度であるから，式 (6.0.5) より，加熱に伴う全圧損失は，入口動圧の1～2倍のオーダであることが分かる．これに対し，流体の粘性による摩擦損失はもっと大きく，入口動圧の20倍のオーダとなる．摩擦損失分については，燃焼をさせず燃焼器に空気だけを流して入口と出口の全圧を計測すれば求めることができ，一般に cold loss と言われる．摩擦損失がこれほど大きくなるのは，燃焼室内の流体の混合を促進するために乱れを発生させているためで，その乱れは，火炎を安定化するためのスワーラを通過する流れや，上記で説明した2番目や3番目に燃焼室に導入する空気流によって発生する．2番目や3番目に燃焼室に導入する空気流による乱れは，先に説明した通り，局所的な燃焼ガスの急冷による燃焼反応の停止を防いだり，希釈空気を燃焼ガスとよく混合して，局所的に流れが高温になるのを防いだりするのに必要であるが，全圧の損失を伴うので，

両者のバランスを取ることが必要になる.

2番目や3番目に燃焼室に導入する空気用の空気孔については,燃焼室壁(ライナ)に単に円形の穴か長穴を開けておけば,中の燃焼ガスと十分よく混合することが多い.空気流の方が高温の燃焼ガスより密度が高く運動量が大きいため,空気流は燃焼ガス流中を深くまで貫通できるが,空気流と燃焼ガスの混合前後での運動量変化に関連して全圧の損失が発生する(図3.16:バイパス流とコア流の混合と同様).航空エンジンの場合には,燃焼器出口とタービン入口の間のダクトが極めて短いため,タービン入口温度分布の均一化と全圧損失の抑制をうまく両立させなければならないが,通常は,タービン入口温度分布は平均値の±10%以内に抑えることが目安になる.産業用ガスタービンでは,燃焼器出口とタービン入口をつなぐダクトがもう少し長いことが多く,タービン入口温度がより均一になると考えられるが,ダクトの壁面摩擦による全圧損失が発生する.Lefebvre and Norster の論文[3]では,筒状の燃焼器において,所定の全圧損失で最も効果的に流体の混合を行うための燃焼器の設計方法の概略が示されている.この論文では,希釈空気孔の流量係数などの流体の混合に関する経験データを用いて,燃焼器のケーシングと燃焼室壁(ライナ)の直径の比率や,希釈空気孔の間隔と径の比率,希釈空気孔の数などの最適値を見積もる方法が示されている.

6.5　燃焼器の性能

燃焼器の性能に関わる主なものとして,(a)全圧損失,(b)燃焼効率,(c)出口温度分布,(d)火炎安定限界,(e)燃焼強度(combustion intensity)の5つがあげられる.(c)の出口温度分布に関しては,これ以上特に説明は行わないが,(a)と(b)に関して追加の説明,および,(d)と(e)の説明を行う.

全圧損失

前節で述べたとおり,全圧損失は,流れの加熱に伴う損失と摩擦損失の合計になる.摩擦損失に関連して,一般に,管内乱流の全圧損失は,動圧で無次元化すると,通常の燃焼器が作動するレイノルズ数の範囲では,あまり大きく変化しな

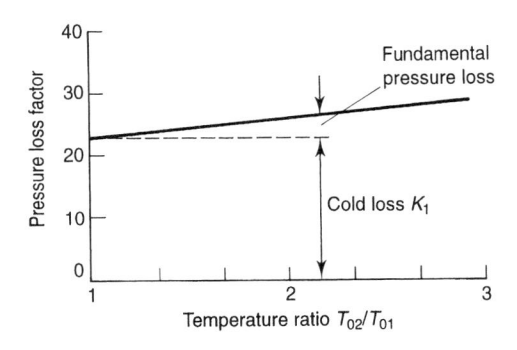

図 6.5 燃焼器の全圧損失係数

い．よって，燃焼器での全圧損失の合計を動圧で無次元化した全圧損失係数 PLF（pressure loss factor）は，式（6.0.5）などより，概ね，

$$PLF = \frac{\Delta p_0}{m^2/(2\rho_1 A_m^2)} = K_1 + K_2\left(\frac{T_{02}}{T_{01}} - 1\right) \tag{6.1}$$

と表せる．ただし，分母に関しては，動圧を $\rho_1 C_1^2/2$ とせず，代表速度を，質量流量 m と燃焼器の最大断面積 A_m から $m/\rho_1 A_m$ として計算しているが，このようにして全圧損失を評価した方が，異なる形状の燃焼器の結果を比べる際に便利である．式（6.1）で示す全圧損失係数 PLF の変化を図6.5に示す．燃焼器を燃やさず空気だけを流して全圧損失（cold loss）を計測し，さらに，燃やすなどして加熱して，損失の増加から加熱に伴う損失分（hot loss）を求めることによって，定数 K_1（K cold）や K_2（K hot）の値を求めることができるが，それらが求まれば，ガスタービンに組み込んで運転する際の，様々な運転状態での燃焼器の全圧損失を予測することができる．

燃焼器の全圧損失係数 PLF は，典型例で言えば，設計点で，カン型が35%，カニュラ型が25%，アニュラ型（環状）が18%程度となる．一般に，圧縮機出口の流速は，前章の例でも示した通り，150 m/s 程度とかなり速く，圧縮機を出てから燃焼器に入るまでの間にディフューザ（拡大流路）が設けられ，流速は60 m/s 程度にまで落とされる．ディフューザの全圧損失を圧縮機に含めるか，燃焼器に含めるかについては，ガスタービンの構成にもよる．それらは，ディフューザを圧縮機の一部と見るか，それとも燃焼器の一部と見るかによっても変わ

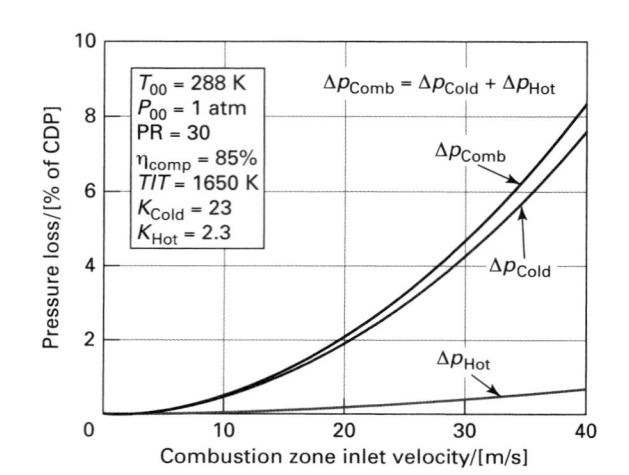

図 6.6 燃焼器の全圧損失率 [courtesy J. E. D. Gauthier]

ってくる．

図 6.6 は，圧力比 30，タービン入口温度 1650 K のあるガスタービン燃焼器での全圧損失を，上記で説明した 2 つの成分に分けて示している．横軸は燃焼器入口流速，縦軸は全圧損失量の圧縮機出口全圧に対する割合（全圧損失率）で，グラフより，全圧損失率が入口流速により大きく変化することや，加熱に伴う損失 Δp_{Hot} が摩擦損失 Δp_{Cold} に比べて小さいことなどが分かる．また，図 6.7 は，同じ条件で，カン型，カニュラ型，および，アニュラ型燃焼器の全圧損失率を比較したものを示す．

第 2 章や第 3 章で示したが，燃焼器の全圧損失 Δp_0 については，サイクル計算上は，動圧でなく，これらの図のように，圧縮機出口全圧（CDP：compressor delivery pressure，本章では p_{01} と表示）に対する割合で示した方が便利である．この全圧損失率は，

$$\frac{\Delta p_0}{p_{01}} = \frac{\Delta p_0}{m^2/(2\rho_1 A_m^2)} \times \frac{m^2/(2\rho_1 A_m^2)}{p_{01}} = PLF \times \frac{R}{2}\left(\frac{m\sqrt{T_{01}}}{A_m p_{01}}\right)^2 \quad (6.2)$$

と表せる．ただし，密度 ρ_1 については，流速が小さいことから，よどみ点での値 ρ_{01} と同じとし，状態方程式 $\rho_{01} = p_{01}/(RT_{01})$ を用いて消去した．R は気体定数である．全圧損失係数 PLF は，式（6.1）に示す通り，燃焼器の温度比 T_{02}/T_{01}

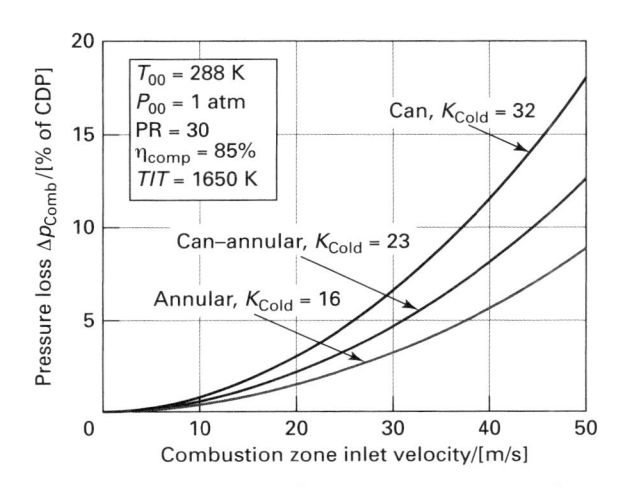

図 6.7　各種形態の燃焼器全圧損失率の比較　[courtesy J. E. D. Gauthier]

の関数であるから，燃焼器での全圧損失率 $\Delta p_0/p_{01}$ は，燃焼器を通過する無次元空気流量 $m\sqrt{T_{01}}/p_{01}$（式（4.7）参照），および，温度比 T_{02}/T_{01} の関数として表せることが分かる．この式を用いると，例えば，ある燃焼器の設計点での全圧損失率から，設計点以外の条件での全圧損失率も見積もることができる．また，例えば，カン型とアニュラ型で全圧損失率 $\Delta p_0/p_{01}$ を同じにする場合，図 6.7 よりアニュラ型の方が全圧損失係数 PLF が小さいので，単位質量流量を流すのに必要な流路断面積 A_m/m はアニュラ型の方が小さくできることが分かる．一般に，重さや体積の制約が厳しい航空エンジンでは，単位質量あたりの流路断面積 A_m/m を小さめに設定して，全圧損失率 $\Delta p_0/p_{01}$ を 4～7% 程度に設定するが，産業用では A_m/m をもう少し大きめに設定して，全圧損失率を 2% を少し超える程度に抑えることが多い．

燃焼効率

　完全燃焼に対し，実際に燃焼が完了した度合を示す燃焼効率については，燃焼器に供給している空気と燃料の質量流量の比である空燃比と，排気ガス中の未燃成分（CO や UHC）の濃度から算出することができる．ただし，高速の排気ガス流から，限られた数の測定点で排気ガス全体を代表できる適切なサンプルガス

を採取するのが難しい上，ガスタービンの場合には，かなり空燃比が高く，薄い状態で燃やすため，排気ガス中の未燃成分の濃度が相当低くなるので，燃焼効率を出すのはそれほど簡単ではない．Orsat などの通常のガス分析計は使えないため，より精度の高い手法を開発する必要があった

　ガスタービンの性能面から言えば，個々の燃焼過程の完了度合いというよりは，燃焼器全体で，所定の燃料流量に対し，どの程度の全温上昇があったかが重要になる．燃焼効率は，式 (2.23.4) に示した通り，燃空比 f を用いて，

$$\eta_b = \frac{\text{所定の } \Delta T \text{ に必要な燃空比 } f \text{ の理論値（完全燃焼）}}{\text{所定の } \Delta T \text{ に必要な実際の燃空比 } f} \tag{6.1.1}$$

と定義されている．この定義式を用いる場合，燃焼試験中に計測する燃料流量と空気流量から実際の燃空比 f が分かり，燃焼器の入口と出口の全温計測より ΔT が分かる．燃空比 f の理論値に関しては，試験での全温上昇 ΔT に対応する理論値を図 2.17 のグラフから読み取ればよい（現在では，高精度のガス分析計が開発されている上，効率が 100％に近いので，排気ガスの成分分析から，直接，燃焼効率を算出するのが一般的になっている．むしろ，燃焼器出口高温化により，熱電対によるガス温度計測が困難なため，排気ガスの成分から逆に空燃比を割り出し，図 2.17 に類するデータからガス温度分布を推定することも行われている）..

　上記の燃焼器の全温上昇量 ΔT に関しては，燃焼器入口面と出口面（特に出口面）で温度に分布があるため，面の平均値とする必要があるが，その平均の取り方について考える．燃焼効率が関連するエネルギの保存式では，流体の全エンタルピ変化が重要になるが，ある断面を単位時間に通過する流体の持つ全エンタルピの合計は，各場所での mc_pT_0 の面積分になる．流路断面を $A_1 \sim A_n$ の n 個の要素面に分割し，各要素面の全温を $T_{01} \sim T_{0n}$，質量流量を $m_1 \sim m_n$ とし，流量加重平均での平均全温 T_{0w} を，

$$T_{0w} = \frac{\sum m_i T_{0i}}{\sum m_i} = \frac{\sum m_i T_{0i}}{m} \tag{6.2.1}$$

と定義する．ただし，Σ は $i=1 \sim n$ の合計を表し，定圧比熱 c_p はどこも一定として消去した．また，m は流路断面を通過する質量流量の合計である．このように定義した流量加重平均での平均全温 T_{0w} を用いると，流路断面全体を通過す

る全エンタルピは $mc_p T_{0w}$ と表せる（各要素面の全温計測値の単純な面平均ではこうはならない．この考え方は，サンプルガス取得による排気ガス計測にもあてはまる）．

ここで，各要素面 i での動圧 $\rho C^2/2$ の計測値を p_{di} とおくと，各要素面を通過する質量流量 m_i は，

$$m_i = \rho_i A_i (2 p_{di}/\rho_i)^{\frac{1}{2}} \tag{6.2.2}$$

と書ける．また，流れが非圧縮性で，断面上の静圧はほぼ一定とすれば，

$$\rho_i \propto 1/T_i, \quad m_i \propto A_i (p_{di}/T_i)^{\frac{1}{2}} \tag{6.2.3}$$

となる．よって，流量加重平均での平均全温 T_{0w} は，

$$T_{0w} = \frac{\sum A_i T_{0i} (p_{di}/T_i)^{\frac{1}{2}}}{\sum A_i (p_{di}/T_i)^{\frac{1}{2}}} \tag{6.2.4}$$

と表せる．今，各要素面の面積を同じにすれば A_i は消去できる．また，流れが非圧縮性とすれば，静温と全温が等しいことにより，上式の分子と分母の静温を両方とも全温に置き換える分には問題が生じないので，

$$T_{0w} = \frac{\sum (p_{di} T_{0i})^{\frac{1}{2}}}{\sum (p_{di}/T_{0i})^{\frac{1}{2}}} \tag{6.2.5}$$

と書ける．この式により，流量加重平均での平均全温 T_{0w} が，各要素面の代表位置で計測した動圧 p_{di} と全温 T_{0i} より直接算出できることが分かる．

ガスタービンの世界では，温度は，通常，熱電対を用いて計測する．ピトー管などを用いた全静圧の測定に比べて，同じ程度の精度で高温高速のガス流の温度を測定するのはかなり難しく，クロメル（Ni-Cr合金）－アルメル（Ni-Al合金）によるK型熱電対が出て初めて，適切な測定法を用いれば，1300K程度までの温度が正確に測れるようになった．ただし，気流の速度が大きい場合などは，熱電対の異種金属線の接合点をガス流の所定の位置において得られた温度が，そのままそこの温度にならない場合があることに注意を要する．

例えば，熱電対の接合点（測定点）を気流と同じ速度で動かして，気流との相対速度が生じないようにして静温を計ったとしても，測定温度とその場所の静温にずれが生じる可能性がある．そのずれの量は，接合点につながる金属線の熱伝

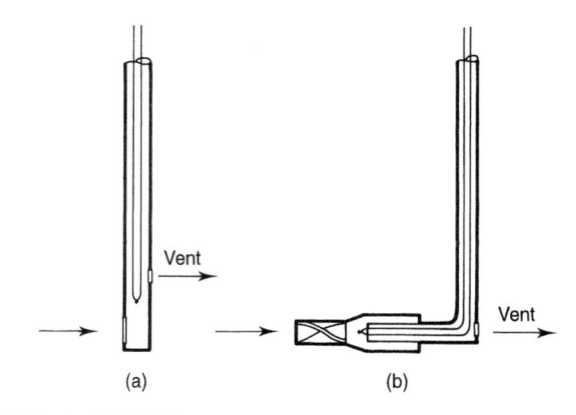

図6.8 熱電対を用いた全温計測管

導，接合点と気流との間の対流熱伝達，火炎から接合点への熱放射，接合点から流路壁面への熱放射（流路壁面の方が温度が低い場合）によって変わる．さらに，実際には，気流中で熱電対を固定して計測を行うため，気流が接合点付近で減速することによる影響も生じる．その際，運動エネルギが内部エネルギに変換された分は，接合点の温度を上昇させる他，対流熱伝達でまた気流へと戻されたりする．高速気流中の計測では，運動エネルギのうちどの程度が温度上昇として計測できるかが重要になる．理論的には，300 m/s の気流の運動エネルギがすべて温度上昇に変わるとすると，温度上昇量，すなわち動温は $C^2/2c_p=300^2/(2\times1148)=39.2$，およそ40 K となる（ただし，流体は燃焼ガスとして，式（2.23.1）より $c_p=1148$ [J/kg/K] を用いた）．

実際には，全温の計測が重要になるので，通常は，ピトー管と同様に，気流を金属管内で断熱的に淀ませて，その中に熱電対の接合点を置いて全温の計測を行う．図6.8（a）はその一例で，接合点を直接気流中に置く場合には，動温の60〜70%しか計測できないが，図6.8（a）の計測管では動温の98%まで計測可能である．図6.8（a）の計測管では，上流に向けて大きな流入孔が開いており，下流側には，流入孔の5%以下の断面積の空気抜き孔が開いているので，流入流れを十分淀ませつつ，気流を抜くことができる．この計測管での全温計測は，放射熱の影響が小さい圧縮機出口温度の計測などには良いが，放射熱の影響が考えられる燃焼器出口などでは，図6.8（b）のような計測管での全温計測が望まし

い．この計測管では，熱電対の接合点の前に，鏡面仕上げの短いステンレス板をらせん状に巻いたものを取り付け，管内に流入する気流を阻害せずに周囲からの放射熱を防いでいる．さらに，その周りに同心円筒状に遮熱板を巻くことも考えられる．図 6.8（b）の計測管では，接合点につながる 2 本の金属線が気流と平行に数センチ伸び，途中で曲がっているが，これには，測定点から数センチの間は計測管をまっすぐにして中を等温状態に保ち，接合点から金属線への熱の伝導による計測誤差を減らす狙いがある．ただし，実際には，金属線の径が小さければ，接合点から金属線への熱伝導による計測誤差は小さい．これらの細かな配慮を行うことによって，1300 K までの全温を誤差 5 K 以内で計測することが可能となる．上記に示した計測法はほんの一部の例であるが，全温計測に必要な細かな注意点については示せたと思う．

　実際のガスタービンでは，燃焼器出口温度の計測を行おうとすると，計測管やその支持部が壊れた場合に下流のタービンに大きな損傷を与えるため，タービンより下流で温度の計測を行うのが一般的である．単純なターボジェット・エンジンなどの場合には，タービン出口の温度は，EGT（排気ガス温度：exhaust gas temperature）と呼ばれる．また，2 軸のエンジンや出力タービンのついたガスタービンでは，高圧タービン下流の温度を計測するのが一般的で，ITT（inter turbine temperature）と呼ばれる．燃焼器出口温度（すなわちタービン入口温度）に関しては，ITT や EGT から計算することになる（第 9 章参照）．ガスタービンのユーザが知ることができる温度は ITT や EGT だけで，どちらかの温度がタービンの過熱を防ぐ制御システムに用いられている．

火炎安定限界

　どの燃焼器でも，安定に作動できる空燃比（空気流量／燃料流量）の範囲があり，その限界値を超えると，火炎が不安定になる．通常は，火炎が吹き消える時の空燃比をもってその限界値としているため，実際には，その限界値を超えなくてもその値に近づくと，火炎は不安定になる．そのような状態での運転では，うまく燃料が燃えないことに加えて，空力的な振動が起こり，燃焼器の寿命低下や，その他の要素の翼の振動などを引き起こす．安定に作動できる空燃比の範囲は，空気の流速が大きくなるほど狭まり，一定以上流速が上がると火炎を保持で

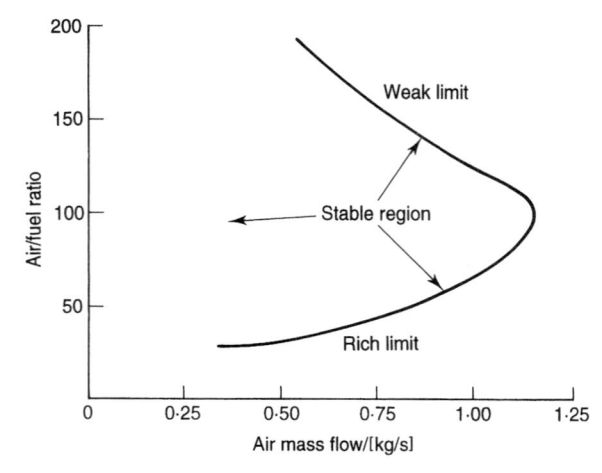

図 6.9　火災安定限界

きなくなる．図 6.9 は，ある燃焼器について，横軸に空気の質量流量をとり，縦軸に空燃比をとって，安定に作動できる範囲を示したものである．ガスタービンでこの燃焼器を使う場合には，作動するすべての流量・空燃比の条件がこの範囲内に入っていなければならない．また，ガスタービンのエンジンを加減速する過渡的な状態も考慮して，安定作動範囲にはある程度の余裕がなければならない．例えば，エンジンを加速する場合には，燃料流量を急に増やすと，回転数が上がって空気流量が増えてくるまでの間，一時的に燃焼器は空燃比が非常に低い状態になる．このため，大抵の制御システムには，燃料流量の変化率が一定以上にならないよう制限をかける装置が組み込まれており，燃焼器の吹き消えや，タービンの過熱を防いでいる．

　上記に示した燃焼器の安定作動範囲は，燃焼器の圧力によって変わり，一般に，圧力が下がると，燃焼の化学反応の反応速度が下がるため，安定作動範囲が狭まる．航空エンジンの場合は，高空での条件も含めて，安定作動範囲が十分広いことを確認しなければならない．安定作動範囲が狭すぎる場合には，上記で説明した燃焼室内の第 1 領域での再循環の流れを改善する必要が生じる．

燃焼強度 (combustion intensity)

　燃焼器の大きさは，主に，そこで，単位時間にどの程度の量の熱を流れに与えなければならないかによって決まる．今，空気流量を m，燃空比を f とすると，燃料流量は $m \times f$ で，燃料の単位重量あたりの発熱量を $Q_{net,p}$ とすれば，燃焼器で加える熱量は $mfQ_{net,p}$ となる．これまで述べたとおり，燃焼器が大きくできれば，全圧損失を低く，燃焼効率は高くできる上，出口温度分布はより均一にでき，燃焼の安定性も増す．

　また，燃焼器内の圧力と温度が高いほど，2つの面で設計が容易になる．まず，第1に，圧力と温度が上がると，燃料の微粒化や気化，空気との混合を含めた混合気の形成に要する時間が短縮でき，その分，燃焼の化学反応に時間を振り分けられる．圧力と温度と書いたが，圧縮機出口の温度レベルは概ね圧力に対応しているので，圧力だけでも，良い指標となる．また，2つ目の要因として，火炎の安定限界のところでも述べた通り，圧力が高いと，燃焼の化学反応の反応速度が大きくなり，反応時間が短くなる．反応速度については，単位時間・体積での所定の活性化エネルギ E を超えるエネルギを有する分子同士の衝突の回数から計算できる．単純な2つの分子の化学反応の反応速度 r は，

$$r \propto m_j m_k \rho^2 \sigma^2 T^{1/2} M^{-3/2} e^{E/\bar{R}T} \tag{6.2.6}$$

と表せる（文献 [4]）．ただし，ρ は密度，T は温度で，その他は，

m_j, m_k 　　分子 j と分子 k の密度
σ 　　　　分子の平均半径
M 　　　　分子の平均質量
E 　　　　活性化エネルギ
$\bar{R}$ 　　　　一般気体定数

である．上式で，密度 ρ を状態方程式 $\rho \propto p/T$ を用いて圧力 p と温度 T に置き換えて，燃焼器の状態と反応速度の関係を考えると，

$$r \propto p^2 f(T) \tag{6.2.7}$$

と書ける．温度 T については，第1領域での燃焼によってある程度高い値に保たれるので，ここでは，圧力 p の反応速度への影響に注目する．上式では，反

応速度は圧力の2乗に比例するとなっているが,式 (6.2.6) は単純な2分子の衝突を仮定したものであり,実際の複雑な燃焼反応では指数にずれが生じる.量論比での均一な混合気での反応の実験結果によると,反応速度は圧力の1.8乗程度に比例する.

　燃焼器の設計では,上記の通り,可燃混合気の生成に要する時間と,燃焼の化学反応に要する時間の両方を考慮しなければならないが,実際には,設計点付近の運転では,化学反応よりも,燃料と空気の物理的な混合の方が律速段階となる場合が多く,燃料投入から考えたトータルの燃焼過程が進む速さは,圧力の1乗に比例するとするのが現実的である.ただし,高空着火などの極端な条件の場合には,圧力の1.8乗に比例して反応速度が落ちることを考慮しなければならない.

　上記により,燃焼器において,単位時間に燃焼過程が完了する燃料の量,すなわち,単位時間に発生可能な熱量は,概ね,燃焼器の体積と圧力に比例して増えることがわかる.これらを考慮し,燃焼器での燃焼による熱発生量が,燃焼器の体積から考えた熱発生能力に比してどの程度大きいかを,圧力も考慮して示す指標として,燃焼強度 (combustion intensity) を,

$$\text{燃焼強度} = \frac{\text{熱発生率}}{\text{燃焼体積} \times \text{圧力}} \text{ kW/(m}^3 \text{ atm)} \tag{6.2.8}$$

と定義する.ただし,熱発生率は,当該燃焼器で単位時間に発生する熱量である.分母の圧力について,$p^{1.8}$ とする定義もある.細かな定義の違いはどうあれ,燃焼強度が低い方が燃焼器の設計が容易になる.航空エンジン用燃焼器では,燃焼強度は $2 \sim 5 \times 10^4 \text{ kW/(m}^3\text{atm)}$ 程度であるが,産業用ガスタービンではスペース的に余裕があるため,燃焼強度はもっと低い値がとられる.熱交換器を使用する場合には,燃焼器での発熱量がかなり小さくなるため,燃焼強度はさらに低くなる.

6.6　その他の事項

　燃焼器の設計に関するその他の重要事項として,(i) ライナの冷却,(ii) 燃料噴射,(iii) 始動と着火,(iv) 安価な燃料の利用,について順に述べる.

ライナの冷却

　典型的な燃焼器の構造の例として図 6.2 を考えると，燃焼器は外側ケースの中に燃焼が行われる燃焼室がある二重壁構造になっている．燃料は燃料ノズルを通して燃焼室内に噴霧され，燃焼は燃焼室の中だけで行われる．外側ケースと燃焼室壁の間は，燃焼室に途中から空気を入れるための空気通路となっている．以下，燃焼室の壁（以下，燃焼器ライナ，もしくは単にライナ）の冷却について以下に考える．

　タービン入口温度の上昇，すなわち燃焼ガス温度の上昇に伴い，ライナ冷却の重要性が増してきている．ライナが受ける熱は，燃焼ガスからの対流熱伝達と，火炎からの放射熱がある．冷却しない場合にも，ライナからは，燃焼器の外側ケースへの放射と，ライナと燃焼外側ケースの間を流れる空気への対流熱伝達により熱が放出されるが，これだけではライナを耐用温度以下に抑えることが出来ない．ライナは，ライナ外側から燃焼室に入る空気（元は圧縮機出口空気）によって冷却するが，その例としては，図 6.10（a）のように，ライナをいくつかに分割して互い違いに板を重ねて作り，板の重なりの部分に，図のような波打ったハニカム構造をはさみこんで溶接し，ライナ内面に膜状の冷却空気（film cooling air）を流して空気の層を作り，燃焼ガスからライナを守るというものがあげられる．別の例では，図 6.10（b）のように，冷却孔から流入する冷却空気を内面に取り付けたリング状の壁に当てて壁面に平行な方向に向けて流すというものがある．先進的な冷却方法としては，トランスピレーション冷却（transpiration cooling；しみだし冷却）という方法があるが，これは，多孔質のものから水がしみ出すように，冷却空気がライナの板の中に作られた細かな冷却通路を通過した後，膜状の冷却空気となって流出してライナを保護するという仕組みである．この方法によれば，冷却空気がより多くの熱をライナから奪うことができ，冷却

図 6.10　燃焼器ライナ表面の膜冷却

効率が上昇するため，冷却空気の量を通常の半分程度に抑えられる可能性がある．

　冷却空気による膜冷却を行った場合の熱伝達率に関しては経験式があるが，その他の火炎やライナからの放射熱などについては変動要因が多く，ライナの熱収支からライナ温度を正しく予測することは出来ない．火炎の放射率は，燃やす燃料の種類にもより，一般に燃料の比重と共に大きくなる傾向がある．火炎のうち輝炎（黄色い炎）では，すすの粒子が放射源になっており，輝炎でないもの（青炎）では，二酸化炭素や水蒸気が放射源になっている．また，液滴の周りにできる拡散火炎より，燃料蒸気と空気の予混合火炎の方が輝度が少ないため，燃料ノズルで燃料の蒸発管を用いると，火炎からの放射熱が抑制できる．

　タービン入口温度が上がるということは，冷却空気も含めた燃焼器の全体空燃比が下がるということで，ライナの膜冷却に使える冷却空気量が少なくなることを意味する．また，サイクル効率向上の観点からは高温化と同時に高圧化も進めることが望ましいが，圧力比の上昇に伴って，冷却に用いる圧縮機出口空気の温度も上昇するため，同じ流量でも冷却能力が落ちることになる．タービン入口温度をさらに上げるに際しては，トランスピレーション冷却などの効率の良い冷却を行って，冷却空気量を抑制することが重要になる．

燃料噴射

　図6.2の燃焼器において，外部からL字型に燃焼器にはめ込まれ燃料を噴射している燃料噴射装置と周囲のスワーラを含めて，燃料ノズル，もしくはバーナと呼ぶ．燃焼器は，主に，バーナとライナ，外側ケーシングで構成されている．多くの燃焼器のバーナでは，液体燃料に圧力をかけてオリフィス（小さなすき間か孔）から燃焼を噴射し，円錐状の細かな液滴の噴霧を燃焼室の第1領域に形成する圧力噴霧式を採用している．燃料を細かな液滴の噴霧にすることを，燃料を微粒化する（atomize）と言い，このため，バーナのことを微粒化装置（atomizer）とも言う．液滴の噴霧以外では，すでに説明した蒸発管を用いて気化してから燃焼室に燃料を投入するものもあるが，その場合にも，始動のための微粒化型の補助バーナが必要になる．

　最も簡単な形式の微粒化装置では，液体燃料は，円錐型の小さな渦巻き室に，

円錐の底面の円の接線方向から投入され，燃料は渦巻き室内を旋回運動する．渦巻き室の中は燃料で全部満たされるわけではなく，中心部が燃料蒸気／空気の混合気の状態になっている．渦巻き室先端のオリフィスから噴出した燃料は，中空の円錐状の液膜を形成し，その後，空気流中で膜が崩壊して液滴の噴霧へと分解される．燃料の供給圧が高いほど，液膜の崩壊が始まる点が出口オリフィスに近くなる．

噴射された燃料噴霧には，幅広い範囲の径の液滴が含まれているが，微粒化の度合いは，含まれる液滴の平均半径で示す．一般には，全液滴の体積の合計と表面積の合計の比率から計算するザウタ平均半径（Sauter mean diameter）を用い，実際の燃焼器では，その値が50〜100 μm 程度になる．燃料の供給圧が高いほど，液滴の平均半径は小さくなるが，液滴が小さすぎると，慣性が小さすぎて空気流中に深く入り込んでいかず，反対に，大きすぎると，蒸発にかかる時間が長すぎるという問題が生じるので，適切な径の液滴となる供給圧をかけなければならない．

ガスタービン用燃焼器では，アイドリングから定格条件まで，幅広い範囲の燃料流量に対応しなければならないが，燃料の流量を供給圧で変える場合，上に示すような簡易な微粒化装置（シンプレックス型と呼ばれる）では，燃料流量によって微粒化の度合いが大きく異なることになる．動圧は $\rho C^2/2$ と表せることから分かるように，燃料の噴射流速，すなわち流量は，供給圧（ポンプと放出部の差圧）のルートに比例するので，例えば，燃料流量が少ないときと多いときの比が $1:10$ とすると，供給圧の比は $1:100$ にもなる．このため，定格運転で適切な微粒化がなされるときには，低負荷での運転では微粒化が悪くなると予想される．このような問題を解決する方法がいくつか考案されている．

そのうち，最も一般的なものが図6.11（a）のデュプレックス（duplex）・バーナで，燃料通路が2つあり，各々の出口にオリフィスが付いている．燃料流量が少ない時には中央の燃料通路を通して中央のオリフィスだけから燃料を噴霧し，多い時には，追加でその外周にある燃料通路にも燃料を供給し，中心のオリフィスの周りの環状のオリフィスからも燃料を噴霧する．図には，外側のオリフィスのさらに外側の環状の空気噴出部も描かれているが，これにより，バーナ正面へのすすの堆積を防いでいる．このような工夫は大半のバーナでなされてい

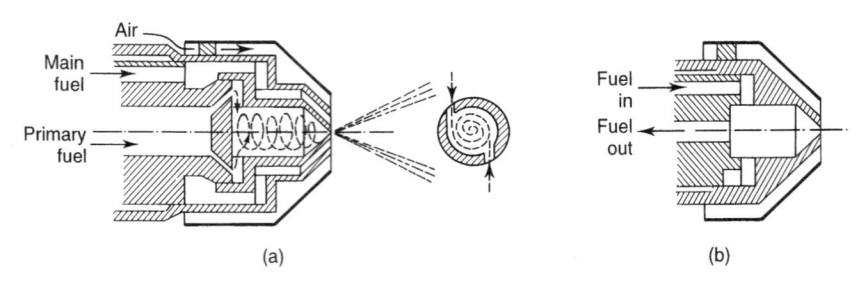

図 6.11　Duplex and spill burners

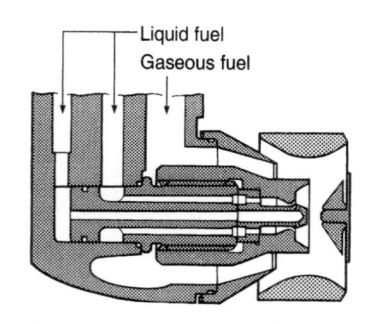

図 6.12　Dual-fuel burner [courtesy Rolls-Royce plc]

る．他の形態としては，渦巻き室や出口オリフィスは1つだが，図6.11（a）の右の断面図に示すように，渦巻き室の中に接線方向に2箇所の燃料供給口を設けているものがある．

　幅広い燃料流量範囲で優れた微粒化を実現できるもう1つの例として，図6.11（b）に示すスピル・バーナ（spill burner）がある．このバーナは，基本的に，シンプレックス型の渦巻き室に，燃料を戻すラインを取り付けたものであり，戻しのラインで燃料圧力を下げることにより，オリフィスから噴射する燃料流量が少ない時にも，供給圧を高く保って微粒化を良くすることができる．ただし，大量の燃料を燃料ポンプ入口に戻す場合には，燃料がバーナで不必要に加熱され，燃料の劣化を招くという問題が生じる．

　産業用ガスタービンでは，通常は気体燃料を使い，気体燃料の供給が止まった時に短時間液体燃料を使用する2種燃料用バーナが使われている．図6.12は，航空エンジン派生型ガスタービンの2種燃料用バーナの一例である．図6.12に

示すように，気体燃料と液体燃料が，同心円状に作られた別々の燃料通路を通して噴射され，さらにその噴射孔の外周に，排気ガス成分を調整するための水および水蒸気を噴霧する環状の口が開いている．燃焼器によって，気体燃料か液体燃料のどちらか一方だけを選んで使えるものと，両方同時に使えるものとがある．

他にも色々な種類のバーナがあり，例えば，小型のガスタービンでは回転式の燃料噴射部を有しているものもある．この場合は，燃料が回転するディスク内部に供給され，ディスク外周面から空気流中に燃料が放出される．ディスク外周の回転速度が速いことが必要であるが，燃料の供給圧は小さくてすむ．

始動と着火

ガスタービンの通常の運転状態では，燃料の供給を行えば燃焼は継続的に維持されるが，始動時には着火システムが必要であり，始動と着火のシステムは密接に関連している．ガスタービンの始動時は，まず圧縮機を駆動し，燃焼器で着火できる空気流量が確保できる回転数まで上げていく．圧縮機の回転数を上げている間に，着火システムのスイッチを入れ，圧縮機の回転数が定格の 15～20% 程度に達したら燃料を供給する．カン型の場合には，1つか2つの燃焼室の第1領域近くに点火プラグが取り付けられている．点火プラグのある燃焼室で火がつくと，燃焼室どうしをつないでいる管を通して，隣の燃焼室へと火が移る火移り (light round) が起こり，全体が着火する．アニュラ燃焼器の場合には，仕切りがない分，火移りしやすい．航空エンジンの場合には，関連して，さらに2つの要件があり，1つ目は，高空で吹き消えてエンジンが停止し，風車状態 (wind milling) になったときに再着火できること，2つ目は，大量に水を吸い込んでも，アイドル状態で運転可能なことである．2つ目の条件は，豪雨の中で空港に着陸する最終段階で吹き消えが起こることを防ぐためのものであるが，低高度で天候が悪い時に，上昇・下降の際には着火システムをオンにしておくのは通常の操作である．また，エンジンを止める際には，定格状態から急に停止すると温度の急変による膨張や収縮でシール類がこすれるなどの不具合が起こるため，通常は，回転をアイドルまで落としてから燃料を止めて停止する．

航空用と産業用では，始動方法も大きく異なる．航空用では，コンパクトで軽量であることが求められ，産業用では始動に大きな動力が必要になる．始動装置

には，電気モータ，圧縮空気や油圧によるもの，ディーゼル発動機，蒸気タービン，空気タービンなどがある．初期の民間航空機では，始動に地上の動力源が必要で，タービンに直接空気を当てて回して始動させているエンジンもあった．近年の民間航空機では，通常，始動用の空気タービンがあり，それが，減速ギアとクラッチを介してエンジンの主回転軸に接続されている．必要な圧縮空気の供給は，地上支援車や，補助動力装置 APU（auxiliary power unit）から，もしくは，運転中のエンジンの圧縮機からの抽気も考えられる．軍用機も同様なシステムを使っているが，初期の軍用機では，高温高圧ガスを 30 秒程度供給できるカートリッジを使い，これを，主回転軸に減速ギアとクラッチを介して接続している小型のタービンにとりつけてガスを膨張させて始動する場合もあった．

　産業用ガスタービンの始動システムは，ガスタービンの構成によって違ってくる．例えば，図 1.5 のような構成の場合には，ガス発生器のみ駆動すればよい．一方，図 1.1 のような発電機とガスタービンが軸で直結されている構成の場合には，ガスタービンと発電機の両方を駆動する必要がある．この構成の場合には，出力 150 MW の装置の始動に 5 MW 程度の動力が必要になる．大型の場合には，通常，発電機がモータとしても使えるようになっているので，それを始動に使うことができる．出力 60～80 MW の装置の始動には，400～500 kW のディーゼルエンジンや蒸気タービンが使われることもある．図 1.5 のように，出力タービンがガス発生器の軸と直結されていない場合には，始動の動力はもっと小さくてすむ．同様に，図 1.7 のような 2 軸式のガスタービンも，高圧軸のみ駆動すればよいため，30 MW の装置を 20 kW 程度の動力で始動できる．

　燃焼器の着火特性は，図 6.9 と同様に，流量と空燃比の範囲で示すが，着火可能な範囲は，図 6.9 の保炎可能範囲よりも内側になる．すなわち，所定の流量で保炎できる空燃比の範囲より，着火可能な範囲の方が狭い（保炎できていた条件で着火できないことがある）．着火可能範囲は，燃焼器の圧力に大きく依存し，圧力が低いほど着火が難しいので，高空再着火は最も厳しい着火条件といえる．地上静止状態での航空エンジンの始動時には，ピストン・エンジン用と似た高圧の点火プラグを使ってもよいが，高空などもっと条件が厳しいところでの着火を保証するには，よりエネルギの大きい強力な火花が必要になる．現状では，航空エンジン用では，1 秒に 3 ジュールのエネルギを発する火花を出せる表面放電型

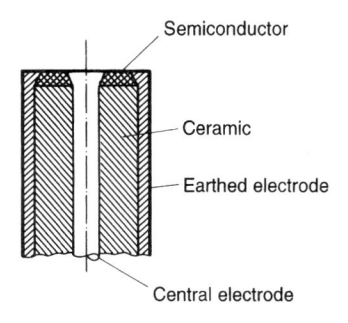

図 6.13 表面放電型イグナイタ

イグナイタ（surface-discharge igniter）が最もよく使われている．

表面放電型イグナイタの例を図 6.13 に示す．このイグナイタは，セラミクスの絶縁体の層を挟んで中心と外側に電極があるが，先端の面だけ，電極が半導体を介してつながっている．中にあるコンデンサに電圧をかけると，半導体に電流が流れて白熱し，付近の空間に低抵抗で電気が通れるイオンの通路ができ，それを通じて電気が流れ電気火花が生じる．着火性能を確保した上でイグナイタの寿命も長く保つには，イグナイタを適切な位置に配置することが重要である．イグナイタは，ライナの膜冷却層から突き出て，先端が燃料噴霧分布の縁に達していなければならないが，突き出し過ぎて燃料噴霧でずぶ濡れにならないようにしなければならない．

また，蒸発管を用いる燃焼器の場合には，火炎を発生させるトーチ・イグナイタが必要になる．トーチ・イグナイタでは，点火プラグと液体燃料噴霧式の補助バーナが一体となっており，上記の表面放電型と比べて大きくて重くなる．

通常の点火プラグでは，大体，1分に 60〜100 回の点火を行うが，点火放電ごとに電極が徐々に減ってしまうため，定期的なプラグの交換が必要である．このため，着火した後の通常運転では着火システムは電源を切っておくが，先に述べた通り，航空機の場合には，吹き消えや豪雨に際して再始動できるようにしておかなければならない．

安価な燃料の利用

航空エンジンの分野では，ガスタービンは推力と重量の面での優位性を生かし

てピストン式のエンジンに取って代わり，航空機の高速化を実現した．一方，産業用では，当初は熱効率が他に比べて悪かったことや，後に効率が改善してからも，他に比べて高級な燃料が必要であったことなどから，ガスタービンの普及が航空用に比べるとかなり遅かった．産業用ガスタービンは，当初は，ピークロードや非常用の電力をまかなうためのもので，運転はごく短時間であったが，1970年代の石油危機による石油価格の高騰により，ガスタービンの燃料コストが高くなったことにより多くが退役させられた．

天然ガスは高価な燃料であるが，液体燃料のように微粒化や気化を必要としない上に，硫黄などの不純物の含有も極めて少ないため，定置式ガスタービン用燃料としては理想的である．このため，これまで何度か述べたように，ガスタービンは，天然ガスのパイプライン圧送用の動力源として使われるようになった．現在では，天然ガスは，2000 MW 以上，熱効率 55% 程度のベースロード発電用コンバインド・サイクル設備で幅広く使われている．天然ガスの供給が長期的に見てどうかという議論はあるが，それらの設備で石炭をガス化して燃料とする方向も検討できる．

ガスタービンで残油を使うことができれば，市場への普及が大幅に促進されると考えられる．残油は，原油を蒸留して有用な軽質成分を取り除いて残った油で，性状には，次に示す通り，いくつかの難点がある．

 (a) 粘度が高く，微粒化装置に送る前に過熱する必要がある．
 (b) 過熱すると重合し，高分子化してタールやスラッジとなりやすい．
 (c) 他の油との相性が悪く，混ざるとゼリー状になって燃料配管のつまりが生じる．
 (d) 炭素含有率が高く，燃焼器にすすが付着しやすい．
 (e) バナジウムの含有．燃焼によりバナジウム化合物ができるとタービン腐食の原因になる．
 (f) ナトリウムなどアルカリ金属を含有し，燃料中の硫黄と結合して腐食性の硫黄ができる．
 (g) 灰が多く発生し，タービンノズルの翼面に堆積して空気流量や出力の減少を引き起こす．

以上のうち，(a)，(b)，(c)，(d) の対策は，それほど難しいわけではない．

典型的な残油の例では，140℃程度まで加熱する必要があり，大型の設備であれば，貯蔵タンクや微粒化装置に送る前の加熱用に蒸気を使わなければならない可能性がある．

　問題は (e)，(f)，(g) で，これらにより残油の使用には制約がある．(e) と (f) による腐食はタービン入口温度の上昇に伴って強くなる．このため，残油を使う初期の産業用ガスタービンでは，腐食を避けるためタービン入口温度が 900 K となっており，効率が低くなっている．アルカリ金属を除去する方法は見つかっており，また，マグネシウムなどの添加物を加えることでバナジウムは中和できることが分かっているが，硫黄の除去は難しく，石油精製の一環として取り組む必要がある．アルカリ金属の除去方法は主に 2 つあり，1 つ目は，燃料を水洗し，遠心分離機にかけてアルカリ金属を含む重い液体を取り除く方法，2 つ目は，燃料を水に混ぜてポンプで高圧にし，高電圧の電気をかけて除去する方法である．どちらの方法の場合にも，高度な燃料処理用プラントが必要で，それなりの初期投資および運転コストが必要になり，残油自体の値段は安くても，燃料にかけるトータルのコストはかなり高くなる．現状では，残油が頻繁に用いられることはなく，天然ガスを主燃料とする設備のバックアップ用の燃料として使用される場合があるものの，典型的な大型ガスタービンの例では，残油を用いるとタービン入口温度を下げて運転しなければならない．一例をあげると，出力が通常の 139 MW から 116 MW に落ちる．2 種燃料による運転の背景には，天然ガスは需要が多い場合には供給がカットされるなど，常時供給の保証がない代わりに低価格で提供されるケースが多くあり，利用者側で，供給カット時に燃料の切り替えをしなければならないという事情がある．このようなことから，定格運転のまま，天然ガスから液体燃料に自動的に切り替えができるように設計されたガスタービンがごく一般的になっている．

　ガスタービンが開発されて日が浅い頃は，石炭を燃料とする実験が多くなされ，石炭を微粒子化したもの（微粒炭）を燃やすことが試みられたが，粒子による磨耗が激しく，あまりうまくいっていない．その後，長い間，石炭がガスタービンの燃料として考えられることはなかったが，近年，石炭から合成ガスを取り出す石炭のガス化に対する取り組みがさかんになされており，6.8 節で説明する．

6.7 ガスタービンの排気ガス

　ガスタービンの燃焼は，タービン入口温度を所定の値に保つため，炭化水素燃料に量論比より多い過剰な空気を加えて行われるもので，基本的には，クリーンで効率の良い燃焼であり，スモーク（すす）を除いては，長年，排気ガスに対する手当ては行われていなかった．しかし，近年では，産業用ガスタービンにおいても排気ガスとその影響の関係が明らかになり，また，ガスタービンの数も増えるにつれて，排気ガス中の有害成分の抑制が設計上の最も重要な課題となってきている．航空用も同様であるが，課題とその解決方法に関しては，航空用と産業用ではかなり異なる．

　燃焼の基本的な原理については標準的な熱力学の教科書（文献[5]など）に述べられている．量論比での完全燃焼の際に必要な酸素量については，一般の炭化水素分子の燃焼の化学反応式，

$$C_xH_y + nO_2 \rightarrow aCO_2 + bH_2O \qquad (6.2.9)$$

で与えられ，係数については

$$a = x, \quad b = y/2, \quad n = x + y/4 \qquad (6.2.10)$$

となる．大気中には，酸素1kgに対して窒素が76.7/23.3kgの割合で含まれているが，窒素は一般には不活性で反応せず，排気ガスにそのまま出てくる．ただし，燃焼室の第1領域の高温下では，少量の窒素が酸化されて窒素酸化物 NO_x が生成される．また，完全燃焼しない場合には，少量の一酸化炭素 CO や未燃炭化水素 UHC が排気ガス中に含まれることになる．また，ガスタービンでは燃料の完全燃焼に必要な以上の空気を流しているため，排気ガス中にも，流入空気から燃焼に使われた分を差し引いた量の酸素が含まれている．よって，排気ガス中に含まれる気体成分で多いものは，CO_2, H_2O, O_2, N_2 で，それらの成分割合は，質量分率やモル分率で表す．地球温暖化につながる温室効果ガスとしての CO_2 の影響に関する懸念事項については，1.7節で述べた．

　さらに，燃料中に硫黄が含まれる場合には硫黄酸化物（SO_x）も発生し，そのうち最も一般的なものとしては，SO_2（亜硫酸ガス）があげられる．これらの有害成分が排気ガス中に占める割合は極めて少ないが，排気ガス自体の流量が多い

ため，それらの有害成分もかなりの量となり，ガスタービン設備の近くでは，それらが集積して高濃度となる可能性がある．窒素酸化物からは，これまで何度か述べた通り，太陽光の元で反応して茶色がかった雲のように見えるスモッグが発生する．自動車の排気ガス，強い日差し，その場所の地形や大気の逆転層などの様々な要因が重なってひどいスモッグが発生したロサンゼルス地域では，この現象が初めて光化学スモッグとして特定され，自動車の排気ガス規制や発電所での厳しい排気ガス規制につながった．また，窒素酸化物は，大気中の水分と組み合わさって酸性雨をもたらす他，紫外線から地球を守るオゾン層を破壊し，皮膚がんのリスクを高める可能性がある．また UHC は発がん物質を含む他，CO は一定量吸引すると致命傷となる．全世界的に電力および輸送の需要の増加がとどまる所を知らない中，有害排気ガスの抑制は重要な課題となっている．

運用面の問題

　ガスタービンは幅広い範囲の出力および外気条件で運転されるため，有害排気ガスの抑制方法は複雑になる．設計点以外での性能については第 9 章，10 章で述べるが，エンジンの構成が違うと，運転条件も大きく変わる．例えば，図 1.1 のような 1 軸のガスタービンにおいて，発電機の回転数一定で負荷が変化した場合，圧縮機の回転数は一定のままで，空気流量も大きくは変わらないが，図 1.5 のように出力タービンとガス発生器の回転軸が別の場合，負荷の変化に応じてガス発生器の回転数や空気流量を変えなければならない．多軸や可変静翼の圧縮機では，さらに複雑になる．かつては，エンジン制御システムの役割は，エンジン運転のすべての定常および過渡状態において，適切な量の燃料を供給することのみで，有害排気ガスの抑制は燃焼器設計の問題であったが，近年のエンジンでは，制御システムが，有害排気ガスを最小化するための空燃比調整の主要な役割を担っている．その中には，作動状態に応じて，燃焼室のどの領域に燃料を供給するかといったことも含まれるが，このようなことが可能になったのは，燃料流量をデジタル制御できる高度なシステムが出てきたからである．

　ベースロード電力用の発電所のコンバインド・サイクル発電などで用いられるガスタービンでは，大量の燃料を消費するが，通常は長期間一定の出力で運転され，ごく短時間だけ出力を落として運転される．熱電供給などのコジェネレーシ

ョン設備も，一般には定格で継続的に使用することを前提に設計されているが，発電所に比べて住宅地の近くで運転されているという問題がある．パイプライン圧送用のガスタービンは，多くの場合は人里離れた場所にあり，大抵は一定の出力で運転されている．圧送用に関しては，現在では発電所と同じ排気ガス基準は適用されていないが，これも将来は変わってくる可能性が大いに考えられる．

　航空エンジンの場合には，空港でのタクシングなどでも大量の燃料を燃やすため，低負荷でも燃焼効率を高くすることが求められ，UHC など未燃成分の削減が課題となる．また，NO_x の削減も求められており，ICAO（International Civil Aviation Organization：国際民間航空機関）では，世界中の航空機に対し，空港周辺の大気環境保全の観点から，航空機のアイドル，離陸，上昇，下降の LTO サイクル（landing and take-off cycle）での NO_x 排出量の規制値を定めている．また，高高度におけるオゾン層破壊防止の観点から，巡航状態での NO_x 排出規制に関する検討も進めている．

有害排気ガスの発生

　燃焼による窒素の酸化によって発生する NO_x の生成率に影響する最も重要なパラメータは火炎温度で，NO_x の生成率は火炎温度の上昇に伴って指数的に増加する（図 6.15）．また，燃焼器入口空気の温度や圧力が同じなら，図 6.14 に示すように，概ね，空気と炭化水素系の燃料がどちらも過不足なく完全に反応し燃焼する時の空燃比である量論空燃比（約 15）での燃焼で NO_x 生成率は極大となり，そこから燃料過濃側（rich 側），希薄側（lean 側）のどちらにずれても NO_x 生成率は下がる．ただし，図 6.14 に示す通り，空燃比が量論比から大きくずれると燃えにくくなり，CO や UHC が増えて燃焼効率が下がる．また，NO_x の生成率は，空気が燃焼器を通過するのにかかる時間である滞留時間（residence time）によっても変化し，滞留時間が減少すると比例して NO_x の生成率も低下する．ただし，一般に，滞留時間が長い方が燃焼反応が十分に行えるため CO や UHC は少なくなる．通常は，滞留時間が長いということは燃焼室の体積が大きいことを意味する．

　有害排気ガスの生成量と圧力比やタービン入口温度などサイクルの重要なパラメータの関係を調べるのは重要なことである．当初，ガスタービンの出力と有害

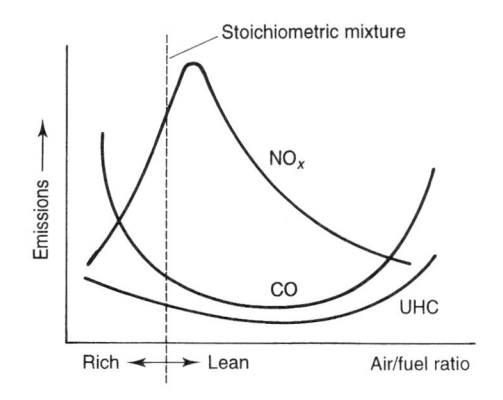

図 6.14　空燃比と NO_x，CO，UHC 生成率の関係

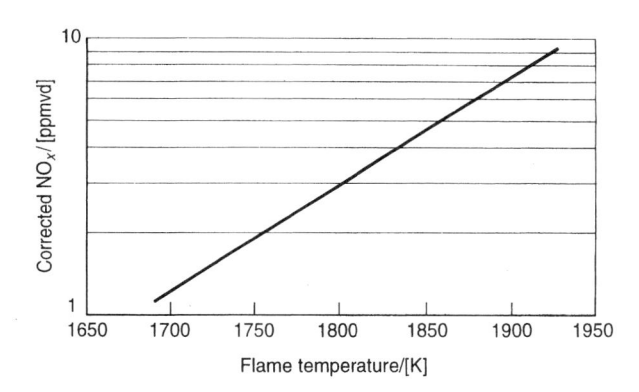

図 6.15　火災温度と NO_x 生成量の関係

排気ガス生成量の関係が調べられたりしたが，その後，燃焼器の状態によって生成量が変化することが分かった．Lipfert [1] は，APU から JT-9D のような高バイパス比ターボファンまでの幅広い種類のエンジンから得たデータに基づき，NO_x が燃焼器入口温度と共に増加することを見出した．これによると，サイクル効率を上げるために圧力比を高くすると，燃焼器入口温度も上がって確実に NO_x 排出が増えることになるが，幸い，これは必ずしも正しくないことが分かった．燃焼器の設計者がこの問題を理解し，NO_x 排出を最小化するために必要な方法を燃焼器に色々と組み込んでみた結果，ガスタービンの圧力比の影響はそ

れほど大きくなく，火炎温度がNO_x生成に与える影響が大きいことが分かった．図6.15はLeonard and Stegmaier[6]によるNO_x生成量と火炎温度の関係で，火炎温度が1900Kから1800Kまで下がるとNO_x生成量は半分以下になることが分かる．縦軸のNO_xの単位はcorrected ppmvd（parts per million by volume of dry exhaust gas：水分を除いた排気ガス中の体積百万分率，圧力・温度補正付）となっている．次に，有害ガス排出を最小化する方法について考える．

有害排気ガスを減らす方法

ガスタービンに対するNO_x排出規制は，1970年代にロサンゼルスの定置式ガスタービンに初めて適用されたが，燃焼室内に水噴霧して火炎温度を下げることにより，排気ガス中のNO_x濃度を75 ppmvd程度に抑えられることが分かった．このため，米国環境局EPA（Environmental Protection Agency）は，この値を新規設置の場合の規制値とした．その後，ベースロード電力用発電所のコンバインド・サイクルやコジェネレーションなどでガスタービンの利用が増え，運転時間も長くなるにつれ，規制はますます厳しくなってきている．また，カリフォルニア南部や日本など，環境に対する意識が高い地域ではさらに低い規制値が課されている．欧州各国でも独自の規制を導入しており，欧州では排気ガス中のNO_x濃度をmg/m^3単位で評価している．このように，NO_x排出に関しては，世界中で地域ごとの規制があり，同じ国の中でも地域によって規制が異なる場合もある．航空エンジンの排出ガス規制については，多国間で協議された結果に基づくICAOの規制値によって統一されている．

有害ガス排出の抑制については，燃焼プロセスの改善と，排気ガスの後処理の両面から取り組まれており，後処理については，排煙の脱硫などが，石炭火力では広く行われている．ガスタービンでは，主に燃焼器の設計を見直すことにより低排出化を実現しようとしてきたが，有害ガス排出量を一段と少なくするため，後処理による排気ガスの浄化も行う場合がある．有害ガス排出の抑制の方法としては，主に，燃焼器への水／水蒸気の噴射，選択的触媒還元法SCR（Selective catalytic reduction），ドライ低NO_x（DLN：dry low NO_x：水噴射との対比で）の3つがある．

（ⅰ）水噴射

上記で述べたとおり，燃焼室への水噴射の目的は，火炎温度を下げることである．先に述べたロサンゼルスのガスタービンでNO_x排出を75 ppmvdまで削減した例では，燃料の半分の流量の水を投入することでNO_xを約40％削減している．このように，水噴霧には，かなりの量の水が必要な上，タービンに腐食性の堆積物が付かないようにするため，ミネラル分を除去してから噴射しなければならない．NO_xをさらに削減するには，水と燃料の比は1かそれ以上にしなければならない．また，タービンを通過するガスの質量流量が増えることで若干出力が上がるが，熱効率が下がるため，その効果も打ち消されてしまう．また，水噴霧によってNO_xを減らすと，COやUHCの排出は増えてくる．多くの地域で水は不足していて貴重な上，気温が0℃を大きく下回る日があるような場所では年間を通して水を供給するのが難しい．例えば，4 MWのガスタービンで水噴霧を行おうとすると，年間およそ400万ℓの水を必要とする．このように，水噴霧は低NO_x化に有効であるものの，使用者側には新たな負担を課すことになる．

水の代わりに蒸気を噴射して低NO_x化するのも原理的には同じで，蒸気タービンとのコンバインド・サイクルやコジェネレーション設備では排熱再生式・蒸気発生器HRSG（図1.3参照）からの高圧の蒸気が得られる．圧縮機出口圧力が30気圧を超える高効率のガスタービンでは，燃焼器も同じ圧力のため噴射する蒸気の圧力はそれ以上が必要であり，40 MWの航空エンジン派生型ガスタービンの例では，HRSGで生成する蒸気の約25％をNO_x削減のために用いている．

（ⅱ）選択的触媒還元法 SCR（selective catalytic reduction）

SCRは，NO_x規制値が極端に低い場合（10 ppmvd未満など）に使われる方法である．これは，後処理による排気ガス浄化法の一種で，NO_xを含む排気ガスに所定の量のアンモニアNH_3を混合して触媒層を通過させ，アンモニアによりNO_xを還元してN_2（窒素ガス）とH_2O（水蒸気）に分解する方法である．この触媒反応は限られた温度範囲（285〜400℃）でしか起こらないため，反応器はHRSG中の排ガス配管の中間に置かれる．ガスタービンの例ではSCRは通常は排熱回収システムとセットでのみ導入可能である．SCRの導入にあたっては，初期投資が膨らむこと，有害物質の取り扱いと貯蔵，アンモニア流量の制御，負

荷変動へのシステムの対応など，様々な問題が生じる．SCRのシステムは，これまで天然ガス焚きのガスタービンで使われてきた．液体燃料のガスタービンへの適用は，これを書いている時点では，まだ例がないが，天然ガス供給が停止した際に，短時間，液体燃料でも運転できる2種燃料型のガスタービンへの適用も必要になると思われる．ただし，次に示すドライ低NO_x型が市場に出てくると，SCR方式はそれに押されて徐々に消滅していくと思われる．

(iii) ドライ低NO_x

近年は，水噴射やSCRをせずに低NO_x化できるドライ低NO_x（DLN）燃焼器の研究開発が，設計者も一体となって盛んに行われている．図6.14で示したように，燃焼室の第1領域で，量論比よりも燃料が少ない希薄燃焼（lean burn）か，燃料が多い過濃燃焼（rich burn）を行うことにより，火炎温度を下げ，NO_x排出を抑えることができる．どちらの燃焼方式の研究もなされており，rich burnの場合，すすの発生が多くなるため，燃焼を2段階に分け，上流側でまずrich burnを行い，その後，燃焼室に一気に大量の空気を導入して希薄化しlean burnを行う，rich burn/quick quench（/lean burn）方式（RQL方式）が研究されている．一方，lean burn方式では，あらかじめ燃料と空気を混合した希薄混合気を第1領域に投入する希薄予混合燃焼方式が研究されている．lean burnの場合には，負荷が小さい場合に燃焼の安定性を保つのが難しいという問題があり，燃料流量制御を含めた複雑なエンジン制御が必要になる．これらの具体例について次に示す．

ドライ低NO_x燃焼器の設計

ドライ低NO_x燃焼器の設計は，ガスタービンの種類ごとに概ね3つに分類できる．産業用ガスタービン用に関しては，スペース的に余裕があり，燃料は通常は天然ガスである．航空用では，スペースや正面面積を小さくする必要があり，液体燃料が使われる．また航空エンジン派生型の地上用ガスタービンでは，厳しい排出ガス規制に対応するため燃焼器の改修が必要なものが多数ある．産業用でも当初の設計より厳しい規制への対応のための改修が必要な場合がある．

ここでは，実際の研究開発の中のいくつかについての概要の説明しかできない

が，開発された多岐に渡る方法全般を見ると，今進められている研究開発の方向性が分かる．低 NO_x 化のための重要なコンセプトとして，燃料のステージングというものがあり，燃焼器に投入される燃料が２系統に分けられて，それぞれ燃焼室の別の場所に投入される．２系統のうち１系統には常に燃料を供給し，始動やアイドリング時にも火炎を保持するパイロット（pilot）燃焼（もしくは１次（primary）燃焼）の役割をさせ，負荷が上がると，大半の燃料をもう１つの燃料系統からも供給して，パイロット燃焼域とは別の領域でメイン（main）燃焼（２次（secondary）燃焼）を行う．近年の燃焼器では，燃料のステージングは幅広く行われており，多数の形式が実用化されている．

（i）産業用ガスタービンでのドライ低 NO_x 燃焼器

General Electric 社の大型産業用ガスタービンではカニュラ型燃焼器が使われており，その燃焼室の断面図を図 6.16 に示す．燃焼室の中心軸上に１本の２次バーナ（secondary）があり，その周囲に６本の１次バーナ（primary）が配置されている．各バーナとも天然ガスと液体燃料の２種燃料対応型で，図の網掛けの小さな長方形の部分付近がバーナの出口になっており，そこから燃料と空気が燃焼室に投入される．燃焼室内の１次バーナのすぐ下流のスペースを１次領域，２次バーナのすぐ下流にあって，１次バーナと２次バーナの流れが合流する領域を２次領域とする．１次領域は，２次領域へ流れが出て行く付近で流れが一旦絞られて，２次領域に入るとまた広がる CD ノズル（第３章）のようになっていて，２次領域の火炎が１次領域に入り込みにくいようにしている．また，２次領域を外から絞っているベンチュリ（Venturi）部があるが，これにより，絞り部

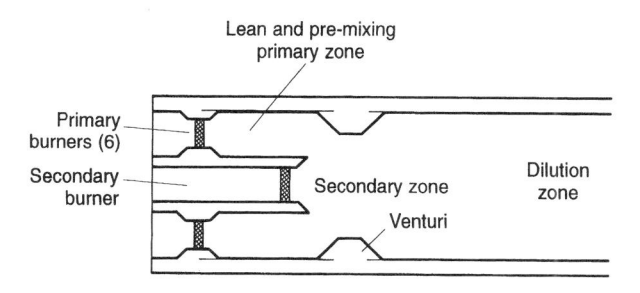

図 6.16 Can for General Electric low-NO_x combustor

の下流側に流れの再循環領域が発生して，2次領域にできる火炎の保炎性を高めている．燃料のステージングについては，次の4つの段階に分けられる．まず，始動から20％出力までは，すべての燃料が1次バーナに供給され，1次領域で着火されて，1次領域内で燃焼を行う．20％〜40％の出力では，燃料の7割が1次バーナ，3割が2次バーナに供給されて，それぞれ，1次領域と2次領域で燃焼を行う．40％以上に出力を上げるに際しては，まず，出力40％の時に，一旦，すべての燃料を，中心の2次バーナだけに供給し，2次領域だけで燃焼を行っておく．その上で，燃料の一部を1次バーナに移すが，その際，1次バーナから出た燃料は，1次領域では燃焼させず，1次領域を流しながら空気と燃料の混合を行い，2次バーナの火炎にその予混合気を投入して，燃焼は2次領域だけで行う．この場合，低負荷では燃焼を行っていた1次領域は，燃料と空気を燃焼前に混合する予混合室の役割を果たしていることになる．40％〜100％まではこの方式での燃焼を行うが，燃料は，1次バーナの方におよそ83％を配分する．この燃焼器の開発については，David and Washam [7] による解説がある．

　Siemens 社と ABB 社では低 NO_x バーナの開発が進められ，出力に応じて使うバーナの本数を変えている．Siemens 社の開発したバーナは，ハイブリッド・バーナと呼ばれ，低負荷時と高負荷時で燃焼モードを切り替える．低負荷では，拡散火炎による安定なパイロット燃焼を行い，出力40％以上では予混合燃焼に切り替えて NO_x と CO を削減する．このバーナでは，天然ガス，液体燃料，その両方の同時燃焼のどれにも対応できる．また水および水蒸気噴射も可能な設計となっている．図6.17にはハイブリッド・バーナを用いた場合の NO_x 排出量の出力による変化を示すが，Maghon ら [8] は，このバーナの開発に関する解説を行っている．図6.18は ABB 社が開発した同軸の二重円錐式の希薄予混合バーナで，バーナ出口で渦を放出・消滅させることにより保炎を行っており，サイロ型および環状燃焼器用として使われている．燃焼器内にはこのバーナが同心円状に何周か配置され，出力増に合わせて，順を追って燃焼させるバーナの本数を増やす．このバーナのコンセプトについては Sattelmeyer ら [9] の解説がある．

　以上の燃焼器は，図1.1のような発電機に直結された1軸式のガスタービンで使われており，負荷によらず回転数は一定に保たれる．一方，Solar 社の14 MW

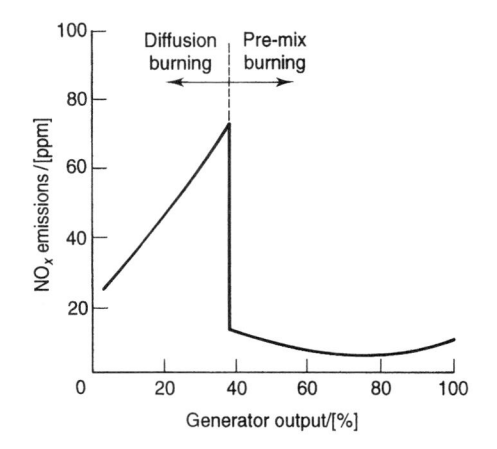

6.7 ガスタービンの排気ガス 375

図 6.17 負荷による NO_x 排出濃度の変化（ハイブリッド・バーナ）

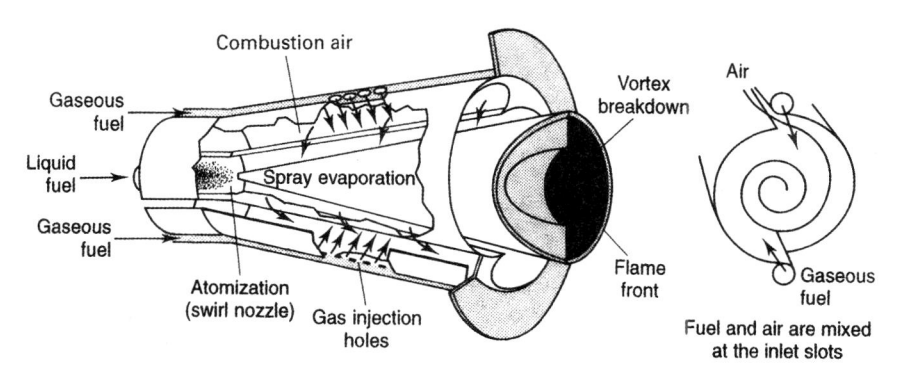

図 6.18 Siemens dual-fuel double-cone burner [courtesy Siemens Industrial Turbomachinery Ltd]

までの小型発電設備は，図 1.5 のような構成で，ガス発生器と独立した軸を持つ出力タービンを持っており，ガス発生器部の燃焼器を通過する流量は負荷と共に変化する．Solar 社の低 NO_x 燃焼器も希薄予混合方式であるが，所定の空燃比を保って NO_x 排出を一定レベル以下に抑えるため，低負荷では，圧縮機からの抽気を使わなければならない．この方法は簡易で信頼性も高いが，抽気を使うことによる効率の低下が生じる．このシステムの試験運転については Etheridge [10] に掲載されているが，外気温度が排気ガス成分に与える影響についても述

べられており，それによると，気温が低いと NO_x が増え，気温が高いと CO が増えている．このような外気の変化による排出ガスへの影響も燃焼器設計の際の課題の１つと言える．

(ii) 航空エンジン用の低 NO_x 燃焼器

ICAO では，LTO サイクルでの NO_x 排出量 [g] を定格推力 [kN] で割った値に対する規制値を定めている．近年の亜音速旅客機用のターボファンエンジンでは，典型的な値として，巡航時は消費燃料１kg あたり 12 g の NO_x を排出しており，離陸時は 34 g/kg の NO_x を排出している．巡航時の方が NO_x 排出量が低いのは，タービン入口温度が低く火炎温度が低いためである．その他の成分については，巡航時，離陸時共に，UHC が 0.1 g/kg，CO が 0.6 g/kg と NO_x に比べて極めて少ない．これらのデータは Bahr [11] によるもので，800 km 以上の距離を運航する最近の双発エンジンの輸送機については，有害排出ガスの 25% は離着陸時に排出され，その他の上昇・巡航・下降時に関しては，有害排出ガスのうち 86% は NO_x であるとする試算を示した．

航空エンジン用燃焼器の低 NO_x 化も希薄燃焼によって実現可能であるが，着火性・保炎性の低下や，UHC や CO の増加が起こらないようにしなければならない．このため，燃焼器をいくつかの領域に分けて負荷に応じて燃料を投入するステージングが行われている．

GE 社は，図 6.19 (a) に示すように，環状の燃焼室を径方向に２つ並列に並べた民間航空エンジン用ダブル・アニュラ燃焼器を開発した．燃料のステージングについては，始動，アイドル，高空再着火時には，外周のパイロット側にのみ燃焼を供給し，その他の通常運転時には，外周のパイロットと内周のメインの両方に燃料を供給して燃焼を行う．燃料配分の比率については，メインとパイロットの両方で空燃比が大きい希薄燃焼が行えるように調整する．さらに低 NO_x 化するには，予混合燃焼も行うことが必要であるが，設計が複雑になりすぎるという問題が生じる．これに関連して，Bahr [11] が解決すべき課題について言及している．

別の例としては，図 6.19 (b) に示す International Aero Engine 社が採用した V2500 航空エンジン用低 NO_x 燃焼器があり，パイロットとメインの燃焼領域を

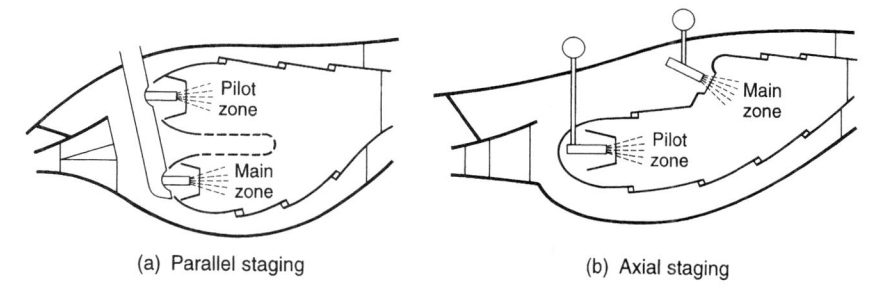

図6.19 (a) Parallel staging (b) Axial staging
図6.19 航空エンジン用低 NO_x 燃焼器

軸方向にずらした設計になっている（Segalman ら [12]）．この方式では，燃焼器の軸方向長さが長くなるが，こちらの方が低 NO_x 化の可能性が高いということで，この方式が採用された．パイロット燃焼領域とメイン領域を径方向にずらして軸方向に重ねると（図6.19(a)と(b)の中間のようなイメージ）長さの問題が緩和できる．

(iii) 航空エンジン派生型のドライ低 NO_x 燃焼器

1990年代中頃に供用開始された航空エンジン派生型ガスタービンは，多くが1970年代初期に開発された航空エンジンがベースとなっており，航空用では非常にコンパクトな環状燃焼器を搭載していた．しかし，それらの航空エンジンは，今のような排出ガスに配慮した設計とはなっておらず，有害ガスの排出が多い．水や水蒸気の噴射によって低 NO_x 化することは可能だが，すでに述べた通り，水の確保など運用上の課題が大きく，特にパイプラインの圧送用としては水噴射は適していない．このため，各社とも，燃焼器のドライ低 NO_x 化に取り組まざるを得なくなった．

各社のドライ低 NO_x 燃焼器として，希薄予混合燃焼方式が採用されているが，GE 社と Rolls Royce 社の設計は対照的である．GE 社の低 NO_x 燃焼器は，燃焼器の体積を増やして滞留時間を増やし，よく燃やして UHC や CO を減らすため，燃焼器の環状流路の幅を増やす設計になっている．図6.19は，バーナが径方向に2周配置される設計であるが，これが3周になったような形式で，外側の2周は，1周につきバーナ30個，一番内周はバーナ15個の構成になってお

り，図 6.19 と同様に，径方向に伸びる支持部に 3 つ（一番内周にバーナが無い場合は 2 つ）のバーナを取り付けて支持している．ABB 社の低 NO_x 燃焼器と同様で，出力の増加に合わせて，順に燃焼させるバーナの数を増やしている．関連して Leonard and Stegmaier [6] が LM6000 用低 NO_x 燃焼器の開発について解説している．同じ技術は他の GE 社の定置式の航空エンジン派生型ガスタービン（LM2500 と LM1600）にも使われている．Rolls Royce 社の場合は，図 1.16 の Trent の例に示されるように，産業用では，航空用の環状燃焼器を取り除き，内側に向けた複数の大きなカン型の燃焼器へと置き換えることにより，ガスタービンの軸方向長さを増やすことなく滞留時間を増やしている（RB 211 での例については文献 [13]）．

Corbett and Lines [14] によると，燃料ステージングには高度な制御システムが必要であり，1 軸のガスタービンより，出力により圧縮機の回転数と空気流量が変わる多軸のガスタービンの方が制御が複雑になる．

燃焼振動

先に述べたとおり，有害ガス排出の少ない燃焼器の設計では，多くの多様，かつ，相反する条件を満たさなければならない．水噴射や SCR は運用上の問題が大きいため，DLE（dry low-emission：ドライ低排出）燃焼器を用いることが最も望ましいが，DLE 燃焼器の導入に伴い，圧力振動や音を伴う燃焼不安定（combustion instability）が起こるという新たな問題が発生している．燃焼不安定が起こると，運転条件に応じて変わる音響的な共振周波数での振動が発生し，燃焼器の破損や，下流の要素への 2 次的な損傷が発生する可能性がある．燃焼振動の問題は，希薄予混合燃焼方式導入の結果として発生している．Scarinci and Halpin [15] は，希薄予混合燃焼器と，従来の燃焼器とでは，燃焼器内での発生熱量の空間分布に基本的な違いがあると指摘している．希薄予混合燃焼器では，熱の発生量が火炎面付近で急に大きくなるが，従来の燃焼器では熱の発生がより広い領域で起こっている．また，文献 [15] では，燃焼振動の共振周波数や振幅は，発生熱量の軸方向分布や燃焼器内部の温度分布に大きく依存するとしている．メーカ各社では，燃焼振動に対する様々な解決方法の開発が行われている．

6.8　石炭のガス化

　天然ガスが将来不足するという見通しがあることから，石炭の利用に再び関心が集まっている．石炭を外部で燃焼させる循環系ガスタービン（図1.8参照）がドイツで建設され，12万時間以上も運転されたが，1つを除いてすべて退役した．それらは，2～17 MW程度の小型設備で効率が悪く，当時の石炭と天然ガスの価格差では経済的に成り立たなかった．文献［16］では，このドイツでの取り組みが紹介されている．

　今，最も注目されているのは，石炭のガス化プロセスに，通常のガスタービンと蒸気タービンのコンバインド・サイクルを組み合わせた石炭ガス化複合発電（IGCC：integrated gasification combined cycle）である（1.8節，図1.21参照）．石炭のガス化は，水蒸気，酸素，空気などを酸化剤としてガス化炉の圧力容器内で行われ，微粒子や，腐食や有害排気ガス発生の原因となる化学物質などの不純物を含む石炭ガスが，石炭灰やそれが固まったスラグなどと共にできる．微粒子については，タービンの損傷を避けるため遠心分離機で除去することが必要で，その他の有害化学物質の除去も必要である．特にH_2SやSO_2などの硫化物が出る可能性が高いので，硫黄分が概ね7％以下の石炭を使う必要があるが，多くの場合，硫黄分は硫黄として取り出され，副産物として売られている．浄化された石炭ガスは燃焼器に送られるが，石炭ガス浄化の際にはガスの冷却が必要な場合が多く，冷却の際に石炭ガスから吸収した熱の一部は蒸気の生成に使われる．

　石炭ガス化炉としては，固定床（moving bed），流動床（fluidized bed，図1.20参照），噴流床（entrained bed）の主に3つの方式が開発されている．酸化剤としては，水蒸気より酸素や空気の方が好まれるようである．石炭ガス化炉の具体例（4件）に関して，その主な仕様を下記の表に示す（スラリーは水と石炭の懸濁液）．

	型式	燃料	Oxidant	O_2 flow [kg/kg coal]	Gas temp [K]
Texaco	流動床	スラリー	O_2	0.9	1480
Shell	流動床	乾式	O_2	0.85	1750
Combustion engineering	流動床	乾式	Air	0.7	1280
British Gas/Lurgi	固定床	乾式	O_2	0.5	1000

(6.2.11)

ガス温度（Gas temp）とあるのは，ガス化した後の石炭ガスの温度で，高温の場合には蒸気発生と組み合わせて使うため構成が複雑になる．石炭の単位重量あたりに必要な酸素量は重要な値で，酸素を吹き込むガス化炉の場合には，圧縮機から出た空気を酸素と窒素に分離する空気分離装置 ASU（air separation unit）が必要になる．ASU は複雑で高価な装置で，運転には相当な動力が必要である．空気吹き込み式のガス化炉では，かなりの量の窒素が含まれるため単位体積の石炭ガスの発熱量が 4500〜5500 kJ/m^3 と低いが，酸素吹き込み式の場合には 9000〜13000 kJ/m^3 と高くなる．

IGCC の実証プラントとしては，米国カリフォルニアの Cool Water と，オランダの Buggenum（町の名前）という 2 つの大きなプラントが作られている．Cool Water では，Texaco 社のガス化炉と GE 社のガスタービンが使われ，80MW のガスタービンが IGCC の発電設備として運転可能であることが実証された．このプラントは，1984 年〜1989 年まで，4 種類の石炭を使って計 27000 時間運転された．プラントは 2 種燃料対応になっており，ガス化炉がメンテナンス中には液体燃料での運転ができるようになっていた．排出ガス特性も優良で，NO$_x$ は 20 ppm，出てくる灰にも危険性はなく，販売可能なものであった．このプラントは，後に Texaco 社が購入し，電力供給を続けつつ，ガス化炉運転のノウハウの集積を行った．石炭の消費量は 1 日に 1100 トンで，最大出力は 118 MW と，商用プラントとしては小さすぎたが，大型設備での運転可能性の実証には成功した．既存の石炭炊き蒸気プラントの効率が 36〜38％ であるのに対し，この方式で，今日のガスタービンや改良型のガス化炉を用いれば 40〜42％ の効率が達成可能とされている．

さらに大きな 250 MW の実証用プラントがオランダの Buggenum に作られ，

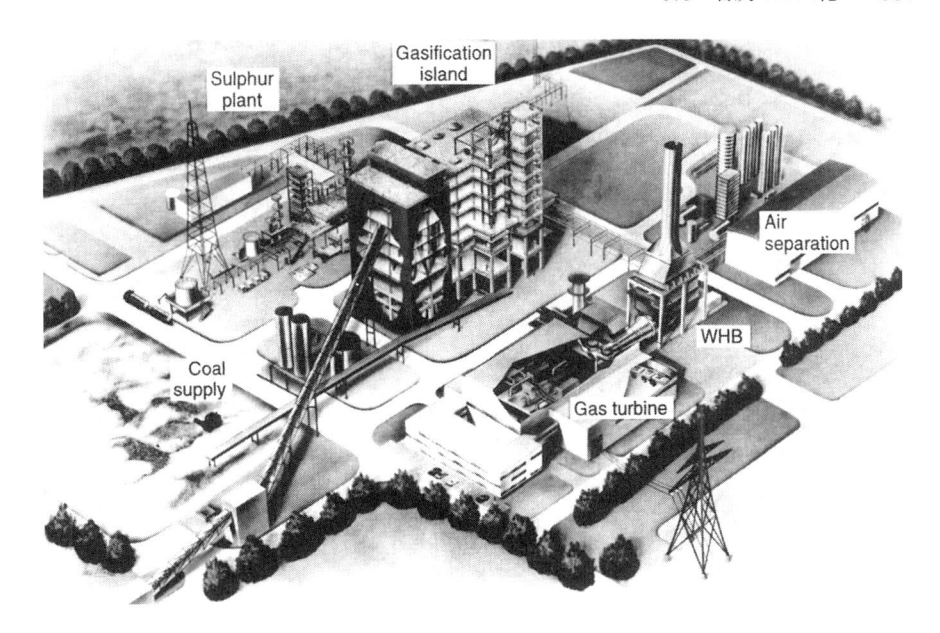

図 6.20 IGCC plant, Buggenum [courtesy Demkolec]

1993年末に稼動を始めた（図6.20）．このIGCCプラントでは，Siemens社のガスタービンとShell社のガス化炉が使われ，ガスタービンは天然ガスと石炭ガスに対応しており，天然ガスは，始動時とガス化炉のメンテナンスの時に使われている．また，蒸気タービンもSiemens社から提供され，蒸気生成には，ガスタービンの排気ガスや，先に述べた石炭ガス浄化の際に得られる熱が用いられている．石炭ガス化炉の能力は2000トン／日，ガス化炉に酸素を供給するASUの酸素供給力は1700トン／日で，ASUに供給する高圧空気は，ガスタービン圧縮機からの抽気でまかない，別途圧縮機を用意する必要がないシステムになっている．また，石炭ガスの脱硫の際にできる硫黄は販売可能な商品となっている．図6.20を見ると，石炭のガス化，ASU，脱硫のプラントに比べて，ガスタービン，蒸気タービンや発電機はこじんまりとしていることが分かる．

石炭がガス化されて脱硫された後の石炭ガスの成分は，概ね，COが65％，H_2が30％，CO_2が1％，H_2Oが1％，N_2とアルゴンが3％である．COとH_2共に断熱火炎温度が天然ガスより高いため，燃焼時に発生するNO_xが多くなる．

また，H_2 濃度が高く，空気との混合気は爆発性となるため，空気と予混合させることが出来ない．火炎温度を下げるためには，不活性ガスを用いた希釈が必要で，ASU で生成される窒素を用いた希釈や，さらには，蒸気による希釈を行い，火炎温度を下げて優れた低 NO_x 排出を実現している（ASU に供給する空気は圧縮機出口空気の 16%）．

このプラントは IGCC 大型化の実証用として設計されたものであるが，熱効率は 43% と，すばらしい値を記録している．また，ガスタービンやガス浄化プロセスの開発が進めば，効率はさらに 48% まで上がるとされている．また，このプラントで使われた技術で 400 MW まで大型化でき，さらには 600 MW も可能性があるようである．

石炭のガス化は，まだ商用運転で完全に実証されたわけではないが，これまでの技術の進歩はめざましく，大型発電所でも経済的に十分成り立つように思われる．1990 年代初めに導入された多くの天然ガス炊きの大型コンバインド・サイクル設備が，天然ガスの需要増加に伴って供給がままならなくなった場合には，石炭ガス化を使った設備に置き換わる可能性がある．

電力需要増加に伴う発電設備増設には色々な段階がある．まず，最初の段階では，とりあえず供給余力を増やすため，簡単な熱サイクルの設備が導入されるが，ベースロードの電力として長期的に使っていくには効率が良くない．次の段階では，それらを，効率の良いコンバインド・サイクル設備に置き換えていくが，蒸気タービンの製造と設置には，大掛かりな土木工事を伴うため時間がかかる．この段階には，概ね 1 年から 2 年がかかる．最後に，さらに天然ガスの供給に問題が生じた場合には，コンバインド・サイクルから IGCC への転換が行われると考えられる．

今までのところ，IGCC が商用設備として採用されている例はないが，いずれにしても，IGCC 技術の開発は，膨大な埋蔵量の石炭を，受け入れ可能な環境負荷のレベルで利用できるようにしていくという意味で重要である．Buggenum のプラントは 2007 年時点でまだ操業を続けており，2015 年には総計 4000MW の IGCC プラントの導入が提案されている．ただし，IGCC を推進する上での大きな問題として，大気中の CO_2 濃度上昇への懸念が強まっていることがあげられる．このことから，炭素の捕集と閉じ込めに関心が集まっており，石油の出な

くなった油井に高圧で CO_2 を注入して石油の収量を上げようという試みや，同様に遠洋の油井を対象にしたもの，地中奥深くに注入して岩石化しようというものもある．北米では，2000 年より，Dakota Gasification 社が，合成ガス（synthetic gas, syngas, H_2 と CO の混合ガス）中の CO_2 の除去を行っている．除去された CO_2 は，パイプラインでカナダまで運ばれ，油井の収量増加に使われている．CO_2 の圧送に必要な動力は 30 MW と大きく，この動力も IGCC の一環としてまかなうとすれば，正味の効率はかなり下がることになる．現在，正味出力が 500〜600 MW の範囲の IGCC プラントの研究が行われているが，仮に，出力 500 MW から炭素を 90％捕獲に必要な動力の 165 MW を差し引くと，効率は 38％から 31％に低下することになる．

　IGCC を経済的に成り立たせるためにはまだ多くの研究開発が必要であるが，世界の多くの地域には，まだ大量の石炭が埋蔵されていることをよく認識しておかなければならない．石油の埋蔵量は減り続けている上，その大半は，供給が滞ることが懸念される政治的に不安定な地域に集中している．実際に，1974 年ではそのようなことが起こったし，湾岸戦争の時にも石油の供給が停止された．また，石炭は液体燃料の原料にもなり，米国空軍ではそのような燃料の軍用機への適用試験を行っている．また，南アメリカでは，人種隔離政策が行われて同国に対する石油禁輸措置が取られた期間，多くの石炭の液化についてのノウハウの集積がなされた．

7 軸流／遠心タービン

　圧縮機と同様に，タービンにも軸流と遠心の2つの方式がある．大半のガスタービンでは軸流タービンを使っているので，本章でも軸流式に重点を置いている．軸流タービンに関しても，軸流圧縮機と同様に，まず，平均半径面での流れの解析を行い，続いて，渦理論を用いて，それを径方向に展開する．さらに，翼列試験データに基づいて形状の設計を行い，出来た形状での等エントロピ効率の計算を行う．逆に，与えられた流速や圧力の分布から，それを実現するための翼の形状を計算する方法の説明も行うが，これらは，空力設計で広く使われている計算流体力学 CFD のベースとなる．また，翼にかかる応力については，空力設計にも直接関わってくるため，ごく簡単にではあるが，本章でも説明を行う．応力の詳細は，次のガスタービンの機械設計の章で述べる．また，高効率のガスタービンでは，空冷タービンが広く用いられており，無冷却のタービンは，小型や低コストのものなど，一部のものに限られる．本章では，冷却タービンに関する基本的な熱力学や伝熱についても言及する．

　空気流量が非常に少ない場合には，軸流タービンでは翼がかなり小さくなり，相対的にチップ・クリアランスの割合が大きくなるなどして，効率が悪化する．遠心式のタービンは，小流量の流れを効率良く扱うことができるため，冷凍装置や，レシプロ式エンジンのターボ・チャージャとして広く使われている．また，遠心圧縮機と遠心タービンを背中合わせに組み合わせれば，軸が非常に短くて頑丈な回転要素が構成でき，低燃費というよりコンパクトさが重要な場合には最適である．遠心どうしの組み合わせは，ビジネスジェット機用の小型の補助動力装置 APU や，100 kW 以下のマイクロ・ガスタービンに使われており，3 MW 以下の分野では成功例が多く，洋上設備用など，スペースが貴重な所ではそのコン

パクトさが重宝されている．遠心タービンの空力設計に関しては，本章の最後に簡単に述べる．

7.1 軸流タービンの基本

図 7.1（a）には，軸流タービン 1 段分の構成（左図）と，流れの速度三角形（右図）を示している．左図に示す通り，上流側より静翼列 N（nozzle：一般にタービンの静翼列はノズルと言う），動翼列 R（rotor）があり，場所を表す番号は，静翼入口を 1，静翼出口（動翼入口）を 2，動翼出口を 3 としている．右図に示すとおり，静圧 p_1，静温 T_1，流速 C_1 のガスが静翼列に流入し，加速・膨張して，静圧 p_2，静温 T_2，流速 C_2，角度 α_2 で流出する．これがタービン動翼に流入するが，今，動翼が図の右向きに回転速度 U で回転しているとすると，動翼入口の速度三角形は真ん中の図のようになり，動翼から見た流入ガスの流速は V_2，角度は β_2 となる．動翼の前縁入口角度も，概ね，この流入角 β_2 に合わせる．動翼に流入した流れは，動翼を回転する仕事をし，転向されて，動翼から見て速度 V_3，角度 β_3 で流出する．動翼出口の速度三角形は右下図のようになり，実際の流速としては，速度 C_3，角度 α_3 で段から流出する．流出角度 α_3 をスワール角と言う．

ここでは，簡単のため，動翼入口から出口までは，軸方向流速 C_a を一定とする設計を行う．軸方向流速 C_a 一定，かつ，質量流量 $\rho C_a A$ 一定を保ったまま，タービン動翼では減圧して密度 ρ が下がるので，これに対応してタービン環状流路断面積 A が増えなければならないが，図 7.1（a）左図で，環状流路の内外周面が共に開いて断面積が広がっているのはこのためである．軸方向流速 C_a を一定として，圧縮機の場合の図 5.6 と同様に，動翼前後の速度三角形を重ねると図 7.1（b）のようになる．

単段のタービンの場合は，流入ガスに旋回成分が無く $\alpha_1=0$，$C_1=C_{a1}$ となるが，複数段のタービンで，各段で繰り返し同じ設計を行う場合には，$\alpha_1=\alpha_3$，$C_1=C_3$ となる．動翼の回転速度 U は回転半径に比例して大きくなるので，速度三角形も翼高さ方向に変化するが，軸流圧縮機の場合と同様に，まず，平均半径面での流れを考える．

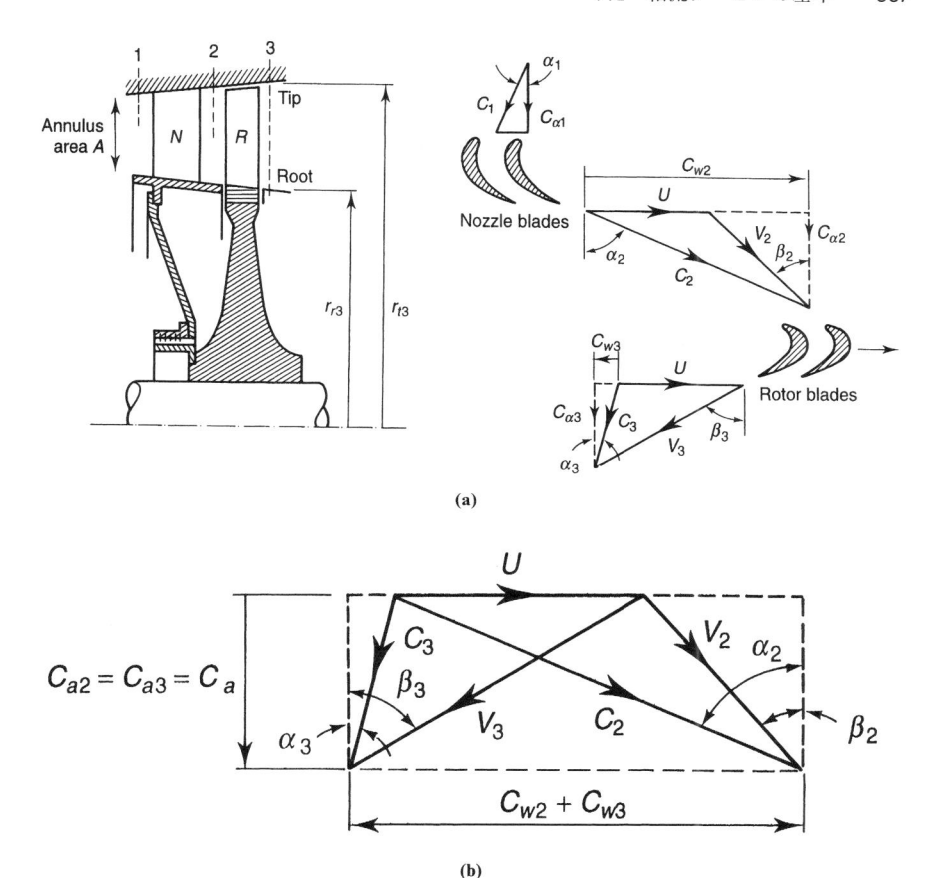

図 7.1 (a) 軸流タービン段と翼列の流れ (b) 速度三角形

図 7.1 (b) の速度三角形より,

$$\frac{U}{C_a} = \tan\alpha_2 - \tan\beta_2 = \tan\beta_3 - \tan\alpha_3 \tag{7.1}$$

となることが分かる．式 (5.3.1) と同様に，タービンで燃焼ガス流が動翼を回転する仕事 W_s は，単位質量流量あたり,

$$W_s = U(C_{w2} + C_{w3}) = UC_a(\tan\alpha_2 + \tan\alpha_3) \tag{7.1.1}$$

となる（式は圧縮機と同様であるが，図 5.4 の圧縮機の場合は，動翼が空気を押す向きと動翼回転の向きが同じで，動翼が空気を押す仕事をしているのに対し，

タービンは反対で，燃焼ガスが動翼を押す向きに動翼が回転し，燃焼ガスが動翼を押す仕事をしていることに注意する）．燃焼ガス流がなす仕事 W_s を，式 (7.1) を使って，動翼から見た流れの角度 β_2 と β_3 を用いて表すと，

$$W_s = UC_a(\tan \beta_2 + \tan \beta_3) \tag{7.2}$$

となる．また，タービンでは，式 (5.9) で示した有効仕事係数 λ を考える必要がない．これは，逆圧力勾配となる圧縮機の流れと違って，タービン内は加速流であるため，図 4.5 (b) に示すように境界層があまり発達せず，内外周面上の境界層の影響が小さいからである．

全温の変化は動翼のみで発生し，その減少量 ΔT_{0s} は，動翼で流れがなした仕事と $W_s = c_p \Delta T_{0s}$ の関係があるから，

$$c_p \Delta T_{0s} = UC_a(\tan \beta_2 + \tan \beta_3) \tag{7.3}$$

となる．また，段の入口と出口の流速が等しく $C_1 = C_3$ とすると，段前後の全温の変化量 ΔT_{0s} は静温の変化量 ΔT_s と等しい．タービンを通過する燃焼ガスの定圧比熱と比熱比は，式 (2.23.1) より，

$$c_p = 1148 \text{ J/kg/K}, \quad \gamma = 1.333, \quad \gamma/(\gamma-1) = 4 \tag{7.3.1}$$

で，気体定数を $R = 287$ J/kg/K とし，式 (7.3) に定圧比熱 c_p の値を代入して変形すると，

$$\Delta T_{0s} = 8.71 \left(\frac{U}{100}\right)\left(\frac{C_a}{100}\right)(\tan \beta_2 + \tan \beta_3) \tag{7.4}$$

となる．また，段の等エントロピ効率を η_s とすれば，式 (2.10) より $\eta_s = (T_{01} - T_{03})/(T_{01} - T'_{03})$ であり，式 (2.12) より，

$$\Delta T_{0s} = \eta_s T_{01} \left[1 - \left(\frac{1}{p_{01}/p_{03}}\right)^{(\gamma-1)/\gamma}\right] \tag{7.5}$$

が成り立つ．タービン出口の運動エネルギ $C_3^2/2$ については，後段があれば，その入口全温に反映されるし，後段がなくても，ターボジェット・エンジンであれば，推進ノズルで推力に変えて利用されたり，産業用でも，図 2.10 のように排気ディフューザをつければ，タービン出口静圧が下がって出力を増やしたりすることができる．ただし，そのまま大気に放出すれば無駄になる．そのことまで考慮すれば，理想的には，タービン出口の流速 C_3 が 0 になるまで動翼を回転する仕事をさせるのが，与えられた入口全温 T_{01}，入口全圧 p_{01} の燃焼ガスを出口静

圧 p_3 の状態まで膨張させる過程で考えうる最大のタービンの仕事量ということになるであろう．その時，タービン出口流速は0であるから，全温は静温に等しく $T'_{03}=T_3$ となる．その考えうる最大のタービン仕事を分母とした効率は，通常の全温を用いた等エントロピ効率 $\eta_s=(T_{01}-T_{03})/(T_{01}-T'_{03})$ の分母の全温 T'_{03} を静温 T_3 に置き換えたもの，すなわち，

$$\text{出口流速0の理想状態を分母とする効率} = \frac{T_{01}-T_{03}}{T_{01}-T'_3} \tag{7.5.1}$$

となる（式（2.13）と考え方は同じ）．仮にタービン出口流速 C_3 が0の場合を考えると，2つの効率の値は一致するが，出口流速 C_3 が大きくなるにつれ，式（7.5.1）の効率の方は出口の運動エネルギを損失と勘定するため η_s より小さくなる．また，出口流速 C_3 が0でない限り，摩擦による全圧損失が無い等エントロピ変化でも式（7.5.1）の効率は1とはならない．

圧縮機と同様に（式（5.40.3）付近参照），全温下降率 Ψ を $c_p \Delta T_{0S}/\frac{1}{2}U^2$ (temperature coefficient, 温度係数，もしくは翼負荷係数，圧縮機と同様な $c_p \Delta T_{0S}/U^2$ を使う場合もある), C_a/U を流量率 ϕ (flow coefficient) とする．全温下降率 Ψ は，式（7.3）より，

$$\Psi = \frac{2c_p \Delta T_{0S}}{U^2} = \frac{2C_a}{U}(\tan\beta_2 + \tan\beta_3) \tag{7.6}$$

と書ける．また，圧縮機と同様に（5.5節参照），段全体での加速・膨張に対する動翼での加速・膨張の割合の目安として，静温（もしくは静エンタルピ）の変化量より，反動度 Λ (degree of reaction) を，

$$\Lambda = \frac{T_2-T_3}{T_1-T_3} \tag{7.6.1}$$

と定義する．ここで，段の入口と出口で流速が同じ（$C_3=C_1$）とすれば，静温の変化量と全温の変化量は等しいので，分母に関連して，

$$c_p(T_1-T_3) = c_p(T_{01}-T_{03}) = UC_a(\tan\beta_2+\tan\beta_3) \tag{7.6.2}$$

と書ける．これは，燃焼ガスが動翼になす仕事量に等しい．このタービンの仕事を一定とすると，それを c_p で割った T_1-T_3 分だけ，入口より出口でガスの静温が下がる必要がある．これは，静翼での静温低下 T_1-T_2 と，動翼での静温低下 T_2-T_3 に分解できるが，動翼での静温低下 T_2-T_3 の割合がタービンでの反動

度 Λ になる．ここで，動翼においても，翼から見た流れを考える，すなわち，翼と一緒に速度 U で回転しながら見ると（速度 U で回転する座標系で考えると），翼は動いていないので仕事はしないため，そのようにして見た流れの入口と出口の全温は等しくなり，動翼でも静翼と同様に考えることができる．翼間流路で全温一定で静温が下がるということは，流れが加速し，減圧膨張することが必要で，流れの向きに垂直な流路の断面積が入口より出口の方が狭い縮小流路（ノズル）になっている必要がある．式（7.6.1）の分子について，動翼から見た流入・流出流の全温は同じはずだから，図7.1より，

$$
\begin{aligned}
c_p(T_2-T_3) &= \frac{1}{2}(V_3^2-V_2^2) \\
&= \frac{1}{2}C_a^2(1/\cos^2\beta_3-1/\cos^2\beta_2) \\
&= \frac{1}{2}C_a^2(\tan^2\beta_3-\tan^2\beta_2) \\
&= \frac{1}{2}C_a^2(\tan\beta_3+\tan\beta_2)(\tan\beta_3-\tan\beta_2)
\end{aligned}
\tag{7.6.3}
$$

となる．式（7.6.1-3）より，

$$\Lambda=\frac{C_a}{2U}(\tan\beta_3-\tan\beta_2) \tag{7.7}$$

が得られる（式（5.11）と同様）．式（7.6）と式（7.7）を，流量率 $\phi=C_a/U$ を用いて表すと，

$$\Psi=2\phi(\tan\beta_2+\tan\beta_3) \tag{7.8}$$

$$\Lambda=\frac{\phi}{2}(\tan\beta_3-\tan\beta_2) \tag{7.9}$$

となる．よって，動翼から見た空気の流入・流出角が，全温下降率 Ψ，反動度 Λ，流量率 ϕ を用いて，

$$\tan\beta_3=\frac{1}{2\phi}(\frac{1}{2}\Psi+2\Lambda) \tag{7.10}$$

$$\tan\beta_2=\frac{1}{2\phi}(\frac{1}{2}\Psi-2\Lambda) \tag{7.11}$$

と表せる．一方，動翼前後の空気流の実際の角度は，式（7.1）を用いて，

$$\tan\alpha_3=\tan\beta_3-\frac{1}{\phi} \tag{7.12}$$

$$\tan\alpha_2 = \tan\beta_2 + \frac{1}{\phi} \tag{7.13}$$

と表せる．ガスタービンで使うタービンでは，せいぜい圧力比が1：10のオーダであるのに対し，蒸気タービンでは亜臨界でも圧力比が1：1000を超すので，蒸気タービンの基準で言えば，ガスタービンは低圧力比の部類と言える．蒸気タービンの高圧部では，翼間流路での圧力変化が大きいため，動翼ではチップ部での漏れによる損失が大きく，$\Lambda=0$ の衝動型が採用されている場合がある．ガスタービンの場合には，そこまで差圧が大きくならず，圧縮機の場合と同様に，静翼と動翼の翼間流路で等しく加速・膨張を行う反動度 $\Lambda=0.5$ とするのが最も効率が良くなる場合が多い．平均半径において，反動度 $\Lambda=0.5$ とすると，式（7.9）より，

$$\frac{1}{\phi} = \tan\beta_3 - \tan\beta_2 \tag{7.14}$$

となり，式（7.1）と比較すると，

$$\beta_3 = \alpha_2, \quad \beta_2 = \alpha_3 \tag{7.15}$$

の関係が得られる．この時，図7.1（b）の動翼前後の速度三角形は左右対称になる．また，各段で繰り返し同じ設計を行う場合には，入口と出口の流速と角度が同じになるから，$C_1=C_3$，$\alpha_1=\alpha_3=\beta_2$ となり，動翼と静翼は対称となる．また，式（7.10）で反動度 $\Lambda=0.5$ とおくと，

$$\Psi = 4\phi\tan\beta_3 - 2 = 4\phi\tan\alpha_2 - 2 \tag{7.16}$$

が得られ，同様に，式（7.11）より，

$$\Psi = 4\phi\tan\beta_2 + 2 = 4\phi\tan\alpha_3 + 2 \tag{7.17}$$

となる．式（7.16）と式（7.17）に示す ϕ と Ψ の関係を，それぞれ，角度 α_2 と α_3 をパラメータとして図7.2に示す（直線3本ずつ）．この図7.2のマップより，所定の流量率 ϕ と全温下降率 Ψ で，反動度 $\Lambda=0.5$ の設計での，動静翼での空気の流入・流出角度が求められる．

　動静翼の翼形状は，それぞれを通過する空気の流入・流出角度に合わせて設計されるので，図7.2のマップより，所定の流量率 ϕ と全温下降率 Ψ での，およその翼形状が定まる．よって，別途行う翼列試験データを参照すれば，マップ上の各状態での段の全圧損失，および，対応する等エントロピ効率も求められる．

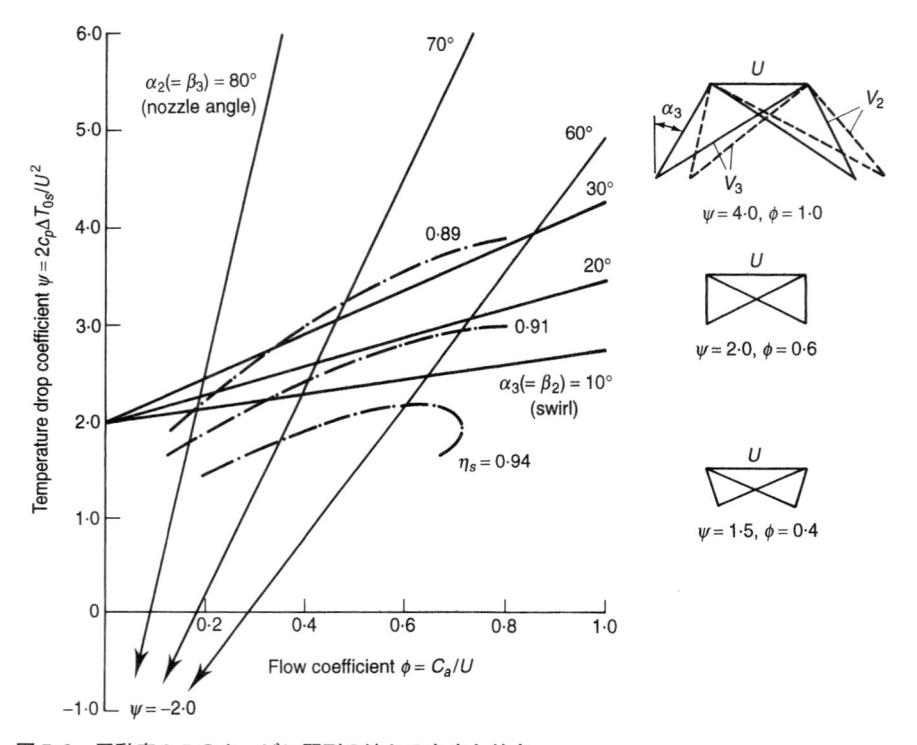

図7.2 反動度0.5のタービン翼列の流れの角度と効率

図7.2には，その結果を一点鎖線で示す．値については，文献 [1, 2] で用いられている値の平均値としたが，等エントロピ効率を計算するには，翼型の他，翼平面形のアスペクト比（翼高さ h／コード長 c），チップ・クリアランスなどが必要で，値の絶対値にはあまり意味がないが，大まかな傾向をつかむことは設計上も重要である．文献 [1] には，反動度0.5以外の場合についても記載されている．

図7.2の右図には，流量率 ϕ と全温下降率 Ψ の3つの組み合わせにおける速度三角形を比較したものを示す．ただし，動翼の回転速度 U はどれも同じである．（図7.1（b）より，動翼の回転速度 U を三角形の底辺と見れば，流量率 $\phi(=C_a/U)$ は，三角形の高さ C_a が底辺 U の何倍か，全温下降率 $\Psi=2(C_{w1}+C_{w2})/U$ の半分は，頂点の間隔 $C_{w1}+C_{w2}$ が底辺 U の何倍かを示して

いる）．流量率 ϕ や全温下降率 Ψ が小さい時は，動翼前後の流速 V_2，V_3 に相当する三角形の斜辺が相対的に短く，流速が遅いので損失も小さくなるが，段の全温下降率 Ψ が小さいと，タービンの段数が増える他，流量率 ϕ が小さいと流路断面積が大きくなる．産業用ガスタービンでは，大きさや重さよりも燃費が重要であるから，流量率 ϕ や全温下降率 Ψ が小さめの設計が理にかなっている．また，最終段では，出口流速 C_3 や出口スワール角 α_3 が小さい方が，排気ディフューザ（図 2.10）での損失を小さくできるので望ましい．一方，航空用では，重量や正面面積を小さくすることが重要なため，流量率 ϕ や全温下降率 Ψ を大きくする必要がある．どの程度の流量率 ϕ および全温下降率 Ψ にすべきかは，エンジンの重量や形状が航空機全体の設計に関連するため，最終的には航空機全体まで考えなければ分からないが，近年の航空エンジンのタービンの例では，全温下降率 Ψ が 3〜5，流量率 ϕ が 0.8〜1.0 となっている．また，航空用でも，出口スワール角 α_3 があると推進ノズル（図 3.8）内での損失増加につながるので，$\alpha_3 < 20°$ 程度に抑えることが望ましい．例えば，最終段の反動度 Λ を 0.5 より小さくして，図 7.2 右上図の速度三角形を破線のように変形すれば，全温下降率 Ψ を保ったまま負荷を下げず，出口スワール角 α_3 を小さくできる．

　図 7.3 は，Rolls Royce 社で実施された多数のタービン試験の結果に基づいて，図 7.2 の一点鎖線と同様に，流量率 ϕ と全温下降率 Ψ のマップ上で等エントロピ効率の等値線を示したスミス線図（Smith Chart）で，タービンの概略設計時にはとても有用なツールとなっている．図に示されている等エントロピ効率は，チップ・クリアランスが無い時のデータで，実際のエンジンでの効率は，これより若干低いと思われる．各種ガスタービンのタービン段の状態は，この線図上に幅広く分布している．例として図 3.24（b）に示すような高バイパス比ターボファン・エンジンを考えると，高圧タービンは 1 段，低圧タービンは 3 段程度になる．低圧タービンは，径の大きいファンに直結されていて，ファン外周端でのマッハ数に制約があることから高圧タービンに比べて回転数が小さい．一方，軸方向流速 C_a はタービン内でほぼ一定であるから，流量率 $\phi(=C_a/U)$ は，低圧タービンの方が高圧タービンより高くなり，スミス線図上では，高圧タービンの状態が図の A 付近であるのに対し，低圧タービンの状態は B 付近になる．

　タービン出口では旋回速度成分を小さくしなければならないことは既に述べた

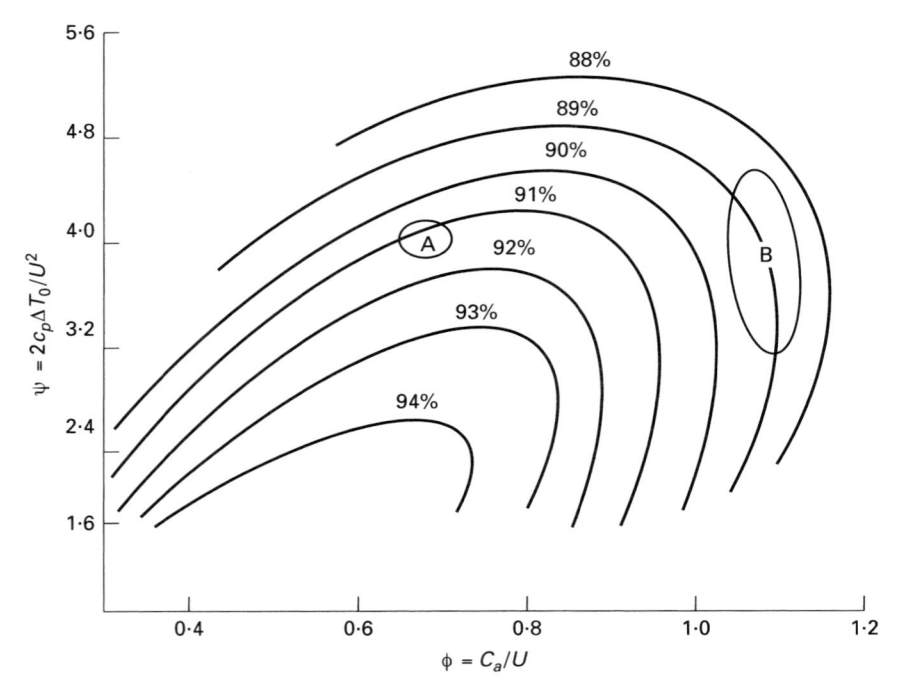

図7.3 スミス線図

が，図1.7のように2つのタービンが直列に並んでいて軸が別の場合，軸を反対向きに回転させるカウンタ・ローテーション（counter rotation）方式にすれば，上流側のタービン出口での旋回速度を，下流側のタービンで利用することができる．同方向の回転の場合には，上流側のタービン出口で旋回成分が大きいと，下流側タービン初段の静翼でそれを所定の向きに戻すのに大きな転向角が必要になり，損失が大きくなる．カウンタ・ローテーションであれば，下流側の静翼の転向角を小さくできる（静翼を省略出来る場合も考えられる）．カウンタ・ローテーションのタービンを採用した最初の例は，おそらく，図1.11（a）に示すPratt & Whitney Canada 社のPT-6エンジンで，カウンタ・ローテーション方式に高負荷の高圧タービンを組み合わせて，高圧タービンと低圧タービンを各1段だけで済ませている．新しい型のTrentターボファン・エンジンでも同様にカウンタ・ローテーション方式にして段数を削減している．図3.30に示す垂直

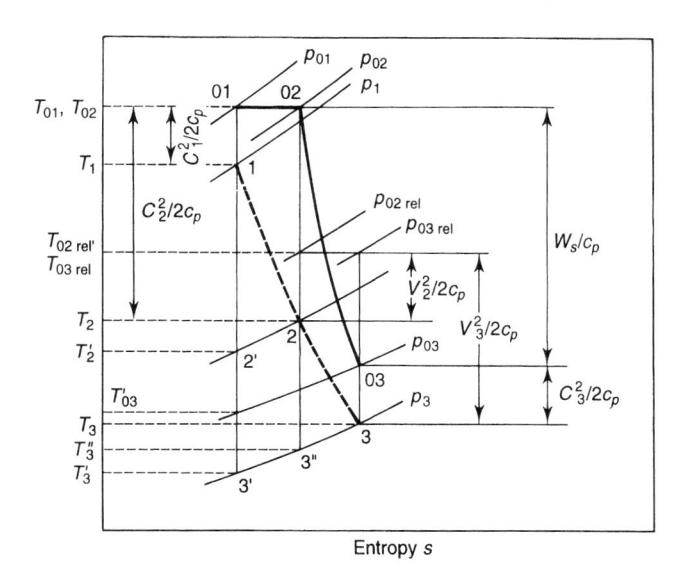

図7.4 タービン内の状態変化

離着陸機 Harrier 用エンジンの Pegasus もカウンタ・ローテーション方式を採用しているが，これには，また，別の理由がある．Harrier が空中停止している最中に横風が吹くと，機体が振れ回りを起こし，それによって回転要素に偶力がかかってしまう．通常の飛行状態であれば機体の姿勢制御によって対応できるが，機速が全く無い状態ではこれを防ぐことが難しい．回転要素がカウンタ・ローテーション方式であれば，反対向きに回転しているため，かかる偶力を打ち消し合う効果があり，なおかつ，高圧タービンの高負荷化も実現できるというメリットがある．

最後に，軸流タービンの平均半径位置での流れについて，例題をあげて説明するが，その計算に必要となる翼列での損失について説明しておく．図7.1と同様に，静翼 N（nozzle）の入口を 1，静翼出口・動翼 R（rotor）入口を 2，動翼出口を 3 とし，状態変化の $T-s$ 線図を図7.4に示す（図2.10右図と同様）．よどみ点量の変化（全温，全圧）を実線で，静温・静圧ベースの変化を破線で示している．$1 \to 2$ の静翼通過時の損失率について，

$$\lambda_N = \frac{T_2 - T'_2}{C_2^2/2c_p}, \quad Y_N = \frac{p_{01} - p_{02}}{p_{02} - p_2} \tag{7.18}$$

のように，温度を用いた λ_N と，圧力を用いた Y_N の2通りの損失率を定義する（添字の N は静翼 Nozzle を表す）．λ_N については，分母が静翼出口動温（＝全温－静温），分子は T_2 が静翼出口静温，T'_2 は，静翼入口静圧 p_1 から出口静圧 p_2 まで損失なく等エントロピ膨張したと仮定した場合の静翼出口静温で，T_2 より低い．Y_N は，式に示す通り，分子は静翼での全圧損失量，分母は静翼出口2の動圧である．また，静翼では，燃焼ガスは仕事をしないし，熱の出入りも無いので，損失の有無に関わらず全温一定 $T_{01} = T_{02}$ が成り立つ．

動翼出口の状態としては，実際の状態の3，静翼では実際の損失がある変化をし，動翼では等エントロピ変化したと仮定した場合の3″，静翼も動翼も等エントロピ変化したと仮定した場合の3′の3種類が考えられる．動翼では，流れは仕事をし，全温が下がることに伴って全圧も下がるため，全圧が仕事をしたことに伴って減少した分と，摩擦損失で減少した分の区別がつかない．そこで，式（7.6.3）と同様に，動翼から見た空気流の変化を考えると，動翼通過時の損失を静翼と同様に取り扱える．動翼から見た空気流の入口全温は $T_{02\mathrm{rel}} = T_2 + V_2^2/2c_p$，出口全温は $T_{03\mathrm{rel}} = T_3 + V_3^2/2c_p$ となり，式（7.6.3）で示したとおり $T_{02\mathrm{rel}} = T_{03\mathrm{rel}}$ となる（添字の rel は relative：相対の意味）．式（7.18）と同様に，動翼での損失率を，静温を用いて表すと，

$$\lambda_R = \frac{T_3 - T''_3}{V_3^2/2c_p} \tag{7.18.1}$$

と表せる（添字の R は Rotor の頭文字）．同様に，動翼から見た空気流の入口と出口の全圧を，式（2.8）の定義に基づき，$p_{02\mathrm{rel}} = p_2(T_{02\mathrm{rel}}/T_2)^{\gamma/(\gamma-1)}$，$p_{03\mathrm{rel}} = p_3(T_{03\mathrm{rel}}/T_3)^{\gamma/(\gamma-1)}$ と定義し，式（7.18）と同様に，動翼の全圧損失率を圧力を用いて表すと，

$$Y_R = \frac{p_{02\mathrm{rel}} - p_{03\mathrm{rel}}}{p_{03\mathrm{rel}} - p_3} \tag{7.18.2}$$

となる．

温度を用いて表した損失率 λ と圧力を用いて表した損失率 Y の関係について，静翼の場合を例にとって考える．圧力を用いて表した損失率 Y_N は，

$$Y_N = \frac{p_{01}-p_{02}}{p_{02}-p_2} = \frac{(p_{01}/p_{02})-1}{1-(p_2/p_{02})} \tag{7.18.3}$$

と書けるが，$T_{01}=T_{02}$，および，理想的な変化では全圧損失がないため $p'_{02}=p_{01}$ に注意すれば，式 (2.8) より，

$$\frac{p_{01}}{p_{02}} = \frac{p_{01}}{p_2} \cdot \frac{p_2}{p_{02}} = \frac{p'_{02}}{p_2} \cdot \frac{p_2}{p_{02}} = \left(\frac{T_{01}}{T'_2}\right)^{\gamma/(\gamma-1)} \left(\frac{T_2}{T_{02}}\right)^{\gamma/(\gamma-1)} = \left(\frac{T_2}{T'_2}\right)^{\gamma/(\gamma-1)} \tag{7.18.4}$$

が成り立つので，

$$Y_N = \frac{(T_2/T'_2)^{\gamma/(\gamma-1)}-1}{1-(T_2/T_{02})^{\gamma/(\gamma-1)}} = \frac{\left[1+\dfrac{T_2-T'_2}{T'_2}\right]^{\gamma/(\gamma-1)}-1}{1-\left[1-\dfrac{T_{02}-T_2}{T_{02}}\right]^{\gamma/(\gamma-1)}} \tag{7.18.5}$$

となる．ここで，分子と分母の括弧内の分数は1より十分小さいとし，テイラー展開して2次以上の微小項を消去すると，

$$Y_N \simeq \frac{T_2-T'_2}{T_{02}-T_2} \times \frac{T_{02}}{T'_2} = \lambda_N\left(\frac{T_{02}}{T'_2}\right) \simeq \lambda_N\left(\frac{T_{02}}{T_2}\right) \tag{7.19}$$

となる．また，式 (3.11) で示した通り，全温と静温の比は，流速のマッハ数を用いて，

$$\frac{T_{02}}{T_2} = 1 + \frac{\gamma-1}{2}M_2^2 \tag{7.19.1}$$

と表せる．ノズル出口でチョークし $M_2=1$ となったとしても，燃焼ガスの比熱比 $\gamma=4/3$ より全温は静温の 7/6 倍，すなわち，$\lambda_N=0.86\,Y_N$ となり，λ_N は Y_N より 14% 小さいだけで値は大きくは違わないことが分かる．以上は動翼についても同様である．λ や Y で表す損失率の予測については 7.4 節でも述べる．静翼と動翼での損失率 λ_N，λ_R と，段の等エントロピ効率 η_s の関係については，次のようになる．段の等エントロピ効率 η_s は，式 (2.10) より，

$$\eta_s = \frac{T_{01}-T_{03}}{T_{01}-T'_{03}} = \frac{T_{01}-T_{03}}{T_{01}-T_{03}+T_{03}-T'_{03}} = \frac{1}{1+(T_{03}-T'_{03})/(T_{01}-T_{03})} \tag{7.19.2}$$

と表せる．ここで，

$$T_{03}-T'_{03} \simeq T_3-T'_3 = (T_3-T''_3)+(T''_3-T'_3) \tag{7.19.3}$$

と近似する．また，$2' \to 3'$ と $2 \to 3''$ の状態変化は，どちらも，静圧 $p_2 \to p_3$ への等エントロピ膨張であるから，$T'_2/T'_3 = T_2/T''_3 = (p_2/p_3)^{(\gamma-1)/\gamma}$ が成り立つ．よって，$T''_3/T'_3 = T_2/T'_2$ となるので，これを利用すると，

$$\frac{T''_3-T'_3}{T'_3}=\frac{T_2-T'_2}{T'_2}, \quad T''_3-T'_3=(T_2-T'_2)\frac{T'_3}{T'_2}\simeq(T_2-T'_2)\frac{T_3}{T_2} \tag{7.19.4}$$

となる．これより，

$$\begin{aligned}\eta_s&\simeq\frac{1}{1+[(T_3-T''_3)+(T_3/T_2)(T_2-T'_2)]/(T_{01}-T_{03})}\\&\simeq\frac{1}{1+[\lambda_R(V_3^2/2c_p)+(T_3/T_2)\lambda_N(C_2^2/2c_p)]/(T_{01}-T_{03})}\end{aligned} \tag{7.20}$$

のように，段の等エントロピ効率 η_s を λ_N と λ_R で表せる．また，式 (7.3) および (7.1) より，

$$\begin{aligned}c_p(T_{01}-T_{03})&=UC_a(\tan\beta_3+\tan\beta_2)\\&=UC_a[\tan\beta_3+\tan\alpha_2-(U/C_a)]\end{aligned} \tag{7.20.1}$$

となり，図 7.1 (b) より，$V_3=C_a/\cos\beta_3$，および，$C_2=C_a/\cos\alpha_2$ に注意すれば，

$$\eta_s\simeq\frac{1}{1+\dfrac{1}{2}\dfrac{C_a}{U}\left[\dfrac{\lambda_R/\cos^2\beta_3+(T_3/T_2)\lambda_N/\cos^2\alpha_2}{\tan\beta_3+\tan\alpha_2-(U/C_a)}\right]} \tag{7.21}$$

と表すこともできる．λ と Y はそれほど大きく違わないので，λ の代わりに Y を用いてもよい．

次に示す例題では，静翼の損失率を $\lambda_N=0.05$，等エントロピ効率を $\eta_s=0.9$ とするが，その前提として，静翼列の翼間流路は，図 7.5 (b) に示すような C ノズルとし，ノズルの圧力比 p_{01}/p_2 が臨界圧力比 $[(\gamma+1)/2]^{\gamma/(\gamma-1)}$（比熱比 $\gamma=1.333$ の燃焼ガスなら 1.853）を超えない範囲と仮定している（3.2 節のノズルの項を参照）．ノズルの圧力比が臨界圧力比を超える場合には，図 7.5 (a) のような CD ノズルを採用することが考えられるが，ここでは，部分負荷などノズ

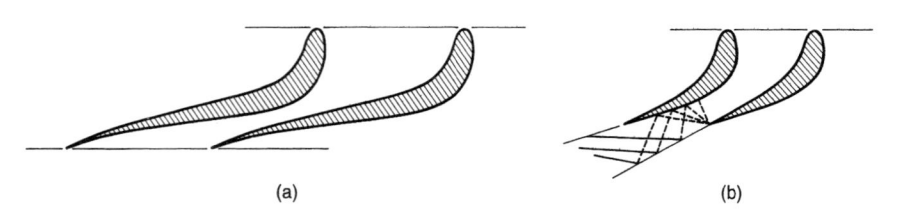

図 7.5 (a) CD ノズル (b) C ノズル

ルの圧力比が小さい場合に効率が悪くなることや，静翼出口流速 C_2 が大きいと動翼から見た流入速度 V_2 も大きくなり，動翼から見た流入マッハ数 M_{V2} が 0.75 を超えると動翼の翼間流路に衝撃波が発生して追加の損失が発生することなどから採用していない．また，ノズルの圧力比が臨界圧力比を超えても，ノズル出口マッハ数が $1<M_2<1.2$ 程度であれば，そのまま C ノズルを使っても損失の増加はほとんどない．その場合，ノズル出口付近の流れは図 7.5（b）に示すようになり，ノズルの最小断面積の所（スロート）でチョークして，そこがマッハ 1（流速＝音速）になり，それより下流では，図に示すようにプラントル・マイヤの膨張波が発生して，さらに加速し超音速になる．

軸流タービンの平均半径での設計の例題として，小型で安価な航空用ターボジェット・エンジンを考える．タービン段数は，可能なら 1 段ですませたい．エンジン全体のサイクル計算より，設計点でタービンの満たすべき条件が下記の通り与えられているとする．

質量流量 m	20 kg/s
等エントロピ効率 η_t	0.9
入口全温 T_{01}	1100 K
全温下降量 $\Delta T_{0s}(=T_{01}-T_{03})$	145 K
圧力比 p_{01}/p_{03}	1.873
入口全圧 p_{01}	4 bar

また，通常は，圧縮機の方が設計が難しいので，圧縮機の方から回転数も決まっていることが多い（ここが圧縮機とタービンの設計の接点で，一般論としては書いた通りだが，もう少し回転数を上げればタービンを 1 段に出来るといった場合には圧縮機の方の設計を見直すことも考えられなくはない）．また，動翼にかかる遠心応力の制約から，経験的に，ある程度，回転数の上限も決まってくる．これらを考慮し，

回転数 N	250 rev/s
動翼回転速度（平均半径位置）U_m	340 m/s

とする．また，すでに述べたように，(a) $C_{a2}=C_{a3}$，(b) $C_1=C_3$ とする．まず，最初にタービンを 1 段のみとして成立性を考えることにする．タービン入口では旋回成分が無く $\alpha_1=0$ とする．全温下降率 Ψ は，式 (7.6) より，

$$\Psi = \frac{2c_p \Delta T_{0s}}{U^2} = \frac{2 \times 1148 \times 145}{340^2} = 2.88 \tag{7.21.1}$$

となる.これは,値としてはそれほど大きくは無く,ターボジェット・エンジンでは軸方向流速 C_a が大きいので,この程度の全温下降率であれば,1段で十分に対応できる.流量比 ϕ については,とりあえず0.8として設計してみる.また,タービン出口での旋回成分はジェット・パイプ(図3.8)内での損失につながるので出口スワール角は $\alpha_3=0°$ とおく.この時,式(7.12)より,

$$\tan \beta_3 = \tan \alpha_3 + \frac{1}{\phi} = \frac{1}{0.8} = 1.25 \tag{7.21.2}$$

となり,反動度 Λ は,式(7.10)より,

$$\tan \beta_3 = \frac{1}{2\phi}\left(\frac{1}{2}\Psi + 2\Lambda\right)$$
$$1.25 = \frac{1}{2 \times 0.8}\left(\frac{1}{2} \times 2.88 + 2\Lambda\right) \tag{7.21.3}$$
$$\Lambda = 0.28$$

と求められる.タービンの反動度も,圧縮機の場合(図5.12-13)と同様に,内周(根元)から外周(チップ)に向けて単調に増加するので(7.2節参照),平均半径での反動度が0.28とすると,根元で反動度が小さくなりすぎる可能性がある.反動度が負の場合には,静翼での加速・膨張が過大で,動翼で翼間流路を広げて逆に減速・圧縮を行うことが必要になり,余分な損失を招くため,反動度が負になることは避けなければならない.出口のスワール角を $\alpha_3=10°$ としてやれば,

$$\tan \beta_3 = \tan \alpha_3 + \frac{1}{\phi} = \tan 10° + \frac{1}{0.8} = 1.426$$
$$1.426 = \frac{1}{2 \times 0.8}\left(\frac{1}{2} \times 2.88 + 2\Lambda\right) \tag{7.21.4}$$
$$\Lambda = 0.421$$

となり,平均半径の反動度としては許容範囲に入る.この時の根元部での反動度は7.2節で計算する.流れの角度については,それぞれ,

$$\alpha_3 = 10°, \quad \beta_3 = \tan^{-1} 1.426 = 54.96° \tag{7.21.5}$$

および,式(7.11)と(7.13)より,

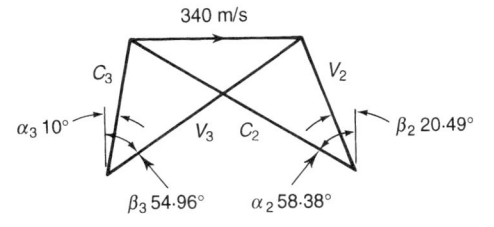

図 7.6 タービン動翼前後の速度三角形

$$\tan\beta_2 = \frac{1}{2\phi}\left(\frac{1}{2}\Psi - 2\Lambda\right) = \frac{1}{2\times 0.8}\left(\frac{1}{2}\times 2.88 - 2\times 0.421\right) = 0.3737$$

$$\tan\alpha_2 = \tan\beta_2 + \frac{1}{\phi} = 0.3737 + \frac{1}{0.8} = 1.624 \tag{7.21.6}$$

$$\beta_2 = 20.49°, \quad \alpha_2 = 58.38°$$

と求められる．これに基づき，動翼前後の速度三角形を作図すると，図 7.6 のようになる（今流量率 ϕ が 0.8 だから，三角形の高さは底辺 U の 0.8 倍，全温下降率 Ψ が 2.88 より，頂点の間隔は底辺の 1.44 倍になっている）．流速は，まず，静翼出口 2 では，

$$C_{a2} = U\phi = 340\times 0.8 = 272 \text{ m/s}$$

$$C_2 = \frac{C_{a2}}{\cos\alpha_2} = \frac{272}{\cos 58.38°} = 519 \text{ m/s} \tag{7.21.7}$$

と計算できる．これより，動温は，

$$T_{02} - T_2 = \frac{C_2^2}{2c_p} = \frac{519^2}{2\times 1148} = 117.3 \text{ K} \tag{7.21.8}$$

となり，全温は $T_{02} = T_{01} = 1100$ K より，$T_2 = 982.7$ K が求められる．静翼での温度ベースの損失率は $\lambda_N = 0.05$ としているので，静翼で全圧損失が無い等エントロピ膨張をするとした場合の静温 T'_2 は，

$$T_2 - T'_2 = \lambda_N \frac{C_2^2}{2c_p} = 0.05\times 117.3 = 5.9 \text{ K} \tag{7.21.9}$$

$$T'_2 = 982.7 - 5.9 = 976.8 \text{ K}$$

と計算できる．静翼でのノズル圧力比と出口静圧は，全温一定 $T_{02} = T_{01}$，および，静翼で等エントロピ変化したとすると $p_{02} = p_{01}$ となるので，

$$\frac{p_{01}}{p_2} = \left(\frac{T_{01}}{T'_2}\right)^{\gamma/(\gamma-1)} = \left(\frac{1100}{976.8}\right)^4 = 1.607$$

$$p_2 = \frac{4.0}{1.607} = 2.49 \text{ bar}$$

(7.21.10)

と求められる.これに対し,ノズルでの臨界圧力比は,

$$\frac{p_{01}}{p_c} = \left(\frac{\gamma+1}{2}\right)^{\gamma/(\gamma-1)} = 1.853 \qquad (7.21.11)$$

なので,今考えている静翼のノズル圧力比1.607は臨界値より十分低い(上記の臨界圧力比は損失を無視した値で,損失も考慮するとチョークする臨界圧力比は式(3.14)となって上記よりさらに少し高くなる).よって,3.2節で説明した通り,ノズルは出口でチョークせず,出口スロートの静圧は,式(7.21.10)で計算した静圧 p_2 と考えてよい.これらより,静翼出口2での密度は,

$$\rho_2 = \frac{p_2}{RT_2} = \frac{2.49 \times 10^5}{287 \times 982.7} = 0.883 \text{ kg/m}^3 \qquad (7.21.12)$$

と求められる.静翼出口2で軸方向に垂直な流路断面積 A_2 は,軸方向流速 C_{a2} と質量流量 m より,

$$A_2 = \frac{m}{\rho_2 C_{a2}} = \frac{20}{0.883 \times 272} = 0.0833 \text{ m}^2 \qquad (7.21.13)$$

と求められる.また,静翼出口スロート部で流れに垂直な方向の流路断面積の合計 A_{2N} は,

$$A_{2N} = \frac{m}{\rho_2 C_a} = \frac{20}{0.883 \times 519} = 0.0437 \text{ m}^2$$

or

$$A_{2N} = A_2 \cos\alpha_2 = 0.0833 \times 0.524 = 0.0437 \text{ m}^2$$

(7.21.14)

となる(図7.11で言えば,スロートの開度 o が A_{2N},ピッチ s が A_2 に相当).また,上記(a) $C_{a2}=C_{a3}$,(b) $C_1=C_3$ より,

$$C_{a1} = C_1 = C_3 = \frac{C_{a3}}{\cos\alpha_3} = \frac{272}{\cos 10°} = 276.4 \text{ m/s} \qquad (7.21.15)$$

となる.同様に静翼入口1での諸量を計算すると,

$$\frac{C_1^2}{2c_p} = \frac{276.4^2}{2 \times 1148} = 33.3 \text{ K}$$

$$T_1 = T_{01} - \frac{C_1^2}{2c_p} = 1100 - 33.3 = 1067 \text{ K}$$

7.1 軸流タービンの基本　403

$$p_1 = \frac{p_{01}}{(T_{01}/T_1)^{\gamma/(\gamma-1)}} = \frac{4.0}{(1100/1067)^4} = 3.54 \text{ bar} \tag{7.21.16}$$

$$\rho_1 = \frac{p_1}{RT_1} = \frac{3.54 \times 10^5}{287 \times 1067} = 1.155 \text{ kg/m}^3$$

$$A_1 = \frac{m}{\rho_1 C_{a1}} = \frac{20}{1.155 \times 276.4} = 0.0626 \text{ m}^2$$

となる．一方，初期条件より，段の全温低下量は $\Delta T_{0s} = 145$ K であるから，動翼出口 3 では，

$$T_{03} = T_{01} - \Delta T_{0s} = 1100 - 145 = 955 \text{ K}$$

$$T_3 = T_{03} - \frac{C_3^2}{2c_p} = 955 - 33.3 = 922 \text{ K} \tag{7.21.17}$$

となり，圧力比は $p_{01}/p_{03} = 1.873$ より，

$$p_{03} = \frac{p_{01}}{p_{01}/p_{03}} = \frac{4.0}{1.873}$$

$$p_3 = \frac{p_{03}}{(T_{03}/T_3)^{\gamma/(\gamma-1)}} = \frac{4.0/1.873}{(955/922)^4} = 1.856 \text{ bar} \tag{7.21.18}$$

$$\rho_3 = \frac{p_3}{RT_3} = \frac{1.856 \times 10^5}{287 \times 922} = 0.702 \text{ kg/m}^3$$

$$A_3 = \frac{m}{\rho_3 C_{a3}} = \frac{20}{0.702 \times 272} = 0.1047 \text{ m}^2$$

となる．また，平均半径 r_m（一定とする）は，軸の回転数 N と平均半径での回転速度 U_m と $U_m = 2\pi N r_m$ の関係があるから，

$$r_m = \frac{U_m}{2\pi N} = \frac{340}{2\pi \times 250} = 0.216 \text{ m} \tag{7.21.19}$$

と計算できる．翼高さを h（＝流路外周半径 r_t －流路内周半径 r_r）とすれば，式 (5.27.11) で示した通り $A = 2\pi r_m h$ であるから，

$$A = 2\pi r_m h = \frac{U_m h}{N} \tag{7.21.20}$$

より，

$$h = A\frac{N}{U_m} = A\left(\frac{250}{340}\right) \tag{7.21.21}$$

が成り立つ．また，$r_t = r_m + h/2$，および，$r_r = r_m - h/2$ に注意して，各位置でのタービンの環状流路の寸法をまとめると，

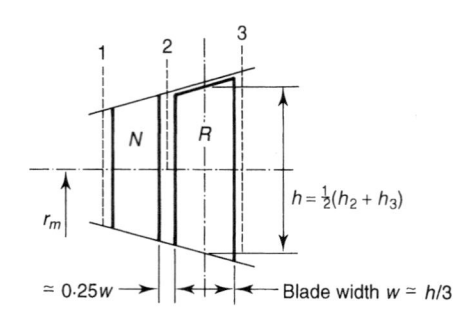

図 7.7 軸流タービンの環状流路形状

位置	1	2	3
A [m²]	0.0626	0.0833	0.1047
h [m]	0.046	0.0612	0.077
r_t/r_r	1.24	1.33	1.43

(7.21.22)

となる．タービン環状流路の内外径比 r_t/r_r（ハブ・チップ比 r_r/r_t の逆数）の影響については，後の節で述べるが，上記のような 1.2～1.4 程度の範囲内であれば問題ない．この比率が満足のいく値にならない場合には，上記の設計を再検討する必要がある．内外径比 r_t/r_r は，軸方向流速 C_a を増やす，すなわち，流量比 $\phi(=C_a/U)$ を上げることで下げることができるが，軸方向流速を増やすと静翼出口流速が上がり過ぎる恐れがある．ただし，今の例では，ノズル圧力比が十分低く，亜音速流になっているので，多少流速を上げる分には問題ない．

図 7.7 は，表 (7.21.22) で求めたタービンの環状流路寸法に基づいて形状を作図したものである．翼の軸方向の幅 w は，翼高さ h との比が $h/w=3.0$ 程度となるよう設定している．また，静翼と動翼の間隔は，動翼の軸方向の幅の 0.25 倍としている．この時，流路の開き角は約 29 度となるが，この開き角は少し大き過ぎ，動翼の内周側（図の下側）では，反動度が小さくて流れの加速度が十分でないと剥離の恐れがある．一般には，剥離しない安全な流路の開き角として 25 度以下が推奨されている（文献 [3]）．

ただし，この点については，上記 h/w の値や，静翼と動翼の間隔をどう与えるか次第であり，$h/w=3.0$ については，まだ精査して決められたものでなく，翼にかかる応力などによっても修正が必要になる．また，静翼と動翼の間隔が動

翼の幅の0.25倍というのも少し小さすぎる面がある．間隔が狭い方が，タービンの軸方向長さ短縮や重量の軽減につながるが，一方，静翼の後流（wake）が動翼を通過する際に動翼に誘起される振動応力は，静翼と動翼の間隔が狭くなるにつれて急増する．静翼と動翼の間隔が動翼の幅の0.2倍以上あれば安全とされているが，一般には0.5倍程度とする設計が多く，その程度まで増やせば，振動応力と流路の開き角を両方とも抑制できる．

タービン出口流速のマッハ数が高すぎると，ジェット・パイプ内での損失につながる恐れがあるが，今の例では，

$$M_3 = \frac{C_3}{\sqrt{\gamma R T_3}} = \frac{276.4}{\sqrt{1.333 \times 287 \times 922}} = 0.47 \tag{7.21.23}$$

となり1より十分小さいので問題ない．また，動翼前後の軸方向流速が異なる場合（$C_{a3} \neq C_{a2}$）には，式（7.8-13）の見直しが必要である．その際は，式（7.1）に立ち返って，

$$\frac{U}{C_{a2}} = \tan \alpha_2 - \tan \beta_2, \quad \frac{U}{C_{a3}} = \tan \beta_3 - \tan \alpha_3 \tag{7.21.24}$$

とし，同様な考察を行えば，式（7.8）の全温下降率 Ψ は，

$$\begin{aligned}\Psi &= \frac{2c_p \Delta T_{0s}}{U^2} = \frac{2U(C_{w2} + C_{w3})}{U^2} = \frac{2}{U}(C_{a2}\tan \alpha_2 + C_{a3}\tan \alpha_3) \\ &= \frac{2C_{a2}}{U}\left(\tan \beta_2 + \frac{C_{a3}}{C_{a2}}\tan \beta_3\right)\end{aligned} \tag{7.21.25}$$

となる．

最後に，これまで触れなかった動翼での損失率を計算する．λ_R の式（7.18.1）中の T''_3 については，図7.4で状態2から3″まで，損失無く静圧 p_2 から p_3 まで燃焼ガス（比熱比 $\gamma = 4/3$）が等エントロピ膨張することから $T''_3/T_2 = (p_3/p_2)^{(\gamma-1)/\gamma}$ より，

$$T''_3 = T_2 \left(\frac{p_3}{p_2}\right)^{(\gamma-1)/\gamma} = 982.7 \times \left(\frac{1.856}{2.49}\right)^{1/4} = 913 \text{ K} \tag{7.21.26}$$

と求まり，動翼から見た燃焼ガスの流出速度 V_3 と，対応する動温は，

$$\begin{aligned}V_3 &= \frac{C_{a3}}{\cos \beta_3} = \frac{272}{\cos 54.96°} = 473.5 \text{ m/s} \\ \frac{V_3^2}{2c_p} &= \frac{473.5^2}{2 \times 1148} = 97.8 \text{ K}\end{aligned} \tag{7.21.27}$$

と計算できる．これらより，動翼での温度ベースの損失率 λ_R は，

$$\lambda_R = \frac{T_3 - T''_3}{V_3^2/2c_p} = \frac{922 - 913}{97.8} = 0.092 \tag{7.21.28}$$

と求められる．または，式（7.20）で求めた近似式を用いると $\lambda_N=0.108$ となり，両者が大きくは違っていないことが確認できる．λ_R の方が $\lambda_N(=0.05)$ より大きくなったことに関しては，動翼の方がチップからの漏れによる渦の発生などにより損失が大きくなることに対応している．以降，

（ⅰ）流れの径方向への展開
（ⅱ）求めた流れに対応する翼形状の設定，遠心応力や流れによる曲げ応力の考察
（ⅲ）翼列試験結果に基づいて，設定した翼3次元形状での損失に関する考察

へと話を進める．

7.2 渦 理 論

前節では，平均半径での流れについて説明したが，すでに述べた通り，動翼の回転速度 U が半径に比例して増加するため，径方向に速度三角形が変化する．また，図7.8で説明するように，静翼出口では径方向に流速の分布ができる．これらに対応して，流れ角度に合わせて翼の角度を径方向（翼高さ方向）に変化させた，ねじれた3次元形状の翼の設計を行うことが考えられる（5.6節参照）．

一方，蒸気タービンでは，翼高さが非常に長くなる低圧部を除いては，平均半径での形状をそのまま根元からチップまですべての径方向位置で使い，結果として翼の迎え角が生じることによる追加の損失はないものとして設計するのが通例である．ガスタービンでも，チップと根元の半径の比が $r_t/r_r=1.37$ の単段のタービンにおいて，径方向に翼の角度を一定にした場合と，流れの角度に合わせて変えた場合を比較する試験（文献［4］）が行われ，翼の角度を径方向に変えたことによる効率向上の効果は試験誤差の範囲内でしかないことが分かった．一方，軸流圧縮機では，6段の圧縮機で同様の比較試験を行い，翼の角度を径方向に変えた方が性能が良いことが分かったが，効率向上の効果は限定的で（1.5%程度），主にサージの発生を遅らせることができるという面での性能改善効果があ

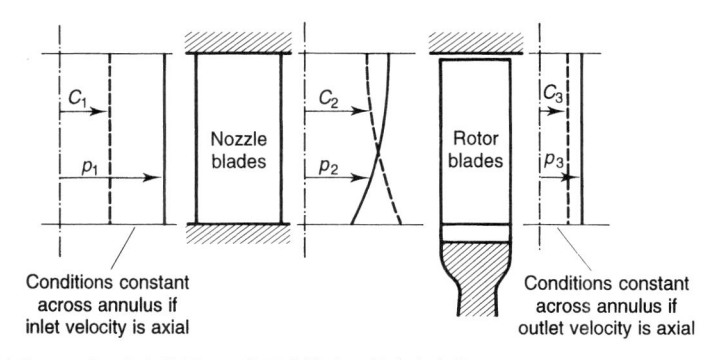

図7.8 軸流タービン段各位置での静圧と流速の径方向変化

った．ただし，タービンでは加速流でサージは起こらないためあまり関係ない．よって，蒸気タービンで，低圧の例外的な場合を除いて，翼の角度を径方向に変えた設計をしないのは，至極妥当なことと言える．また，膨大な数の翼を，径方向にねじれた3次元形状にするのに必要なコストの問題や，蒸気タービンのランキン・サイクルは要素の効率に影響されにくいという面もある．一方，ガスタービンの世界では，とにかく最高の要素効率を達成しようという機運が強いため，直感的に性能が良いと感じる3次元翼を採用して，例え少しであっても，性能を良くしようとするのもうなずける．

5.6節では，環状流路内の旋回流での径方向の力のつり合いから式 (5.13) が導出されたが，これによると，どの旋回流でも，旋回速度 C_w による遠心力につり合う圧力勾配 dp/dr が必要で，内周で静圧が低く，外周ほど静圧が高くなる．図7.8に示す静翼列を通過する流れも同様で，静翼出口2では流れが旋回しているため，図の p_2 の実線に示すような内周が低く外周が高い静圧の勾配が生じる．一方，全圧は径方向にあまり差が無いから，流速 C_2 は（軸方向成分 C_{a2} でないことに注意）静圧の低い内周側ほど大きくなる．また，全温一定より，静温 T_2 は p_2 と同様に流速の大きい内周側が低くなる．段入口の静温 T_1 と出口静温 T_3 は径方向に一定とすると，内周ほど静翼での静温低下 T_1-T_2 が大きく，動翼での静温低下 T_2-T_3 が小さいので，式 (7.6.1) で計算する反動度 Λ は，内周の方が小さくなることが分かる．

自由渦型の設計

5.6節で示した通り，
(a) 全エンタルピ h_0 が径方向に一定 ($dh_0/dr=0$)
(b) 軸方向流速が径方向に一定
(c) 旋回速度成分はその位置の半径に反比例

が満たせれば，流れの径方向の力のつり合いの式（5.13）が満たされる．この条件に基づいて流れの角度の設定を行うのが自由渦型の設計である（5.6節と同様）．静翼入口1では流れが径方向に一様とする．静翼では，仕事や熱の出入りが無く，全エンタルピに変化は無いため，静翼出口2では自動的に全エンタルピ h_0 は一定になる．また，条件（b）より $C_{a2}=$ 一定，（c）より，$C_{w2}×r=$ 一定とする（C_2 は図7.8のように変化する）．同様に，動翼出口3でも，条件（b）と（c）より，$C_{a3}=C_{a2}=$ 一定，$C_{w3}×r=$ 一定とする（この時，C_3 は図7.8とは違って一定でなく，C_2 と同様な分布になると思われる）．動翼で燃焼ガスがなす仕事 W_s に関して，各半径位置での動翼の回転速度 U は，角速度を ω（$=2\pi N$ 一定）とすると，$U=r\omega$ と書けるから，式（7.1.1）より，

$$W_s=U(C_{w2}+C_{w3})=\omega(C_{w2}r+C_{w3}r)=\text{constant} \tag{7.21.29}$$

となる．動翼入口2で全エンタルピ h_0 が一定で，動翼でなす仕事も一定であるから，動翼出口でも全エンタルピ h_0 は一定となる．これらの前提で設計を行えば，タービンのいたるところで上記の（a）～（c）の条件が満たされるので，径方向の力のつり合いは保たれる．また，燃焼ガスが動翼になす仕事は径方向に一定であるから，任意の半径位置での単位流量あたりの仕事量と全体の流量から，タービンから取り出せるトータルの仕事量が計算できる．

質量流量については，静翼出口2を例にとると，式（5.27.58）と同様に，

$$m=2\pi C_{a2}\int_{r_r}^{r_t}\rho_2 r dr \tag{7.22}$$

の積分によって求められる．密度の径方向分布を表す式を求めれば，解析的に質量流量を求められるが，通常は，内周から外周までを細かく分割して，計算機で数値積分して流量を求める．ただし，概念設計の段階では，平均半径での密度 ρ_m と流路断面積 A_2 より $m=\rho_m C_{a2}A_2$ としても差し支えない．以降，添字の m

は，平均半径位置での値を示す．

　静翼出口角度 α_2 に関しては，$C_{w2} \times r =$ 一定より，

$$C_{w2}\, r = rC_{a2}\tan\alpha_2 = \text{constant} \tag{7.22.1}$$
$$C_{a2} = \text{constant}$$

となることから，$r \times \tan\alpha_2$ が一定，すなわち $\tan\alpha_2$ は r に反比例するので，

$$\tan\alpha_2 = \left(\frac{r_m}{r}\right)_2 \tan\alpha_{2m} \tag{7.23}$$

が得られる（括弧の添字2は静翼出口2の意味）．同様に，動翼出口角度 α_3（スワール角）も，

$$\tan\alpha_3 = \left(\frac{r_m}{r}\right)_3 \tan\alpha_{3m} \tag{7.24}$$

となる．また，動翼から見た燃焼ガスの流入角度 β_2 は，式 (7.1) および，回転速度 U は半径 r に比例することより，

$$\tan\beta_2 = \tan\alpha_2 - \frac{U}{C_{a2}} = \left(\frac{r_m}{r}\right)_2 \tan\alpha_{2m} - \left(\frac{r}{r_m}\right)_2 \frac{U_m}{C_{a2}} \tag{7.25}$$

となり，流出角度 β_3 は，

$$\tan\beta_3 = \tan\alpha_3 + \frac{U}{C_{a3}} = \left(\frac{r_m}{r}\right)_3 \tan\alpha_{3m} + \left(\frac{r}{r_m}\right)_3 \frac{U_m}{C_{a3}} \tag{7.26}$$

となる．平均半径での流れの角度は，式 (7.21.5-6) より，

$$\alpha_{2m} = 58.38°,\ \beta_{2m} = 20.49°,\ \alpha_{3m} = 10°,\ \beta_{3m} = 54.96° \tag{7.26.1}$$

であることが分かっている．また，タービン流路の内外径は図7.7および表 (7.21.22) に示した通りであり，平均半径位置は，内周と外周のちょうど中間であることを念頭におけば，

$$\left(\frac{r_m}{r_r}\right)_2 = 1.164,\ \left(\frac{r_m}{r_t}\right)_2 = 0.877,\ \left(\frac{r_m}{r_r}\right)_3 = 1.217,\ \left(\frac{r_m}{r_t}\right)_3 = 0.849 \tag{7.26.2}$$

が求められる．また，平均半径位置では，

$$\frac{U_m}{C_{a2}} = \frac{U_m}{C_{a3}} = \frac{1}{\phi} = 1.25 \tag{7.26.3}$$

であった．これらから，内周（翼根元 Root）と外周（チップ Tip）での流れの角度を計算してまとめると，

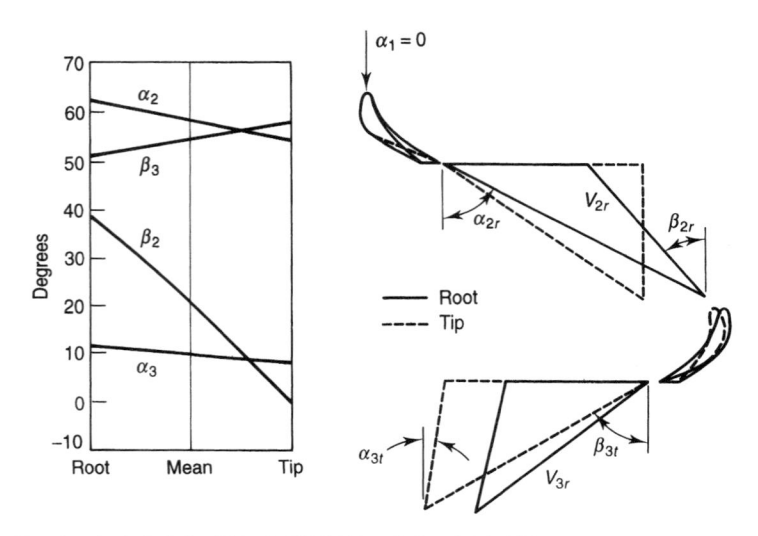

図7.9 流れ角の径方向変化(左)と動翼前後の速度三角形(右)

	α_2	β_2	α_3	β_3
Tip	54.93°	0°	8.52°	58.33°
Root	62.15°	39.32°	12.12°	51.13°

(7.26.4)

となる.径方向の流れの角度の変化,および,動翼出入口での翼根元とチップでの速度三角形を図7.9に示す.ここで,動翼からみた燃焼ガスの流入マッハ数 $M_{V2}=V_2/\sqrt{\gamma RT_2}$ が大きすぎないことと,根元での反動度が負にならないことを確認しておく必要がある.流入流速は,図7.1より $V_2=C_{a2}/\cos\beta_2$ となるが,図7.9より角度 β_2 は根元部で最大のため,V_2 も根元部で最大になる.また,静温 T_2 に関しては,図7.8で説明した通り,全温一定より,静圧 p_2 と同様に根元部で最小になる.このため,流入マッハ数 M_{V2} は根元部で最大になることが分かるが,根元部での流入マッハ数 M_{V2} を計算すると,

$$V_{2r}=C_{a2}/\cos\beta_{2r}=272/\cos 39.32°=352 \text{ m/s}$$
$$C_{2r}=C_{a2}/\cos\alpha_{2r}=272/\cos 62.15°=583 \text{ m/s}$$
$$T_{2r}=T_{02}-\frac{C_{2r}^2}{2c_p}=1100-\frac{583^2}{2\times 1148}=952 \text{ K}$$
$$(M_{V2})_r=\frac{V_{2r}}{\sqrt{\gamma RT_{2r}}}=\frac{352}{\sqrt{1.333\times 287\times 952}}=0.58$$

(7.26.5)

となり，1より小さい適度な値と言える．現状でこの程度のマッハ数ならば，場合によって，流量率 ϕ を上げて出口スワール角 α_3 を無くする設計も可能と考えられる．根元部の反動度に関しては，動翼から見た流入・流出速度が $V_2 = C_{a2}/\cos\beta_2$, $V_3 = C_{a3}/\cos\beta_3$ と与えられ，今，軸方向流速が等しいこと（$C_{a2} = C_{a3}$）と，図7.9より，根元でも β_3 は β_2 より大きいことから，$V_3 > V_2$ のように加速流となっており，式（7.6.3）より動翼前後で静温が下がること（$T_2 > T_3$）から，反動度は正と言える．

静翼角度一定の設計

5.6節の軸流圧縮機の設計でも示した通り，径方向の力のつり合いを保つ流れは他にも考えられる．静翼入口1では流れが一様で $\alpha_1 =$ 一定とし，静翼出口2での流れの角度 α_2 を考える．α_2 も径方向位置によらず一定であれば，静翼は径方向のねじれが無くなり製作が楽になる．元になる式として，式（5.15），

$$\frac{dh_0}{dr} = C_a \frac{dC_a}{dr} + C_w \frac{dC_w}{dr} + \frac{C_w^2}{r} \tag{7.26.6}$$

を用い，静翼出口2での流れを考える．静翼入口1では流れが一様で全エンタルピ h_0 は一定であり，静翼では仕事や熱の出入りが無いため，静翼出口2でも全エンタルピ h_0 は一定 $dh_0/dr = 0$ になる．また，静翼出口2での流れの角度 α_2 が一定とすれば，図7.1 (a) より，

$$\frac{C_{w2}}{C_{a2}} = \tan\alpha_2 = \text{constant}$$
$$\frac{dC_{a2}}{dr} = \frac{dC_{w2}}{dr} \cdot \frac{1}{\tan\alpha_2} \tag{7.26.7}$$

が成り立つ（角度 α_2 は r によらず一定）．これらより，式（7.26.6）は，

$$\frac{C_{w2}}{\tan^2\alpha_2}\frac{dC_{w2}}{dr} + C_{w2}\frac{dC_{w2}}{dr} + \frac{C_{w2}^2}{r} = 0$$
$$\left(1 + \frac{1}{\tan^2\alpha_2}\right)\frac{dC_{w2}}{dr} + \frac{C_{w2}}{r} = 0 \tag{7.27}$$
$$\frac{dC_{w2}}{C_{w2}} = -\sin^2\alpha_2 \frac{dr}{r}$$

と変形できる．最後の式を積分すると，

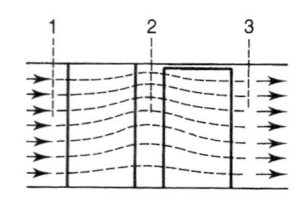

図7.10 径方向の密度変化による流線のうねり

$$C_{w2}r^{\sin^2 \alpha_2}=\text{constant} \tag{7.28}$$

となる．また，α_2 一定の場合には，$C_{a2}\propto C_{w2}$ であるから，

$$C_{a2}r^{\sin^2 \alpha_2}=\text{constant} \tag{7.29}$$

も成り立つ．ここで，静翼出口2での流れ角度 α_2 は，図7.1（a）の例に示すように，通常はかなり大きく，60度以上となる．このため，指数 $\sin^2 \alpha_2$ は1に近い数字になり，$\alpha_2=$ 一定，$C_{w2}\times r=$ 一定と近似して設計しても，径方向のつり合いは概ね保たれる．さらに，動翼出口で $C_{w3}\times r=$ 一定とすれば，式（7.21.29）で示す通り，燃焼ガスが動翼になす仕事量も径方向位置によらず一定になる．また，本節の初めに紹介した通り，外径と内径の比が小さいタービンでは，翼角度を径方向に変えても変えなくても性能に大きな差が出ないという事例があるので，上記の程度の近似であれば，それが原因で性能が急に悪くなるといったことは考えにくい．

その他の設計方法も考えられ，例えば，径方向の力のつり合いに加えて，ρC_a も径方向に一定にするというものがある．上記に示した方法や5.6節で説明した方法では，径方向の速度成分は無視しているが，実際には径方向速度は0にはならないため，そのままの設計では，流れが図7.10のようになってしまうようで，これには，静翼出口2で，図7.8で示した静圧と同様に，密度も径方向外側に行くほど増えることが影響している．ここで $\rho C_a=$ 一定の条件を課すと，実際の流れが設計で意図したものにより近くなり，翼の角度が実際の流れにより沿うようになるということであるが（詳細は文献［1］参照），上記の通り，タービン翼列では径方向に角度を調整しても効果があまり大きくないことを考えると，こういった修正は，練習問題の域を出ない可能性もある．

7.3 翼型・ピッチ・コード長の設定

これまで，タービン翼周りの流れを考えたが，ここからは，少ない損失で，その流れを実現するための翼形状の設定を行う．流れが翼列を通過する際に発生する摩擦損失としては次のものが考えられる（5.8 節，図 5.31 など参照）．

(a) 形状損失（profile loss）　翼面（背側・腹側）での摩擦により発生する境界層の成長に関連するもの．剥離した場合は，剥離渦による損失も含む（図 5.24 参照）．

(b) 環状流路損失（annulus loss）　タービン環状流路の内周面と外周面での摩擦により発生する境界層の成長に関連するもの（図 5.31 (a)）．

(c) 2 次流れ損失（secondary flow loss）　流路角部などで発生する 2 次流れによるもの．

(d) チップ・クリアランス損失　動翼チップ部から漏れ出た流れが外周面の境界層と干渉するなどして発生する損失．

(a) の形状損失係数 Y_p は，5.8 節（図 5.24）で説明した翼列試験で求められる．項目 (b) と (c) の損失は区分が難しいため，まとめて 2 次損失係数 Y_s で表す．項目 (d) のチップ・クリアランス損失は，通常，動翼だけで発生するもので，損失係数は Y_k で表す．

翼型の設定

図 7.11 左図に示すのは，蒸気タービンで使われるオーソドックスな翼型の 1 つで，背側面と腹側面の形状は，円弧と直線で作られている．ガスタービンのタービン翼も，最近まではこれと良く似た形の翼型を使っていた．圧縮機の翼型設定方法（図 5.27）に沿って説明するとして，まず，図 7.11 右図には，キャンバ線（中心線）に沿って与える T6 という翼厚み分布が示されている．この翼厚み分布は背側・腹側対称で，左にキャンバ線上の位置 x/L，右にその位置での翼厚み（片側分）y/L が数字で示されている．最大の厚み t はコード長 c の 0.10 倍になっている．前縁半径は最大厚み t の 12%，後縁半径は最大厚み t の 6% となっている．この厚みを 2 倍に拡大し，最大キャンバをコード長 c の 40% 程度として，所定の入口・出口角度をつけた放物線のキャンバ線にその厚みを付加す

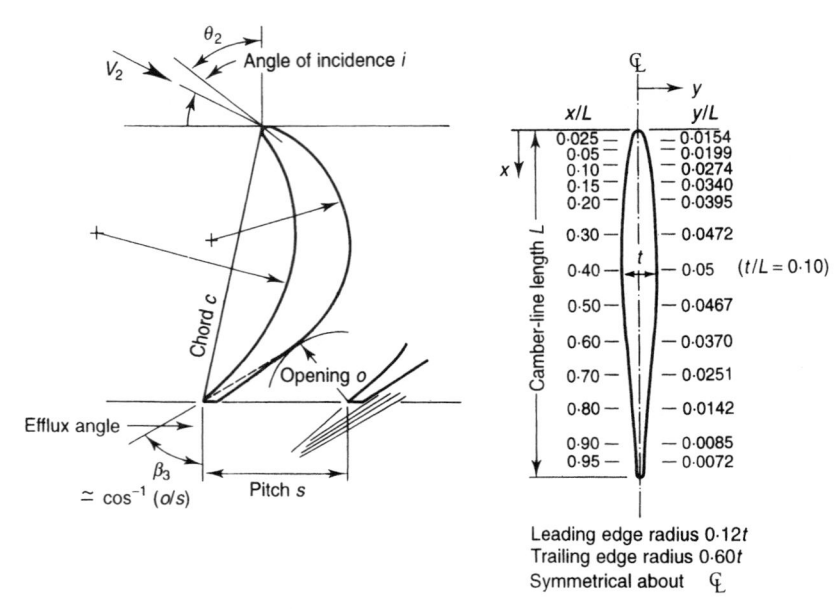

図7.11　オーソドックスな翼型（左図，蒸気タービン用）と翼厚み分布 T6（右図）

れば，ほぼ左の翼型となる．ただし，後縁は丸みがなく，直線状にカットされている．また，開度 o と書いてあるスロート部より下流の背側面は，ほとんど直線になっている．その他，英国式の例としては，RAF 27 や C7 などの翼厚み分布を，放物線や円弧のキャンバ線に加えた翼型などがオーソドックスなものとしてあげられる．

以下，翼列関連の角度の記号や定義に関しては，図5.23で説明した圧縮機翼列の例にならうとして，圧縮機翼列でも述べたとおり，翼の角度は必ずしも流れの角度と一致しないことに注意する．図 7.12 には，翼列試験の結果得られた，衝動型（反動度 $\Lambda=0$, $\beta_2\simeq\beta_3$）の翼型と，翼から見た流れが加速流となる反動度正の翼型の，迎え角 i と形状損失係数 Y_p の関係の典型例を示す．反動度正の翼型の場合には，迎え角 i が $-15°\sim+15°$ の範囲であれば，形状損失係数 Y_p はあまり変化していないが，この傾向は，その他の2次損失やチップ・クリアランス損失などの3次元的な損失を加えても，あまり変化しない．自由渦型の設計を用いる場合には，図 7.9 左図の β_2 に示す通り，動翼入口の流れ角度の径方向変

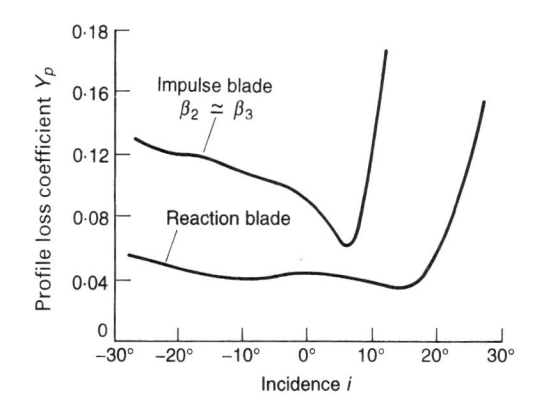

図 7.12 迎え角と形状損失係数の関係（衝動型 Impulse と反動度正 Reaction の翼型）

化が大きいが，動翼前縁角度としては，これと全く同じにはせず，根元部は少し小さめに $\beta_2-5°$，チップ部では少し大きめに $\beta_2+10°$ とすれば，損失を増やすことなく，径方向のねじれを緩和することが出来る．ただし，このような操作をする際には，部分負荷での流れの状態も考慮して，十分なマージンを取っておく必要がある．衝動型は，流れが加速しない分，迎え角の変化に弱く，また，加速による境界層成長の抑制効果も無いため，形状損失係数が大き目になっていると考えられる．

翼出口角度は，蒸気タービンの場合は，図 7.11 に示す通り，スロートの開度 o と後縁の間隔であるピッチ s から作る後縁角度 $\cos^{-1}(o/s)$ を，設定した流れの角度 β_3（動翼の場合）に合わせることによって設定する．これは，スロートから後は，流れが流路一杯に広がってまっすぐに流れ，偏差角 δ（5.8 節）は生じないとするものである．ただし，ガスタービンの運転条件で試験を行ってみると，燃焼ガスの流速が遅い場合には，必ずしも，流れの流出角度は後縁角度 $\cos^{-1}(o/s)$ に一致しないことが分かった．図 7.13 は，横軸に後縁角度 $\cos^{-1}(o/s)$，縦軸に流れの流出角度（動翼なら β_3，静翼なら α_2 に相当）を取ったもので，流れの流出角度の方が後縁角度より小さくなっていることが分かる．この図 7.13 に示す関係は，図 7.11 に示すようなオーソドックスな翼型で，スロートより下流の背側が直線になっており，翼から見た流出マッハ数が 0.5 より低い場合に適用できる．流出マッハ数が 1 の場合は，流れの流出角度はそのまま後縁角度

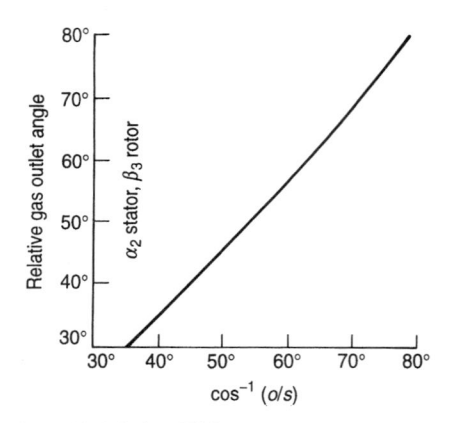

図7.13 翼出口角度と流れの流出角度の関係

$\cos^{-1}(o/s)$ に一致し，マッハ数が 0.5 と 1 の間での流出角度は，それらの線型補間で求められる．

一方，近年のタービンの翼型では，スロートより下流の背側が曲線になっていて，接線の向きが最大 12 度程度転向している．よって，スロートより下流では，流れの片側（背側面）だけに壁面があって，それがカーブして行き，もう片側は特に壁面が無く空いたままになっているが，その状態でも，流れは，その背側面がカーブする方向へと転向される．出口マッハ数 0.5 以下の場合に関して，Ainley and Mathieson [3] は，ピッチを s，スロートより下流の背側の曲率半径を e とすると，流れの流出角度 β_3 が，$4(s/e)$ だけ増えるとしている．また，出口マッハ数が 1 の場合は，流出角度は，$\cos^{-1}(o/s) + f(s/e)\sin^{-1}(o/s)$ で表され，関数 $f(s/e)$ は，

$$f(s/e) = \frac{0.0541(s/e)}{1 - 1.49(s/e) + 0.742(s/e)^2} \tag{7.29.1}$$

という近似式で表せる．マッハ数が 0.5 と 1 の間での流出角度は，先ほどと同様に，それらの線形補間で求める．また，Islam and Sjolander [6] は，これらの関係式で求めた値と近年のタービン翼列での流出角度を比較し，上記の関係式では流れの転向角を実際より低く見積もるとして，出口マッハ数 0.7 までに適用できる修正式を出している．

これらの検討を行う前に，翼型を決めるには，ピッチ s やコード長 c の設定が

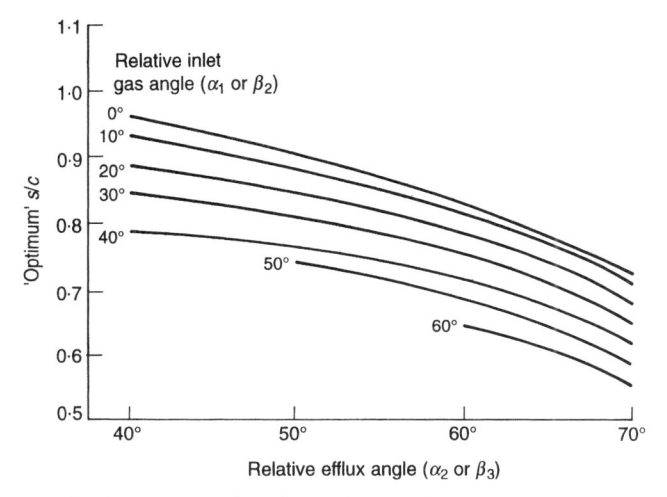

図 7.14　各流入・流出角における最適なピッチ／コード比

必要になるが，その設定に際しては，
(a) ピッチ／コード比 s/c による損失係数の変化
(b) アスペクト比 h/c（翼高さ h は決まっているので，コード長 c の妥当性）
(c) 動翼に作用する応力のコード長 c による変化
(d) 動翼列のピッチ s による，動翼のディスク取り付け部に作用する応力の変化

などを考慮しなければならない．以下，これら 4 つの項目を順に考える．

(a) ピッチ／コード比 s/c

翼列試験結果（図 7.20 など）から，形状損失が最低になるピッチ／コード比 s/c を流入・流出角ごとに示すと図 7.14 のようになる．図より，流れの転向角（静翼なら $\alpha_1+\alpha_2$，動翼なら $\beta_2+\beta_3$）が大きいほど，より適切に流れを誘導しなければならないため，ピッチ／コード比 s/c を小さくする（翼の枚数を増やしてピッチ s を減らす）必要があることが分かる．ただし，ここで考慮しているのは形状損失だけなので，s/c の真の最適値を求めるには，損失全体を考慮しなければならない．それには，s/c 以外は同じで s/c だけを変えた場合の段全体での性能を詳細に見る必要があるが，実際には，他のパラメータと比べれば s/c の影響はそれほど大きい方ではない．

今考えている例では，平均半径での流れの角度は，図 7.6 に示したとおり，
$$\alpha_{1m}=0°, \quad \alpha_{2m}=58.38°, \quad \beta_{2m}=20.49°, \quad \beta_{3m}=54.96° \tag{7.29.2}$$
であるから，図 7.14 より，平均半径で形状損失が最低になるピッチ／コード比 s/c は，静翼 N と動翼 R で，それぞれ，
$$(s/c)_N=0.86, \quad (s/c)_R=0.83 \tag{7.29.3}$$
となることが分かる．

(b) アスペクト比 h/c

翼平面形の縦横比（アスペクト比 h/c）の影響については，まだよく分かっていないことが多くあるが，ここで言えることとしては，アスペクト比が小さすぎると，2 次流れやチップ・クリアランス損失の影響が大きくなるということがあげられる．一方，アスペクト比が大きすぎて縦長になると，翼の振動が問題になるが，振動特性については，翼のディスクへの取り付け方にもより，予測が難しい．アスペクト比が大きく，径方向に長い翼では，チップにシュラウドをつけてケーシング側に彫った溝に沿って回転させるタイプ（図 7.21 右図，図 8.27 左図）にすれば，ディスクの片持ちの振動モードを抑制できる（チップ・クリアランス損失の抑制にも有効）．通常は，アスペクト比 h/c は 3～4 程度が妥当である．今，考えているタービンの例では，図 7.7 に示すように流路が開いていっているので，静翼 N と動翼 R，それぞれ中間の翼高さを求めると，表 (7.21.22) より，
$$\begin{aligned} h_N &= \frac{1}{2}(0.046+0.0612)=0.0536 \text{ m} \\ h_R &= \frac{1}{2}(0.0612+0.077)=0.0691 \text{ m} \end{aligned} \tag{7.29.4}$$
となり，アスペクト比 h/c を 3 とすれば，静翼と動翼のコード長が，それぞれ，
$$c_N=0.0175 \text{ m}, \quad c_R=0.023 \text{ m} \tag{7.29.5}$$
と求められる．また，式 (7.29.3) を用いれば，平均半径位置でのピッチが，
$$s_N=0.01506 \text{ m}, \quad s_R=0.0191 \text{ m} \tag{7.29.6}$$
と求められる．平均半径は式 (7.21.19) より $r_m=0.216$ m で，全周の長さ $2\pi r_m$ をピッチ s で割れば，翼の枚数が得られる．

$$n_N = 90, \quad n_R = 71 \tag{7.29.7}$$

翼の枚数については，前にも述べたとおり，振動時の共振を避けるため，隣り合う翼列の翼の枚数は，なるべく同じ数の倍数とならないようにする．また，通例として，静翼を偶数枚，動翼を奇数枚とするが，上記の枚数なら問題はなく，修正の必要はない．

(c) 動翼に作用する応力

詳細な動翼の応力解析は第8章で行うが，ここでは概略設計に必要な最低限の検討を行う．動翼に作用する主な応力には，

(i) 翼自身にかかる遠心力による引っ張り応力

値は最大だが，時間変化せず一定であるため，これが常に最重要とは限らない．

(ii) 燃焼ガス流による曲げ応力

静翼の後流を動翼が通過する時に変動する．

(iii) 翼断面の重心を結ぶ線の径方向からのずれにより生じる遠心力による曲げ応力

の3つがある（(iii) は小さく無視できる）．

まず，(i) の遠心力による引っ張り応力を考える．動翼を径方向に分割して，各要素に作用する遠心力の合計から，根元にかかる応力を計算する．半径位置 r で径方向に幅 dr の要素を考えると，そこでの断面積を a とすれば，体積は $a\,dr$，動翼材料の密度を ρ_b とすれば，質量は $m = \rho_b a\,dr$，動翼の回転角速度を ω [rad/s] とすれば，要素に作用する遠心力は $m r \omega^2 = \rho_b a\,dr\,r\omega^2$ と書ける．この遠心力の動翼全体での合計が根元に作用するので，動翼の根元での面積を a_r とすると，根元にかかる応力は，

$$(\sigma_{ct})_{\max} = \frac{\rho_b \omega^2}{a_r} \int_{r_r}^{r_t} a\,r\,dr \tag{7.29.8}$$

となる．根元からチップまでの $a \times r$ の積分値は，翼の立体的な形状から数値的に求められるが，ここでは，最も簡単な場合を考え，動翼の断面積が径方向に変化しない（$a = a_r = $一定）として積分すると，右辺は $\rho_b \omega^2 (r_t^2 - r_r^2)/2$ となる．ここで，$\omega = 2\pi N$（N：回転数），タービン環状流路の断面積（回転軸に垂直な方向

の断面積）$A=\pi(r_t^2-r_r^2)$ を用いると，

$$(\sigma_{ct})_{\max}=2\pi N^2\rho_b A \tag{7.29.9}$$

と書ける．実際には，タービン動翼は，根元よりチップの方の翼型の方がコード長・厚み共に小さくなっていて，面積で言えば，チップは根元の1/4～1/3程度であることが多い．これを考慮して，積分値を上記の2/3（安全側に見た値）と見積もり，

$$(\sigma_{ct})_{\max}=\frac{4}{3}\pi N^2\rho_b A \tag{7.30}$$

とする．このように，動翼自身の遠心力によって根元にかかる引っ張り応力は，回転数 N，材料の密度 ρ_b に加えて，タービン環状流路の断面積 A によって決まることが分かる．動翼での環状流路断面積は，入口と出口の値が表（7.21.22）に与えられており，流路が広がっているので真ん中をとって，

$$A=\frac{1}{2}(A_2+A_3)=\frac{1}{2}(0.0833+0.1047)=0.094\text{ m}^2 \tag{7.30.1}$$

とする．また，回転数は，最初に与えたとおり $N=250$ rev/s である．また，タービンの材料として Ni-Cr-Co 合金を仮定し，密度を 8000 kg/m³（比重8）とすれば，応力は，

$$(\sigma_{ct})_{\max}\simeq 200\text{ MN/m}^2\text{ (2000 bar)} \tag{7.30.2}$$

と求められる．この応力が許容範囲内かどうかについては，その他の応力についても検討してから考える．

(d) 動翼列のピッチ s がディスク取り付け部に与える影響

動翼列のピッチ s については，ピッチ／コード比 s/c や平面形のアスペクト比 h/c から決められたが，動翼をディスクに取り付ける際に十分な間隔が確保できることを確認しなければならない．動翼とディスクを一体で鍛造材から削り出したり，または，一体で鋳造したり，ディスクに動翼を溶接したり出来るのは小型のタービンに限られ，通常は，図 7.15 のように，動翼根元部をクリスマスのもみの木（fir tree）状にし，ディスクには対応するぎざぎざの溝（serration）を掘って動翼を軸方向にはめ込み，後は軸方向にも動かないように固定する．タービンが回転している時には，翼根元の fir tree 構造が，ディスクのぎざぎざに遠

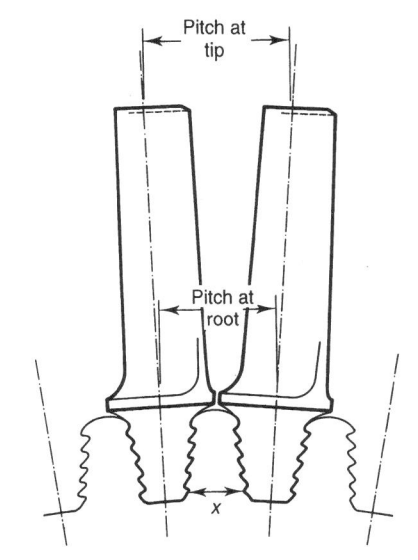

図7.15 翼のディスクへの取り付け部

心力で押し付けられてしっかり固定されるが，fir tree 構造が多少動ける余裕を持たせておくと，翼の振動が起こった際に，振動を減衰させる効果がある．設計時には，ディスクのぎざぎざ1つ1つにかかる応力を考慮する必要がある．また，製作上の公差も極めて重要で，加工精度が悪いと，ディスクのぎざぎざの内，翼の fir tree に当たる面と当たらない面が出来て，当たる部分だけに応力が集中することになる．設計や加工精度が悪いと，場合によって，ディスクのぎざぎざを削り出した後の突起の根元面（図7.15 の x で示したところ）などで破断する可能性がある．翼取り付け部やディスクのはめ込みに作用する応力が許容範囲に入っていればよいが，これについては，翼全体の形状が設定できれば，重さや生じる遠心力も決まるので計算できる．

翼型やピッチ／コード比の解析的な設定方法

タービンの段あたりの負荷があまり高くない場合には，これまで述べてきたような翼列試験結果に基づいた設計方法で設計出来るが，先進的な航空エンジンなどでは，かなり負荷が高い（全温下降率 Ψ や流量率 ϕ が高い）冷却タービンの

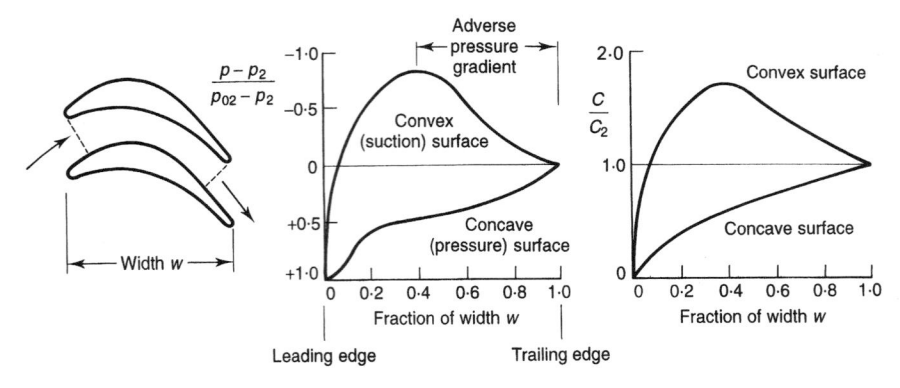

図 7.16 タービン翼列の翼面上の静圧分布と速度分布

採用を余儀なくされており,そのようなタービンの設計の際には,翼列試験が行われていない条件での設計データを,既存のデータからの外挿によって推定しなければならないケースが増えてきている.また,そのような条件での運転では,翼型の微修正が大きな変化を起こす場合がある.例えば,キャンバ最大の位置を,コード長の40%の位置から37%の位置に動かしただけで,損失が大きく変化するケースもあり,特に,部分負荷など,設計点以外の条件ではそのようなことが起こりやすい.これらの対策として,難儀な翼列試験を相当回数こなしていくというよりも,解析的な性能予測手法を確立して,試験でその方法の妥当性を確認し,その方法を使って設計していくことが求められる.

　計算機の進歩によって,径方向も含めた3次元圧縮性流れの解析が可能になった.方法としては,まず,粘性を無視したポテンシャル流れを解くことによって,翼間流路の境界層以外の主流の流れを求め,それに基づき,境界層理論を用いて,形状損失係数を予測する.課題としては,凸面形状の背側に沿う境界層の層流から乱流への遷移点の予測や,後縁からの後流の取り扱いなどがある(文献[1]参照).このような流れ解析により,図7.16に示すような,オーソドックスなタイプの翼列の翼面上での静圧と流速分布が求められる.グラフは,左が静圧分布,右が流速分布で,翼列出口を添字の2としている.横軸が幅wで無次元化した軸方向位置で,それぞれ,翼間流路の背側と腹側の面上での値を示す2つの曲線が書いてある.静圧のグラフの縦軸は上が負になっていることに注意して

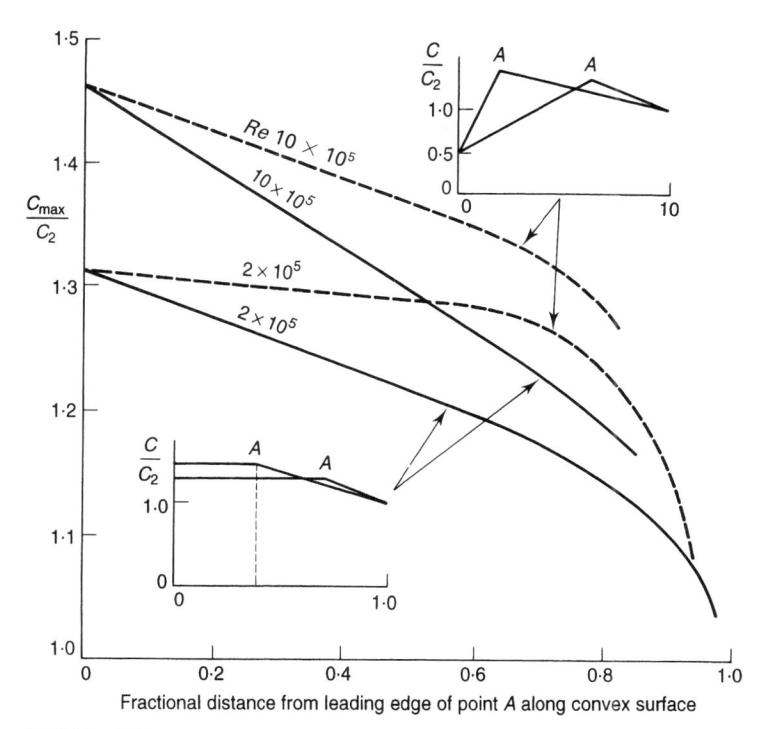

図7.17 翼背側の剥離限界

見ると，腹側の方が背側より静圧が高いことが分かる．流れで問題になるのは，背側面の下流側半分で，ここでは，下流に流れるに従って圧力が上がって速度が落ちる逆圧力勾配の減速流になっており，逆圧力勾配の程度が大きいと，流れが剥離して後流が大きくなり，形状損失係数が急増する．高負荷のタービン翼では，背側が強い負圧になるため，背側がどの程度の静圧・速度分布であれば境界層が剥離しないかの限界が分かっていることが望ましい．これについて，Smith [7] は 1 つの指針を示した上で，その他 6 個の剥離の条件の比較も行っている（ただし，境界層はすべて乱流とし，遷移については触れていない）．Smith [7] は，最も保守的な剥離限界と言われる Stanford の条件に基づき，剥離の条件を，翼背側の速度分布を用いて図 7.17 のように示した．速度分布としては，図中の左下図のように，速度が最初一定値で途中の点 A から下降に転じるタイプと，

右上のような，前縁で $C/C_2=0.5$（C_2 は出口流速）からスタートして点 A まで加速し，そこから後縁までは減速するタイプの 2 通りを考えている（図 7.16 の例はどちらかと言えば後者に近い）．各々について，速度が変化する点 A の位置を横軸に，速度の最大値 C_{max}/C_2 を縦軸にとって，剥離限界線を実線と破線で示しており，限界線より下側であれば剥離しないとしている．また，図では，2 つのレイノルズ数の条件での限界線が示されており，レイノルズ数が高い方が剥離しにくいことが分かる．翼型のキャンバ線を多少変更しても，流れを計算してこのグラフを用いれば，性能の変化が予測でき，限界線より下の範囲内であれば，設計変更が可能であることが分かる．

これに対して，所定の流速分布から，逆にそれを実現する翼型を求める逆解法も注目されている．設計条件から，損失最小の理想の流速分布を設定する方法についてはまだ確立されていないが，境界層の剥離や衝撃波の発生が起こらない形状の設定は十分可能である．究極的には，翼型を計算するプログラムの中に，翼型の面積や断面係数などの応力に関わる制約条件や，後縁の厚みの最小値などの製作上の制約条件も組み入れることが望ましいとされている．これらの逆解法で得られた翼型の候補は，形状損失を評価した上で，最終形状へと絞り込むことになる．この解法の主な手順を示した分かりやすいまとめが Horlock［1］に掲載されている．この解法についてより深く知るには，空気力学や乱流境界層などの基礎知識が重要になってくるが，ここでは，Horlock が解説している Stanitz による方法を簡単に示すことにする．

対象として，図 7.18 に示すような 2 次元の翼列流れを考える．粘性損失の無い等エントロピ流れを仮定すると，境界層が無いため，流れは壁面に沿って流れる．初めに与える条件は図 7.18（a）に示す通りで，それから図 7.18（b）に示すような翼型を設計する．初めに与える条件（図 7.18（a））を整理すると，

(a) 入口の全温 T_{01}，全圧 p_{01}，流速 C_1，流入角 α_1，および，出口の流速 C_2 と流出角 α_2（出口の全温と全圧は入口と同じ）．

(b) 翼面上の流速分布．具体的には，軸方向の相対位置 x（$x=0〜1$，前縁が $x=0$，後縁が $x=1$）における，腹側面上（pressure side）の流速 $C_p(x)$，背側面上（suction side）の流速 $C_s(x)$．ただし，これらは流速の絶対値であって，向きは分かっていない．流れの向きは翼面の接線方向と一致するの

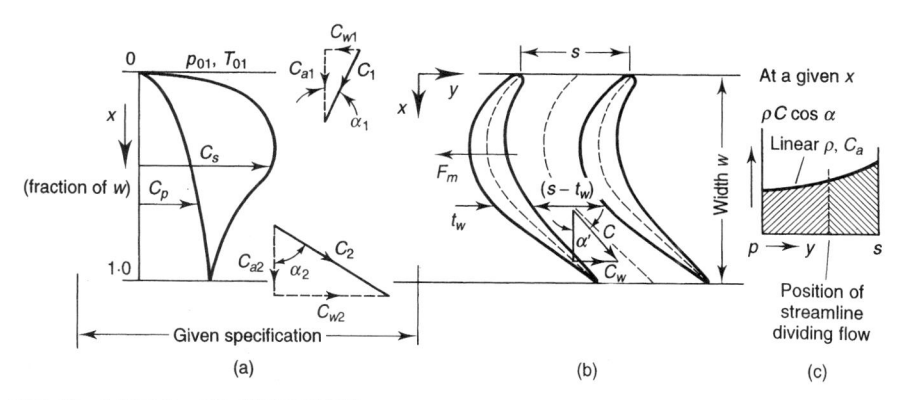

7.3 翼型・ピッチ・コード長の設定　425

図 7.18 2 次元タービン翼列の逆解法

で，むしろ，その向きを求めれば，翼面形状が定まってくる．
となる．また，全圧損失がなく，等エントロピ変化するので，各場所で，

$$T_0 = T + C^2/2c_p; \quad p_0/p = (T_0/T)^{\gamma/(\gamma-1)}; \quad \rho_0/\rho = (p_0/p)^{1/\gamma} \qquad (7.30.3)$$

が成り立ち，全温 T_0 と全圧 p_0 は場所によらず一定値である．

手順としては，いくつかのステップがあって，まず，ステップ1で荒い近似を行いながら1次の解（翼型形状）を出す．次のステップ2では，その1次の解をベースに再計算を行って，より精度の高い2次の解（翼型形状）を出す．必要に応じて，微修正を行い，より実際に近い翼型へと仕上げる．

ステップ1

(1)［準備］入口の密度 ρ_1 と出口の密度 ρ_2 を式 (7.30.3) を使って計算する．
ここで，質量流量 m は，ピッチを s とし，径方向（図 7.18 (b)）で紙面に垂直な方向）に単位長さの幅で考えると，入口では $m = \rho_1 s C_{a1} = \rho_1 s C_1 \cos \alpha_1$，出口では，$m = \rho_2 s C_{a2} = \rho_2 s C_2 \cos \alpha_2$ となる．よって，上記の条件 (a) の設定に際して，

$$m = \rho_1 s C_1 \cos \alpha_1 = \rho_2 s C_2 \cos \alpha_2 \qquad (7.30.4)$$

が満たされていなければならない．

(2) 全温 T_0 と全圧 p_0 一定に注意して，式 (7.30.3) を使って，背側と腹側の

翼面上の流速分布 $C_s(x)$ と $C_p(x)$ から，それぞれ，静圧分布 $p_s(x)$ と $p_p(x)$ を求める．

(3) 翼の背側と腹側の差圧によって翼（1枚）にかかる力 F_m（径方向に単位幅）を求める．具体的には $p_p(x)-p_s(x)$ を x 方向に積分すればよいが，今，差圧 $p_p(x)-p_s(x)$ の $x=0\sim1$ での平均値を Δp_m とおくと，F_m は，差圧 Δp_m に x 方向の翼の幅 w をかけたものに等しくなる（$F_m=\Delta p_m\times w$）．

(4) 翼間流路の入口から出口までの検査体積を考えると，式（5.31）と同様に，上記（3）で求めた力の大きさ F_m（翼が流れに押される力の大きさ＝翼が流れを押す力の大きさ）は，検査体積を通過する空気の旋回方向の運動量変化 $m(C_{w1}+C_{w2})$ に等しいから，

$$\Delta p_m \times w = m(C_{w1}+C_{w2}) = \rho_1 s\, C_1 \cos\alpha_1(C_1 \sin\alpha_1 + C_2 \sin\alpha_2)$$
$$\frac{s}{w} = \frac{\Delta p_m}{\rho_1 C_1 \cos\alpha_1(C_1 \sin\alpha_1 + C_2 \sin\alpha_2)} \tag{7.30.5}$$

が得られる．この式より，ピッチ s が求められる．

(5) ここで，(3) と (4) で行った操作を，翼全体でなくて，前縁から途中の x の位置までで行う．(3) と同様に，前縁から途中の x の位置までに翼の背側と腹側の差圧によって翼にかかる力 F は，$p_p(x)-p_s(x)$ を x 方向に $0\sim x$ まで積分すればよいが，今，差圧 $p_p(x)-p_s(x)$ の $0\sim x$ までの平均値を Δp とおくと，F は差圧 Δp に x 方向の幅 xw をかけたものに等しくなる（$F=\Delta p \times xw$）．

(6) (4) と同様に，入口から途中の位置 x までの翼間流路の検査体積を考えると，位置 x での流れの旋回速度成分の平均値を C_w とすれば，上記 (5) で求めた力 F は $m(C_{w1}\pm C_w)$ に等しいから，

$$\Delta p \times xw = \rho_1 s\, C_1 \cos\alpha_1(C_1 \sin\alpha_1 \pm C_w) \tag{7.30.6}$$

となる（式中の±は，前縁付近で C_{w1} と C_w の向きが同じ場合には符号を－にし，向きが逆の場合は＋にするという意味）．この式より，各位置 x での流れの旋回速度成分の平均値 C_w が求められるが，これは，概ね，図7.18(b) に示す翼間流路の中心線（破線）上の流れの旋回速度成分と考えられる．

(7) 翼間流路の中心線上の流速の絶対値 C については，概ね，対応する軸方

向位置の背側 $C_s(x)$ と腹側 $C_p(x)$ の流速の平均値 $C=(C_s(x)+C_p(x))/2$ と近似できる．これと，(6) で求めた旋回速度成分 C_w より，中心線上の各位置 x での流れの角度 α' が，

$$\sin\alpha' = C_w/C \tag{7.30.7}$$

と求められる．これにより，前縁での流れ角度 α_1 からスタートして，各位置 x での角度 α' に沿うように線を引けば，図 7.18 (b) に破線で示すような翼間流路の中心線の曲線が作図できる．また，これを，図の通り，左右に半ピッチ分 $s/2$ だけシフトすれば，概ね，翼型のキャンバ線となる．

(8) 以上で，翼列のピッチ s と翼型のキャンバ線が求められたので，最後に翼の厚みについて考える．各位置 x での翼厚みを t_w とすると，そこでの流路の幅は $s-t_w$ となり，また，そこでの軸方向流速は $C\cos\alpha'$ であるから，質量流量一定より，$\rho_1 s\, C_1\cos\alpha_1 = \rho(s-t_w)\,C\cos\alpha'$ となる．これより，

$$\rho_1 C_1\cos\alpha_1 = \rho\left[1-\left(\frac{t_w}{s}\right)\right]C\cos\alpha' \tag{7.30.8}$$

となり，これを用いると，翼の厚み分布 $t_w(x)$ が求められる．ただし，ρ は位置 x での密度で，流速 C と式 (7.30.3) より計算できる．

以上のとおり，図 7.18 (a) の流速分布から，図 7.18 (b) の翼型を求めることができた．ただし，このステップ 1 では，陰に陽に様々な近似がなされている．例えば，背側と腹側の翼面上流速 C_s と C_p は，向きがどちらも翼間中心線での流速 C と同じで角度 α' になると仮定されている．また，翼間では背側から腹側まで，図の y 方向（旋回方向）には物理量が一定とされている．次のステップ 2 では，ステップ 1 で得られた翼型を用いて，より正確に，図 7.18 (a) の速度分布が実現できる翼型を作っていく．その際，s/w に関しては，ステップ 1 でも特に近似を行わずに求めたのでそのまま用い，α' や t_w/s などを修正していく．

ステップ 2

(1) ステップ 1 で求めた翼の背側と腹側の曲線の接線から，そこでの流れの角度 α_s と α_p を計算する．

(2) 軸方向流速 C_a および密度 ρ は y 方向には直線的に変化するとすれば，ρC_a の y 方向分布は図 7.18 (c) のようになる．これを y 方向に腹側から背

側まで積分した斜線の面積が質量流量になるが，図に示す通り，ちょうど流量が半分になる位置を求め，これをつなげて翼間流路の中心流線とする．

(3) 翼間の流れの渦度を0とする．軸方向（x方向）流速は$C_a = C\cos\alpha$，旋回方向（y方向）流速は$C_w = C\sin\alpha$であるから，渦度0より，

$$\frac{\partial}{\partial y}(C\cos\alpha) - \frac{\partial}{\partial x}(C\sin\alpha) = 0 \tag{7.30.9}$$

が満たされる．(2) で軸方向流速C_aはy方向に直線的に変化するとしているので，第1項は定数で，それに加えて$\partial C/\partial x$もy方向に直線的に変化すると仮定して積分し，流速Cの分布を求める．これにより，中心流線上の流速C_mも求められる．

(4) ステップ1の (5)(6)(7) と同様にして，流れの旋回成分の運動量変化と，差圧によってかかる力の関係から，中心流線上の流れの角度α'を計算し，これより中心流線の形状を求め，それをキャンバ線とする．

(5) ステップ1の (8) と同様にして流量一定よりt_w/sを計算し，翼の厚み分布t_wを得る．

必要に応じてステップ2をもう一度繰り返す（ステップ3）．その上で，前縁と後縁に丸みを付け，境界層の排除厚さ分だけ減肉して最終形状とする．背側の減速部では境界層が厚くなるので，排除厚さ分の減肉は行うことが望ましい．

7.4 性能の予測

タービン概念設計の最終段階として，設定した形状のタービン段で，最初に設定した効率が出そうかどうかの確認を行う必要がある．確認の結果が悪いようであれば，より現実的な効率を設定した上で，最初から設計をやりなおす必要があるが，結果が良いようなら，最終形状の図面を作成し，詳細な応力解析に入る．

設計点での性能予測に進む前に，ここまでの例題などで示してきた設計上の制約条件について整理しておく．航空用では，大きさと重さを小さくしなければならないため，本章で例として考えているターボジェット・エンジン用のタービンの設計では，設計上の制約条件の限界値に近い値を使わなければならないが，産業用では幾分設計が楽になる．というのも，産業用では，部品の寿命を延ばすた

め，温度や応力を低めに設定することが多く，このため，回転速度は低めで，段数は多めになり，空力的に見てもそれほど難しくはならない．図1.5のようにガス発生器と軸が切り離された出力タービンでは，発電機などの駆動する機械との間にギアをかませれば，タービン側の回転数はある程度自由に設定できるため，今扱っているような圧縮機に直結されている場合と比べて，さらに設計がやりやすくなる．

タービン設計における制約条件

(a) 翼自身にかかる遠心力による引っ張り応力

式（7.30）で示した通り，回転数 N の2乗，および，タービン環状流路の断面積 A に比例する．回転数を固定して考えると，遠心力による応力の上限により，環状流路の断面積 A が制約される．

(b) 燃焼ガス流による曲げ応力

最大値は第8章の式（8.22）のように表せ，(1) 翼枚数 n と断面係数 zc^3 に反比例し，(2) 翼高さ h，動翼が単位時間になす仕事 $mU(C_{w2m}+C_{w1m})$ に比例する（回転速度 U は一定とすれば）．曲げ応力が許容値以上の場合の対策について上記の (1) と (2) に分けて考えると，

(1) 図7.15で示したように，ディスクへの固定には一定のピッチ s が必要なため，翼枚数 n は一定以上増やせない．断面係数（最大応力＝曲げモーメント／断面係数）はコード長 c の3乗に比例して大きくなるため（コード長と共に翼型の他の寸法も比例して大きくなり概ね相似な翼型に保たれる場合），コード長 c を増やせば曲げ応力を小さくできる．ピッチ／コード比 s/c は，図7.20に示すように空力的な損失と関連し，翼枚数 n を増やして s/c を小さくしすぎると，燃焼ガスが触れる翼面の面積（濡れ面積）が多くなり，摩擦損失が増える．

(2) 翼高さ h を減らす場合，他への影響を避けるためタービン流路の断面積 A は一定に保つとすれば，平均半径を大きくしなければならないが，この場合，ディスクの径も大きくなるため，自身の遠心力によるディスク内の応力が大きくなる．空力面では，翼高さ h を減らすと，式（5.36）で示した流路内外周面の摩擦損失が大きくなる他，翼高さに対するチッ

プ・クリアランスの割合が増えて，チップ部の渦による損失が発生するなどの問題が起こるため，一定以上は小さくできない．翼高さhと同時にタービン流路断面積Aを減らす場合には，翼に作用する遠心力は小さくなるが，流量を変えない場合には，軸方向流速が増える．軸方向流速が増えて，動翼入口のマッハ数や，出口のマッハ数が大きくなりすぎると，動翼流路内や下流のジェット・パイプでの損失が大きくなるため，軸方向流速は一定以下に抑えなければならない．

(c) 上記のような空力的・機械的な制約条件を満たした上で，重量も最小化するよう配慮しなければならない．制約条件のうち満たせないものがある場合には，段数を増やして各段の負荷を下げて対応する．1段から2段に増やす場合には，各段の全温下降量が概ね同じになるように負荷を割り振って，各段の効率が最も高くなるような設計を試みる．

(d) 反動度が負にならないようにしなければならない．理想的には，反動度0.5で出口のスワール角もなければ，動静翼の損失，下流のジェット・パイプの損失共に少なくできるが，1段でそれが出来ない場合，2段にするより，反動度を減らして出口の旋回流をある程度許容してでも1段で済ませた方がよい場合も考えられる．その時も，動翼根元部の流路の流れが，動翼から見て減速流とならないよう，反動度正を保つ必要がある．

設計点での性能予測を行うにあたり，これまでに求めたターボジェット・エンジン用タービンの諸量を図7.19，および，平均半径での値について次式にまとめておく．

$$\Psi = 2c_p \Delta T_{0s}/U^2 = 2.88, \quad \phi = C_a/U = 0.8, \quad \Lambda = 0.421$$
$$U = 340 \text{ m/s}$$
$$C_{a1} = C_1 = C_3 = 276.4 \text{ m/s}, \quad C_{a2} = C_{a3} = C_a = 272 \text{ m/s}$$
$$C_2 = 519 \text{ m/s}, \quad V_3 = 473.5 \text{ m/s}$$
(7.30.10)

動翼は設計点で迎え角$i=0$とし，翼型には，図7.11に示すようなオーソドックスなタービン翼型を用いる．最大厚みは$t/c=0.2$とする．根元部での転向角は$\beta_{2r} + \beta_{3r} \approx 90°$程度になっており，根元部での遠心力による引っ張り応力は，式(7.30.2)で求めた通り200 MN/m²(MPa)，燃焼ガス流による曲げ応力の最大値は，第8章の式(8.22.4)で求めるが93 MN/m²(MPa)となる．

Gas angles	α_1	α_2	α_3	β_2	β_3
root	0°	62.15°	12.12°	39.32°	51.13°
mean	0°	58.38°	10°	20.49°	54.96°
tip	0°	54.93°	8.52°	0°	58.33°

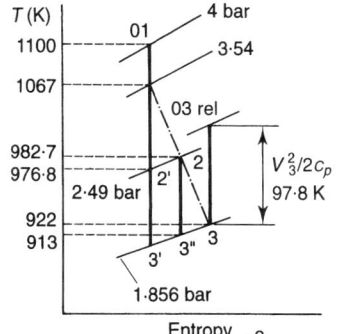

Plane	1	2	3	
p	3.54	2.49	1.856	bar
T	1067	982.7	922	K
ρ	1.155	0.883	0.702	kg/m^3
A	0.0626	0.0833	0.1047	m^2
r_m	←	0.216	→	m
r_t/r_r	1.24	1.33	1.43	
h	0.046	0.0612	0.077	m

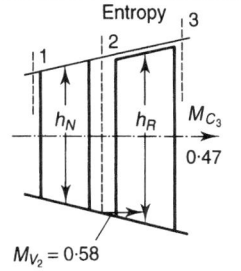

Blade row	Nozzle	Rotor
s/c	0.86	0.83
h (mean)	0.0536	0.0691 m
h/c	3.0	3.0
c	0.0175	0.023 m
s	0.01506	0.0191 m
n	90	71

図 7.19　タービン翼列の設計データ

設計点でのタービン段の性能予測

　以下に述べる性能予測の方法は，Ainley and Mathieson [8] によるもので，文献では，ある範囲の運転条件でのタービンの性能を計算しているが，ここでは設計点の性能のみに着目する．図 7.20 は形状損失係数 Y_p（添字の p は形状損失 profile loss を表す．Y の定義は式（7.18））の翼列試験結果で，横軸はピッチ／コード比 s/c になっている．上の図は入口角度 $\beta_2=0$（$\beta_3>0$）の翼列，下の図は入口角度 $\beta_2=$ 出口角度 β_3 の衝動型の翼列での結果である．用いた翼型は，図 7.11 に示したようなオーソドックスなタービン翼型で，翼最大厚さは $t/c=0.2$，後縁の厚みは $t_e/s=0.02$ である．グラフでは，β_2 や β_3 といった動翼から見た流

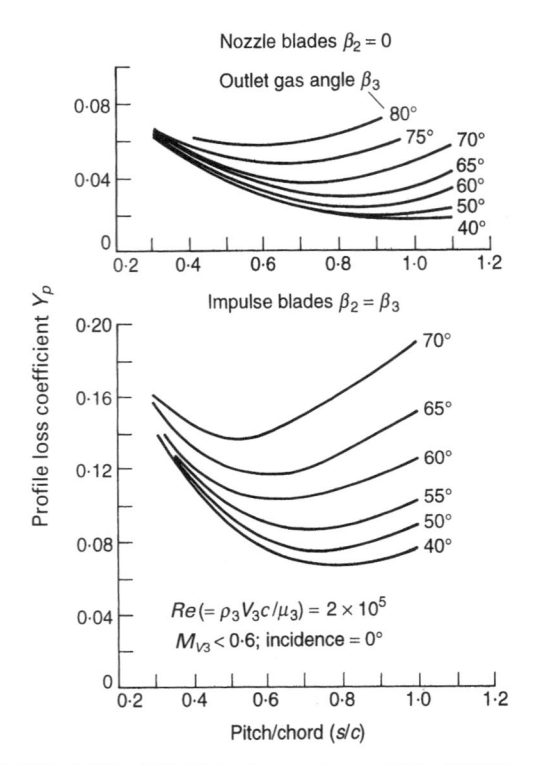

図 7.20 形状損失係数（上図：反動度正，$\beta_2=0$，$\beta_3>0$，下図：衝動型，$\beta_2=\beta_3$）

入・流出角度を使っているが，静翼の場合にも，流入角度 β_2 を α_1，流出角度 β_3 を α_2 と置き換えればそのまま使える．また，迎え角は無いものとし，流れの流入角度と翼列の前縁角度が等しいとする．

ステップ 1

図 7.20 では，動翼と静翼の形状損失係数 Y_p について示したが，出口角度 β_3 に対して，入口角度 β_2 が 0 度の場合と β_3 に等しい場合しかデータがないため，その間の補間が必要になる．また，翼厚み t/c が 0.2 でない場合の補正も含めて，次の式を用いる．

$$Y_p = \left[Y_{p(\beta_2=0)} + \left(\frac{\beta_2}{\beta_3}\right)^2 [Y_{p(\beta_2=\beta_3)} - Y_{p(\beta_2=0)}] \right] \left(\frac{t/c}{0.2}\right)^{\beta_2/\beta_3} \tag{7.31}$$

翼厚み t/c が減ると，β_2 が 0 の場合を除いては損失も小さくなる．また，β_2/β_3 が 1 に近づくと，翼厚み t/c が増えた場合の損失増加への影響が大きくなる．これは，β_2/β_3 が 1 に近づくと流路があまり絞られず流れが加速しにくくなるが，翼厚み t/c が増加すると，ますますその傾向が強くなり，境界層が成長しやすくなるためと考えられる．式（7.31）の関係は，概ね $0.15<t/c<0.25$ の範囲で成り立つとされている．

式（7.31）と図 7.20 を用いて形状損失係数を計算してみる．静翼は，平均半径で $\alpha_1=0$，$\alpha_2=58.38°$，$(s/c)_N=0.86$ より，

$$(Y_p)_N = 0.024 \tag{7.31.1}$$

動翼は，$\beta_2=20.49°$，$\beta_3=54.96°$，$(s/c)_R=0.83$，$t/c=0.2$ より，

$$(Y_p)_R = \left[0.023 + \left(\frac{20.49}{54.96}\right)^2 [0.087-0.023]\right] = 0.032 \tag{7.31.2}$$

となる．

ステップ 2

迎え角がある場合は形状損失係数 Y_p の補正が必要になるが，迎え角による補正が重要になるのは，主に部分負荷の場合である（詳細は文献 [8]）．翼列試験より，迎え角による形状損失係数の変化，および，失速角 i_s（損失係数が $i=0$ の時の 2 倍になる迎え角）を求め（図 5.25 参照），i/i_s を横軸，$Y_p/Y_{p(i=0)}$ を縦軸とする曲線を作って，ステップ 1 で求めた $Y_{p(i=0)}$ と迎え角 i から，その迎え角での形状損失係数 Y_p を求める．

ステップ 3

2 次損失係数 Y_s およびチップ・クリアランス損失 Y_k を求める（2 次損失係数 Y_s には，7.3 節の最初に示した通り，タービン環状流路の内外周面での摩擦による環状流路損失と 2 次流れ損失の両方を含む）．5.9 節の軸流圧縮機と同様の解析を行う．流路内の 2 次流れ発生による損失には，翼の揚力係数 C_L が関係する．今考えているタービンの場合は，式（5.34）と同様に，

$$C_L = 2(s/c)(\tan\beta_2 + \tan\beta_3)\cos\beta_m \tag{7.31.3}$$

となる．式（5.34）との＋と－の符号の違いは，圧縮機の翼列では，転向角が小

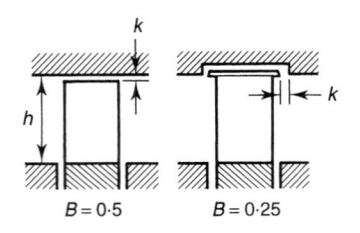

図 7.21　チップ部形状と損失の計算

さいため，入口と出口で同じ旋回方向に角度を取っているが，タービン翼列では転向角が大きいため，出口は入口と逆方向の角度を正に設定しているためである．また，添字の m は平均半径ではなくて，図 5.28 に示した通り，入口と出口の流れ角度のほぼ真ん中であり，今のタービンの例では，式（5.33.1）と同様に，

$$\beta_m = \tan^{-1}\left[\frac{1}{2}(\tan\beta_3 - \tan\beta_2)\right] \tag{7.31.4}$$

である．損失係数を求める式については，揚力係数 C_L を用いて，

$$Y_s + Y_k = \left[\lambda + B\left(\frac{k}{h}\right)\right]\left[\frac{C_L}{s/c}\right]^2\left[\frac{\cos^2\beta_3}{\cos^3\beta_m}\right] \tag{7.32}$$

とする．右辺の k は，図 7.21 に示すように，チップ・クリアランスの幅（翼端とケーシングのすき間），h は翼高さで，k/h が大きいほど，チップ・クリアランスからの漏れ流れによる損失が大きくなる．B は定数で，図 7.21 に示す通り，通常のチップであれば $B=0.5$，シュラウド付き（図 8.27）であれば漏れが少なくなるため $B=0.25$ とする．λ は 2 次損失に関連するパラメータで（式（7.18）の温度ベースの損失係数 λ とは別物），詳細は式（7.33）で説明する．以下，5.9 節の圧縮機の翼列での例と対応させながら考える．今考えている損失係数 Y の定義は，式（7.18）で示した通り，全圧損失量／出口動圧で，式（5.38）で言えば，概ね $\overline{w}/(1/2\rho V_1^2)$ の項に相当する（$\overline{w}$ は式（5.28）に示す全圧損失量，分母の動圧を入口と出口のどちらで取ったかの違いだけ）．さらに，式（5.38）において，C_D として式（5.35）の C_{DS} をとると，ピッチ／コード比の s/c の 1 乗か 2 乗かの違いを除けば，式（7.32）とほぼ同じになる．主な違いとして，式（7.32）ではチップ・クリアランスによる損失を別立てで取り込んでいることと，

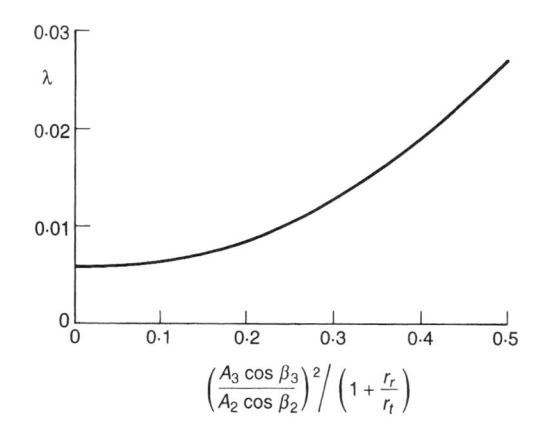

図7.22 式（7.32）の2次損失に関するパラメータλの変化

式（5.36）に対応する内外周面での環状流路摩擦による損失が陽には見えないことがあげられる．環状流路摩擦による損失は，式（7.33）の修正式（7.34.2）で説明する．

式（7.32）の2次損失に関連するパラメータλに関しては，流路が絞られて流れが加速するほど境界層の成長が抑制されると2次流れも抑制されるため，入口と出口の有効流路断面積（流れに垂直な流路断面積）の比$A_3\cos\beta_3/A_2\cos\beta_2$をパラメータとして，

$$\lambda = f\left\{\left(\frac{A_3\cos\beta_3}{A_2\cos\beta_2}\right)^2 \Big/ \left(1+\frac{r_r}{r_t}\right)\right\} \tag{7.33}$$

と表す．関数fは，図7.22に示す通り，引数に対して単調に増加する（タービン環状流路の内外径比r_t/r_rについては，これが小さくなると翼高さ$h(=r_t-r_r)$が減って，相対的に内外周面での摩擦による環状流路損失係数が増えるイメージがあるが，この式では内外径比r_t/r_rが小さくなると，むしろ損失が小さくなる．ただし，内外周面による摩擦損失割合は，正確には，式（5.36）のようにs/hで評価すべきで，これは，内外径比r_t/r_rとは必ずしも同じことを意味しない．ここでいう内外径比r_t/r_rは，その本来の意味合いからして，それが小さく1に近い場合には，内周と外周の長さがほぼ同じで，翼間流路の流れに垂直な断面が長方形に近くなることを意味し，内外径比r_t/r_rが大きくなるほど，外周と

内周の長さの差が大きくなり，断面が扇型のようになるという形状の違いを表しており，それが損失に与える影響を加味しているのではないかと思われる．そうとすれば，式 (7.34.2) の修正ともつながる)．

これを用いて，動静翼の2次損失 Y_s とチップ・クリアランス損失 Y_k を計算する．まず，静翼に関しては，チップ・クリアランスがないので $B=0$ （または $k=0$）とする．λ については，

$$A_2=0.0833 \text{ m}^2, \quad A_1=0.0626 \text{ m}^2$$
$$\cos \alpha_2 = \cos 58.38° = 0.524, \quad \cos \alpha_1 = \cos 0° = 1.0$$
$$r_t/r_r = \frac{1}{2}(1.24+1.33)=1.29 \text{ （入口1と出口2の平均）} \tag{7.33.1}$$
$$\left(\frac{A_2 \cos \alpha_2}{A_1 \cos \alpha_1}\right)^2 / \left(1+\frac{r_r}{r_t}\right) = \left(\frac{0.0833 \times 0.524}{0.0626 \times 1.0}\right)^2 / \left(1+\frac{1}{1.29}\right) = 0.274$$

となり，図 7.22 より $\lambda=0.012$ と求められる．これより損失係数は，

$$\alpha_m = \tan^{-1}\left[\frac{1}{2}(\tan \alpha_2 - \tan \alpha_1)\right]$$
$$= \tan^{-1}\left[\frac{1}{2}(\tan 58.38° - \tan 0°)\right] = 39.08°$$
$$\frac{C_L}{s/c} = 2(\tan \alpha_2 + \tan \alpha_1)\cos \alpha_m$$
$$= 2 \times (\tan 58.38° + \tan 0°) \times \cos 39.08° = 2.52$$
$$\frac{\cos^2 \alpha_2}{\cos^3 \alpha_m} = \frac{\cos^2 58.38°}{\cos^3 39.08°} = 0.589$$
$$[Y_s+Y_k]_N = \left[\lambda + B\left(\frac{k}{h}\right)\right]\left[\frac{C_L}{s/c}\right]^2\left[\frac{\cos^2 \alpha_2}{\cos^3 \alpha_m}\right] = 0.012 \times 2.52^2 \times 0.589 = 0.0448 \tag{7.33.2}$$

となる．動翼について，シュラウドなしで，チップ・クリアランスが翼高さの2%とすると，

$$B\left(\frac{k}{h}\right) = 0.5 \times 0.02 = 0.01 \tag{7.33.3}$$

静翼と同様にして，図 7.19 の動翼の数値より，

$$\left(\frac{A_3 \cos \beta_3}{A_2 \cos \beta_2}\right)^2 / \left(1+\frac{r_r}{r_t}\right) = \left(\frac{0.1047 \times \cos 54.96°}{0.0833 \times \cos 20.49°}\right)^2 / \left(1+\frac{1}{1.38}\right) = 0.334 \tag{7.33.4}$$

となるので，図7.22より $\lambda=0.015$ が得られる．これより損失係数は，

$$\beta_m = \tan^{-1}\left[\frac{1}{2}(\tan\beta_3 - \tan\beta_2)\right]$$
$$= \tan^{-1}\left[\frac{1}{2}(\tan 54.96° - \tan 20.49°)\right] = 27.74°$$
$$\frac{C_L}{s/c} = 2(\tan\beta_3 + \tan\beta_2)\cos\beta_m$$
$$= 2\times(\tan 54.96° + \tan 20.49°)\times\cos 27.74° = 3.18 \qquad (7.33.5)$$
$$\frac{\cos^2\beta_3}{\cos^3\beta_m} = \frac{\cos^2 54.96°}{\cos^3 27.74°} = 0.475$$
$$[Y_s + Y_k]_R = \left[\lambda + B\left(\frac{k}{h}\right)\right]\left[\frac{C_L}{s/c}\right]^2\left[\frac{\cos^2\beta_3}{\cos^3\beta_m}\right]$$
$$= (0.015 + 0.01)\times 3.18^2 \times 0.475 = 0.120$$

と求められる．

ステップ4

以上より，静翼Nと動翼Rの損失係数の合計は，

$$Y_N = (Y_p)_N + [Y_s + Y_k]_N = 0.024 + 0.0448 = 0.0688$$
$$Y_R = (Y_p)_R + [Y_s + Y_k]_R = 0.032 + 0.120 = 0.152 \qquad (7.33.6)$$

と求められる．後縁の厚み t_e とピッチ s の比 t_e/s の影響については，図7.23のように表せる．図7.20は $t_e/s=0.02$ の場合のデータであるので，これと違う場

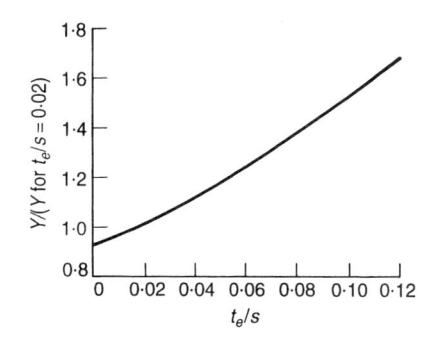

図7.23 翼後縁の厚みによる損失係数の変化

合には，図7.23を用いて補正する必要がある．今考えている小型で安価な航空用ターボジェット・エンジン用タービンでは，タービン入口温度も1100 Kとそれほど高くないため，空冷のために後縁を厚くする必要も無く，$t_e/s=0.02$で特に変更は必要ない．初期の研究で，後縁を厚くすることで振動が抑制されるというものがあったが，そのような場合には，図7.23を用いると，後縁を厚くした場合の損失の増加が見積もれる．

ステップ5

これらから，段の等エントロピ効率を求める．式（7.19）より，温度をベースとした静翼の損失率は，

$$\lambda_N = \frac{Y_N}{(T_{02}/T'_2)} = \frac{0.0688}{(1100/976.8)} = 0.0611 \tag{7.33.7}$$

となり，同様に動翼では，

$$\lambda_R = \frac{Y_R}{(T_{03\text{rel}}/T''_3)} \tag{7.33.8}$$

となるが，式（7.21.17）より $T_3=922$ K，式（7.21.26）より $T''_3=913$ K，式（7.21.27）より $V_3^2/2c_p=97.8$ K であるから，温度をベースとした動翼の損失率は，

$$\begin{aligned} T_{03\text{rel}} &= T_3 + V_3^2/2c_p = 1020 \text{ K} \\ \lambda_R &= \frac{Y_R}{(T_{03\text{rel}}/T''_3)} = \frac{0.152}{1020/913} = 0.136 \end{aligned} \tag{7.33.9}$$

となる．式（7.20）にこれらを代入すると，等エントロピ効率 η_s が，

$$\eta_s = \frac{1}{1+\left[0.136\times 97.8 + \left(\frac{922}{982.7}\right)\times 0.0611\times 117.3\right]/145} = 0.88 \tag{7.33.10}$$

と求められる．最初に設定した効率が，$\lambda_N=0.05$，等エントロピ効率が $\eta_s=0.9$ に対して，設計した形状での性能の予測値は $\lambda_N=0.061$，$\eta_s=0.88$ となり，十分な一致をみた．効率を多少上げるとすると，反動度を少し上げて，それで仕事量が下がる分は，軸方向流速 C_a を段内で徐々に上げていくことで埋め合わせることが可能と思われる．また，軸方向流速を上げれば，環状流路の開き角度も抑えられるという利点がある．

ステップ6

　以上の結果は，マッハ数が低く衝撃波による損失が発生しない場合のもので，マッハ数の影響については，流出マッハ数が1を超える場合には，式（7.31）で求めた形状損失係数 Y_p を，

$$Y_p = [式（7.31）で求めた Y_p] \times [1 + 60(M-1)^2] \qquad (7.33.11)$$

のように補正する（文献［9］）．式中の M は，動翼では M_{V3}，静翼では M_{C2} とする．続いて，レイノルズ数の影響について考える．ここまで示した翼列データは，コード長，出口の密度と流速でとったレイノルズ数が 1×10^5 と 3×10^5 の間でのみ有効である．タービン全体の等エントロピ効率 η_t は，初段静翼と最終段動翼のレイノルズ数の算術平均が 2×10^5 と大きく異なる場合には，

$$1 - \eta_t = \left(\frac{Re}{2 \times 10^5}\right)^{-0.2} (1 - \eta_t)_{Re=2 \times 10^5} \qquad (7.34)$$

の補正を行うことが望ましい．今の例では，静翼出口静温が $T_2 = 982.7$ K，動翼出口静温が $T_3 = 922$ K で，その温度での燃焼ガスの粘性係数 μ が必要であるが，同じ温度の空気の粘性係数で近似してもそれほど変わらないので，空気の値を用いると，

$$\begin{aligned}
&\mu_2 = 4.11 \times 10^{-5} \text{ kg/m/s}, \quad \mu_3 = 3.95 \times 10^{-5} \text{ kg/m/s} \\
&(Re)_N = \frac{\rho_2 C_2 c_N}{\mu_2} = \frac{0.883 \times 519 \times 0.0175}{4.11 \times 10^{-5}} = 1.95 \times 10^5 \\
&(Re)_R = \frac{\rho_3 V_3 c_R}{\mu_3} = \frac{0.702 \times 473.5 \times 0.023}{3.95 \times 10^{-5}} = 1.93 \times 10^5
\end{aligned} \qquad (7.34.1)$$

となり，レイノルズ数補正は必要ないことが分かる．

　これまで述べた Ainley-Mathieson の方法［8］を用いれば，実際の航空エンジン用タービンの効率を $\pm 3\%$ 以内の精度で予測できるが，翼高さ h が小さく翼平面形のアスペクト比（翼高さ h ／コード長 c）が小さくなりやすい小型のタービンでは精度が良くないことが分かっている．Dunham and Came［9］は，小型を含む，より多くのタービンの性能が予測できるよう，翼列の2次損失およびチップ・クリアランス損失を表す式（7.32）を，次のように修正した．

　(a) 2次損失を表す λ を，式（7.33）と図7.22を用いず，単に，

$$0.0334 \left(\frac{c}{h}\right)\left(\frac{\cos \beta_3}{\cos \beta_2}\right) \tag{7.34.2}$$

と表す（ここで，$Y=\overline{w}/(1/2\rho V_1^2)$に注意して式（7.32）と式（5.38）を再度比較すると，抵抗係数は$C_D=\lambda(s/c)C_L^2$となる．上式のλにはc/hが含まれるので，抵抗係数C_Dは$(s/h)C_L^2$に比例して大きくなることになり，このs/hは，ちょうど（5.36）の環状流路抵抗に対応する．このようにs/hに応じて環状流路損失が大きくなる要素は式（7.33）には無かった）．

(b) チップ・クリアランス損失について$B(k/h)$の代わりに，

$$B\left(\frac{c}{h}\right)\left(\frac{k}{c}\right)^{0.78} \tag{7.34.3}$$

とし，シュラウドなしの通常のチップの場合は$B=0.47$，シュラウド付きの場合は$B=0.37$とした．

　今の例でこの修正を行うと，等エントロピ効率は0.88から0.89に上昇し，最初の設定値0.9に近づく．

　KackerとOkapuu[10]は，1980年代初期のタービンの損失について，Ainley-MathiesonとDunham-Cameの2つの方法での予測の比較を行った上で，1980年代のタービンはAinley-Mathiesonの時代（1950年代）のものと比べて，形状損失が3分の1になっているとしている．また，KackerとOkapuuは，近年の先進的なタービン設計を反映させた損失予測式の修正も行っているが，それらは設計点での計算にしか使えない，これに対しAinley-Mathiesonの予測式は，作動範囲全体での損失予測ができるようになっている．近年の先進的なタービン設計によって，設計点での性能改善が図られた結果，設計点以外での性能も変わってきており，Benner[11]は，Ainley-Mathiesonの方法では，非設計点で迎え角が増えることによる損失の増加分を過大評価することを指摘している．このため，Bennerらは，Kacker-Okapuuの設計点での予測式をベースにして，非設計点での形状損失を計算する修正式を作っている．

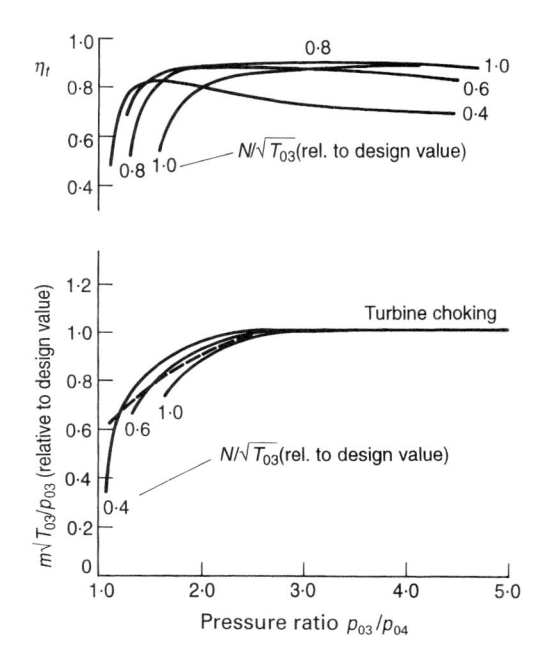

図 7.24 タービンの特性曲線

7.5 タービン全体での性能

　前節では,タービン1段の等エントロピ効率が求められたが,多段タービンの全体としての効率を求めるには,5.7節と同様に,タービン1段の等エントロピ効率とポリトロープ効率 $\eta_{\infty t}$ が等しいとして,式 (2.18) を用いることもできる.しかし,タービンの場合は,軸流圧縮機と比べて段数が少ないので,初段を計算して出口の状態を2段目の入口に入れる,2段目の出口を3段目の入口に入れる,という風に順に計算していく方が好まれる.そのようにして,最終段出口の全温が求まれば,式 (2.10) より等エントロピ効率が計算できる.

　タービン全体での性能については,圧縮機と同様に,等エントロピ効率 η_t や圧力比 p_{03}/p_{04},無次元回転数 $N/\sqrt{T_{03}}$,無次元流量 $m\sqrt{T_{03}}/p_{03}$ を用いて表すが,圧縮機の場合 (図 4.10 や図 5.41) と違って,図 7.24 に示すように,横軸に圧力比,縦軸に等エントロピ効率や無次元流量をとって表す (ここでは,添字の3

はタービン入口，4 はタービン出口で，図 2.1 や図 3.5 などの単純サイクルにおける位置番号を用いる）．図を見ると，等エントロピ効率は回転数と圧力比の広い範囲で一定値となっているが，これは，基本的にタービンは加速流であるため，より広い範囲の迎え角で翼列の損失が一定になる（剥離を起こさない）ためである．

　流量のグラフ（下図）で，圧力比を上げると流量が一定値になるのは，タービン内でチョークするためで，設計にもよるが，静翼列で，流れに垂直な流路断面積が最小となるスロート部（図 7.11 の開度 o の位置）や，タービン出口の環状流路などでチョークする．通常は静翼出口のスロートでチョークし，その場合は，図 7.24 下図のように，回転数一定のラインが高圧力比側で最大流量を示す 1 つの水平線へと集まる（動翼やタービン出口でチョークする場合には，回転数によって最大流量が多少ずれる）．圧力比が低くチョークしていない領域でも，回転数一定のライン同士はそれほど離れていないが，タービンの段数が増えるほどその傾向は強くなり，回転数一定のラインが，回転数によらない 1 本の曲線で表せるようになる．圧力比と流量の関係が回転数によらず 1 本の曲線で近似できれば，ガスタービンの部分負荷での性能予測の際にはとても便利になる（第 9 章）．上記はタービン単体での性能であるが，タービンを他の要素と結合させて駆動する場合には，図 7.24 で示す領域全体が作動範囲となるわけではないので，1 本の曲線で近似しても実際には誤差はほとんどない．他の要素とマッチングさせて運転する場合の作動点を図 7.24 下図のマップ上でプロットして結ぶと，通常は破線のような作動線になり，回転数を上げるにつれて，流量・圧力比共に増加する．

7.6　冷却タービン

　タービン部においては，図 2.19 で示したように，燃焼ガスのタービン環状流路より内側で，ディスクや翼根元の表面に冷却空気を這わせるのが通例であるが，冷却タービンという場合には，燃焼ガス流が直接当たる動翼や静翼を，相当量の冷媒を流して冷やすタービンを意味する．第 2 章や第 3 章を読んだ方はすでにご承知の通り，タービン入口温度 TIT を上げることで，効率や比出力（航空

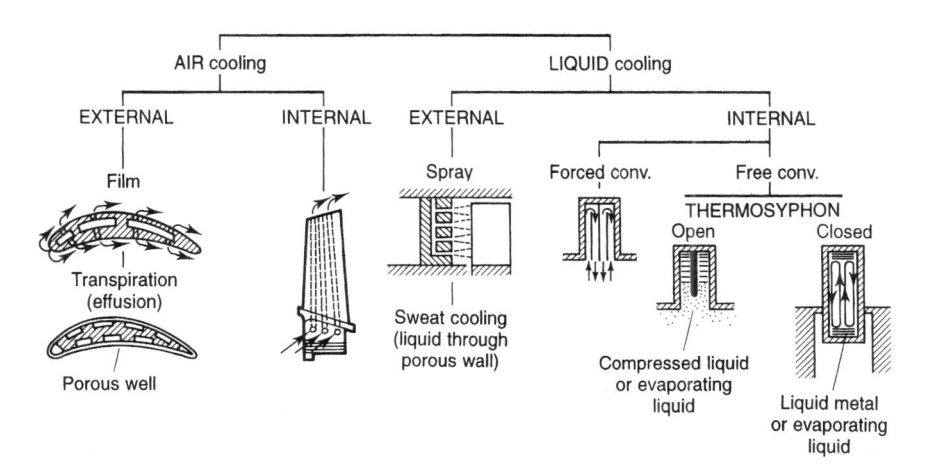

図 7.25　タービン翼の冷却方法

エンジンでは比推力）が上がるというメリットがあるが，そのメリットは，冷却に関わる損失を考慮してもなお余りある．

　図 7.25 には，これまで研究されてきたタービン翼の冷却方法を示す．液体を用いた冷却については，ターボジェット・エンジンで推力増強のためタービン翼に液体を噴霧するもの以外は，その実用性が実証されているものはない．冷媒を強制対流させるもの，熱サイフォンを使って自然対流させるもの，翼の部分だけ熱サイフォンを使って冷媒を自然対流させ，その冷媒をまた別途冷やすものなど，色々考えられたが，どれも，翼につながる冷媒の流路に問題が生じている．冷媒が循環式でないものに関しては，流路の腐食や不純物の堆積を防ぐことができず，また，図 7.25 の一番右の図のように，翼内部で冷媒を自然対流によって循環させる場合にも，翼を通過して温まった冷媒の熱を根元部で奪う面をうまく設定するのが難しい．実際のエンジンでうまくいっている唯一の方法は，翼内部に空気を強制対流させて冷やす空気冷却だけである．翼列 1 周につき全体の1.5〜2%の流量の空気を流してやれば，翼の温度を 200〜300℃ 下げることができ，今日のタービン材なら，タービン入口温度を 1650 K 以上に上げられる．内部に冷却通路や冷却孔のある翼については，通路や孔をなぞった型を作って鋳造したり，鍛造品の機械加工の場合には，ケミカル・ミリング（electrochemical

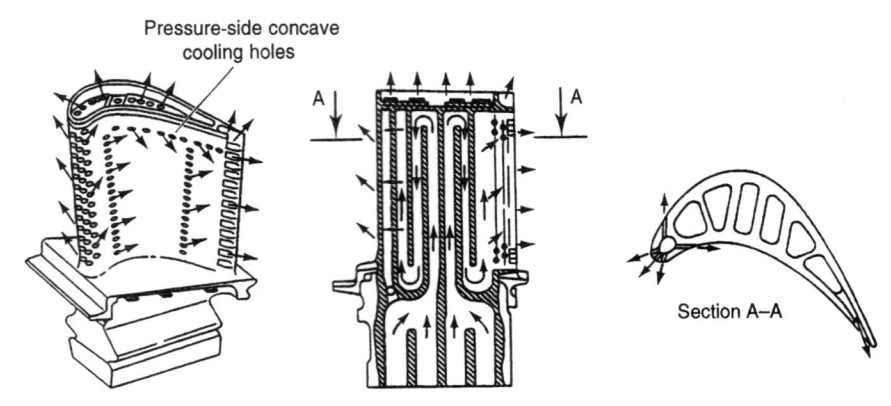

図7.26 Cooled turbine rotor blade ［courtesy of GE Energy］

milling）によって所定の部分の金属を化学的に溶かしたり，レーザ加工したりして製作する．図7.26には，1980年代に導入された空冷タービン翼の一例を示す．タービン冷却の次の段階としては，翼が多孔質になっていて，そこから冷却空気がしみだすトランスピレーション冷却（transpiration cooling：しみだし冷却）という方法がある．この冷却方法では，翼からより均一に熱を奪える他，しみだした空気が膜状になって高温ガスから翼を保護し，高温ガスから翼への熱伝達率を下げるため，格段に冷却効率が良くなる．実用化に向けては，多孔質の材料や製作技術のさらなる進展が待たれる．

ここでいうタービン冷却は，主に動翼を対象としており，動翼では高温下で強い遠心応力が作用すると部品が伸びるクリープ現象が起こるため，クリープ温度が動翼本体の温度を制約する1つの目安になる．ただし，近年では，燃焼ガス温度の上昇に伴い，クリープ以外にも，高温酸化（oxidation）も同様に無視できなくなってきており，その意味で，作用する応力が少ない静翼や環状流路の内外周面の冷却も重要になっている．

入口温度1500Kのタービンの冷却に必要な空気流量は，典型的な例で，燃焼ガスの流量を1として，

流路内外周面	0.016
静翼の翼部	0.025
動翼の翼部	0.019

(7.34.4)

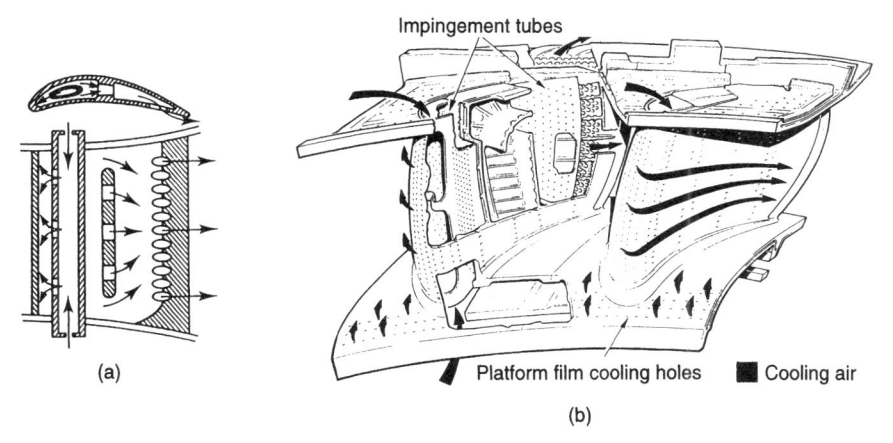

図 7.27　Turbine nozzle cooling〔(b) courtesy Rolls-Royce plc〕

動翼の回転ディスク	0.005
合計	0.065

である．タービン静翼の冷却構造の一例を図 7.27 (a) に示す．高温になる翼前縁部には，上下面から翼に導入された冷却空気を内部からジェットとして吹き付けて冷却している（図の二股の矢印 3 つ）．翼に導入された冷却空気は，内部から翼を冷却した後，翼面上の冷却孔から外に出て膜状になって翼面を保護したり (film cooling)，後縁のスロットから外に噴出したりする．図 7.27 (b) には，冷却通路を作るための入り組んだ内部構造 (insert) のついた近年の鋳造のタービン静翼の一例を示す．図には，環状流路内外周面の冷却の様子も描かれている．

　先に，液体を用いた冷却については，その実用性が実証されているものはないと述べたが，1995 年，GE 社は，コンバインド・サイクル用の大型産業用ガスタービンで，循環式の蒸気冷却を導入すると発表した．実際，50 Hz のタイプは 2005 年にイギリスで供用が開始されており，60 Hz のタイプもアメリカで 2009 年から導入される予定である．このシステムでは，蒸気タービン高圧部から抽出した蒸気でガスタービンのタービン動静翼の内部冷却を行う．蒸気は，冷却通路を通過する過程で全圧を一部失うが，冷却通路で熱を吸収し，再び，蒸気タービンの，蒸気抽出部より低い圧力の位置に戻され，冷却で吸収した熱は，蒸気タービンの出力向上に貢献する．この方法は，蒸気が使えるコンバインド・サイクル

に適しており，蒸気の漏れを防ぐ精密なシール技術が必要になるが，圧縮機からの冷却空気の抽気による損失は無くなる．

冷却タービンの設計には2つの重要なポイントがある．第1は，所定の冷却性能を実現するのに必要な冷却空気量が最小になる形状を設定することである．翼の冷却性能を示すパラメータとして広く使われているものに，次に示す翼相対温度がある．

$$翼相対温度 = \frac{T_b - T_{cr}}{T_g - T_{cr}} \tag{7.34.5}$$

ただし，T_b は翼の平均温度，T_{cr} は冷媒の流入温度，T_g は平均燃焼ガス温度（通常は，静温+0.85×動温で計算）である．冷媒の温度 T_{cr} は，空冷タービンで圧縮機出口から抽気する場合は，通常は圧縮機出口温度に等しいので，燃料消費率を下げるためにサイクルの圧力比を上げると，冷媒の温度 T_{cr} が高くなる．産業用ガスタービンでは，圧縮機から抽気した空気を水冷の熱交換器に通して予冷却し，冷媒の流入温度 T_{cr} を下げることによって翼の温度を下げているものがある．近年のタービンでは，3〜4段程度を冷却しており，相対的に圧力の低い後段のタービンの冷却空気は，圧縮機の前段側から抽気する．同じ量を抽気するなら，可能な範囲で圧縮機の前段から抽気した方が，圧縮機の駆動に必要な仕事が減り，正味の出力が大きくなる．冷却タービンでは，無冷却のものと比べて，段数削減のため全温下降率 Ψ を上げて段あたりの負荷を高くすること，翼枚数削減のためピッチ／コード比を大きくすること，翼での流れの転向角を減らしてキャンバを抑えることによって翼表面積を小さくすること，また，転向角の減少による仕事の減少を補うため流量率 ϕ を上げることなどが最適化の際に考慮される可能性がある．これらの他，燃焼ガス流のレイノルズ数など，その他の重要な設計パラメータについては文献［12］に掲載されている．

冷却タービンの設計における2つ目の重要なポイントは，冷却にまつわる損失の，サイクル全体効率への影響を考えることである．空力的な損失を増やすことで冷却にまつわる損失を減らすような方法があるとして，それが全体として得になるかどうかということを考える必要がある．冷却にまつわる損失については，次のようなものが考えられる．

（a）タービンの質量流量が減ることによるタービン仕事量の減少（後段から入

る冷却空気はそれより前のタービンを回すことができない）．
(b) 燃焼ガスから冷却空気への熱の移動が発生する．また，多段のタービンでは，冷却により再熱（図 2.5）とちょうど反対の影響が出る．
(c) 翼チップ部での冷却空気と燃焼ガス流との混合による損失が起こる（この混合にはチップ・クリアランス損失を減少させる効果があるため，全体としての損失は一部軽減できることが分かっている）．
(d) 冷却空気が翼内部で内周側から外周側へと移動すると，冷却空気の角運動量が増えるが，それに必要な仕事も動翼が行う必要がある（出力から差し引かれる）．
(e) 熱交換器付きのサイクル（図 1.4）では，冷却でタービン出口温度が下がることにより熱交換器の熱交換効率（式 (2.22)）が下がる．

上記の 5 項目のうち，(a) と (e) はサイクル計算に直接組み込むことが可能であるが，(b)，(c)，(d) については，タービンの効率を下げることで間接的に組み込む．後者に関連して，文献 [13] では，冷却タービンの効率は，無冷却のものと比べて 1～3% 程度下がるとしている．効率への影響には幅があるが，そのうち，影響が大きい側（3%）は反動度 0 の衝動型で，影響が小さい側（1%）は反動度 0.5 の場合に対応している．反動度正のタービンの冷却による損失の見積もりは実験結果（文献 [14]）によって確認されている．サイクル計算を行ってみると，上記にあげたすべての損失を考慮しても，冷却タービンを使うことには十分なメリットがあることがわかる（タービン冷却の目的として，サイクル温度を上げるのではなく，より安価な材料を使うためという場合もある．第 2 次大戦中のドイツで行われたタービン冷却の最初の研究の目的もそのようなものであった）．

冷却タービンの設計の前に，与えられた形状で所定の翼相対温度（式 (7.34.5)）を実現するための冷却空気流量の見積もりが必要で，ここでは簡略化した 1 次元計算の概略を説明する（詳細は文献 [12] 参照）．まず，図 7.28 のようなタービン動翼の冷却モデルを設定し，根元から高さ l にある幅 δl の部分の熱の収支を考える．根元から入ってくる冷媒は，図 7.28 右図に示す通り，外周に行くに連れて翼で温められて徐々に温度が上がるため，冷却能力が低下する．このため，翼には，内周より外周の方が温度が高くなる温度勾配が生じ，それに

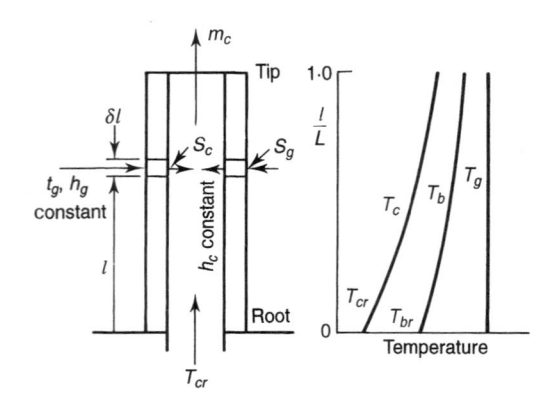

図 7.28 タービン動翼の冷却モデル

よる熱伝導が生じるが，一般にタービン合金は熱伝導率が低いので，熱伝導は省略する．すると，幅 δl の要素の熱収支は，

$$h_g S_g(T_g - T_b) = h_c S_c(T_b - T_c) \tag{7.35}$$

となる．ただし，T_g は燃焼ガス温度（一様），T_b は翼の温度（l によって変化），T_c が冷媒の温度（l によって変化），h_g は燃焼ガス流から翼への熱伝達率，S_g は燃焼ガスが翼に触れて熱伝達が起こる濡れ面積，h_c は翼から内部の冷却空気への熱伝達率，S_c は冷却空気が翼に触れる濡れ面積である．熱伝達率 h_c や h_g は，それぞれ l 方向に変化せず一定値とする．冷却空気は外周に行くに連れて翼の熱を奪って温度が上昇するが，その熱収支は，

$$m_c c_{pc} \frac{dT_c}{dl} = h_c S_c(T_b - T_c) \tag{7.36}$$

となる．ただし，m_c は冷媒の質量流量，c_{pc} は冷媒の定圧比熱である．以上の2つの熱収支の式が基本となり，後は式変形で色々なことが分かる．まず，翼の温度 T_b を求めるために，冷媒の温度 T_c を消去する．式 (7.35) より，

$$T_c = T_b - \frac{h_g S_g}{h_c S_c}(T_g - T_b) \tag{7.37}$$

となり，これを l で微分すると，

$$\frac{dT_c}{dl} = \left(1 + \frac{h_g S_g}{h_c S_c}\right)\frac{dT_b}{dl} \tag{7.37.1}$$

を得る.燃焼ガス温度 T_g は一様とすれば $dT_b/dl = -d(T_g-T_b)/dl$ が成り立つことに注意して,式(7.37.1)を式(7.36)に代入し,式(7.35)を用いると,

$$\left(1+\frac{h_g S_g}{h_c S_c}\right)\frac{d(T_g-T_b)}{dl}+\frac{h_g S_g}{m_c c_{pc}}(T_g-T_b)=0 \tag{7.37.2}$$

となる.根元($l=0$)での翼の温度を $T_b=T_{br}$ として,この微分方程式を積分すると,翼の温度分布が,

$$T_g-T_b=(T_g-T_{br})e^{-kl/L} \tag{7.38}$$

と求められる.ただし,定数 k は,

$$k=\frac{h_g S_g L}{m_c c_{pc}[1+(h_g S_g/h_c S_c)]} \tag{7.38.1}$$

である.一方,冷媒の温度 T_c については,式(7.37)を,

$$T_g-T_c=(T_g-T_b)\left[1+\frac{h_g S_g}{h_c S_c}\right] \tag{7.38.2}$$

と変形し,式(7.38)と比較して,翼の温度 T_b を消去すると,

$$T_g-T_c=(T_g-T_{br})\left[1+\frac{h_g S_g}{h_c S_c}\right]e^{-kl/L} \tag{7.39}$$

となる.また,冷媒の翼根元入口($l=0$)での温度を $T_c=T_{cr}$ とおくと,

$$T_g-T_{cr}=(T_g-T_{br})\left[1+\frac{h_g S_g}{h_c S_c}\right] \tag{7.40}$$

となる.式(7.39)と式(7.40)を比較すると,冷媒の温度 T_c の分布が求められる.

$$T_g-T_c=(T_g-T_{cr})e^{-kl/L} \tag{7.41}$$

式(7.34.5)で定義する翼相対温度については,式(7.40)から式(7.38)を引くと,

$$T_b-T_{cr}=(T_g-T_{br})\left[1+\frac{h_g S_g}{h_c S_c}-e^{-kl/L}\right] \tag{7.41.1}$$

となり,これと式(7.40)から,

$$\frac{T_b-T_{cr}}{T_g-T_{cr}}=1-\frac{e^{-kl/L}}{1+(h_g S_g/h_c S_c)} \tag{7.42}$$

と求められる.翼から冷媒への熱伝達率 h_c は,次に示す通り冷媒の流れのレイノルズ数の関数となるが,冷媒の流量 m_c は,流速を通じてレイノルズ数に関連

する．また，k の式（7.38.1）にも流量 m_c が含まれており，式（7.42）で，少なくとも 2 箇所，冷媒の流量 m_c が関連する部分があるため，翼相対温度から，式（7.42）を使って直接（陽に）冷媒の流量 m_c を求めることはできない．逆に，冷媒の流量 m_c から翼相対温度は簡単に計算できる．

次に，熱伝達率を求める．まず，翼から冷媒（冷却空気）への熱伝達率 h_c について考える．図 7.28 に示す翼内の冷却通路を，断面形状一定の直管と考える．冷媒の熱伝導率を λ [W/(mK)]，管の径を D [m] とすると，冷媒と管との間の熱伝達率は $h_c = Nu \times \lambda/D$ [W/(m²K)]，冷媒と管の間を通過する熱流束（単位面積・単位時間あたりの伝熱量）は $h_c(T_b - T_c)$ [W/m²] と書ける．Nu はヌセルト数（Nusselt number）という熱伝達のしやすさを表す無次元数で，管内の冷媒の流れの温度分布から決まり，

$$Nu = 0.034\,(L/D)^{-0.1}(Pr)^{0.4}(Re)^{0.8}(T_c/T_b)^{0.55} \tag{7.43}$$

と表せる．L は管の長さで，管入口より冷媒が入ってから助走距離を経て発達した管内流れになるまでの過渡状態の熱伝達率の変化を $(L/D)^{-0.1}$ によって組み込んでいる．Pr は冷媒のプラントル数という無次元の物性値で，温度伝導率 α と動粘性係数 ν の比 $Pr = \alpha/\nu$ で表せる（温度伝導率は $\alpha = \lambda/(\rho c_p)$，動粘性係数は $\nu = \mu/\rho$，λ：熱伝導率，μ：粘性係数）．Re は冷媒の流れのレイノルズ数で，冷媒の平均流速を U とすれば $Re = UD/\nu$ と表せる．レイノルズ数が入っているのは，管内の温度分布に管内流れが大きく関わるためである．プラントル数やレイノルズ数の式にある物性値は温度によって変わるが，物性値を決める時の冷媒の温度は，管内流れの平均バルク温度（mean bulk temperature：式（6.2.1），および，その導出過程参照，今の管内流の例では c_p が変わらないとすれば流量加重平均と概ね同じ）とする．T_c/T_b の項は，冷媒の温度が管中心付近と翼に近い外周で差があり，その差によって物性値が変化することによる熱伝達率の変化を考慮するためのものである．今，熱伝達率 h_c，すなわちヌセルト数 Nu は l 方向に変化せず一定値としているので，温度 T_c や T_b は平均半径位置（$l/L = 0.5$）での温度を使うものとする．管の断面形状が円でない場合には，直径と同等なものとして $D = 4 \times$（断面積）/（周囲の長さ）で D を決める．空気のプラントル数 Pr は概ね 0.71 で，冷却通路形状から決まる L/D は現実的な値として 30～100 程度

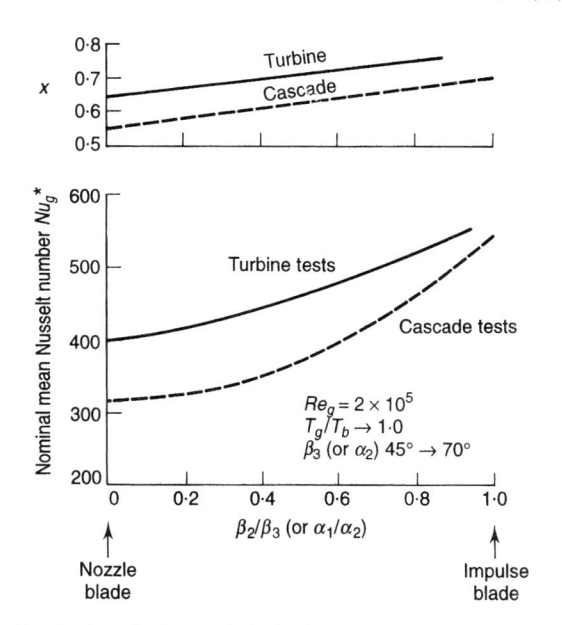

図 7.29 燃焼ガス流からタービン翼への熱伝達(上図:式(7.44.1)の指数 x,下図:ヌセルト数)

(図 7.26 参照)とすれば,$(L/D)^{0.1} \sim 1.5$ となるから,式(7.43)は,

$$Nu = 0.020(Re)^{0.8}(T_c/T_b)^{0.55} \tag{7.44}$$

と表せる.この式は,冷却通路内の冷媒の流れが乱流であると仮定して作られているので,レイノルズ数 Re が 8000 を下回ると精度が悪くなる.上式から熱伝達率を求めるには,平均半径での冷媒の温度 T_c や翼の温度 T_b が必要であるが,これらは前もって値が分かるわけではないので,適当な値を仮定して計算を進め,そこから逆に温度を求めて仮定した値と合っているかをチェックする(ということを合うまで繰り返す).

一方,燃焼ガスから翼への平均熱伝達率 h_g についても,同様に,ヌセルト数 Nu_g を用いて $h_g = Nu_g \cdot \lambda_g / c$($\lambda_g$:燃焼ガスの熱伝導率,$c$ は翼のコード長)と表せる.熱伝達率 h_g(もしくはヌセルト数 Nu_g)は,翼列試験やタービン要素試験によって得られるが,図 7.29(下図)には,図 7.11 のようなオーソドックスなタービン翼の翼列試験およびタービン要素試験によって得られたヌセルト数

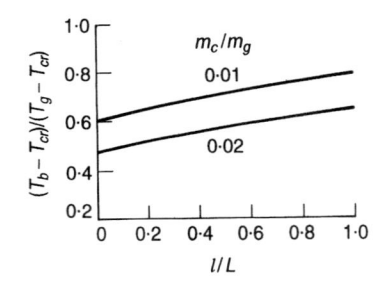

図7.30 翼相対温度の径方向分布

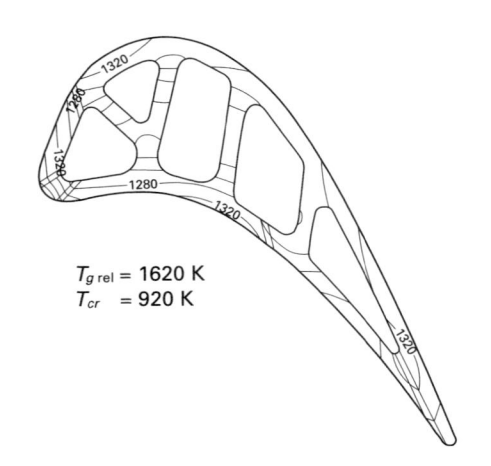

図7.31 Typical temperature distribution [courtesy Rolls-Royce plc]

を示す．横軸は，翼型の最も重要な形状パラメータである入口と出口の角度の比 β_2/β_3（静翼なら α_1/α_2），縦軸は，レイノルズ数が $Re_g=2\times10^5$ で燃焼ガスと翼の温度比が $T_g/T_b \rightarrow 1$ の場合のヌセルト数 Nu_g^*（基準ヌセルト数）となっている（実線は文献 [12] による）．レイノルズ数 Re_g はコード長 c と出口流速 V_3 より $Re_g=V_3 c/\nu$ と定義する．タービン要素のリグ試験の方が，燃焼ガス流の乱れが大きくなる分，翼列試験より熱伝達率が大きくなっている．また，横軸の角度比 β_2/β_3 が小さいほど，翼間流路の絞りが強く，流れが加速しやすいので，背側の境界層の層流から乱流への遷移が遅れるため，ヌセルト数 Nu_g^* が小さくなっている．上記の基準ヌセルト数 Nu_g^* に，温度比 T_g/T_b やレイノルズ数 Re_g の影響を加えた一般のヌセルト数 Nu_g を表す式は，

$$Nu_g = Nu_g^* \left(\frac{Re_g}{2\times 10^5}\right)^x \left(\frac{T_g}{T_b}\right)^y \tag{7.44.1}$$

と書ける．ただし，指数 x は図 7.29 上図の通りで，指数 y は，

$$y = 0.14 \left(\frac{Re_g}{2\times 10^5}\right)^{-0.4} \tag{7.44.2}$$

である．上式の翼温度 T_b には平均半径での値を入れるが，これも前もっては分からないので，冷媒の場合と同様に，適当な値を仮定して進める．

　以上の方法により，式 (7.42) に示す翼相対温度の径方向分布が得られるが，冷却空気流量 m_c が燃焼ガス流量の 1% と 2% の場合の結果を図 7.30 に示す．先に述べたとおり，根元側から冷却空気を入れれば，根元から先端チップに向けて翼の温度が上がっていくが，遠心応力は外周ほど小さくなるため，この翼の温度分布は耐クリープの設計要求に合致するものと言える．また，翼から奪う熱量は，冷媒が吸収した熱量に等しく，冷媒の温度 T_c は，根元部 ($l=0$) で T_{cr} から，外周端チップ ($l=L$) での温度 (T_{ct} とする) まで上昇するので，単位時間あたり $m_c c_{pc}(T_{ct}-T_{cr})$ となる (c_{pc} は冷媒の定圧比熱)．

　上記は径方向の翼の平均温度分布であるが，冷却設計の最終段階では，所定の径 l/L での断面上の温度分布の見積もりも必要になる．それには，有限差分法を用いた数値計算が必要になり，翼内での熱伝導も考慮に入れる．図 7.31 は，燃焼ガス温度 $T_g=1620\,\mathrm{K}$，冷媒の翼入口温度 $T_{cr}=920\,\mathrm{K}$ の条件における，平均半径断面 ($l/L=0.5$) での温度分布の典型例を示す．翼の断面形状を見ると，冷媒が材料に接しない翼後縁部をどのように冷やすかという冷却翼の主要課題の 1 つが見えてくる．冷却翼の場合には，翼内に温度勾配が生じるため，温度分布から熱応力を見積もり，他の応力とあわせてもクリープ限界に対して十分な余裕を持つようにしなければならない．実際，冷却翼の場合には，熱応力は，燃焼ガス流による曲げ応力より支配的な場合が多く，回転の遠心力による引っ張り応力と同程度になる（詳細は Barnes and Dunham [15] 参照）．

　また，高圧空気を圧縮機から抽気してタービンを冷却することに伴う損失を最小化することも重要なことである．冷却効率を上げようとする（少ない流量でより多くの熱を奪う）研究開発がさかんに行われたが，それに伴って，かなり先進的な翼製造技術が必要になってきている．図 7.32 は RB-211 シリーズのエンジ

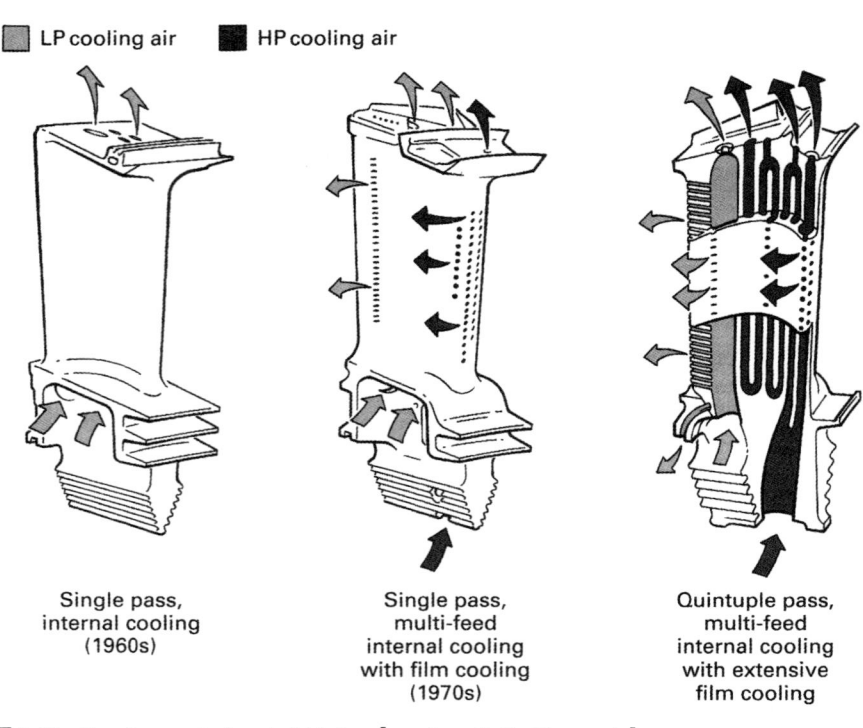

■ LP cooling air   ■ HP cooling air

Single pass,
internal cooling
(1960s)

Single pass,
multi-feed
internal cooling
with film cooling
(1970s)

Quintuple pass,
multi-feed
internal cooling
with extensive
film cooling

図 7.32　Development of cooled blades ［courtesy Rolls-Royce plc］

ンにおける翼冷却構造の進歩を示している．図より，低圧（灰色）と高圧（黒色）の2系統の冷却通路があることが分かるが，高圧冷却系には圧縮機出口空気を抽気して送り，低圧系にはそれより前の段から抽気して空気を送っている．先に述べた通り，なるべく圧縮機の前段から抽気することにより，圧縮機駆動に必要な動力を減らすことができる．

図 7.33 には Rolls Royce 社航空エンジンのタービン入口温度上昇の歴史を示している．冷却翼が導入されたのは 1961 年の Conway からで，当時の冷却機構は図 7.32 に示すようなものよりずっと簡単な構造であった．軍用エンジンでは，設計寿命が民間に比べてかなり短いため，もう少し高い温度で運用されている．先に述べたとおり，エンジンの圧力比が上がると抽気する冷却空気の温度が上がる分，冷却設計が難しくなる．例えば，地上静止 ISA＋15℃の環境で（ISA は

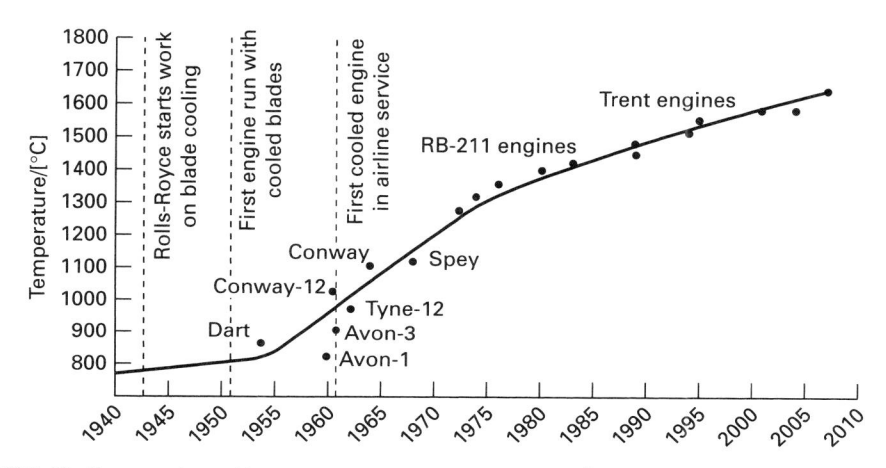

図 7.33 Increase in turbine entry temperatures over time ［courtesy Rolls-Royce plc］

第 3 章末参照），圧力比 50 で運転する場合，圧縮機出口温度は 1050 K にも達する．産業用では，コンバインド・サイクルにおいて，冷却空気を熱交換器を通して冷却し，そこで発生する熱を排熱再生式・蒸気発生器 HRSG（図 1.3）で利用するものもある．また，ロシアの軍用エンジンでは，バイパス空気流を使って冷却空気を予冷するものもある．

最後に，高温部の翼材料として，セラミクスを使うことについて述べる．無冷却の場合，セラミクスを使えば，金属翼に比べてより高温の状態で使用することができると考えられる．これまで，冷却機構を組み込みにくい小型のタービン用材料として，Si-N や Si-C などの研究が行われ，信頼性や寿命の面で難があったが，短期間でのエンジン実証が行われている．また，出力 5 MW 以下の定置式ガスタービン用のセラミクスの動翼の研究が行われ，1990 年代後半には実地での実証試験が行われている．試験では，最終的に，燃焼器から剥がれ落ちた小さな異物が当たって壊されたが，それまで 1000 時間程度は運転されていた．セラミクスの動翼は，依然，脆性破壊の問題が拭えないようであり（研究開発の詳細は文献［16］），実際のエンジンでの運用については，現時点では，楽観的な予測でも 30 年以上かかりそうであるが，研究は続けられており，成功すればガスタービンの設計に大きなインパクトを与えるものと思われる．

7.7 遠心タービン

図7.34は，本章の冒頭で述べた遠心圧縮機と遠心タービンを背中合わせに組み合わせた回転要素で，文献［17］では，このような遠心式の回転要素を利用した一連の産業用ガスタービンの開発について述べられている．遠心タービンの概要図を図7.35に示す．燃焼ガスは$1 \to 2 \to 3$の順に外から入って内向きに流れ，図4.1の遠心圧縮機と比べると，流れる向きが反対であることと，外周の静翼列が，遠心圧縮機では内から外へのディフューザ（拡大流路）なのに対して，遠心タービンでは外から内へのノズル（縮小流路）になっていることを除けば，良く似た構成になっている．外周の入口1に導入された燃焼ガスは，静翼列のノズル（$1 \to 2$）で強い旋回速度成分を持つ内向きの流れに変えられ，動翼のインペラを回転する仕事（$2 \to 3$）をした後，出口3で極力旋回成分が小さい状態で軸方向に排出される．また，動翼出口から先の$3 \to 4$は，図に示すようなディフューザ形状になっていて，出口4では流速がほとんど無いような状態にしている．

図7.35右図には，動翼入口2と動翼出口3における速度三角形を示している．図中の動翼出口3の速度三角形では，C_3が下向きの矢印として書かれているが，実際は軸方向（紙面に垂直手前向き）である．また，通常の設計点を想定し，動翼入口2では回転する動翼から見て流入速度に旋回速度成分がなく（動翼の周速U_2＝流入空気の旋回流速C_{w2}），迎え角0度で流入するものとする．また，動翼出口での流れC_3には旋回成分が無く軸方向成分のみとする．この場合，遠心タービンの比出力（単位質量・単位時間あたりの仕事量）は，式（4.1.1）と（4.2）より，

$$W = c_p(T_{01} - T_{03}) = C_{w2} U_2 = U_2^2 \tag{7.45}$$

と表せる．ただし，U_2は動翼のインペラ外周端の周速（＝流入空気の旋回流速C_{w2}）である．図7.36には，図7.35の遠心タービンの1から4までの状態変化のT-s線図を示す．損失0で出口4の流速も0となるような，考え得る最大の出力が得られる理想状態での比出力W'は，$T_{03} = T_{04} = T_4'$より，

$$W' = c_p(T_{01} - T_4') = C_0^2/2 \tag{7.45.1}$$

と書ける（式（2.13）および関連の記述参照）．ただし，上式では，損失0かつ出口流速0の理想的な場合のタービンのエンタルピ減少量に相当する運動エネ

7.7 遠心タービン 457

図 7.34 Back-to-back rotor [courtesy Kongsberg Ltd]

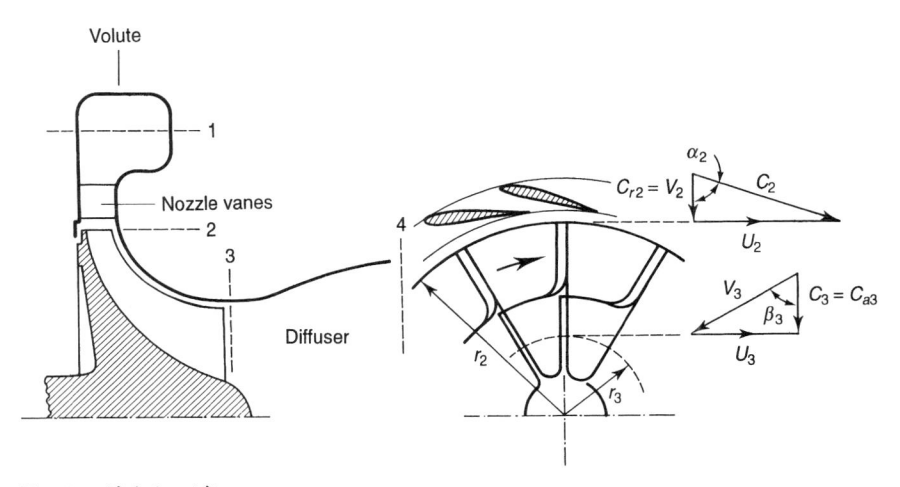

図 7.35 遠心タービン

ギを $C_0^2/2$ と表している．この時，速度 U_2 は，上の 2 つの式より $U_2^2=C_0^2/2$，すなわち，$U_2/C_0=0.707$ となる．実際には，損失があるので U_2 はこれより小さく，U_2/C_0 が 0.68〜0.71 であれば，効率は良いとされる（文献 [18]）．また，速度 C_0 を入口全圧と出口静圧の比 $p_{01}/p_a(p_a=p_4)$ で表すと，$T_4'/T_{01}=(p_a/p_{01})^{(\gamma-1)/\gamma}$ より，

7 軸流／遠心タービン

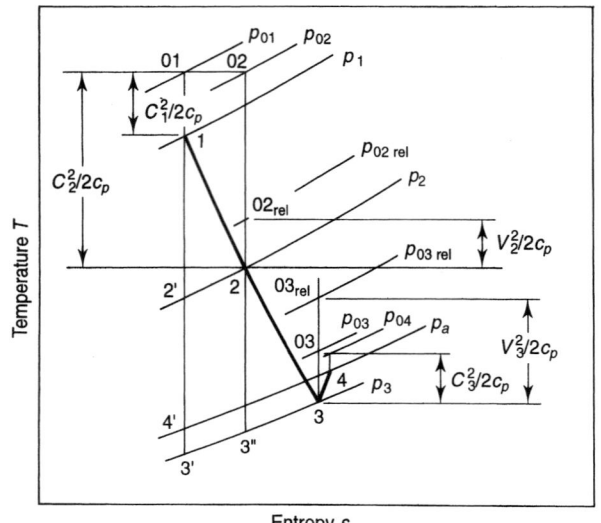

図7.36 遠心タービン内の状態変化

$$\frac{C_0^2}{2} = c_p T_{01}\left[1 - \left(\frac{1}{p_{01}/p_a}\right)^{(\gamma-1)/\gamma}\right] \tag{7.45.2}$$

となる．タービンの等エントロピ効率は，式 (2.10) より $(T_{01}-T_{04})/(T_{01}-T'_{04})$ であるが，ディフューザでは損失の有無に関わらず全温は一定 ($T_{03}=T_{04}$)，かつ，出口4で速度0より $T_{04}=T'_4$ に注意すれば，

$$\eta_0 = \frac{T_{01}-T_{03}}{T_{01}-T'_4} \tag{7.46}$$

となる．一方，ディフューザ部を除く1→3のタービン動静翼部の効率は，タービン出口3で流速0で損失0と仮定した仕事量を分母とすれば，式 (7.5.1) で示した通り，

$$\eta_t = \frac{T_{01}-T_{03}}{T_{01}-T'_3} \tag{7.47}$$

となる．また，静翼による温度ベースの損失率は，式 (7.18) と同様に，

$$\lambda_N = \frac{T_2 - T'_2}{C_2^2/2c_p} \tag{7.48}$$

動翼での温度ベースの損失率は，式 (7.18.1) と同様に，

$$\lambda_R = \frac{T_3 - T''_3}{V_3^2/2c_p} \tag{7.49}$$

と書ける．ここで，式（7.19.2）と式（7.19.3）の間で示したのと同様に，$2' \to 3'$ と $2 \to 3''$ は，どちらも，静圧 $p_2 \to p_3$ の等エントロピ膨張であるから，$T'_2/T'_3 = T_2/T''_3 = (p_2/p_3)^{(\gamma-1)/\gamma}$ となることを利用すると，式（7.48）は，

$$\lambda_N = \frac{T''_3 - T'_3}{C_2^2/2c_p} \cdot \frac{T'_2}{T'_3} \tag{7.50}$$

と変形できる．式（7.47）で表したタービン効率を λ_N, λ_R を用いて表す．分母は，

$$T_{01} - T'_3 = (T_{01} - T_{03}) + (T_{03} - T_3) + (T_3 - T''_3) + (T''_3 - T'_3)$$
$$= (T_{01} - T_{03}) + \frac{C_3^2}{2c_p} + \lambda_R \frac{V_3^2}{2c_p} + \lambda_N \frac{C_2^2}{2c_p} \frac{T'_3}{T'_2} \tag{7.50.1}$$

と書けるから，

$$\eta_t = \left\{ 1 + \frac{1}{2c_p(T_{01} - T_{03})} \left[C_3^2 + \lambda_R V_3^2 + \lambda_N C_2^2 \frac{T'_3}{T'_2} \right] \right\}^{-1} \tag{7.50.2}$$

となる．式中の流速については，図7.35より，動翼のインペラ外周端2での回転速度 U_2 および出口3の平均半径での回転速度 U_3 を用いて，

$$C_2 = U_2/\sin \alpha_2, \quad V_3 = U_3/\sin \beta_3, \quad C_3 = U_3/\tan \beta_3 \tag{7.50.3}$$

と書ける．また，$U_3 = U_2 r_3/r_2$ と式（7.45）を用いると，

$$\eta_t = \left\{ 1 + \frac{1}{2} \left[\left(\frac{r_3}{r_2}\right)^2 \left(\frac{1}{\tan^2 \beta_3} + \frac{\lambda_R}{\sin^2 \beta_3} \right) + \lambda_N \frac{T'_3}{T'_2} \frac{1}{\sin^2 \alpha_2} \right] \right\}^{-1} \tag{7.51}$$

と表せる．T'_3/T'_2 については，例題7.1で示す通り，$\lambda_N(T'_3/T'_2)/\sin^2 \alpha_2$ の項が小さいためあまり重要でないが，上記で示したとおり $T'_2/T'_3 = T_2/T''_3$ より，

$$\frac{T'_3}{T'_2} = \frac{T''_3}{T_2} = 1 - \frac{T_2 - T''_3}{T_2} = 1 - \frac{1}{T_2}[(T_2 - T_3) + (T_3 - T''_3)] \tag{7.51.1}$$

となり，式中の温度差 $T_2 - T_3$ については，$T_{01} = T_{02}$ と式（7.45），および図3.5の速度三角形より，

$$U_2^2 = c_p(T_{01} - T_{03}) = c_p(T_{02} - T_{03})$$
$$= c_p(T_2 - T_3) + \frac{1}{2}(C_2^2 - C_3^2)$$
$$= c_p(T_2 - T_3) + \frac{1}{2}(V_2^2 + U_2^2) - \frac{1}{2}(V_3^2 - U_3^2) \tag{7.51.2}$$

$$T_2 - T_3 = \frac{1}{2c_p}[(V_3^2 - V_2^2) + (U_2^2 - U_3^2)]$$

と表せる．軸流タービンでは，式（7.6.3）のとおり，動翼から見た流速を使えば入口全温と出口全温が等しかったが，上式を見ると，遠心タービンで図7.35のように速度 V_2 や V_3 を設定した場合には，動翼のインペラから見た入口全温 $T_2+V_2^2/2c_p$ と出口全温 $T_3+V_3^2/2c_p$ が等しくはならないことが分かる．これは，動翼のインペラ入口では，回転速度 U_2 でインペラと一緒に回転して見た流入流速を V_2 としているのに対し，出口では，回転速度 U_3 で回転しながら見た流出流速を V_3 としており，観察者の回転速度に差があるためである（図7.1に基づく式（7.6.3）では，観察者の回転速度は動翼入口と出口でどちらも U で同じであった）．式（7.51.1-2）より T_3'/T_2' は，

$$\frac{T_3'}{T_2'} = \frac{T_3''}{T_2} = 1 - \frac{1}{2c_p T_2}[(V_3^2 - V_2^2) + (U_2^2 - U_3^2) + \lambda_R V_3^2]$$
$$= 1 - \frac{U_2^2}{2c_p T_2}\left[1 + \left(\frac{r_3}{r_2}\right)^2 \left[\frac{1+\lambda_R}{\sin^2 \beta_3} - 1\right] - \frac{1}{\tan^2 \alpha_2}\right] \tag{7.52}$$

と表せ，式中の T_2 は，

$$T_2 = T_{02} - \frac{C_2^2}{2c_p} = T_{01} - \frac{U_2^2}{2c_p \sin^2 \alpha_2} \tag{7.52.1}$$

より求められる．静翼での損失率 λ_N は，入口部のボリュートと静翼（図7.35）だけを取り付けた装置で試験して求める．動翼での損失率 λ_R は，次の例題に示すように，遠心タービン全体での効率と静翼での損失率 λ_N から式（7.51）を使って求める．

例題7.1

下記の寸法の遠心タービン（図7.35）を，圧力比 $p_{01}/p_3=2.0$，入口全温1000 K の設計点の条件で試験することを考える．回転数1000 rev/s，流量0.322 kg/s において，出力は，機械損失を考慮すると45.9 kW になる．ボリュートと静翼だけで別途行った試験により，静翼での温度ベースの損失率（式（7.48））は $\lambda_N=0.070$ であることが分かっている．

動翼インペラ入口外周直径	12.7 cm
動翼インペラ出口外周直径	7.85 cm
動翼インペラ出口ハブ・チップ比	0.30

静翼出口角度 α_2	70°
動翼から見た出口流出角度 β_3	40°

式 (7.47) で示す出口流速 0 を理想状態とするタービン効率を求める．分母は，

$$T_{01}-T'_3=T_{01}\left[1-\left(\frac{1}{p_{01}/p_3}\right)^{(\gamma-1)/\gamma}\right]=1000\times\left[1-\left(\frac{1}{2.0}\right)^{1/4}\right]=159.1\text{ K} \quad (7.52.2)$$

分子と，効率は，$W=mc_p(T_{01}-T_{03})$ を用いて，

$$\begin{aligned}T_{01}-T_{03}&=\frac{W}{m\,c_p}=\frac{45.9\times10^3}{0.322\times1148}=124.2\text{ K}\\ \eta_t&=\frac{T_{01}-T_{03}}{T_{01}-T'_3}=\frac{124.2}{159.1}=0.781\end{aligned} \quad (7.52.3)$$

と求められる．次に，式 (7.51) を使って，動翼での損失率 λ_R を求める．先に述べた通り，T'_3/T'_2 が係わる項は結果的に小さくなるので，精度は悪くてもよいから仮に $T'_3/T'_2=1$ とおく．r_3/r_2 については，図 7.35 を見ながら計算する．まず，動翼入口半径 r_2 は，上記の条件より $r_2=12.7/2=6.35$ cm と分かる．動翼出口平均半径 r_3 については，出口外周面半径が上記の寸法より $7.85/2=3.925$ cm，内周面半径はその 0.3 倍で $3.925\times0.3=1.178$ cm，平均半径は $r_3=(3.925+1.178)/2=2.552$ cm となるので，

$$\frac{r_3}{r_2}=\frac{2.552}{6.35}=0.402 \quad (7.52.4)$$

である．これらを式 (7.51) に代入すると，

$$\begin{aligned}0.781&\approx\left\{1+\frac{1}{2}[0.402^2\times(1/\tan^2 40°+\lambda_R/\sin^2 40°)+0.070/\sin^2 70°\right\}^{-1}\\ 1.280&=1+0.1148+0.1956\,\lambda_R+0.039\\ \lambda_R&=0.64\end{aligned} \quad (7.52.5)$$

と求められる．また，T'_3/T'_2 が係わる項は相対的に小さいことも確認できた．また，インペラの周速は $U_2=2\pi r_2 N=2\pi\times0.0635\times1000=399$ m/s となる．$T'_3/T'_2=1$ とせず，より厳密に式 (7.52) を使うと，$T'_3/T'_2=(0.921-0.028)\lambda_R$ となり，これを式 (7.51) に代入して再計算すると，動翼の損失率は $\lambda_R=0.66$ となるが，単に $T'_3/T'_2=1$ として式 (7.51) を使って得た 0.64 とあまり変わらず，実験データの誤差の範囲内と言える．

包括的な遠心タービンの研究の一例として，Ricardo and Co [19] があげられる．その研究では，外径 12.5 cm でベーン 12 枚の動翼インペラを用いて，最高 90% の効率を達成している．静翼の翼枚数は 17 枚が最適とされている．静翼での損失率は，出口角度が 60° から 80° の範囲では $\lambda_N=0.1(60°)\sim0.05(80°)$ で，当該範囲では出口流出角度が大きくなるにつれ損失率が下がっている．動翼での損失率の方が変化が大きく，$\lambda_R=0.5\sim1.7$ で，静翼出口角度が 70° を超えると急激に損失率が増加している．ただし，タービン全体の効率については，静翼出口角度には鈍感で，70° から 80° に上げても，効率は 2% しか下がっていない．また，この研究では，動翼インペラ外周端での軸方向幅や，静翼と動翼インペラの間のベーン無しスペース（第 4 章参照）の径方向幅，動翼インペラのベーンとケーシングの間のクリアランスの影響についても調べられている．それによると，動翼インペラ外周端での軸方向幅の最適値は，動翼インペラ外径の約 10% で，ベーン無しスペースの幅の性能への影響はあまりないようである．また，動翼インペラのチップ・クリアランスがベーン高さ比で 1% 増えるにつれて，効率が 1% 下がっているが，これは，軸流タービンでのチップ・クリアランスの効率への影響に比べると随分と小さい．一般に，チップ・クリアランスは，タービンを小型化しても寸法に比例して小さく出来ないため，小型のタービンでは相対的にその影響が大きくなる．遠心タービンではチップ・クリアランスの効率への影響が小さいことが，小型で有利になる基本的な理由ではないかと思われる．

　動翼インペラは，ベーン間のディスク部（図 7.35 左図斜線部）を掘り込んでディスクの応力や重量，慣性を小さくするなど，様々な形状が作られている（文献 [20] 参照）．動翼インペラの寸法については，出口のハブ・チップ比は，出口面でベーンの断面が占める割合が大きくなりすぎることを防ぐため，0.3 を大きく下回らないようにする．また，出口外径と動翼インペラ外径の比についても，ベーン間流路の曲がりが急になりすぎないよう，最大 0.7 程度に抑える．

　タービンの損失に関しても，単に λ_N や λ_R を使う以外の様々な方法が考案されており，文献 [20] では，実際に使われている様々な損失係数の比較を行っている．特に，動翼インペラから見た流入速度 V_2 が図 7.35 のように真っ直ぐにならず，径方向からずれて，迎え角を持って流入するような場合（図 7.37 左図）

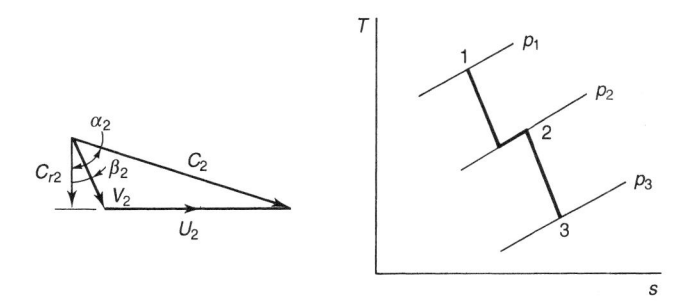

図 7.37　動翼での迎え角の影響

には，迎え角による損失（incidence loss），もしくは，衝撃損失（shock loss）と言われる追加の損失が発生するため，その損失を表す係数が必要になる．設計点以外では，流入速度 V_2 が径方向からかなりずれるため，そのような損失に対応する損失係数が重要になる．衝撃損失といっても，衝撃波の発生による損失（5.10節）とは違い，ベーンが図 7.35 に示すように真っ直ぐの場合には，図 7.37 左図に示す通り，ベーンから見て角度 β_2 で流入した流れ V_2 がベーンに衝突し，急に径方向内側真っ直ぐな方向 C_{r2} へと曲げられるその流れ角度の急変を衝撃と表現している．その際には，全圧損失が発生し，$T-s$ 線図を描くと図 7.37 右図のようになり，エントロピ s が急に増加して2-3のラインが右による（軸流タービン動翼は翼型を使うため，図 7.12 に示すように，ある範囲の迎え角に対応できるが，インペラのベーンは翼型でなく直線のためこのような事が起こる）．Bridle and Boulter [21] は，ベーンの迎え角 $\beta_2 = \pm 65°$ 以内の範囲では，全圧損失 Δp_0 は，

$$\frac{\Delta p_0}{(p_{02}-p_2)\cos^2\beta_2} = (\tan\beta_2 + 0.1)^2 \tag{7.52.6}$$

で表せるとしている．また，Bridle and Boulter は，非設計点での損失の予測を可能にすることを目指して，文献 [19] の試験結果を用いて，動翼ベーン間流路の摩擦損失やクリアランス損失などを表す式を導いている．Benson [22] も，非設計点での損失予測を行う方法について述べており，必要な計算を行う Fortran のプログラムを付録として付けている．

8 ガスタービンの機械設計

　ここまで，ガスタービン各要素の熱サイクルや空力について考えてきた．ガスタービン全体としての設計の流れは第1章（図1.23）で示した通りであるが，機械設計はその中でも主要な作業の1つとなっている．ただし，詳細な機械設計については，空力面での概念設計によって，およその寸法，回転数，圧縮機・タービンの形式や段数などが定まってから行うことになる．また，その空力面の設計を行うには，さらにその前段階として，設計仕様に基づいて熱サイクルを定めることが必要で，それから決まる流量，圧力比，タービン入口温度などが空力設計では必要になる．全体として設計を進めるにあたっては，各分野の設計チームでの作業結果を，継続的に他のチームへフィードバックしながら作業を進めることが重要になる．

　本章では，ガスタービンの機械設計について述べる．これまで，ガスタービンの性能を上げるには，タービン入口温度と圧力比を上げることが重要であることを繰り返し述べてきた．また，ターボ機械関連の章では，動翼の回転速度を上げることの重要性や，その回転速度の2乗に比例して遠心応力が大きくなることなども示した．高い温度と大きな応力の両方が発生するタービン初段は，ガスタービン内で最も難しい部品となる．作用する応力として遠心応力は確かに大きいが，一定値で作用しつづける定常的な応力であり，その他にも，同時に，燃焼ガスによる曲げ応力，振動応力や熱応力などが作用する．非定常な応力で最も重要なのが，空力的に作用する力が間欠的になって変動することに伴う振動応力である．また，熱応力の取り扱いは，タービン静翼，冷却翼，ディスクなどの高温部品で重要になる．ディスクに作用する応力にも，ディスク自身の回転に伴う遠心力の他，はめ込まれた翼からの引っ張りや熱応力がある．また，回転部品にはベ

アリング（軸受け）があり，ベアリングも振動を起こす原因になるため，ガスタービンの円滑な運転のためには，それらも考慮しなければならない．ベアリングやシールは小さいが重要な部品であり，それらについても最後に簡単に述べる．

8.1　設計プロセス

図 1.23 に示すガスタービン全体の設計プロセスを見ると分かるように，機械設計はその中で重要な位置を占めている．開発の初期段階で，機械設計のグループは，装置全体のレイアウトを作成して，熱サイクルや空力設計のグループへ提示する．ガスタービンの設計では，一度の計算では最適解が得られないため繰り返しが必要になり，設計を進めては，得られた解に対する評価，および，確認試験を行うというステップが繰り返される．

近年の設計では，熱力，空力，機械設計が並行して進むコンカレント・エンジニアリングが行われ，材料，製造，試験，運用，保守など様々な分野の技術者が参加する．このような多分野に渡る製品開発の進め方は IPD（integrated product development）と呼ばれ，最適形状設計の迅速化，効率化に貢献している．

設計基準とその進展

ガスタービンの設計は，まず，ニーズを正確に把握し，要求仕様を定めるところから始まる．ただし，その要求仕様を満たすものは 1 つではなく，実際，同じ要求仕様でも，設計チームが変われば別の解にたどり着き，全体構成，安全性の度合い，寿命，コストなど，要求仕様に必ずしも含まれていない部分が違ってくる．このようなことから，要求仕様に加えて設計基準が必要になるが，ガスタービンが現れた当初は，一般的な設計基準はなく，各社独自に，経験に基づいて設計基準を定めていた．

民間航空の分野では，航空機は政府機関の認証（certification）を受けなければならないため，それに沿う形で，航空機全体や，エンジンを含めた補機の設計基準が徐々に整備されてきた．民間航空エンジンは，米国連邦航空局 FAA（Federal Aviation Administration）の定める規則である FAR（Federal Aviation Regulation) Part33 や欧州 EASA (European Aviation Safety Agency) の規則に従う形で開発が進められている．ただし，エンジンは航空機の一部であり，機体への装着次第で性能や運用方法が変わってくるため，エンジンの認証においては，機体との関連を考慮しながら進められる．航空エンジンが認証を受ける際には，試験と解析の両方の組み合わせによって基準を満たすことを証明していくが，試験に関しては，いわゆる積み上げ方式（building block approach）がとられる．具体的には，最初に，各部品で使用する材料の特性を証明する試験が行われ，続いて，各要素のリグ試験，最終的に完成エンジン全体での実証試験へと積み上げていく．試験には，エンジンの性能を示すものと，安全性を示すものがあり，安全性に関しては，鳥打ち込み試験や，翼破断試験（ファン動翼が根元から破断しても，飛散して機体を壊すなどの安全に係わる重大事故につながらないことを証明する試験），水吸い込み試験などが行われる．FAA では，FAR33 に加えて，AC（Advisory Circular）-33 を発行しており，エンジン設計の際の良い指針となっている．産業用ガスタービンでは，American Petroleum Institute (API) Standard 616 'Combustion gas turbines for refinery service' という基準などがある．趣旨は航空エンジンと同じであるが，運用目的の違いが基準に反映されている．

　軍用エンジンでは，1970 年代に，米国空軍でエンジンの故障や耐久性の問題（経済性を考慮した上での寿命という意味での耐久性）が発生したが，当時の軍用エンジンは，性能を非常に高いレベルに設定し，各要素の負荷も相当高かったため，結果として，すぐ故障するということになっていた．これに対処するため，Engine Structural Integrity Program（ENSIP）というプログラムが立ち上がった．ENSIP は，当初より，エンジン構造の安全性や耐久性，ライフサイクル・コストの削減，機動的な運用を確保するという目標の元で進められ，その成果は MIL-STD-1783（USAF）という基準としてまとめられた．現在では，それが軍用機用のハンドブックとしてまとめられ，設計の際の指針となっている．設計基準を含む航空エンジンの一般的な仕様に関しては，長年にわたって徐々に内容が深まり，今では Joint Service Specification Manual JSSM-2007A 'Engines, aircraft, turbine' としてまとめられている．英国国防省でも同様な DEF STAN 00-971 'General specification for aircraft gas turbine engines' という文

書を作成している．これらは，耐久性のあるジェットエンジン開発にかかわる技術者にとって有用な文書である．それらの中にある設計基準は，実際に過去に起こった不具合の経験に基づいて作られたものであるため，不具合防止の観点でも有益であり，本章全体を通して参照することにする．

ガスタービンの開発線表

　ガスタービン開発過程の複雑さについては，図 1.23 および第 1 章の関連の記述から分かると思うが，開発期間については，最初の構想段階から最終設計図までに数年を要する．開発の途中では，量産に入るまでに膨大な数の試験をこなす必要があり，時間と費用がかさむ．図 8.1 には，1970 年代のある典型的なエンジン（図の Engine tests とある曲線）と，1990 年代のエンジンである F414-400（図の F414-GE-400 tests とある曲線）に関して，エンジン試験の積算時間（左縦軸）を，開発試験を開始してからの年数を横軸に取って示している．両エンジンの開発時期には 20 年もの違いがあるが，必要なエンジン試験の時間はトータルで 1 万時間程度と，どちらも概ね同じであることは興味深い．エンジン試験に使用するエンジンの数も多く，F414 の場合は，工場で 14 台，飛行試験用に 21 台のエンジンを試験に使っている．また，図 8.1 には，1970 年代の方のエンジンに関して，材料試験 Materials と要素試験 Component の積算時間（右縦軸）も示されている．ただし，今日では，これまでの開発経験における成功例の踏襲，数値シミュレーションの増加や，シミュレーションによって要素の性能を取

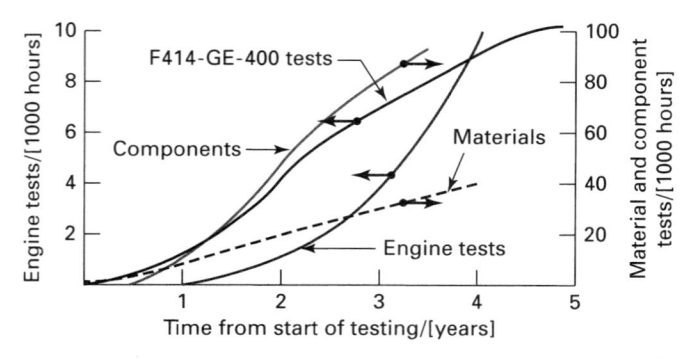

図 8.1　Development testing timelines for materials, components and engines ［after *Journal of Aircraft*, April 1975, and GE Publication *The Leading Edge*, Winter 1994］

得する，いわゆる仮想試験（virtual test）の出現などにより，開発期間の短縮化が図られている．

産業用ガスタービンの開発も航空用とあまり変わらないが，産業用の場合は，量産に入る前に，性能や作動範囲の確認を行うため，限られた顧客の元で試験エンジンの実地試験を行うことが多い．産業用ガスタービン開発の典型例を言えば，設計開始から初号機のエンジン試験まで4年程度を要し，その後，製造メーカで2年程度の試験，さらに，2年程度の実地試験を経て量産に入る．

8.2 ガスタービンの基本構成

要求仕様と使用目的

航空エンジンでは，とりわけ多種多様なエンジンを目にするが，それは，取り付ける航空機や使用目的の違いが各エンジンに反映されているためである．高いレベルにまで最適化されているエンジンの場合には，要求仕様が少し変わるだけで設計が大きく変わる場合がある．設計変更に関しては，推力増強など性能面での変更が多いが，その他にも，例えば，砂やほこりが多い場所でも使えるようにするなど使用環境を広げるような変更の場合には，圧縮機の材料の変更や，コーティングなど追加の表面処理が必要になる可能性がある．第1章では，ガスタービンを産業用・航空用などの種類別に見たが，ここでも，機械設計の視点から，それらの分類に従ってガスタービンを見てみる．

航空エンジンでは，安全性が何よりも優先されるが，地上用ガスタービンに関しては，故障が直ちに重大事故につながるわけではないので，安全性というより信頼性の方が重要視される．ただし，以下の話では，安全性ということを念頭において話を進めることにする．

航空エンジン―民間用と軍用

航空用としては，ターボファン・エンジンが最も広く使われており，輸送機では高バイパス比，戦闘機では低バイパス比のものが使われている．他には，ターボプロップ，ターボシャフトなどのエンジンがあり，ターボシャフト・エンジン

は，ヘリコプタなどの回転翼機で使われている．製造メーカ，エアライン，共に，エンジン性能の向上（高推力，低燃費，低排出，素早い応答性，長寿命）と同時に，重量やライフサイクル・コストの削減を志向しているが，それらは，元来，相反する要求であることが多い．例えば，重量を削減するということは，基本的に，部材を薄くし，より密度の低い材料で作ることになるが，そうして出来た部品には，概して大きな応力が作用し，部品が曲がりやすくなる．曲がりやすくなっている部品が，複雑に力が作用する環境に置かれると，いくつかのモードで振動し，疲労破壊を起こす可能性があり，エンジンの寿命低下につながる．また，性能向上のため温度を上げると，使っている材料（多くは金属）の強度その他の特性が悪化し，これも，寿命を短くする方向に働く．また，回転要素に必要な軽量で低摩擦の転がり軸受（anti-friction bearing，一般に言うボール・ベアリングなど）にも寿命がある．このように，要求事項を達成する際には，相反する様々な項目のバランスを取るための複雑なトレードオフが必要になる．実際の航空エンジンは，そのようなトレードオフの結果が反映されたもので，例えば，図1.12（a）に示すエンジンでも，動かない部品は薄い金属の板で構成されており，回転要素も軽量になっている．

　図1.12（a）を見ると，ある部品を軽量化できると，他の要素にもそれが波及し，芋づる式に軽量化できることが想像できるであろう．例えば，ディスクの厚みを減らしたり，翼のディスク取り付け部を軽量化したりすることによって，翼＋ディスクの回転要素の重量が減ったとすると，それを支持しているシャフトに対する荷重が減るので，シャフトも小さくできる．そうすると，ベアリングの荷重も減って小さくでき，さらに，それによって，ベアリングのケースや，それらを支持する部品も軽くできる．エンジン内で，部品にかかる荷重がどこをどう伝わっていくか（load path）を見れば，軽量化できる一連の部品を把握することができる．

航空エンジン派生型の産業用ガスタービン

　航空エンジン派生型の産業用ガスタービンについては1.5節で述べた．航空エンジン派生型の意味するところは，航空エンジンを設計変更して，定置式の産業用として使うのに必要な要件を満たせるようにしたものということである．一般

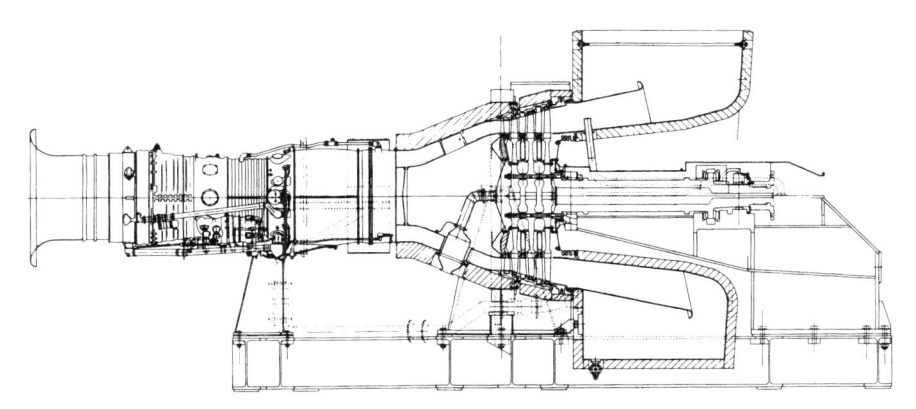

8.2 ガスタービンの基本構成　471

図 8.2　Rolls-Royce Olympus SK30 engine with three-stage power turbine [courtesy Rolls-Royce plc]

には，ファンの取り外し，圧縮機とタービンの改造，ベアリングを長寿命のものへの交換，燃焼器を多種燃料に対応でき有害排気ガスが少なくなるように改造，燃料や制御システムの変更，大気中の汚染物質の吸い込みや燃料変更によって各要素の部品にダメージが生じないように表面保護を行うことなどあげられる．また，航空用より負荷を下げて運転し，長寿命化やメンテナンス間隔の延長を図ったりすることも行われる．一般に，航空エンジン派生型の産業用ガスタービンとしては，下記の2種類が考えられる．

(1) 図1.5の構成で，上流のガス発生器に航空エンジン派生型が使われ，下流の出力タービンは，別途，産業用として設計する．図8.2は，その一例である（文献［1］）．図を見ると，右にある3段の出力タービンには，比較的重量のあるディスクが取り付けられており，2つのラジアル軸受（径方向の荷重を支える軸受），および，1つのスラスト軸受（軸方向の荷重を支える軸受）の付いた回転軸にボルト留めされている．軸受には，流体潤滑によるすべり軸受が使われている．

(2) 図1.16に示すRolls Royce社の産業用Trentのように，低圧タービン軸から出力を得る．

産業用ガスタービン

産業用ガスタービンは，発電，各種製造工程用，パイプライン圧送用など，顧客の用途に合わせて設計される．航空用との主な違いは，重量はそれほど問題にならないことと，寿命が非常に重要になることである．用途によって産業用ガスタービンの設計が変わる様子が図1.13や図1.16に示されている．図1.13のSiemens社Typhoonでは，回転要素も動かない部品も，共に，厚めの部材で構成されており，重いが丈夫になっている．その結果，振動があまり問題にならないため，その分，寿命が長くなっている．また，Typhoonでは，転がり軸受の代わりに，外部からアクセス可能な流体軸受が使われており，軸受の寿命が長くなる他，メンテナンスもしやすくなっている．部材を厚くすることで生じる問題としては，始動と停止の時の過渡的な温度勾配により発生する熱応力が大きくなることがあげられ，部材の破断をさけるため，急激な温度勾配が生じないようにしなければならない．よって，産業用では，始動や停止には，エンジンの大きさにもよるが，数十分単位の時間がかかり，始動時間を秒単位で計る航空エンジンより随分と長い時間がかかる．

8.3 ガスタービン各要素に作用する力と不具合モード

ガスタービン各要素に作用する負荷要因

ガスタービンに作用する負荷には，外部要因によるものと内部要因によるものとがある．航空エンジンでは，外部要因によるものとして，タクシング，離陸，着陸，旋回などの航空機の運動に伴う慣性力が非常に重要になる（例えば，機体が急減速すると，エンジン各要素に前向きの慣性力がかかり，それを支えているものには後ろ向きの反力がかかる）．また，航空機の運転状態に応じてエンジンの推力が変わると，翼の回転などによって各要素に作用する内部要因による負荷も変わってくる．また，外部要因による負荷として，鳥，石，砂，氷，ひょうなどの異物を運転中のエンジンに吸い込むことによって生じる負荷がある．また，エンジンの機体への取り付け／取り外しなどのメンテナンス作業によってかかる

負荷もある．産業用ガスタービンは，一般には，定置式で動かないので慣性力は働かないが，舶用ガスタービンや，洋上掘削基地で使うガスタービンには，波による揺れなどによって大きな負荷がかかる可能性がある．

内部要因による負荷には，回転による慣性や燃焼ガス流，圧力，温度などによるものがあり，一般に，それらが組み合わさって作用する．例えば，タービン・ディスクに作用する負荷としては，始動時には，自身の回転による遠心力，翼の遠心力による引っ張り，高温の燃焼ガス流に近い外周側の温度だけが急上昇して径方向の温度勾配が生じることによって発生する過渡的な熱応力，ディスク表面の空気に圧力勾配があればその差圧による力などがかかる．エンジンが定常な運転状態になると，それらによる負荷も一定値となる（翼列の後流によって生じる非定常応力などを除いて）．また，エンジン停止時には，回転など運転に伴う負荷は無くなるが，始動時の逆で，外周側が先に冷えて内周側の方が温度が高くなることによる過渡的な熱応力が発生する．

動翼については，遠心応力や熱応力に加えて，流れによる曲げ応力も作用する．動翼の空力設計が遠心応力に与える影響については，第5章と第7章で簡単に説明したが，本章では，すべての要素に作用する応力について，より詳細に調べる．ガスタービンの設計においては，上記で説明したあらゆる負荷を考慮しなければならないため，その作業は膨大になる．

ガスタービン要素の不具合モード

ガスタービン要素の不具合（failure）とは，その要素が，要素としての機能を果たせなくなるような，形状，大きさ，表面状態，材料特性の変化と定義される．設計においては，その不具合に至るあらゆる道筋である不具合モード（failure mode）を洗い出し，その対策を施した設計ができるようにしておかなければならない．これは，第一義的には安全性の問題であるが，他にも，経済的な寿命を極力延ばすという面もある．よって，既存のエンジンや設備での不具合を調べて，そこから良く学んでおく必要がある．図8.3には，ターボファン・エンジンの断面図に，各要素に作用する負荷要因と典型的な不具合モードが示されている．一般に，不具合モードは，各要素の強度を超えて作用した負荷に関連していると考えられる．以下では，様々な不具合モードについて，材料や負荷条件と関

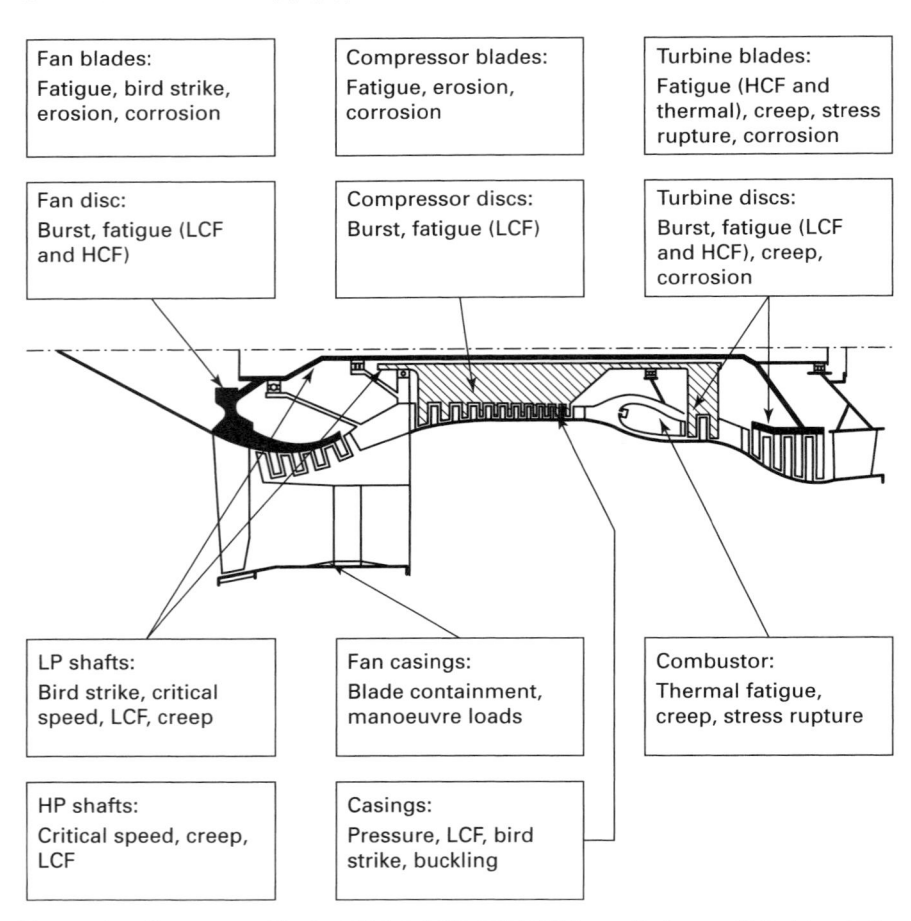

Fan blades:
Fatigue, bird strike, erosion, corrosion

Compressor blades:
Fatigue, erosion, corrosion

Turbine blades:
Fatigue (HCF and thermal), creep, stress rupture, corrosion

Fan disc:
Burst, fatigue (LCF and HCF)

Compressor discs:
Burst, fatigue (LCF)

Turbine discs:
Burst, fatigue (LCF and HCF), creep, corrosion

LP shafts:
Bird strike, critical speed, LCF, creep

Fan casings:
Blade containment, manoeuvre loads

Combustor:
Thermal fatigue, creep, stress rupture

HP shafts:
Critical speed, creep, LCF

Casings:
Pressure, LCF, bird strike, buckling

図 8.3　ターボファンエンジンに作用する負荷要因と不具合モード（LCF：低サイクル疲労，HCF：高サイクル疲労）

連させて説明する．

8.4　ガスタービンの材料

　材料はガスタービン性能向上の鍵を握っている．ここでは，金属材料の特性や要素の不具合につながる破断モードを簡単に説明する．

材料の特性と破断モード

(a) 静的な破断と強度

　材料の静的な破断は，引張，圧縮（細長い部材では座屈），せん断などによって発生する．材料の静的な強さは，通常は，引張強度 UTS（ultimate tensile strength）と降伏強度（yield strength）の2つの値によって表される．降伏強度は，所定のレベル（通常は0.2%）の塑性ひずみ（永久ひずみ permanent strain）が発生する時の応力である．また，材料の塑性変形に関連する量として伸度（ductility）があり，通常は，材料の引張試験で破断した時の試験片の伸び率（%），もしくは，その時の試験片の断面積の減少率で定義される．延性材は，降伏して伸びることにより，応力集中が起こる点での最大応力を分散させることができるので，破断の危険が小さい．準静的な破断の例として，ディスクの破裂（バースト，burst）があり，エンジンの過回転によって起こる可能性がある（詳細は8.7節）．

　一方，セラミクスなどの脆性材は，基本的に全く塑性変形しない．その結果，延性材で見られたような応力の分散が起こらず，部材のどこかの応力が引張強度に達すれば，突然破断するということになりやすい．よって，エンジンの材料としては，高強度の延性材料が望ましいということになる．また，後で示すとおり，弾性係数（ヤング率 Young's modulus）が大きい方が，座屈荷重が上がり，振動特性が良くなるため望ましい．

　図8.4には，延性材 Ductile と脆性材 Brittle の応力-ひずみ特性と，関連する諸量の定義を示す．材料の引張試験では，荷重 F と試験片の伸び ΔL を測定する．試験片の断面積 A_0 が変化しないものとすると，試験片にかかる応力は $S=F/A_0$ で，これを公称応力（engineering stress）と言い，対応するひずみ $e=\Delta L/L_0$ を公称ひずみ（engineering strain）と言う（L_0 は試験片の初期長さ）．しかし，実際には，荷重 F が大きくなるにつれて，試験片が伸びて真の断面積 A は A_0 より小さくなる．図8.4で定義する真応力 σ（true stress）は真の断面積 A に基づいたもので，対応する真ひずみ ε（true strain）との組み合わせで，材料の非弾性的な挙動を表すことができる．

　ガスタービン要素の中には，高温にさらされるものがあるため，所定の温度範

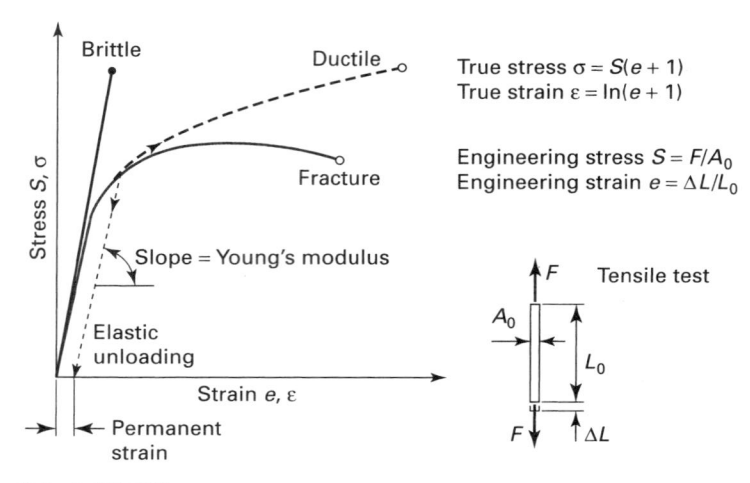

図 8.4 応力-ひずみ特性

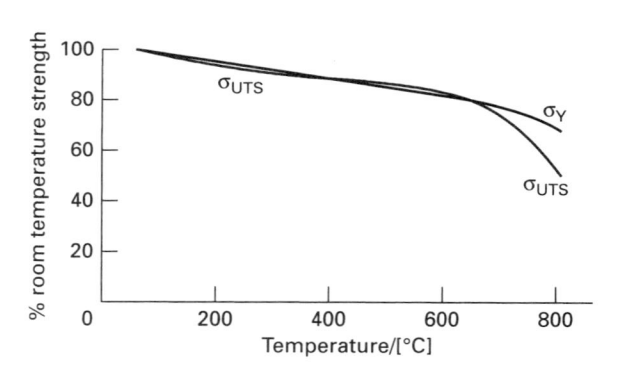

図 8.5 短時間高温下に置かれた Waspalloy 材の強度変化，対常温比（常温では引張強度 1300 MPa，降伏強度 860 MPa）［Mil-HdbK-5H による］

囲での降伏・引張強度を知っておかなければならない．高温下での耐久性は，材料の特性の中でも重要なものである．図 8.5 には，30 分以内の短い時間，高温に暴露された材料の強度の温度による変化を示す．所定の温度レベルまでは，温度に対して強度は線形的に減少するが，さらに温度が上がると，図に示す通り，材料強度と温度の関係は非線形になる（新しい高温材料では，所定の温度までは強度が上がり，それ以上は強度が温度に対して線形に下がるものがある）．ガス

タービン要素の設計では，材料強度が予測可能な線形の範囲を使う．高温での暴露時間がさらに長い場合には，別の破断モードであるクリープ（creep）が現れる．

(b) クリープ

巡航中の航空エンジンや，ベースロード発電用の産業用ガスタービンなどでは，負荷がかかったまま長時間高温にさらされる要素がある．その場合，部材にかかる応力が降伏強度より十分低くても，永久ひずみ（permanent strain：図8.4）が生じて，それが時間と共に増加していく．このような変形をクリープ（creep）と呼ぶ．図8.6は，一定温度の元で時間 t と共に永久ひずみ ε がどのように増えていくかを示すクリープ曲線である（引張荷重が低，中，高の3つの場合を示している）．図より，クリープには，1次クリープ（primary creep），2次クリープ（secondary creep），3次クリープ（tertiary creep）の3つの段階があることが分かる．

最初は，部材に荷重がかかると同時に発生する静的な応力に対応する初期ひずみ ε_0 が生じる．1次クリープでは，クリープ率（ひずみの時間変化率）は，最初は高いが，時間の経過と共に徐々に減少して，そのうち一定の平衡状態に至る．2次クリープでは，クリープ率は一定で，その値も全体を通して最も低くなる．この範囲なら部材の永久ひずみ量が予測可能で，部材がこの2次クリープの段階に収まるように設計する．その後，3次クリープでは，クリープ率が段々と

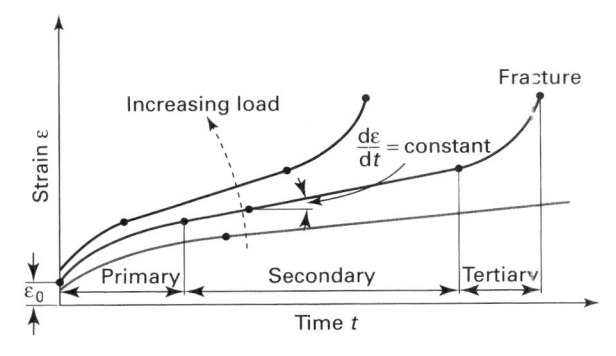

図8.6 クリープ曲線

増加し，部材の中に空洞が出来たり，くびれ（necking）が生じたりして，最終的には破断に至る．よって，3次クリープの段階は部材の寿命として組み込まない．荷重の大小によるクリープへの影響も図8.6に示している．一般に，クリープによる材料の変化は，かかる応力と，材料の融点を1とした温度である相同温度（homologous temperature，融点規格化温度）によって整理できることが分かっている．

　クリープが問題になるのは，相同温度（融点規格化温度）が0.5を超えた時であるが，航空エンジンの典型的な巡航時の状態や，産業用ガスタービンの定常的な運転状態を考えると，高圧圧縮機から始まる一連の高温部の部材は，十分にそれを上回る温度になり，また，それなりの荷重が定常的にかかるので，クリープが起こる条件にあてはまっている．また，回転要素の場合には，効率を上げるため，動翼のチップ・クリアランス（翼先端とケーシングのすき間）を小さくしなければならないが，動翼がクリープによって伸びるとクリアランスが小さくなりすぎるため，ケーシングとのこすれ（rubbing）がおこらないよう，伸び量の許容値を設定しなければならない．

　クリープは非常に複雑な現象であり，その材料変形のメカニズムが何種類か見つかっているものの，どのメカニズムが発生するかは，材料によって違い，また，温度によっても異なる．クリープによる変形機構の詳細は，本書の対象外であるが，高温クリープに関する文献は数多く発表されている．ガスタービンの材料全体を包含するものとしては文献［2］があり，耐クリープ設計法について記したものとしては文献［3］がある．クリープについては，まだよく分かっていないこともあって，設計は，基本的に材料試験データに基づいて行う．しかし，ガスタービンの通常の運転寿命は1万～10万時間に達し，これほどの長時間の材料試験データを取得するのは困難なため，コストと時間を節約し，実際より短い時間の材料試験データからの外挿を行う．ただし，材料の特性データを時間方向に外挿して求めることの危険性は十分に認識されており，外挿を行うにあたっては特別な注意を払う必要がある．クリープを予測する方法として，産業界でよく使われているものとして，ラーソン・ミラー・パラメータ（Larson-Miller parameter）とθプロジェクション（theta-projection）の2つの方法があり，以下に述べる．

★ラーソン・ミラー・パラメータ

このパラメータは，クリープ率と温度や活性化エネルギの関係を示すアレニウスの式から導出したものである．ラーソン・ミラー・パラメータ P_{LM} は，応力 σ の関数として，

$$P_{LM} = f(\sigma) = T(\log t + C) \tag{8.1}$$

のように与えられる．ただし，C は定数で，通常は 20 とされる．T は絶対温度，t は材料が破断するまで，または，所定のクリープひずみが生じるまでの時間である（対数 log の底は 10）．図 8.7 は，各種の超合金に関して，時間 t をクリープひずみ 1% までの時間とした場合の P_{LM} と応力の関係を示す．動翼のチップ・クリアランスが翼高さの 1% 程度であるから，クリープひずみ 1% はクリアランスが無くなるまでの時間に対応している．例えば，温度 $T=1200$ K，寿命 $t=100$ h ($\log t=2$) とすると，$P_{LM}=1200\times(2+20)=26.4\times10^3$ となる．一方，温度を $T=1100$ K まで下げると，$t=10000$ h ($\log t=4$) でも，同じ $P_{LM}=26.4\times10^3$

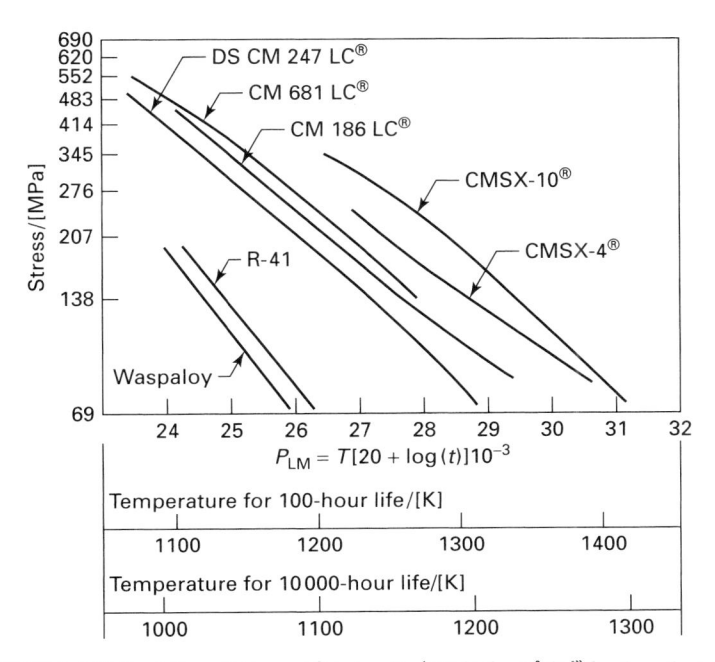

図 8.7　**各種超合金のラーソン・ミラー・パラメータ**（1%クリープひずみ，based on industry data）

となる．このように，同じ応力なら，温度 T を減らせば，指数的にクリープ寿命 t が延びるという，温度と寿命のトレードオフの関係がある（これを使えば，短時間の試験結果から長期の見通しが得られる）．図8.7では，これに対応し，横軸を寿命 $t=100$ 時間の場合と 10000 時間の場合の2種類示している．ガスタービン用材料に関しては，これと同様なグラフが文献から得られる．同じ応力なら，P_{LM} が大きい方が寿命が長い，もしくは耐用温度を高くできる．応力 200 MPa では，図8.7より，超合金の P_{LM} が $24\sim28(\times 10^3)$ 程度であるのに対し，チタン合金では，最も特性が良いもので，0.2％ひずみまでの時間をベースとした P_{LM} は $19(\times 10^3)$ 程度と低い．

★ θ プロジェクション

この方法は，1980年代に初めて提案され（文献［4］），その後，発展してきた．これは，既知のクリープ試験データから，外挿によってクリープ曲線（図8.6）を求めるもので，時間 t とひずみ ε の関係を示すクリープ曲線が，

$$\varepsilon=\varepsilon_0+\theta_1[1-e^{-\theta_2 t}]+\theta_3[e^{\theta_4 t}-1] \tag{8.2}$$

という式で表せるとする．ただし，ε_0 は初期ひずみで，$\theta_i(i=1,2,3,4)$ は，それぞれ，

$$\ln \theta_i=a_i+b_i T+c_i \sigma+d_i \sigma T \tag{8.3}$$

のように，温度 T と応力 σ の関数として表し，クリープ試験のデータから回帰分析によって定数 a_i, b_i, c_i, d_i を求めてクリープ曲線を得る．最近では，θ_i の数を4から6に増やした 6θ 法も考案されている．θ プロジェクション法を用いれば，適切なクリープ曲線が得られることが分かっており，最近の ASME の論文［5］では，この方法を用いて産業用ガスタービンの残存クリープ寿命の推定を行った例が述べられている．その論文には，この方法の基礎となる曲線近似の方法に関連する統計的な議論も含まれている．

上記に述べた2つの方法は，どちらも，一定温度・一定応力下での試験片のクリープを予測する方法である．一方，実際のガスタービンの部材では，上記で言う様々なパラメータは一定ではなく，部材内でクリープの危険度が高い箇所が局所的に分布することがよくある．例えば，タービン翼でクリープが最も大きくなるのは，翼高さ方向の平均半径付近になる（8.6節参照）．このように，実際の部材のクリープ変形量は，試験片でのクリープより複雑であるが，最近では，弾

塑性有限要素法の数値解析により，複雑な要素中でクリープが問題になる箇所や，全体としてのクリープ変形積算値の予測ができるようになっている．

(c) 高サイクル疲労 HCF (high cycle fatigue)

ガスタービンでは，定常運転中も，様々な部品にかかる荷重が周期的に変動する．部品に周期荷重がかかると，き裂核が発生し，さらにそれが周期荷重によって進展して最終的に破断に至ることがある．これを材料の疲労と呼び，高サイクル HCF (high cycle fatigue) と低サイクル LCF (low cycle fatigue) の2種類がある．高サイクル疲労は，鉄道車両の車軸や転がり軸受の破断の問題が盛んに研究された100年前より知られている現象である．それらの研究では，部品に無限回（通常1千万回とされる）与えても持ちこたえられる繰返し応力の最大値である耐久限度 (endurance limit) を見つけることを目的としていた．ガスタービンの場合には，振動荷重によって周波数が高い小さな応力が生じることにより．そのような回数の多い繰返し応力が発生する．例えば，タービン翼が1 kHz (1秒に1000回) で振動するとすれば，1千万回には3時間以内で到達してしまう．実際，高サイクル疲労による不具合が，非常に短い時間でガスタービン要素に発生した事例が数多く記録されている．設計では，振動応力を許容値以下に抑えることで高サイクル疲労を防ぐことが必要になるが，設計法については8.8節で述べる．

振動応力の時間変化は実際には複雑であるが，材料の特性を調べる際には，簡略化して，図8.8に示すようなサインカーブで表すことが多い．図では，最小応力を σ_{min}，最大応力を σ_{max}，平均値を σ_{MEAN}，振幅の半分を σ_{ALT} としている．疲労寿命（破断に至るまでの応力の繰返し回数）は，応力の周期変動分 σ_{ALT} と平均値 σ_{MEAN} の両方に依存する．最高応力 σ_{max} と最低応力 σ_{min} の比 R を，

$$R = \frac{\sigma_{min}}{\sigma_{max}} \tag{8.4}$$

で定義すると，平均値が0で正負の応力が繰り返しかかる場合は $R=-1$，最低応力 σ_{min} が0で，パルス状に応力が作用する場合には $R=0$ となる．応力の振幅が大きくなるにつれて，疲労寿命が下がるが，両者の関係を，図8.9の通り，良く知られた $S-N$ 線図で示す．ただし，図8.9は縦軸が最大応力 σ_{max} で，これ

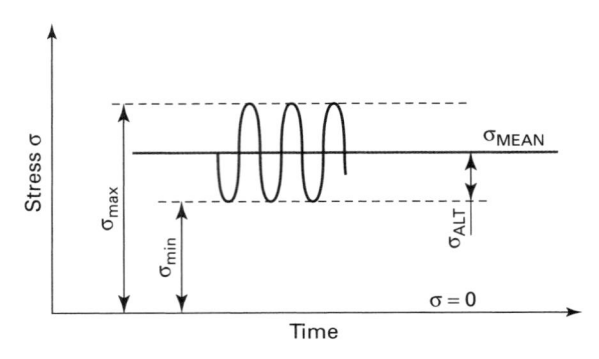

図 8.8　振動応力の時間変動

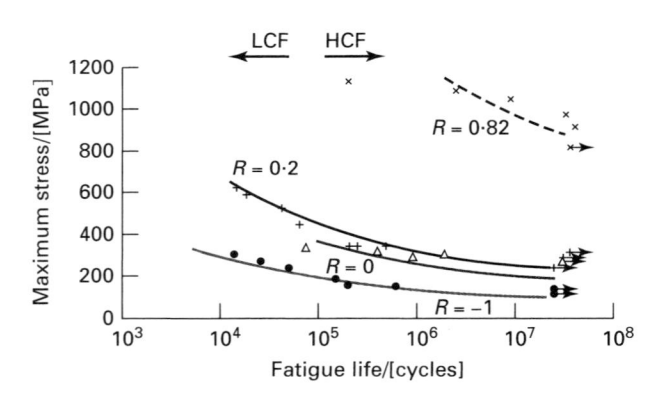

図 8.9　$S-N$ 線図（Inconel 718, 538℃, $Kt=3$, Mil-Hdbk-5H）

が振幅の半分 σ_{ALT} に一致するのは，$R=-1$ の時のみである．また，図 8.9 の疲労データは，538℃ の高温下でのものであり，試験片には，理論応力集中係数 $K_t=3.0$ の切欠きが付けられている．$S-N$ 線図は両対数グラフとして表示されることもよくある．

　高サイクル疲労によるき裂核は，母材の材質の不均一や欠陥から発生することもあるが，多くは，断面形状が急変する所や鋭角に曲がっている所，固定用の穴の周り，異物衝突による傷やへこみなど，応力集中が起こる場所で発生する．そのような箇所での応力の局大値は，基本的に理論応力集中係数によって決まる

が，材料が違えば，応力集中の度合いも変わってくる．また，ガスタービンでは，他にも，き裂核が生じる原因として，フレッティング（fretting）と呼ばれる接触する部材間の微小な動きがあり，翼と翼の差し込みの間の接触面などが例としてあげられる（図 7.15）．そのような接触面で部材が動くと，表面の酸化被膜が定期的に擦り減ることになる．酸化被膜が無くなると，接触面で常温圧接（cold weld，材料同士が押し付けられることでくっつく現象）が起こり，次の翼交換の時に，その圧接部が壊れて損傷を起こし，そこから亀裂が発生する可能性がある．フレッティングが起こった形跡としては，周囲に細かな酸化物の粉がよく見つかる．

(d) 低サイクル疲労 LCF （low cycle fatigue）

　低サイクル疲労 LCF は，その名の通り，破断までのサイクル数が少ない疲労で，サイクル数が，概ね，$10^4 \sim 10^5$ 回程度のものが該当する．航空用の場合は，離陸・巡航・着陸までの 1 回のフライトが LCF の 1 サイクルとなり，同様に，産業用では，始動・運転・停止で 1 サイクルになる．$S-N$ 曲線を見ると分かる通り，設定寿命（サイクル数）が低いほど，許容される周期的な応力が大きくなる．設定サイクル数が低い場合，LCF で許容される応力は降伏強度より大きくなる場合があり，そのような場合には，弾性変形範囲内での繰返しを考える高サイクル疲労と違って，サイクルごとに材料がいくらか塑性変形することを繰り返す．極端なケースとして，引張強度に近い応力が周期的に作用する場合には数回で破断に至ることもある．

　1960 年代には，そのような塑性変形を繰返す低サイクル疲労の寿命は，高サイクルの場合のように応力と関連させるのでなく，ひずみ量と関連させた方がよいと提唱された．弾性限界を超えて繰返し弾塑性変形させる場合には，多くの材料が，直感的には分かりにくい性質を示す．具体的には，ひずみ量が一定になるように材料を繰り返し変形させる場合，対応する応力は，最初のうちは 1 回ごとに変化していき，数千回繰り返すと，平衡状態に落ち着いて一定値となる．その時の応力-ひずみ線図は，最初に荷重をかけた時に生じる単一曲線（図 8.4）ではなく，図 8.10 に示すように，行きと帰りで経路が異なるヒステリシスを持ったループで示される．このように，荷重を繰り返すことによって応力とひずみの

484   8 ガスタービンの機械設計

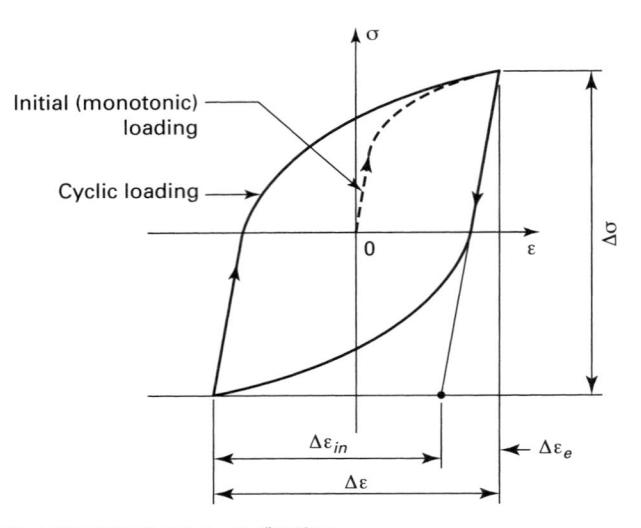

図8.10 周期的な弾塑性変形の応力-ひずみ線図

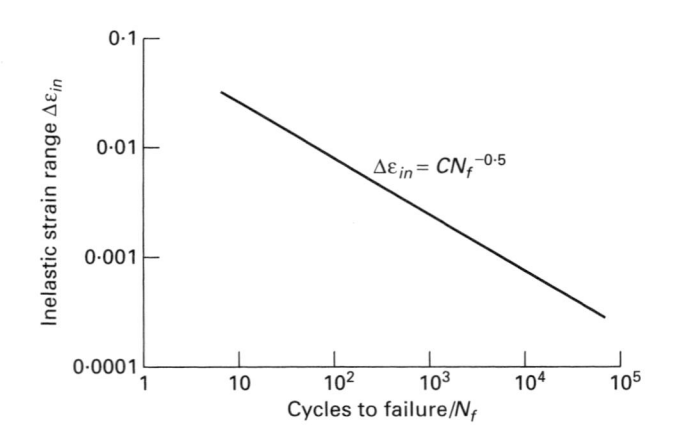

図8.11 低サイクル疲労寿命に関する Manson-Coffin の関係

関係が変わってくるのは，材料内部の微細構造が変化し，いわゆる繰返し硬化／軟化が起きるためである．ガスタービンでは，材料にかかる可能性のある繰返し荷重を考え，その範囲で生じる応力-ひずみ曲線を計算する必要がある．

当初，低サイクル疲労の寿命は，材料の塑性ひずみ量 $\Delta\varepsilon_{in}$（非弾性ひずみ量，

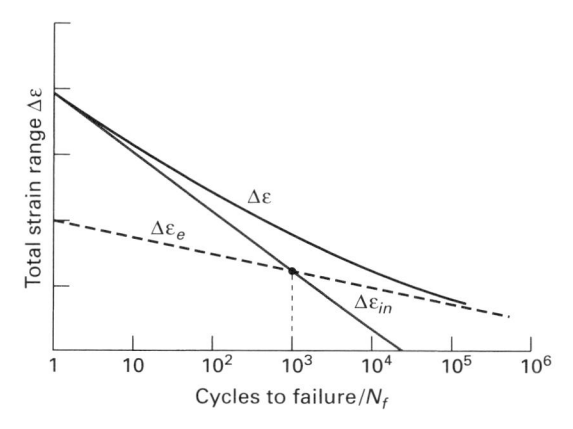

図8.12 低サイクル疲労の寿命とひずみ幅の関係

inelastic strain，図8.10参照）と関連づけられた．部材破断までの回数を N_f とすると，両者の関係を表すManson-Coffinの式は，定数を C として，

$$\Delta\varepsilon_{in} = CN_f^{-0.5} \tag{8.5}$$

と表され，図示すると図8.11の通りとなる．細かくは，指数の－0.5はき裂核が発生するまでの繰返し回数で，破断までの場合には－0.6となる．実際には，非弾性ひずみだけを特定するのが難しいため，低サイクル疲労の寿命を，ひずみ範囲全体の幅 $\Delta\varepsilon$（図8.10）と関連させる簡易な方法が考案されており（文献[7]），広範囲の合金の疲労試験で検証されている．最も広く使われているのは，図8.12に示すようなもので，

$$\Delta\varepsilon = \Delta\varepsilon_e + \Delta\varepsilon_{in} = D^{0.6}N_f^{-0.6} + \frac{3.6\,\sigma_u}{E}N_f^{-0.12} \tag{8.6}$$

と表せる．ただし，

$\Delta\varepsilon=$ ひずみ範囲全体の幅（図8.10参照），添字の e は弾性変形（elastic），in は塑性（非弾性）変形（inelastic）を示す．

$D=$ 伸度（ductility）$=\ln[100/(100-RA)]$

$RA=$ 引張試験での試験片の断面積減少率（%）

$N_f=$ 破断までの繰返し回数

$\sigma_u=$ 引張強度 UTS（ultimate tensile stress）

$E=$ ヤング率

である．これらを用いれば，所定の材料のひずみ幅と低サイクル疲労寿命の関係が，引張試験の結果から分かることになる．ただし，上式は，1方向にのみ繰返し荷重がかかった場合のものである．3次元的に繰返し荷重がかかる場合には，r, θ, z の円筒座標系で，それぞれの方向のひずみから，Von Mises 理論により，

$$\Delta \varepsilon_t = \frac{\sqrt{2}}{3}\sqrt{[(\varepsilon_r-\varepsilon_\theta)^2+(\varepsilon_\theta-\varepsilon_z)^2+(\varepsilon_r-\varepsilon_z)^2]} \tag{8.7}$$

で求めたひずみを用いる（文献 [6]）．

　低サイクル疲労に係わる負荷としては，機械的な繰返し荷重だけでなく，熱による負荷もある．先に述べた始動・停止時の過渡的な温度勾配によって生じる熱応力などがその例で，熱応力の繰返しは熱疲労を引き起こす．

(e) クリープと低サイクル疲労の相乗効果

　ガスタービンの通常の運転では，始動と停止の間に比較的定常な状態が長く続く運転時間があり，その間に高温部品ではクリープが起こるが，クリープと低サイクル疲労が重なることによる相乗効果があることが分かっている．大半の材料では，そのような相乗効果が大きくなるのは，クリープと低サイクル疲労の影響が同程度の場合のみとされ（文献 [2]），そのような狭い範囲を除いては，どちらかの影響が支配的になり，もう一方は無視できる程度となる．このような相乗効果を寿命予測に組み込む方法がいくつか提案されているが，最も簡単なものとしては，クリープが無い場合の低サイクル疲労の寿命と，低サイクル疲労が無い場合のクリープ寿命を出し，両者の線形結合で求めたものを寿命とするものがある．また，クリープと低サイクル疲労の相乗効果については，酸化や高温腐食などの表面の劣化と合わさると大きくなる場合がよくあることに注意する．

(f) 熱・機械的疲労 TMF （thermo-mechanical fatigue)

　ガスタービン要素の部材の多くは，始動・停止や出力の変更時など，機械的な負荷と熱的な負荷の両方が作用する可能性がある．また，高温部では，高い温度によって，材料の微細構造の変化や表面の劣化が生じる．温度の変動と機械的な負荷の変動は，両者の位相が同じになる場合もあれば，逆になる場合もあるた

め，それらが合わさって生じる熱・機械的な疲労は複雑になる．このように，熱的・機械的な負荷が複合した負荷によって，実際の部材の寿命は決まっているが，多くの材料特性は，運転状態の実環境を反映せず，温度一定などの条件の元での試験で得られたものであり，実際の複合的な負荷による材料の変化を調べるという観点では十分でない．これに対処するため，近年，熱・機械的疲労 TMF の研究が盛んに行われてきており，主に，標準的な TMF 負荷サイクルの設定や，試験方法の開発などに取り組んでいる．

(g) 酸化 oxidation と高温腐食 hot corrosion

これまで述べたように，部材が負荷によって機械的／構造的に壊れることに加えて，ガスタービンの高温部では，周囲の燃焼ガスなどによる表面の劣化が生じる．燃焼ガスには酸化物が含まれており，高温状態では，部材の表面の酸化その他の劣化を引き起こす．さらに，燃料や大気に含まれる硫黄やバナジウムなどの不純物は，高温での腐食を引き起こす．図 8.13 に示す通り，高温では，2 つの異なる温度領域で高温腐食が発生する．

Class I の高温腐食は，超合金においては，概ね 845～955℃の温度範囲で発生し，900℃でその影響は最大になる．この高温腐食では，ナトリウムやカリウムの硫酸塩が液体状となったものが生成され，部材表面の酸化層にダメージを与える．表面の酸化保護膜が破られると，中の金属の硫化や酸化が起こり，表面付近が劣化する．Class I の高温腐食では，以上のプロセスが急速に進行する．一方，Class II の高温腐食では，化学反応による酸化層の破壊と金属の硫化が 600～

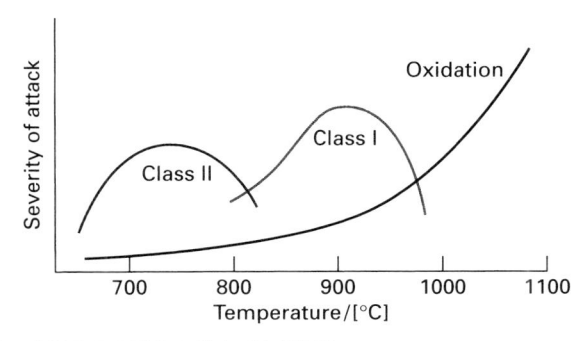

図 8.13　超合金の高温腐食と酸化の発生（文献[9]）

800℃で起こり，その結果，部材表面でのピッティング（pitting，点状に局所的に腐食が起こる現象）が急速に広がる．金属科学者や合金開発に携わる人々は，材料の高温化と，それに伴う酸化や腐食をどうバランスさせるかという難しい課題に直面している．温度がそれほど高くない場合には，酸化に対しては，合金中のクロムやアルミニウムの含有を多くすることで対応し，高温腐食に対しては，表面のコーティングなどが行われる．

その他の材料の特性

ここまでの話で，ガスタービン用材料は，理想的には，高強度で延性があり，温度による性能低下（短時間，長時間とも）が小さく，表面が安定していて酸化や腐食に強いことが望ましいことが分かった．また，航空エンジンの場合には，さらに密度が低いこと，もしくは，比強度（強度／重量）が大きいことが求められる．また，負荷が変動する場合には，堅さ／重量に相当する E/ρ（E：ヤング率）が高いことが望ましい．また，熱応力は，熱膨張率を α，温度差を ΔT とすると $\alpha \Delta T$ に比例するので，熱膨張率 α が低く，熱伝導率が高いことが望ましい．ガスタービン用金属材料の特性は，温度が上がると変化する．温度によって，熱膨張率や熱伝導率，強度，ヤング率，ポアソン比などが変化すれば，部材の構造解析に影響する．よって，幅広い条件で材料の特性を取得する必要があり，設計の際に必要になる特性の変化や，その統計的なばらつきまで考慮すれば，ガスタービン用材料の特性を取得するのは時間とコストがかかる作業であることが分かる．

ガスタービンの主要な材料

ガスタービンの各部品にどの材料を使うかは，その部品の果たす役割によって変わってくる．各部品は，それぞれの役割に合致した材料で作られるのが原則であるが，一方でコストの問題もあるため，エンジンで使われる材料の種類は自ずと限られてくる．いくつかの材料は幅広く用いられており，チタン合金，ステンレス鋼，超合金などが例として挙げられる．各部品にどのような材料が使われているかを示す前に，これら3つの代表的な材料について少し細かく見ていく．

チタン合金は，ファンや圧縮機の，翼，ディスク，ケーシングに使われてい

る．Ti-6Al-4V 合金（通称 64 チタン）は，工業界の働き者と言われ，翼，ディスク，ケーシングの 3 部品どれにも用いられており，高強度で耐腐食性も良く，温度も 350℃ 程度まで使用可能である．さらに温度が高い領域では，耐クリープ，耐腐食性に優れており 600℃ 程度まで使用可能な IMI 834 や Timet Ti 1100 などのチタン合金が多く使われている．チタン合金は互いにこすれ合うと発火する危険があり，特に古い合金組成のものではそういった傾向があるが，最近では，クロムの含有量を多くして発火しにくくした特別なチタン合金も開発されている．チタン製の部品は，通常は機械加工によって作られるが，特殊な部品の加工には，拡散接合や超塑性成形などの技術が使われている．例として，Rolls Royce 社航空エンジンの中空チタンのワイド・コード・ファン（5.10 節末）があげられ，1989 年より運用されている（RB211-524G/H エンジン）．

ステンレス鋼は，鉄を主成分とし，表面に薄い酸化被膜を形成してさびにくくなるようクロムやニッケルその他の金属を含有させた合金である．成分が異なる各種合金が多数あるが，ガスタービンで主に使われているのは，そのうちの数種類で，多くは，AISI 416, 17-4 PH などの析出硬化型のマルテンサイト系合金である．昔のエンジンでは，AISI 300 シリーズなどのオーステナイト系合金も構造部材として使われている．

超合金には，ニッケルを主成分とするもの（ニッケル基），コバルト，鉄を主成分とするもの（コバルト基，鉄基）があるが，見たところ，ニッケル基の超合金が主流となっている．合金設計は，所定の特性を得るために，10 種類以上の金属を正確な割合で混合していくという困難なものである．多数の文献があり，最近の論文［10］では，ニッケル基の超合金に関する詳細な解説がなされている．超合金の主な特徴としては，高強度で耐用温度が高い，すなわち，クリープや破断に強く，耐酸化性，耐腐食性にも優れていることがあげられる．その結果，超合金は，高圧圧縮機，燃焼器，タービンを中心に使われている．それら高温部の不具合モードで最も重要なものはクリープである．

耐クリープ性は，部材の結晶粒界を減らすこと，特に，作用する応力に垂直な方向の結晶粒界を減らすことによって改善できることが分かっている．動翼の場合，主に遠心力による径方向への引張応力がかかるので，それに垂直な面上の粒界を減らすことが望ましい．このことより，元々等方的であった結晶構造 CC

図 8.14　高圧・低圧タービンの鋳造翼：左：従来型の等方結晶構造 CC，中央：1 方向凝固 DS，右：単結晶 SC [courtesy Alcoa Howmet]

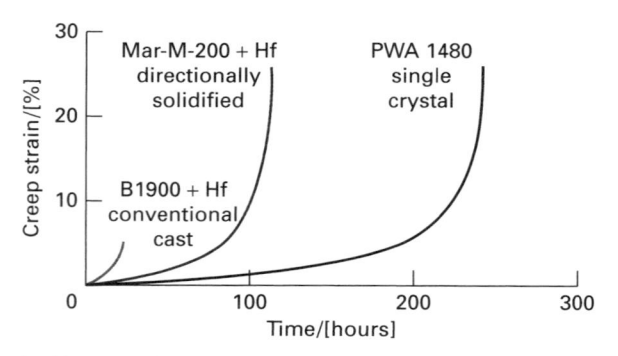

図 8.15　従来型の等方結晶構造，一方向凝固，単結晶でのクリープ特性の比較（1225K，210MPa）[courtesy Alcoa Howmet]

(conventional cast) から，1 方向凝固 DS (directionally solidified) や，単結晶 SC (single crystal, SX) などの結晶構造が生まれ，耐クリープ性が増した．Howmet 社提供の図 8.14 の写真と図 8.15 のグラフがその改良の様子を物語っ

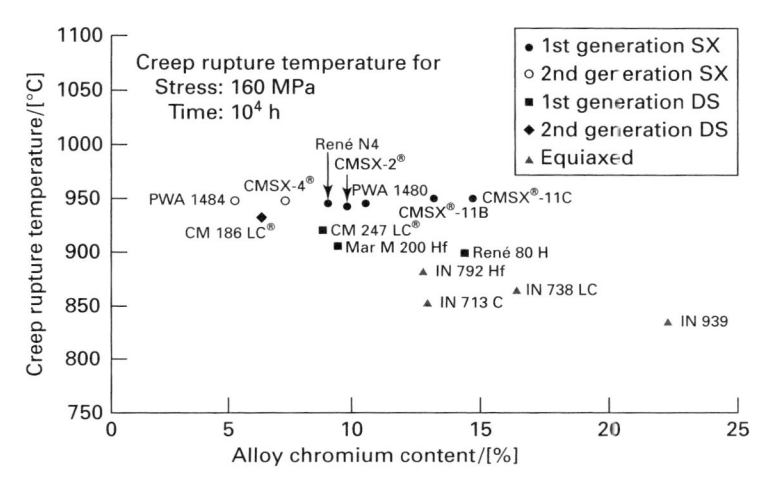

図 8.16 クリープ温度とクロム含有率の関係（文献[9]）

ている．図 8.14 では，普通の鋳造品で結晶粒界がランダムなもの CC，径方向に結晶粒界の無い1方向凝固 DS，および，結晶粒界の無い単結晶 SC の3種類の結晶構造の鋳造タービン翼を，結晶が見えるように削ったものを示す（ディスク取り付け部 fir tree 表面の結晶粒界の違いにも注目）．また，図 8.15 には，上記3種類の結晶構造の超合金のクリープ曲線を示すが，等方的な結晶（普通鋳造）から，1方向凝固，単結晶へとクリープ特性が改善されていっていることが分かる．

超合金の開発はさかんに続けられている．第3世代単結晶超合金では，クリープ特性改善のためにレニウム Re を加えているが，クロムを減らしているため，耐腐食性が下がっている．第4世代単結晶超合金では，2%程度ルテニウム Ru を加えることで微細構造の安定性が良くなり，前の世代のものより温度で 30℃ ほどクリープ強度が上がっているが，耐酸化性が下がっている．図 8.16 は，各種超合金のクリープ破断温度とクロム含有率の関係を示している．

これまでは，伝統的に，合金開発は航空宇宙向けを主として行われ，産業用ガスタービンでは，航空宇宙向けに開発された合金を適宜採用するという図式が続いていたが，近年では，状況が変わってきている．航空宇宙用の合金開発は，レニウム Re，ルテニウム Ru，タンタル Ta，タングステン W などの成分を加える

ことで,さらにクリープ強度を上げ,使用温度を高める方向を志向しているが,それらの成分を加えることで,クロム Cr の含有率が下がり,耐腐食性が下がるため,コーティングが必要になる.一方,産業用ガスタービンでは,低質な燃料を燃やしたり,工場から排出された有害物質を含む空気を吸い込んだりする場合があることなどから,耐腐食性は非常に重要である.このため,耐用温度が少し低いが産業用ガスタービンに適した合金の開発が進められている.

各部品の材料

(a) 圧縮機の動静翼

使われる材料は,圧縮機のどのあたりの段かによって変わってくる.低圧圧縮機の材料は,軽量高強度で,疲労に強く,腐食やエロージョン(erosion:風食,微粒子を含む空気や燃焼ガスの流れによって部材が削られて磨耗すること)に強いことが必要になる.航空エンジンでは主にチタン合金が使われ,産業用ガスタービンでは,ステンレス鋼その他の合金が使われる.高圧圧縮機では,温度が高いため,タービン材を使う必要が出てくる.材料の特性として,耐クリープ性,熱伝導率が高いこと,熱膨張率が低いこと,耐環境性(耐腐食性・耐酸化性等)などを兼ね備えていることが望ましい.圧縮機の静翼の材料は溶接可能な合金とされることが多く,ステンレス鋼の AISI 410,Inconel X-750,A-286,その他,溶接可能なチタン合金などが使われる.

(b) 圧縮機のディスク

ディスク用の材料として望まれる特性も翼と同様であるが,要求レベルは翼ほど高くなく,AISI 416 やチタン合金などが使われる.遠心圧縮機のインペラは,17-4 PH の鋳造や AISI 416 の鍛造と機械加工,その他,チタン合金などで作られるが,航空用のインペラではチタン合金しか使われない.

現在使われている圧縮機用材料とその主な特性を下記の表(8.7.1)にまとめているが,大手メーカが開発して独占的に使っている合金など,これ以外にも多数ある.表中の記号は,ρ は材料の密度,E は常温でのヤング率,UTS は常温での引張強度,Endurance は 10^7 回での疲労強度,Temp limit は短時間での耐用温度,X は当該分野での使用実績を示す.

材料	部位	ρ Kg/m^3	E GPa	UTS MPa	Endurance MPa	Temp limit ℃	航空用	産業用
AISI 410	stators	7800	200	820 以下	330	750	X	X
AISI 416	blades, discs	7800	200	900 以下	245	750	X	X
17-4 PH	discs	8030	196	1070	689	370		X
IN 718	blades, shafts	8220	208	1250	280	580		X
Ti-6Al-4V	blades, discs	4500	120	880	350	350	X	X
IMI 834	blades, discs	4550	120	1030	280	600	X	

$$(8.7.1)$$

(c) 燃焼器

　燃焼器のライナ（燃焼室壁）は，通常は薄い金属の板材で作られているが，エンジン内で最も高温となる上，部材内の温度勾配もかなり大きい．また，燃焼に伴って，非定常な負荷がかかる．ライナの材料として望まれる特性は，高強度，耐クリープ性，耐酸化性，熱膨張率が小さいこと，熱伝導率が大きいことなどである．ライナの材料として使われているのは，ニッケルとクロムの含有が非常に多い Hastelloy X（Ni 47%，Cr 22%，Fe 18%，Mo 9%，Co 1.5%），もしくは，Inconel 617（Ni 52%，Cr 22%，Fe 1.5%，Mo 9%，Co 12.5%）などの特殊な超合金である．

(d) タービンの動静翼

　タービンの動静翼として望まれる特性は，クリープ強度，破断強度，疲労強度，耐酸化性，耐高温腐食性，熱膨張率が小さいこと，熱伝導率が高いことなどである．高圧タービンは，大半は冷却するため，精密鋳造が出来ることも重要である．材料としては，例外なく超合金が使われる．

(e) タービン・ディスク

　ディスク材の使用環境も翼と同様であるが，要求レベルは翼より低い．航空エンジン用では超合金が使われ，多くは鍛造品であるが，粉末冶金でも信頼性が高く，品質にばらつきの少ないディスクの製造ができるようになってきている．産業用ガスタービンでは，コスト削減のため鉄の合金類を使うことが多いが，超合

金の使用も増えてきている．下記の表（8.7.2）には，ガスタービンの高温部で使われる材料とその特性を示す．

材料	部位	ρ Kg/m^3	E GPa	UTS MPa	Temp limit ℃	航空用	産業用
Rene 41	discs, blades	8250	218	1172	700	X	
Waspalloy	discs	8200	213	1335	650	X	X
Hastelloy X	combustor parts	8220	205	755	580	X	X
CMSX-4	blades, vanes	8700	133	942	1200	X	X
CMSX-10	blades, vanes	9050	133	952	1200	X	X

(8.7.2)

(f) ケーシング類

　各種ケーシングは，内部の部品を支持しており，エンジン全体のケーシングには，土台又は機体へのエンジン取り付け部がある．ケーシングの材料に必要な特性としては，堅さ（変形しにくさ）や強度がある．圧縮機やタービンのケーシングの場合は，翼が1枚外れた場合にも，外部に飛散しないよう，ケーシング内に飛散した翼を閉じ込められることが必要である．産業用ガスタービンでは，空気取り入れ口や低圧圧縮機のケーシングは鋳鉄で作られるが，高圧圧縮機のケーシングには鋼の合金を用いる．高温部では，ケーシングの材料にも耐用温度の高いものを使う必要がある．燃焼器のケーシング（燃焼室の外側で燃焼ガスが触れない部分）にはステンレス鋼，タービンのケーシング（燃焼ガス流路外周面）には超合金が使われる．

　航空エンジンでは，圧縮機のケーシングにはチタン合金，燃焼器やタービンのケーシングには IN 718 や IN 901 などの超合金が使われる．ファンケースは，ファン翼が破断しても外部に飛散しないよう閉じ込めなければならない上に，軽くしなければならないため，設計が難しい．ファンケースの設計には様々なものがあり，鉄を機械加工しただけのものや，円筒状のチタンを補強したもの，円筒状のアルミニウムにアラミド繊維（Kevlar®：デュポン社の製品）などの高強度の繊維を巻いたものなどがある．また，エポキシ樹脂と炭素繊維の複合材（いわゆる CFRP：carbon fiber reinforced plastic 炭素繊維強化プラスチック）の円筒構造も開発中で，高バイパス比ターボファン・エンジンの中には，炭素繊維とエポ

キシ樹脂の複合材でバイパス流路が作られているものもある．

コーティング

　ガスタービンでは，材料の使用環境が非常に厳しいので，その環境に合わせた特殊な合金を使用しても，それだけで十分とは言い切れない．そのような状態では，不純物を含む空気や燃焼ガスの流れにより，部材表面で，磨耗，酸化，高温腐食，熱疲労が発生し，部品の寿命を低下させる．また，圧縮機では，部品の表面が劣化すると性能が低下する．このため，エンジンの部品では，外部から（場合によって内部から）コーティングをする必要がある．ここでは，圧縮機やタービンの耐腐食コーティング，および，タービンの耐熱コーティング TBC（thermal barrier coating）について述べる．

　腐食は，パック法や蒸着，アルミの混濁液を使う方法などにより，部品の表面にアルミナイド・コーティングを施すことで防止できる．コーティング材には，アルミニウム，プラチナ，シリコンなどが含まれており，運転中に，コーティングによって，薄くて剥がれにくい酸化物の層が形成される．その酸化物の主成分は Al_2O_3 で，これが中の母材を腐食から守る．アルミナイド・コーティングが使えるのは 1000℃ までで，それより高温では，電子ビーム物理蒸着 EB-PVD（electron beam physical vapor deposition）や真空プラズマ溶射による，MCrAlY（M は Co または Ni，Y はイットリウム）コーティングが用いられる．図 8.17 には，図 8.13 で示した温度別の酸化と高温腐食に対して，どのように対処するかを示している．

　新規開発が続く超合金でも耐用温度には限界があるため（2010 年時点で最新の超合金でも耐用温度 1000〜1100℃ 程度に対しタービン入口温度は 1700℃ 以上のものがある），冷却との組み合わせで，タービンの母材と燃焼ガスの間に熱伝導率の低い耐熱コーティング TBC の層を設けることがなされている．耐熱コーティングの厚みは 0.4 mm 以下であるが，タービン動静翼の母材の温度を最大で 140 K 下げられる．TBC の典型的な成分は，マグネシア（酸化マグネシウム），カルシア（酸化カルシウム），イットリア（酸化イットリウム）で安定化されたジルコニア（ZrO_2）などのセラミクスで，最も広く使われているのは，イットリア安定化ジルコニア YSZ である．TBC は，EB-PVD や真空プラズマ蒸着に

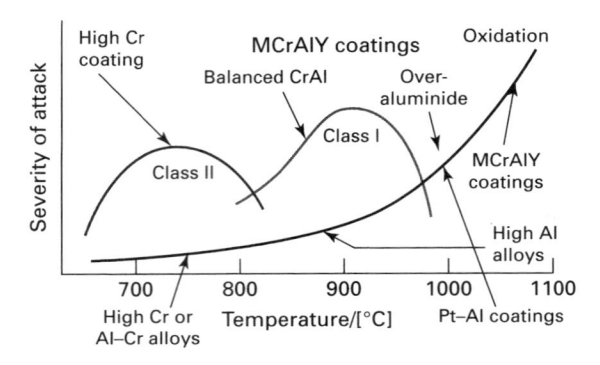

図 8.17 耐酸化・耐高温腐食の各種方法（文献[9]）

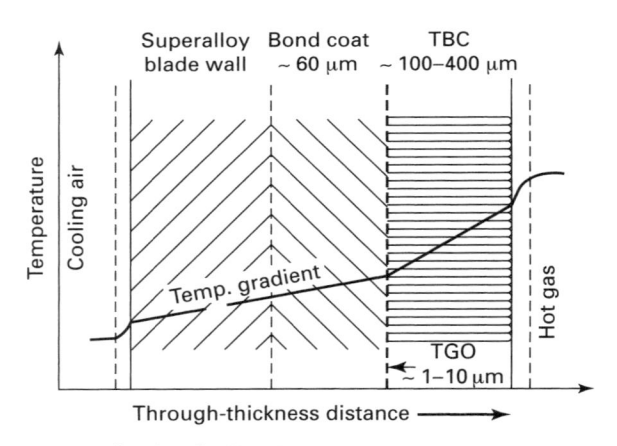

図 8.18 耐熱コーティングの詳細 [文献[11], Gleeson, B, 2006. Reprinted by permission of the American Institute of Aeronautics and Astronautics, Inc.]

よって施工されるが，母材に直接でなく，上記 MCrAlY の接合層（bond coat）を介して付着させる（図 8.18）．接合層により，TBC が剥がれにくくなる他，TBC（セラミクス）と母材（金属）の熱膨張率の違いを緩和する働きがある．TBC による母材の温度抑制能力は非常に魅力的であるが，実際には多くの問題があって，その能力は十分に発揮できていない（文献[11]）．TBC の膜は自立的に回復することはないため，コーティングが剥がれると，母材保護機能は失われる．TBC の寿命がどの程度あるかは正確には分かっておらず，寿命のばらつきもよく分からない．また，コーティングの性能や残存寿命がどの程度あるのか

を，非破壊の検査によって知る方法もない．他にも，コーティング表面の荒れや，コーティングのもろさ，TBC の重量分余計に回転させることによって発生する追加の負荷による強度低下などの問題がある．TBC のついたタービン翼の断面図を図 8.18 に示すが，TBC が剝がれるかどうかは，接合層と TBC の間に発達する TGO (thermally grown oxide) と呼ばれる非常に薄いアルミナの層によって決まる．

新材料の開発

航空エンジンでは，当初の様々な課題をクリアして，複合材が使用可能なことが実証された．複合材は，ノーズ・コーンや，圧縮機のシュラウド，バイパス流路（280℃レベルの高温部位を含む）で使用，または，使用が検討されていることに加え，新しい設計のエンジンでは，複合材の翼も開発されている．その一例が，GE90 高バイパス比エンジンの複合材ファンブレードである．バックアップ用としてチタンのファンブレードの開発も進められていたが，複合材でも要求を満せることが明らかになったため，中止された．GE 社によると，複合材ファンは，中空チタンのファンに比べて，破砕エネルギが小さい（簡単に破砕できるので，ファン翼が外れた時，破片がより小さくなって，ファンケースを突き抜けにくいという意味だと思われる），低サイクル疲労が無い，軽量，優れた耐久性，製作上のばらつきが少ないなど数多くの利点があるとされている．一般に，炭素繊維やボロン繊維で強化されたエポキシ樹脂の複合材は，きわめて優れた比強度（強さ／重さ）や硬度（硬さ／重さ）を有する．欠点としては，エロージョン (erosion) や，耐衝撃性の問題が挙げられ，どちらも初段ファンでは重要になる．エロージョン対策として，GE90 のファン翼では，翼前縁部に金属のカバーを付けている．また，耐衝撃性向上のため，これまでのように布状に織った繊維を層状に重ね合わせるのではなく，厚み方向にも剝がれにくい 3 次元織物を使った次世代の繊維強化プラスチックの研究が進められている．

高温部の材料開発もさかんに行われており，例としては，金属基複合材 MMC (metal matrix composite)，酸化物分散強化型合金 (oxide dispersion strengthened alloy)，セラミクス基複合材 CMC (ceramics matrix composite)，TiAl 金属間化合物（金属間化合物合金とも言う．通常の合金は，単に金属を一定割合

溶かして混ぜ合わせただけで，各原子の配置はランダムだが，金属間化合物では，各原子が結晶格子点上に規則的に配置されている．化合物と呼ばれるものは，原子が規則性を持って結合しているのでNaCl，TiAl，Ti_3Alのように化学式で示せるが，合金はHastelloy X（Ni 47％，Cr 22％，…）のように成分の比率で表す）などがあげられる．新材料で作った部品をエンジンに組み込んだ実証試験が行われているものもある．例として，いくつかの段がSi-C繊維強化チタンで翼・ディスク一体成形された圧縮機があげられ，超合金に比べて重量が最大80％削減されている．また，粉末冶金のディスクとLamilloy® トランスピレーション冷却構造材を用い，動翼を一体成形したタービン回転部品では，25〜30％の重量軽減と冷却空気30％削減を実現している．また，GE社が開発したTiAl金属間化合物合金は優れた性能を有し，各種エンジンの低圧タービンに使って試験した結果も非常に良く，ボーイング787用エンジンのGEnxで使われている．

モノリシック・セラミクス（monolithic ceramics，CMCのような複合材でなく単一の材料で作られた純セラミクス）は，高温部品としては，冷却無しで高温に耐え，しかも軽量であるなど，可能性としては金属よりも優れた性質を持っている．ガスタービン用セラミクスの開発の歴史は1950年代にさかのぼり，いくつかの大型プロジェクトが立ち上がって多種多様な試作品が作られた．1970年代には，セラミクスのタービン翼が小型ヘリコプタ用エンジンに入れられて試験されている．しかし，セラミクス材は脆性がある上，ガスタービン内の環境にも弱く，高価であったため，ほとんど成功していない．脆性があるということは，部品が外部から受ける衝撃に弱いということになる．また，セラミクス部品を別の金属部品とくっつけて使う場合には，セラミクス部品に点で力がかかって高い応力が発生しないよう，接触面に薄くて柔軟性のある膜を挟む必要がある．産業用ガスタービンでは，タービンの動静翼にSi-Nのモノリシック・セラミクスを用いて成功した例がある（文献［12］）．Solar Turbines Centaur 50 ガスタービンではタービン初段にセラミクスの翼を使って試験し，破断するまで1300時間運転し続けた．破断は，小さな異物の衝突によるもので，モノリシック・セラミクスへの異物衝突による損傷の影響を過小評価していたと言える．現在でも，世界各地で開発プログラムが進行中であるが，開発の焦点は徐々にセラミクス基複合材CMCに移りつつある．CMCの非回転部品への適用は進んでおり，Solar

Centaur 50S エンジンの燃焼器ライナでは 11 種類の試験で合計 74000 時間の運転実績を達成している（文献 [13]）．CMC の航空エンジンへの適用も検討されており，各種試験が行われている．しかし，まだ，向こう 5〜10 年では，性能・コスト両面の問題から，セラミクス材が幅広く普及する所まではいかないようである．

8.5 破断を防ぐ設計と寿命の設定

破断を防ぐ設計

部材の種々の破断モードが分かったら，次は，解析的・実験的な方法を設計基準と合わせて適用していくことで，要求される寿命内での部材の破断を防ぐ設計をしていくことが必要になる．下記は，軍用の航空エンジンの典型的な設計基準で，ENSIP から抜粋したものである．基本的な安全率や静的な破断についても述べている．

(a) 設計で使う材料の特性値は，実際の部材の 99.99％以上が設計で使う値より高い値を持つよう，試験結果の平均値から 3σ（σ：標準偏差）低い値とする．

(b) 最大荷重で材料が降伏してはならない．この基準は，機体の設計で言う設計限界荷重（design limit load）に相当する．

(c) 最大荷重の 1.5 倍で材料が破断してはならない．この基準は，機体の設計で言う設計終極荷重（design ultimate load）に相当する．

(d) 燃焼器のケーシングは，運転範囲の最大設計差圧の 2 倍で破断してはならない．

(e) 回転部品は，運転範囲の最大設計回転数の 1.22 倍の回転数で破断（burst）してはならない．

寿命の設定

一般に，疲労やクリープにより材料が破断する時は，最終的には，き裂や空孔，ネッキング，もしくは，それらの組み合わせによって材料が弱くなって静的

に破断する．最終的な破断は避けなければならないが，破断に至るまでに使用可能な期間が存在し，その長さが寿命である．長年に渡って，疲労寿命の設定方法が数多く提案されてきたが，ここでは，安全寿命設計と損傷許容設計という全く思想が異なる2つの寿命設定法について述べる．

(a) 安全寿命設計 (safe-life)

最も古い方法が安全寿命設計である．まず，対象とする部品には初期欠陥は無いものと仮定する．高強度の材料で出来た部品に関しては，寿命は完全に破断するまでの繰返し回数でなく，所定の大きさのき裂が生じるまでの回数を意味すると考えられ，試験片か部品自身を使って，測定可能な大きさの欠陥の成長を見る疲労試験が行われる．この試験は，材料や寸法，表面仕上げその他の詳細が当該部品と同じで，荷重も実際にかかるものと同等なものとする必要がある．また，試験結果の統計的な分布が正確に得られるよう，十分な数の試験を行わなければない．安全寿命設計で設定される寿命は，試験の平均値より 3σ 低い値とし，この寿命内では，途中で部品の検査を行う必要がない．ただし，部品がその寿命に達すれば，損傷の有無に係わらず，すべて廃却する．安全寿命設計で設定される寿命は，例えば，1000個のディスク中の1個に0.75 mmのき裂が発生するまでの繰返し回数という風にも定義できると考えられる．関連した研究により，1000個のディスクを安全寿命設計での寿命まで使用してすべて廃却すれば，多数のディスクが，実際にき裂が発生するまでの膨大な回数を残したまま廃却となることが示されており，800個以上のディスクが，設定寿命の10倍の回数を残したまま，不必要な廃却をされることになる．この安全寿命設計は，民間航空エンジンでは今でも使われている．ただし，さらに安全性を高めるため，安全設計寿命の思想とは合わないが，重要部品については，機会をみて定期的に点検を行っている．

安全寿命設計による寿命設定は，基本的な $S-N$ 線図（図8.9）から始める．繰返し応力のパターン（図8.8）が定量的に分かっていれば，所定の材料・条件での $S-N$ 線図を使うと部品の平均的な寿命が分かる．より簡便な方法としては，図8.19に示すような，所定の寿命での変動応力 σ_{ALT} の限界値を，平均応力 σ_{MEAN} に対してプロットした疲労限度線図を使う方法がある．図には，通常用い

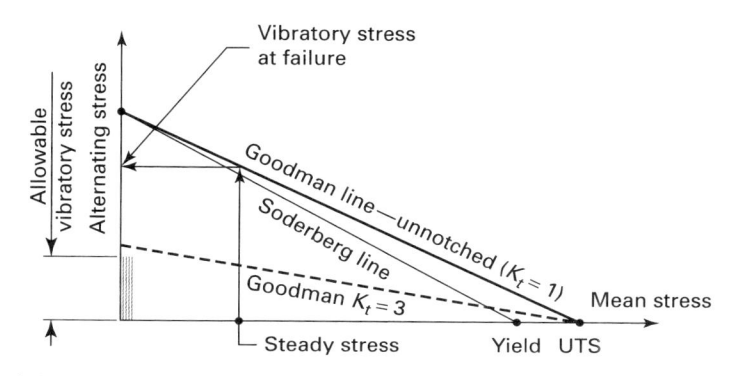

図 8.19 疲労限度線図（横軸：平均応力，縦軸：変動応力）

る疲労限度線の Goodman 線と，安全側の Soderberg 線が描かれている．Goodman の疲労限度線は，変動応力が 0 の場合の平均応力が引張強度 UTS となることを示す横軸上の点と，平均応力が無い $R=-1$（式 (8.4) 参照）の場合の変動応力レベルを示す縦軸上の点を直線で結んだものになっている．Soderberg 線の場合は，変動応力が 0 の場合の平均応力を降伏強度としている．基本的には，応力が，縦軸，横軸と疲労限度線で作られた三角形の中に入っていればよいと言える．疲労限度線図を用いた安全寿命設計については 2 つの方法が考えられ，平均値の疲労限度線に対して所定の安全率分だけ平行に下げて設計で用いる線を引くか，もしくは，実験データが十分そろっていれば，平均 -3σ の疲労強度で線を引くことも出来る．詳しくは 8.7 節で述べる．

実際の運用で起こる高サイクル疲労に関して，航空エンジンを例に追記する．飛行中にエンジンは出力が変わる上，外気の状態も変化するので，部品にかかる平均応力や変動応力は共に変化する．これまで示した $S-N$ 線図や疲労限界線図では，一定の平均値の元で一定の変動値の応力が繰返し作用し続けることを想定しているため，それらだけでは，このような，パターンの異なる変動応力が複数作用することによる疲労に対応できない．このため，異なる変動応力による疲労の累積を考える方法が必要になる．疲労の累積を考える様々な方法が考案されているが，いくつかの問題はあるものの，最も簡単な方法である Palmgren and Miner による線形累積損傷則（マイナー則 Miner's rule とも言われる）が広く使

われている．それによると，n 種類（$i=1, n$）の変動応力の疲労の累積による寿命を表す式は，

$$D_f = \sum_{i=1}^{n} \left(\frac{n_i}{N_i}\right) = 1 \tag{8.8}$$

となる．ただし，

　　$D_f =$ 疲労による累積損傷度合い，合計 1 になると破断
　　$N_i = i$ 番目の変動応力だけが作用した場合の破断までの繰返し回数
　　$n_i = i$ 番目の変動応力が作用した回数

である．ただし，このマイナー則による予測は，あまり精度が良くなく，実験結果の 0.5 倍～2 倍の値となる．ただし，図 8.9 で示すように，実験結果にも結構ばらつきがある．また，マイナー則では，過大荷重による疲労き裂進展の遅延効果（一定振幅荷重の繰返し中に 1 回の過大な引張荷重がかかると，過大荷重除荷時に，過大荷重によって生じた塑性変形の周囲の弾性変形域が元に戻ろうとして塑性変形域を押すことによって生じる圧縮残留応力が発生する．これにより，き裂にかかる応力が縮減され，き裂の進展が遅くなる効果．世界初のジェット旅客機であった英国デハビラント社コメット機の疲労破壊による空中分解の事故調査の結果判明した現象として有名）が再現できないことも知られている．予測精度を改善したものとしては相対マイナー則があり，累積損傷 D_f のしきい値を 1 とせず，類似の部品・荷重パターンでの疲労試験結果と予測との比較検討を元に定めている．マイナー則は，低サイクル疲労寿命の予測にも幅広く適用されている．

　高温部の部品の寿命設定については，疲労と，クリープその他の破断モードが相互に干渉するためさらに難しい．先に述べた通り，各破断モードの相互干渉を最も簡単に表す方法は，線形結合を用いる方法である．複数温度でのクリープ（$i=1, n$）の累積に関しても，マイナー則と同様に，破断の条件を，

$$D_c = \sum_{i=1}^{n} \left(\frac{t_i}{t_{Ri}}\right) = 1 \tag{8.9}$$

と定めるロビンソン則がある．ここで，t_i は i 番目の温度/応力条件にさらされた時間，t_{Ri} は i 番目の温度/応力条件での破断までの時間（または所定の永久ひずみが生じるまでの時間）である．

また，疲労とクリープが両方作用する場合の破断の条件は，

$$D_f + D_c = 1 \tag{8.10}$$

となる．このような，各破断モードの損傷の線形結合による寿命予測は，それほど正確ではないことが分かっており，実際，多くの試験結果から，安全側の予測値とはならないことが示されているが，使い方は簡単で，既存の試験データがそのまま利用できる．より複雑な，2方向に4点で線形補間するバイリニア近似なども考案されたが，大抵は試験データの取り直しが必要な上，予測精度も概して上がっていない．このため，損傷の線形結合で寿命を評価する方法が今でも広く使われている．

クリープ寿命評価におけるロビンソン則の変形として，時間でなく，ひずみ量の累積から破断の条件を考えた，

$$D_\varepsilon = \sum_{i=1}^{n} \left(\frac{\varepsilon_i}{\varepsilon_{fi}} \right) = 1 \tag{8.11}$$

というものがある．ここでは，i番目の温度・応力条件でのクリープ破断時のひずみ（伸度 ductility）を ε_{fi}，i番目の温度・応力条件で生じたひずみをε_iとしている（文献［3］）．この方法の方が，時間の累積を考えるロビンソン則より予測の信頼性が高いことが示されている．

(b) 損傷許容設計（damage tolerance）

損傷許容設計による寿命設定法は，き裂のある物体に発生する応力に関する固体力学の研究である破壊力学をベースにしたものである．損傷許容設計による寿命設定を行えば，設定寿命の何倍かの余寿命を残したまま部品が廃却されるのを防ぐことができるため，安全寿命設計より基本的には経済的である．損傷許容設計では，すべての部品には製造時に欠陥があることを仮定し，また，発見可能な最小サイズ（非破壊検査等の手法による）以上の欠陥（き裂）を対象とする．その上で，破壊力学の知見に基づいて初期欠陥の成長を予測し，安全率をかけて寿命を設定する．具体的には図8.20に示す通りで，検査間隔の左側のラインの時点で検査を行い，検査で欠陥が見つからなければ，その時点で部品にある欠陥は最大でも発見可能な最小サイズ以下と言える．発見可能な最小サイズの欠陥が成長しても許容範囲に入るまでの回数（検査間隔）を使用し，再度検査を行って欠

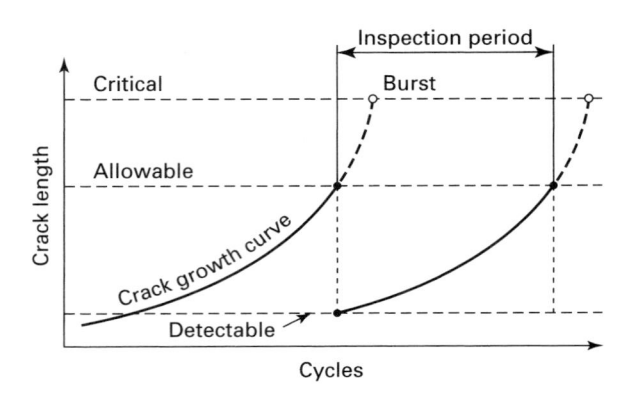

図 8.20　損傷許容設計におけるき裂の進展と検査の間隔の関係

陥を見つけた場合に廃却すれば，許容以上の欠陥が使用中に発生することがない．米国空軍がこの方法（retirement for cause）の先駆者で，検査ごとに，次の検査まで使用するか廃却するかが決められる．

　この方法は，経済的に見て非常に魅力的なものであるが，その実施にはいくつかの技術が必要になる．第1に小さなき裂が確実に発見できるような検査の信頼性が必要である．第2に，部品にかかった荷重の履歴がすべて分かっていなければならない．3番目として，その部品と同じ形状，同じ荷重条件での亀裂進展のデータが必要である．そして最後に，破壊力学をベースとするき裂進展の計算方法が，当該部品のき裂進展の予測を行うのに適したものでなくてはならない．これらの技術の開発やデータベースの整備には膨大な費用がかかり，軍用エンジンでも，この方法の経済性については実証されていない．民間エンジンではまだ使われていないが，将来の実施に向けた作業は続けられている．

　ただし，破壊力学自体は，工学上重要な科学的手法であり，理論と応用のどちらにも豊富な文献が出されている（例えば文献［14］［15］）．長さ a のき裂（き裂先端の塑性領域がき裂と比べて十分小さい線形弾性的なき裂）のある部品に引張応力 σ をかけた場合，亀裂先端近傍の応力場の強さは，応力拡大係数 K

$$K = Y\sigma\sqrt{\pi a} \tag{8.12}$$

で表せる．Y は部品やき裂の形状によって決まる数で，多くの典型的な部品・き裂形状での Y の値が求められているが，複雑形状の場合には，有限要素法を

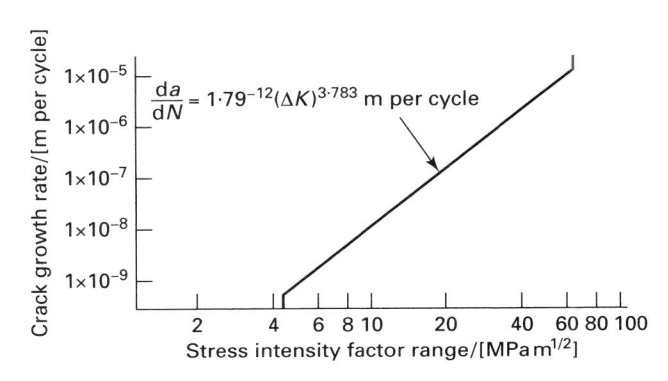

8.5 破断を防ぐ設計と寿命の設定

$$\frac{da}{dN} = 1 \cdot 79^{-12}(\Delta K)^{3 \cdot 783} \text{ m per cycle}$$

図 8.21　66℃における Ti-6Al-4V 合金のき裂進展速度（文献[16]）

用いて Y の値を求める．この応力拡大係数 K が材料によって決まる破壊じん性の値に達すると，き裂が不安定になり部品が破断する．破壊じん性は平面ひずみ状態で最低値をとり，それを平面ひずみ破壊じん性 K_{1c} と言う．また，周期的な荷重によるき裂の長さ a の拡大率（き裂進展速度）については，その荷重変動における応力拡大係数 K の変化量 ΔK より，

$$\frac{da}{dN} = C(\Delta K)^n \tag{8.13}$$

となるパリス則が成り立つことがわかっている．ただし，N は荷重の繰返し回数，C と n は材料や平均荷重，周囲の環境（温度など）によって変わる定数で，実験結果から定める．この式から図 8.20 に示したき裂進展のグラフを描くことが出来る．また，図 8.21 には，チタン合金における典型的なき裂進展速度のデータを示す．

上記で示したのは線形弾性破壊力学の範囲の結果で，材料が局所で降伏して塑性変形することを考慮しておらず，き裂先端での応力は無限大となる．一方，実際のガスタービンの材料は一定の延性があるため，線形弾性の破壊力学では正確さに欠けると考えられ，弾塑性破壊力学の適用が必要になる．ただし，ガスタービンの材料に関しても，上記のパリス則で疲労によるき裂進展がきちんと予測できることが分かっている．

8.6 翼の設計

翼の設計基準

　翼は流れを転向させる．圧縮機では外部から入力した仕事を流れに与え，逆に，タービンでは流れから仕事を取り出す．主な設計基準としては，高サイクル疲労，低サイクル疲労，高温部ではクリープに関する寿命などがある．また，翼は空力的に重要な部品で，細かな翼間流路形状が性能に影響するため，正確な翼型形状と良い表面状態を保たなければならない．

翼にかかる応力の計算

　翼内で定常的にかかる応力の計算は重要で，定常応力より，許容される変動応力レベル（図 8.8 の σ_{ALT}）が分かる上（Goodman 線図：図 8.19 参照），翼内でのクリープの発生も分かる．7.3 節で示した通り，翼に定常的に作用する応力で最大のものは，自身にかかる遠心力による引張応力で，その他に，燃焼ガス流による曲げ応力，遠心力による曲げ応力，シュラウド付のものはシュラウドに関わる応力，ディスク取り付け部にかかる応力，熱応力などがある．一方，時間変動する応力には，翼の振動によるもの，サージ，フラッタ，異物の衝突などによるものがある．翼の振動による応力は，圧縮機翼では通常は所定の範囲内に収まるが，ハブ・チップ比が小さく丈の長いファンや LP タービンの翼では大きくなる．このため，5.10 節最後に示したように，ファン翼には，翼高さ方向の中間付近に図 5.38（a）（別の角度から見た図 8.27 右図も参照）に示すようなシュラウド・ダンパー（図の例では 2 箇所）を取り付けて，振動応力を抑えると共に，鳥衝突時の衝撃に対応できる強度を確保している．最近の高バイパス比エンジンでは，中間シュラウドの無いワイド・コード・ファンを採用しており，中空チタン（Rolls Royce 社）や複合材（GE 社）で作られている．また，7.3 節で示したように，タービン動翼にはチップ部にシュラウド（図 7.21 右図，図 8.27 左図）をつけて，振動と，チップからの空気の漏れを防いでいる．

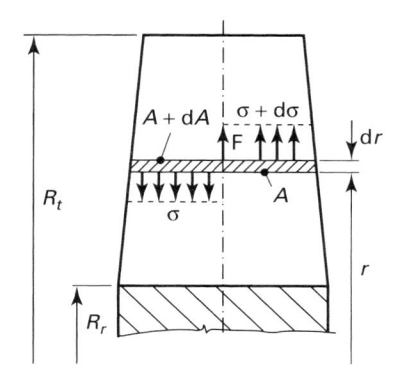

図 8.22 動翼に作用する遠心応力

遠心力による引張応力

　図 8.22 に示す動翼を考える．内周面（根元 root）半径を R_r，外周面（チップ tip）半径を R_t，翼断面積 A は径方向に変化するものとする（$A=A(r)$）．翼にかかる応力（引張が正）を $\sigma=\sigma(r)$ とし，図に斜線で示す半径 r（断面積 A，応力 σ）から $r+dr$（断面積 $A+dA$，応力 $\sigma+d\sigma$）までの幅 dr の微小な検査体積での力のつり合いを考える．検査体積が，内側の半径 r の断面で下に引っ張られる力は $\sigma \times A$，上側の半径 $r+dr$ の断面で上に引っ張られる力は $(\sigma+d\sigma)\times(A+dA)$ で，検査体積の回転により作用する遠心力を F とおくと，力のつり合いの式は，

$$(\sigma+d\sigma)(A+dA)+F-\sigma A=0 \tag{8.14}$$

となる．検査体積の質量は，翼材料の密度を ρ とすれば，$\rho A\,dr$ で，翼の回転角速度を ω [rad/s] とすると，遠心力 F は，

$$F=(\rho A\,dr)\,r\omega^2 \tag{8.15}$$

と書ける．これらを変形して整理し，2 次の微小項（$d\sigma \times dA$）を消去すると，

$$A\,d\sigma+\sigma\,dA=-\rho A\omega^2 r\,dr \tag{8.16}$$

を得る．これが，翼に作用する遠心力とそれによって発生する応力 σ の関係を表す基本的な式になる．以下，様々な 3 次元形状（径方向の断面形状分布 $A(r)$）の翼において発生する遠心応力を考える．

ケース1:断面積 A 一定の翼の場合 ($dA=0$)

この時,式(8.16)は,

$$A\,d\sigma + \rho A \omega^2 r\,dr = 0 \tag{8.16.1}$$

となる.これを積分し,半径 $r=R_i$ の位置での応力を $\sigma=\sigma_i$ とすると,

$$\sigma_i = \frac{\rho \omega^2}{2}(R_t^2 - R_i^2) \tag{8.17}$$

となる.応力は根元部 $r=R_r$ で最大で,その値は,

$$\sigma_r = \frac{\rho \omega^2}{2}(R_t^2 - R_r^2) \tag{8.18}$$

である.これは,式(7.29.8)で求めた翼根元の遠心応力の一般式で断面積一定とおいたものと同じである.これを,式(7.29.9)と変形したのと同様に,回転数 N と環状流路の断面積(回転軸に垂直な方向の断面積)$A=\pi(R_t^2-R_r^2)$ を用いて根元の応力を示す.ここで,実際に用いるのに便利なように,密度 ρ は kg/m^3,面積 A はm^2,回転数 N は rev/min,応力 σ は MPa(10^6Pa)単位で表すとすれば,翼根元にかかる最大の遠心応力は,

$$\sigma_r = 1.75 \times 10^{-9}(\rho A N^2) \tag{8.19}$$

となる.

ケース2:応力が径方向に一定 ($d\sigma=0$)

応力を $\sigma=\sigma_a$(一定)とすると,逆に,半径 $r=R_i$ での断面積 A_i は,

$$A_i = A_r \exp\left[\frac{-\rho \omega^2}{\sigma_a}(R_i^2 - R_r^2)\right] \tag{8.20}$$

となり,応力一定の場合は,断面積分布が半径 R_i の指数関数として変化することが分かる.厳密に言えば,応力一定は翼の長さが無限大の場合にのみ当てはまるが,近年のハブ・チップ比が小さい多くのファン翼がこれに近い断面積分布になっている.

ケース3:断面積が直線的,もしくは,放物線状に変化する場合

ファン翼の場合を除いて,圧縮機やタービンの翼断面積は根元からチップまで径方向に直線的に変化するとすればよい近似となる.1960年代に,Saravana-muttoo[17]は,概念設計の段階で,断面積が径方向に直線的に変化する翼に

かかる遠心応力の簡易な見積もり方を示した．断面積分布が放物線状に変化する翼も多数あるが，それら，直線的，もしくは，放物線状に断面積が変化する翼の根元にかかる応力は，

$$\sigma_r = K(1.75 \times 10^{-9})(\rho A N^2) \tag{8.21}$$

と表せ，形状の違いは係数 K で以下の通り調整する．

(a) $K=1$　　　　　　　　　　　　断面積一定の場合（式 (8.19)）
(b) $K=(1+d_t)/3+(a+d_t)/[3(1+a)]$　　断面積が径方向に直線的に変化する場合
(c) $K=2d_m/3+(a+d_t)/[3(1+a)]$　　断面積が径方向に放物線状に変化する場合

ただし，

$a=R_r/R_t$（ハブ・チップ比）
$d_t=A_t/A_r$（チップ断面積／根元断面積）
$d_m=A_m/A_r$（平均半径での断面積／根元断面積）

である．断面積が放物線状に変化する翼の根元の応力を，式 (8.21) と上記 (c) の係数 K を用いて計算すると，5% 以内の誤差で求められる．

　今，回転数 N を一定とすると，根元の遠心応力は，式 (8.21) より，環状流路断面積 $A=\pi(R_t^2-R_r^2)$ によって決まる．よって，環状流路断面積 A が同じなら，丈 $h(=R_t-R_r)$ が長いがハブ・チップ比 (R_r/R_t) が小さいものも，丈が短いがハブ・チップ比が大きいものも，翼根元の遠心応力は同じになる．また，遠心応力は，翼のコード長 c にはよらない．タービンの場合には，環状流路断面積 A は，流量と流速に関連して決められ，回転数 N が許容応力から決められる．タービンの場合の AN^2 の典型的な値として，初段で $188 \times 10^5 \, \text{m}^2 \, (\text{rev/min})^2$，他の段では最大で $375 \times 10^5 \, \text{m}^2 \, (\text{rev/min})^2$ となっているものがある（初段は温度が高い分低めの設定にしていると考えられる）．定常応力の許容値は，HCF の疲労限界線図（図 8.19）で示した通りで，静的な降伏や破断を起こす応力から，振動応力分のマージンを取っておかなければならない．これらや他の応力を考慮した上で，遠心応力の許容値としては，0.2% ひずみが生じる応力（降伏強度）の 7 割程度に抑えるのが 1 つの目安となっている．

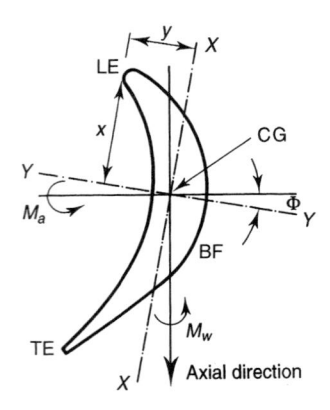

$$\sigma_{gb} = \frac{x}{I_{yy}}(M_a \cos \Phi - M_w \sin \Phi) + \frac{y}{I_{xx}}(M_w \cos \Phi + M_a \sin \Phi)$$

図8.23　燃焼ガス流によりタービン翼に発生する曲げ応力

燃焼ガスによる曲げ

　図8.23のような断面の翼（タービン動翼とする）を考えると，翼の腹側（図の左側凹面）の方が背側（右側凸面）より燃焼ガス流の静圧が高く，翼を図の右側に押してタービンを回す仕事をする．このように燃焼ガスが翼を右（周方向）に押すことにより，翼断面には，主に軸方向周りの曲げモーメント M_w がかかる．この曲げモーメントにより，翼根元面には，前縁（LE：leading edge）と後縁（TE：trailing edge）で引張，背側中央付近に圧縮の応力がかかることは容易に想像出来るであろう．また，軸方向の流速 C_a が変化する場合（$C_{a3} \neq C_{a2}$）や，反動度正の動翼で流れが加速し減圧する場合（$p_3 < p_2$）には，翼を軸方向に押す力が作用する．加速・減圧による差圧によって押される力は，図5.28で示す通り，径方向単位幅あたり $s\Delta p$（s はピッチ，$\Delta p = p_2 - p_3$）と表せる．翼を軸方向に押す力によって根元面に作用する曲げモーメントを M_a とすると，M_w と M_a の2つのモーメントが断面に作用するが，図8.23では，断面の主軸（XX と YY）を一点鎖線で示し，それら2つのモーメントにより断面上に作用する応力 σ_{gb} を式で示している．ただし，I_{xx} と I_{yy} は，それぞれ，XX 軸，YY 軸回りの断面2次モーメントである．

これらの燃焼ガス流による曲げで生じる応力も，翼根元で最大となる．今，主な曲げは翼の背側と腹側の差圧によるタービン回転軸回りの曲げM_wであり，また，断面の主軸XXは，回転軸とのずれが小さい（角度$\Phi \approx 0$）とすれば，翼根元面で作用する応力は概ね$\sigma_{gb} = M_w/(I_{xx}/y)$となり，断面上の応力最大値は$(\sigma_{gb})_{\max} = M_w/(I_{xx}/y_{\max})$となる（$y_{\max}$は$XX$軸から最も離れた所，すなわち，図の翼型なら前縁 LE か後縁 TE の位置になる）．$I_{xx}/y_{\max}$は翼根元断面の2次元的な形状によって決まる値で，断面係数と呼び，（最大応力）＝（曲げモーメント）／（断面係数）の関係がある．断面係数は長さの3乗の次元で，相似な断面であれば，寸法の3乗に比例するので，翼型の断面係数について，代表寸法をコード長cとし，形状を表す無次元数zと合わせて，断面係数$I_{xx}/y_{\max}$をzc^3とおく．質量流量をm，翼枚数をnとすると，1つの翼間を通過する燃焼ガスの質量流量はm/nとなる．燃焼ガス流の背側と腹側の差圧によって翼1枚を押す力は，式(5.31)と同様に，翼列前後での旋回成分の運動量変化$F = (m/n)(C_{w2m} + C_{w3m})$（平均半径での値で代表）に等しく，これが平均半径位置に作用するとすると，根元からの距離は$h/2$（hは翼高さ）であるから，根元断面に作用する曲げモーメントは$F \times h/2$となる．これらより，根元断面での燃焼ガスによる曲げ応力の最大値は，概ね，

$$(\sigma_{gb})_{\max} \cong \frac{m(C_{w2m} + C_{w3m})}{n} \frac{h}{2} \frac{1}{zc^3} \tag{8.22}$$

と表せることが分かる．断面の形状を表す無次元パラメータzは，概ね，翼のキャンバ角（＝翼前縁角度と後縁角度の差，図5.23参照，入口の迎え角や出口の偏差角がなければ流れの転向角と同じ）と厚みt／コード長cの関数となる．図8.24には，Ainley によるzの近似式，および，式中の定数Bとnの値を，キャンバ角を横軸にとって示す．

これらを用いて，図7.19 に示したタービン段の動翼根元部での応力を計算してみる．根元部での流れの転向角は，

$$\beta_{2r} + \beta_{3r} = 39.32° + 51.13° \cong 90° \tag{8.22.1}$$

で，迎え角や偏差角は無く，翼のキャンバ角もこれに等しいとする．この時，図8.24より$B = 570$，$n = 1.27$で，翼厚みは$t/c = 0.2$とすると，無次元数zは，

$$z_{root} = \frac{1}{B}\left(10\frac{t}{c}\right)^n = \frac{(10 \times 0.2)^{1.27}}{570} = 0.00423 \tag{8.22.2}$$

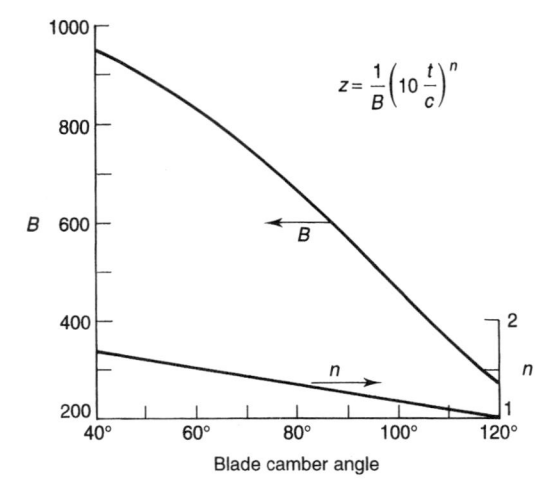

図 8.24　Ainley による z の近似式

と求められる．燃焼ガスが動翼列全体を周方向に回す力は，平均半径での動翼前後の旋回速度成分の変化と質量流量 $m(=20\,\mathrm{kg/s})$ より，

$$\begin{aligned}m(C_{w2m}+C_{w3m})&=mC_a(\tan\alpha_2+\tan\alpha_3)\\&=20\times272\times(1.624+0.176)\\&=9800\,\mathrm{N}\end{aligned} \tag{8.22.3}$$

と求められる．また，図 7.19 より，動翼のコード長 $c_R=0.023\,\mathrm{m}$，翼枚数 $n_R=71$，翼平均高さは $h_R=(h_2+h_3)/2=0.0691\,\mathrm{m}$ であるから，式 (8.22) を使って，根元部での最大応力を求めると，

$$(\sigma_{gb})_{\max}\cong\frac{9800}{71}\cdot\frac{0.0691}{2}\cdot\frac{1}{0.00423\times0.023^3}\cong93\,\mathrm{MN/m^2} \tag{8.22.4}$$

となる．一方，遠心力による根元部での最大引張応力は，式 (7.30.2) より 200 MN/m² であった．また，曲げ応力については周期的に変動し，その振動数については回転数 N，動翼枚数 n_R，静翼枚数 n_N によって変化する．クリープ強度に関しては，各金属材料に関して，材料温度をパラメータとして，図 8.25 (a) に示すような，引張応力と 0.2％クリープひずみが生じるまでの時間の関係を使うことができる．また，疲労に関しても，図 8.19 の Goodman 線図を使えば，平均応力から，どの程度の変動応力まで持つのかが分かる．これらの材料データ

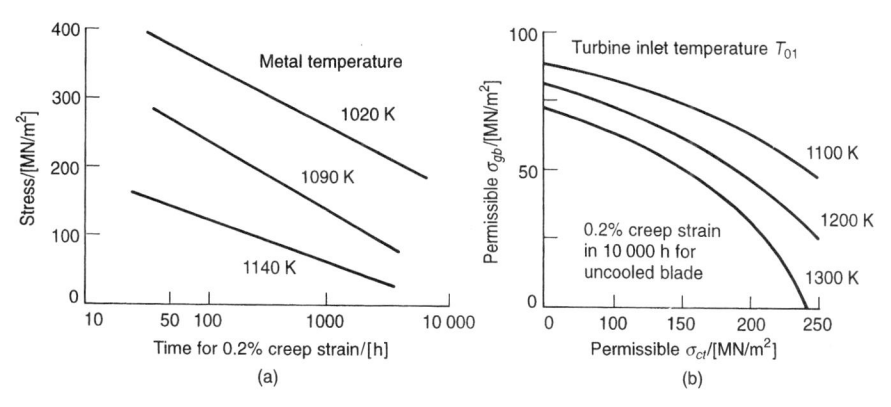

図 8.25 (a) 材料温度によるクリープ特性の変化　(b) タービン入口温度ごとの曲げ応力・遠心応力の許容値

に，運用中のタービンの運転実績などを加味することで，燃焼ガス流により時間変動する曲げ応力と定常な遠心応力をどのように組み合わせると安全であるかが分かる．概念設計の段階では，いくつかの設定寿命に対して，図 8.25 (b) に示すような設定可能な曲げ応力と遠心応力の組み合わせを示すマップがあることが望ましい．図 8.25 (b) で使う温度に関しては，(材料の平均温度でなく) タービン入口全温 T_{01} とすることで，下記の 2 つの点で余裕を見ることができる．

(1) 翼の中で温度が T_{01} まで上がる可能性があるのは前縁だけであり，また，実際には，翼内部での熱伝導があるので前縁の温度も T_{01} まで上がることはない．

(2) 無冷却のタービン (翼の内部に冷却通路が無いタービン) でも，図 2.19 に示すように，圧縮機から一定量が抽気され，タービン・ディスクや翼根元付近に冷却空気として流されるので，許容応力を評価する根元部の温度は，今の例で考えている $T_{01}=1100$ K よりある程度低くなる．

また，図 8.25 に示す燃焼ガスによる曲げ応力 σ_{gb} や遠心応力 σ_{ct} の許容値は安全側にとってあり，燃焼器から出る燃焼ガスの温度不均一によって生じる局所的な高温流 (hot streak) や，翼のコード長方向や翼高さ方向の温度勾配によって生じる熱応力を許容するための安全率がかかっている．今考えている例では，作用する遠心応力 σ_{ct} と曲げ応力 σ_{gb} の最大値は，それぞれ，200 MN/m² と

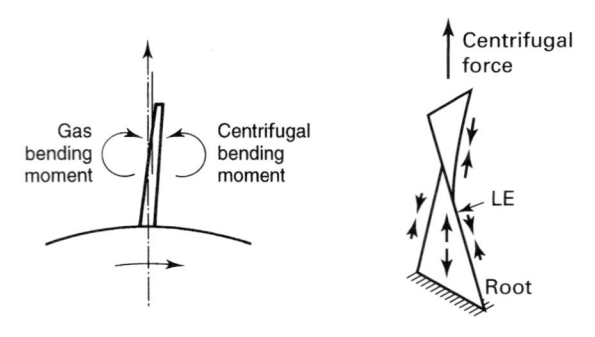

図 8.26 左図:燃焼ガスによる曲げの遠心力による曲げによる相殺,右図:遠心力によるねじれ戻し

93 MN/m² で,図 8.25 (b) より,10000 時間の寿命が必要とすれば,かかっている応力が大きすぎることが分かる.より詳細な設計で,応力の抑制が必要であることが確定した場合には,コード長 c を少し延ばすことで曲げ応力 σ_{gb} を抑えることができる.先に述べた通り,最終設計の段階では,翼断面内の温度分布や,それに伴う熱応力の予測などを含む完全な形での応力解析と寿命の設定が必要になる.

燃焼ガスによる曲げ応力の詳細な計算はかなり大変な作業で,他の設計計算と同様,電子化されていて計算機によって行われる.曲げ応力は,先に示した通り,図 8.23 の前縁 LE と後縁 TE で引張が最大,背側の BF (back face) で圧縮が最大になるなど(縁応力),遠心応力と違って断面の面内で分布があり,アスペクト比 (h/c) が小さい翼ではその影響が重要になる.

上記で,遠心応力の導出の際には,翼断面の重心を結ぶラインが,回転中心を通り,根元断面に垂直になると仮定したが,図 8.26 左図に示すように,重心を結ぶラインをタービンの回転方向に多少傾けた設計とすることも出来る.その時には,図に示すように,遠心力による曲げモーメントが働き,うまく設計すれば,燃焼ガス流による曲げモーメントと相殺して,遠心力による引張応力だけを残すことが理論的には可能である.ただし,実際には,

(a) 設計点で曲げモーメントが相殺されるように設計しても,他の条件では完全に相殺はできない.

(b) 燃焼ガス流による曲げで生じる応力 σ_{gb} は変動する(静翼の後流の影響な

8.6 翼の設計　515

どにより).
(c) 遠心応力は，翼型部や翼のディスク取付部の加工精度に大きく影響される.

などの事情を考慮する必要がある．このため，燃焼ガスによる曲げ応力 σ_{gb} が遠心力による曲げで打ち消されるというようなことは考えないことの方が多く，実際には，翼の製作公差の範囲内では，遠心力による曲げ応力が小さく，少なくとも σ_{gb} を強める方向には働かないことを計算で確認する程度である．

遠心力によるねじれ戻し

図 8.26 右図に示すように，径方向にねじれのある翼に遠心力が作用すると，翼に対してねじれを戻して全体に根元に平行な平面にしようとする力が働く．詳しくは，図を見ると分かるように，ねじれた翼は前縁と後縁は傾いている分長さが長いので，平面に戻ると，平面形は，前縁と後縁で長く，コード長の中間付近が短くて凹んだような形になり，これを均等に戻そうとする力が働く．このため，前縁と後縁では長さを縮める方向の圧縮応力，中間付近では長さを伸ばす方向の引張応力が作用する．このような現象は，ねじれが大きく，しかも，ハブ・チップ比が小さくて丈の長いファン翼などで顕著になる．ねじれ戻しの影響の程度は，有限要素法で計算されるが，影響が大きい場合がある．

シュラウド

7.3 節で説明したように，丈の長い翼では，チップにシュラウドをつけてケーシング側に彫った溝に沿って回転させるタイプ（図 7.21 右図，図 8.27 左図）にすれば，チップ・クリアランス損失の抑制に有効な上，さらに重要な点として，翼の振動を抑制できる．また，本節の最初の方で説明した通り，初段ファン動翼には，翼高さ方向の中間付近に図 8.27 右図（別の角度から見た図 5.38 (a) も参照）に示すようなシュラウド・ダンパー（snubber：緩衝装置，図の例では 2 箇所）を取り付けて，振動とフラッタを抑えると共に，鳥衝突時の衝撃に対応できる強度を確保している．5.10 節最後で説明した通り，ファンの翼高さ中間のシュラウドは，付近の流れが速いため空力的な影響が大きく，空力性能の面では好ましくないので最新の民間エンジンでは使われていないが，軍用の低バイパス

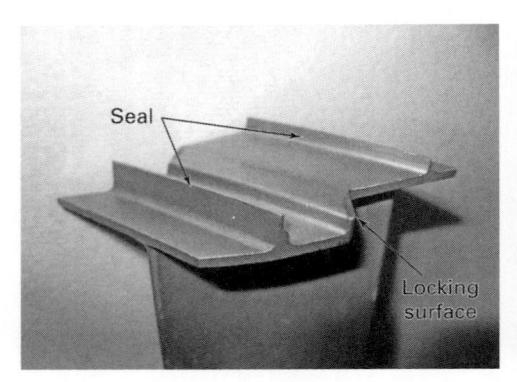

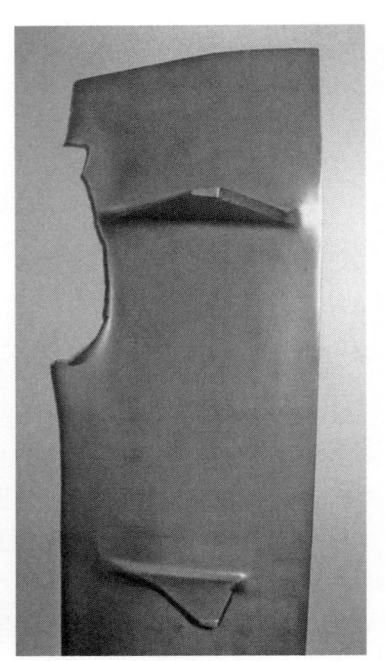

図 8.27 （左）低圧タービン動翼のチップ部シュラウド，（右）ファン動翼の中間シュラウド：図 5.38 と同じもの

比エンジンでは，今でも，低高度での高速の鳥衝突の衝撃に対応する強度確保のために使われている．

翼のディスクへの取り付け部

翼のディスクへの取り付け方法には色々な形態があり，ピン構造，ダブテイル構造（dovetail：溝はめ込み式の取り付け方法，周方向か軸方向に彫ったディスクの溝に合わせて作った翼取り付け部をはめ込む．溝の断面を台形などにすれば，はめ込んだ方向以外には動かないようにできる．たんすなどの木材の接合にもよく使われ，dove：はと，tail：尾，より，はとの尾のような断面の溝にすることから来ている），もみの木構造（7.3 節，図 7.15 で説明した方法，軸方向に差し込むダブテイルの一種と考えられ，受け側の溝の断面がもみの木のような形をしている）などがある．これらの取り付け方法を使っても，ディスクには取

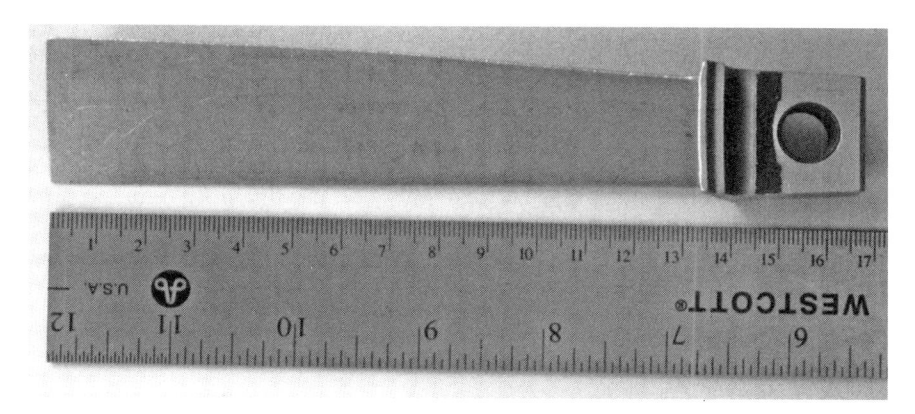

図 8.28　圧縮機翼のピン止め構造

り付け部の分だけ余分な質量と応力がかかるが，翼が損傷した時には比較的簡単に取り外して交換できるというメンテナンス上の利点がある．今日では，翼とディスクを一体成型してディスク重量の軽減を図った設計が多く見られるが，一方で，翼が損傷した場合の修理は難しくなる．翼の修理に関しては，修理箇所の不具合がエンジンの故障につながらないよう，厳しい基準が課されている．

　ピンによる固定は初期のエンジンで使われていたが，他の方法に比べて重くなる．ただし，うまく設計すれば，1次の曲げの振動モードの振動数を正確に予測できるという利点がある．図 8.28 にはピン止めするための穴のついた圧縮機の翼を示す．ディスク側には，翼を差し込むために周方向に彫った溝があって，軸方向にピンを通すための翼側と同様な一連の穴が空けられていると考えられる．

　ダブテイル構造による取り付けは，ファンや圧縮機翼では標準的な方法で，古くは，たんすの製造にさかのぼる．図 8.29 に示すファン根元部の写真には，左から，回転軸方向にディスクに差し込むダブテイル部，プラットフォーム（空気流路内周面を構成する平板），翼，中間シュラウドが見える．ディスクには，このダブテイルに合ったスロットが掘られている．図 8.29 の例では，ダブテイルが回転軸方向にまっすぐであるが，ワイド・コード・ファンでは，ダブテイルも翼根元部の翼型のキャンバ線にあわせて曲線になっている．また，ディスクに周方向に溝を掘るダブテイル構造では，翼は，周方向に 1 箇所空けられた差込口からのみ順に差し込んで周方向に回していくので，翼を差し込むための部分以外に

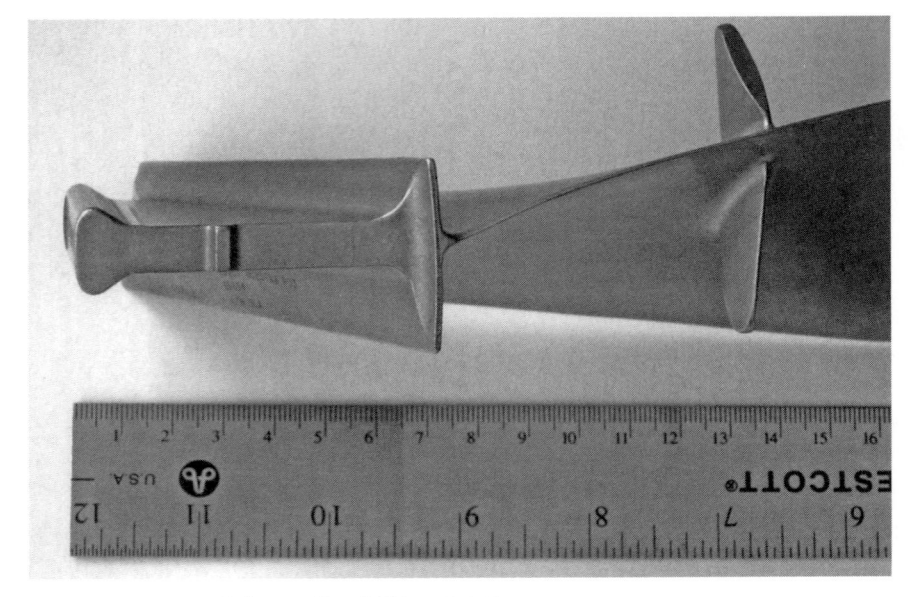

図 8.29　ファン翼のダブテイル部，中間シュラウド

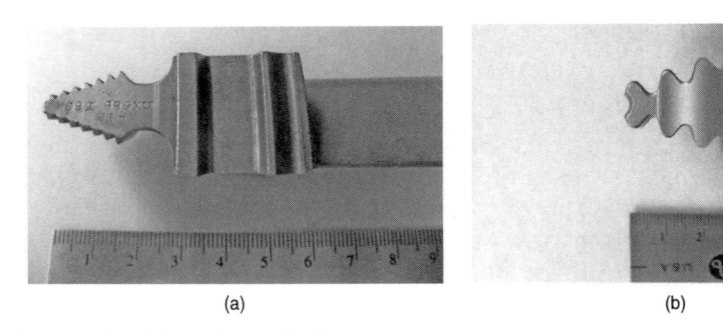

図 8.30　翼取付部のもみの木構造

は周方向にディスクに切れ込みが無い．翼を差し込んでからの固定方法は，軸方向／周方向のどちらのダブテイルでも様々な方法がある．ダブテイル部の応力については，概念設計の段階では，簡単な解析と経験的に得られた許容値を用いて分析するが（文献 [18]），詳細設計では，有限要素法を用いる．

　もみの木構造（fir tree 構造）は，応力と温度が共に高いタービン翼でよく用

いられている．一般のダブテイル構造に比べて，ディスクと翼の間の荷重の伝達がしやすくなるが，ぎざぎざの形状は，静的なはめあいだけでは決まらず（振動を考慮する必要がある），設計や解析には手間がかかる上，一定の加工精度が必要である．ぎざぎざの各当たり面のどれにも均等に荷重がかかるようにすることが重要で，ガスタービン製造メーカでは，それぞれ独自の fir tree 構造を作っている（図 8.30）．

熱応力

定常運転の状態では，一般に，タービン動翼にかかる応力は，根元で最大で，チップに向かって徐々に小さくなっていく．一方，動翼の温度は，一般に根元で最も低く，チップに向かって徐々に上がっていく（図 7.8 で全温一定でチップの方が流速が低いため）．材料の温度が上がると，クリープ強度が下がることになる．これらにより，動翼のクリープ寿命は，多くの場合，平均半径位置付近での状態によって決まる．一方，始動・停止時の方が条件的にはさらに厳しく，何度か述べた通り，過渡的な温度勾配により熱応力が発生する．エンジン始動時には，高温燃焼ガスからの熱伝達により，翼の温度が急激に上昇する．特に，燃焼ガスが衝突する前縁と，厚みがあまり無い後縁は，コード長の中間付近の厚い部分より温度が上がりやすいが，翼に使われる超合金は熱伝導があまり良くないため，温度勾配が生じる．その時，熱い前縁と後縁が大きく熱膨張するのに対し，中間付近がそれを抑える形になるため，前縁と後縁には圧縮，中間付近には引張の熱応力が生じる．定常状態になると，この熱応力は無くなるが，停止時には始動時と反対の現象が起こる．このような始動・運転・停止のサイクルによる周期的な熱応力の発生は，低サイクル疲労を加速させると考えられる．

タービン翼の冷却

超合金や耐熱コーティング TBC の開発が進んだとしても，タービン入口温度を上げるには翼の冷却が必須である．タービン冷却について第 7 章で述べたが，機械設計の面では，冷却のおかげで，航空エンジンでは，タービン入口が金属の融点より 300 K かそれ以上高い温度で運転できていることに留意しなければならない．翼内部の細い冷却通路や，翼表面の膜冷却用の冷却孔は詰まる可能性が

あり，そうなると，すぐに，冷却不足によって局所的な破断が生じる．また，動翼には大きな振動応力がかかっており，内部の冷却構造は振動を大きくする要因となる．翼の詳細設計では，疲労破壊の元となるき裂核が生じるような構造がないか精査する必要がある．また，冷却通路の内面は冷却空気にさらされるが，その冷却空気も圧縮機からの抽気であるので高温である．実際，タービン翼が，冷却通路内面に発生した粒界酸化（IGO：intergranular oxidation）に起因する亀裂によって破断する問題が発生しており，このため，内部冷却通路にアルミナイド・コーティングを施工するタービン翼もある．

8.7 動翼の回転ディスク

　動翼の回転ディスクには，翼を支持し，翼で発生または吸収されるトルクを回転軸に伝達し，動翼前後の差圧に抗して固定されていることで，その差圧を維持する働きがある．ディスク設計の際に最も考慮すべきことは，ディスクのバースト（burst，破裂）を防ぐことである．ディスクのバーストは，ディスク材料の弾塑性変形による破断によって起こり，安全性に直結する問題である．ガスタービンでは，翼が外れても外部に飛散しないように設計しなければならないが，ディスクがバーストして飛散すると，運動量が大きすぎて，ガスタービン内部に留めることができない．ディスクがバーストしてはならないとすると，ディスク内で低サイクル疲労によるき裂が進展してバーストしないようにすることが重要になる．各エンジンでは，ディスクのバーストが起こらないよう設計し，さらに試験でそれを確認しているにも関わらず，低サイクル疲労によるディスクのバーストでの重大なエンジン・トラブルは多数発生している．このためディスクの低サイクル疲労寿命の設定は非常に重要である．

　多種多様な設計のディスクがあり，他の部品と同様，各製造メーカは独自のディスクの設計コンセプトを作ってきた．ガスタービンが出始めた当初より，ディスクどうしの結合は，中心に1本，もしくは，同心円状に配置した複数のボルトで，ボルトにテンションがかかるよう締め付けた上で，ディスク間のトルクの伝達には，その他に，シアピンや，ハース・カップリング，カービック・カップリング（回転軸に垂直な面上の凹凸を噛み合わせてトルクを伝達する歯車機構の一

種）などを用いて行われる．他の方法としては，焼きばめや溶接による結合があり，最近では，摩擦接合（friction welding：摩擦撹拌接合 friction stir welding とも言われ，接合したい2つの金属材の境界部にロットを押し当て回転させ，摩擦熱で軟化させながら金属をかき混ぜて両者を接合させる方法）も多くの航空エンジン用では用いられている．

ディスクに作用する応力

最も簡単な場合として，図8.31（a）に示すような，中空の均一な（厚み一定の）円盤が一定速度で回転している状態を考える．弾性変形の範囲で考えることにし，材料の弾性係数（ヤング率）を E，ポアソン比を ν，密度を ρ，回転角速度を ω，半径を r（内周半径 r_i，外周半径 r_o）で表す．応力は，周方向を σ_t，半径方向を σ_r と表し，厚み方向には応力が生じないとする．

ディスク内の微小な検査体積の力のつり合い（応力と遠心力）を考え，それを解くと，

$$\sigma_t = \frac{E}{1-\nu^2}\left[(1+\nu)A - (1-\nu)\frac{B}{r^2} - \frac{(1+3\nu)(1-\nu^2)}{8E}\rho\omega^2 r^2\right] \quad (8.23)$$

$$\sigma_r = \frac{E}{1-\nu^2}\left[(1+\nu)A + (1-\nu)\frac{B}{r^2} - \frac{(3+\nu)(1-\nu^2)}{8E}\rho\omega^2 r^2\right] \quad (8.24)$$

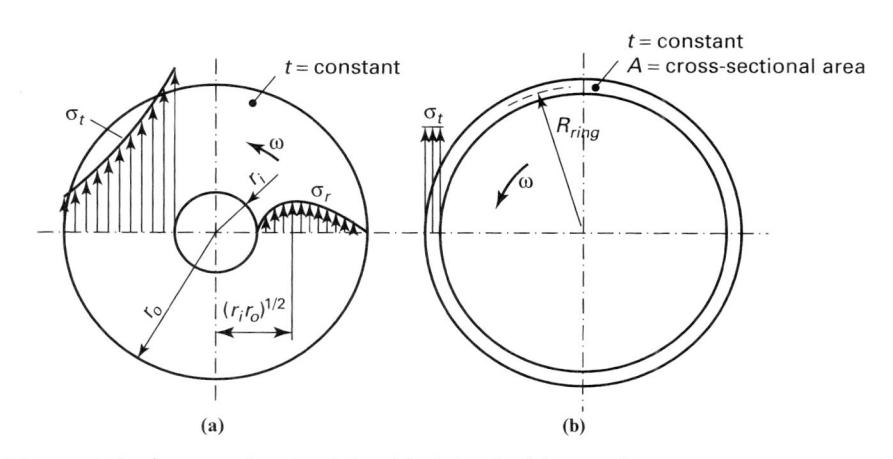

図8.31　回転ディスクに作用する応力：(a) 中空円盤　(b) リング

となる．ただし，A と B は境界条件から決まる積分定数である．今考えている中空円盤では，内周端 $r=r_i$ と外周端 $r=r_o$ で径方向の応力 σ_r は 0 となる．これより定数 A と B を求めて代入すると，周方向応力 σ_t と半径方向応力 σ_r が，

$$\sigma_t = \frac{3+\nu}{8}\rho\omega^2\left[r_o^2+r_i^2+\frac{r_o^2 r_i^2}{r^2}-\left(\frac{1+3\nu}{3+\nu}\right)r^2\right] \tag{8.25}$$

$$\sigma_r = \frac{3+\nu}{8}\rho\omega^2\left[r_o^2+r_i^2-\frac{r_o^2 r_i^2}{r^2}-r^2\right] \tag{8.26}$$

と求められる．これを図示すると図 8.31 (a) の矢印のようになり，周方向の引張応力が最大になるのは内周端面であることが分かる．中実の円盤の場合には，定数 B が 0 になり，定数 A は外周端で半径方向の応力が 0 となることより求める．中実円盤では，中心 $r=0$ では周方向応力と半径方向応力が等しくなり，その値は，

$$\sigma_t = \sigma_r = \frac{3+\nu}{8}\rho\omega^2 r_o^2 \tag{8.27}$$

となる．中心に小さな孔があるだけで周方向応力が中実の場合の 2 倍になるのは興味深い（中空の場合は式（8.25）で $r=r_i$ を代入してから，$r_i \to 0$ とする）．

　ディスク外周に翼列が埋め込まれていて，翼列の遠心力がかかる場合には，外周端の半径方向応力が 0 でなく，翼列全体が半径方向にディスクを引っ張る力を $F_{rim}=$（翼 1 枚が引っ張る力）×（翼枚数），ディスクの厚さを h とすると，

$$\sigma_{r(rim)} = \frac{F_{rim}}{2\pi r_o h} \tag{8.28}$$

となる．最近の航空エンジンでは，ディスクは，図 8.31 (b) のような細いリング形状で近似的に表せる．また，開発中のエンジンでも，金属基複合材料 MMC で細いリング形状の翼付きディスクの試験がなされている．図 8.31 (b) のような細いリング形状では，上記で $r_i \approx r_o$ で，周方向応力 σ_t が一定と近似できる．リングの寸法については，図 8.31 (b) に示すように，平均半径を R_{ring}，周方向に垂直に切った断面積を A_{ring} とすると，周方向応力は，

$$\sigma_t = \rho\omega^2 R_{ring}^2 + \frac{F_{rim}}{2\pi A_{ring}} \tag{8.29}$$

と表せる．右辺第 1 項は，ディスク自身の遠心力による応力，第 2 項は，翼列が遠心力でディスクを引っ張る力 F_{rim} による応力である．翼列にかかる遠心力

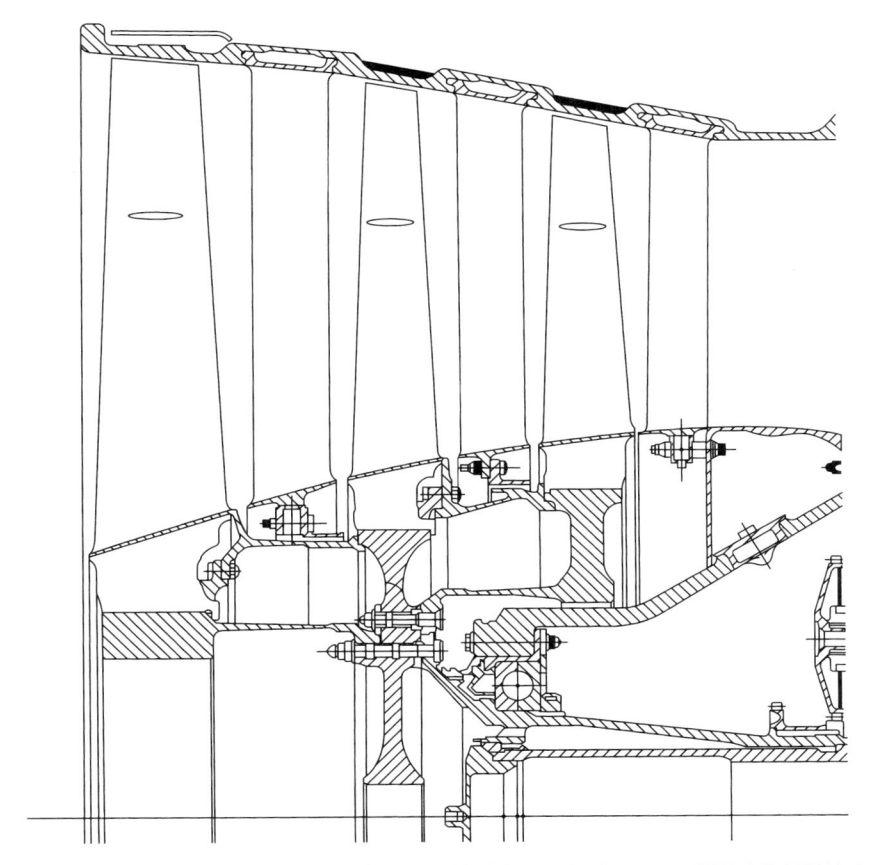

図 8.32　軍用エンジン 3 段ファンのディスク（斜線部，初段ディスクは断面が長方形だが，2 段目と 3 段目は厚みが変化している）

F_{rim} は角速度 ω の 2 乗に比例するので，式 (8.29) で示す応力の合計も角速度 ω の 2 乗，すなわち，回転数 N の 2 乗に比例して大きくなる．

　実際のディスクは，応力分布の最適化のため図 8.32 のように径方向に厚みが変化しているが，常温で弾性変形の範囲内であれば，比較的簡単に応力計算ができる．いくつかの方法が考案されたが，中でも有限差分法が一番よく使われていた（例えば文献 [19]）．この方法では，ディスクを半径方向に細かく分割して，力のつり合いと変位の式を解くが，簡易であり，事前の概念設計の段階で使う程

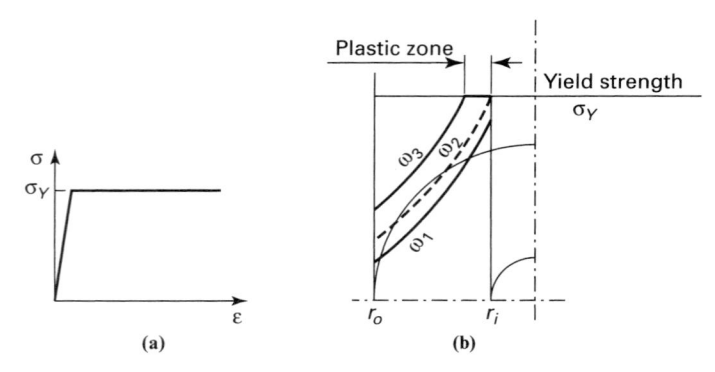

図 8.33 (a) ディスク材の応力ひずみ特性モデル (b) ディスクに発生する周方向応力の回転角速度による変化

度であれば精度も十分である．しかし，今日では，有限要素法（FEM）が主に使われている．FEM は強力かつ簡易なツールであり，試験データでの検証もなされている．

温度勾配のあるディスクの弾塑性変形を考慮する場合は，応力解析が複雑になるが，ディスクのバースト（破裂）を考える場合には，そのような解析を行わなければならず，高度な有限要素法が必要になる．ただし，簡単なモデルでも，ディスクのバーストの基本的なメカニズムの理解には役立つ．ここでは，図 8.33 (a) に示すような線形弾性＋完全塑性の応力ひずみ特性を示す材料でできたディスクを考える．この材料では，降伏強度以上の応力はかからないことになる．図 8.33 (b) は，図 8.31 (a) のディスクの第 2 象限（左上側 90 度分）と発生する周方向応力 σ_t を，回転角速度を $\omega_1 < \omega_2 < \omega_3$ の 3 段階に振って示したものである．縦軸が応力で，回転角速度 ω_1 で発生する応力は，図 8.31 (a) で示した通り，外周側 r_o で最小で，内周側 r_i まで単調に増加しているが，内周側でも降伏強度 σ_Y までは達していない．内周側が降伏強度に達するのは回転角速度が ω_2 の時で，さらに角速度をあげて ω_3 とすると，途中で降伏強度に達し，そこから内側は降伏して塑性領域になる．角速度をさらに上げると，徐々に塑性領域が増えていき，最終的に，ディスク全体が降伏して，バーストが起こる．実験によると，回転するディスクでは，周方向に垂直に切った断面での周方向応力の平均値が，概ね引張強度 UTS に達するとバーストが起こる．

設計では，バーストに対するマージンを（破裂が起こる回転数 N_{burst}）/（設計回転数 N_{design}）で表し，通常は 1.2 に設定する．バーストが，上記の通り，周方向応力の平均値が UTS に達した時であるとすると，応力は回転数の2乗に比例するから，

$$\frac{N_{burst}}{N_{design}} = 1.2 = \sqrt{\frac{\text{UTS}}{\sigma_t}} \tag{8.30}$$

と書ける．典型的な超合金で引張強度 UTS は 1300 MPa 程度であるから，この値を用いると，周方向応力 σ_t の設計値は，

$$\sigma_t = \frac{1300}{1.2^2} = 903 \text{ MPa} \tag{8.30.1}$$

となる．今，ディスクとして，図 8.31（b）のような細いリングを考え，翼の影響は無視して自身の回転による遠心力のみを考えると，周方向応力 σ_t の設計値は式（8.29）の右辺第1項より，

$$\sigma_t = \rho \omega^2 R_{ring}^2 \tag{8.30.2}$$

と書ける．これらより，リングの径 R_{ring} を一定とすると，バーストする回転数は $(\text{UTS}/\rho)^{1/2}$ という材料によって決まる特性値に比例することが分かる．材料の密度を $\rho = 8000 \text{ kg/m}^3$（比重8）とすれば，リングの外周端での設計回転速度は，

$$\omega R_{ring} = \left(\frac{\sigma_t}{\rho}\right)^{\frac{1}{2}} = \left(\frac{903 \times 10^6}{8000}\right)^{\frac{1}{2}} = 336 \text{ m/s} \tag{8.30.3}$$

となる．逆に，設計回転速度が決まっていれば，それを実現するのに必要な材料の強度の見積もりができる．

以上は，周方向応力が一定の細いリングの場合についてであるが，厚みが変化するディスクでも同様な考察が可能である．この時発生する平均応力については，式（8.30.2）の半径 R_{ring} を，当該ディスクを周方向に垂直に切断した断面の回転軸回りの断面2次半径 R_{gyr} に置き換えれば求められる．断面2次半径 R_{gyr}（radius of gyration, 慣性半径とも言う）は断面の全面積が回転軸から R_{gyr} の半径位置に集中したとすると，元と同じ断面2次モーメントになる半径で，断面2次モーメントIと断面積Aより，

$$R_{gyr} = \left(\frac{I}{A}\right)^{\frac{1}{2}} [m] \tag{8.31}$$

と計算できる．文献［20］には，ディスクのバーストが起こる周速の予測方法が示されている．それによると，各種材料を使った中実／中空ディスクの一連の試験結果から，バーストが起こる周速は $(UTS \times NSR/\rho)^{1/2}$ というパラメータとの相関が強い．ただし，NSR は，切れ込みのある試験片の引張強度に対する切れ込みの無い試験片の引張強度の比で，文献［20］で使われている6種類のステンレス合金，超合金，チタン合金のディスク材料では値が1.2～1.6になっている．

熱 応 力

ディスク内で半径方向に温度分布が生じると熱応力が発生するので，上記で考察した遠心力による応力に加える必要がある．また，翼の場合と同様に，温度の変化による材料特性の変化も考慮しなければならない．温度分布が分かれば，ディスクの構造解析に熱応力を組み込むことが出来る．製造メーカの中には，タービン・ディスク材に対する要求レベルを下げるため，タービンの根元部を長くし，ディスク外周端の温度を下げた設計を採用しているところもある．

遠心圧縮機のインペラに作用する応力

遠心圧縮機は，第4章で述べた通り，比較的小型のガスタービンで使われている．図8.34 には2段の遠心圧縮機を備えた舶用エンジンを示す（文献［21］）．このエンジンはガス発生器＋出力タービン（図1.5）の構成で，ガス発生器の軸には流体軸受が，出力タービンの軸には転がり軸受が使われている．また図中には，エンジンを分解せずボア・スコープ点検できる箇所が示されている．

遠心圧縮機のインペラの構造的な特徴は，軸流圧縮機のディスクと基本的には似たものであるが，インペラの方が構造が複雑で，応力場が3次元的なため，解析的な方法で計算するのは困難であり，ある程度正確な解を得るには有限要素法で解析することが必要になる．インペラの製作については，航空用では，ディスクとベーン一体での削り出しによって作られるが，その他，17-4PH などのステンレス鋼の鋳造で作る場合もある．概念設計の段階では，インペラも，回転ディスクと似た式を使って，大まかな応力の見積もりを行う（Marscher 文献［22］）．

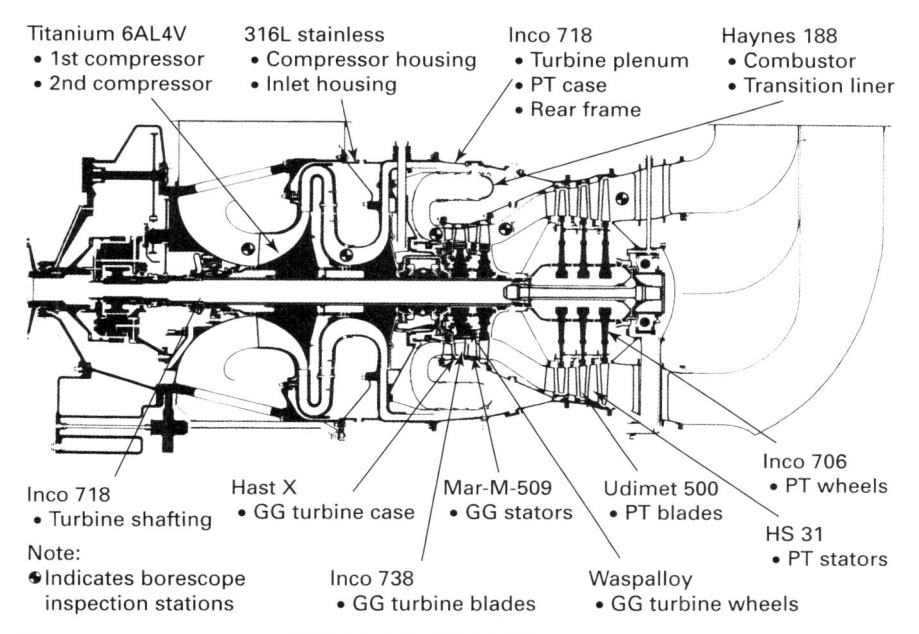

図 8.34　GTPF990 engine の断面図と使用材料　[文献[21]．Courtesy ASME]

8.8　翼とディスクの振動

　翼とディスクの振動は，ガスタービンの構造健全性を確保する上で主要な課題である．ガスタービンでは，翼が1枚破断しただけで，重大な損傷につながる場合がある．このため，航空エンジンでは，認証を行う規制当局により，いくつかの運転状態で，回転要素の各段の振動応力を試験で計測することが要求されており，設計においても，振動の問題を念頭に置く必要がある．また，設計時の解析では，振動モードや周波数を特定するための高精度な数値計算も行われる．ガスタービンで問題となる振動には，主に，共振による振動とフラッタの2種類がある．また，ファン翼の場合は，加えて，鳥打ち込み時の構造の挙動のような動的な問題も考慮する必要がある．

共振による振動

　共振による振動は，作用する外力の周波数が，翼の固有振動数と一致した場合に発生するもので，外力が翼の変位によって変化しない場合をいう（変化する場合は後述のフラッタの範疇に入る）．静翼やストラット（支持部）などの固定されていて動かない部品でも，回転する動翼や回転失速（4.6節），ギアのかみ合いなどから発生する外力による振動が起こるが，遠心力が働かないため，あまり大きな問題とはならない．それらも設計では考慮するが，ここでは固定部品には触れず，回転する部品のみを対象とする．すでに示した通り，設計では高サイクル疲労 HCF による破断を避ける設計を行わなければならないが，これは，振動の面から言えば，運転範囲で発生する可能性のある共振のうち危険なものはすべて取り除かなければならないということである．ターボ機械での HCF による破断を防ぐための方法論は，これまでに長い年月をかけて，進化してきている．

危険な振動の防止

　共振による高サイクル疲労 HCF 防止の基本的な手順は次の通り．
（1）加振源となる可能性のあるものの特定
　振動を起こす外力は，ある決まった周期で常に作用するものと，不定期に作用するものとに分けられる．前者は，主に，流れの中の物体の後流によって発生する圧力場の偏りによる加振で，ストラット，静翼，燃焼室，抽気孔などによって発生する．流れが物体によって妨げられた後にできる後流は，図 5.24 のような速度欠損となって現れる．動翼にかかる揚力は，概ね，流れの動圧，すなわち速度の 2 乗に比例するので，そのような速度欠損のある部分の流れが動翼にさしかかると，動翼にかかる荷重が瞬間的に低下する．また，航空機の飛行状態次第では，エンジンに入ってくる空気流に偏りが生じ，それによっても，同様な加振が生じる．不定期に作用する加振源としては，回転失速，ギアのかみ合い，翼チップとケーシングとの局所的なラビング（rubbing：こすれ）などが考えられる．
（2）運転する回転数の範囲を決める
　回転数に関しては，振動解析の前に，空力と機械設計で協議して決める．
（3）固有振動数の計算

固有振動数の計算では，応力解析のように，安全側を取るということは出来ず，正確さが要求され，誤差を数％以内に収める必要がある．このため，振動の変形モードや振動数の計算では，翼の場合は，テーパ（外周ほど細くなる形状），ねじれ，傾き（図 8.26），遠心力による剛性の変化（centrifugal stiffening：遠心力は常に翼を真っ直ぐに伸ばす方向に働くため，静止状態に比べて回転時は剛性が増したような振動の挙動をする．このため，遠心力がかかった状態では静止時より固有振動数が高くなる），中間シュラウドやチップ・シュラウドの影響，ディスクの変形，翼内温度分布による材料特性変化の影響などを組み込む．振動解析は，かつては材料力学でいう梁の曲げの理論に基づいて行われ，かなり複雑な形状の翼の解析も行っていたが，最近では，有限要素法 FEM が主流で，梁のような線の振動に加えて，近年のエンジンの翼型ではよく発生する面の振動も取り扱うことができる．翼の振動に関しては，ディスクへの取り付け方やシュラウドによって振動モードや振動数が大きく変わる．

(4) キャンベル線図を作る

図 8.35 にはキャンベル線図（Campbell interference diagram）の簡単な例を示す．横軸が回転数，縦軸が振動数（周波数）になっており，横向きの 4 本の線（1B, 2B, 1T, 3B）は，ある翼の固有振動数が，回転数によってどう変化するかを示している．B は曲げの振動モード，T はねじりの振動モードを示してい

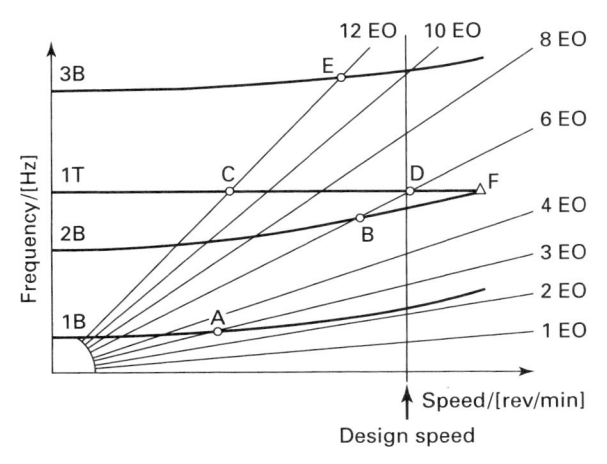

図 8.35　キャンベル線図

る．振動数の低いほうから，1B，2Bという2つの曲げの振動モードがあり，次に1Tというねじりの振動モードがある．1B，2B，3Bの曲げモードでは，上記に示した，遠心力による剛性の変化（centrifugal stiffening）の影響が現れており，回転数と共に振動数が徐々に増えているが，ねじりモードの固有振動数に関しては遠心力の影響が小さいことが分かる．一方，原点から放射状に引いたEO（engine order）のラインは，上流にあるエンジンの他の部品の後流などによる加振源の振動数を示している．EOの前の数字は，1周に何個の障害物があるかを示しており，たとえば6 EOは，動翼の上流にある1周6本のストラットの後流によって発生する空気流の変動に関するものである．後流による振動を考える場合には，基本周波数に加えて，次に現れる高調波の発生も考慮するため，12 EOも記載してある．エンジンに流入する流れの偏りによる加振はEOの数が低く，4 EO以下であることが分かっており，主にファン動翼の振動で問題になる．

　図8.35を見ると，丸印で示した固有振動数と加振源の振動数が一致する共振点がいくつかあることが分かる．例えば，擾乱3 EOと固有振動数1 Bの交点Aでの共振に関しては，エンジン入口空気の偏りにより発生し，設計点の半分くらいの回転数の所で発生することがわかる．この共振はあまり危険ではないと思われるが，始動時には，この共振点を通ることになる．また，このキャンベル線図を見ると，翼の固有振動数の予測精度の重要性がよく分かる．もし，実際の1 Bの固有振動数が，予測と違って線図より少し低めであったとすると，共振点が設計回転数付近に来て（1 Bと2 EOの交点），非常に危険な状態となることが分かる．交点Bの共振点は，ストラットの後流による擾乱6 EOによる2 Bの振動モードの加振を表している．2 Bの振動モードは1 Bより加振されにくく，また，起こる回転数も設計点よりもある程度低いが，交点Aの共振よりは危険度が高いと考えられる．エンジン制御に関しては，共振が起こる回転数をなるべく早く通過できるように設計される．航空エンジンなど，アイドルから最大回転数まですべての範囲で運転の可能性がある場合には，それらすべての回転数での共振を調べる必要がある．交点C（12 EOと1 Tの共振）に関しては，交点Aと似た状況と思われる．交点D（6 EOと1 Tの共振）に関しては，設計回転数で発生すると予測されており，振動が大きくなる危険性があることと，高サイクル疲労が生じる可能性があるため，取り除かなければならない．最後に，交点E（12 EO

と 3 B の共振) はあまり危険ではないと考えられる．設計の際には，他の似たエンジンでの実績などを考慮して，それぞれの共振点を運転範囲から外すべきかどうかを決めなければならない．図には，他にも，点 F と記された，1 T と 2 B の交点があり，その回転数ではフラッタが起こる可能性がある (後述)．

(5) 共振時の振幅の見積もりを行う

古典的な振動解析を行えば共振時の振幅は簡単に求まると言いたいところであるが，実際には，外乱が正確に予測出来ないことや，もっと大きな原因として，振動の減衰効果に関する知見が十分でないことなどにより，計算の結果は十分信頼できるレベルにまでは至っていない．

(6) 応力分布の計算

翼の振幅が分かれば，基本的な材料力学の式を使って振動応力が計算できる．

(7) 疲労寿命の予測

図 8.19 で示したような Goodman 線図を使って，共振で発生する振動応力が許容値に対してどの程度の余裕があるかを調べる．

(8) 高サイクル疲労寿命が十分でない場合には設計変更を行う

共振による疲労破壊を抑制するための設計変更の内容としては，加振源との距離の調整 (ストラットと動翼の間隔を広げてストラットの後流を弱める)，加振源となっている部品の数や形状の修正，翼形状の修正 (剛性や質量分布の見直しによる固有振動数の調整)，境界条件の調整 (ディスク取り付け部の固定具合やシュラウドの取り付けなど)，振動減衰効果の追加 (ディスク取り付け部に振動減衰効果のある材料を使う)，疲労強度を上げること (翼形状や材料の変更) などが考えられる．シュラウドを取り付けると，翼の剛性を高めること (固有振動数を上げること) ができ，また，振動を減衰させる効果もある．

(9) リグ試験による振動の確認

このステップは，共振による高サイクル疲労の危険がないことを確認するために必ず行われる．運転中の翼に発生する振動応力の計測には，特定の点でのひずみゲージによる測定から，ケーシングに固定されたプローブを使った非接触での計測まで，様々な方法がある．

翼のフラッタ

　フラッタは，初めてガスタービンが開発された頃より認識されていた問題で，揚力面の自励振動全般を指す（上記 EO による共振や地震による揺れなど周期的な外力で起こる振動を強制振動と言うのに対し，周期的でない一定方向の外力で起こる振動を自励振動と言う．例えば，バイオリンでは，1 方向に弦を引いても，弦は自励振動する．フラッタでは，上流から翼に向かう空気流自体は EO のように変動していなくても，翼の固有振動による変形によって翼回りの流れが周期的に変わり，それに伴って揚力や揚力による曲げモーメントが変化することによる翼の周期的な変形・変位（自励振動）やその増幅が起こる）．フラッタでは，振動による翼の変位によって外力が変化する．フラッタが起こる基礎的な条件として，振動しているものが周囲の空気流から常に振動エネルギを吸収していることと，さらに，機械的・空力的に振動を減衰させる力が 0 又はトータルで負（加振させる方向）であることが挙げられる．それらの条件が揃えば，振動は急激に大きくなるため，フラッタは必ず回避しなければならない．設計では，フラッタが起こる条件を予測して，その条件で運転をしないというのが基本的な方針となる．色々な種類のフラッタがあるが，ここでは，それらの中でも特に重要なものについていくつか述べる．フラッタについては多数の文献が出ており，もっと知

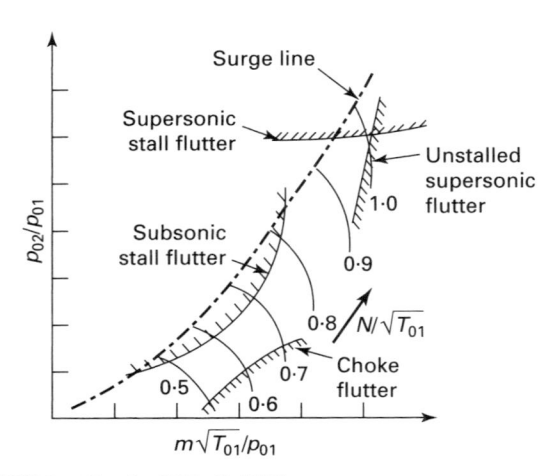

図 8.36　軸流圧縮機のフラッタ（図 5.41 参照）

りたい方は是非それらを参照していただきたい．特に，文献 [23] には，軸流式のターボ機械での空力弾性の全体像が詳しく述べられている．

図 5.41 に示した軸流圧縮機の性能曲線上で発生する典型的なフラッタを図 8.36 に示している．個別には以下に説明する．

亜音速・遷音速での失速（剥離）を伴うフラッタ

翼の迎え角が正で大きくなると起こる不安定現象は，サージ・ラインに近づくと起こり，多くの場合は曲げモードの振動が起こる．遷音速の圧縮機では，翼の失速を伴うねじりモードのフラッタの方が起こりやすい．同じ向きの振動でも振動数や振幅は翼ごとに異なる．

チョーク・フラッタ

翼の迎え角が負での失速を伴うフラッタで，低回転数，低圧力比で発生する．チョークについては，図 5.42 と関連の記述を参照．曲げモード，または，ねじりモードの振動が起こる．

超音速での失速を伴わないフラッタ

翼から見た流入流れが超音速の時に発生する．このフラッタは，翼回りの流れが失速していない場合にも起こる．多くの場合はねじりモードの振動で，すべての翼が同じ振動数で振動する．曲げ・ねじりの連成モードの振動が起こる場合もある．

超音速での失速を伴うフラッタ

多くの場合，1 次の曲げモードの振動で，すべての翼が同じ振動数で振動する．この種のフラッタを扱うための解析的な設計システムが開発されている．

古典的な曲げ・ねじりフラッタ

図 8.35 のキャンベル線図で 1 次のねじりモード（1 T）と 2 次の曲げモード（2 B）の固有振動数が一致する交点 F について述べたが，その回転数では，曲げとねじりの振動が両方強くなり，機体の翼では見られないようなフラッタが発生

する．揚力による曲げで背側に反った状態で，ねじり変形によって翼の迎え角が大きくなる方向にねじられると，その瞬間は揚力が大きくなり振動が増幅される．このフラッタが起こると，すぐに翼が破断する．このフラッタが問題になる場合には，翼形状の再設計を行って固有振動数を変えることによって解決を図る．

システム・フラッタ

このフラッタは，中間シュラウド（図 8.27 右図）の付いたファンで見られる現象である．中間シュラウドのあるファンが回転すると，ファン翼のねじれ戻し（8.6 節）により中間シュラウドが当たって互いにロックし，全体で1つの回転リングを形成したかのようになる．その回転リングは径方向の動きに関してはある程度の余裕があるので，径方向の振動が起こりやすい．そのような中間シュラウドの振動に伴って翼自体の曲げやねじりの振動，および，その振動の増幅が起こる．

耐フラッタ設計

フラッタに関連する設計パラメータとして，無次元速度（reduced velocity，下記参照），マッハ数，翼の負荷，静圧／密度，振動の変形モードなどがある（文献 [23]）．無次元速度 V_{red}（もしくは逆数の無次元振動数を使う場合もある）は，翼から見た流れの流入速度 V の，角振動数 ω とコード長の半分 $b(=c/2)$ の積に対する比率で，式で書くと，

$$V_{red} = \frac{V}{b\omega} \tag{8.32}$$

と表せる．無次元速度 V_{red} が小さいほど安定で，フラッタが発生する／しないの境界は V_{red} が1と5の間あたりになる．上式を見ると，フラッタを防ぐには，翼のコード長を長くするか，もしくは，固有振動数を大きくすればよいことが分かる．実際の設計では，複雑な空力・構造連成解析や，試験データなどが使われる．図 8.37（a）では，圧縮機の性能マップ上に，圧縮機の作動ラインと亜音速／遷音速フラッタ発生範囲が示してある．図 8.37（b）は，同様なものを，翼にかかる荷重を表すパラメータ（blade loading parameter，式（7.6）の全温下降率 Ψ と同等と思われる）を横軸，無次元速度 V_{red} を縦軸にして示している．

8.8 翼とディスクの振動　535

現状では圧縮機の作動ライン A-B-C がフラッタ発生範囲にかかっているため，修正が必要である．2つ可能性があり，
(1) 翼のねじれ，翼型，前縁半径，キャンバ線，翼の厚みなどを修正して，翼にかかる荷重を減らす．
(2) 上記 $b\omega$ を増やして無次元速度を下げる．

他の種類のフラッタでも同様な対策がなされているようであり，翼の剛性を上げれば問題が解決する場合が多い．

鳥の衝突

航空機のエンジンは，離陸と着陸の時に，よく鳥を吸い込む．鳥がファン翼に衝突すると，ファン翼に大きな動的荷重がかかり，図 5.38 (a) に示したようなファン翼の破断が起こる．鳥衝突に対してエンジンが満たすべき事項に関しては，航空機の認証を行う規制当局によって規定されており，認証を得るには，所定の鳥衝突にエンジンが耐えられることを試験で実証しなければならない．鳥打ち込みのエンジン実証試験では，海抜 457 m までの通常の運航条件内の最も厳しい流入空気条件の下で，ファン径に応じて決められた様々な大きさの鳥が多数エンジンに打ち込まれる．小型の鳥（0.085 kg の鳥を 16 羽まで）および中型の鳥（1.15 kg の鳥を 4 羽まで）の打ち込みでは，25% 以上の推力低下が起こって

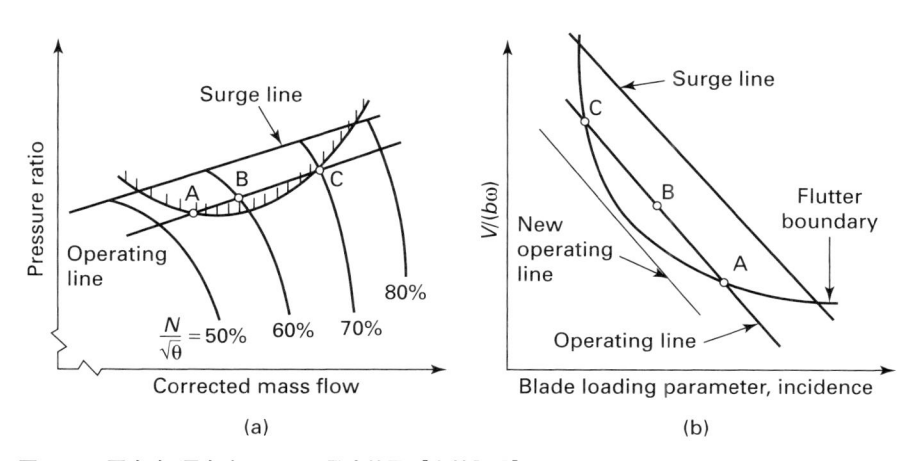

図 8.37　亜音速/遷音速フラッタ発生範囲　[文献[23]]

はならないことなど様々な条件を満たさなければならない．また，重要なポイントとして，大型の鳥1羽（3.65 kg まで）の打ち込みによりエンジンが安全に停止できることも必要である．航空エンジン認証時の鳥打ち込み試験を含む衝撃試験には多額の費用がかかる．このため，まず，非線形の有限要素法 FEM によって翼の設計を慎重に行った後，衝撃試験に入る．衝撃試験も，まずは，個々の翼に対して行って，1つ1つ確認していった後，最後にエンジン試験を行うという積み上げ方式で進められる．

8.9 エンジン全体での振動（ロータ・ダイナミクス）

ガスタービンの性能を上げるには回転数を上げることが必要であるが，高回転になればなるほど，回転部品やその軸受，それらの支持部などに対する設計要求レベルも高くなる．また，回転数が高くなると，重量の不釣合いや偏心，要素間の結合部でのずれなどにより動的な荷重が発生するようになる．

新製でつり合いの取れたエンジンであっても，運用中の異物の衝突や風食（erosion），磨耗，部品が少し欠けることなどにより重量バランスが崩れ，それによって動的な荷重がかかる可能性がある．そのような動的荷重は大きくなる可能性があり，例えば，図 1.11 (a) に示す Pratt & Whitney Canada 社 PT-6 ターボ・プロップ・エンジンの初段タービン動翼のチップ部で 4 g 以下の欠損が発生するだけで，重量のアンバランスにより回転数 38800 rev/min で 6700 N の動的な荷重が発生する．また，非軸対称な回転（偏心，振れ回り）は，自身の重みや停止時の温度勾配によって，回転体のたわみが生じることから起こる．他にも，接する部品どうしが多少動けるような可動余裕（いわゆるガタ）が設計上許容されている場合には，そこでのずれが生じる．

以上のような強制振動の他に，翼の場合と同様，エンジン全体でも，オイル・ホイップ（oil whip：流体軸受の潤滑油の油膜の厚み変動によって系全体の振れ回りが起こる現象）やヒステリシス・ホワール（hysteretic whirl：回転体内部の減衰機構に起因する振れ回り），回転体内部にある流体の慣性運動などによる自励的な振動が発生する．これらの軸の振れ回りを伴う自励振動は，回転軸がずれる方向と垂直な方向に作用する力によって起こり，危険を伴う可能性がある．

8.9 エンジン全体での振動（ロータ・ダイナミクス）　537

動的な荷重の大きさとは別の問題として，回転系の固有振動数と回転の振動数が一致して共振する場合は特に危険で，振動が急に大きくなる．このため，回転系では重量の不釣合いを小さくすることと，回転系の固有振動数が運転範囲での回転の振動数に一致しないようにすることが必要である．

危険回転数

　回転系の振動を考える際には，回っている部品（回転軸を含む回転部品）だけでなく，その軸受や軸受の支持部も含めて考えなければならない．これは，軸受の剛性（軸受での回転軸の固定度合い）が，回転部品の固有振動数に影響するからである．初期の航空エンジンでは，軸受で回転軸がぶれないようにしっかり固定し，両端の位置が固定された回転軸の曲げから決まる危険回転数（固有振動数での回転数）が設計回転数より大きくなるようにしていた．このような固定式の軸受（rigid bearing）を使う場合は，回転系の振動を減衰させる可能性があるのは軸受の支持部のみとなるので，基本的に危険回転数での振動は減衰せず，振動の増幅率が高くなる．

　一方で，近年の航空エンジンでは，軸受での回転軸の固定がゆるく，回転軸が軸受で振れ回るようなフレキシブル軸受（flexible bearing）を採用している（文献［25］）．これらについて図8.38で図解する．左の3つの図で，曲線の梁で示しているのが回転軸（付いているディスクや翼列は省略），支持部の三角印が軸受を表している．軸受で回転軸がぶれないように固定する時，回転軸の曲げによる振れ回り運動（振動）のモードには，左の3つの図で示す通り，振動数の低い方からモード1，モード2，モード3がある一方，右側には，両端フリーの場合の対応する3つの振動モードを描いてある．グラフは，横軸が軸受での回転軸の固定度合いで，左端は軸受で固定の場合，右端は完全にフリーの場合に対応する．縦軸は，モード1が軸受で回転軸固定の場合の危険回転数を1とした場合の各モードでの危険回転数（固有振動数での回転数）を示している．図より，軸受での固定を緩めて行くと，モード1とモード2の振れ回り振動は途中で無くなり，両端フリーでは，モード3だけとなることが分かる．軸受で回転軸を固定する場合には，回転数はモード1の危険回転数以下にしなければならない．一方，回転軸が動けるフレキシブル軸受にした場合は，モード3（モード1固定の2.27

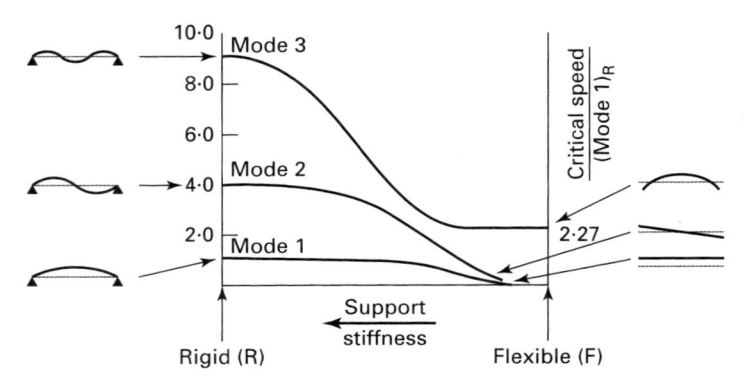

図 8.38 回転軸の振れ回り運動（文献[25]）

倍の危険回転数）だけ注意すればよいので，実際は完全にフリーには出来ないことを考慮しても，概ね，モード１の危険回転数の２倍程度まで回転数を上げられることが分かる．ただし，フレキシブル軸受の場合，始動と停止の低回転時に，右側の下２つのモードで示したように，回転軸が変形せずまっすぐなまま円筒を描くように振れ回る振動（下段）と円錐を描くように振れ回る振動（中段）が発生する．これら低回転での振れ回り振動を抑制するための減衰機構が必要になるが，共振が起こる回転数が低いため，重量の不釣合いがあっても生じる動的な荷重は小さい．

　ベアリングの支持部はガスタービンによって異なる．航空エンジンでの転がり軸受（ボール・ベアリングなど）では，動きを減衰させる効果が非常に小さい．このため，図 8.39 のように，油膜をクッションにしたスクイーズ・フィルム・ダンパー（squeeze film damper）や，図 8.42 右図のような軸受と一体となった柔軟性のあるかご型の支持部（flexible squirrel cage support）もある．スクイーズ・フィルム・ダンパーでは，動的な荷重がかかると，ベアリングと支持部の間のすき間がつぶれて油をしぼり出すことで軸受にかかる荷重や振動を吸収する．産業用ガスタービンの大半で使われている流体軸受では，元々，構造上柔軟性がある上，振動の減衰機構も持ち合わせている．ロータ・ダイナミクスの設計においては，運転範囲の回転数においてスムーズな運転が出来るよう軸受を選ぶことが必要になる．

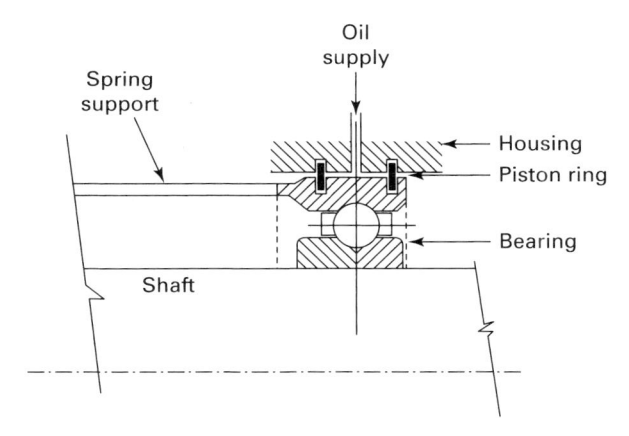

8.9 エンジン全体での振動（ロータ・ダイナミクス）　539

図 8.39　スクイーズ・フィルム・ダンパー

危険回転数の計算

　複雑な回転系の動的な運動を考えるにあたり，手始めとして，簡単化したモデルである，いわゆるジェフコット・ロータ（Jeffcott rotor）を考える．ジェフコット・ロータは，両端を固定またはフレキシブルな軸受で支えた剛性 K_r の回転軸に（回転軸の剛性 K_r は加えた力／たわみ：次元は力／長さ），質量 M のディスクを真ん中に取り付けて，角回転数（角速度）ω で回転させるというモデルである．回転軸の質量は無視する．ディスクの重心が中心軸からずれると，ディスクが自転しながら，重心が公転する振れ回りを起こす．ディスクの動きについては，運動方程式（$M\ddot{x}=-K_r x$ と同じ趣旨のもの）を解くと得られる．固定式の軸受では，回転軸の角回転数が危険角回転数 ω_{crit}（固有角振動数，危険速度 critical speed とも言う）と一致すると，周囲の流体との摩擦による減衰を無視すれば，振れ回りの回転半径は無限大にまで拡大する．危険角回転数 ω_{crit} は，

$$\omega_{crit}=\sqrt{\frac{K_r}{M}} \tag{8.33}$$

で与えられる（通常のばねの単振動と同じ）．次に，回転軸は変形しない剛体（$K_r=\infty$）と仮定して，軸受がフレキシブルな場合を考える（図 8.38 右下図，自由端での円筒形振れ回りのイメージ）．軸受の剛性を K_s（回転軸に垂直な力 F

を加えると軸受が動いて回転軸が長さ r ずれるとした場合 $K_s = F/r$) とすると，系の運動方程式の慣性力や復元力は回転軸がたわむ場合と同様であるから，この場合の危険角振動数も，

$$\omega_{crit} = \sqrt{\frac{K_s}{M}} \qquad (8.34)$$

となる．回転軸のたわみと軸受のフレキシビリティの両方が合わさった場合の厳密解は複雑で，回転軸の剛性 K_r と軸受の剛性 K_s の比によって変わってくる（文献 [25]）．ジェフコット・ロータでは質量 M のディスクの動きは 1 自由度しかなく，危険回転数も 1 つしか出ないが，実際のガスタービンの回転系はもっと複雑で，次のステップとしては，回転軸に軸方向に均一な質量分布を与えて解くことになる．その場合，無数の危険回転数と対応するモードが出てくる．図 8.38 でいう 1 番目のモードの危険角回転数を求める簡単な近似としては，上記の回転軸の剛性 K_r と軸受の剛性 K_s から，系全体の剛性 K_t を，

$$\frac{1}{K_t} = \frac{1}{K_r} + \frac{1}{K_s} = \frac{K_r + K_s}{K_r K_s} \qquad (8.35)$$

として，

$$\omega_t = \sqrt{\frac{K_t}{M}} \qquad (8.35.1)$$

と見積もることができる．この式を見ると，軸受をよりフレキシブルにして剛性 K_s を下げれば，図 8.38 で示したのと同様に，危険回転数が下がることが分かる．

エンジン全体の振動

上記で説明したジェフコット・ロータのような簡単なモデルは，現象の理解を深める意味では有効であるが，実際のエンジンの危険回転数や系の応答性を調べるには，回転体＋軸受の系にその支持部を加えた詳細なモデルが必要になる．1970 年代から，そのような解析を行う計算コードの開発が進められてきている．初期のエンジンの振動解析モデルは，図 8.40 に示すように，梁，ばね，減衰機構で構成されていたが，近年では，エンジン製造メーカで，有限要素解析をベースとした使い勝手の良い設計システムが構築／検証されていて，それにより，複

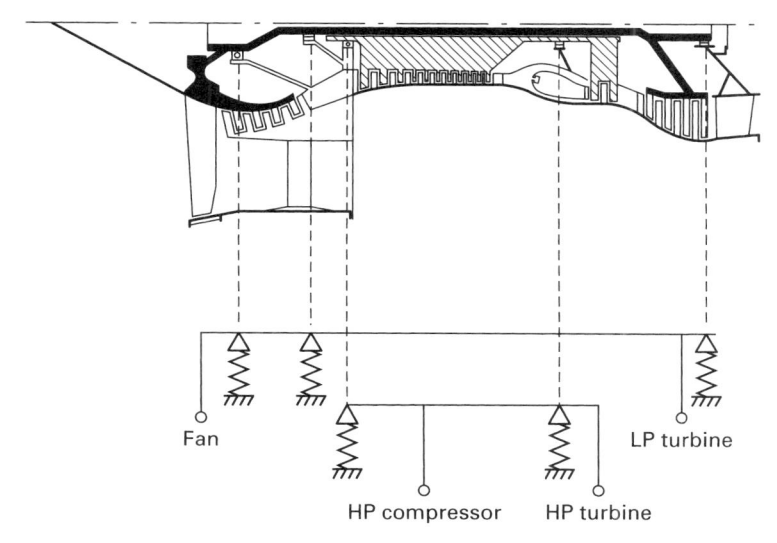

図 8.40 エンジン全体の振動解析モデル

雑システムの解析や他の設計要求とのトレードオフ・スタディ，設計最適化などが行えるようになっている．エンジン全体を通して詳細な解析を行った後，振動を防止するための設計を行うが，例えば，回転体の重量の不釣合いに代表される強制振動に関しては，重量バランスの高精度化や，危険回転数範囲の設定，減衰機構の追加などが行われる．図 8.41 には，図 8.38 右図で示したフレキシブルな軸受を用いた場合の回転軸の振動モードの振動特性を示している．

　エンジンの振動としては，上記のような強制振動に加えて，すでに述べた通り，自励的な振動があり，これまでに様々な形の振動形態が多数確認されている（文献 [25]）．その中には，ホワール（whirling：振れ回り）やホイップ（whipping：オイル・ホイップ，上記参照）があり，原因として，回転体内部の減衰機構，流体式の軸受やシール，回転体内部にある流体の慣性運動，チップ・クリアランス，ラビングなどが挙げられるが，いずれも，回転軸が動く半径方向とは垂直な方向に作用する力によって起こる．これらの自励振動を抑制する方法としては，系としての剛性を上げることや，減衰機構を付加すること，励振力の低減や除去などが考えられる．

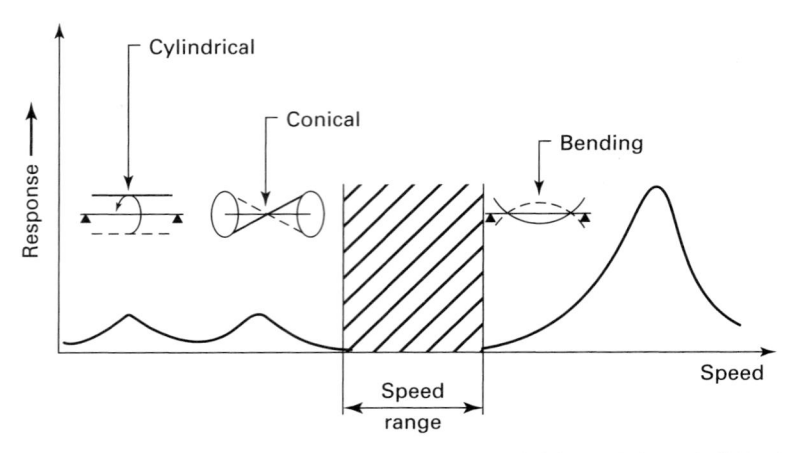

図 8.41 フレキシブル軸受での回転軸の振れ回り振動特性（斜線部が安全な回転数範囲）

8.10 その他の部品

軸　受

（a）転がり軸受

　航空エンジンやその派生型では，転がり軸受がよく使われる．転がり軸受では，内周側（内輪）と外周側（外輪）の内外輪に周状に彫った溝の間にはさみ込んだ多数の回転玉（正式には転動体，図 8.42 に示すように，球や円筒など色々ある）が転がることで，回転する軸を支える．内外輪の間に，玉の周方向間隔を保持するための保持器（ケージ）がある．転がり軸受の利点は，
（1）高硬度，軽量．
（2）潤滑油無しでも短時間なら回せる．
（3）短時間なら過荷重やオイル切れがそれほど大きな問題にならない．
（4）摩擦係数が低く，低損失．
（5）信頼性が高い．性能についても何十年も使ってきた実績があり，よく分かっている．

　主な欠点としては，疲労によって寿命がある程度制約されること，振動の減衰機構がないことなどが挙げられる．回転玉の回転軸のぶれや，軸受ケージが回転

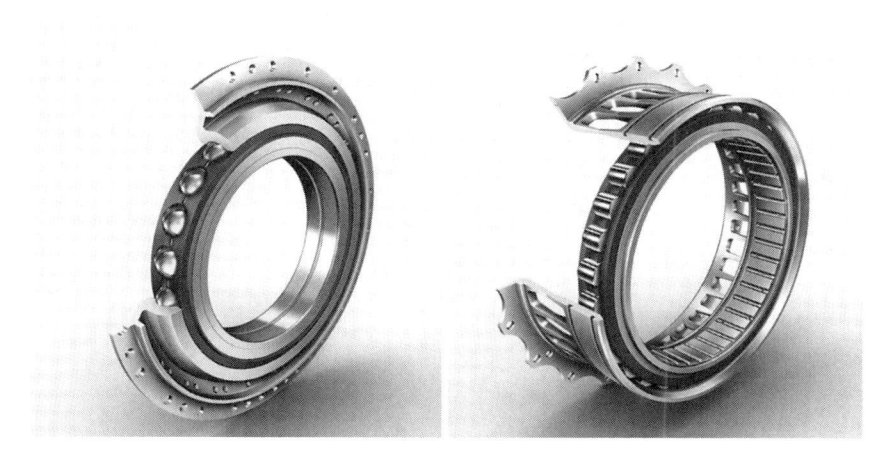

図 8.42　高バイパス・ターボファン・エンジン主回転軸用の転がり軸受　(a) ボール式　(b) ローラ（円筒）式

することによっても回転系の不釣合いが発生し，高速回転時には，その不釣合いによって大きな荷重が生じる．回転体の支持の際には，径方向と軸方向の荷重を支える深溝玉軸受（ボール・ベアリングで内外輪の溝が深いもの，図 8.42 左図）と，径方向の荷重だけ支える円筒ころ軸受（ローラ・ベアリング，図 8.42 右図）の 2 つの軸受で回転体を支えるのが典型的な形態であり，この形態であれば，回転体の軸方向の動きも吸収できる．一般に，軸受は，軽量化のため薄めの部材で作られている．また，形状や取り付け方法も様々で，あまり決まったものはなく，各エンジンに合わせて設計される．

　高速回転するターボ機械の軸受の径は，玉にかかる遠心力，および，スキッディング（skidding：転がり軸受で，高速回転かつ軽負荷の時に，玉にかかる遠心力によって玉が外周側に強く押し付けられ，玉と内輪との間で力が伝わりにくくなり，内周側で玉が転がらずにすべる現象）による制約を受ける．一般に，軸受の性能は，軸受の径 D（mm 単位）と，回転数 N（rpm，rev/min）の積である DN 値で表され，DN の限界値は，図 8.43 に示すように，軸受の径（回転玉の PCD）の関数となる．軸受の DN の限界値は年々改善が進み，新型の民間航空機用ターボファン・エンジンの大型軸受では DN 値で $2.8 \sim 3 \times 10^6$ を達成している．現在でも軸受の材料，潤滑，設計に関する研究が続けられており，新しい

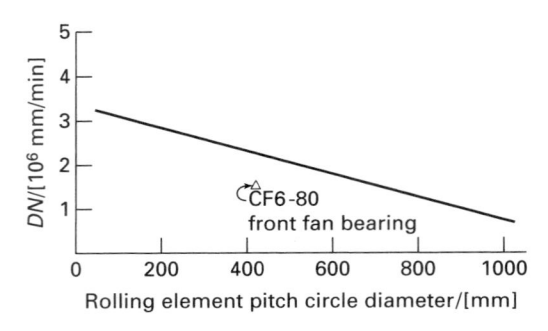

図 8.43 DN の限界値（文献[26J]）

ものとしては，セラミクス（窒化ケイ素）の玉を用いたハイブリッド軸受（玉はセラミクス，受け側の内外輪は鋼と，2種類の材料で出来ているという意味でハイブリッド）と呼ばれるものがあり，DN 値 3.4×10^6 を達成している他，鋼製の玉より少ない潤滑油給油量でも良好な軸受特性を維持している．また，玉と接する内外輪は，新種の鋼材および熱処理により，表面は硬く，内部は強いじん性（破断に対する耐性）を保持するように作られている．軸受の設計に関しては，カタログ品のような標準的なものは減ってきており，取り付ける製品ごとにシールその他の部品と一体で設計されるものが多い．潤滑油は，玉と，玉が転がる内外輪の接触面に直接注入され，潤滑油が少ない方が損失は少なくなる．

　軸受は，回転体が静止している状態でも回転体を支えるための荷重がかかる．このように回転体が静止している時に軸受全体で受ける荷重を軸受の静荷重（static load）と言う．一方，回転体が回転している時に軸受全体で受ける荷重を軸受の動荷重と言う．軸受の動荷重と静荷重の違いは，回転体が静止している時の荷重か回転している時の荷重かの違いで，軸受全体で受ける動荷重は時間変動せず一定値である場合も考え得る．軸受全体で受ける動荷重が時間変化せず一定値であっても，玉の軌道面には，玉との接触位置の移動に伴い，繰り返し荷重がかかる．軸受の大きさは，一般には，静荷重（静止時の荷重）と動荷重（回転時の荷重）の両方から決まるが，ガスタービンの軸受の場合は，静荷重に対しては大きめの安全率をとるため，動荷重による疲労寿命によって大きさが決まる．軸受の定格寿命 L_H（単位は時間：hour）を定める標準的な計算式は，

$$L_H = \left(\frac{C}{P}\right)^p \frac{10^6}{60n} \tag{8.36}$$

の通りで，

 $C=$ 定格動荷重 [N]：製造メーカが提示するもの（一定値）で，式を見ると分かるように，100万回転が疲労寿命となる動荷重（回転時に軸受全体が受ける定荷重．変動する場合は，寿命が同じになるような定荷重に置き換える）になる．

 $P=$ 等価動荷重 [N]：軸受が受ける動荷重．玉軸受のように，径方向と軸方向の合成荷重がかかる場合は，寿命が同じになるような1方向の等価動荷重とする．

 $p=$ 指数．玉軸受の時は3.0，円筒ころ軸受の時は3.3．

 $n=$ 支える軸の回転数 [rev/min]

である．ただし，軸受の製造メーカの研究によれば，ガスタービンの軸受に関しては，この式だと寿命をかなり過小評価することが分かっている．実際，ガスタービンの場合には，静荷重が比較的小さいことに加えて，軸受は，特別な高強度の材料を高い精度で加工して製造している上，部品同士の組み付け精度も高く，潤滑油も非常に良いものを使っている．その結果，ガスタービンの軸受では，一定の条件の下では耐久限度（endurance limit）が存在する，つまり，寿命が無限大になる条件がある．その条件には，接触応力が所定の範囲内に収まることや，弾性流体（EHD：elasto-hydro dynamic）の潤滑油膜が玉と軌道面の間に存在すること，潤滑油に不純物が含まれていないことなどが含まれる（文献 [27]）．弾性流体の膜は，通常 1 μm 以下で，金属同士の接触を防ぐ．しかし，実際には，玉や軌道面の表面粗さ，潤滑油の温度や不純物により，膜が破れて軸受の寿命を低下させる場合がある．航空エンジン用に関しては，使用条件や，軸受に求められる高い信頼性などを考慮できる設計手法が開発されており，半経験的な補正係数を使って，より実際に近い軸受寿命の見積もりが行えるようになっている（文献 [27]）．

(b) 流体軸受

 産業用ガスタービンでは，寿命が長いことが重要であり，荷重を 25 μm 程度以下の厚さの油膜で受ける各種の流体軸受が用いられてきた．油膜は振動減衰の役割も果たすが，場合によって，振動の原因になる場合もある．流体軸受では，

546   8 ガスタービンの機械設計

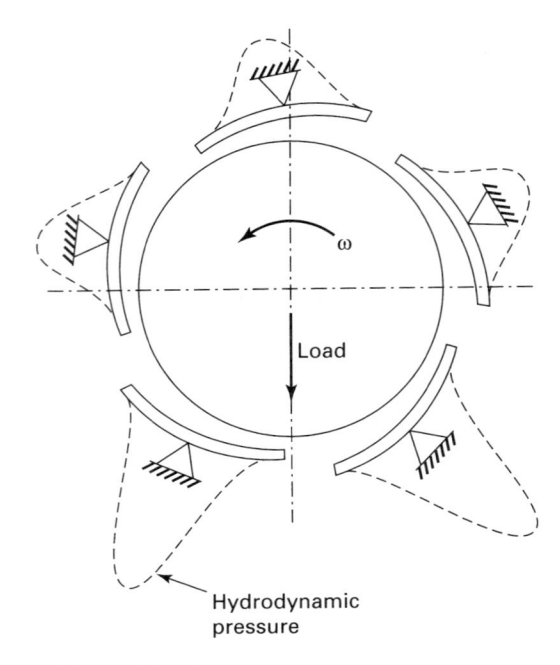

図 8.44 Tilting-pad journal bearing

機能維持のため，加圧した油を供給し続けなければならない．色々な種類があるが，最も広く使われているのが，ティルティング・パッド軸受（tilting pad bearing）で，この形式で径方向の荷重のみうけるジャーナル軸受（＝ラジアル軸受 ⇔ 軸方向の荷重を受けるスラスト軸受）の例を図 8.44 に示す．この軸受は，中心の回転軸の周りに，周囲の 5 枚の傾けたパッドがあり，それぞれピボットで固定されている．回転軸は全周は囲まれておらず，パッドとパッドの間には一定の間隔が空けられている．軸受に油を供給して回転軸を回すと，回転軸の回転に連れて周囲の油も回転し，パッドと回転軸の間のすき間に油膜が出来る．定常運転状態では，その油膜で回転軸を支え，パッドと回転軸が接触することがないため，軸受の寿命が非常に長くなる．始動や停止時などの低回転時は，油の動圧が小さくて油膜が出来ず，パッドと回転軸が接触するので，その時の摩擦を抑えるため，パッドの表面にはバビット・メタルなどの軸受合金が使われる．ティルティング・パッド軸受は，うまく設計すれば，オイル・ホイップなどの不安

定を起こさないとされている．問題点は，荷重が特定のパッドに偏ることで，図8.44の例でもパッドは5個あるが，主に下の2つで荷重を受けることになる．そこで，どのパッドにも一定の荷重がかかるようにするため，上側のパッドを固定するピボットの位置を内側にシフトさせて，パッドに予圧をかける（回転前からパッドが軸を押している状態にしておく）ということが行われる．以上は，ティルティング・パッド・ジャーナル軸受の場合であるが，スラスト軸受の場合も同様である．これらを用いて回転系を構成するには，径方向の荷重のみ受けるジャーナル軸受2つと，径方向と軸方向の2方向の荷重を受けられるスラスト軸受1つの3つの軸受で回転体を支持しなければならない（図8.2参照）．

(c) その他の軸受

小型のターボ機械では，空気軸受がよく使われる．流体軸受の一種で作動流体が空気になっており，色々な形式が見られる．また，磁気軸受は非接触式の軸受で，回転軸を電磁石の磁力で浮かせるが，回転軸の位置によって浮上に必要な磁力が変わるように電磁石を制御することになる．このため，磁気軸受は構成が複雑な上，うまく作動しなくても大丈夫なように予備の軸受システムも別途用意しておかなければならない．また，発生する熱の問題もある．これまで，ターボ式の圧縮機（遠心・軸流など回転を利用した圧縮機，レシプロ式との対比で）で使われた例があり，軍用のデモ・エンジンを使った試験も行われているが，さらなる開発努力が必要と見受けられる．

シール

ガスタービンの効率は，ターボ機械の設計だけでなく，エンジン内での空気や燃焼ガス等のもれ量によっても変わってくる．Chuppら［28］の著したシールの方法とその実例に関するまとめによると，もれ空気の流れや冷媒の流れを制御したり，回転不安定を抑制したりしてターボ機械の効率を高めるには，クリアランス量を制御するのが最も費用対効果が大きいとされている．ガスタービンの中には多くの種類のシールが使われており，それぞれに特有の役割がある．文献［28］に基づいて，それらを説明する．

固定部品間のもれを防ぐシール部品はタービンでよく用いられ，面状，線状，

ガスケット型など様々な形の金属シールが用いられる．固定部品と回転部品との間のもれを防ぐシールの例としては，ディスクや翼の冷却空気量を調整するもの，エンジン内の圧力バランスを調整するもの，軸受部を他から隔離するものなどがあり，主なものとしてはラビリンス・シールとブラシ・シールがある（図2.19のタービンでの各種シール例参照）．

ラビリンス・シールは，回転体の外周面にぎざぎざをつけ，回転体とケーシングのすき間を流れるもれ空気が膨張と圧縮を繰り返すようにした非接触型のシールである．もれ空気は，そこで膨張と圧縮を繰り返すうちに大きな全圧損失が生じて流れにくくなるため，結果として，すき間からのもれ流量を減らすことが出来る．さらにもれ流量を減らしたい場合には，ケーシング側もハニカム状にぎざぎざにして，回転体とケーシングのすき間の漏れ空気の流路を迷路のようにしたものを使うことがある．他にも，回転体とケーシングを近づけて，ケーシング表面に回転体の先端（knife edge）がすれることを前提にケーシングに表面処理を行ったもの（abradable liner）もある．この場合，回転体の先端がケーシングに触れてケーシング表面をある程度削ることを前提としており，触れないようにする設計と比べてすき間を極限まで小さくすることができる．このように，ラビリンス・シールの設計は，長年に渡って，個々の用途や形状に合わせて最適なシールを作ることで進化してきており，航空エンジン，産業用ガスタービンのどちらでも幅広く使われている．また，軸受から出る油滴と冷却空気が混じった混合気のような機械動作の過程で出てくる気体が，軸受部から出てエンジン内に拡散しないようにシールする場合などは，図8.45に示すように，ラビリンスに，漏れとは逆向きにバッファ・ガスを流すタイプのものもある．

ブラシ・シールは，細い針金を束にしてカーテン状にしたものを2枚の板ではさみこんで固定したもので（いわゆる一般のブラシのイメージ），ケーシング側に固定して，針金のカーテンの先端が回転体の表面に軽く当たることで，回転体を回らせつつ，効率的に漏れ空気をシールすることができる．回転体が径方向に動いた時に針金を押して座屈したようにならないよう，針金は径方向に対して斜め45度の向きに付けられている．針金の材質は，大抵は金属で，Haynes 25などの超合金から作られるが，非金属のアラミド樹脂のブラシも開発されており，実際に使われている．ブラシ・シールは，ラビリンス・シールに比べて漏れ量が

8.10 その他の部品　549

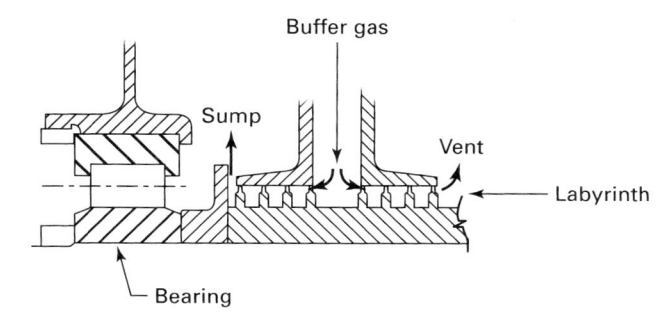

図 8.45　バッファ・ガス付のラビリンス・シール

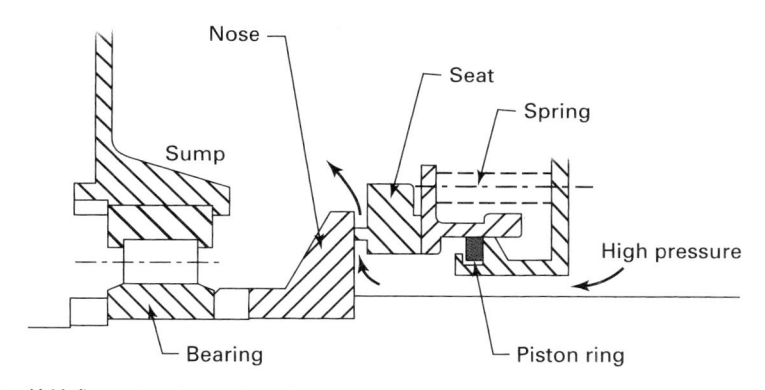

図 8.46　接触式のメカニカル・シール

少なく，厚みも薄く出来る上，回転体の動きに対しての許容範囲も大きいが，欠点としては，熱の発生や，ブラシの磨耗，熱的な不安定を起こす可能性があることなどが挙げられる．ブラシ・シールも，航空用，産業用どちらのガスタービンでも幅広く使われている．

その他のシールとしては，図 8.46 に示すような接触式のメカニカル・シールがあり，回転体とケーシングが，圧力かばねの力によって端面で軸方向に押し付けられてシールしているもので，回転時には，端面がすれることになる．ラビリンス・シールやブラシ・シールに比べて構造は複雑になるが，漏れ流量はかなり少なくなる．実際に使われるのは，概ね軸受部のシールに限られる．

他にも様々な新しいシール技術が開発されているが，最後に，大型ターボファン・エンジンのタービン部でのクリアランスのアクティブ制御について述べてお

く．具体的には，タービンのケーシングが熱膨張して翼チップとの間のクリアランスが大きくなって効率が低下するのを防ぐため，比較的温度の低いバイパス空気流（ファン出口空気やそれが圧縮機からの抽気と混合したもの）を使ってタービンのケーシングを冷やすというものである．ここでは，ケーシングの断面を円形に保てるよう，均等に冷やすことがポイントになる．ただし，冷却空気の流量を変えてもケーシングの径が変わるには時間がかかり，応答性は遅いため，一般には，巡航時にのみ使用される．

8.11 終わりに

本章では，ガスタービンの性能や信頼性を上げると同時に，ライフサイクル・コストを削減し，軽量化を図る（航空エンジンの場合）というような，相反する要求事項を機械設計の技術者・設計者がいかに調整してまとめていくかということについての説明を行った．また，ガスタービンの機械設計の複雑さと，そして，それが多くの学問分野に渡る学際的（multidisciplinary）なものであることの一端が示せたのではないかと思う．ガスタービンの設計では，図1.23に示したような多分野に渡るコンカレント・エンジニアリング，および，設計の繰り返しが成功への鍵となる．

本章では，ガスタービンの材料や部品，機械システムについての基本的な理解を深めてきたが，これらは，

(a) 設計コンセプトを考える時
(b) 今日では設計の際に標準的に用いられるが，中身の基本的な仕組みが見えにくい大規模で複雑な計算プログラムを使う時．
(c) 専門の部品供給元（サプライヤ）とのやり取りを行う時

などに役立つと考えられる．

ただし，まだカバーしきれなかった重要な項目も多数あり，静的な構造，エンジンの空気と潤滑油のシステム，ギア・ボックスやスタータなどの補機類，一部を除いて材料から部品への製造や組立工程などについては，触れられなかったが，それらについては，公開されている多数の文献があるので必要に応じて参照していただきたい．

ガスタービン産業は，ある意味で成熟しつつあるという認識もあるが，近年のガスタービンの進展は，躍動感にあふれており，また，それが関連するすべての分野に広がっている．そして，そこでの技術の進歩により，ガスタービンの性能は留まることなく向上を続けていく．

9 ガスタービンの性能計算—基礎編—

　第2章で説明したようなガスタービンのサイクル計算を行えば，所定のサイクル最高温度で効率最大になる圧力比を求めたり，所定の出力を得るのに必要な質量流量を求めたりすることが出来る．それらの事前計算が終われば，それぞれの用途に応じた最適な設計点のデータを設定することができ，その設計点での性能が実現できるよう，各要素を設計していくことができる．その設計がうまく行ったとして，次に，設計点以外の運転条件での性能を調べるという作業がある．

　ガスタービン各要素単体の特性曲線については，それまでの実績からおよその値を見積もることが出来るし，もしくは，実際に試験をすれば直接データが得られる．ただし，その要素が別の要素とリンクして動く場合には，特性曲線内で実際に作動可能な範囲がかなり限られる．そのような場合には，ガスタービンが定常運転している状態，すなわち，リンクしている要素同士のマッチングが取れた平衡状態（回転数や仕事，流量などの整合性が取れた状態）での各要素の作動状態を把握することが必要になる．圧縮機の場合には，圧縮機の各回転数での特性曲線上に，別の要素とマッチングの取れた作動点を記入していくことができ，その点を連ねた作動線（ガスタービンの形式や負荷の種類によっては作動面の場合もある）が描ける．また，様々な条件での作動線を合わせて，作動線図を作ることも出来る．作動点が決まれば，そこでの出力，推力，燃料消費率などの性能を計算するのは，比較的簡単な作業となる．

　圧縮機の作動線図を見ると，作動線（作動面）とサージ限界との関係が分かるが，作動線がサージ・ラインと交わっている場合には，何らかの対処をしない限り，その条件でエンジンを作動させることは出来ない．また，作動線を見れば，エンジンが適切な圧縮機の効率を保って運転できるかどうかが分かる．理想的に

は，図4.10（a）の破線のような圧縮機の効率極大の点を結んだ線が，圧縮機の作動線となることが望ましい．

　ガスタービンを低負荷でもある程度運転する場合には，設計点より出力が小さい部分負荷での燃料消費率が重要になる．一般に，車両用にガスタービンを用いる場合には，部分負荷での燃費の悪さが一番のネックになる．また，航空エンジンの場合には，出発地や到着地で混雑等により遅れが生じると，空港でのタクシング（滑走路までの移動）等アイドル条件や中程度の高度での低速飛行時など低出力での燃費が問題になる．

　非設計点での性能に関しては，部分負荷での燃料消費率に加えて，外気の状態の設計点からのずれが出力の最大値に与える影響も重要であり，高温側，低温側，高圧側，低圧側すべてについて影響を考慮しなければならない．地上用のガスタービンでは，外気温度は北極地方では $-60℃$，熱帯地方で $50℃$ で運転される可能性があり，高度に関しては海抜 $0\,m$ から $3000\,m$ の範囲で運転される可能性がある．航空エンジンは，さらに広い入口温度・圧力範囲での運転が必要になる．外気の状態によってガスタービンの最大出力がどう変化するかは，当然のことながら，ユーザにとっては非常に重要なことであり，製造メーカは，各外気条件での性能保証値を示せるよう準備しなければならない．ガスタービンを，ピーク・ロード発電用に使うとすると，欧州では，電力需要が最も高まるのは真冬の寒い日となることが多いが，米国では，冷房や冷凍需要が多いことから，夏に需要のピークを迎える可能性が高い．航空エンジンでも，地上の大気の状態で，離陸に必要な滑走路長やペイロード荷重が変わってくるため，外気の状態は安全性と経済性の両方に影響を及ぼす．

　本章では，比較的簡単な構成のガスタービンにおいて，設計点以外で要素間のマッチングの取れた平衡状態での性能を求める方法について述べ，より複雑なものや，過渡的な特性については，次の第10章で取り扱う．本章で扱うガスタービンの構成は，図9.1に示す3つで，(a) 軸出力用の単軸のガスタービン，(b) ガス発生器＋別軸の出力タービン，(c) 1軸の単純ターボジェット・エンジンである．図の (b) と (c) では，ガス発生器 Gas generator の役割は全く同じで，(b) の出力タービン（4→5）と (c) の推進ノズル（4→5）の流れの特性も似通っており，どちらも，ガス発生器の運転に対して同じ制約を課す．このよう

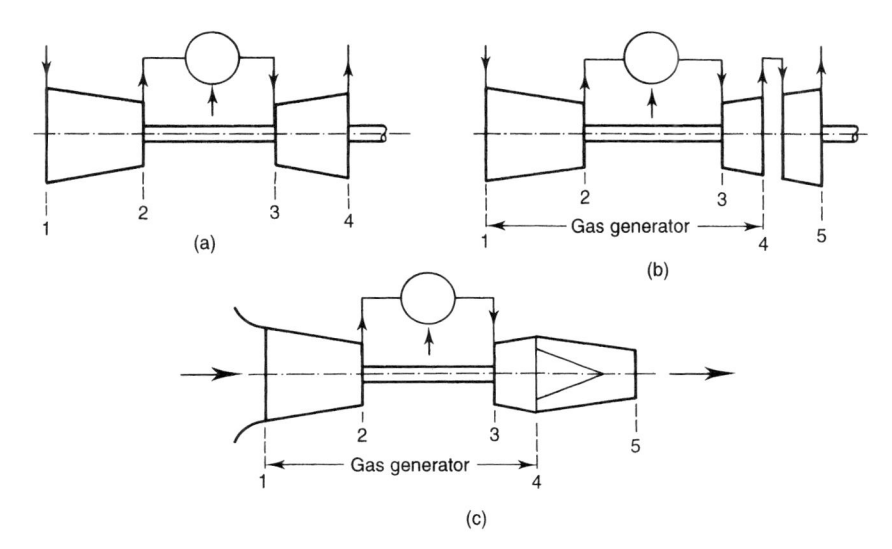

図 9.1　各種ガスタービンの構成

に，(b) と (c) は熱サイクル的に見ると相似で，出力を何に利用するかという点でのみ異なる．このため，出来の良いジェット・エンジンの中には，推進ノズルを出力タービンに置き換えて別の用途に転用されるものがあり（航空エンジン派生型），パイプライン圧送用，舶用エンジン，発電などの分野で幅広く使われている．また，実用面でも，出力タービンと推進ノズルの流れが等価であることにより，(b) のガス発生器のオーバーホール後の試験では，複雑で高価な動力計を使わず，ジェット・エンジンの試験設備を使えるという利点が生じる．(b) の形式のパイプライン用や舶用のガスタービンのオーバーホールでは，通常は，出力タービンはそのままで，現場でガス発生器が取り替えられる．ガス発生器の交換は，通常は 24 時間以内に完了し，船舶では，予備のガス発生器を積んでいるものもある．パイプラインの場合も，予備のガス発生器をいくつか持っていて，複数ある圧送基地のオーバーホール需要に合わせて使用できるようにしている．

　設計点以外の作動点の計算では，各要素間の流量，仕事量，回転数の整合性を取ることが基本になり，この作業はマッチング計算と言われる．本章では，手計算でマッチング計算を行うのに適した基本的な手法を詳しく述べるが，当然のこ

となながら，実際の設計の現場では，そのような計算は，精巧なソフトウェアを使って行われている．ただし，設計で性能計算を行う人も，マッチング計算の基礎となる熱力学の考え方については十分理解していることが重要である．

話の順序として，まず，最も簡単な図9.1（a）の単軸の軸出力ガスタービンから始め，続いて，ガス発生器と出力タービンの流れの整合性を追加で考慮する必要がある（b）の形式について述べる．最後に，さらに，機速や高度の影響が生じる（c）のジェット・エンジンについて述べる．

9.1 要素の特性

タービンや圧縮機の特性，すなわち，流量，圧力比，効率が回転数によってどのように変化するかについては，第4章，5章，7章で述べた．図5.42で示した多段軸流圧縮機の特性曲線と同様なものを図9.2に示すが，グラフの上および右に示すように，回転数ごとに，効率を流量の関数，および，圧力比の関数として示しておくと便利である．特に，高効率の軸流圧縮機では，流量が増えて入口でチョークすると，図に示す通り，回転数一定のラインが垂直になるため，そのような状態では，効率を圧力比の関数として示すことが重要になる．一方，多段軸

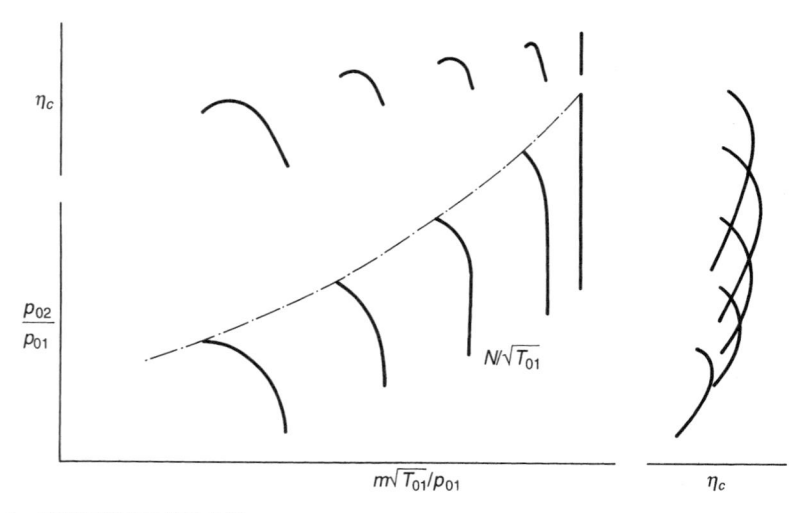

図9.2 軸流圧縮機の特性曲線

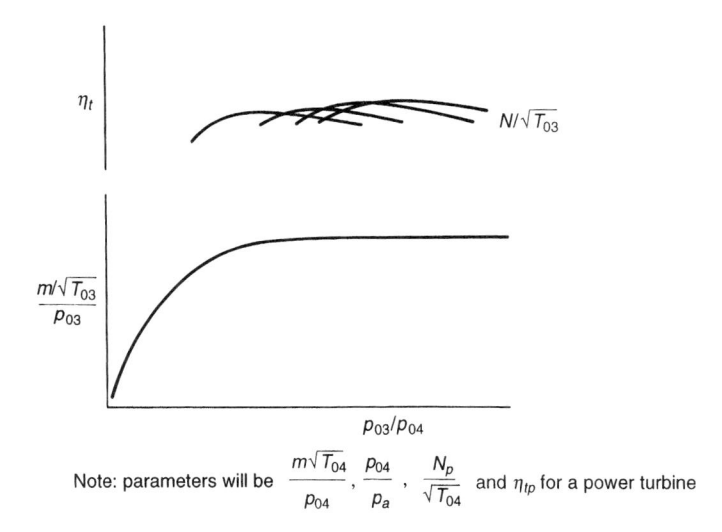

図 9.3 軸流タービンの特性曲線

Note: parameters will be $\dfrac{m\sqrt{T_{04}}}{p_{04}}$, $\dfrac{p_{04}}{p_a}$, $\dfrac{N_p}{\sqrt{T_{04}}}$ and η_{tp} for a power turbine

流タービンの特性は図7.24に表したが，無次元回転数による無次元流量の変化は小さい上，タービンの作動領域は下流の要素によって大きく制約される．よって，以降の非設計点での性能計算の説明の際には，圧力比―流量の特性曲線は，図9.3に示す通り，回転数によらない1本の曲線として計算を行う．回転数による影響については9.3節で述べる．

　正確な性能計算を行うには，圧縮機入口までの空気取り入れ部や燃焼器，タービン出口以降の排気に関する全圧損失を考慮する必要があるが，それらの影響は2次的なものであり，これから行う非設計点での性能計算では，空気取り入れ部と排気の損失は無視できるとし，燃焼器での全圧損失は圧縮機出口全圧の一定割合とする．実際の詳細な性能計算では計算機を使うので，要素の状態に応じて全圧損失量を計算して与えるプログラムも簡単に組み込むことが出来る．これらの損失についてのさらなる議論については，9.7節以降に行う．

9.2　単軸ガスタービンの設計点外での作動

　図9.1（a）に示した単軸のガスタービンを考える．空気流入部と排気での全

圧損失が無い（タービン出口で流速0，全圧＝外気の静圧）とすると，タービンの圧力比は，圧縮機の圧力比と燃焼器の全圧損失から決まる．また，タービンを通過する流量については，圧縮機に比べて，抽気分減って，燃料分増えるが，減る分と増える分が概ね同じで相殺されるとして，圧縮機と同じとする．平衡状態の作動点の計算手順は以下の通り．

(1) 圧縮機のある回転数での特性曲線を選び，その中の任意の一点（作動点）を選択する．すると，圧縮機の無次元回転数 $N/\sqrt{T_{01}}$，無次元流量 $m\sqrt{T_{01}}/p_{01}$，圧力比 p_{02}/p_{01}，および効率 η_c が定まる．
(2) 圧縮機の流量と回転数にあったタービンの作動点を求める．
(3) 求めた作動点のうち，駆動する負荷とマッチングが取れるものを探す．そのためには，駆動する負荷の特性（軸の回転数と負荷の関係）が必要になる．

具体的には，下記の通りとなる．

圧縮機とタービンの回転軸が直結されているとすると，両者の実回転数 N は等しいから，圧縮機とタービンの無次元回転数の関係は，

$$\frac{N}{\sqrt{T_{03}}} = \frac{N}{\sqrt{T_{01}}} \times \sqrt{\frac{T_{01}}{T_{03}}} \tag{9.1}$$

となる．一方，両者の無次元流量の関係は，

$$\frac{m_3\sqrt{T_{03}}}{p_{03}} = \frac{m_1\sqrt{T_{01}}}{p_{01}} \times \frac{p_{01}}{p_{02}} \times \frac{p_{02}}{p_{03}} \times \sqrt{\frac{T_{03}}{T_{01}}} \times \frac{m_3}{m_1} \tag{9.1.1}$$

となる．ここで，燃焼器の入口と出口の全圧比 p_{03}/p_{02} は，燃焼器での全圧損失量を $\Delta p_b(=p_{02}-p_{03})$ とおくと，$p_{03}/p_{02}=1-\Delta p_b/p_{02}$ と書ける．また，上記で説明した通り，圧縮機とタービンで流量は等しいとすれば $m_1=m_3=m$ となる（流量の違いは，必要であれば，簡単に組み込むことが可能）．この時，上式は，

$$\frac{m\sqrt{T_{03}}}{p_{03}} = \frac{m\sqrt{T_{01}}}{p_{01}} \times \frac{p_{01}}{p_{02}} \times \frac{p_{02}}{p_{03}} \times \sqrt{\frac{T_{03}}{T_{01}}} \tag{9.2}$$

となる．この式において，圧縮機の無次元流量 $m\sqrt{T_{01}}/p_{01}$ と圧力比 p_{02}/p_{01} は，作動点を選択した段階で，すでに決められている．また，燃焼器の入口と出口の全圧比 p_{03}/p_{02} も，$\Delta p_b/p_{02}$ 一定より一定値となる．タービンの無次元流量 $m\sqrt{T_{03}}/p_{03}$ は，図9.3に示した通り，圧力比 p_{03}/p_{04} の関数となっているが，空

気取り入れ部と排気の損失を無視すると,外気の静圧を p_a として,$p_a=p_{01}=p_{04}$ となるから(タービン出口4で流速0),タービンの圧力比は $p_{03}/p_{04}=(p_{03}/p_{02})(p_{02}/p_{01})$ から求められる.よって,$m\sqrt{T_{03}}/p_{03}$ も図9.3のタービンの特性曲線より求められる.これらより,式(9.2)では $\sqrt{T_{03}/T_{01}}$ を除いては,すべて求められた.ここで,外気の静温を T_a とすれば $T_{01}=T_a$ であるから,外気の静温 T_a が分かっていれば,タービン入口温度 T_{03} も式(9.2)より求められる.

これらより,式(9.1)からタービンの無次元回転数 $N/\sqrt{T_{03}}$ も求められる.ここで,図9.3の上側に示す効率の特性曲線を用いれば,タービンの効率 η_t が求められる.タービンでの全温下降量 $\Delta T_{034}=T_{03}-T_{04}$ は,式(2.12)より,

$$\Delta T_{034}=\eta_t\, T_{03}\left[1-\left(\frac{1}{p_{03}/p_{04}}\right)^{(\gamma-1)/\gamma}\right] \tag{9.3}$$

となり,同様にして,圧縮機の全温上昇量 $\Delta T_{012}=T_{02}-T_{01}$ は,式(2.11)より,

$$\Delta T_{012}=\frac{T_{01}}{\eta_c}\left[\left(\frac{p_{02}}{p_{01}}\right)^{(\gamma-1)/\gamma}-1\right] \tag{9.4}$$

となる.よって,流量 m [kg/s] での正味の出力は,式(2.22.1)に示したタービン・圧縮機間の機械効率 η_m を考慮して,

$$\text{net output power}=mc_{pg}\Delta T_{034}-\frac{1}{\eta_m}mc_{pa}\Delta T_{012} \tag{9.5}$$

となる.ただし,c_{pa} は圧縮機での空気の定圧比熱,c_{pg} はタービンでの燃焼ガスの定圧比熱である.また,流量 m は,$(m\sqrt{T_{01}}/p_{01})(p_a/\sqrt{T_a})$ より求められる.

最後に,求めた正味出力と負荷を比較して,最初に設定した圧縮機の特性曲線上の点が負荷を駆動するのに適切な作動点となっているかどうかを調べる必要がある.例えば,ガスタービンを,試験設備で,水動力計もしくは電気式の動力計につながれた状態で運転している時には,安全上決められた温度範囲内であれば,圧縮機の特性曲線上のどの点でも作動可能である.一方,固定ピッチ(翼取り付け角固定)のプロペラの負荷がかかっている場合には,負荷は軸の回転数の3乗に比例する.この場合,タービンとプロペラの間のトルク伝達の機械効率やギア比が分かれば,プロペラ駆動に必要なガスタービンの正味出力とタービン軸の回転数の関係を図9.4のように表すことが出来る.よって,作動点を特定する

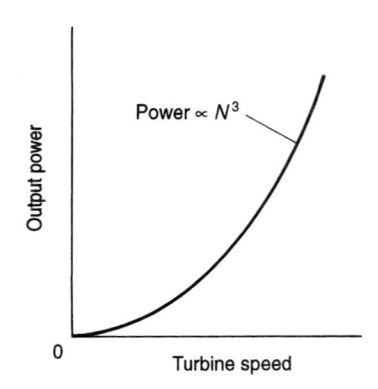

図 9.4 　固定ピッチプロペラの負荷特性

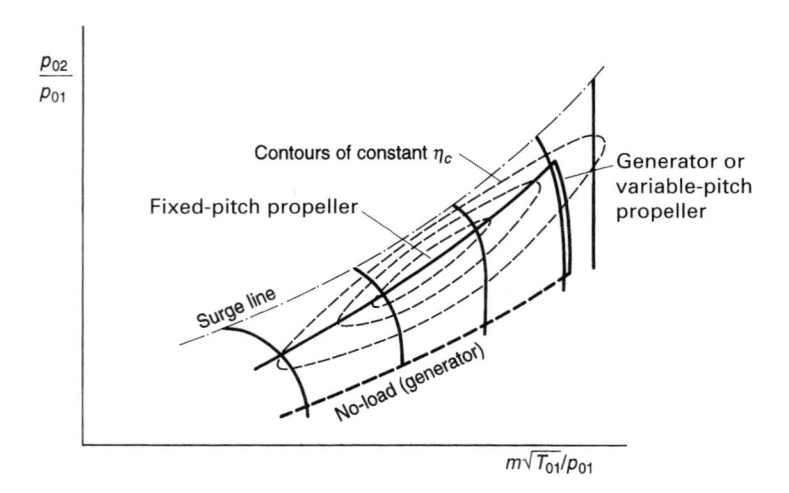

図 9.5 　各種負荷に対する単軸ガスタービンの作動線

には，各回転数での特性曲線上で，所定の正味出力を出せる一点を見つけるという作業が必要になる．実際には，特性曲線上の点を順に当たっていって，正味出力が図 9.4 のライン上に来るかどうかを調べるという試行錯誤を繰り返すことになる．仮に，ガスタービンの正味出力とプロペラの負荷が同じでない状態で両者をつなぐと，平衡状態が保てず，出力が過剰か不足かに応じて，軸の回転が加速または減速することになる．上記の方法で，各回転数に対して正味出力と負荷が

一致する作動点を見つけて，図9.2のマップ上にプロットすると，平衡状態を保って運転できる作動線が得られる．図9.5では，その作動線がFixed-pitch propellerと記した線で示されている．

一方，図9.1（a）の形式の単軸の軸出力ガスタービンが駆動する対象として最も一般的なものは，発電機と可変ピッチ・プロペラで，どちらも，図9.4と違って，回転数一定のまま負荷が変化する．発電機の負荷は，電気的に変化し，可変ピッチ・プロペラの負荷は，飛行状態に応じてピッチ（プロペラ翼の取り付け角）を変えることで変化する．これらの負荷装置にガスタービンを結合して駆動する場合の圧縮機の作動線を，図9.5にGenerator or variable-pitch propellerとして示す．この場合，回転数一定なので，図9.5に示す通り，作動線は，圧縮機のその回転数での特性曲線と一致する．細かく言えば，その作動線上の一点一点で，回転数は同じだが，燃料流量，タービン入口温度，正味出力が違っている．図9.5には，正味出力が0，すなわち，負荷無しの条件で各回転数での作動点を計算して結んで出来る，無負荷の作動線（図のNo load（generator））を破線で示している．

図9.5を見ると，固定ピッチ・プロペラの場合には，幅広い出力（もしくは負荷）範囲で高い圧縮機効率での運転が可能であることが分かるが，回転数一定での運転を行う発電機や可変ピッチ・プロペラの場合には，負荷が下がると効率が急減することが分かる．また，図9.5より，作動線が圧縮機のサージ・ラインからどの程度離れているかを見ることが出来，最大出力まで簡易に加速できるかどうかが分かる．固定ピッチ・プロペラの場合には，作動線がサージ・ラインからそれほど離れていないので，多少の変動があると，サージ・ラインと交わる可能性があり，そうなると，そのままでは最大出力までの加速が出来なくなる．そのような場合は，圧縮機の出口に放風弁を設ければ解決できる（9.6節参照）．一方，発電機や可変ピッチ・プロペラの場合には，負荷をかける前に（無負荷の作動線に沿って）設計回転数まで加速してから徐々に負荷をかければ，始動時にサージに入る心配はない．

以上により，設計点外で平衡状態の保たれる作動点の性能計算に必要なすべての量が求められた．タービン入口温度 T_{03} は求まっているし，圧縮機出口温度も $T_{02} = T_{01} + \Delta T_{012}$ より求められる．これらより，燃焼器での全温上昇量 $T_{03} - T_{02}$

が分かるから，燃焼効率の値を仮定し，燃料に応じて図 2.17 と同様なグラフを用いれば，燃空比 f が求められる．燃料流量は，空気流量 m と燃空比 f の積 mf で与えられる．各作動点での燃料流量と正味出力から，負荷によって燃料消費率や熱効率がどのように変化するかが分かる．以上の計算は，ある外気の温度 $T_a(=T_{01})$ と圧力 $p_a(=p_{01})$ 条件での計算であるから，実際には，考えられる範囲で外気の条件を振って，上記のマッチング計算を繰り返す必要がある．以下に例題を示す．

例題 9.1

単軸のガスタービンにおいて，設計回転数での圧縮機とタービンの特性は下記の表の通りとする．

	圧縮機			タービン	
p_{02}/p_{01}	$m\sqrt{T_{01}}/p_{01}$	η_c	$m\sqrt{T_{03}}/p_{03}$	η_t	
5.0	329.0	0.84			
4.5	339.0	0.79	139.0（一定）	0.87（一定）	
4.0	342.0	0.75			

(9.5.1)

周辺大気は，気圧 1.013 bar，気温 288 K とする．機械効率は 98％ とし，その他の損失は無視する．回転数一定で，出力 3800 kW とするのに必要なタービン入口温度を求める．上記の無次元流量の計算のベースとする単位は，流量が kg/s，温度が K，圧力は bar としている．

計算の流れとしては，まず，上記の表で与えられた圧縮機の特性曲線上の 3 点に対し，式（9.2）からタービン入口温度 T_{03} を求める．次に，式（9.4）より圧縮機の全温上昇量 ΔT_{012}，式（9.3）よりタービンの全温下降量 ΔT_{034} を求める．それらより，式（9.5）を用いて出力を計算し，タービン入口温度 T_{03} に対して出力をプロットする．それより，出力 3800 kW の時のタービン入口全温を求める．

まず，圧縮機の圧力比 5.0 の点を考える．無次元流量の関係式（9.2）より，

$$\sqrt{\frac{T_{03}}{T_{01}}} = \frac{(m\sqrt{T_{03}}/p_{03})(p_{03}/p_{01})}{m\sqrt{T_{01}}/p_{01}} \tag{9.5.2}$$

が成り立つが,今,燃焼器の圧損が無視できるとして $p_{03}=p_{02}$ とすると,

$$\sqrt{\frac{T_{03}}{T_{01}}}=\frac{139.0\times5.0}{329.0}=2.11 \tag{9.5.3}$$

となる.ここで,外気温度 $T_a=T_{01}=288$ K より,タービン入口温度は $T_{03}=1285$ K と求められる.式(9.4)において,空気の比熱比 $\gamma=1.4$ より,圧縮機での全温上昇量は,

$$\Delta T_{012}=\frac{T_{01}}{\eta_c}\left[\left(\frac{p_{02}}{p_{01}}\right)^{(\gamma-1)/\gamma}-1\right]=\frac{288}{0.84}\times(5.0^{1/3.5}-1)=200.2\text{ K} \tag{9.5.4}$$

タービンでの全温下降量は,燃焼ガスの比熱比 $\gamma=4/3$ より,

$$\Delta T_{034}=\eta_t\, T_{03}\left[1-\left(\frac{1}{p_{03}/p_{04}}\right)^{(\gamma-1)/\gamma}\right]=0.87\times1285\times\left[1-\left(\frac{1}{5.0}\right)^{1/4}\right]=370.4\text{ K} \tag{9.5.5}$$

となる.流量は,圧縮機の無次元流量と $T_{01}=T_a=288$ K,$p_{01}=p_a=1.013$ bar より,

$$m=\frac{m\sqrt{T_{01}}}{p_{01}}\times\frac{p_{01}}{\sqrt{T_{01}}}=329\times\frac{1.013}{\sqrt{288}}=19.64\text{ kg/s} \tag{9.5.6}$$

である.これらより,出力は,

$$\begin{aligned}\text{Power output}&=mc_{pg}\Delta T_{034}-\frac{1}{\eta_m}mc_{pa}\Delta T_{012}\\&=19.64\times1.148\times370.4-\frac{1}{0.98}\times19.64\times1.005\times200.2\\&=8350-4031\\&=4319\text{ kW}\end{aligned} \tag{9.5.7}$$

となる.定圧比熱については,式(2.23.1)を参照した.出力 4319 kW の時に必要なタービン入口温度は 1285 K と分かったが,他の2つの圧力比についても同様な計算を行ってまとめると,次の表の通りとなる.

p_{02}/p_{01}	T_{03} [K]	ΔT_{012} [K]	ΔT_{034} [K]	m [kg/s]	Power output [kW]
5.0	1285	200.2	370.4	19.64	4319
4.5	981	195.7	267.4	20.24	2149
4.0	761	186.6	194.0	20.41	639

(9.5.8)

出力 3800 kW でのタービン入口温度 T_{03} については，上側 2 つのデータの線形補間により，1212 K と求められる．

9.3 ガス発生器の挙動

本章の冒頭で述べた通り，図 9.1（b）の出力タービン付きのガスタービンと図 9.1（c）のジェット・エンジンのどちらに関しても，ガス発生器の役割は同じで，高温高圧の燃焼ガスを生成することであり，そのガスを低圧になるまで膨張させることで，軸出力を出したり，高速の推進ジェットを噴出させたりする．図 9.1（b）や（c）の構成のガスタービンの作動について考える前に，ガス発生器の挙動について考察しておく．

ガス発生器でも，圧縮機とタービンの回転数の一致を示す式（9.1）と，流量の一致を示す式（9.2）については，単軸の軸出力の場合と同様であるが，ガス発生器の場合は，タービン出口圧力が外気圧力にはならないから，タービンの圧力比が直接は求まらない．ガス発生器の場合のタービンの圧力比は，タービンの仕事と圧縮機の仕事が等しいことから求めていくことになる．式（9.5）において，タービンの仕事と圧縮機の仕事が等しいことより，

$$\eta_m c_{pg} \Delta T_{034} = c_{pa} \Delta T_{012} \tag{9.5.9}$$

となる．これを変形して，無次元数の積で表せば，

$$\frac{\Delta T_{034}}{T_{03}} = \frac{\Delta T_{012}}{T_{01}} \times \frac{T_{01}}{T_{03}} \times \frac{c_{pa}}{c_{pg}\eta_m} \tag{9.6}$$

が得られる．ガス発生器での平衡状態を表す 3 つの式（9.1），（9.2），（9.6）は，温度比 T_{03}/T_{01} によって互いにリンクしており，圧縮機の特性マップ上の各点での温度比 T_{03}/T_{01} を求める作業には，試行錯誤が必要になる．具体的な手順は次の通りである．

(1) 圧縮機特性マップ上のある点を選択し，$N/\sqrt{T_{01}}$，p_{02}/p_{01}，$m\sqrt{T_{01}}/p_{01}$，η_c を決める．$\Delta T_{012}/T_{01}$ は式（9.4）より求める．
(2) タービン圧力比 p_{03}/p_{04} の値を仮定し，タービンの特性曲線（図 9.3 下）より無次元流量 $m\sqrt{T_{03}}/p_{03}$ を求める．これらを式（9.2）に代入して温度比 T_{03}/T_{01} を求める．

(3) 求めた温度比 T_{03}/T_{01} から，式（9.1）を用いて $N/\sqrt{T_{03}}$ を計算する．

(4) タービンの無次元回転数 $N/\sqrt{T_{03}}$ と圧力比 p_{03}/p_{04} より，タービンの性能曲線（図9.3上）を使って効率 η_t を求める．

(5) 式（9.3）より $\Delta T_{034}/T_{03}$ を求め，式（9.6）に代入して，再び温度比 T_{03}/T_{01} を求める．

(6) 2回目に（5）で求めた温度比 T_{03}/T_{01} は，最初に（2）で求めた温度比とは大抵違った値になるが，それは，つまり，最初に（1）で設定した圧縮機の状態と，（2）で仮定したタービン圧力比 p_{03}/p_{04} のマッチングが取れていないということを示している．

(7)（2）のタービン圧力比 p_{03}/p_{04} の設定をやり直し，（2）で式（9.2）から計算する温度比 T_{03}/T_{01} と，（5）で式（9.6）から計算する温度比 T_{03}/T_{01} が同じになるまでそれを繰り返す．

(8) 温度比 T_{03}/T_{01} が一致すれば，最初に指定した圧縮機の状態とマッチングの取れたタービンの状態が求まったことになり，その温度比 T_{03}/T_{01} を実現できるような流量の燃料を流せば，平衡状態での運転ができる．

以上の流れは図9.6（a）にまとめられている．

このマッチング計算を，圧縮機の特性マップ上のサージが起こらない範囲のすべての点に対して行って温度比 T_{03}/T_{01} を求め，その等値線を描くと，図9.7の破線のようになる（T_{03}/T_{01} の等値線は図では直線的になっている．等値線は，流量マッチングの式（9.2）より，

$$\frac{p_{02}}{p_{01}} = \left[\frac{p_{02}}{p_{03}} \times \sqrt{\frac{T_{03}}{T_{01}}} \middle/ \frac{m\sqrt{T_{03}}}{p_{03}} \right] \frac{m\sqrt{T_{01}}}{p_{01}}$$

と表せ，傾きが [ ] 内となるが，図のように，等値線の傾きが一定ということは，温度比 T_{03}/T_{01} と燃焼器の圧損 p_{03}/p_{02} は一定だから，タービンがチョークして無次元流量 $m\sqrt{T_{03}}/p_{03}$ も一定になっていると思われる．また，温度比 T_{03}/T_{01} が高い方が傾きが大きいので，T_{03}/T_{01} が高い等値線の方が上になる．図では等値線が一見平行に見えるが，スケールの問題で，良く見ると，左側の方が間隔が狭まっているようにも見える）．ガス発生器は，下流にある出力タービンや推進ノズルと流量を合わせる必要があり，圧縮機の特性マップ上で作動可能な範囲はかなり狭まる．このため，実際には，マップ上のすべての点の計算を行う

566 9 ガスタービンの性能計算—基礎編—

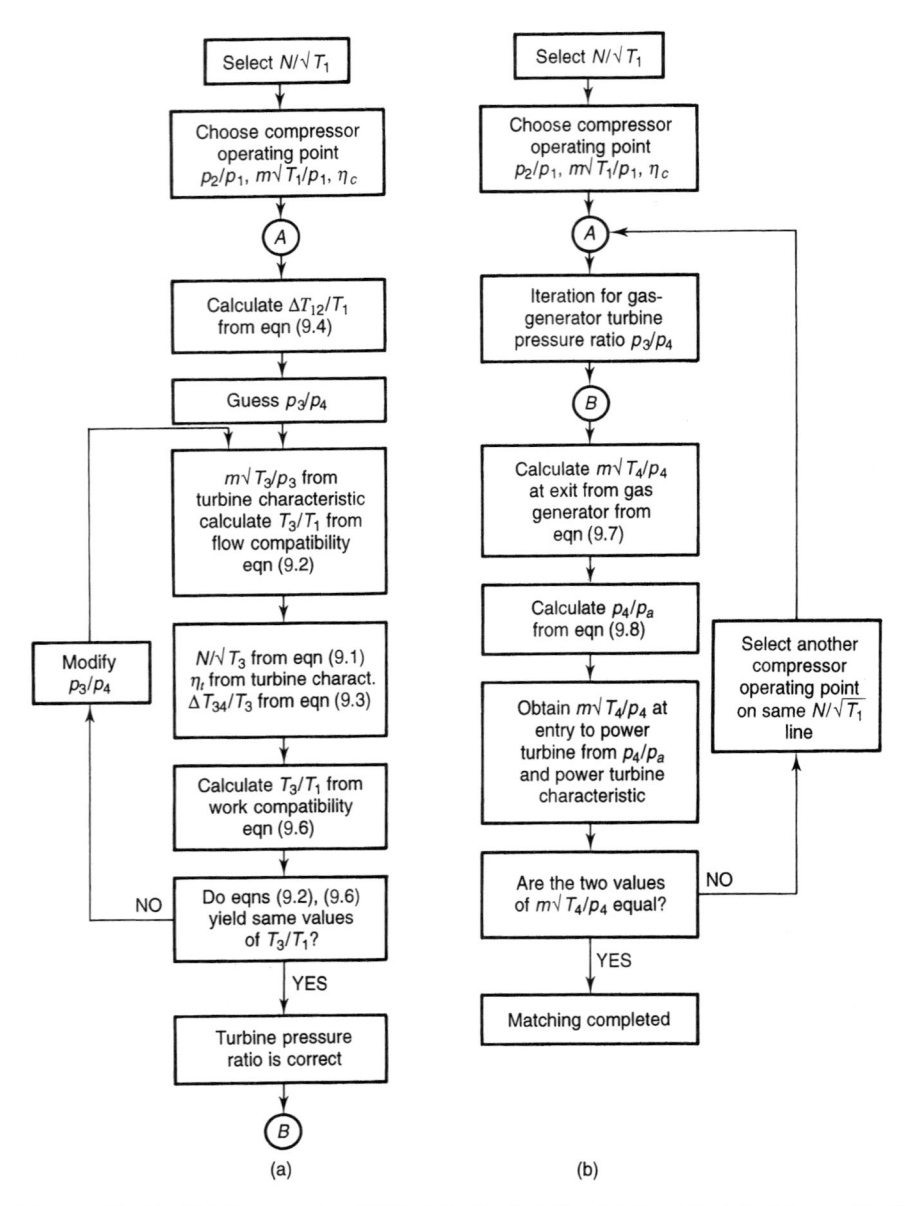

(a) Flow chart:

- Select $N/\sqrt{T_1}$
- Choose compressor operating point p_2/p_1, $m\sqrt{T_1}/p_1$, η_c
- (A)
- Calculate $\Delta T_{12}/T_1$ from eqn (9.4)
- Guess p_3/p_4
- $m\sqrt{T_3}/p_3$ from turbine characteristic calculate T_3/T_1 from flow compatibility eqn (9.2)
- $N/\sqrt{T_3}$ from eqn (9.1), η_t from turbine charact. $\Delta T_{34}/T_3$ from eqn (9.3)
- Calculate T_3/T_1 from work compatibility eqn (9.6)
- Do eqns (9.2), (9.6) yield same values of T_3/T_1? — NO → Modify p_3/p_4 (loop back)
- YES → Turbine pressure ratio is correct
- (B)

(b) Flow chart:

- Select $N/\sqrt{T_1}$
- Choose compressor operating point p_2/p_1, $m\sqrt{T_1}/p_1$, η_c
- (A)
- Iteration for gas-generator turbine pressure ratio p_3/p_4
- (B)
- Calculate $m\sqrt{T_4}/p_4$ at exit from gas generator from eqn (9.7)
- Calculate p_4/p_a from eqn (9.8)
- Obtain $m\sqrt{T_4}/p_4$ at entry to power turbine from p_4/p_a and power turbine characteristic
- Are the two values of $m\sqrt{T_4}/p_4$ equal? — NO → Select another compressor operating point on same $N/\sqrt{T_1}$ line (loop back to A)
- YES → Matching completed

図 9.6 (a) ガス発生器のマッチング計算 (b) ガス発生器＋出力タービン全体でのマッチング計算

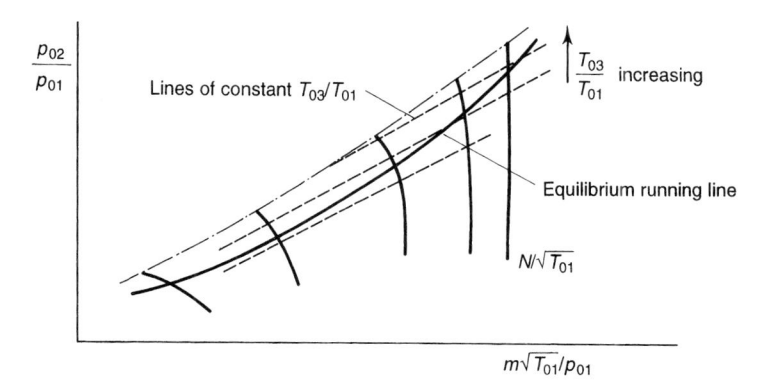

図 9.7 ガス発生器＋出力タービンの作動線

必要はない．図 9.1（b）や（c）のガスタービン全体としての平衡状態を求めるには，上記に示した手順に加えて，さらに，下流の要素とガス発生器との流量の整合性を取るための繰り返し計算が必要になるが，その流れを図 9.6（b）に示す．これについては次節で扱う．

以上のマッチング計算では，タービンの流量と圧力比の特性を，図 9.3 下図のように 1 本の線で近似し，流量は回転数によらず圧力比だけで決まるとした．タービンの流量—圧力比の特性が，図 7.24 で示すように回転数によって変化する場合には，上記の手順を修正する必要がある．図 7.24 でも，タービンがチョークして，特性線が回転数によらず 1 本の線になっている場合にはそのままでよいが，その他の場合には次の通りとする．上記の手順（1）の直後に温度比 T_{03}/T_{01} の値を仮定し，式（9.1）より $N/\sqrt{T_{03}}$，式（9.2）より $m\sqrt{T_{03}}/p_{03}$ を計算する．そうすれば，タービンの特性マップから p_{03}/p_{04} と η_t が求められ，式（9.3）より $\Delta T_{034}/T_{03}$ が求められる．タービンと圧縮機の仕事のつり合いの式（9.6）にそれらを代入することで，温度比 T_{03}/T_{01} が求められ，最初の仮定値と比較できる．以降，タービンの流量—圧力比の特性線が回転数によって異なる場合については，問題の本質がぼやけないようにするため省略するが，以上により，そのような場合にも，平衡状態の作動点が大差なく求められることが分かった．

9.4 ガス発生器＋出力タービンの非設計点での挙動

ガス発生器と出力タービンのマッチング

図9.1 (b) の構成のガスタービンにおいては，上記の通り，ガス発生器の流量と出力タービンの流量を同じにする必要がある．また，出力タービンの圧力比は，ガス発生器側の圧縮機とタービンの圧力比によって決まる．出力タービンの特性は図9.3と同様であるが，無次元流量は $m\sqrt{T_{04}}/p_{04}$，圧力比は p_{04}/p_a，無次元回転数は $N_p/\sqrt{T_{04}}$，効率は η_{tp} とする．具体的な計算の流れについては，図9.6 (b) に示している．

前節で示したガス発生器内のマッチング計算（図9.6 (a)）が終わった後，図9.6 (b) のⒷからスタートする．ガス発生器と出力タービンの流量が両方 m で等しいことより，式 (9.2) と同様に，

$$\frac{m\sqrt{T_{04}}}{p_{04}} = \frac{m\sqrt{T_{03}}}{p_{03}} \times \frac{p_{03}}{p_{04}} \times \sqrt{\frac{T_{04}}{T_{03}}} \tag{9.7}$$

が成り立つ．ただし，式 (9.3) より，

$$\sqrt{\frac{T_{04}}{T_{03}}} = \sqrt{\left(1 - \frac{\Delta T_{034}}{T_{03}}\right)}, \quad \frac{\Delta T_{034}}{T_{03}} = \eta_t \left[1 - \left(\frac{1}{p_{03}/p_{04}}\right)^{(\gamma-1)/\gamma}\right] \tag{9.7.1}$$

である．これより，出力タービンの無次元流量 $m\sqrt{T_{04}}/p_{04}$ が求められる．

出力タービンの圧力比 p_{04}/p_a に関しては，定置式のガスタービンでは，空気取り入れ部と排気で損失が無いとすると $p_{01}=p_a$，かつ，出力タービンの出口で流速0より $p_{05}=p_a$ であることに注意して，

$$\frac{p_{04}}{p_a} = \frac{p_{02}}{p_{01}} \times \frac{p_{03}}{p_{02}} \times \frac{p_{04}}{p_{03}} \tag{9.8}$$

より求められる．

出力タービンの圧力比が求められたので，図9.3のようなタービンの特性線からも，無次元流量 $m\sqrt{T_{04}}/p_{04}$ が求められる．これを式 (9.7) で計算した無次元流量 $m\sqrt{T_{04}}/p_{04}$ と比較して，値が違っていれば，圧縮機の同じ無次元回転数の特性曲線上の別の点で試すということを一致するまで繰り返す．

圧縮機の無次元回転数 $N/\sqrt{T_{01}}$ 一定のライン上の点で，ガス発生器内の圧縮

機とタービンの平衡と，ガス発生器と出力タービンの流量の平衡を両方満たす作動点は一点だけになる．各回転数で上記の計算を行って，その作動点を連ねると，図 9.7 に Equilibrium running line として示すような平衡状態を保った作動線が描ける．この形式のガスタービンで重要なこととして，平衡状態を保った作動線は，ガス発生器と出力タービンの流量がマッチングした点をつなげたものであるから，ガスタービンにかかる負荷には無関係で，出力タービンの流量特性（飲み込み流量：swallowing capacity）によって決まるということが挙げられる．この点は，先に示した単軸の軸出力ガスタービンとは対照的で，後者の場合は，図 9.5 に示した通り，作動線が負荷の性質によって変化する（図 9.7 の作動線上の点も流量マッチングの式（9.2）を満たすので，それを変形した，

$$\frac{p_{02}}{p_{01}} = \left[\frac{p_{02}}{p_{03}} \times \sqrt{\frac{T_{03}}{T_{01}}} \bigg/ \frac{m\sqrt{T_{03}}}{p_{03}}\right] \frac{m\sqrt{T_{01}}}{p_{01}}$$

の式を，今度は，作動線として見てみる．ガス発生器のタービンがチョークしている高流量側では $m\sqrt{T_{03}}/p_{03}$ は一定で，燃焼器の圧力比 p_{03}/p_{02} も一定より，傾きは $\sqrt{T_{03}/T_{01}}$ に比例して大きくなる．このため，作動点が温度比 T_{03}/T_{01} が高い領域に移動するたびに作動線の傾きが増し，弓なりになって T_{03}/T_{01} の等値線をまたいで，徐々にサージ・ラインに近づいていっているものと思われる）．

ガスタービンの構成が，2 軸のガス発生器＋出力タービン，3 軸のターボファンなどのように複雑になってくると，図 9.6 のような計算フローに示すループの数が増えてきて，上記で述べて来たような単純な解法が通用しなくなる．このため，計算機を使った性能計算では，元になる熱力学上の式は同じであるが，解き方が異なり，例えば，図 9.1（b）に示したガス発生器＋出力タービンの例で言えば，最初に，圧縮機の圧力比，タービン入口温度など主要な値を仮定し，マッチングに誤差が生じている分に関しては，ニュートン・ラプソン法によって誤差を減らしていくという方法がとられる．もっと複雑な構成の場合には，それが行列の計算となる．性能計算を行う商用の計算ソフトの大半ではこのような解法が用いられているが，マッチングの手順などの中身は見えにくくなっている．

平衡状態を保つ作動点が見つかったら，出力や燃料消費率の計算へと進むことができるが，ここでは，その前に，後述の物理現象をよく理解するのにも役に立つので，上記で述べた解法を簡単化できるタービンが 2 つ直列に並んだ場合の関

係式について述べる.

直列に並んだ2つのタービン間のマッチング

上記で示した図9.1 (b) のガス発生器＋出力タービンのマッチング計算は，2つ直列に並んだタービンを一体として扱えればかなり簡略化できる．また，第10章で扱う，より複雑な構成のガスタービンの計算にも役立つ．式（9.7）と（9.7.1）より，ガス発生器のタービン出口の無次元流量 $m\sqrt{T_{04}}/p_{04}$ は，$m\sqrt{T_{03}}/p_{03}$, p_{03}/p_{04}, η_t というガス発生器のタービンの3つの特性量で決まることが分かる．ここで，タービン効率 η_t に関しては，図9.3上図に示す通り，値の変動があまり大きくない上，式（9.7.1）で η_t が変化しても，$\sqrt{T_{04}/T_{03}}$ の変化はあまり大きくならないため，$m\sqrt{T_{04}}/p_{04}$ に対する影響は小さい．このため，$m\sqrt{T_{04}}/p_{04}$ を決める際の η_t に関しては，図9.3上図に示す値の平均値でもって圧力比によらず一定としても十分精度は保てる．その場合には，ガス発生器タービン出口の無次元流量 $m\sqrt{T_{04}}/p_{04}$ は，$m\sqrt{T_{03}}/p_{03}$ と p_{03}/p_{04} のみから決めることができる．具体的に，図9.3下図の $m\sqrt{T_{03}}/p_{03}$ と p_{03}/p_{04} の関係を使って，同じグラフ上に，式（9.7）と（9.7.1）より $m\sqrt{T_{04}}/p_{04}$ を計算して加えると図9.8左図の破線のようになる．

図9.8は，2つのタービンを直列につないだ場合の流量のマッチングについて

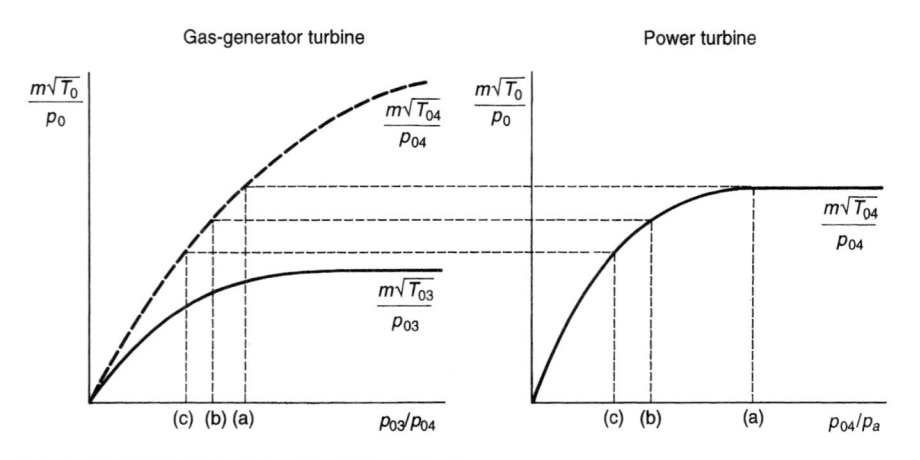

図9.8 2つ直列に並んだタービンのマッチング

示している.それによると,出力タービンが最大流量でチョークしている場合には,ガス発生器のタービンの作動点が点 (a) の一点に絞られることが分かる.また,出力タービンがチョークしていない場合にも,点 (b) や点 (c) に示す通り,出力タービンの圧力比によって,ガス発生器側のタービンの作動点が一意に決まることが分かる.すなわち,ガス発生器のタービンの最大圧力比 (a) は,出力タービンのチョーク時の状態によって決まり,また,チョークしていない時も含めてすべての状態で,ガス発生器側のタービンの圧力比は,出力タービンの飲み込み流量(swallowing capacity:具体的には図9.8右図に示す流量特性)によって決まる.これにより,出力タービンの圧力比 p_{04}/p_a と,それに対応するガス発生器のタービン圧力比 p_{03}/p_{04} の関係を求めることが出来る.

また,ガス発生器のタービン圧力比 p_{03}/p_{04} と出力タービンの圧力比 p_{04}/p_a には,

$$\frac{p_{03}}{p_{04}} = \frac{p_{03}}{p_{02}} \times \frac{p_{02}}{p_{01}} \times \frac{p_a}{p_{04}} \tag{9.9}$$

という関係もある ($p_{01}=p_a$).ここで p_{03}/p_{02} は燃焼器の全圧損失から決まるので,圧縮機の圧力比 p_{02}/p_{01} を与えてやれば,2つのタービンの圧力比 p_{03}/p_{04} と p_{04}/p_a の積が求められる.これと,図9.8に示す2つのタービン圧力比 p_{03}/p_{04} と p_{04}/p_a の関係を連立すれば,所定の圧縮機圧力比 p_{02}/p_{01} における2つのタービンの圧力比 p_{03}/p_{04} と p_{04}/p_a が求められる.このようにして得られる圧縮機の圧力比 p_{02}/p_{01} とガス発生器タービンの圧力比 p_{03}/p_{04} の関係を図9.9に示す.これを用いれば,ガス発生器と出力タービンの流量マッチングは確保されるため,そのための繰返しループは不要となり,ガス発生器内のマッチングの式(9.2)

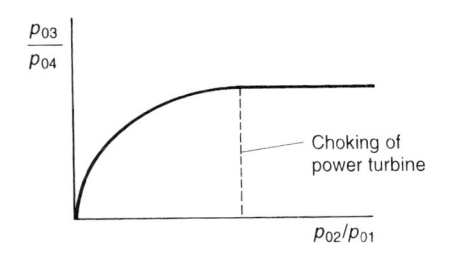

図9.9 圧縮機圧力比 p_{02}/p_{01} とガス発生器タービンの圧力比 p_{03}/p_{04} の関係

と式 (9.6) を満たすための一重のループのみで平衡状態の作動点が求められる．具体的には，所定の回転数 $N/\sqrt{T_{01}}$ の特性線上のある作動点を仮定し，圧縮機圧力比 p_{02}/p_{01} から図 9.9 でガス発生器タービンの圧力比 p_{03}/p_{04} を求めるとタービンの作動点も決まる．それらをガス発生器内の流量マッチングの式 (9.2) と仕事マッチングの式 (9.6) に入れて，両者から求まる温度比 T_{03}/T_{01} が一致するものを選べば，それが圧縮機の作動点となる．

回転数による出力と燃料消費率の変化

図 9.1 (b) に示したガス発生器＋出力タービンの正味出力は，出力タービンの出力に等しいので，単純に，

$$\text{power output} = m c_{pg} \Delta T_{045} \tag{9.10}$$

と与えられる．ただし，出力タービンの全温下降量 ΔT_{045} は，等エントロピ効率を η_{tp} とすると，式 (9.3) と同様に，

$$\Delta T_{045} = \eta_{tp} T_{04} \left[1 - \left(\frac{1}{p_{04}/p_a} \right)^{(\gamma-1)/\gamma} \right] \tag{9.10.1}$$

と表せる（$p_{05}=p_a$）．これらの式中のパラメータの多くは，すでにマッチング計算によって求められており，出力タービンの入口全温 T_{04} も，

$$T_{04} = T_{03} - \Delta T_{034} \tag{9.11}$$

より求められる．また，流量 m は，圧縮機の無次元流量 $m\sqrt{T_{01}}/p_{01}$ と，$T_{01}(=T_a)$，$p_{01}(=p_a)$ より求められる．分かっていないパラメータとして，出力タービンの効率 η_{tp} があるが，これは，圧力比 p_{04}/p_a だけでなく，無次元回転数 $N_p/\sqrt{T_{04}}$ によっても変わってくる（図 7.24 上図，図 9.3 上図）．このタイプのガスタービンが駆動するものは，ポンプ，プロペラ，発電機など様々である．このため，ガスタービン側では，図 9.7 で示した作動線上の各点（各圧縮機回転数）に対して，図 9.10 に示すような，出力タービンの回転数 N_p と出力（式 (9.10) の power output）の関係を計算しておく（図 9.7 上の圧縮機作動点 1 点に対し，効率 η_{tp} の変化により，図 9.10 の曲線 1 本が対応）．図 9.10 のどの曲線を見ても，実際に使われる出力タービンの回転数の高い側半分の領域では，回転数に対して出力があまり大きく変化しないことが分かる．

燃料消費量に関しては，9.2 節で説明した単軸の軸出力ガスタービンと同様に

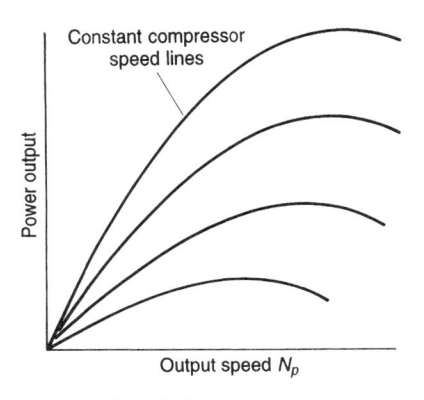

9.4 ガス発生器＋出力タービンの非設計点での挙動　573

図 9.10　出力タービンの回転数と出力の関係

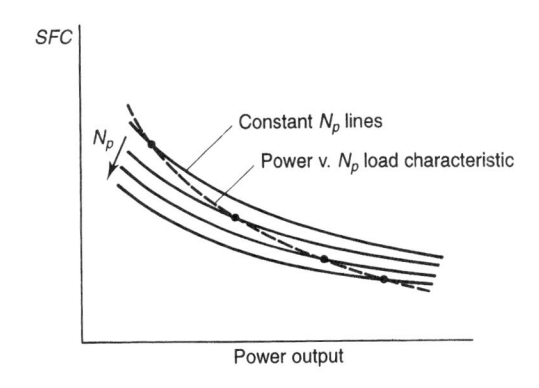

図 9.11　出力と SFC の関係

して求められるが，今の場合は，ガス発生器の状態だけで決まるので，各作動点（圧縮機回転数）ごとに一意に求められる．一方，燃料消費率 SFC（式 (2.23.5)）に関しては，出力の値によって変わってくるので，圧縮機の回転数と出力タービンの回転数の両方の関数となる．よって図 9.11 に実線で示すように，いくつかの出力タービンの回転数において，SFC を出力の関数として示しておくと便利である．図 9.10 や図 9.11 に示すグラフは，駆動する負荷の性質によらないが，ガスタービンを使うユーザ側は，予定している負荷の特性をそれらに重ね合わせることで，全体としての性能を評価することができる．図 9.11 には，

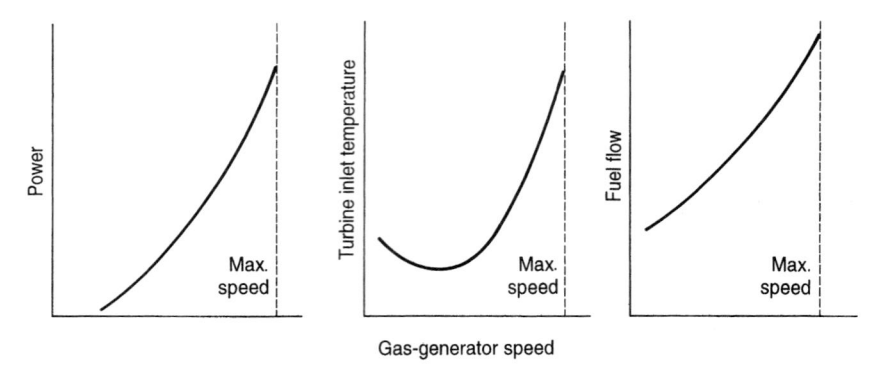

図9.12 ガス発生器（圧縮機）回転数による出力，タービン入口温度，燃料流量の変化

回転数と負荷の関係を重ね合わせて，負荷をかけた場合に実際に作動する状態を破線で示している．ただし，図9.11はある1つの外気状態のものであり，実際には，考えられる外気状態の範囲の両極端の状態での性能を計算することになる．

ここまで，ガス発生器側の状態を表す独立変数として，圧縮機の回転数を用いてきたが，実際のガスタービンで操作できる独立変数は燃料流量であり，燃料流量（すなわち T_{03}）によって圧縮機の回転数が決まり，出力も決まってくる．図9.11を見ると，出力が下がるとSFCが上がっていることが分かるが，これは，燃料流量を減らすと，圧縮機の回転数やガス発生器のタービン入口温度 T_{03} が下がるためである．タービン入口温度が下がるとサイクル効率が落ちることについては第2章で示したが，このように部分負荷で燃費が悪くなることが，単純サイクルのガスタービンの最大の欠点である．より複雑なサイクルとすることでこの点を改善することに関しては次章で述べる．

図9.12には，主要な性能値である，出力，タービン入口温度，燃料流量をガス発生器の回転数を横軸にとって示すが，どれも，最大回転数に近づくにつれて急激に上昇していることが分かる．特に，タービン入口温度の上昇については，初段タービン動翼のクリープ寿命に影響するため要注意で，一般には，最大回転数での運転は短時間に限られることが多い．発電の例で言えば，最大回転数にするのは非常時のピーク・ロード対応の時のみで，ベース・ロード時には，ガス発生器の回転数を落として，翼の長寿命化を図っている．

単軸と 2 軸での性能の違い

　ガスタービンの構成を，図 9.1 (a) のような単軸式とすべきか，図 9.1 (b) のようなガス発生器＋別軸の出力タービンの 2 軸式にすべきかについては，駆動する負荷の性質によって変わってくる．発電用の場合には，回転数を一定にすることが要求され，発電に特化して開発されたガスタービンは図 1.24 のように単軸式となっているようである．ただし，航空エンジン派生型として，推進ノズルを出力タービンで置き換えた 2 軸式も使われている．後者の場合には，ガス発生器よりかなり径の大きな出力タービンと，ガス発生器と出力タービンをつなぐ延長ダクトを使って，減速ギアを介さず，出力タービンを発電用の周波数に合わせて回転させることが出来る．ターボプロップ・エンジンでも，図 1.10 と 1.11 に示すように，単軸式と 2 軸式が両方使われている．

　単軸式と 2 軸式のガスタービンの作動線は，それぞれ，図 9.5 と図 9.7 に示した．単軸式ガスタービンで定回転の発電機を回す場合には，燃料流量が減って出力が落ちると，図 9.5 に示すとおり圧縮機の流量が若干増える．また，圧力比は下がるが，効率も下がるため，圧縮機を駆動する仕事量はあまり変わらない．一方，2 軸式の場合は，出力タービンの（すなわち負荷の）回転数 N_p 一定で出力が落ちると，図 9.10 より，圧縮機の回転数が下がることが分かる．すると，図 9.7 の作動線上で作動点が左に寄るので，空気流量，圧力比，全温上昇量が下がることが分かる．よって負荷が定回転で出力が下がった場合には，2 軸式の方が，単軸式より圧縮機を駆動する仕事量がかなり少なくなることが分かる．また，その時，2 軸式の方が単軸式より，出力の変化による効率の変化範囲が小さいことが作動線を比較すると分かる．これらより，2 軸式の方が，単軸式より，部分負荷での効率が高いと結論付けられる．実際，1960 年代のガスタービンで両者を比較するとそうなっているが，1990 年代のガスタービンでの比較では，運転範囲での SFC はどちらも基本的に変わらない．これは，1960 年代のガスタービンは可変形状を採用していないのに対し，1990 年代のガスタービンでは，単軸式のガスタービン圧縮機に可変の入口ガイド弁 IGV を採用して，低負荷の燃費を改善しているためである．一方，2 軸式では，有害排気ガス削減の一環として，低負荷では圧縮機からの放風を行っているため，その分，燃費が悪くなっ

ている.

　ガスタービンをコジェネレーションの一部として用いる場合には，ガスタービンの負荷が下がった場合の排熱の供給量の変化も，単軸式と2軸式では変わってくる．単軸式の場合には，上記の通り，定回転で負荷が下がっても基本的に流量や圧縮機駆動に必要な仕事量は変わらないので，2軸式に比べて，排熱供給量の低下が大きいと考えられ，単軸式では排熱回収ボイラでの追い焚きが必要になる場合が考えられる．ただし，どちらの構成でも，可変のIGVを使用すれば排気温度は上げられる．実際には，単軸式，2軸式のどちらもコジェネレーションに組み込まれてうまく機能している．ちなみに，2軸式の場合は航空エンジン派生型である場合が多い．

　大半のガスタービンでは，低出力で長時間使うということはあまりないので，部分負荷での燃料消費率の違いは，実際は，さほど大きな問題とならないかもしれない．ただし，低出力でのトルク特性は全く別問題で，出力軸の回転数によって出力トルクがどのように変化するかは，そのガスタービンが使用目的に合致するものであるかどうかを判断する重要な材料になる．例えば，牽引目的の場合には，始動時に高いトルクが出せることが特に重要になる．

　一般に，出力をW，トルクをT，軸の回転数をN（角速度$\omega = 2\pi N$）とすると，式（4.1）と（4.1.1）より$W = T\omega = 2\pi T \times N$の関係がある．よって，トルクは$T = W/(2\pi N)$によって求められる．図9.1（a）の単軸式ガスタービンで，

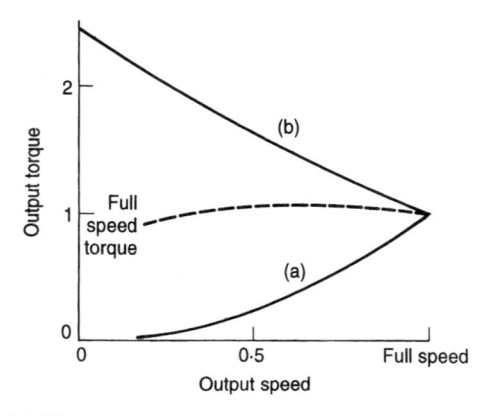

図9.13　トルク特性の比較

回転軸がギアを介して負荷側につながっている場合には，そのギア比によって，ガスタービンの回転数が負荷軸の回転数の何倍になるかが決まる．このため，負荷軸の回転数が低い場合には，ガスタービンの回転数も低く，圧縮機の回転数も低いので，質量流量も少なくなり，出力 W が（回転数 N が減る以上に）少なくなり，低速のトルク特性としては，図 9.13 の (a) のラインのようになる．明らかに，このタイプのガスタービンは，牽引目的には適していない．他の内燃機関でのフラットなトルク特性の例を図中に破線で示す（一般の自動車用ガソリン・エンジンやディーゼル・エンジンが該当すると思われる）．

図 9.1 (b) のガス発生器 + 出力タービンの 2 軸式では，破線のフラットなトルク特性よりさらに良い低速でのトルク特性を示す．2 軸式の出力タービンの回転数 N_p に対する出力 W については，図 9.10 に示した．図 9.10 の説明で述べた通り，出力タービンの回転数の高い側では，回転数 N_p に対して出力 W の変化がそれほど大きくならない（トルク $T = W/(2\pi N_p)$ は，出力 W が変わらず回転数 N_p が下がれば増える）．これは，圧縮機の回転数一定では，出力タービンの回転数によらず，流量が基本的に一定になるからである．このように，出力タービンの回転数を落としても，ガス発生器は変わらない状態で運転を続けるのでトルクが増え，トルク特性は図 9.13 の (b) のようになる．ストール・トルク（回転数 0 でのトルク）が最大回転時のトルクの 2 倍から 3 倍になるのも，十分にあり得ることである．

負荷側へのトルクの伝達が効率良く行える回転数の範囲は，出力タービンの効率によって決まる．典型的なタービンの効率の変化を示した図 9.3（図 7.24）を見ると，回転数が概ね 50％〜100％の範囲なら，効率の低下は 5〜6％以内となっている．よって，回転数を最大回転数の 50％まで落とせば，効率良くトルクを増やすことが出来ることが分かる．一方，停止していた乗り物が発車する時など低回転の状態では効率は悪くなる．ガスタービンを乗り物のエンジンに使うとすると，単純な 2 段階のギアをつければ低回転での効率の悪さを解消できる場合も考えられるが，大型車両のエンジンに使うとすると，オートマチック・トランスミッション方式の 5 段から 6 段のギアが必要になると考えられる．

単軸式と 2 軸式のその他の差異については，10.5 節の過渡特性の所で述べる．

例題 9.2

図 9.1 (b) のようなガス発生器＋出力タービンの構成のガスタービンを考える．設計点のデータは以下の通りとする．

空気流量	30 kg/s
圧縮機の圧力比	6.0
圧縮機の等エントロピ効率	0.84
ガス発生器タービン入口温度	1200 K
タービン（両方）の等エントロピ効率	0.87
燃焼器の全圧損失	0.20 bar
機械効率	0.99
外気条件	1.01 bar, 288 K

ただし，機械効率は，ガス発生器内のタービンと圧縮機の間，および，出力タービンと負荷の間のどちらの仕事の伝達に関しても 0.99 とする．

設計点での出力と，2 つのタービンの無次元流量 $m\sqrt{T_{03}}/p_{03}$, $m\sqrt{T_{04}}/p_{04}$ を求める．続いて，このガスタービンが外気温度 268 K において，同じ回転数 N で運転された場合のタービン入口温度，圧力比，出力を求める．ただし，

(a) 燃焼器の全圧損失は 0.20 bar のまま変化しない．
(b) 2 つのタービンは，設計点での無次元流量でどちらもチョークしているとする．
(c) 268 K で設計回転数 N の時の圧縮機の無次元回転数 $N/\sqrt{T_{01}}$ では，圧縮機の特性線は垂直になり，無次元流量は設計点より 5% 大きい（図 9.2 参照）．
(d) 無次元回転数 $N/\sqrt{T_{01}}$ ($T_{01}=268$ K) での圧縮機の圧力比と効率の関係は下記の表の通り．

$$
\begin{array}{|c|c|c|c|c|}
\hline
p_{02}/p_{01} & 6.0 & 6.2 & 6.4 & 6.6 \\
\hline
\eta_c & 0.837 & 0.843 & 0.845 & 0.840 \\
\hline
\end{array}
\tag{9.11.1}
$$

設計点での計算は単純であるから，主な結果のみ記す．

　ガス発生器のタービン

圧力比	2.371	
入口圧力	5.86 bar	
全温下降量	203 K	

出力タービン

圧力比	2.447
入口圧力	2.47 bar
全温下降量	173.9 K
入口温度	997 K

出力は，$30 \times 1.148 \times 173.9 \times 0.99 = 5930$ kW となる．また，設計点での2つのタービンの無次元流量は，それぞれ，

$$\frac{m\sqrt{T_{03}}}{p_{03}} = \frac{30 \times \sqrt{1200}}{5.86} = 177.3, \quad \frac{m\sqrt{T_{04}}}{p_{04}} = \frac{30 \times \sqrt{997}}{2.47} = 383.4 \tag{9.11.2}$$

となる．

外気温 268 K での圧縮機の無次元流量は，設計点の 1.05 倍であるから

$$\frac{m\sqrt{T_{01}}}{p_{01}} = 1.05 \times \frac{30 \times \sqrt{288}}{1.01} = 529.3 \tag{9.11.3}$$

となる．出力タービンは無次元流量 $m\sqrt{T_{04}}/p_{04}$ で設計点と同様にチョークしており，また，ガス発生器側のタービンの効率は $\eta_t = 0.87$ で一定なので，図 9.8 で説明した通り，ガス発生器側のタービン圧力比 p_{03}/p_{04} も設計点での値 2.371 と変わらない．また，無次元流量も設計点と同じで $m\sqrt{T_{03}}/p_{03} = 177.3$ である．式（9.7.1）において，効率 η_t も圧力比 p_{03}/p_{04} も設計点と同じであるから，$\Delta T_{034}/T_{03}$ も設計点と同じになる．よって，上記の設計点の結果より，$\Delta T_{034}/T_{03} = 203/1200 = 0.169$ となる（ただし ΔT_{034} と T_{03} それぞれの値は設計点と異なる）．ガス発生器内の圧縮機とタービンの仕事のつり合いの式（9.6）より，圧縮機での全温上昇量 ΔT_{012} に関して，

$$\frac{\Delta T_{012}}{T_{01}} = \frac{\Delta T_{034}}{T_{03}} \times \frac{T_{03}}{T_{01}} \times \frac{c_{pg}\eta_m}{c_{pa}} = 0.169 \times \frac{1.148 \times 0.99}{1.005} \times \frac{T_{03}}{T_{01}} \tag{9.11.4}$$

が成り立つ．よって，

$$\frac{T_{03}}{T_{01}} = 5.23 \times \frac{\Delta T_{012}}{T_{01}} \tag{A}$$

となる．また，ガス発生器内で流量一定より，式（9.2）と同様に，

$$\frac{m\sqrt{T_{03}}}{p_{03}} = \frac{m\sqrt{T_{01}}}{p_{01}} \times \frac{p_{01}}{p_{03}} \times \sqrt{\frac{T_{03}}{T_{01}}}$$

$$177.3 = 529.3 \times \frac{p_{01}}{p_{03}} \times \sqrt{\frac{T_{03}}{T_{01}}}$$

$$\sqrt{\frac{T_{03}}{T_{01}}} = 0.335 \times \frac{p_{03}}{p_{01}} \tag{B}$$

となる．よって，表（9.11.1）に示す圧縮機の各作動点の中で，仕事のつり合いの式（A）と流量のつり合いの式（B）を両方満たすような点を探すことになる．具体的には，式（A）と式（B）で求めた T_{03}/T_{01} が一致する点を探す．式（A）については，$\Delta T_{012}/T_{01}$ は式（9.4）より直接求められる．式（B）においても，p_{03} は，p_{02} と燃焼器全圧損失より求められる．各圧縮機作動点での計算結果をまとめると次の表のようになる．

$\dfrac{p_{02}}{p_{01}}$	η_c	$\dfrac{\Delta T_{012}}{T_{01}}$	$\left(\dfrac{T_{03}}{T_{01}}\right)_A$	p_{02}	p_{03}	$\dfrac{p_{03}}{p_{01}}$	$\sqrt{\dfrac{T_{03}}{T_{01}}}$	$\left(\dfrac{T_{03}}{T_{01}}\right)_B$
6.0	0.837	0.799	4.18	6.06	5.86	5.80	1.943	3.78
6.2	0.843	0.812	4.25	6.26	6.06	6.00	2.010	4.05
6.4	0.845	0.828	4.33	6.46	6.26	6.20	2.078	4.32
6.6	0.840	0.851	4.45	6.66	6.46	6.40	2.144	4.60

$$\tag{9.11.5}$$

表より，圧力比 $p_{02}/p_{01}=6.4$ 付近で式（A）と式（B）での T_{03}/T_{01} の計算結果が一致しており，図に描いて厳密に交点を求めると，$p_{02}/p_{01}=6.41$，$T_{03}/T_{01}=4.34$ となる．また，入口温度 $T_{01}=T_a=268\,\mathrm{K}$ より，$T_{03}=1163\,\mathrm{K}$ となる．

出力タービンの状態は，ガス発生器の状態が決まれば簡単に求められる．出力タービンの入口の状態 (T_{04}, p_{04}) は，上記の表と，すでに求めたガス発生器のタービンの作動状態（$\Delta T_{034}/T_{03}=0.169$，$p_{03}/p_{04}=2.371$）より求められる．また，出口圧力が外気圧 $p_a=1.01\,\mathrm{bar}$ であることと，効率 0.87 に注意して式（9.10.1）を用いると，出力タービンの全温下降量は $\Delta T_{045}=180.0\,\mathrm{K}$ と求められる．質量流量 m については，式（9.11.3）で求めた圧縮機の無次元流量から，

$$m = \frac{m\sqrt{T_{01}}}{p_{01}} \times \frac{p_{01}}{\sqrt{T_{01}}} = 529.3 \times \frac{1.01}{\sqrt{268}} = 32.65\,\mathrm{kg/s} \tag{9.11.6}$$

と求められる．負荷側で得られる出力は，出力タービンの出力（式（9.10））に機械効率をかけて，

$$W = \eta_m m\, c_{pg}\, \Delta T_{045} = 0.99 \times 32.65 \times 1.148 \times 180.0 = 6680\,\text{kW}$$

と求められる．

この例では，実回転数一定でも，寒い日（268K：気温 −5℃）には，設計点の日（288K：気温15℃）に比べて，サイクル最高温度 T_{03} が1200 K から1163 K に下がるが，圧縮機の無次元回転数 $N/\sqrt{T_{01}}$ が上がるため，温度比 T_{03}/T_{01} は4.17 から4.34 に増えている．出力は，空気流量の増加と圧力比の上昇のため，5930 kW から 6680 kW に増えている（ただし，簡単な計算によれば，効率上昇分を差し引いても，燃料流量も増やす必要はあると思われる）．この結果が示す通り，気温が下がることにより，ガスタービンへ良い影響が出ることは明らかで，逆に，気温が高いと（圧縮機の無次元回転数が下がって流量が減ることなどにより），出力が出にくくなるという問題が生じる．航空用ターボジェット・エンジンへの外気温度の影響については9.5節の最後に述べる．

夏に高温になる地域での発電用ガスタービンは，年のおよそ4分の1の期間でのエアコン需要による非常に高いピーク電力に対応したものが多い．上記の例題で示した通り，圧縮機に入る空気を冷却してやると出力を上げることが出来るが，電力会社の方でも，ピーク電力に対応するには，より出力の高い大型ガスタービンを入れて残りの4分の3の期間，出力や効率を落として運転するより，入口空気を冷却して出力を上げる方が経済的であることが分かってきた．入口空気の冷却方法にはいくつかあるが，比較的湿度の低い地域では，空気を水分を含んだフィルタに通し，水の蒸発熱で空気を冷却する蒸発冷却器を使うことが出来る．ただし，この方法は，湿度の高い地域では，水が蒸発しにくいため効率が悪くなる．1990年代中ごろに導入された方式として，氷蓄熱方式（ice harvesting）という優れた方式がある．この方式では，主に夜間のオフ・ピークの時間帯に，電気を使って冷凍機を動かして大量の氷を作って貯めておく．そして，昼間の最大出力時に，氷を溶かして冷えた水を使って熱交換器でガスタービンの入口空気を冷却する．この方式は，経済性も優れていることが実証されており，低コストで出力を上げることが出来る（文献［1］）．ただし，氷蓄熱方式には，大

掛かりな氷貯蔵設備が必要になるため，1990年代の終わり頃に，ミスト冷却方式（噴霧冷却方式，fog cooling）が導入された．この方式では，水が200気圧程度にまで加圧されて，小さな噴射孔から細かな微粒子状の液滴となって噴霧され，それがガスタービンの入口空気に投入される．多量の水を非常に小さな液滴（5～10ミクロン）にして噴霧すると，表面積が大きくなって蒸発しやすくなり，入口空気を効率良く冷却できる．多湿の地域においては，この方式の方が上記の蒸発冷却器より明らかに優れており，液滴が蒸発しきれずに圧縮機に入ったとしても，質量流量の増加に寄与し，出力を上げる効果が期待できる（3.8節の水噴射による推力増強に似ているが，そこの解説によると，質量流量増加の影響は2次的で，むしろ，圧縮機内で蒸発して熱を奪うことによる中間冷却の効果の方が大きいようである）．ただし，液滴がガスタービン内に入る場合には，翼に不純物が堆積して圧縮機の効率が下がるのを防ぐため，ミネラル分を除去してから噴霧しなければならない．入口冷却の利点についてまとめたものとしては文献［2］が良い．

9.5　ジェット・エンジンの設計点外での作動

推進ノズルの特性

　ジェット・エンジンの推進ノズルに関しては3.2節で説明した．図9.1（c）のターボジェット・エンジンを考えるとき，ノズル出口の有効開口面積A_5は，第3章で述べた通り，設計点での計算によって一定値に定める（固定のCノズルとする）．ノズル出口面積A_5が一定値で固定されている場合は，設計点外での作動にも大きな影響を与える．ここでは，ノズルの特性を，タービンと同様にして，無次元流量$m\sqrt{T_{04}}/p_{04}$と圧力比p_{04}/p_5を用いて表す．3.2節と同様に，ノズル出口5での流速をC_5，有効開口面積をA_5，密度をρ_5とすると，流量は$m=\rho_5 A_5 C_5$になる．理想気体の状態方程式$p_5=\rho_5 R T_5$を用いると，ノズルの無次元流量は，

$$\frac{m\sqrt{T_{04}}}{p_{04}} = C_5 A_5 \rho_5 \frac{\sqrt{T_{04}}}{p_{04}} = \frac{C_5}{\sqrt{T_{04}}} \times \frac{A_5}{R} \times \frac{p_5}{p_{04}} \times \frac{T_{04}}{T_5} \tag{9.12}$$

と書ける．上式中の $C_5/\sqrt{T_{04}}$ に関しては，ノズル内で全温の変化がないこと ($T_{04}=T_{05}$) と，全温の定義式 (2.7) より，$T_{04}=T_{05}=T_5+C_5^2/2c_p$ が成り立つので，式 (3.12) において $T_{04}-T_5=C_5^2/2c_p$ となるから，

$$\frac{C_5^2}{T_{04}}=2c_p\eta_j\left[1-\left(\frac{1}{p_{04}/p_5}\right)^{(\gamma-1)/\gamma}\right] \tag{9.13}$$

と書ける．また，T_5/T_{04} に関しても，同様に，

$$\frac{T_5}{T_{04}}=1-\frac{T_{04}-T_5}{T_{04}}=1-\eta_j\left[1-\left(\frac{1}{p_{04}/p_5}\right)^{(\gamma-1)/\gamma}\right] \tag{9.14}$$

と書ける．ただし，η_j は式 (3.11.5) で定義するノズル効率である．これらより，ノズルの出口有効開口面積 A_5 とノズル効率 η_j が一定値で与えられる場合には，タービンと同様に無次元流量 $m\sqrt{T_{04}}/p_{04}$ は圧力比 p_{04}/p_5 のみの関数となることが分かる．ただし，3.2 節で述べた通り，ノズルが出口でチョークしない場合は，出口圧力は外気の静圧と等しくなるが，ノズル圧力比 p_{04}/p_a が式 (3.14) で示した臨界圧力比，

$$\frac{p_{04}}{p_c}=1\bigg/\left[1-\frac{1}{\eta_j}\left(\frac{\gamma-1}{\gamma+1}\right)\right]^{\gamma/(\gamma-1)} \tag{9.15}$$

を超えた場合には，ノズル出口の静圧 p_5 は臨界圧力 p_c までしか下がらず $p_5=p_c>p_a$ となり，図7.5 (b) に示すように，流れがノズルを出てからさらに減圧膨張して加速する．出口がチョークした場合は，それ以上入口全圧 p_{04} を上げたり，外気の静圧 p_a が下がったりしても，ノズル入口と出口の圧力比 p_{04}/p_5 は式 (9.15) で示す一定値となり変化しない．このため，ノズルの無次元流量 $m\sqrt{T_{04}}/p_{04}$ と圧力比 p_{04}/p_a の関係は，図9.14 に示す通りとなり，タービンの流量特性（図9.3や図9.8）とよく似たものとなる．

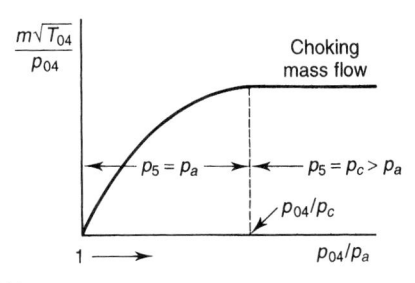

図 9.14 ノズルの流量特性

具体的に，チョーク時の無次元流量を計算してみる．式 (9.12) 中の T_5/T_{04} は，圧力比が臨界圧力比 p_{04}/p_c 以下の場合には式 (9.14) のように，圧力比 $p_{04}/p_5(=p_{04}/p_a)$ の関数となるが，臨界圧力比を超えて出口がチョークした場合には，式 (3.12.1) で $M_5=1$ となるため，式 (3.13) に示す通り，

$$\frac{T_c}{T_{04}} = \frac{2}{\gamma+1} \tag{9.16}$$

となる．ただし，チョーク時は $T_5=T_c$ である（もしくは $p_5=p_c$ として式 (9.15) を式 (9.14) に代入しても求められる）．一方，$C_5/\sqrt{T_{04}}$ も，同様に，臨界圧力比以下では式 (9.13) のように圧力比の関数になるが，臨界圧力比を超えて出口がチョークした場合には，次のようになる．まず，$T_{04}=T_{05}$ より $C_5/\sqrt{T_{04}}=C_5/\sqrt{T_{05}}$ となる．一般の関係式として，音速 $a=\sqrt{\gamma RT}$，流速 $C=a \times M$（M：マッハ数）で，式 (3.11) と同様に $T_0=T[1+(\gamma-1)M^2/2]$ が成り立つから，

$$\frac{C}{\sqrt{T_0}} = \frac{M\sqrt{\gamma R}}{\sqrt{\left(1+\dfrac{\gamma-1}{2}M^2\right)}} \tag{9.17}$$

となる．よって，出口でチョークしている（$M_5=1$）の場合には，

$$\frac{C_5^2}{T_{04}} = \frac{C_5^2}{T_{05}} = \frac{2\gamma R}{\gamma+1} \tag{9.18}$$

が成り立つ（もしくは $p_5=p_c$ として式 (9.15) を式 (9.13) に代入しても求められる）．式 (9.12) に式 (9.15)，(9.16)，(9.18) を代入すれば，出口でチョークした場合に相当する無次元流量の最大値（一定）が求められる．以降，主に，式 (9.15) と (9.18) を用いて，推力について考える．

ガス発生器とノズルのマッチング

上記の通り，ノズルとタービンの流量特性が相似であることから，ノズルも，出力タービンと同様な制約をガス発生器に課すことが分かる．よって，地上静止の状態で図 9.1 (c) のジェット・エンジンを運転する場合には，図 9.1 (b) の出力タービン付きの 2 軸式と作動状態に何ら変わりは無く，図 9.6 (b) の流れに沿って計算を進め，出力タービンの特性をノズルの特性に置き換えると作動線を求めることが出来る．よって，地上静止でのジェット・エンジンの代表的な作

動線も図9.7のようになると言える.

ただし，ジェット・エンジンは高速飛行を目的としたものであるから，作動線に与える機速（飛行機の速度）の影響を考慮する必要がある．機速は，マッハ数で表してマッチング計算に組み込むのが最も便利であり，必要に応じて外気温での音速をかけて機速に戻せば，次節で行う，流入運動量抵抗や推力の計算も問題なく行える.

機速がある場合には，ラム圧（$p_{01}-p_a$に相当，インテークで損失がなければ動圧に一致）が生じる．機速があると，ラム圧により圧縮機の入口全圧p_{01}が上がるため，圧縮機出口圧力p_{02}も上がるなど全体に圧力がかさ上げされ，ノズル入口圧力p_{04}も上がるため，ノズル圧力比p_{04}/p_aも上がることになる．ただし，ノズルがチョークしている場合には，上記の通り，ノズルの無次元流量は最大値で一定のままで，圧力比p_{04}/p_aによらないから，機速が変化してもノズルの無次元流量は変化しない．すると，タービンに関しても，流量はノズルの流量と合っていなければならないから，図9.8で示した通り，作動点は不変となり，タービンの作動点も機速によって変化しない．よって，ノズルがチョークしている場合には，圧縮機の作動線は機速にはよらない.

基本的に，どのジェット・エンジンでも，離陸，上昇，巡航時はノズルがチョークする．ノズルがチョークしないのは，エンジン推力がかなり下がった場合のみで，飛行機が着陸しようとしている時か，空港でタクシングしている時などだけになる．ただし，そのような低回転数の状態では，圧縮機の作動線がサージ・ラインに近いため，機速による作動線への影響を考慮しなければならない.

ノズルの圧力比は，

$$\frac{p_{04}}{p_a} = \frac{p_{04}}{p_{03}} \times \frac{p_{03}}{p_{02}} \times \frac{p_{02}}{p_{01}} \times \frac{p_{01}}{p_a} \tag{9.19}$$

となるが，地上用の出力タービンの圧力比の式（9.8）と比較すると，ラム圧力比p_{01}/p_aが新たにかけられている部分のみが異なる（地上静止の場合は$p_{01}=p_a$）．ラム圧力比は，式（3.10b）に示す通り，インテークの効率η_iと，飛行マッハ数M_aを用いて，

$$\frac{p_{01}}{p_a} = \left[1 + \eta_j \left(\frac{\gamma-1}{2}\right) M_a^2\right]^{\gamma/(\gamma-1)} \tag{9.20}$$

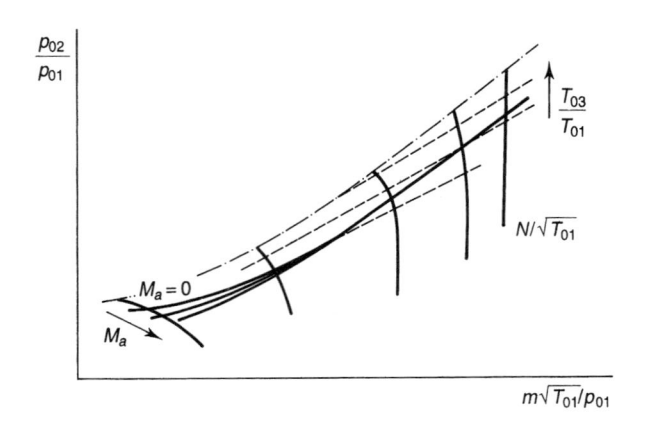

図 9.15 ターボジェット・エンジンの作動線

と表せる．ターボジェットの作動線の計算では，図 9.1 (b) の 2 軸式の計算フロー図 9.6 (b) において，式 (9.8) を式 (9.19-20) に置き換えるのみで，インテークの効率 η_i を一定とすると，影響は飛行マッハ数 M_a のみとなる．実際に計算して求めた各飛行マッハ数 M_a でのターボジェットの作動線を図 9.15 に示す．図より，低回転側では飛行マッハ数 M_a の影響があるが，高回転側では，ノズルがチョークするため 1 つの作動線にまとまっていることが分かる．飛行マッハ数 M_a が増えると，低回転では作動線が高流量側に動いてサージ・ラインから遠ざかっていることが分かる．これは，ラム圧により，圧縮機が低圧力比側にシフトされて，必要な流量の空気をノズルを通して押し出したためと考えられる（式 (9.19) を変形すると，

$$\frac{p_{04}}{p_a} \times \frac{p_{03}}{p_{04}} = \frac{p_{03}}{p_{02}} \times \frac{p_{02}}{p_{01}} \times \frac{p_{01}}{p_a}$$

となり，ノズル圧力比とタービン圧力比の積（左辺）は，燃焼器の全圧比 p_{03}/p_{02}，圧縮機の圧力比 p_{02}/p_{01}，および，流入空気の全静圧比 p_{01}/p_a の積（右辺）で決まっていることが分かる．今，所定の圧縮機圧力比 p_{02}/p_{01} での作動点を考えると，p_{03}/p_{02} は一定で，流入空気の全静圧比 p_{01}/p_a は飛行マッハ数 M_a によって増えるから，ノズル圧力比とタービン圧力比の積も飛行マッハ数 M_a によって増える．図 9.8 より，ノズルがチョークしない領域で，ノズルとタービン

の圧力比の積が増えるには，両方の圧力比が増えて作動点が高流量側にシフトする他はなく，この影響で，同じ圧力比 p_{02}/p_{01} での圧縮機の作動点も高流量側にシフトすると思われる）．

回転数，機速，高度による推力の変化

ジェット・エンジンの推力は，3.1 節で示した通り，ノズル出口でチョークせず，出口静圧 p_5 が外気の静圧 p_a に等しければ，単純に，作動流体の運動量変化が推力になるので，$F=m(C_5-C_a)$ となる（C_a は機速）．一方，ノズルがチョークしていて，ノズル出口静圧 p_5 が外気の静圧 p_a より高い場合には，その差圧による推力が加算されるので，式（3.2）に示すより一般的な推力の式，

$$F=m(C_5-C_a)+(p_5-p_a)A_5 \tag{9.21}$$

となる．ジェット・エンジンの推力が，気圧と気温，機速，エンジンの回転数によってどのように変化するかについては，これまでと同様，マッチング計算を繰り返すことによって求められる．作動点の状態を求めるには，所定の飛行マッハ数 M_a と圧縮機の所定の無次元回転数 $N/\sqrt{T_{01}}$ に対して，ジェット・エンジン内の各状態を表す変数である，

$$\frac{p_{01}}{p_a},\ \frac{m\sqrt{T_{01}}}{p_{01}},\ \frac{p_{02}}{p_{01}},\ \frac{T_{03}}{T_{01}},\ \frac{T_{04}}{T_{03}},\ \frac{p_{03}}{p_{04}}\ \text{and}\ \frac{p_{04}}{p_a} \tag{9.21.1}$$

を求める必要がある．推力についても，式（9.21）から，これらの変数を用いて，

$$\frac{F}{p_a}=\frac{m\sqrt{T_{01}}}{p_{01}}\frac{p_{01}}{p_a}\left[\frac{C_5}{\sqrt{T_{04}}}\sqrt{\left(\frac{T_{04}}{T_{03}}\times\frac{T_{03}}{T_{01}}\right)}-\frac{C_a}{\sqrt{T_{01}}}\right]+\left(\frac{p_5}{p_a}-1\right)A_5 \tag{9.22}$$

と表せる．推力は力の次元を持つので，エンジン入口径 D を用いて $F/(p_aD^2)$ とすると無次元になるが，所定のエンジンでの回転数や機速，高度による性能変化を考える際には，サイズを表すパラメータは不要なため省略している．1 つ 1 つ見ていくと，$C_a/\sqrt{T_{01}}$ に関しては，一般的な式（9.17）より，

$$\frac{C_a}{\sqrt{T_{01}}}=\frac{C_a}{\sqrt{T_{0a}}}=\frac{M_a\sqrt{\gamma R}}{\sqrt{\left(1+\frac{\gamma-1}{2}M_a^2\right)}} \tag{9.22.1}$$

と表せる．また，$C_5/\sqrt{T_{04}}$ は，ノズルがチョークしていない場合には，式

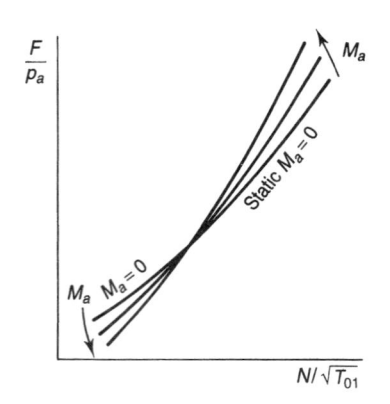

図9.16 ターボジェット・エンジンの推力

(9.13) で $p_5 = p_a$ とすればよく，チョークしている場合には式 (9.18) から求められる．また，p_5/p_a については，ノズルがチョークしていない時は $p_5/p_a = 1$ で，圧力による推力が無くなるが，チョークしている場合は，

$$\frac{p_5}{p_a} = \frac{p_5}{p_{04}} \times \frac{p_{04}}{p_a} = \frac{p_c}{p_{04}} \times \frac{p_{04}}{p_a} \tag{9.22.2}$$

より求めることになる．ただし，p_{04}/p_c は式 (9.15) に示す臨界圧力比で，燃焼ガスの比熱比 γ とノズルの効率 η_j だけで決まる．一方，p_{04}/p_a は式 (9.19) に示す通りで，他の圧力比とリンクしている．

以上により，推力 F/p_a は，圧縮機の無次元回転数 $N/\sqrt{T_{01}}$ と飛行マッハ数 M_a によって決まることがわかったが，典型的なジェット・エンジンの推力を飛行マッハ数をパラメータとして示すと図9.16のようになる．横軸に関しては，無次元回転数 $N/\sqrt{T_{01}}$ とせず，外気の静温 T_a を用いて，$N/\sqrt{T_a}$ とすることもできるが，両者の関係は，

$$\frac{N}{\sqrt{T_a}} = \frac{N}{\sqrt{T_{01}}} \times \sqrt{\frac{T_{01}}{T_a}}, \quad \frac{T_{01}}{T_a} = 1 + \frac{\gamma-1}{2} M_a^2 \tag{9.22.3}$$

となる．圧縮機の作動線は，図9.15に示した通り，ノズルがチョークしている場合には1本の線として表せたが，推力に関しては，ノズルがチョークする回転数でも，飛行マッハ数 M_a によって変化することが分かる．

エンジン回転数の性能への影響については，無次元回転数 $N/\sqrt{T_{01}}$ を用いる

とうまく表せるが，回転数の制限値は，実際には，タービンにかかる応力から決まるため，実回転数 N を調速機（governor）で制御しなければならない．また，エンジンの推力は回転数によって大きく変わるので，回転数を正確にコントロールしなければならない．例えば，離陸時に回転数が所定より小さく設定されていると，離陸推力が十分出ないことになる．また，回転数が制限値を超えて過回転の状態になると，遠心応力が回転数の2乗に比例して過大になるのみならず，タービン入口温度も急激に高くなる．図 9.15 に示す T_{03}/T_{01} の等値線を見ると，回転数が上がって作動線上の作動点が右に寄ると，T_{03}/T_{01} が上がることが分かる．典型的な例で言えば，回転数が制限値より 2% 大きくなると，タービン入口温度 T_{03} は 50 K 程度上昇する．動翼の寿命はクリープで決まるので，高回転で運転する時間については厳しく管理されている．最大回転数での運転は，通常は 5 分以内に限られ，離陸時に使われる．上昇時は，燃料流量が少し絞られるため回転数も少し低めであり，30 分程度運転される．巡航時は，さらに燃料流量，回転数共に低く，特に時間制限無く運転しても応力，温度，共に問題ない範囲となっている．下の表には，低圧力比の単純ターボジェット・エンジンである Rolls Royce 社 Viper 20 エンジンの地上静止状態での推力変化を示すが，回転数が定格から少し下がると推力が急減することが分かる．

	回転数 [% $N_{\max}$]	推力 [kN]	SFC [kg/kN/h]
Take-off (5 min)	100	13.35	100.4
Climb (30 min)	98	12.30	98.2
Cruise	95	10.90	95.1

(9.22.4)

気温の離陸推力への影響は非常に重要である．今，エンジンが，実回転数 N の最大値を保って運転されているとする．この時，気温 T_a が上昇したとすると，無次元回転数 $N/\sqrt{T_a}$ は下がる．また，同時に全温 T_{01} も同じだけ上昇するので，$N/\sqrt{T_{01}}$ も下がる．すると，図 9.15 に示す圧縮機作動線上の作動点が左に寄り，圧縮機の無次元流量 $m\sqrt{T_{01}}/p_{01}$，圧力比 p_{02}/p_{01} 共に小さくなる．これらはどれも，気温 T_a 一定で，実回転数 N を下げたことと同等である．また，気温 T_a が上がった場合は，実流量は $m = m\sqrt{T_{01}}/p_{01}/(\sqrt{T_{01}}/p_{01})$ より，作動点の移動で無次元流量 $m\sqrt{T_{01}}/p_{01}$ が小さくなるのに加えて，さらに直接 $\sqrt{T_{01}}$ に反比

例して少なくなる．これらの結果，気温が上がると，かなり推力が落ちるということは良く知られた事実である．ただし，気温上昇の影響はこれだけに留まらない．実回転数 N 一定で気温が上がると，上記の通り，圧縮機の作動点が左にずれるのに伴って，温度比 T_{03}/T_{01} も下がる（図9.15参照）．タービン入口温度は $T_{03}=(T_{03}/T_{01})T_{01}$ と表せ，一般には，T_{03}/T_{01} の減少より T_{01} の増加の効果の方が上回るため，実回転数 N 一定で気温 T_a が上がると，タービン入口温度 T_{03} も上昇する．このため，気温の高い日には，タービン入口温度が制限値を上回る可能性がある．これを避けるためには，実回転数 N も下げてさらに $N/\sqrt{T_{01}}$ が下がるようにする必要があり，そうすると推力も落ちることになる．

次に，気圧 p_a の影響について考える．気圧 p_a だけが変化した場合には，(9.21.1) の変数，および，式 (9.22) の右辺のどれにも変化がなく，圧縮機やタービンの作動点も変化しない（p_a や p_{01} は変化するが，p_{01}/p_a についてはマッハ数とインテーク効率の関数（式 (9.20)）であり，p_a にはよらない．p_{04}/p_a や p_5/p_a も同様）．よって，式 (9.22) の右辺（$=F/p_a$）は p_a に寄らず一定になるから，推力は気圧 p_a に比例して下がることが分かる．これは，気圧が下がると比例して空気の密度が下がり，質量流量 m も比例して下がるためと言える．高度が上がると，第3章末の標準大気表に示した通り，気圧，気温共に下がるが，気温は高度11000 m 以上では一定になっている．上記の考察より，実回転数一定で高度を上げると，気温が下がることで推力が上がり，気圧が下がることで推力が下がるが，気圧の影響は1次のオーダ（比例）で推力に効くため気圧の影響の方が勝り，図3.14で示した通り，推力は高度が上がると下がる．高地にある空港では，気圧の影響で離陸性能が厳しくなる場合があり，ペイロード満載の場合には，海抜0 m 付近の空港に比べると，かなり長い滑走路が必要になる可能性がある．そのような高地の空港として，よく知られた例としては，デンバー，ヨハネスブルグ，メキシコ・シティなどが挙げられる．

回転数，機速，高度による燃料消費量や燃料消費率の変化

ジェット・エンジンの燃料消費量と，付随する燃料タンク容量は，航空機の航続距離を左右する値であり，燃料消費率 SFC（単位推力あたりの燃料流量）はジェット・エンジンの経済性を示す便利な指標と言える．これまでの説明によ

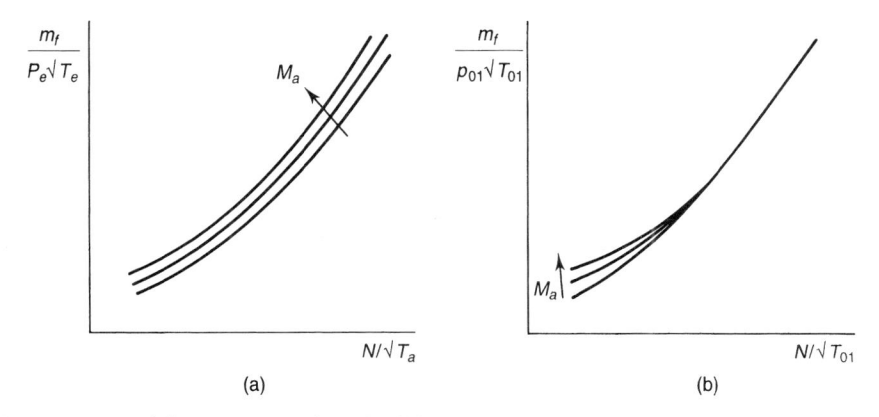

9.5 ジェット・エンジンの設計点外での作動   591

図9.17 ターボジェット・エンジンの燃料消費量

り，燃料消費量，燃料消費率 SFC 共に，圧縮機の無次元回転数 $N/\sqrt{T_{01}}$ と飛行マッハ数 M_a（もしくは $N/\sqrt{T_a}$ と M_a）によって変化することは明らかで，これらが与えられれば，図9.15の圧縮機の作動点が定まり，圧縮機やタービンの無次元流量や圧力比，温度比は決まる．また，燃焼効率は一定値として与えるとする．燃料消費量（燃料流量 m_f）は，空気流量 m と，燃焼器入口全温 T_{02} と燃焼器前後の全温上昇量 $T_{03}-T_{02}$ から図2.17を使って燃空比 f を求めて，$m_f = m \times f$ より求める．全温の比率や無次元流量 $m\sqrt{T_{01}}/p_{01}$ は作動点から決まるが，全温 T_{02} や T_{03}，空気流量 m の具体的な値を求めるには，気温 T_a，気圧 p_a と飛行マッハ数 M_a から式（9.20）や式（9.22.3）を使って全温 T_{01} と全圧 p_{01} を求める必要がある．これらにより，燃料流量 m_f は，$N/\sqrt{T_a}$，M_a，p_a，T_a の関数になることが分かる（インテーク・ノズル効率や燃焼効率等は一定値として省略）．ここで，無次元燃料流量 $m_f Q_{net,p}/(D^2 p_a \sqrt{T_a})$ を定義すると，基本的には，この無次元燃料流量は外気の条件（T_a, p_a）によらない（上記で実回転数 N を固定した時のような，作動線上の作動点の移動による変化などは除く）．$Q_{net,p}$ は燃料の低位発熱量である（式（2.23.6-7）参照）．ただし，エンジンや燃料を変えずに，回転数や飛行マッハ数の影響を見る目的では，D や $Q_{net,p}$ は消去して，$m_f/(p_a\sqrt{T_a})$ を用いても問題ない．図9.17（a）には，この無次元燃料流量 $m_f/(p_a\sqrt{T_a})$ の無次元回転数 $N/\sqrt{T_a}$ に対する変化を，飛行マッハ数 M_a をパラメータとして示す．また，これまでと同様に p_{01} と T_{01} を用いて，無次元燃料流量

$m_f/(p_{01}\sqrt{T_{01}})$ を $N/\sqrt{T_{01}}$ の関数として示すと右図のようになり，ノズルがチョークしている領域では，マッハ数によらない 1 本の曲線となる（まず，右の図 9.17（b）から考えた方が分かり易い．燃料流量 m_f と温度上昇 $(T_{03}-T_{02})$ の関係は，正確には熱バランスの式（2.23.3）から決めなければいけないため，図 2.17 のような表が必要になるが，大雑把に言えば，燃焼器で与える熱は $Q = Q_{net,p} \times m_f = m\, c_p(T_{03}-T_{02})$ としてもよいだろう．ノズルがチョークしている高回転側では，図 9.15 で示した通り，各回転数 $N/\sqrt{T_{01}}$ での作動点はマッハ数によって変化しないから，無次元流量や圧力比，全温比などはマッハ数によらない．上式の m_f から，無次元燃料流量を求めると，

$$m_f/(p_{01}\sqrt{T_{01}}) = (m\sqrt{T_{01}}/p_{01}) \times (c_p/Q_{net,p}) \times (T_{02}/T_{01}) \times (T_{03}/T_{02}-1)$$

となり，右辺はすべて無次元流量，全温比，および物性値で表されているため，無次元燃料流量がマッハ数によらないことが分かる．また，チョークしない低流量側では，図 9.15 より，マッハ数 M_a が増えると，圧縮機の無次元流量 $m\sqrt{T_{01}}/p_{01}$ が大きく増える．一方，圧縮機の温度比 T_{02}/T_{01} については，次節図 9.21 で示すように，同じ無次元回転数 $N/\sqrt{T_{01}}$ 上では，圧力比 p_{02}/p_{01} が下がっても，効率が悪くなるため，あまり変化しない．このため，マッハ数 M_a が増えると，無次元燃料流量は増える．図 9.17（a）に関しては，これまでに示した T_a と T_{01}，p_a と p_{01} の関係を使って，図 9.17（b）をマッハ数に応じてシフトすると得られる）．

このように，推力の場合と比べて，無次元燃料流量の方がマッハ数に対する変化が小さめであるのは，推力には，空気流量や流入運動量抵抗といったマッハ数の影響を大きく受ける量が入っているが，無次元燃料流量の方は，影響がガス発生器の作動線のずれによるものであるからと言える．燃焼器の燃焼効率は，大半の作動条件では高い一定の値となるが，高高度では，燃焼器内の圧力が下がるため，燃焼効率が急減する場合がある．そのような場合には，図 9.17 のようなグラフでは，気圧 p_a が低い場合の燃料消費を過小評価する可能性がある．

燃料消費率は SFC $= m_f/F$（m_f：燃料流量，F：推力）より求められる．図 9.17（b）および関連の説明より，無次元燃料流量 $m_f/(p_{01}\sqrt{T_{01}})$ は，圧縮機の作動点（すなわち，飛行マッハ数 M_a と無次元回転数 $N/\sqrt{T_{01}}$）のみで決まり，気温 T_a や気圧 p_a によらないことが分かった．また，T_{01}/T_a や p_{01}/p_a も，インテ

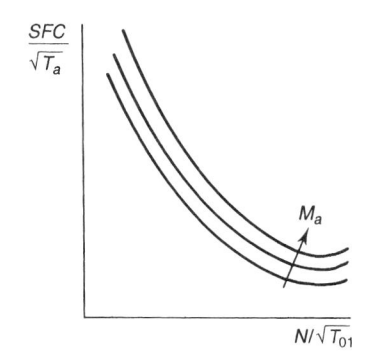

図 9.18 ターボジェット・エンジンの無次元 SFC の変化

ーク効率とマッハ数 M_a により表せるので，$m_f/(p_a\sqrt{T_a})$ も気温 T_a や気圧 p_a によらず，飛行マッハ数 M_a と無次元回転数 $N/\sqrt{T_{01}}$ のみで決まる．一方，推力 F に関しても，F/p_a は，気温 T_a や気圧 p_a によらず，飛行マッハ数 M_a と無次元回転数 $N/\sqrt{T_{01}}$ のみで決まることを示した．それらの比をとると，$[m_f/(p_a\sqrt{T_a})]/(F/p_a) = SFC/\sqrt{T_a}$ となり，この $SFC/\sqrt{T_a}$（無次元 SFC と呼ぶ）も，気温 T_a や気圧 p_a によらない．図 9.17 (a) の横軸を $N/\sqrt{T_{01}}$ に修正し，図 9.16 と比較すると，図 9.18 のような無次元 SFC を表すグラフができる．マッハ数 M_a と無次元回転数 $N/\sqrt{T_{01}}$ を固定して考えると，$SFC/\sqrt{T_a}$ は一定値になるから，SFC は $\sqrt{T_a}$ のみの関数で，気圧 p_a によっては変化しないことが分かる．高度が上がると，気温 T_a が下がるので，SFC も下がるが，気圧 p_a による影響がないため，推力 F のような大きな変化は無い（図 3.14 参照）．図 9.18 に示す通り，SFC はマッハ数 M_a と共に増加する．高回転側の推力は，図 3.14 左図のように，マッハ数を 0 から増やしていくと，最初は流入運動量抵抗の影響で少し下がるが，そのうち増えてくる．一方，無次元燃料流量については，図 9.17 に示すとおり，チョークする高回転側では $m_f/(p_{01}\sqrt{T_{01}})$ はマッハ数によらないが，チョークしない低回転ではマッハ数により増える．$m_f/(p_a\sqrt{T_a})$ の場合は，マッハ数が上がると常に増える．

9.6 作動線を動かす方法

先に述べた通り，圧縮機の作動線がサージ・ラインと交わっている場合には，その部分で何らかの対策を取らない限り，エンジンの出力を，作動線に沿って最大出力まで上げることが出来ない．また，次節で示す通り，作動線がサージ・ラインと交わっていなくてもかなり接近している場合には，エンジンを急加速するとサージに入る可能性がある．

最近の圧縮機の傾向を見ると，サージは主に回転数が低い領域で起こり，高回転ではあまり問題が起こっていない．また，多くの高性能軸流圧縮機では，図9.19に示すように，サージ・ラインが途中で折れ曲がるキンクが見られる．図には，破線で示したサージ・ラインに比較的近い作動線が，低回転のキンクの部分で，サージ・ラインと交わっている様子も示されている．そのまま運転してサージに入ってしまうのを避けるには，実線で示すように，局所的に作動線を下げて危険な部分を避けるようにする必要がある．

一般的な方法の1つとしては，圧縮機の中間段で空気の一部を放出する放風（blow-off）がある．放風では，タービンから得た仕事の一部を無駄に捨てるこ

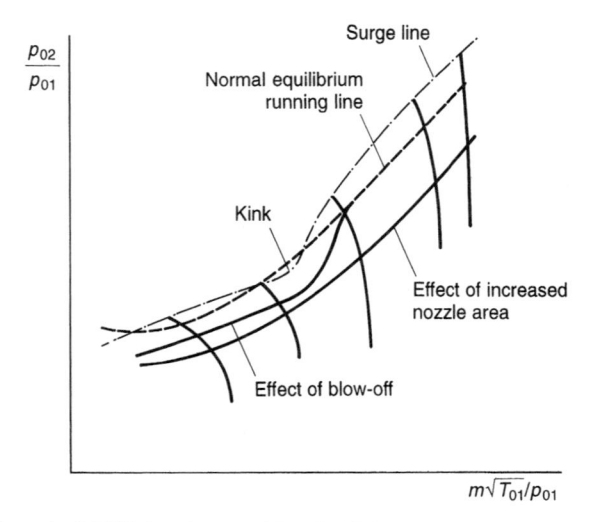

図9.19 放風やノズル面積拡大によるサージ回避の効果

とになるため，作動線上の特定の部分に限って行うようにしなければならない．また，図3.21のようにエンジンがナセル内に入っていて，エンジンの回りのスペースが十分でなく，スペースを割いて放風を行うのが難しい場合もある．放風以外の方法としては，ジェット・エンジンでは，ノズルを可変形状にする方法があり，次章で示す通り，可変ノズルには，低回転でのサージを避ける以外の別の利点もある．

ノズルの開口面積を増やすと，図9.19に示す通り，同じ回転数では作動点が下がって圧力比が下がることになるが，これを説明するのには，図9.19で，回転数 $N/\sqrt{T_{01}}$ が最も大きく，回転数一定の特性線がほとんど垂直（すなわち，$m\sqrt{T_{01}}/p_{01}$ がほとんど一定）で，なおかつ，ノズルもタービンもチョークしている状態から考えるのが最も分かりやすい．ノズル出口面積を増やすと，その分，チョーク時の流量が増えるので，図9.8で説明したノズルとタービンの流量特性は，図9.20のようになる．この時，回転数 $N/\sqrt{T_{01}}$ 一定の特性線上の作動点の位置を示す圧縮機の圧力比は，タービンと圧縮機の流量 m が一致していることを示す式 (9.2) より，

$$\frac{p_{02}}{p_{01}} = \frac{m\sqrt{T_{01}}}{p_{01}} \times \frac{p_{02}}{p_{03}} \times \sqrt{\frac{T_{03}}{T_{01}}} \times \frac{p_{03}}{m\sqrt{T_{03}}} = K_1 \sqrt{\frac{T_{03}}{T_{01}}} \tag{9.23}$$

と表せる．ただし，今は，圧縮機の無次元流量 $m\sqrt{T_{01}}/p_{01}$ がほとんど一定になる回転数を考えており，また，燃焼器の全圧損失率から決まる p_{02}/p_{03} は一定と

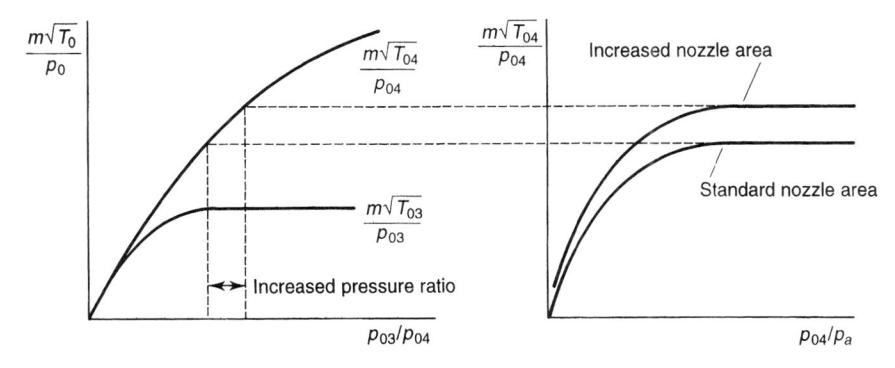

図9.20 ノズル開口面積拡大がタービン圧力比に与える影響

し，タービンはチョークしていて最大流量 $m\sqrt{T_{03}}/p_{03}$ は一定であるので，ノズル出口面積変更により右辺で変化するのは $\sqrt{T_{03}/T_{01}}$ だけであることが分かる．このため，変化しない部分をまとめて定数 K_1 として表記している．全温比 T_{03}/T_{01} については，圧縮機とタービンの仕事のつり合いの式 (9.6) より，

$$\frac{T_{03}}{T_{01}} = \frac{\Delta T_{012}}{T_{01}} \times \frac{T_{03}}{\Delta T_{034}} \times \frac{c_{pa}}{c_{pg}\eta_m} \tag{9.23.1}$$

と書ける．ここで，回転数 $N/\sqrt{T_{01}}$ 一定で，圧縮機の全温上昇率 $\Delta T_{012}/T_{01}$ がどのように変化するかを考える．これは，厳密には，式 (9.4) で求められる．圧縮機を駆動する仕事量（すなわち ΔT_{012}）に関しては，設計点付近から圧力比が下がると，その分，圧縮機を駆動する仕事量も少なくて済むが，効率も下がるのでその分は仕事が増えてしまう．よって，設計点から圧力比を下げていっても仕事量はそれほど下がらない．その様子を図 9.21 に示す．一点鎖線のサージ・ラインの近くを除くと，各回転数で，圧縮機の全温上昇率 $\Delta T_{012}/T_{01}$ はあまり大きく変化しないので，式 (9.23.1) でこれを定数と仮定すると，

$$\frac{T_{03}}{T_{01}} = \frac{K_2}{\Delta T_{034}/T_{03}} \tag{9.24}$$

となる．また，式 (9.23) と (9.24) より，

$$\frac{p_{02}}{p_{01}} = \frac{K_3}{\sqrt{\Delta T_{034}/T_{03}}} \tag{9.25}$$

と書ける．ただし，K_1, K_2, K_3 は，それぞれ異なる定数である．

ここで，図 9.20 に示すように，ノズル出口の有効開口面積を増やしてチョーク流量を上げると，タービンの圧力比 p_{03}/p_{04} が上昇するため，式 (9.3) より，タービンの全温下降率 $\Delta T_{034}/T_{03}$ も上昇する．よって，式 (9.25) より，圧縮機の圧力比 p_{02}/p_{01} が下がり，作動点が下がることが分かる．今，気温，気圧，飛行マッハ数などが変わらない条件で，ノズル出口面積変化の影響を考えると，p_{01}, T_{01} 共に一定で，無次元流量 $m\sqrt{T_{01}}/p_{01}$ も一定より，実流量 m は変わらない．また，$\Delta T_{012}/T_{01}$ もほぼ一定で，燃焼器入口温度 T_{02} も変化しない．一方，式 (9.24) より，ノズル出口面積を増やすと $\Delta T_{034}/T_{03}$ が増えて，T_{03}/T_{01} は下がるから，燃焼器出口温度 T_{03} は下がる．このため，回転数 $N/\sqrt{T_{01}}$ 一定で，ノズル出口面積が増えると，燃焼器での全温上昇量 $T_{03}-T_{01}$ は少なくなり，燃料

流量 m_f も小さくしなければならないことが分かる．仮に，ノズルを開いていって，燃料流量 m_f がそのままの場合には，回転数が上がることになる（第 10 章参照）．また，これまでの逆で，回転数 $N/\sqrt{T_{01}}$ を保ってノズルを閉じていけば，作動点が上がってサージ・ラインに近づいていく．

次に，同じ条件で，ノズルは固定とし，圧縮機からの抽気（上記で言う放風に相当）について考える．この場合，圧縮機入口 1 での流量 m_1 とタービン入口 3 での流量 m_3 が異なるため，式（9.23）は，

$$\frac{p_{02}}{p_{01}} = K_1 \sqrt{\frac{T_{03}}{T_{01}}} \times \frac{m_3}{m_1} \tag{9.26}$$

となる．また，ガス発生器の後ろのノズルが出口でチョークしているとすれば，図 9.20 からわかるように，圧縮機からの抽気/放風とは無関係に，ガス発生器のタービンの圧力比 p_{03}/p_{04} は一定値になる．よって，ガス発生器のタービンでの全温下降率 $\Delta T_{034}/T_{03}$ も一定であること，および，図 9.21 で示した通り，圧縮機での全温上昇率 $\Delta T_{012}/T_{01}$ も一定に注意すれば，式（9.23.1）は，

$$\frac{T_{03}}{T_{01}} = \frac{m_1}{m_3} \times \frac{\Delta T_{012}}{T_{01}} \times \frac{T_{03}}{\Delta T_{034}} \times \frac{c_{pa}}{c_{pg}\eta_m} = K_4 \frac{m_1}{m_3} \tag{9.27}$$

と書ける．ただし，K_4 は定数である．これらより，抽気による圧縮機の圧力比の変化は，別の定数 K_5 を用いて，

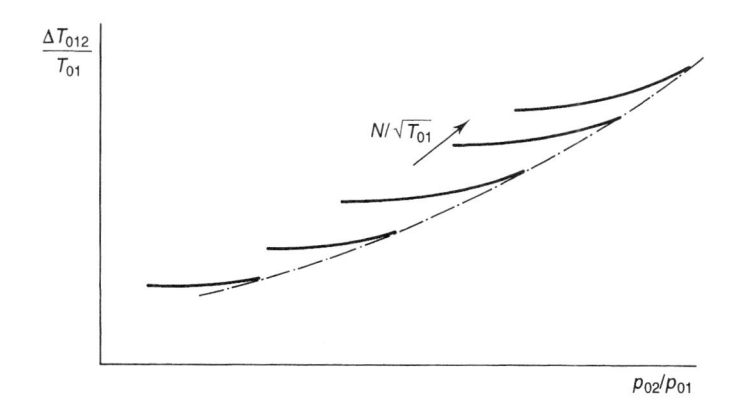

図 9.21　圧縮機の圧力比と全温上昇の関係

$$\frac{p_{02}}{p_{01}} = K_5 \sqrt{\frac{m_3}{m_1}} \tag{9.28}$$

と書ける．

圧縮機で抽気を行えば，m_3 は m_1 より必ず少なくなるため，圧力比が下がり，作動点が下に来ることが分かる．また，式（9.27）より，抽気の場合には，タービン入口温度 T_{03} は上がることが分かる．これは，抽気により，タービンに流れる流量が減るものの，圧縮機を駆動する仕事量は変わらないため，より大きな全温下降量 ΔT_{034} が必要になるが，後ろのノズルにより作動点が固定されていて $\Delta T_{034}/T_{03}$ の比率は変えられないため，T_{03} を大きくして ΔT_{034} を上げる必要があるためと考えられる．

抽気とノズル面積を増やすことは，物理的に見れば，どちらも，流量の制約を緩めることで，圧縮機が，同じ回転数でも，より低い圧力比で運転できるようにすることであると解釈できる．

9.7 全圧損失の変化の影響の組み込み

インテークや排気ダクトの大きさは，主として最大流量が流れる最大出力時の全圧損失を少なくしたいという要請から決まってくるが，ある程度コンパクトにする必要もあるので，両者のバランスが取れた設計にしなければならない．また，その設計は，どのように使われるかによっても大きく変わってくる．熱サイクルの計算を行うと分かるが，全圧損失 Δp_0 の影響度合は，その損失が発生している場所の全圧 p_0 に依存し，$\Delta p_0/p_0$ で決まってくるので，基本的には，どの場所の全圧損失も $\Delta p_0/p_0$ を出来るだけ低くするようにしなければならない．定置式ガスタービンのインテークや排気ダクトでは，基本的に流れの全圧は大気圧と等しく低いため，全圧の高い燃焼器や，圧縮機出口空気が流れる熱交換器の空気側と比べると，同じ量の全圧損失でも影響が大きい．典型的な例で言えば，2.5 cm の水柱に相当する全圧損失（0.0025 bar 程度）により，出力が1％減る．

インテークや排気ダクトの大きさが決まれば，そこを流れる流速が分かるので，より正確な非設計点でのマッチング計算に必要な作動点による全圧損失の変化を表す式が求められる．定置式ガスタービンのインテークや排気ダクト内の流

れは，音速より十分遅く，非圧縮性として問題ないから，全圧損失 Δp_0 は流れの動圧 $\rho C^2/2$ に比例する．ここで，第6章で用いた式（6.2）と同様にすると，

$$\frac{\Delta p_0}{p_0} \propto \left(\frac{m\sqrt{T_0}}{p_0}\right)^2 \tag{9.28.1}$$

のような無次元形式の式が得られる．よって，設計点での全圧損失率を $(\Delta p_0/p_0)_D$，無次元流量を $(m\sqrt{T_0}/p_0)_D$ とすると，非設計点での全圧損失率は，

$$\frac{\Delta p_0}{p_0} = \left(\frac{\Delta p_0}{p_0}\right)_D \left[\left(\frac{m\sqrt{T_0}}{p_0}\right) \Big/ \left(\frac{m\sqrt{T_0}}{p_0}\right)_D\right]^2 \tag{9.29}$$

となる．これまでの計算で一定としていた燃焼器での全圧比 p_{03}/p_{02} についても，式（9.29）を用いて $\Delta p_b/p_{02}$ を求めて，

$$\frac{p_{03}}{p_{02}} = 1 - \frac{\Delta p_b}{p_{02}} \tag{9.29.1}$$

とすれば，作動点に合った値にすることが可能である．

　燃焼器の全圧損失に関しては，インテークや排気ダクトと同様な摩擦損失に加えて，流れの加熱に伴う損失があるため，全圧損失と動圧の割合を一定とせず，式（6.1）で表すこともできる．この場合には，式（6.1）と（6.2）より，

$$\frac{\Delta p_b}{p_{02}} \propto \left(\frac{m\sqrt{T_{02}}}{p_{02}}\right)^2 \left[K_1 + K_2\left(\frac{T_{03}}{T_{01}} - 1\right)\right] \tag{9.29.2}$$

となる．ただし，このようにしても，第6章で述べた通り，通常の燃焼器では，流れの加熱に伴う損失は摩擦損失に比べて小さいため，あまり大きな効果は期待できない．

9.8　補機駆動動力の抽出

　ガスタービンでは燃料ポンプ，潤滑油ポンプ，油圧ポンプなどの補機類を駆動するための動力も供給しなければならない．その動力は，通常は，図9.1（b）のような出力タービン付の2軸式やジェット・エンジンの場合はガス発生器の回転軸から取り，単軸式の軸出力ガスタービンでは，その主回転軸から取り出す．産業用ガスタービンの場合には，補機類は本体の脇の台に置かれていて，メンテナンスし易くなっているが，航空エンジンの場合には，エンジン内に搭載する必

9 ガスタービンの性能計算—基礎編—

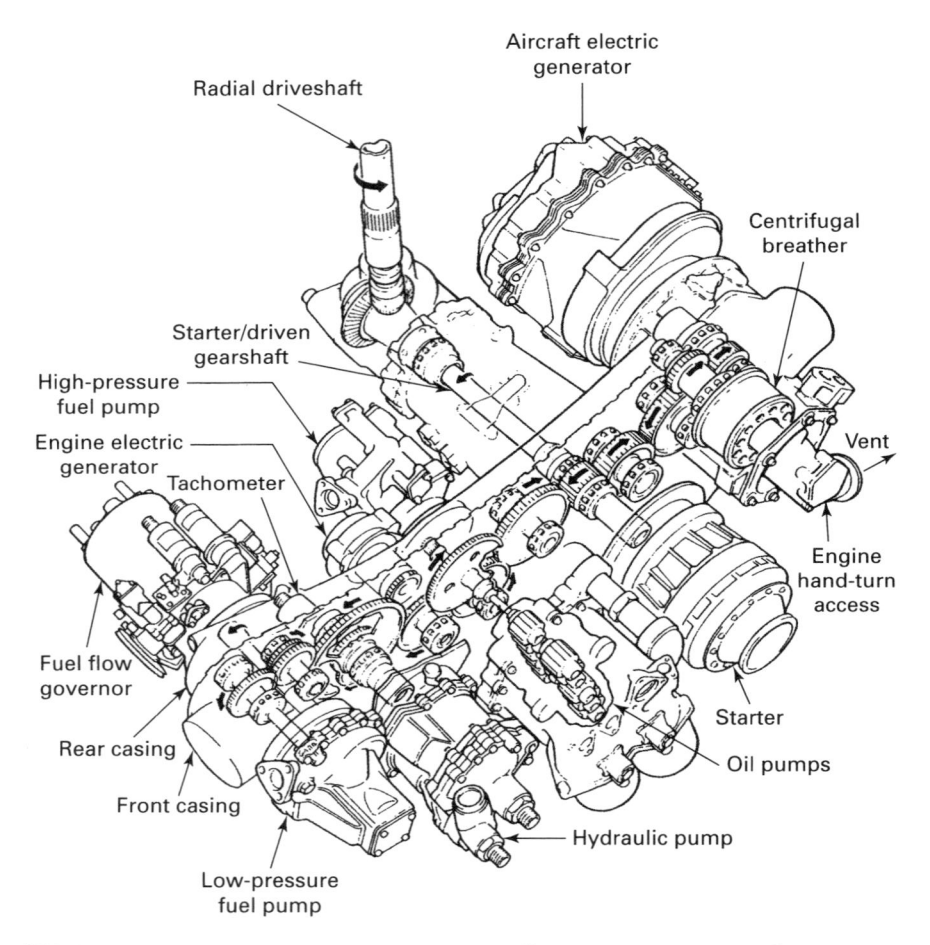

図 9.22 An external gearbox and accessory units [courtesy Rolls-Royce plc]

要があり，エンジン全体の正面面積が補機によって大きくならないよう配慮する必要がある．

補機駆動動力を抽出する場合には，仕事のつり合いの式は，

　　タービン出力＝圧縮機駆動動力＋補機駆動動力

となる（ガス発生器の場合）．補機駆動動力を抽出すると，所定の圧縮機回転数において，タービン出力を増やす必要があるため，燃料流量の追加と，それに伴

うタービン入口温度の上昇，および，圧縮機作動点のサージ側への移動が起こる．また，航空エンジンの場合には，機体側で必要な発電機や油圧ポンプの動力も供給する必要があり，それらの動力に関しては，航空機が下降している時など，エンジンの出力が下がっている場合にも変わらず一定のレベルを保つ必要がある．よって，補機駆動動力の抽出は，エンジンの作動領域全体に渡って作動線をサージ側へシフトさせることになる．このため，サージ・マージンを考える際には，必ず補機駆動動力も含めて考えなければならない．図 9.22 には，典型的な航空エンジン用ギア・ボックスと補機類を示す．図の上向き（径方向）に伸びた Radial driveshaft は（Starter によって）かさ歯車を介して駆動され，始動時にエンジン主軸を駆動する．また図に示す通り，一連の外部歯車類は全体として弓なりにつながる三日月型となっていて，エンジンのケーシングにうまく取り付けられるようになっている．

10 ガスタービンの性能計算—応用編—

　中間冷却，熱交換器，再熱などを含む複雑な構成のガスタービンの非設計点での性能評価は，単純な構成のものに比べると，どうしても煩雑になるが，第9章で述べた基本的な原理はどちらも変わらない．ガスタービンでは多種多様な構成が可能で，圧縮機が2軸までのものだけでも40通り以上の構成が可能である．文献 [1] では，各要素の特性を定式化した上で，それらを組み合わせてできる数多くの構成のガスタービンについて，部分負荷での性能や作動安定性を調べている．そのような計算が行われた結果，いくつかの構成のガスタービンについては，作動線がサージ・ラインと交わる領域があるため，検討対象から外すことができている．ただし，本章では，そのような包括的な検討は行わず，(a) 高圧力比の同心2軸ガスタービン，および，(b) ターボファン・エンジンという2つの実用的な対象を取り上げ，主に，それらの非設計点での性能を予測することに焦点を絞る．また，それらの前に，ガスタービンの部分負荷での性能を上げる方法についての考察を簡単に行う．

　本章の最後には，ガスタービンの回転系としての加減速の予測手法を含む過渡特性について説明する．ガスタービンの回転加速特性については，回転軸回りの慣性モーメント（極慣性モーメント）などの機械的な要因と，タービン翼が短時間耐えられる最高温度などの熱サイクル的な要因の両方によって決まるが，最終的に，回転加速度を制約するのは，作動線とサージ・ラインとの位置関係になる．よって，ガスタービンの過渡特性を調べたり，適切な制御システムを設計したりする前段階として，非設計点での作動特性について十分に理解することが重要である．

10.1 部分負荷での性能改善の手法

第 1 章において，ガスタービンを車両や船舶用に用いる場合には，低出力での運転時間の割合が多くなるため，部分負荷での性能が重要であることを述べた．車両や船舶へのガスタービン適用を目指して，当初は，中間冷却，熱交換器，再熱などを含む複雑なサイクルのガスタービンが研究されていた．図 10.1 はその一例で，図の右図に示すように，構成はかなり複雑になるが，左図に示す通り，部分負荷での燃料消費率がかなり下がるため問題ないとされていた（詳細は文献 [2,3] 参照）．しかし，これらのガスタービンは，車両用としても船舶用としても，実際には装置の複雑さがネックとなってうまくいっていない．ただ，一点挙げておくと，文献 [3] にある Ford 社の大型トラック用のガスタービン・エンジンは，非常にコンパクトながら出力 225 kW を実現している．ガスタービン単体で部分負荷の燃費を改善しようとすると装置が複雑になるという問題が生じたため，海軍関係では，第 1 章で説明したように，単純サイクルのガスタービンを他の種類のエンジンと組み合わせた CODOC，COSAG，COGOG などの構成のエンジンが使われるようになった．しかし，近年では，また，中間冷却＋再生（ICR：inter-cooled regenerative）のサイクルが復活し，部分負荷でも燃費の良

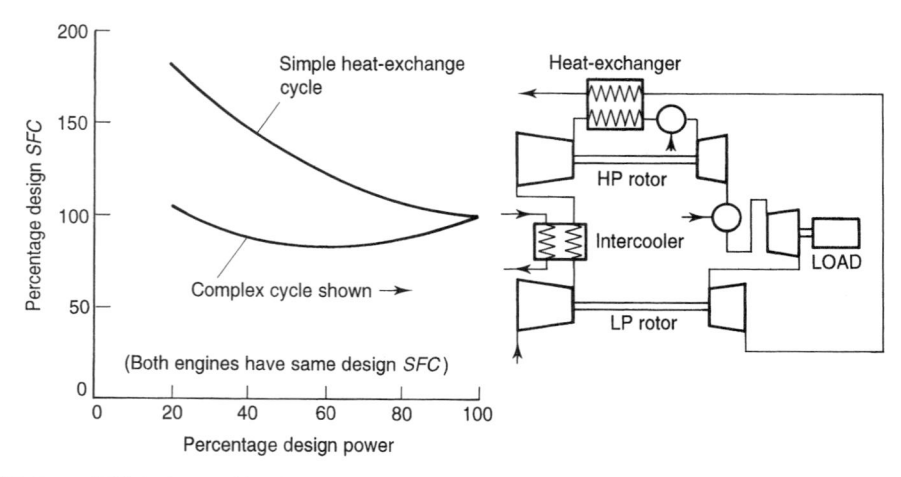

図 10.1 複雑サイクル（右図）と単純サイクルの部分負荷での燃焼消費率（SFC）の比較（文献 [3]）[Reprinted with permission from SAE paper 610021 ⓒ 1961 SAE International]

10.1 部分負荷での性能改善の手法 605

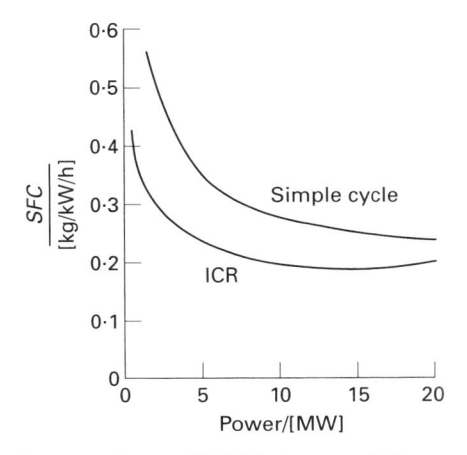

図 10.2 単純サイクルと ICR サイクルの燃料消費率 SFC の比較

い ICR の単体ガスタービンが，巡航用および推力増強用の他のガスタービンに取って代わりつつある．例えば，Rolls Royce 社の WR21 エンジンは，同心 2 軸式のガス発生器に，圧縮機間の中間冷却と，さらに熱交換器（再生）を加えた構成となっている．文献 [4] では，艦艇用エンジンとして使う場合の，ICR と単純サイクルのガスタービンの設計上の性能の比較がなされている．図 10.2 に示す通り，ICR の方が，単純サイクルよりすべての出力範囲で燃費が良く，特に低出力では燃費改善効果が大きいことが分かる．ICR では，設計点出力の 40% から 100% の範囲で SFC の曲線がフラットで，低負荷での SFC を改善することにより，燃料補給なしで航行できる距離や時間の延長が可能になると考えられる．

ガスタービン市場全体を見ると，大半が単純サイクルのガスタービンであるが，圧力比は着実に上がってきており，2000 年の段階で，産業用ガスタービンで圧力比 30，航空エンジンで圧力比 40 に達している．効率に関しても，コンバインド・サイクルによって総合効率 60%，単体でも効率 40% を達成しており，このような高圧力比のものに関しては，基本的に熱交換器が不要な段階に来ている．ただし，小型のガスタービンに関しては，Solar Mercury 社が 4 MW の熱交換器付きガスタービンで効率 40% 近くを達成しており，同程度の出力の他機種が効率 30% 程度であることから，小型高効率というニッチの市場での熱交換器の復活の可能性が生まれている．

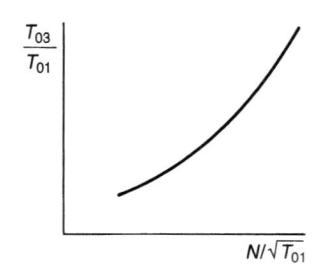

図 10.3 ガス発生器における圧縮機無次元回転数 $N/\sqrt{T_{01}}$ と全温比 T_{03}/T_{01} の関係

　熱交換器付きガスタービンの部分負荷での性能計算には，作動状態による熱交換効率の変化を組み込む必要が生じる．熱交換効率については（式 (2.22) の定義式および関連の記述参照），熱伝達面の面積や熱交換器の形式（対向流型，直交型，並行流型など）によって決まる固定のパラメータと，高温流と低温流の熱容量や，それらの間の熱伝達率など，エンジンの作動状態によって変化するパラメータによって決まる．ガスタービンの熱交換器（や中間冷却器）の熱交換効率を見積もる方法については，文献 [5] に記載されており，ここでは，これ以上触れない．

　熱交換器をガスタービンに組み込むと，圧縮機出口とタービン入口の間の全圧損失が増え，タービン出口静圧は高くなる（高温ガスの熱交換器通過時の静圧低下のため）．熱交換器による追加の全圧損失により出力は低下するが，作動線への影響はほとんど無く，負荷が下がった場合の影響は熱交換器が無い場合と似たものになる．

　図 9.1 (b) に示すガス発生器+出力タービンの 2 軸式ガスタービンの圧縮機の作動線は図 9.7 に示した通りで，その中に全温比 T_{03}/T_{01} の等値線も書き込んであるが，作動線上で回転数 $N/\sqrt{T_{01}}$ が変化した場合の全温比 T_{03}/T_{01} の変化を分かりやすく示すと図 10.3 のようになる．第 2 章において，損失のあるガスタービンの熱効率は，タービン入口温度によって変化することを示したが，図 10.3 に示す通り，回転数が下がって出力が落ちると，タービン入口温度 T_{03} が急速に下がることが部分負荷での性能劣化の主要因であると言える．

　よって，ガスタービンの部分負荷での効率を改善するには，低出力時にタービン入口温度を上げる方法を見出さなければならない．車両用や船舶用などの部分

負荷が重要になるケースでは，図 9.1（b）に示す 2 軸式の構成が多いので，それに絞って考えると，出力タービンで可変静翼を用いれば，部分負荷でタービン入口温度を上げられる（一方，単軸の軸出力ガスタービンは，通常は，定回転・高出力の状態で運転されるが，コンバインド・サイクルやコジェネレーションとして使われる場合には，発電機の負荷が変動しても排気ガス温度一定で運転する必要があり，圧縮機入口に可変の IGV を付けて，回転数一定で空気流量の変動を許容するようにすることで，そのような運転が可能となっている）．

出力タービンの可変静翼

図 10.4 に示すように，タービン静翼の取り付け角を変えてやると，スロート（流れに垂直な流路断面積が最小になる場所）の有効流路断面積を増やしたり減らしたりすることが出来る．第 9 章で，図 9.1（b）のガス発生器＋出力タービンの 2 軸式ガスタービンと図 9.1（c）のジェット・エンジンは，出力タービンと推進ノズルが両方ともガス発生器の作動に同じ制約をかけるので，熱サイクル的には相似であることを繰り返し述べた．このことから分かるように，出力タービンの可変静翼は，ジェット・エンジンの可変ノズルと同じ効果がある．9.6 節より，ジェット・エンジンで可変ノズルを開くと，圧縮機の作動点がサージ・ラインから離れ，逆にノズルを閉じるとサージ・ラインに近づくことが分かった．同様に考えれば，図 9.7 の圧縮機の特性マップにおいて，出力タービン静翼のスロート面積を小さくすると，作動点がサージ・ラインに近づいて，ガス発生器タービン入口温度 T_{03}/T_{01} が上がると共に，図 9.2 や図 9.5 を見ると分かるよう

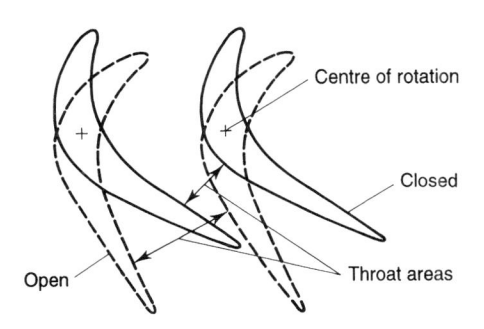

図 10.4　出力タービンの可変静翼

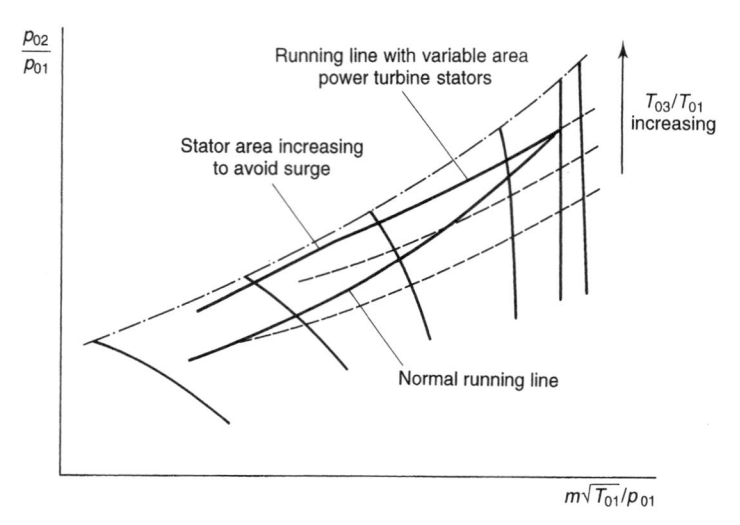

図 10.5 出力タービン静翼可変による作動線の調節

に，一定範囲では圧縮機の効率も上がることが分かる．これらは，どちらも部分負荷での燃費向上につながる．

具体的には，図 10.5 に示すように，低出力でも設計点でのガス発生器タービン入口温度 T_{03}/T_{01} が保たれるよう出力タービン静翼のスロート面積を調整しつつ，サージ・ラインと交わる領域では，サージに入らないよう少しスロートを広げるのが理想である．このように，ガス発生器タービン入口温度一定のまま回転数と出力を下げていくと，圧縮機を駆動する仕事が減るため，ガス発生器タービンでの全温低下が少なくなって出力タービン入口温度 T_{04} が上がり，出力タービン出口温度も上がる．よって，熱交換器を使う場合は，熱交換器に供給される排気ガス温度も高くなる．このようなことから，上記のようなモードでの運転は，出力タービンや熱交換器の耐用温度による制約を受ける可能性がある．また，可変静翼の出力タービンを使う場合には，一般に排気ガス温度が高くなるので，熱交換器との組み合わせが特に効果的である．

可変静翼によって静翼の取り付け角を変えると，当然のことながら出力タービンの効率に影響が出るが，うまく設計すれば，ガス発生器タービン入口温度を上げることによる効率向上効果の方が上回るようにすることが出来る．具体的に

は，可変静翼で，スロート面積の変化が ±20% 以内であれば，タービンの効率低下は許容範囲に収まるとされている（文献 [6] 参照）．また，出力タービンの可変静翼は，1000〜1100 K の高温状態にさらされる（ため可変機構の作動などへの懸念がある）が，実際には，それほど大きな問題は生じていないようである．また，静翼のスロート面積を一時的に増やせることは，始動時などガス発生器の回転数を上げる時にも役立つ．また，図10.4で，静翼をさらに大きく回して，反対向き（図の左向き）に燃焼ガスを流出させて動翼の背側に当てれば，大型車両では必須の強いエンジン・ブレーキとなる．

再燃式ガスタービン

ABB 社の再燃式ガスタービンは発電用の単軸ガスタービンで，主にコンバインド・サイクルで使われている．通常は，ベース・ロードの発電に使われているが，再燃式のため，出力を落とした運転にも柔軟に対応できるようになっている．設計点では，6 割の燃料が主燃焼器で燃やされ，残りの 4 割が再燃燃焼器（ABB 社の言う sequential combustor）で燃やされている（再燃式ガスタービンの構成図は図 1.6 参照，ただし，中間冷却や再生熱交換器は無視する）．出力を下げる際には，サイクル最高温度（高圧タービン入口温度）を一定に保つよう主燃焼器の燃料流量は一定に保ち，再燃燃焼器の燃料流量を下げて低圧タービン入口温度を下げることで対応する．図 10.6 には，出力による高圧タービン入口温

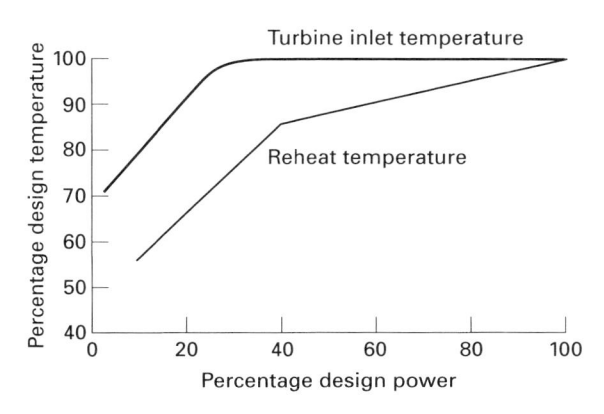

図 10.6　再熱式ガスタービンにおける部分負荷での温度変化

度 Turbine inlet temperature と，再燃後の低圧タービン入口温度 Reheat temperature の変化（文献 [7]）を示すが，このような方法で運転することにより，出力40％までの部分負荷での高効率を実現している．また，圧縮機には，可変の IGV および3段の可変静翼が備えられており，静翼の角度を調整して空気流量を変えることによって，出力40％までの範囲で排気ガス温度を一定に保つことができる．このため，ガスタービンの出力が下がっても，蒸気タービンは引き続き高効率で運転し続けることができるようになっている．

10.2 同心2軸ガスタービンのマッチング計算

図10.7に示すような同心2軸ガスタービンのマッチング計算も，基本は第9章に述べた方法と同じで，違うのは，高圧側と低圧側の間の流量を合わせることが新たに条件として加わることだけである．図に示す通り，高圧軸と低圧軸は，機械的に見れば分離しているが，流量のマッチングを取ることで2つの軸の回転数の比が決まるため，両者は，言わば，空力的に結合しているということになる．同心2軸ターボジェットを考える場合の各位置の番号は，図10.7に示す通りとし，低圧軸の回転数を N_L，高圧軸の回転数を N_H とする．派生型として，図の1～6をガス発生器とし，さらに別軸の出力タービンを付けて軸出力を得る場合には，推進ノズルに相当する6と7の間に出力タービンを置くことにする．

また，これまでと同様，タービンの圧力比―流量特性は回転数によらず1本の曲線で表せるとし，タービンの効率と燃焼器の全圧損失率も一定値とする．これらは，実際の状態の良い近似となっており，このように近似することで，物理現象の理解が容易になる．低圧軸，高圧軸，それぞれにおいてトルク伝達の機械効率（式 (2.22.1)）を η_{mL}, η_{mH} とし式 (9.5.9) と同様に，圧縮機とタービンの仕事量のマッチングを表す式を書くと，

$$\eta_{mL} m c_{pg} \Delta T_{056} = m c_{pa} \Delta T_{012} \tag{10.0.1}$$

および，

$$\eta_{mH} m c_{pg} \Delta T_{045} = m c_{pa} \Delta T_{023} \tag{10.0.2}$$

となる．流量のマッチングについては，低圧圧縮機，高圧圧縮機，高圧タービン，低圧タービンでの流量を合わせる他，低圧タービンとノズル（もしくは出力

10.2 同心2軸ガスタービンのマッチング計算　611

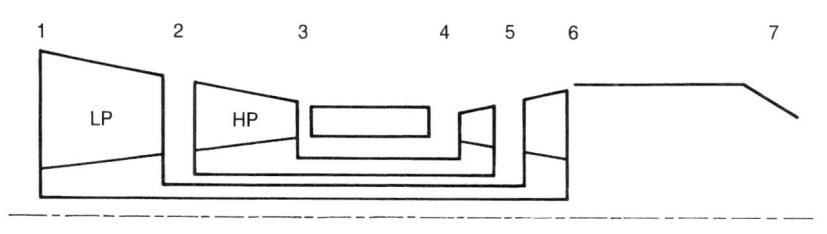

図10.7 同心2軸ターボジェット

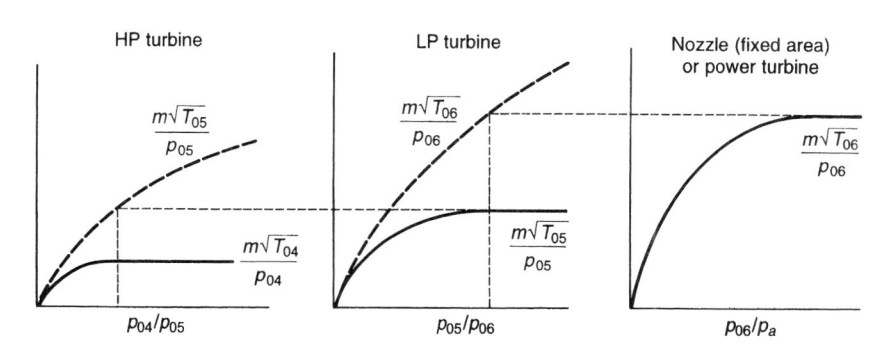

図10.8 高圧タービン，低圧タービンとノズルの間の流量マッチング

タービン）の流量も合わせなければならない．この例のように，タービンが2つ直列に並んだ場合に，流量を合わせて一体として取り扱う方法に関しては9.4節で述べた．図10.8には，さらに下流にノズル（もしくは出力タービン）が加わることによって，低圧・高圧タービンの作動点が決まってくる様子を示している．

図10.7のような同心2軸ガスタービンのマッチング計算は，そのままやると長くなるが，高圧コア（2〜5：高圧圧縮機，燃焼器，高圧タービン）を図9.1 (c) の単軸ターボジェットのガス発生器と考え，ノズルの代わりに低圧タービン静翼のスロートで流量が決まると考えれば，かなり簡略化できる．図9.15で，単軸のターボジェットでは，ノズルがチョークしていれば，圧縮機の作動線は飛行マッハ数によらず1本に定まることを示したが，同様に考えれば，図10.7の同心二軸式でも，低圧タービンの静翼がチョークしていれば，高圧圧縮機の作動線が1本に定まることが容易に分かる（実際，図10.7のような同心2軸式では，

大半の作動範囲で低圧タービンはチョークしており，アイドル条件の時のみチョークしてない可能性がある）．

高圧コアにおける圧縮機とタービンの流量と仕事のつり合いは，

$$\frac{m\sqrt{T_{04}}}{p_{04}} = \frac{m\sqrt{T_{02}}}{p_{02}} \times \frac{p_{02}}{p_{03}} \times \frac{p_{03}}{p_{04}} \times \sqrt{\frac{T_{04}}{T_{02}}} \tag{10.1}$$

$$\frac{\Delta T_{045}}{T_{04}} = \frac{\Delta T_{023}}{T_{02}} \times \frac{T_{02}}{T_{04}} \times \frac{c_{pa}}{c_{pg}\eta_{mH}} \tag{10.2}$$

と書ける．これらは，前章で導出したガス発生器でのつり合いの式（9.2）および式（9.6）と同等である．ここで，低圧タービンがチョークしている場合には，9.4 節と同様で，図 10.8 に示す通り，高圧タービンの圧力比 p_{04}/p_{05} と無次元流量 $m\sqrt{T_{04}}/p_{04}$ が一意に定まり，高圧タービンの作動点が固定されるため，その全温下降率 $\Delta T_{045}/T_{04}$ も一定値となる．これらを式（10.1）と（10.2）に代入し，所定の高圧圧縮機回転数 $N_H/\sqrt{T_{02}}$ 一定の特性線上で，両式を共に満たす点（T_{04}/T_{02} が一致する点）を計算で探して求めれば，その回転数での圧縮機の作動点は一点に定まる．これを回転数ごとに繰り返せば，図 9.7 と同様な高圧圧縮機の作動線が描ける（低圧タービンがチョークしていない場合は，9.4 節の時と異なり，下流にノズルがあるため，コアの作動点を仮定しても低圧タービンの圧力比 P_{04}/P_{05} が求まらず難しくなる）．

ここで，さらに，低圧圧縮機と高圧圧縮機の流量マッチングの式（10.3）を用いると，低圧圧縮機の状態（すなわち，回転数 $N_L/\sqrt{T_{01}}$，流量 $m\sqrt{T_{01}}/p_{01}$，圧力比 p_{02}/p_{01}，全温比 T_{02}/T_{01}）から，高圧圧縮機の無次元流量 $m\sqrt{T_{02}}/p_{02}$ も決まるため，求めた高圧圧縮機作動線上の作動点が低圧圧縮機の状態によって決定され，高圧圧縮機の回転数 $N_H/\sqrt{T_{02}}$ も決まることになる（低圧軸と高圧軸の空力的な結合）．低圧タービンのチョーク流量を定めることは，2 つの圧縮機の流量マッチングを性能計算に組み込み易くするという点で重要であり，この点は，後で示す計算手順からも明らかである．

本節で述べる計算手順は，図 10.7 に示す同心 2 軸ターボジェットと，そのノズルを別軸の出力タービンに置き換えた 2 軸式ガスタービンのどちらにも使えるが，説明上は，ターボジェットに，出口の有効流路断面積 A_7 をどのようにも変えられる仮想的な可変ノズルを付けたと考えた場合が最も簡単になる（以下，ノ

ズルはCノズルとし，出口7が有効流路断面積最小と考える)．ノズルの出口面積 A_7 の変化は，低圧タービンに直接影響し，低圧圧縮機にも影響するが，高圧タービンは，間に低圧タービンが入るため，ノズルとは切り離されており，低圧タービンがチョークしている場合には，高圧コアはノズル出口面積 A_7 の変化による変動から遮断されることになる．出口面積 A_7 をどのようにも変えられる可変ノズルを付ければ，単軸ターボジェットの場合と同様に，低圧タービンを幅広い範囲で作動させることができる．ここから示す計算手順では，そのような可変ノズルが取り付けられていると仮定した上で，低圧圧縮機の特性マップ上の任意の点を選んで，その点に対応する各状態の計算を進め，最終的に，必要なノズル出口面積 A_7 を定める．具体的には以下の通り．

(1) 外気の条件と飛行状態から圧縮機入口の T_{01} と p_{01} を決める．地上静止の場合は $T_{01}=T_a$，$p_{01}=p_a$ とする．

(2) 低圧圧縮機の所定の無次元回転数 $N_L/\sqrt{T_{01}}$ に対して，その回転数一定の特性線上の一点を選んで，圧縮機の状態，すなわち，$m\sqrt{T_{01}}/p_{01}$，p_{02}/p_{01}，η_{cL} を決める．それらより，式（9.4）を用いて，全温比 T_{02}/T_{01} および全温上昇量 ΔT_{012} も計算できる．

(3) 低圧圧縮機出口での無次元流量は，

$$\frac{m\sqrt{T_{02}}}{p_{02}}=\frac{m\sqrt{T_{01}}}{p_{01}}\times\frac{p_{01}}{p_{02}}\times\sqrt{\frac{T_{02}}{T_{01}}} \tag{10.3}$$

より求められる．高圧圧縮機と低圧圧縮機の流量 m は同じであるから，この無次元流量が，そのまま，高圧圧縮機入口の無次元流量となる．

(4) 低圧タービンがチョークしている場合には，図10.8のように高圧タービンの作動点が固定されるので，無次元流量 $m\sqrt{T_{04}}/p_{04}$，圧力比 p_{04}/p_{05} が一意に定まり，タービンの効率を与えれば，式（9.3）から全温下降率 $\Delta T_{045}/T_{04}$ も求められる．これらを，高圧コアでのつり合いの式（10.1）と（10.2）に代入し，高圧圧縮機の各回転数 $N_H/\sqrt{T_{02}}$ 一定の特性線上の点で，それらを両方満たすもの（T_{04}/T_{02} が一致するもの）を計算で探して求めれば，図9.7と同様な高圧圧縮機の作動線が得られる．ただし，式（10.3）に示す通り，高圧圧縮機の無次元流量は，低圧圧縮機の状態より決まっているから，高圧圧縮機の作動線上の作動点も一意に決まり，その点を通る高圧圧

縮機の回転数 $N_H/\sqrt{T_{02}}$ も決まる．これらより，高圧圧縮機に関して，$N_H/\sqrt{T_{02}}$, p_{03}/p_{02}, η_{cH}, ΔT_{023}, T_{03}/T_{02} が求められる．

(5) 低圧圧縮機と高圧圧縮機を合わせた全体圧力比は，

$$\frac{p_{03}}{p_{01}} = \frac{p_{02}}{p_{01}} \times \frac{p_{03}}{p_{02}} \tag{10.4}$$

より求められる．

(6) 高圧タービン入口全圧 p_{04} は，

$$p_{04} = \frac{p_{03}}{p_{01}} \times \frac{p_{04}}{p_{03}} \times p_{01} \tag{10.5}$$

より求められる．ただし，p_{04}/p_{03} は燃焼器の全圧損失率で，一定値で与えられている．

(7) 実流量 m は，(1) と (2) の $m\sqrt{T_{01}}/p_{01}$, T_{01}, p_{01} より求まる．

(8) (4) より高圧タービン無次元流量 $m\sqrt{T_{04}}/p_{04}$ が求まっており，これと上記の p_{04} と実流量 m より高圧タービン入口全温 T_{04} が求まる．式で書けば，

$$T_{04} = \left(\frac{m\sqrt{T_{04}}}{p_{04}} \times \frac{p_{04}}{m}\right)^2 \tag{10.6}$$

となる．

(9) (4) より高圧タービンに関して，圧力比 p_{04}/p_{05}, および，全温下降率 $\Delta T_{045}/T_{04}$ が求まっているから，これと，上記で求めた高圧タービン入口の状態 p_{04}, T_{04} より，低圧タービン入口の状態が，

$$p_{05} = p_{04} \times \frac{p_{05}}{p_{04}} \tag{10.7}$$

および，

$$T_{05} = T_{04} - \Delta T_{045} \tag{10.8}$$

より求められる．

(10) ここで，低圧タービンと低圧圧縮機の仕事のつり合いより，

$$\eta_{mL} m c_{pg} \Delta T_{056} = m c_{pa} \Delta T_{012} \tag{10.9}$$

となるが，(2) より圧縮機の全温上昇量 ΔT_{012} は求まっているので，ΔT_{056} も計算できる．

(11) 上記 (9) と (10) より，ΔT_{056} と T_{05} が求まっているから，ノズル入口全温は，

$$T_{06} = T_{05} - \Delta T_{056} \tag{10.10}$$

より計算できる．

(12) 低圧タービンの圧力比 p_{05}/p_{06} に関しては，

$$\Delta T_{056} = \eta_{tL} T_{05} \left[1 - \left(\frac{1}{p_{05}/p_{06}} \right)^{(\gamma-1)/\gamma} \right] \tag{10.11}$$

より計算できる．これより，ノズル入口全圧 p_{06} が，

$$p_{06} = p_{05} \times \frac{p_{06}}{p_{05}} \tag{10.12}$$

より求められる．

(13) 以上により，ノズルの流量 m，入口全温 T_{06}，入口全圧 p_{06} が求められ，ノズル圧力比 p_{06}/p_a も求められる．ノズル効率を一定とすれば，3.2節を参考に出口での密度 ρ_7，速度 C_7 も求められ，式（3.15）と同様に $A_7 = m/(\rho_7 C_7)$ とすればノズル出口面積 A_7 が求められる．所定の固定ノズルを用いる場合には，求めたノズル出口面積 A_7 が，その固定ノズルの出口面積と必ずしも一致しないので，(2) に戻って同じ回転数 $N_L/\sqrt{T_{01}}$ での別の作動点を選んで，ノズル出口面積が一致するまで繰り返し計算をする．これにより，所定の低圧圧縮機回転数 $N_L/\sqrt{T_{01}}$ において，所定のノズル出口面積に対応する低圧圧縮機の作動点が求められる．

(14) 以上の計算を別の回転数 $N_L/\sqrt{T_{01}}$ でも繰り返す．

これらより，各作動点での推力，燃料流量，燃料消費率 SFC などの値も計算できる．また，低圧タービンがチョークしていない場合には，高圧タービン出口の無次元流量 $m\sqrt{T_{05}}/p_{05}$ が小さくなることから（図10.8参照），高圧圧縮機の作動線がサージ側に寄ることになる．この場合には，上記の計算手順の修正が必要になるが，低圧タービンがチョークしないのは，前述の通り，低出力の場合のみであり，その修正については，ここでは取り扱わないことにする．

最後に，ノズルの代わりに，別軸の出力タービンが付いた場合に関しては，(13) でその無次元流量 $m\sqrt{T_{06}}/p_{06}$，および，圧力比 p_{06}/p_a を求め，それを，図10.8の一番右に示す出力タービンの圧力比―流量特性と比較して，データが特性線上に乗らないようなら，(2) に戻って別の低圧圧縮機作動点を選び，出力タービンの流量特性と合うまで計算を繰り返す．

10.3 同心2軸ガスタービンの特性

　同心2軸ガスタービンの非設計点での性能計算には，実際にはかなり時間がかかり，計算機等を使う必要が出てくる．マッチング計算で用いた式からは，同心2軸ガスタービンのいくつかの特性が読み取れるので，そのうち重要なものについて説明する．

回転軸の空力的な結合

　前節で述べた通り，低圧圧縮機の無次元回転数 $N_L/\sqrt{T_{01}}$ とノズル面積が決まれば，低圧圧縮機の作動点が一点に定まり，2つの圧縮機間の流量マッチングより，対応する高圧圧縮機の無次元回転数 $N_H/\sqrt{T_{02}}$ も決まる．また，

$$\frac{N_H}{\sqrt{T_{01}}} = \frac{N_H}{\sqrt{T_{02}}} \times \sqrt{\frac{T_{02}}{T_{01}}} \tag{10.13}$$

の関係があり，T_{02}/T_{01} も低圧圧縮機の作動点で決まるから，$N_H/\sqrt{T_{01}}$ も一定の値になる．すなわち，固定ノズルなら，$N_H/\sqrt{T_{01}}$ は $N_L/\sqrt{T_{01}}$ によって決まる，言い換えれば，高圧圧縮機の実回転数 N_H は，低圧圧縮機の実回転数 N_L によって空力的に値が定められることになる（空力的な結合）．

　同心2軸ターボジェット・エンジンの低圧軸の回転数 $N_L/\sqrt{T_{01}}$ と高圧軸の回転数 $N_H/\sqrt{T_{01}}$ の関係の典型的例を，ノズル面積をパラメータとして図10.9に示す．図より，低圧軸の回転数 $N_L/\sqrt{T_{01}}$ 一定では，ノズル面積が増えると高圧

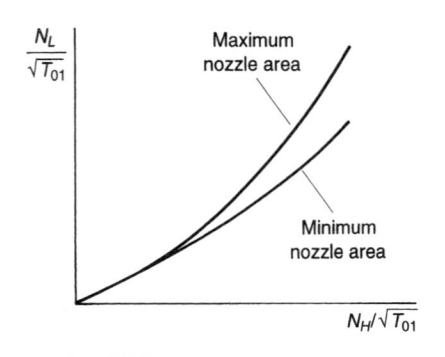

図10.9　低圧軸と高圧軸の回転数の関係

軸の回転数 $N_H/\sqrt{T_{01}}$ が下がる（$N_H/\sqrt{T_{01}}$ 一定でノズル面積が増えると $N_L/\sqrt{T_{01}}$ は上がる）ことが分かる．これは，ノズル面積が増えると，図 10.8 で示す通り，低圧タービンの圧力比 p_{05}/p_{06} が上がるためであるが，詳細は下記に示す．

ノズル面積変化の影響

前節で示した通り，低圧タービンがチョークしている範囲では，図 10.8 よりノズル面積を変えても高圧タービンの作動点は動かないから，高圧圧縮機の作動線は 1 本に定まり，図 10.10（b）のようになる（図 9.7 と同様）．一方，低圧圧縮機の作動線はノズル面積によって変化し，図 10.10（a）に示す通りとなり，単軸のターボジェットの場合（図 9.19）とは逆で，ノズル面積を増やすと作動線がサージ・ラインに近づいている．これらについて説明する．

図 9.7 では，作動線や全温比 T_{03}/T_{01} 一定の等値線が式（9.2）を満たすことから，図に示すようになることを示した．高圧コアでも式（9.2）と同様な流量マッチングの式が成り立つので，位置の番号が 1 つ後ろにずれていることに注意すれば，図 10.10（b）のように図 9.7 と同様な等値線となることが分かる．今，仮に，図 10.10（a）において，低圧圧縮機の回転数が最も大きく，特性線がほぼ垂直に立っている状況で，回転数一定で運転することを考え，低圧圧縮機の作動点が B の時，高圧圧縮機の作動点が図 10.10（b）の B の位置にあったとする．この時，高圧と低圧圧縮機の流量マッチングの式，

$$\frac{m\sqrt{T_{02}}}{p_{02}} = \frac{m\sqrt{T_{01}}}{p_{01}} \times \frac{p_{01}}{p_{02}} \times \sqrt{\frac{T_{02}}{T_{01}}} \tag{10.14}$$

が成り立つ（式（10.3）と同じ）．前章の図 9.21 において，圧縮機は，回転数一定では，圧力比が下がっても効率も下がることから，必要な仕事 $\Delta T_{012}/T_{01}(\Delta T_{012}=T_{02}-T_{01})$ はあまり変化しないことを示した．よって上式の $T_{02}/T_{01}(=1+\Delta T_{012}/T_{01})$ もあまり変化しない．このため，低圧圧縮機において，回転数 $m\sqrt{T_{01}}/p_{01}$ 一定で，圧力比 p_{02}/p_{01} を上げて作動点を B → A に動かすと，上式より，高圧圧縮機の無次元流量 $m\sqrt{T_{02}}/p_{02}$ が下がり，高圧圧縮機の作動点が図 10.10（b）上で B → A へと低流量側に移動することが分かる．この時，図 10.10（b）より，作動点が B → A と移動するに伴って，温度比 T_{04}/T_{02} が下がることが分かるが，圧縮機の全温比 T_{02}/T_{01} が変わらないことから，

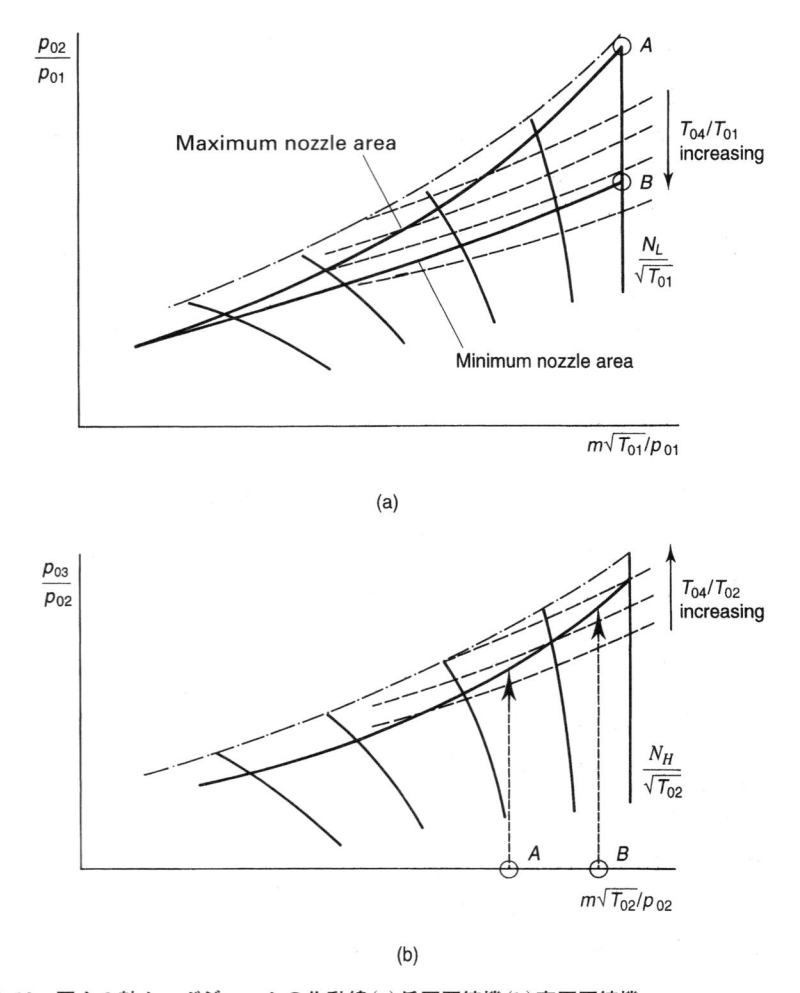

618   10 ガスタービンの性能計算—応用編—

図 10.10　同心 2 軸ターボジェットの作動線 (a) 低圧圧縮機 (b) 高圧圧縮機

$T_{04}/T_{01}(= T_{04}/T_{02} \times T_{02}/T_{01})$ も下がることが分かる．よって，低圧圧縮機のマップ図 10.10 (a) に T_{04}/T_{01} の等値線を書き込むと，作動点 B → A で T_{04}/T_{01} が低くなる，すなわち，図に示す通り，マップの上ほど温度比 T_{04}/T_{01} が小さくなることが分かる．ノズル面積変化の影響に関しては，作動点 B の状態から，低圧圧縮機の回転数一定でノズルを開けていったとすると，図 10.8 より，低圧タ

ービンの圧力比 p_{05}/p_{06} が上がり，式（10.11）より，低圧タービンの全温下降率 $\Delta T_{056}/T_{05}$ も大きくなることが分かる．ここで，低圧圧縮機と低圧タービンの仕事のつり合いの式を，式（9.6）を参考に，番号の違いに注意して作成すると，$\Delta T_{056}/T_{05}=(\Delta T_{012}/T_{01})\times(T_{01}/T_{05})\times(c_{pa}/c_{pg}/\eta_m)$ となるが，上記より，$\Delta T_{012}/T_{01}$ はあまり変化しないので，$\Delta T_{056}/T_{05}$ が大きくなると，T_{01}/T_{05} も大きくなり，逆数の T_{05}/T_{01} は小さくなる．一方，高圧タービンの作動点は，図10.8で説明した通り，低圧タービンがチョークしていれば，ノズル面積によらず一定より，温度比 T_{04}/T_{05} も一定となる．よって，$T_{04}/T_{01}(=T_{05}/T_{01}\times T_{04}/T_{05})$ も小さくなる．これらより，低圧軸回転数一定でノズルを開けていくと T_{04}/T_{01} が下がることが分かる．よって，図10.10（a）において，作動点Bから回転数一定でノズルを開けていくと，T_{04}/T_{01} が下がる方向，すなわち作動点Aの方に向かうことが分かる．これらより，サージ・ラインに近い作動点Aを通る作動線の方が，ノズル面積が大きい場合に対応し，ノズルを開けて断面積を増やすと，低圧圧縮機の作動線がサージ・ラインに近づくことが分かる．また，図10.9の低圧と高圧の回転数の関係については，$N_L/\sqrt{T_{01}}$ 一定でノズルを開けると，作動点がB→Aに移動するので，高圧圧縮機では $N_H/\sqrt{T_{02}}$ が小さくなり，また，T_{02}/T_{01} はあまり変化しないことより，$N_H/\sqrt{T_{01}}$ も小さくなって図10.9の通りとなることが分かる．低圧圧縮機と高圧圧縮機の圧力比の関係は，ノズルを開けて低圧圧縮機の圧力比が上がると（B→A），高圧圧縮機の圧力比は下がる，逆に，ノズルを絞って低圧圧縮機の圧力比を下げると（A→B），高圧圧縮機の圧力比が上がってくることが分かる．

　固定ノズルの場合には，図10.10（a）の低圧圧縮機の作動線が1本に定まるので，回転数が決まれば，サイクル最高温度である高圧タービン入口温度 T_{04}/T_{01} も自動的に決まってしまう．可変ノズルの大きな利点の1つは，ノズル面積が変えられるため，回転数と高圧タービン入口温度をそれぞれ独立に設定出来る点である．これは，航空エンジンの場合で言えば，結局は，流量と推力を別々に設定できることに相当し，無次元回転数や無次元流量に大きく影響するエンジン入口全温が幅広く変化するような場合には，そのことが重要になる．飛行マッハ数範囲が広い超音速機用エンジンなどがそれに該当するが，文献［8］には，超音速インテークとエンジンとのマッチングを含むそれらの課題について，

分かりやすくまとめられている.

図 10.7 の 6 → 7 のノズルを，静翼可変の出力タービンに置き換えることも可能で，実際に M1 戦車用や，上記 ICR の舶用ガスタービンなどが例としてあげられる．静翼可変の場合には，スロート面積の可変範囲が推進ノズルより小さくなると思われるが，基本的にはどちらも同じである．

低圧軸回転数一定での運転

Olympus，FT-4，RB-211 などの初期の航空エンジン派生型ガスタービンは，同心 2 軸のガス発生器＋別軸の出力タービンという構成であったが，最近の航空エンジン派生型である GE 社 LM6000 や Rolls Royce 社 Trent などでは，図 1.7 に示すように，低圧軸が発電機に直結されている．Trent の場合は，詳しく言えば，全体が，低圧 LP，中圧 IP（intermediate pressure），高圧 HP の 3 軸の構成になっていて，負荷は低圧軸に直結する．これらのように，負荷が低圧軸に直結している場合には，低圧軸は負荷と同期して回転し，その他の軸の回転数は負荷によって変わることになる．低圧圧縮機が負荷と同じ回転数で回転していて，なおかつ出力が低い場合には，下流の高圧圧縮機（Trent なら中圧圧縮機）が低回転のためそれほど流量が流せず，低圧圧縮機が，下流の高圧（中圧）圧縮機の許容流量を上回る流量の空気を送り込むことになる．これに対応するため，負荷を徐々にかけていく段階では，低圧圧縮機下流での放風（blow off）が必要になるが，定常運転時には必要ない．放風については，周辺環境を考慮して，騒音が小さいことが求められる．

LM6000 シリーズのいくつかの機種では，低圧圧縮機と高圧圧縮機の間で SPRINT と呼ばれる水噴霧による中間冷却が組み込まれており，高圧圧縮機の入口温度を下げることで必要な仕事量を減らし，出力を上げている．SPRINT は主に高温日の出力増強のために使われていて，29％までの出力増強が可能となっている．

性能の表示

図 9.1（c）の単軸のターボジェットの性能は，図 9.16-18 で示したように，圧縮機の無次元回転数 $N/\sqrt{T_{01}}$ の関数として表した．図 10.7 の構成の同心 2 軸

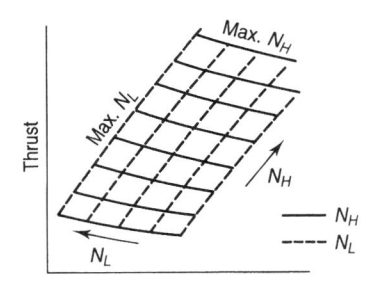

図 10.11　可変ノズル付同心 2 軸ターボジェットの推力マップ

ターボジェットの性能は，固定形状の場合には，低圧軸と高圧軸の回転数の関係が決まっているので，高圧軸か低圧軸どちらかの回転数を横軸にとって性能を表示すればよい．一方，可変ノズルの場合には，これまでの説明から分かるように，高圧軸回転数 N_H，低圧軸回転数 N_L，ノズル面積 A_7 のうちのどれか 2 つの関数として，性能を表示することになる．例えば，N_H と N_L を選んで，それらによって推力がどう変化するかを表示すると，図 10.11 のようなカーペット状のグラフになる．推力以外の燃料流量や燃料消費率 SFC などについても同様に表示できる．

　固定形状の場合には，N_H と N_L のどちらを選んでも良いが，タービン入口温度や燃料流量などは，高圧軸の回転数 N_H によって大きく変化するので，N_H の方が望ましいと思われる．また，高圧軸の回転数の方が低圧軸の回転数より常に大きくなり，高圧タービンは高温になるため，通常は高圧タービンが最も厳しい条件となるが，一方で低圧タービンは翼高さがかなり大きくなるため，低圧タービンも条件的に厳しくなる場合があることに留意する．

　同心 2 軸のガス発生器＋別軸の出力タービンの場合（図 10.7 で推進ノズルの代わりに別軸の出力タービンを置いた場合）の性能の表示に関しては，流量が主に低圧圧縮機の回転数で決まるため，図 9.10 のように表し，パラメータは低圧圧縮機の回転数とする．もしくは，図 9.12 のように表すことも考えられる．

10.4 ターボファン・エンジンのマッチング計算

10.2節で述べた同心2軸ターボジェットの性能計算の方法は，ターボファン・エンジンにも適用できる．ただし，ターボファンの場合には，図3.15に示すように，流れがバイパスとコアに分かれており，バイパスとコアの流量比が作動状態によって変わってくる．ここでは，最も簡単な場合として，図3.15のように，バイパスとコアの排気ノズルが別になっている場合を考える．10.2節の同心2軸ターボジェットの場合と比べると，追加で図10.12の右上図に示すようなバイパス出口ノズルの流量特性が必要になるが，その他は同様である．

バイパス，コア共に出口ノズルは固定形状とし，10.2節の時と同様に，低圧タービンはチョークしているとする．流量については，図3.15に示す通り，全流量を m，バイパス流量を m_c（添字の c は cold より），コア流量を m_h（hot）とすると，$m = m_c + m_h$ の関係がある．計算手順の一例を下記に示す．各位置の番号については，図3.15を参照する．

(1) 外気の条件と飛行状態を仮定し，ファン入口の全温 T_{01} と全圧 p_{01} を決め

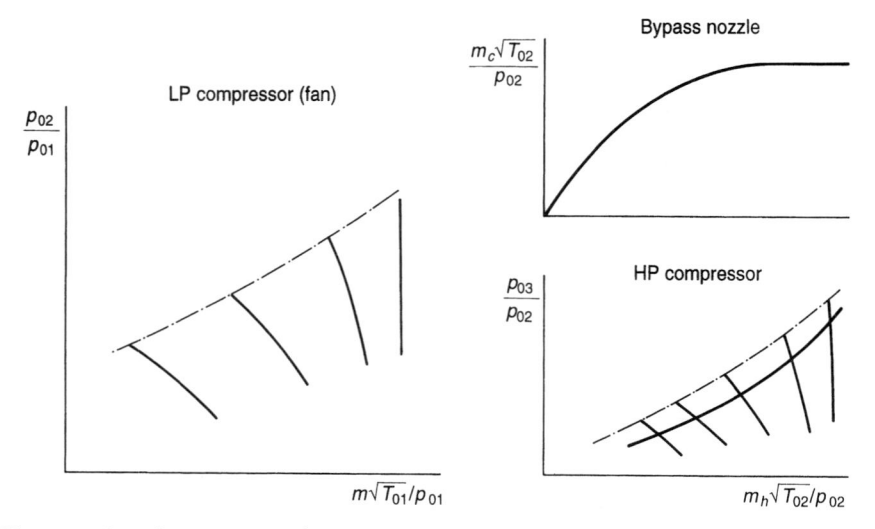

図 10.12 ターボファン・エンジンにおける低圧圧縮機（ファン），高圧圧縮機，バイパス・ノズルの特性

(2) ファンの所定の無次元回転数 $N_L/\sqrt{T_{01}}$ に対して，図 10.12 のファン特性マップにおいて，回転数一定の特性線上の一点を選んで，ファンの状態，すなわち，$m\sqrt{T_{01}}/p_{01}$, p_{02}/p_{01}, η_{cL} を決める．これより，T_{02}/T_{01}（式 (9.4)），および総流量 m が決まる．また，式 (10.3) からファン出口の無次元空気流量 $m\sqrt{T_{02}}/p_{02}$ が求められる（10.2 節の計算手順 (2)(3) と同様）．

(3) ファン圧力比 p_{02}/p_{01} と入口全圧 p_{01} よりファン出口全圧 p_{02} が求められる．これより，バイパス出口ノズルの圧力比 p_{02}/p_a が求められ，図 10.12 のようなバイパス出口ノズルの流量特性より，無次元流量 $m_c\sqrt{T_{02}}/p_{02}$ が計算できる．また，上記より T_{02} や p_{02} も求まるから，バイパス流量 m_c が求められる．よって，コアの流量も $m_h = m - m_c$ より求められる．

(4) コア側に関して，高圧圧縮機の無次元流量は，

$$\frac{m_h\sqrt{T_{02}}}{p_{02}} = \frac{m\sqrt{T_{02}}}{p_{02}} - \frac{m_c\sqrt{T_{02}}}{p_{02}} \tag{10.15}$$

より得られる．

(5) 10.2 節の計算手順で示した通り，低圧タービンがチョークしていて高圧タービンの作動点が決まっていれば，高圧圧縮機の作動線が定まり，さらに，高圧圧縮機の無次元流量が決まっている場合には，高圧圧縮機の作動点が定まる（10.2 節の計算手順 (4) に相当）．よって，10.2 節の計算手順 (5)〜(9) を行えば，低圧タービン入口での全圧 p_{05} と全温 T_{05} が求められる．

(6) 低圧タービンとファンの仕事のつり合いより，

$$\eta_{mL} m_h c_{pg} \Delta T_{056} = m c_{pa} \Delta T_{012} \tag{10.16}$$

が得られ，ΔT_{012} は (2) で分かっているので，ΔT_{056} が求められる（10.2 節の計算手順 (10) に相当）．

(7) T_{05} と ΔT_{056} より T_{06} が得られる．また，T_{05}，ΔT_{056}，および，低圧タービンの効率 η_{tL} より，低圧タービンの圧力比 p_{05}/p_{06} が得られ，これと p_{05} より p_{06} も得られる．これより，コア流出口ノズルの入口の全温 T_{06} と全圧 p_{06} が得られる（10.2 節の計算手順 (11)(12) と同じ）．

(8) コア流出口ノズルの流量 m_h，入口全圧 p_{06}，全温 T_{06}，および，圧力比

p_{06}/p_a より，必要なコア・ノズル出口面積が求められる．ただし，これは，実際のコア・ノズル出口面積とそのままでは一致しないので，(2) に戻って別のファン作動点を入れて，一致するまでそれを繰り返す．

以上の通り，ターボファンのマッチング計算は，10.2節の同心2軸ターボジェットの計算と非常に良く似ていることが分かる．また，この計算方法を発展させれば，同心3軸の場合にも適用可能で，図3.24 (c) のような構成の同心3軸に関しては，ターボファンでガス発生器を同心2軸とした場合と等価である．また，図3.16に示すように，コア流とバイパス流を混合させてから排気する場合には，混合過程でのエネルギと運動量の保存の式が加わるため計算が複雑になる．これらについては他書にゆずることとする．

10.5 ガスタービンの過渡的な特性

ガスタービンの出力の変化が速い時に，平衡状態に達するまでに生じる過渡的な特性については，非常に重要な場合もあれば，反応が速いに越したことはないという程度の場合もある．航空エンジンでは，過渡的な特性が重要で，民間航空機の場合には，着陸する直前に着陸を中断して再上昇できるような，すばやい推力の立ち上げが求められる．民間航空機用エンジンは，型式承認取得時に，推力上昇を行う場合のエンジンの応答性に関する要求レベルを満たす必要があり，FAAの規定では，フライト・アイドルから5秒以内で95%推力を出せなければならないことになっている．また，垂直離着陸機（VTOL機）の浮上用のエンジンでは，いくつかのエンジンのうちの1つが故障すると，すぐに他のエンジンが出力を調整して機体のバランスを取ることが必要になる．また，非常用発電機のガスタービンも素早い立ち上げが必要で，大抵は，運転の指令が出て2分以内で所定の出力を出す必要がある．ただし，始動やガスタービンと発電機の回転の同期を取る時間も必要になるため，ガスタービンの出力をアイドルから最大出力まで上げるのにかけられる時間は10秒程度しかない．車両用ガスタービンのスロットルを開けた時の過渡的な特性に関しては，それほど重要ではない．車両用では，ガスタービンは反応が遅いことが主な欠点の1つとしてよく取り上げられるが，ガスタービンでも競争力があると思われる大型車両の場合には，車両の加

速度は，エンジンの回転の加速とは別の所で決まっている．

　大型の産業用ガスタービンは，ケーシングやディスクが非常に大きくて重く，重量物を急に熱すると大きな熱応力がかかるため，立ち上げてから定格出力に達するまでに数時間を要する．コンバインド・サイクルの場合には，蒸気タービンや排熱再生式・蒸気発生器 HRSG の熱応力の問題があるため，立ち上げにさらに時間がかかる場合がある．また，ガスタービンの稼動率に関しては，立ち上げだけでなく，停止にかかる時間にもよる．ガスタービンの停止に一晩中かかるような場合には，逆に，立ち上げ時に暖気されているため，完全に冷えた室温の状態から立ち上げるよりかなり短い時間で立ち上げられる．メーカでは，産業用ガスタービンの立ち上げ時間の短縮に向けた努力を行ってきているが，立ち上げ時間に関していえば，航空エンジン派生型にかなうものはない．航空エンジン派生型では，完全に冷えて停止した状態から2分以内で最大出力まで上げることが可能である．ただし，そのような急な立ち上げは，高温部品を痛める恐れがあるため，緊急時のみに限定して行われる．

　ガスタービンが世に出て間もない頃は，過渡的な特性を予測することにはあまり重きが置かれず，エンジンの応答性は開発試験を通して経験的に求められていた．このため，多くのエンジン試験が必要になる他，エンジンの損傷もしばしば起こっていた．しかし，今日では，非設計点での性能から過渡的な特性が予測できるので，設計段階で，各要素の特性の予測値を用いて，過渡的な特性の予測も行われている．また，制御システムの設計や開発に関しても，設計段階でエンジンの動特性をよく把握しておくことが重要になる．ガスタービンの高性能化のため，多軸の回転システム，および，圧縮機の可変形状や放風弁などが導入されてきているが，それらによって，ガスタービンの定常状態と過渡的な状態のどちらの状態の予測も複雑化している．

　ガスタービンの回転の加速の速さは，回転系としての慣性モーメントや，タービン翼が短時間耐え得る温度によって変わってくるが，通常，回転加速度の上限を決めているのはサージ・マージンである．作動線はサージ・ラインに一定以上近づけないようにしなければならないが，低出力から加速し始める瞬間は，その点が最も厳しくなる．また，ガスタービンの形態によっても過渡的な特性は大きく変わり，例えば，図9.1（a）の単軸ガスタービンと，（b）のガス発生器＋出

力タービンの構成では，過渡特性がかなり違うし，同心2軸ガスタービンも単軸のものとはだいぶ違う．本書では，過渡特性に関しては簡単な導入部分しか説明しておらず，基本的に，図9.1（a）の単軸ガスタービンと，その後ろに別軸の出力タービンの付いた図9.1（b）の形態しか扱っていない．興味のある読者の方々は他の専門書も参考にされたい．

過渡特性の予測

これまで説明してきた平衡状態を保つ定常な作動点では，流量と仕事の両方のマッチングが取れていることを示した．一方，過渡的な状態では，流量のマッチングは取れているが，仕事は合っておらず，仕事の供給が過剰の場合は軸の回転が加速し，不足の場合には減速する．よって，過渡特性の予測には，まず，燃料流量の増加量に対して軸にかかる正味のトルクの増加量を計算し，トルクで決まる回転加速度を積分して回転速度の変化を求めることが必要になる．

圧縮機回転軸にかかる正味のトルクを ΔG，回転角速度を ω，回転要素の極慣性モーメントを J とすると，回転の加速度 $\dot{\omega}$ とトルクの関係を表す一般的な式は，

$$\Delta G = J\dot{\omega} \tag{10.17}$$

となる．ただし，正味のトルク ΔG は，図9.1（b）のガス発生器＋出力タービンにおけるガス発生器側の軸に関しては，

$$\Delta G = G_t - G_c \tag{10.18}$$

となり，図9.1（a）の単軸式ガスタービンの場合は，

$$\Delta G = G_t - (G_c + G_l) \tag{10.19}$$

となる．ただし，G_t，G_c，G_l はそれぞれ，タービン（ガス発生器側），圧縮機，負荷によって軸にかかるトルクを表している．ここで，正味のトルク ΔG は，一般に，大きな2つのトルク間の微小な差となるため，どちらかのトルクが少し変化しただけでも，差の ΔG は大きく変化することに注意する．以下，過渡状態でのトルクの計算を行う．タービンが軸を回すトルク G_t が，圧縮機によって軸にかかるトルク G_c より大きいと，正味のトルク ΔG は正で，軸の回転は加速し，逆の場合には減速することになる．

10.5 ガスタービンの過渡的な特性

話がそれるが,航空エンジンの応答性は高度が上がると悪くなる.これは,エンジンの慣性は変わらないのに対し,高度が上がると空気流量が減り,それに伴って燃料流量も減るため,回転の加速に使えるエネルギが小さくなるためである.この点は,民間航空機の場合にはあまり問題にならないが,高高度の空中戦での機動性が求められる軍用機では必ず考慮しなければならない.

図 9.1 (a) の単軸の軸出力ガスタービン,および,図 9.1 (b) のガス発生器＋出力タービンの形態における過渡特性について考える.一般に軸にかかるトルク G と仕事 W には,式 (4.1) と (4.1.1) より $G = W/\omega$ の関係があるから,軸にかかる正味のトルク ΔG を計算するには,圧縮機の性能マップ上で,仕事のつり合いのとれていない作動線以外の点でのタービンと圧縮機の仕事の差を求める必要がある.圧縮機の性能マップ上の任意の点について,上述の通り,流量のマッチングは満たされているとすれば,式 (9.2) より,

$$\frac{m\sqrt{T_{03}}}{p_{03}} = \frac{m\sqrt{T_{01}}}{p_{01}} \times \frac{p_{01}}{p_{02}} \times \frac{p_{02}}{p_{03}} \times \sqrt{\frac{T_{03}}{T_{01}}} \tag{10.20}$$

となる.タービンの無次元流量 $m\sqrt{T_{03}}/p_{03}$ は,通常は,図 9.3 に示すように,回転数によらず圧力比 p_{03}/p_{04} のみによって決まる.図 9.1 (a) の単軸の軸出力ガスタービンについては,9.1 節で示した通り,気圧を p_a として,空気取り入れ口と排気の損失を無視すると,$p_a = p_{01} = p_{04}$ となるから,タービンの圧力比は $p_{03}/p_{04} = (p_{03}/p_{02})(p_{02}/p_{01})$ となり,燃焼器の全圧損失率を一定とすれば,タービンの圧力比 p_{03}/p_{04} は圧縮機の圧力比 p_{02}/p_{01} で決まる.また,図 9.1 (b) のガス発生器＋出力タービンの形態に関しても,図 9.9 で示したように,ガス発生器のタービン圧力比 p_{03}/p_{04} は圧縮機の圧力比 p_{02}/p_{01} で決まる.これらより,いずれの場合でも,タービンの無次元流量 $m\sqrt{T_{03}}/p_{03}$ は,p_{02}/p_{01} によって一意に定まることが分かる.一方,全温比 T_{03}/T_{01} に関しては,式 (10.20) を変形すると,

$$\sqrt{\frac{T_{03}}{T_{01}}} = \frac{m\sqrt{T_{03}}}{p_{03}} \times \frac{p_{02}}{p_{01}} \times \frac{p_{03}}{p_{02}} \bigg/ \frac{m\sqrt{T_{01}}}{p_{01}} \tag{10.21}$$

となる.この式で,タービンの無次元流量 $m\sqrt{T_{03}}/p_{03}$ は圧縮機の圧力比 p_{02}/p_{01} によって一意に定まることから,燃焼器の圧損を一定とすれば,全温比 T_{03}/T_{01} は,圧縮機の無次元流量 $m\sqrt{T_{01}}/p_{01}$ と圧力比 p_{02}/p_{01} のみによって決まり,圧縮

機の特性マップ上の各点で全温比 T_{03}/T_{01} を計算することが出来る．また，その等値線を描けば，図9.7と似た図が得られる．

よって，全温比 T_{03}/T_{01} と入口全温 $T_{01}(=T_a)$ よりタービン入口全温 T_{03} も分かる．また，タービンの無次元流量と圧力比も圧縮機から決まっているので，式 (9.3) から全温下降量 ΔT_{034} も計算できる．これより，まずタービンの出力が，

$$\text{turbine power} = \eta_m m c_{pg} \Delta T_{034} \tag{10.22}$$

と求められる．ただし，全温下降量 ΔT_{034} は，

$$\Delta T_{034} = \frac{\Delta T_{034}}{T_{03}} \times \frac{T_{03}}{T_{01}} \times T_{01} \tag{10.23}$$

である．圧縮機の仕事も同様にして求められる．図9.1 (b) のガス発生器＋出力タービンの構成の場合の正味のトルク ΔG は，$G = W/\omega$（仕事 W, トルク G, 角回転数 ω）および $\omega = 2\pi N$（N：回転数）に注意すれば，式 (10.18) より，

$$\Delta G = (\eta_m m c_{pg} \Delta T_{034} - m c_{pa} \Delta T_{012})/2\pi N \tag{10.24}$$

となる．また，図9.1 (a) の単軸ガスタービンのトルクについては，負荷のトルクを含めて示す必要がある．

正味のトルク ΔG が求まると，式 (10.17) より回転の加速度 $\dot{\omega}$ が求められ，これを時間積分すれば，回転数の変化が得られる．これにより，作動線上で平衡状態を満たしている作動点からの過渡的な状態変化を示す作動線が得られる．過渡的な状態変化を示す作動線が動ける範囲については，タービン入口全温 T_{03} の限界値（設計点での値より概ね50 K高い値など）やサージ限界による制約を受ける．また，過渡的な作動線上の各作動点での燃料流量を計算し，その流量の燃料を短時間で実際に流せるようにしなければならないが，この辺りは，燃料制御の範疇となる．図10.13には，図9.1 (b) のガス発生器＋出力タービンの構成の場合，もしくは，図9.1 (a) の単軸にプロペラの負荷がかかっている場合に関して，圧縮機の回転の典型的な加速・減速パターン（過渡的な作動線）を示す．加速の最初の段階では，図に示すように，作動点が左上向きに，すなわち，回転数ほぼ一定のライン上をサージ側に動いているが，これは，最初，圧縮機の回転数や空気流量が増えない内に，燃料流量だけが先に増えて，タービン入口全温 T_{03} が上がっているためである．これから分かるように，最初に燃料流量を上げすぎると，圧縮機がサージに入って温度が上がりすぎ，タービンが壊れること

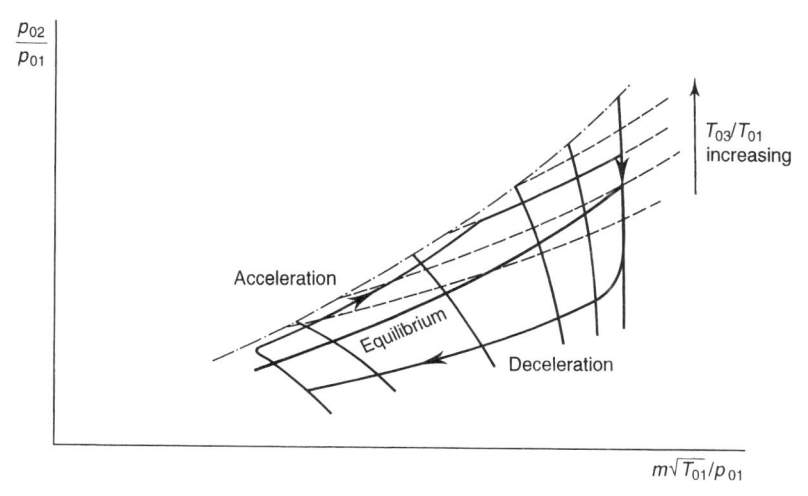

図 10.13 ガス発生器用圧縮機の過渡特性

になる．図 9.1（a）の単軸式ガスタービンで発電機を回す場合には，まず無負荷でガスタービンを最大回転数まで上げて，それから負荷をかけるようにすれば，サージの問題は生じない．

　減速の過程では，作動点がサージ・ラインから離れる方向の上，タービン入口温度も下がる．唯一問題が生じるとすれば，燃焼器で燃空比が下がって吹き消えが起こることである．対策として，燃料流量が急に減らないよう，回転数に合わせて徐々に減らしていくようにすれば，吹き消えは回避できる．

　9.6 節では，平衡状態の作動線がサージ・ラインと交わる場合には，圧縮機出口での放風やノズル面積の拡大によって作動線を下げることが有効であることを示したが，どちらも，過渡的な状態変化にはあまり影響しない．放風を行うと，ガス発生器のタービンを通過する流量が減って，出力とトルクが下がるため回転の加速度が落ちるが，ノズル面積，もしくは，出力タービン静翼のスロート面積を広げれば，図 9.20 に示す通り，ガス発生器のタービンの圧力比が上がって出力とトルクを回復できる．

　また，10.1 節では，車両用のガスタービンにおいて，出力タービン静翼を可変にし，部分負荷で静翼のスロート面積を絞ることで，効率を上げられることを示した．逆に，始動時には，出力タービン静翼のスロート面積を広げることで，

9.6 節で示した通り，ガス発生器のタービンは圧力比が上がって出力とトルクが増え，圧縮機の圧力比は下がって出力とトルクが減るため，ガス発生器の回転数を上げるのに必要な正味のトルク（式（10.24））を一時的に増やせることが分かる．

単軸式と 2 軸式の過渡特性の比較

産業用ガスタービンを，図 9.1（a）のような単軸式にするか，図 9.1（b）のような別軸の出力タービン付（2 軸式）とするかは，コストや，必要な低回転でのトルク特性（図 9.13）などの基本的な要件によって決まってくるが，ガスタービンの過渡的な特性も選定理由の 1 つになると思われる．

図 9.1（b）のような 2 軸式の場合には，出力タービンの流量特性による制約により，圧縮機の作動線は，図 9.7 に示すように，1 本に定まる．このため，出力を下げる場合，ガス発生器の回転数を落とす他は無く，出力を最大まで戻すには，再度，ガス発生器の回転を加速する必要がある．一方，図 9.1（a）の単軸式では，図 9.5 に示したように，圧縮機の特性マップ上のあらゆる点でマッチングを取ることが可能で，負荷が発電機や可変ピッチ・プロペラなどの場合には，回転数一定のまま負荷を変動させることができる．よって，出力を戻す際にも，回転を加速する必要はなく，燃料流量を増やすだけですばやく出力を戻すことが出来る．このような特性は，プロペラのピッチ（取り付け角）を変えて出力を変えるターボプロップ・エンジンとして使用する際にはメリットが大きい．また，単軸のガスタービンは，負荷を下げる際には，圧縮機が非常に効率の良いブレーキの役割を果たすため，出力タービン付の 2 軸式に比べると，出力回転数の制御がしやすい．

また，大型ガスタービンでは，始動に必要な動力についても考えておく必要がある．特に，最大出力まで短時間で立ち上げることが求められる非常用発電装置では，その点が重要になる．個別に見ると，図 9.1（a）の単軸式の場合には，始動時にガスタービン全体を回さなければならないので，出力 100 MW のガスタービンの始動用に，3 MW 程度の蒸気タービンやディーゼル・エンジンを用意する必要がある．一方，図 9.1（b）の 2 軸式の場合には，始動時に出力タービンや負荷軸を回転させる必要がない分（ガス発生器だけ回せばよいため），有利

になる．同心2軸式はさらに有利で，高圧軸だけ回転させればよいので，始動に必要な動力は，大型のガスタービンでも100 kW以下で済む．

発電のみを想定して作られたガスタービンは，どれも単軸式で，出力範囲としては50 MWから300 MWを超えるものまであり，図1.24のWestinghouse 501 Gはその典型例と言える．出力50～75 MWのもの（GE Frame 6やSiemens V 64.3）に関しては，ギア付で50 Hzと60 Hzのどちらにも対応できるようになっているが，それより大きいものは，出力軸がギア無しで発電機に直結されており，50 Hzの場合は回転数3000 rev/min，60 Hzのものは回転数3600 rev/minで運転される．また，出力5～20 MWのものでは，発電と機械動力のどちらにも対応できるものがある．また，Siemens Typhoon（図1.14）やSolar Titanは単軸式と2軸式の2つの型があるが，Solar MarsやSiemens Cycloneは2軸式のみ提供されている．また，航空エンジン派生型は，洋上プラントでの発電や機械動力の供用の目的で幅広く使われており，それらの多く（LM2500, RB-211, FT-8）では，別軸の出力タービンを付けている．後発の発電用の航空エンジン派生型（LM 6000, Trent）などは，低圧タービンに発電機が直結されており，低圧タービンが負荷軸と低圧圧縮機の両方を駆動するため，低圧軸は発電機の回転数と同じ回転数で回さなければならない．航空エンジン派生型は，出力が15～60 MWと小ぶりであるが，これは，最近の大型ターボファン・エンジンではバイパス比が大きく，航空エンジン派生型として主に使うコアの流量が少なくなっているためである．

同心2軸ガスタービンの過渡特性

同心2軸ガスタービンの過渡特性について全てを網羅することは，本書の性質からして難しいが，単軸の場合との主な違いについては言及しておく必要がある．高圧系（高圧圧縮機）の過渡特性は図10.13に示した単軸の場合と同様である．低圧系（低圧圧縮機）については，平衡状態の作動線は図10.10（a）で示した通りで，最小と最大の間の適当なノズル面積を仮定して全温比 T_{04}/T_{01} の等値線と合わせて書くと，図10.14の通りとなる．この平衡状態の作動線の最小および最大回転数の作動点からの加速・減速を考える際，図10.13で述べたように，出力を上げるため燃料流量を増やすと，回転数が上がる前に燃料流量が先に

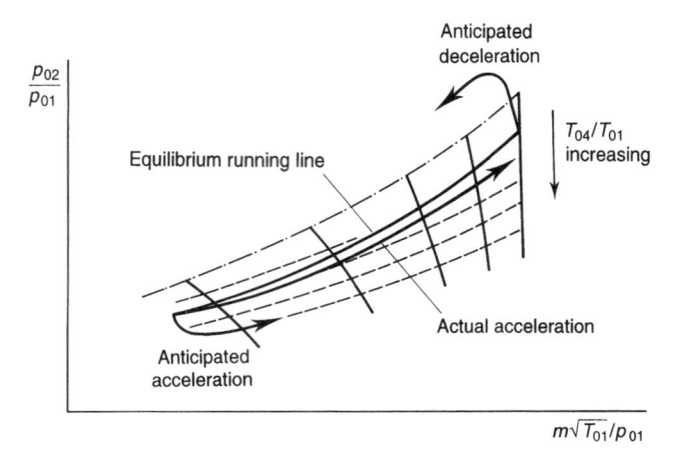

図10.14　同心2軸ガスタービン低圧圧縮機の過渡特性（Anticipated：予想，Actual：実際）

増えて温度が先に上がるので（出力を下げる場合はその逆），T_{04}/T_{01} の等値線を考慮すれば，図10.14に示したような過渡特性を示すと予想される．ただし，図10.10（a）の温度比 T_{04}/T_{01} の計算には，流量マッチングの式（10.1）に加えて，仕事のマッチングの式（10.2）も入っているため，平衡状態が保たれていることを前提としており，流量マッチングしか満たさない過渡特性を考える際に同じ温度比 T_{04}/T_{01} の値を参考にするのは必ずしも適切でない（これに対し，式（10.21）に関しては，特段に仕事のつり合いの式を使わず，流量の関係や圧力比の関係だけを用いて温度比 T_{03}/T_{01} が，圧縮機の無次元流量と圧力比で表せることを示しているので，図9.1（b）の2軸式では，図9.7に示す平衡状態での T_{03}/T_{01} の等値線も，図10.13の過渡状態での T_{03}/T_{01} の等値線もあまり変わらないと思われる）．文献［10］と［11］には，その点を考慮した詳細な計算や実験による検討について詳細に述べられており，それによると，低圧圧縮機の過渡的な作動線は，加速・減速いずれの場合にも，図10.14に示すように，平衡状態の作動線に近い位置に来る．

　単軸のターボジェット・エンジンに関しては，ノズル面積を増やすと回転の加速度が上がることを説明した．同心2軸のターボジェットに関しても，色々な面の注意が必要ではあるが，慎重にノズル面積を操作すれば，同様な効果が十分に

得られる．回転加速時にノズル面積を広げれば，低圧タービンの圧力比が増えてタービンのトルクが増す効果が効いて，低圧軸の回転加速度が増す．これに伴い流量の増加率も上がり，燃料流量の増加率も上げられる．エンジン推力の応答性は，概ね，燃料流量の増加率で決まることが分かっており，エンジン推力も素早く上がることが分かる．一方で，図10.10（a）で示した通り，ノズル面積を増やすと（B → A），低圧圧縮機の作動線がサージ・ラインに近づくという問題がある．言い換えれば，低圧圧縮機のサージ・マージンを犠牲にすることで，エンジン推力の応答性を上げることが出来ているとも言える．詳細な計算によれば，この時，高圧圧縮機のサージ・マージンは増えるので，過渡的な状態で，この余裕分を低圧圧縮機に回すなどすれば，最適な推力の上昇率が得られることが分かっている．

　一般に，機速が速い時には，エンジンのノズルは開いており，図10.10（a）から分かるように，低圧圧縮機の作動点がサージ・ラインに近い．このため，そこから急にエンジンの推力を落として減速させようとすると，サージに入って，吹き消えが起こる可能性がある．文献[10]と[11]によると，緊急の減速時にエンジンのサージを避けるには，燃料流量を落とす前に，まずノズルを絞るのが最も良いとされている．そうすれば，低圧圧縮機の作動点が，図10.10（a）でいうノズル面積最低の作動線の辺りに移動し（A → B），また，低圧タービンの圧力比が下がって出力とトルクが落ちるので，低圧軸の回転数も落ちるとされている．逆に，急に燃料流量を落とすと作動線がサージ・ラインに非常に近くなり，燃料流量とノズル面積を同時に下げても同様とされている（図10.10（a）のT_{04}/T_{01}の等値線は，先に述べた通り，仕事のマッチングを満たさない過渡状態では必ずしも正しくないが，燃料流量を絞ると温度が下がってT_{04}/T_{01}は下がるので，T_{04}/T_{01}が下がるとサージ・ラインに近づくという方向性については正しいと思われる．図10.14の加速時の実際の作動線（Actual acceleration）も，程度の違いはあったが，方向的には予想（Anticipated acceleration）と同じであった）．

過渡特性のシミュレーション

　ガスタービンの制御システムの開発には，過渡特性を十分に理解しておくこと

が必要で，これまでに経験の無い新しい型のガスタービンを開発する場合には特にそれが重要になる．計算機上で，ガスタービンの動特性を表す計算モデルを構築できれば，設計の際の様々な問題に対処するために使える極めて汎用性の高いツールとなる．計算モデルには，ガスタービンの作動範囲全体をカバーしていることや，必要に応じて，放風や可変形状などを取り込めることが要求されるが，第9章や10章で示した計算方法をベースとして組み立てればうまく行く．また，各要素の性能の予測値を入れられるようにしておけば，様々な状況に柔軟に対応でき，分かりやすい上，開発の過程のリグ試験で実際にその要素の性能データが求まった際には，その性能データに置き換えることが容易にできる．用途としては，燃料増減のスケジューリング最適化，可変機構の運用方法，過回転の防止などに関する検討が考えられる．

図10.15には，単軸ターボジェット・エンジンの作動状態の計算モデルに必要なフロー図を示す．図より，各要素の圧力比は，流量のマッチングから決まり，その圧力比によって温度比が決まり，タービン出力に対応する全温下降量は，圧力比とタービン入口温度（燃料流量により制御）によって決まることが分かる．

計算モデルを使った実際のシミュレーションは，これまで，アナログ計算機，デジタル計算機，アナログ／デジタルのハイブリッド計算機を使って行われてきたが，方法については文献［10-12］に掲載されている．かつてのデジタル計算機は，計算速度が十分でなく，正味トルクの連続的な積分が出来なかったため，アナログ計算機を用いた実時間でのシミュレーションを行わざるを得なかった．ハイブリッド計算機では，アナログ式の速さとデジタル式のデータ処理能力の両方を組み合わせて使っていた．今では，デジタル計算機の計算速度が十分に速いので，ほぼ例外なくデジタル計算機がシミュレーションに使われている．シミュレーションをうまく活用すれば，エンジンを壊す危険を冒すことなく過渡的な応答や制御上の問題に関する貴重な情報が得られるので，エンジン試験の回数の大幅な削減やそれに伴うコストの削減につながる．

性能の劣化

第2章において，ガスタービンの効率や出力は，圧縮機とタービンの等エントロピ効率によって大きく変わることを述べた．運用中にそれらの要素の効率が落

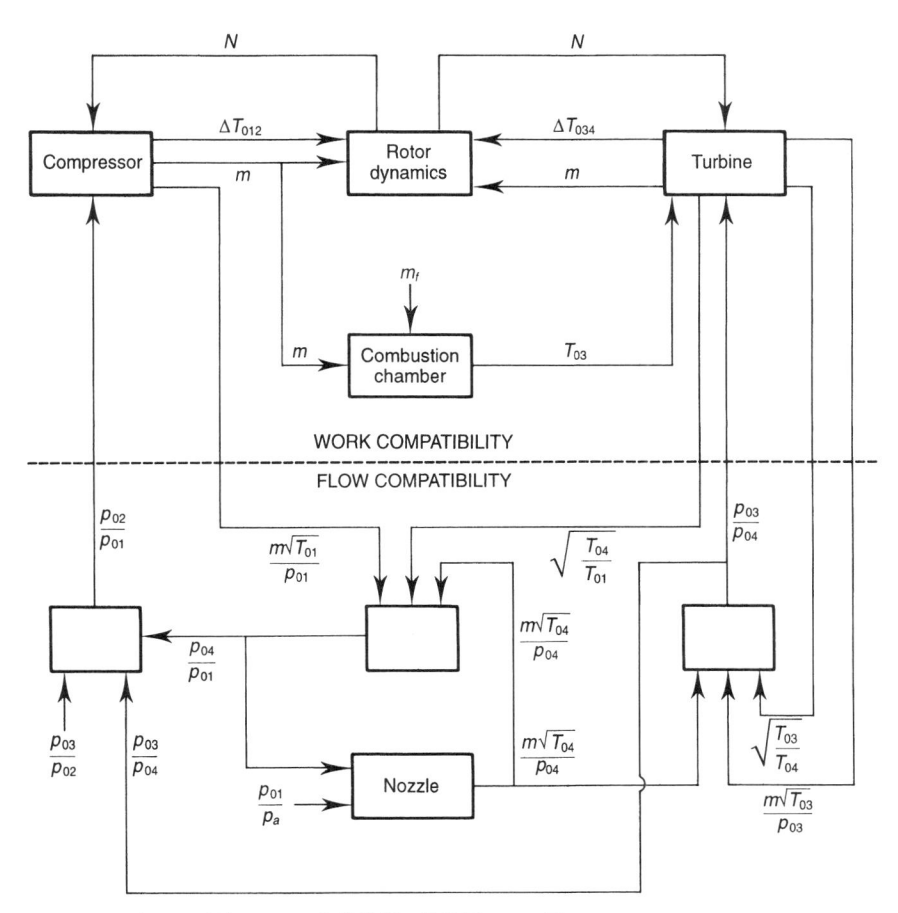

図 10.15 単軸ターボジェットの作動状態の計算用フロー図

ちれば，全体性能に大きな影響が出ることになる．要素の効率低下に関しては，具体的には，圧縮機の場合は翼への堆積物，チップとケーシングの間のラビング（こすれ）によるクリアランスの増大，翼の風食（erosion）や腐食（corrosion）等によって発生する．実際には，これらが組み合わさって効率が低下する他，最大出力の低下や，同じ出力でもタービン入口温度の上昇による寿命の低下，燃料消費の増大が起こる．性能の劣化が所定のレベル以上になると（航空エンジンの場合は所定の出力で排気ガス温度 EGT（exhaust gas temp）を測り，それが一

定温度以上になると），オーバホールが必要になる．要素性能の変化が分かれば，これまでに説明した非設計点での性能計算の手法によって，全体性能を予測することが出来るが，様々な要因による要素の性能の劣化の予測が必要になる．ガスタービンの実地試験に際して，適当な計測機器を追加すれば，要素のレベルにまで落として詳しく性能を分析することができ，問題を起こしている要素の特定にもつながる．そうなれば，要素ごとのモジュール分割が可能なガスタービンに関しては，装置全体のオーバホールの代わりに，問題のある要素の交換をすれば済む可能性もある．また，要素の性能が劣化すると，加速や減速などの過渡特性も変化すると考えられ，定常状態での運転が少ない戦闘機用のエンジンなどでは，過渡特性の分析が要素の劣化の検知に有効であることが分かっている．

　ガスタービンの性能は，時間と共に劣化するが，劣化の速度は様々で，使用環境や使われ方により，劣化の速度が穏やかな場合もあれば，急速に劣化する場合もある．地上用のガスタービンでも，人里離れたパイプライン圧送基地のように環境の良い場所に置かれる場合もあれば，石油精製コンビナート内のように劣悪な環境に置かれる場合もある．また，舶用ガスタービンでは，塩分の吸い込みの問題があり，塩分を含む噴霧は圧縮機にまで達する．航空エンジンは，離着陸の間の短い時間を除けば，空気のきれいな高高度を飛行するが，ヘリコプタは海上や砂漠の上などを低空で飛行し続ける場合があり，塩分や砂のエンジンへの吸い込みが問題となる．また，人里離れた環境の良さそうな場所でさえも，花粉や樹液，昆虫が粘着性堆積物となって付着し圧縮機の汚れが起こる．工業地帯では，同様なことが，気化した油分や化学物質などによって起こる．砂などの硬い微粒子を吸い込んだ場合には，翼の風食（erosion）が発生し，圧縮機の前段の方では影響が大きく，翼型の変形や，流路断面積の変化などを引き起こす．塩水を吸い込む場合には，腐食（corrosion）を起こす可能性があり，特にタービンの高温翼では影響が大きく，寿命の低下のみならず翼の破断までも引き起こす．空気取り入れ口に効率的なフィルタを付ける必要があることは明らかであるが，第2章で示した通り，空気取り入れ口での全圧損失は出力の低下につながる．一般に，入口のフィルタはサイズが大きくて重いので，航空エンジンには使えない上，フィルタをつけても全ての不純物を取り除けるわけではないことを理解しておくべきである．ヘリコプタでは，今日では，圧縮機入口より上流にセパレータ

を取り付けている．セパレータは湾曲した形をしていて，入口空気を，一旦，径方向外側に向けてから，再度，内側の圧縮機入口に向けるような構造になっており，その過程で，空気中の微粒子は遠心力で外側に飛ばされ，そこで回収されて外に捨てられる．セパレータは，空力性能と重量の両面で負担となるが，軍用のヘリコプタでは，劣悪な使用環境でも適切な寿命を確保するのに重要となる．

　非常用発電機などのように，始動の回数が多く，また1回の運転時間が短いような場合には性能の劣化が急速に進行する可能性がある．部材の金属が完全に冷えた状態から可能な限り早く始動するような場合も同様である．航空エンジン派生型が，非常用発電の分野で使われ始めたのは，元々は，他の動力を使うことなく，それ単独で120秒以内に最大出力まで出せるようにできるという能力が買われてのことであった．ただし，そのような短時間での出力急上昇は，当然のことながら，タービン部材の温度の急激な変化を招き，始動・運転・停止のサイクル毎に大きな熱応力がかかって，熱疲労によるタービン動静翼にき裂が発生した．このため，そのような使われ方をした初期の航空エンジン派生型ガスタービンでは，パイプライン圧送用の同様な別のガスタービンのオーバホール間隔が30000時間程度であったのに対し，500時間と極端に短かった．非常用発電の場合は，1回立ち上げて運転する時間が10～20分程度なのに対し，パイプライン圧送用では，立ち上げたら数千時間運転し続ける場合もある．このようなことから，ピーク・ロード対応の発電機の立ち上げ手順が見直されて，もう少しゆっくり負荷を上げていくようになり，120秒で最大出力に持っていくのは非常事態の時のみとされている．航空用の運転サイクルについては，軍用と民間用では大きく異なる．例えば，戦闘機では，エンジン出力の急変を頻繁に伴う機動的な動きが求められるが，民間用では，巡航中は，ほぼ一定の状態で長時間運転される．ただし，民間用でも，短距離便では飛行時間が短く，長距離便に比べて，トータルで同じ飛行時間でも，離陸から着陸までのサイクル数が4から5倍になる（日本の国内線はその典型的な例と言える）．このため，所定のタービン寿命を維持するためには設計段階で特に注意が必要である（第1章の文献[7]）．民間航空エンジンの急激な性能劣化が劇的に進行した例としては，火山の大規模な噴火の後の火山灰の雲の中を航空機が通過してしまった時のことが挙げられる．中には，エンジン内の空気流路がふさがれて，燃焼器で火炎の吹き消えによる飛行中のエン

ジン停止（IFSD：in flight shut down）が発生したケースがいくつかあるが，幸運にも，低い高度まで落ちてきた所でいくつかのエンジンの再着火ができ，緊急着陸することができた．今では，火山の噴火に際しては，噴煙から十分に離れたところを飛べるよう飛行ルートの変更をするのが一般的である．

　産業用ガスタービンに限って言えば，性能劣化は，（部品の交換や修理を行わなくても）回復可能なものと，そうでないものに分けられる．交換・修理を伴わずに回復可能な例としては，圧縮機の汚れによる性能劣化が挙げられ，圧縮機の洗浄により性能を回復できる．圧縮機の洗浄には，微粒子による研磨洗浄（abrasive cleaning：abrasive には研磨性があるという意味があり，タービン動翼の abrasive tip では，チップ面に研磨性のある粒子が埋め込まれていて，ケーシングとのラビングが起こった際にはケーシング側を削って最適なクリアランスを保つ．8.10 節のラビリンス・シールで出てきた abradable liner は逆に knife edge によって削られる）や，通常の水洗がある．微粒子による研磨洗浄では，ガスタービンが通常通りの回転数で運転している状態で，比較的やわらかい粒子を入口から投入し，その粒子がエンジン内で部材に当たって砕け，翼表面の堆積物を粒子が削り取ることにより表面を洗浄する．投入する粒子としては，くるみの殻，杏の種（杏はウメに似たもので，梅干の種のイメージ），もみ殻，使用済みの触媒などがある．ただし，この方法では，時々，圧縮機の細い前縁を痛めることがあり，また，タービンを空冷している場合は投入した粒子が冷却孔を塞いでしまう可能性が少なからずあるため，今日ではほとんど使われていない．一方，圧縮機の水洗に関しては，ガスタービンを運転させたまま行う場合と，一旦停止してから行う場合の2種類ある．前者では，ガスタービンが通常運転されている状態で，圧縮機入口で洗剤をまぜた水を噴霧する．出力を継続的に維持することが要求されており，停止に伴うコスト負担が大きい場合によく採られる方法である．一方，ガスタービンを停止した状態での水洗に関しては，回転軸を始動装置を使って回しながら，入口から同様に洗剤入りの水を噴霧する．何度かそれを繰り返し，最後に水だけ使って洗い流さなければならないが，こちらの方がよりきれいに洗浄できるようである．水洗を長い間やらないと，洗っても汚れが落ちず性能が回復できなくなるが，一方で，あまり頻繁に洗うとなると，コスト面での負担が大きくなる．文献［13］には，圧縮機の水洗の手順やその効果につい

て詳しく記載されている．

　上記のような洗浄等では回復せず，修理や交換を要するような性能劣化は，風食（erosion）や腐食（corrosion），チップ・クリアランスの増大などの機械的な要因によるものが多い．風食によって翼の空力形状が変わってしまったり，表面仕上げが劣化してしまったりした場合には，オーバホールを行わない限り，性能は回復してこない．チップ・クリアランスの増加は，過渡的な状態での翼とケーシングの熱膨張率の違いによるラビングによって，どちらかが削れると起こるが，チップ・クリアランスが増加すると，効率が低下するのみならず，サージ・ラインも下がってくる．図9.1（c）のジェット・エンジンや，図9.1（b）の出力タービン付きの2軸式ガスタービンでは，運転中に性能が劣化すると，平衡状態を満たす定常な作動線が徐々に上がってきて，上記の通り，サージ・ラインが下がってくることと相まってサージ・マージンが小さくなり，エンジンを加速する際に投入する追加の燃料流量をかなり減らさなければならなくなる（ため加速が遅くなり，応答性が悪くなる）．

　文献［14］には，産業用ガスタービンの性能劣化の全体像や，圧縮機出口全圧の計測，流量変化の目安としての入口全圧の計測など，性能劣化を検知する方法が掲載されている．全体性能の変化は，各要素での汚れや機械的な損傷による流量や効率への影響をその要素の特性に組み込み，それを用いた非設計点での性能計算を行えば求められる．このような性能の劣化に関する実験データは公開文献にはほとんど無く，また，実際に性能劣化を起こしたガスタービンでも，各要素の特性の変化が分かるような機器がきちんと付けられているわけでもない．文献［15］の例では，出力400 kWのターボシャフト・エンジンが，150時間の使用で，流量が5％，圧縮機の性能が1％下がっている．このエンジンは，大学のキャンパス内という比較的環境の良い場所で使用されており，原因は，上流側のベアリングのオイル漏れによる汚れであった．また，文献［16］では，性能劣化を予測する現実的なモデル作成の研究活動の一環として行われた，タービン翼の機械的な損傷の影響を予測するための実験について記載されている．文献［17］には，圧縮機で，各段の性能を順に積み上げて多段の性能を推測する方法（stage stacking）によって，圧縮機の汚れの影響を予測する計算モデルについて述べられている．

10.6 制御システム

図 10.16 には，ガスタービン制御システムの概略図を示す．制御システムに求められる最も基本的な要件は，オペレータがスロットル・レバーをどのように動かそうとも，また，入口空気の条件がどう変化しても，ガスタービンの安全性が維持できるということである．つまり，どのような状況でも，軸の回転数やタービン入口温度が所定の制限値を超えないことや，圧縮機のサージが起こらないことが，制御システムによって担保されなければならない．回転数の計測についてはあまり問題は無く，各種の周波数計測装置が使えるが，タービン入口温度については計測が難しい．タービンの入口は，通常は非常に温度が高いため，そこに温度計を差し込むことは現実的でない．温度の計測は，通常は，出力タービンの前か，もしくは，ジェット・エンジンの場合にはジェットパイプ内（図 3.8 参照）で行われ，タービンを守るために必要なタービン入口温度は，この温度等から間接的に求めることになる．温度の計測は，環状流路の周上に 6〜8 本配置された熱電対によって行われる．冷却タービンの場合には，タービン入口温度というより，冷却されているタービン翼自体の温度が重要であるから，先進的なシステムでは，放射温度計を使ってタービン翼の温度を計測する場合がある．

定常状態での燃料流量については，第 9 章と本章で説明した方法を使えば，ガスタービンの作動範囲全体に渡って求めることができる．また，過渡的な状態で

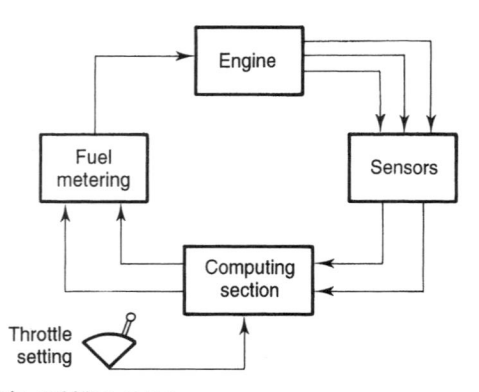

図 10.16　ガスタービンの制御システム

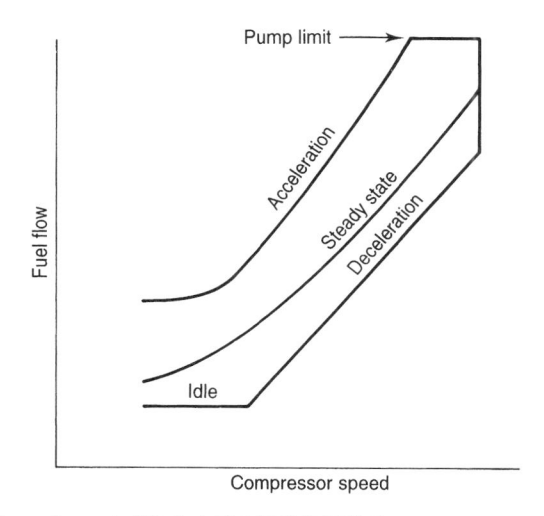

図 10.17 ターボジェット・エンジンにおける燃料供給計画

の性能を調べることにより，サージに入ったり，温度が制限値を超えたりしない範囲での燃料流量の最大値を予測することが出来る．図 10.17 には，単純なターボジェット・エンジンにおける典型的な燃料供給計画を示す．燃料供給計画の最適化を行う上では，過渡的な状態変化のシミュレーションが出来る計算モデルが重要なツールとなる．また，燃料供給計画は，最終的には，エンジン開発プログラムの中で行われる実証試験で検証することが必要である．

第 9 章と本章で示した通り，ガスタービンの主要な物理量（全温，全圧など）は，圧縮機，タービン，および，ノズルの特性と，それらのマッチングにより決まる．固定形状の場合には，定常状態での作動線やそこでの性能は決まっており，制御システムによってそれらを変えることは出来ない．一方，可変の圧縮機入口ガイド弁 VIGV（variable inlet guide vane）や，可変の圧縮機静翼，可変ノズルや可変のタービン静翼などが組み込まれている場合には，それらの可変機構の動作制御もガスタービン全体の制御システムの一部として組み込むことにより，ガスタービンの性能を制御システムで変化させることができる．制御システムにどの程度高度なものが必要かは，多分に，そのガスタービンの複雑さによって決まる．

図 10.16 に示す通り，ガスタービン制御システムの概略図には，必ず，演算を行う部分と，燃料流量制御を行う部分が必要である．長年に渡って，この 2 つの機能を油圧と機械動作で実現する油圧機械式のシステムが使われ，燃料の圧力を使った油圧動作で，ピストン，ベローズ，てこなどの機構を動かして燃焼器に供給する燃料流量を制御していた．近年では，計算機の演算能力の増大や小型計算機の急速な低価格化などにより，制御システム内にデジタル機器を組み込み易くなり，デジタル制御が進展している．ただし，デジタル計算機が機能するのは演算の部分だけであり，燃料流量制御には，バルブの開閉を行う制御装置が別途必要である．今日では，FADEC（full authority digital engine control）と呼ばれる，エンジン運転のすべてのモードの制御をデジタル制御で行うシステムが，大型の航空エンジンでは広く使われている．ただ，計算機のコストは低いものの，制御ソフトウェアは認証を受ける必要があるため，ソフトの開発費が膨大になる．このため，低コストの小型エンジンでは FADEC はあまり使われていない．

また，デジタル制御システムは，ガスタービン運転中のデータ取得にも使われることが多くなっている．センサ類で得られたエンジンのデータは，異常な変化が起これば，エンジンの機械的な状態を調べる診断システムでそれを分析することなどに活用される．このようなエンジン・ヘルス・モニタリング・システム（EHM システム）では，熱力学的なデータ（温度・圧力等）の計測，振動解析，潤滑油の化学分析などによってエンジンの状態が調べられる．文献 [18] では，熱力学モデルをエンジン診断にどう使うかについて述べられている．EHM システムは，メンテナンス・コストの大幅な削減や，重大な損傷が発生する前に起こる初期のエンジン劣化を検知できるなどのメリットがあることが実証されている（文献 [19]）．

本節を結ぶにあたり，ガスタービン運転状態の各種の値が制限値を超えないように制御する簡単な例を 2 つ述べることにする．図 9.1 (b) のような 2 軸式のヘリコプタ用ターボシャフト・エンジンを例として考える．ヘリコプタでは，ギアは重量を最小化するためコンパクトな設計になっており，ギアには非常に高い応力がかかっているため，出力の最大値を超えて運転することは厳しく制限されている．設計点と同じ回転数でガス発生器を回すとすれば，例題 9.2 で示した通り，低温日には出力が上がり，高温日には出力が下がるので，気温による出力の

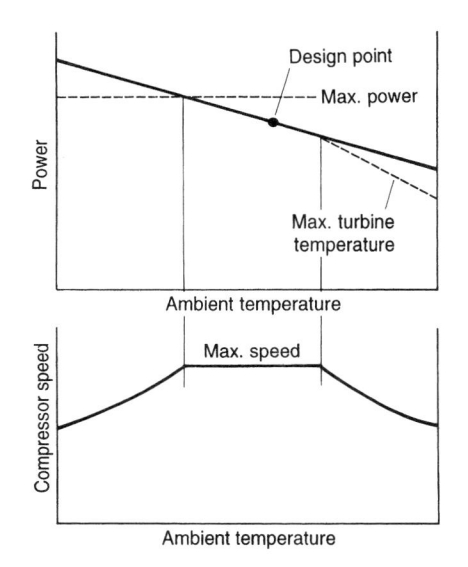

図 10.18　気温による出力と回転数の制限値の変化

変化は，図 10.18 上図の実線で示すようになる．また，ギアの制約から，最大出力は破線で示すライン以下に制約されているとする．さらに，高温日には，タービン入口温度の制約から，出力は破線のライン以下に制約されているとする．この傾向については，すでに，ターボジェット・エンジンで同様のことを説明した．出力をこれらの制約の範囲内に収める場合，ガス発生器が回転可能な回転数の最大値は，図 10.18 下図のようになり，最大回転数で回転できるのは，出力の制限とタービン入口温度の制限の両方とも影響しない中間の温度範囲のみで，低温側と高温側では，回転数を下げなければならないことが分かる．

　航空エンジンの場合は，外気温度がある設定温度までは推力（もしくは出力）が一定になるよう設定されることが多い．典型例で言えば，気温 30℃ をその設定温度とし，その温度までは推力（出力）一定の Flat rating となるようにする．この場合，地上で言えば，第 3 章末の ISA の気温より設定温度は 15℃ 高いことになる．これは，気温によって推力を変動させず，高温日にも所定の推力が出せるようにする一方で，設定温度より気温が低い日には，エンジン内が同じ推力でも低温になるのでそれだけ寿命が延びるのでよしとしているためである．この場

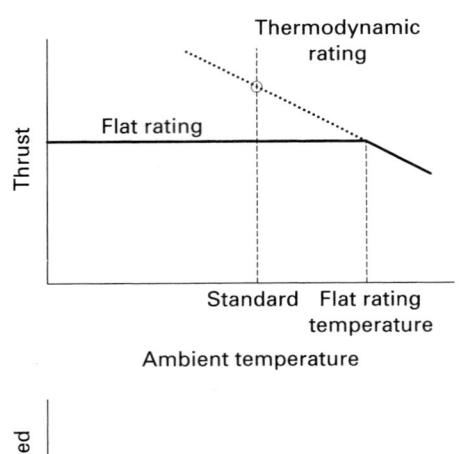

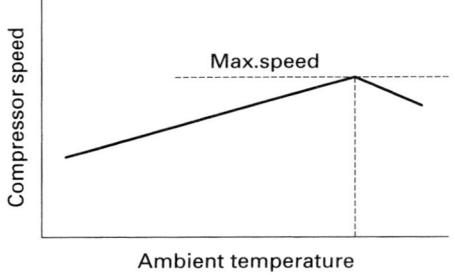

図10.19 航空エンジンの気温別設定最大推力と回転数

合の，航空エンジンの推力の気温による変化は，図10.19上図の通りで，設定温度（Flat rating temperature）以下の推力は，設定温度で熱サイクル的に定まる最大推力で一定に設定されており，それより気温が高いと，タービン入口温度の制約などにより，最大推力が下げられている．図には，熱サイクル的に許容できる推力の限界値も点線で示しているが，例えば，ISAの地上温度（15℃，図のStandard）と同じ気温の場合には，熱サイクル的にはもっと高い推力を出すことが可能であることが分かる．この熱サイクル的に可能な最大推力に関しては，設定推力より15～20%高い可能性がある．エンジンを回転数で制御するとし，図10.19上図の実線のように最大推力を設定した場合には，エンジン回転数の最大値は，図10.19下図の実線のようになり，設定温度より気温の低い日は，回転数やタービン入口温度を下げて運転することになることが分かる．PT-6ターボプロップ・エンジンは，出力600 kWで設定温度62.8℃まで出力一定となるよ

うに設定されている．PT-6の設定温度がこのように高い理由は，高速飛行に対応するため，高度12000 mでも同じく600 kWを出力できるようにしているためである．このエンジンでは，熱サイクル的には1000 kW程度出せる場合があるが，出力は一律600 kW以下に制限されており，また，ギア・ボックスも，重量とコスト削減のため，600 kW対応で設計されている．推力や出力の最大値を決める設定温度を高くすると，ISAの条件ではエンジンの回転数をかなり下げて運転することになることが分かる．

　ガスタービンの制御システムの設計は専門的な仕事であり，日々変化し続けている．興味のある読者は，その時々の文献を参照されたい．また，制御システムの設計においては，対象となるシステムを十分に理解することが不可欠であり，ガスタービンの性能をよく見ておくことが必要になる．

文　献

1　はじめに

(1) SARAVANAMUTTOO, H. I. H. *Civil propulsion: the last fifty years*, Guggenheim Memorial Lecture, International Congress of Aerospace Sciences, 2002.
(2) CARCHEDI, F., GALLIMORE, S., SIEMIERNIK, A. F. and GOODMAN, D. A. Development and early field experience of the Typhoon gas turbine, *American Society of Mechanical Engineers*, paper 91-GT-382, 1991.
(3) MORRIS, R. E. The Pratt and Whitney PW100—evolution of the design concept, *Canadian Aeronautics and Space Journal*, **28**, 1982, 211–21.
(4) BRANDT, D. E. The design and development of an advanced heavy-duty gas turbine, *Transactions of the American Society of Mechanical Engineers*, **110**, 1988, 243–50.
(5) SCALZO, A. J., BANNISTER, R. L., de CORSO, M. and HOWARD, G. S. Evolution of heavy-duty power generation and industrial combustion turbines in the United States, *American Society of Mechanical Engineers*, paper 94-GT-488, 1994.
(6) ROCHA, G. and ETHERIDGE, C. J. Evolution of the Solar Titan 130 industrial gas turbine, *American Society of Mechanical Engineers*, paper 98-GT-590, 1998.
(7) PICKERELL, D. J. Rolls-Royce RB211-535 power plant, *Journal of Aircraft*, **20**, 1983, 15–20.
(8) RUFFLES, P. C. Innovation in aero engines, *Aeronautical Journal, Royal Aeronautical Society*, 1996, 473–83.

2　産業用ガスタービン

(1) ROGERS, G. F. C. and MAYHEW, Y. R. *Engineering Thermodynamics, Work and Heat Transfer, 5th edition* (Longman, 1994).

(2) McDONALD, C. F. Emergence of recuperated gas turbines for power generation, *American Society of Mechanical Engineers*, paper 99-GT-67, 1999.
(3) BANES, B., McINTYRE, R. W. and SIMS, J. A. *Properties of Air and Combustion Products with Kerosene and Hydrogen Fuels* (AGARD, 1967).
(4) FIELDING, D. and TOPPS, J. E. C. Thermodynamic data for the calculation of gas turbine performance, *Aeronautical Research Council*, R&M No. 3099 (HMSO, 1959).
(5) LITTLE, D. A., BANNISTER, R. L. and WIANT, B. C. Development of advanced gas turbine systems, *American Society of Mechanical Engineers*, Cogen Turbo Power, **93**, 1993, 271–80.
(6) LUGAND, P. and PARIETTI, C. Combined cycle plants with Frame 9F gas turbines, *Transactions of the American Society of Mechanical Engineers*, **113**, 1991, 475–81.
(7) CATINA, J. L., FORTUNE, H. J. and SOROKA, G. E. Repowering Chesterfield 1 and 2 with combined cycle, *Transactions of the American Society of Mechanical Engineers*, **110**, 1988, 214–99.
(8) ROGERS, G. F. C. and MAYHEW, Y. R. *Thermodynamic and Transport Properties of Fluids* (Blackwell, 1995).
(9) McDONALD, C. F. Enabling technologies for nuclear gas turbine power conversion systems, *American Society of Mechanical Engineers*, paper 94-GT-415, 1994.

3 航空エンジン用ガスタービン

(1) Relationships between some common intake parameters, *Royal Aeronautical Society*, data sheet 66028, 1966.
(2) SEDDON, J. and GOLDSMITH, E. L. *Intake Aerodynamics* (AIAA Education Series, 1985).
(3) ASHWOOD, P. F. A review of the performance of exhaust systems for gas turbine aero-engines, *Proceedings of the Institution of Mechanical Engineers*, **171**, 1957, 129–58.
(4) YOUNG, P. H. Propulsion controls on the Concorde, *Journal of the Royal Aeronautical Society*, **70**, 1966, 863–81.
(5) ROGERS, G. F. C. and MAYHEW, Y. R. One-dimensional irreversible gas flow in nozzles, *Engineering, London*, **175**, 1953, 355–8.
(6) FROST, T. H. Practical bypass mixing systems for fan jet aero-engines, *Aeronautical Quarterly*, **17**, 1966, 141–60.
(7) LEWIS, G. M. The next European engine for combat aircraft, *Aeronautical Journal, Royal Aeronautical Society*, February 1984.
(8) GUHA, A. Optimisation of aero gas turbine engines, *The Aeronautical Journal*, **105**, 2002, 345–68.

(9) STEVENSON, J. D. and SARAVANAMUTTOO, H. I. H. Simulating indirect thrust measurement methods for high bypass turbofans, *Transactions of the American Society of Mechanical Engineers*, **117**, 1995, 38–46.
(10) SARAVANAMUTTOO, H. I. H. Modern turboprop engines, *Progress in Aerospace Sciences*, **24**, 1987, 225–48.

4 遠心圧縮機

(1) WHITTLE, F. The early history of Whittle jet propulsion gas turbines, *Proceedings of the Institution of Mechanical Engineers*, **152**, 1945, 419–35.
(2) CHESHIRE, L. J. The design and development of centrifugal compressors for aircraft gas turbines, *Proceedings of the Institution of Mechanical Engineers*, **153**, 1945, 426–40.
(3) WRONG, C. B. An introduction to the JT 15D engine, *Transactions of the American Society of Mechanical Engineers*, 69-GT-119, 1969.
(4) STANITZ, J. D. Some theoretical aerodynamic investigations of impellers in radial and mixed-flow centrifugal compressors, *Transactions of the American Society of Mechanical Engineers*, **74**, 1952, 473–97.
(5) ENGINEERING SCIENCES DATA UNIT: Fluid Mechanics—internal flow, 4—Duct expansions and duct contractions, Data Sheets 73024, 74015, 76027.
(6) KENNY, D. P. A novel low-cost diffuser for high-performance centrifugal compressors, *Transactions of the American Society of Mechanical Engineers*, Series A, **91**, 1969, 37–46.
(7) FERGUSON, T. B. *The Centrifugal Compressor Stage* (Butterworth, 1963).
(8) HANKINS, G. A. and COPE, W. F. Discussion on 'The flow of gases at sonic and supersonic speeds', *Proceedings of the Institution of Mechanical Engineers*, **155**, 1947, 401–16.
(9) CAME, P. M. The development, application and experimental evaluation of a design procedure for centrifugal compressors, *Proceedings of the Institution of Mechanical Engineers*, **192**, No. 5, 1978, 49–67.
(10) HERBERT, M. V. A method of performance prediction for centrifugal compressors, *Aeronautical Research Council*, R&M No. 3843 (HMSO, 1980).
(11) CAME, P. M. and ROBINSON, C. J. Centrifugal compressor design, *Proceedings of the Institution of Mechanical Engineers*, **213**, Part C, 1999.

5　軸流圧縮機

(1) CONSTANT, H. The early history of the axial type of gas turbine engine, *Proceedings of the Institution of Mechanical Engineers*, **153**, W.E.P. No. 12, 1945.
(2) HOWELL, A. R. Fluid dynamics of axial compressors, and Design of axial compressors, *Proceedings of the Institution of Mechanical Engineers*, **153**, W.E.P. No. 12, 1945.
(3) HOWELL, A. R. The present basis of axial compressor design. Part I—Cascade Theory, *Aeronautical Research Council*, R&M No. 2095 (HMSO, 1942).
(4) JOHNSEN, I. A. and BULLOCK, R. O. *Aerodynamic Design of Axial-flow Compressors*, NASA SP-36, 1965.
(5) HORLOCK, J. H. *Axial Flow Compressors* (Butterworth, 1958).
(6) LIEBLEIN, S. and JOHNSEN, I. A. Résumé of transonic compressor research at NACA Lewis Laboratory, *Transactions of the American Society of Mechanical Engineers, Journal of Engineering for Power*, **83**, 1961, 219–34.
(7) TODD, K. W. Practical aspects of cascade wind tunnel research, *Proceedings of the Institution of Mechanical Engineers*, **157**, W.E.P. No. 36, 1947.
(8) GOSTELOW, J. P. *Cascade Aerodynamics* (Pergamon Press, 1984).
(9) CARTER, A. D. S. Blade profiles for axial flow fans, pumps, compressors, etc., *Proceedings of the Institution of Mechanical Engineers*, **175**, No. 16, 1961, 775–88.
(10) MILLER, G. R., LEWIS, G. W. and HARTMAN, M. J. Shock losses in transonic blade rows, *Transactions of the American Society of Mechanical Engineers, Journal of Engineering for Power*, **83**, 1961, 235–42.
(11) SCHWENK, F. C., LEWIS, G. W. and HARTMAN, M. J. A preliminary analysis of the magnitude of shock losses in transonic compressors, NACA RM E57A30, 1957.
(12) KERREBROCK, J. L. Flow in transonic compressors, *American Institute for Aeronautics and Astronautics Journal*, **19**, 1981, 4–19.
(13) STONE, A. Effects of stage characteristics and matching on axial-flow-compressor performance, *Transactions of the American Society of Mechanical Engineers*, **80**, 1958, 1273–93.
(14) GREITZER, E. M. Review—axial compressor stall phenomena, *Transactions of the American Society of Mechanical Engineers, Journal of Fluids Engineering*, **102**, 1980, 134–51.
(15) CARCHEDI, F. and WOOD, G. R. Design and development of a 12:1 pressure ratio compressor for the Ruston 6 MW gas turbine, *Transactions of the American Society of Mechanical Engineers, Journal of Engineering for Power*, **104**, 1982, 823–31.

(16) WADIA, A. R., WOLF, D. P. and HAASER, F. G. Aerodynamic design and testing of an axial-flow compressor with pressure ratio of 23·3 for the LM2500 + gas turbine, *American Society of Mechanical Engineers*, paper 99-GT-210, 1999.
(17) DAVIS, W. R. and MILLAR, D. A. J. A comparison of the matrix and streamline curvature methods of axial flow turbomachinery analysis, from a user's point of view, *Transactions of the American Society of Mechanical Engineers*, **97**, 1975, 549–60.
(18) DENTON, J. D. An improved time marching method for turbomachinery flow calculation, *American Society of Mechanical Engineers*, paper 82-GT-239, 1982.
(19) McNALLY, W. D. and SOCKOL, P. M. Review—computational methods for internal flows with emphasis on turbomachinery, *Transactions of the American Society of Mechanical Engineers, Journal of Fluids Engineering*, **107**, 1985, 6–22.
(20) FREEMAN, C. and STOW, P. The application of computational fluid mechanics to aero gas turbine compressor design and development, *Institution of Mechanical Engineers*, Conference Publications (1984—3) C70/84.
(21) DUNHAM, J. A.R. Howell; father of the British axial compressor, *American Society of Mechanical Engineers*, paper 2000-GT-8, 2000.

6 燃焼器

(1) LIPFERT, F. W. Correlation of gas turbine emissions data, *American Society of Mechanical Engineers*, paper 72-GT-60, 1972.
(2) SOTHERAN, A. The Rolls-Royce annular vaporizer combustor, *American Society of Mechanical Engineers*, paper 83-GT-49, 1983.
(3) *Technical Advances in Gas Turbine Design*, Institution of Mechanical Engineers Symposium, 1969.
(4) SPALDING, D. B. *Some Fundamentals of Combustion* (Butterworths Scientific Publications, 1955).
(5) ROGERS, G. F. C. and MAYHEW, Y. R. *Engineering Thermodynamics, Work and Heat Transfer*, 4th edition (Longman, 1994).
(6) LEONARD, G. and STEGMAIER, J. Development of an aeroderivative gas turbine dry low emissions combustion system, *American Society of Mechanical Engineers*, paper 93-GT-288, 1993.
(7) DAVIS, L. B. and WASHAM, R. M. Development of a dry low NO_x combustor, *American Society of Mechanical Engineers*, paper 89-GT-255, 1989.
(8) MAGHON, H., BERENBRINK, P., TERMUEHLEN, H. and GARTNER, G. Progress in NO_x and CO emission reduction of gas

turbines, *American Society of Mechanical Engineers*, paper 90-JPGC/GT-4, 1990.
(9) SATTELMEYER, T., FELCHLIN, M. P., HAUMANN, J. and STYNER, D. Second generation low-emission combustors for ABB gas turbines: burner development and tests at atmospheric pressure, *Transactions of the American Society of Mechanical Engineers*, **114**, 1992, 118–24.
(10) ETHERIDGE, C. J. Mars SoLoNO$_x$-lean pre-mix combustion technology in production, *American Society of Mechanical Engineers*, paper 94-GT-255, 1994.
(11) BAHR, D. W. Aircraft engine NO$_x$ emissions—abatement progress and prospects, *International Society for Air Breathing Engines*, paper 91-7022, 1991.
(12) SEGALMAN, I., McKINNEY, R. G., STURGESS, G. J. and HUANG, L. M. Reduction of NO$_x$ by fuel-staging in gas turbine engines, *AGARD Conference Proceedings 485*, 1993.
(13) SUMMERFIELD, A. H., PRITCHARD, D., TUSON, D. W. and OWEN, D. A. Mechanical design and development of the RB211 dry low emissions engine, *American Society of Mechanical Engineers*, paper 93-GT-245, 1993.
(14) CORBETT, N. C. and LINES, N. P. Control requirements for the RB211 low emission combustion system, *American Society of Mechanical Engineers*, paper 93-GT-12, 1993.
(15) SCARINCI, T. and HALPIN, J. L. Industrial Trent combustor–combustion noise characteristics, *American Society of Mechanical Engineers*, paper 99-GT-9, 1999.
(16) BAMMERT, K. Operating experiences and measurements on turbo sets of CCGT—cogeneration plants in Germany, *American Society of Mechanical Engineers*, paper 86-GT-101, 1986.

7 軸流／遠心タービン

(1) HORLOCK, J. H. *Axial Flow Turbines* (Butterworth, 1966).
(2) SMITH, S. F. A simple correlation of turbine efficiency, *Journal of the Royal Aeronautical Society*, **69**, 1965, 467–70.
(3) AINLEY, D. G. and MATHIESON, G. C. R. An examination of the flow and pressure losses in blade rows of axial flow turbines, *Aeronautical Research Council*, R&M 2891 (HMSO, 1955).
(4) JOHNSTON, I. H. and KNIGHT, L. R. Tests on a single-stage turbine comparing the performance of twisted with untwisted rotor blades, *Aeronautical Research Council*, R&M 2927 (HMSO, 1953).
(5) ANDREWS, S. J. and OGDEN, H. A detailed experimental comparison of (compressor) blades for free vortex flow and

equivalent untwisted constant section blades, *Aeronautical Research Council*, R&M 2928 (HMSO, 1953).
(6) ISLAM, A. M. T. and SJOLANDER, S. A. Deviation in axial turbines at subsonic conditions, *American Society of Mechanical Engineers*, paper 99-GT-26, 1999.
(7) SMITH, D. J. L. Turbulent boundary layer theory and its application to blade profile design, *Aeronautical Research Council* C.P. 868 (HMSO, 1966).
(8) AINLEY, D. G. and MATHIESON, G. C. R. A method of performance estimation for axial-flow turbines, *Aeronautical Research Council*, R&M 2974 (HMSO, 1951).
(9) DUNHAM, J. and CAME, P. M. Improvements to the Ainley–Mathieson method of turbine performance prediction, *Transactions of the American Society of Mechanical Engineers, Journal of Engineering for Power*, **92**, 1970, 252–6.
(10) KACKER, S. C. and OKAPUU, U. A mean line prediction method for axial flow turbine efficiency, *Transactions of the American Society of Mechanical Engineers, Journal of Engineering for Power*, **104**, 1982, 111–19.
(11) BENNER, M. W., SJOLANDER, S. A. and MOUSTAPHA, S. H. Influence of leading-edge geometry on profile losses in turbines at off-design conditions: experimental results and an improved correlation, *Transactions of the American Society of Mechanical Engineers, Journal of Turbomachinery*, **119**, 1999, 193–200.
(12) AINLEY, D. G. Internal air-cooling for turbine blades—a general design survey, *Aeronautical Research Council*, R&M 3013 (HMSO, 1957).
(13) HAWTHORNE, W. R. Thermodynamics of cooled turbines, Parts I and II, *Transactions of the American Society of Mechanical Engineers*, **78**, 1956, 1765–81.
(14) BARNES, J. F. and FRAY, D. E. An experimental high-temperature turbine (No. 126), *Aeronautical Research Council*, R&M 3405 (HMSO, 1965).
(15) *Technical Advances in Gas Turbine Design*, Institution of Mechanical Engineers Symposium, 1969.
(16) PRICE, J. R., JIMENEZ, O., PARTHASARATHY, V. J. and MIRIYALA, N. Ceramic stationary gas turbine development program; 6th annual summary, *American Society of Mechanical Engineers*, paper 99-GT-351, 1999.
(17) MOWILL, J. and STROM, S. An advanced radial-component industrial gas turbine, *Transactions of the American Society of Mechanical Engineers, Journal of Engineering for Power*, **105**, 1983, 947–52.
(18) DIXON, S. L. *Fluid Mechanics, Thermodynamics of Turbomachinery*, 5th edition (Elsevier Butterworth–Heinemann, 2000).

(19) *Aerodynamic Performance of Radial Inflow Turbines.* First (1963) and Second (1964) Reports, Motor Industry Research Association. (Alternatively, the work is summarized in: HIETT, G. F. and JOHNSTON, I. H. Experiments concerning the aerodynamic performance of inward radial flow turbines, *Proceedings of the Institution of Mechanical Engineers*, **178**, Part 3I(ii), 1964.)
(20) BENSON, R. S. A review of methods for assessing loss coefficients in radial gas turbines, *International Journal of Mechanical Science*, **12**, 1970, 905–32.
(21) BRIDLE, E. A. and BOULTER, R. A. A simple theory for the prediction of losses in the rotors of inward radial flow turbines, *Proceedings of the Institution of Mechanical Engineers*, **182**, Part 3H, 1968.
(22) BENSON, R. S. Prediction of performance of radial gas turbines in automotive turbochargers, *American Society of Mechanical Engineers*, paper 71-GT-66, 1971.

8　ガスタービンの機械設計

(1) GREEN, C. H. and BEAN, C. J. The development of the Olympus "C" gas generator, *American Society of Mechanical Engineers*, paper 79-GT-122, 1979.
(2) NABARRO, F. R. N. and de VILLIERS, H. L. *The Physics of Creep* (Taylor & Francis, 1995).
(3) PENNY, R. K. and MARRIOTT, D. L. *Design for creep*, 2nd edition (Chapman & Hall, 1995).
(4) EVANS, R. W., PARKER, J. D. and WILSHIRE, B. *Recent advances in creep and fracture of engineering materials and structures*, ed. Wilshire, D. and Owen, D. R. J., p. 135 (Pineridge Press, 1982).
(5) BAGNOLI, K. E., CATER-CYKER, Z. D. and BUDIMAN, B. S. Evaluation of the theta projection technique for estimating the remaining creep life of GTD-111DS turbine blades, *American Society of Mechanical Engineers*, paper GT2007-28345, 2007.
(6) MANSON, S. S. *Thermal stress and low-cycle fatigue* (McGraw-Hill, 1966).
(7) MANSON, S. S. Fatigue: a complex subject—some simple approximations, *Experimental Mechanics*, July 1965.
(8) *Thermal mechanical fatigue of aircraft engine materials*, *AGARD Conference Proceedings 569*, 1996.
(9) ERICKSON, G. L. Unique single crystal superalloys for industrial gas turbine application, *Invited paper presented at Processing and Design Issues in High Temperature Materials*, Davos, May 1996.
(10) POLLOCK, T. M. and TIN, S. Nickel-based superalloys for advanced turbine engines: chemistry, microstructure, and properties, *Journal of Propulsion and Power*, **22**, No. 2, 2006, 361–74.

(11) GLEESON, B. Thermal barrier coatings for aeroengine applications, *Journal of Propulsion and Power*, **22**, No. 2, 2006, 375–83.
(12) JIMENEZ, O., BAGHERI, H., McCLAIN, J., RIDLER, K. and BORNEMISZA, T. CSGT: final design and test of a ceramic hot section, *American Society of Mechanical Engineers*, paper GT2003-38978, 2003.
(13) DiCARLO, J. and van ROODE, M. Ceramic composite development for gas turbine engine hot section components, *American Society of Mechanical Engineers*, paper GT2006-90151, 2006.
(14) BROEK, D. *Elementary engineering fracture mechanics*, 4th edition (Nijhoff, 1986).
(15) LIEBOWITZ, H. (ed.) *Practical applications of fracture mechanics*, AGARDograph No. 257, 1980.
(16) *Test cases for engine life assessment technology*, AGARD-AR-308, 1992.
(17) SARAVANAMUTTOO, H. I. H. Internal Orenda Engines Technical Note, 1964.
(18) SHAW, H. An improved blade root design for axial flow compressors (and turbines), *Aeronautical Journal of the Royal Aeronautical Society*, **74**, July 1970, 589–94.
(19) ARMAND, S. C. Structural optimization methodology for rotating disks of aircraft engines, *NASA Technical Memorandum 4693*, 1995.
(20) BULLARD, J. B. and Baxendale, B. B. *Some mechanical design problems of turbine blades and discs*, AGARD-CP-73-71, 1971.
(21) WHEELER, E. L. Development of Garrett GTPF990: a 5000 hp marine and industrial gas turbine, *American Society of Mechanical Engineers*, paper 78-GT-44, 1978.
(22) MARSCHER, W. D. Structural design and analysis of modern turbomachinery systems, Chapter 7, *Sawyer's gas turbine engineering handbook*, ed. Sawyer, J. W. (Turbomachinery International Publications, 1985).
(23) *AGARD manual on aeroelasticity in axial-flow turbomachines*, Vol. 2, *Structural dynamics and aeroelasticity*, eds Platzer, M. F. and Carta, F. O., AGARD-AG-298, 1988.
(24) FAA AC 33.76 Bird ingestion, 13 September 2007.
(25) EHRICH, F. F. (ed.) *Handbook of Rotordynamics*, 2nd edition (McGraw-Hill, 2004).
(26) EBERT, F. J., NICOLICH, P. and SEBALD, W. *Large-size bearings for the next generation of aerospace engines*, FAG Ball and Roller Bearing Engineering 1990-501.
(27) *A practical method for calculating the attainable life in aerospace bearing applications*, FAG Aerospace Bearings Publication FL 40 134 EA, 1989.

(28) CHUPP, R. E., HENDRICKS, R. C., LATTIME, S. B. and STEINETZ, B. M. Sealing in turbomachinery, *Journal of Propulsion and Power*, **22**, No. 2, 2006, 313–49.

9 ガスタービンの性能計算 ― 基礎編 ―

(1) EBELING, J. E. Thermal energy storage and inlet-air cooling for combined cycle, *American Society of Mechanical Engineers*, paper 94-GT-310, 1994.
(2) MEHER-HOMJI, C. B. and MEE, T. R. Inlet fogging of gas turbine engines, *American Society of Mechanical Engineers*, papers 2000-GT-307/8, 2000.

10 ガスタービンの性能計算 ― 応用編 ―

(1) MALLINSON, D. H. and LEWIS, W. G. E. The part-load performance of various gas-turbine engine schemes, *Proceedings of the Institution of Mechanical Engineers*, **159**, 1948, 198–219.
(2) TREWBY, G. F. A. British naval gas turbines, *Transactions of the Institution of Marine Engineers*, **66**, 1954, 125–67.
(3) SWATMAN, I. M. and MALOHN, D. A. An advanced automotive gas turbine concept, *Transactions of the Society of Automotive Engineers*, **69**, 1961, 219–27.
(4) COX, J. C., HUTCHINSON, D. and OSWALD, J. I. The Westinghouse/Rolls-Royce WR-21 gas turbine variable area power turbine design, *American Society of Mechanical Engineers*, paper 95-GT-54, 1995.
(5) KAYS, W. M. and LONDON, A. L. *Compact Heat Exchangers* (McGraw-Hill, 1964).
(6) RAHNKE, C. J. The variable-geometry power turbine, *Transactions of the Society of Automotive Engineers*, **78** [i], 1969, 213–23.
(7) MAYER, A. and van der LINDEN, S. GT 24/26 advanced cycle system power plant progress for the new millennium, *American Society of Mechanical Engineers*, paper 99-GT-404, 1999.
(8) YOUNG, P. H. Propulsion controls on the Concorde, *Journal of the Royal Aeronautical Society*, **70**, 1966, 863–81.
(9) FAWKE, A. J. and SARAVANAMUTTOO, H. I. H. Digital computer methods for prediction of gas turbine dynamic response, *Transactions of the Society of Automotive Engineers*, **80** [iii], 1971, 1805–13.
(10) SARAVANAMUTTOO, H. I. H. and FAWKE, A. J. Simulation of gas turbine dynamic performance, *American Society of Mechanical Engineers*, paper 70-GT-23, 1970.
(11) FAWKE, A. J. and SARAVANAMUTTOO, H. I. H. Experimental investigation of methods for improving the dynamic response of a

twin-spool turbojet engine, *Transactions of the American Society of Mechanical Engineers*, **93**, series A, 1971, 418–24.
(12) SARAVANAMUTTOO, H. I. H. and MacISAAC, B. D. An overview of engine dynamic response and mathematical modelling concepts, *AGARD Conference Proceedings No. 324 'Engine Handling'*, 1982.
(13) MEHER-HOMJI, C. B. Gas turbine axial compressor fouling: a unified treatment of its effects, detection and control, *International Journal of Turbo and Jet Engines*, **9**, 1992, 311–34.
(14) DIAKUNCHAK, I. S. Performance deterioration in industrial gas turbines, *American Society of Mechanical Engineers*, paper 91-GT-228, 1991.
(15) SARAVANAMUTTOO, H. I. H. and LAKSHMIRANASIMHA, A. N. A preliminary assessment of compressor fouling, *American Society of Mechanical Engineers*, paper 85-GT-153, 1985.
(16) SJOLANDER, S. A., ISAACS, D. and KLEIN, W. A. Aerodynamics of turbine blades with trailing edge damage: measurements and computations, *Proceedings, 11th International Symposium on Air Breathing Engines*, **2**, 1993, 1327–34.
(17) AKER, G. F. and SARAVANAMUTTOO, H. I. H. Predicting gas turbine performance degradation due to compressor fouling using computer simulation techniques, *Transactions of the American Society of Mechanical Engineers, Journal of Engineering for Power*, **111**, 1989, 343–50.
(18) SARAVANAMUTTOO, H. I. H. and MacISAAC, B. D. Thermodynamic models for pipeline gas turbine diagnostics, *Transactions of the American Society of Mechanical Engineers*, **105**, Series A, 1983, 875–84.
(19) MUIR, D. E., RUDNITSKI, D. M. and CUE, R. W. CF-18 engine performance monitoring, *AGARD Conference Proceedings No. 448, 'Engine Condition Monitoring—Technology and Experience'*, 1988.

索　引

あ行

アスペクト比　295
圧縮機
　遠心——　197
　軸流——　233
圧送用ガスタービン　31
圧力係数　321
圧力比　62
　エンジン——　155
　ファン——　157,165
　ラム——　155
　臨界——　140
アニュラ型　338
アフター・バーナ　139,165,186
アフト・ファン　173
アラミド繊維　494
アルミナイド・コーティング　495,520
安全寿命設計　500
イグナイタ　363
　トーチ・——　363
　表面放電型——　363
1次型　263
1方向凝固　490
イットリア安定化ジルコニア　495
入口ガイド弁　218,236
インテーク　76,133,134
インペラ　198
渦巻き室　212,358
永久ひずみ　475
エポキシ樹脂　497
エロージョン　492
遠心圧縮機　197
エンジン圧力比　155
エンジン相当出力　176
遠心タービン　456

エンジン・ヘルス・モニタリング　642
延性材　475
エンタルピ　60,61
　全——　71,72
追い焚き　6
オイル・ホイップ　536,541
応力-ひずみ特性　475
オーステナイト系合金　489
オープン・ロータ　175
　プッシャ型　178
　UDF（unducted fan）　178
温度係数　389

か行

回転失速　228,324
開放系　4
カウンタ・ローテーション　394
火炎安定限界　353
可逆断熱変化　59
拡散火炎　334
ガス化　48
カスケード試験　289
ガス発生器　8,554,564,568
カニュラ型　337
加熱に伴う全圧損失　344
過濃燃焼　372
可変静翼　14,328,607
可変ノズル　188
可変ピッチ・プロペラ　561
カン型燃焼器　336
環状燃焼器　338
環状流路損失　413
環状流路抵抗　303
完全燃焼　93
艦艇用エンジン　38
ギア付ターボファン　174

機械効率　88
希釈領域　341
希薄燃焼　372
希薄予混合　334
希薄予混合燃焼方式　372
逆噴射装置　141,169
逆流式の燃焼器　21,22
キャンバ線　291
キャンベル線図　529
き裂進展速度　505
金属基複合材　497
空気分離装置　198,380
空燃比　353
空冷タービン　71
クリープ　477
クリープ率　477
グロス推力　128
形状抗力　302
形状損失　413
ケージ　542
結晶粒界　489
ケミカル・ミリング　443
ケロシン　93
減速率　247
研磨洗浄　638
コア流　156
高温原子炉　16,120
高温腐食　487
航空エンジン派生型　13,28,31,33
高サイクル疲労　481
公称応力　475
公称ひずみ　475
後退翼　209
降伏強度　475
後流　246,293,405
抗力係数　302
コーキング　339
国際標準大気　131
コジェネレーション　6,36,114
固定床　379
コード長　246,292

コバルト基　489
固有振動数　529
転がり軸受　542
コンテインメント設計　54
コンバインド・サイクル　5,6,34,48,114

さ行

再循環流　342
再生サイクル　64,110
再生再熱サイクル　68
再熱　10,103,106,113
再熱サイクル　66
再燃式ガスタービン　609
ザウタ平均半径　359
サージ　226,324
　——限界線　229
　——・マージン　328
　——・ライン　327,561
作動線　553,569
サーマル・チョーク　188
酸化　487
酸化物分散強化型合金　497
産業用ガスタービン　25
3次元織物　497
ジェット騒音　43
ジェット・パイプ　139
ジェフコット・ロータ　539
軸受　542
　転がり——　542
　ジャーナル——　546
　スラスト——　471,546
　ティルティング・パッド——　546
　ハイブリッド——　544
　フレキシブル——　537
　ボール・ベアリング　543
　ラジアル——　471,546
　流体——　545
　ローラ・ベアリング　543
軸出力　176
軸流圧縮機　233
軸流タービン　385

索引　659

仕事入力係数　202
指数型　263
失速　294
　回転——　228,324
始動装置　9
ジャーナル軸受　546
自由渦型　259,408
修正回転数　229
修正流量　229
出力タービン　8,568
シュラウド　200,515
シュラウド・ダンパー　506,515
循環系　4,14,120
常温圧接　483
消音装置　141
蒸気冷却　445
衝撃損失　463
衝撃波損失　313
衝動型　254,414
蒸発管　343
蒸発冷却器　581
真応力　475
伸度　475
真ひずみ　475
シンプレックス型　359
推進効率　129
推進出力　176
垂直離着陸機　152,190
水噴射　186
推力増強　186
スキッディング　543
スクイーズ・フィルム・ダンパー　538
スクロール　212
スタガ角　292
スタータ　9
ステージング　373
ステンレス鋼　489
ストール・トルク　577
スピル・バーナ　360
スミス線図　393
スモーク　333

スラスト軸受　471,546
スリップ　201
スリップ係数　201
スロート　399,414
スワーラ　342
スワール角　393
静圧　73
静温　72
脆性材　475
静翼　238
　IGV（inlet guide vane）　218,236
　入口ガイド弁　218,236
　可変——　14,328,607
背側　246
石炭ガス化複合発電　379
石炭ガス化炉　379
　固定床　379
　噴流床　379
　流動床　379
石炭のガス化　365,379
接合層　496
セパレータ　636
セラミクス　455,475,544
セラミクス基複合材　497
全圧　71,73
全温　71
全温下降率　389
全温上昇率　319
線形累積損傷則　501
全体圧力比　157,165
選択的触媒還元法　370,371
騒音
　ジェット——　43
　ファン——　44
相対マイナー則　502
相同温度　478
速度三角形　239
速度三角形　201,386
塑性ひずみ　475,484
ソリディティ　248
損傷許容設計　503

17-4 PH　489, 492, 493, 526

た行

耐久限度　545
対向流式　84
対称翼列　253
対数スパイラル曲線　212
耐熱コーティング　495
滞留時間　368
タービン入口温度　63, 165
タービン
　遠心——　456
　軸流——　385
　出力——　8, 568
タービン・ディスク　493
ダブテイル構造　516
ダブル・アニュラ燃焼器　376
ターボジェット・エンジン　18, 145, 586
ターボシャフト・エンジン　21, 180
ターボファン・エンジン　22, 31, 155, 622
　ギア付ターボファン　174
　超高バイパス比エンジン　173
ターボプロップ・エンジン　18, 175
単管燃焼器　337
タングステン　491
単結晶　490
弾性流体　545
タンタル　491
ダンパー　316
窒素酸化物　44, 333
チップ　238
チップ・クリアランス　304
チップ・クリアランス損失　413
中間冷却　10, 69
中間冷却器　4
中間冷却サイクル　69
抽気　71, 95
中空チタン　489
超合金　489
　1方向凝固　490
　単結晶　490

等方結晶構造　490
調速機　589
チョーク　140, 325, 442, 585
直交流式　84
定圧燃焼　3
定圧比熱　88
低位発熱量　94
定格動荷重　545
低サイクル疲労　483
ディスク　95, 198, 238
定積燃焼　3
ディフューザ　77, 199, 210, 289, 336
ティルティング・パッド軸受　546
ティルト・ロータ　181
デュプレックス（duplex）・バーナ　359
点火プラグ　362
転向角　241
　基準——　294
電子ビーム物理蒸着　495
転動体　542
等エントロピ効率　75
等エントロピ変化　60, 74
動温　72
等価動荷重　545
等方結晶構造　490
動翼　238
トーチ・イグナイタ　363
ドライ低 NO_x　370, 372
トランスピレーション冷却　357, 444, 498
鳥の衝突　535
トルク特性　576

な行

ナセル　169
2次抵抗　303
2次流れ損失　413
二重円弧翼型　313
ニッケル基　489
認証　466
ねじれ戻し　515
熱応力　488, 519, 526

熱交換器　7, 64, 84
　　——の対向流式　84
　　——の直交流式　84
　　リジェネ型——　84
熱交換効率　84
熱効率　61, 130
熱衝撃　32
熱消費率　94
熱電供給システム　6
熱電供給設備　36
熱・機械的疲労　486
燃空比　91
燃焼器
　　カニュラ型　337
　　カン型——　336
　　環状——　338
　　再熱——　4
　　再燃——　609
　　サイロ型——　338
　　ダブル・アニュラ——　376
　　単管——　337
燃焼強度　355
燃焼器ライナ　338, 357
燃焼効率　93, 349
燃焼振動　378
燃焼速度　342
燃料消費率　91, 93, 131

燃料ノズル　338
　　シンプレックス型　359
　　スピル・バーナ　360
　　デュプレックス（duplex）・バーナ　359
燃料噴射弁　338
ノズル　133, 139, 386, 582
　　C——　140, 398
　　CD——　140, 398
　　可変——　188
ノズル・トリマ　145
ノット　18
飲み込み流量　569, 571

は行

排気ガス温度　102, 635
排熱回収ボイラ　6, 102, 114
排熱再生式・蒸気発生器　6, 26, 114
バイパス比　156, 165
バイパス流　156
ハイブリッド軸受　544
パイロット（pilot）燃焼　373
破壊じん性　505
バースト　520
パック法　495
バーナ　338
バナジウム　364
バビット・メタル　546
ハブ　238
ハブ・チップ比　242
腹側　246
パリス則　505
反動度　251, 389
火移り　361
光化学スモッグ　44
比出力　62
比推力　131
比推力係数　142
ヒステリシス・ホワール　536
非弾性ひずみ　484
ピッチ　246, 292
ピッチ／コード比　248
ピッティング　488
引張強度　475
引張試験　475
ピトー圧　73
ピトー管　290
比熱比　88
氷蓄熱方式　581
微粒化　358
微粒化装置　358
微粒炭　365
疲労
　　高サイクル——　481

低サイクル―― 483
熱・機械的―― 486
疲労限度線図 500
ピン構造 516
ピンチ点 115
ファン
　アフト・―― 173
　――圧力比 157, 165
　ワイド・コード・―― 316, 489, 506
ファン圧力比 157, 165
ファン騒音 44
風食 492
風損 87, 200
不具合モード 472
複合材 494
プッシャ型 178
ブラシ・シール 548
フラッタ 532
　チョーク・―― 533
　曲げ・ねじり―― 533
プラットフォーム 517
ブレイトンサイクル 60
フレキシブル軸受 537
フレッティング 483
ブロッケージ係数 250
プロップ・ファン 178
粉末冶金 493
噴霧冷却方式 582
噴流床 379
平面ひずみ破壊じん性 505
ペブル・ベッド・モジュール型高温ガス炉 125
ヘリウム 15, 16, 120
ベーン 198
偏差角 292
ボア・スコープ点検 526
ホイップ 541
放風 594
放風弁 14, 236, 327
補機駆動動力 599
補助動力装置 181

ポッド吊り下げ式 43, 135
ポリトロープ効率 79
ボリュート 216
ボール・ベアリング 543
ホワール 541

ま行

マイクロ・ガスタービン 86
マイナー則 501
膜冷却 358
摩擦接合 521
マッチング 555
マルテンサイト系合金 489
ミスト冷却方式 582
未燃炭化水素 44
迎え角 292
無次元回転数 225, 441, 558
無次元流量 225, 441, 558
メイン（main）燃焼 373
メタノール 186
モノリシック・セラミクス 498
もみの木構造 516, 518
もみの木 420
有効仕事係数 249
有効流路 248
融点規格化温度 478
溶鉱炉ガス 16
揚力係数 302
翼相対温度 446
翼高さ 295
翼負荷係数 389
翼平面形 295
翼列
　1次型 263
　指数型 263
　自由渦型 259
　衝動型 254
　対称―― 253
翼列試験 289
ヨーメータ 291
予冷器 5

予冷却器 15

ら行

ライナ 357
ラジアル軸受 471,546
ラーソン・ミラー・パラメータ 479
ラビリンス・シール 548
ラビング 305
ラム圧 585
ラム圧縮 76
ラム圧力比 155
ラム効率 137
リジェネ型 84
硫化 487
粒界酸化 520
流体軸受 545
流動床 46,379
流入運動量抵抗 128
流量率 319,389
量論空燃比 341
量論燃空比 93
臨界圧力比 140
臨界マッハ数 312

ルテニウム 491
冷却
　膜—— 358
　蒸発—— 581
　空冷システム 96
　蒸気—— 445
　——タービン 442
　トランスピレーション—— 357,444,498
　氷蓄熱方式 581
　噴霧——方式 582
　膜—— 358
　ミスト——方式 582
冷却タービン 442
レシプロ式 12,18
レニウム 491
ロータ・ダイナミクス 536
ロビンソン則 502
ローラ・ベアリング 543
64チタン 489

わ行

ワイド・コード・ファン 316,489,506

索引

A

A-286　492
AC（Advisory Circular）-33　467
AE1107　181
AE2100　179,190
AE3007　190
AGT1500　114
AISI 410　492,493
AISI 300　489
AISI 416　489,492,493
Allison 501　40
Allison 570　40
annulus drag　303
APU（auxiliary power unit）　181
ASU　380
Avon　21,32,237

B

blisk　330
blow-off valve　14,236,327
BPR　165

C

C series　298
Cノズル　140,398
CC　489
CDノズル　140,398
centrifugal stiffening　529
certification　466
CF6-80C2　13
CFD　231
CFM56　190
CFRP　494
CHP（combined heat and power）　36
CMC　497
CMSX-4　494
CMSX-10　494
CO　334
CODAG　336
CODLAG　40
CODOG　39,336
COGAG　39,336
COGES　41
COGOG　39,336
cold loss　345,347
control diffusion　330
COSAG　39
Cyclone　237,631

D

Dart　18,21,52,336
DDH-280　40
de Haller 数　245
DLE（dry low emission）　339
DLN（dry low NO$_x$）　45,370,372
DN 値　543
DS　490

E

EB-PVD　495
EGT（exhaust gas temperature）　102,353,635
end bend　330
Engine Alliance　22
engine order　530
EP（equivalent power）　176
EPA　370
EPR　155
ETOPS　22

F

F101　190
FAA　466
FADEC　642
FAR　466
FAR33　467
film cooling　357,445
fir tree 構造　420,518
Flat rating　643
fluidized bed　46
FOD　197

索引　665

FPR　157, 165
free turbine　8, 11, 21
FT-4　32, 40
FT-8　631
FT-12　40

G

gas generator　8
gasification　48
GASTURB　53
GE Frame 6　631
GE90　168, 174, 497
GEnx　25, 498
Gloster-Whittle 機　16
Goodman 線　501
GP7200　22, 24, 174
GT26　106, 114
GT35　41, 336
GTF　174

H

HALE　25
Hastelloy X　493, 494
HCF　481
heat rate　94
Heinkel 実験機　16
Honeywell 131 APU　183
Honeywell 331 APU　183
Honeywell 331　21, 197
hot loss　347
hot streak　513
HRSG（heat recovery steam generator）　6, 26, 114

I

ICAO　368
ICR（inter cooled regenerative cycle）　11, 113, 604
IEPR　172
IFSD　638
IGCC（Integrated Gasification Combined Cycle）　48, 379
IGO　520
IGV（inlet guide vanes）　218, 236
IMI 834　489, 493
IN 718　493, 494
IN 901　494
Inconel X-750　492
Inconel 617　493
intercool　10, 69
intercooler　4
ISA（International Standard Atmosphere）　131
ITT　353

J

J85　151

K

K 型熱電対　351
knot　18

L

LCF　483
lean burn　372
LM 2500　33, 40, 329, 631
LM1600　13
LM 2500＋　329
LM6000　13, 620, 631
LMS100　114
LTO サイクル　368, 376

M

M1 戦車　42
Manson-Coffin の式　485
MCrAlY コーティング　495
MMC　497
momentum drag　128
Motor Gun Boat　39

N

NACA　298

nautical mile　18
NO$_x$　44, 333

O

Olympus　17, 18, 29, 36, 40, 189, 324
open-rotor　175
OPR　157, 165

P

Part33　467
PBMR（pebble bed modular reactor）　125
pebble bed　49
Pegasus　174, 190, 343, 395
power turbine　8
ppmvd　370
precooler　5, 15
pressure side　246
profile drag　302
Proteus　39
PT-6　21, 52, 197, 394
pusher　178
PW100　20, 21
PW150　179
PW530　22, 174, 190, 317
PW545　190
PW901　183
PW4000　174

R

RAF 27　298
RB-199　343
RB-211　13, 33, 56, 237, 631
reheat　10
reheat combustor　4
Rene 41　494
rich burn　372
RPR　155
RQL方式　372
RTM322　343
rubbing　478

S

$S-N$ 線図　481
SC　490
SCR　370, 371
secondary drag　303
sequential combustion　11
sequential combustor　609
serration　420
SFC（specific fuel consumption）　91, 93, 131
SGT-100　27, 237
SGT5-400F　26
SGT6-5000F　56
Siemens V 64.3　631
Siemens V94　26, 36
Soderberg 線　501
Solar Centaur 50S　498
Solar Mars　631
Solar Mercury　85, 100, 114
Solar Titan　631
Solar Turbines Centaur 50　498
SP（shaft power）　176
Spey　21, 237
SPRINT　620
stage stacking　321
suction side　246

T

T-56　21, 52
Taurus　41
TB 5000　237
TBC　495
Tempest　237
TGO　497
thermal shock　32
three-spool　31
thrust reverser　141
Thrust Reverser　169
Ti-6Al-4V　493
TiAl 金属間化合物　497
Timet Ti 1100　489

TIT 97, 165
TMF 486
Tornado 237
TP（thrust power） 176
TP400 180
Trent 21, 29, 237, 317, 394, 631
Trent 900 25
Trent 1000 25
triple-spool 13, 14
twin-shaft 12
twin-spool 11, 13, 18, 22
Tyne 40
Typhoon 26, 237, 472, 631

U

UDF（unducted fan） 178
UHB 173
UHC（unburned hydrocarbons） 44, 334

V

V2500 52, 376
VIGV 641

Viper 151
Viper 20 589
Von Mises 理論 486
von Ohain 16
VTOL 機 152, 190

W

W501G 56
wake 293
Waspalloy 494
Westinghouse 501 G 631
Westinghouse 501 56
WHB（waste heat boiler） 6, 102, 114
Whittle 16
WR21 40, 114, 605

Y

YS-11 21
YSZ 495

θ

θ プロジェクション 480

【訳者略歴】

藤原仁志（ふじわら　ひとし）
1968 年生まれ
1991 年　東京大学大学院工学系研究科機械情報工学専攻博士課程修了
現　在　（独）宇宙航空研究開発機構（JAXA）主任研究員，工学博士
著　書　『乱流入門』（東海大学出版会，1998 年）

装丁――中野達彦

ガスタービンの基礎と応用 —— 発電用からジェットエンジンまで

2012 年 8 月 20 日　第 1 版第 1 刷発行

訳　者　藤原仁志
発行者　安達建夫
発行所　東海大学出版会
　　　　〒257-0003　神奈川県秦野市南矢名 3-10-35　東海大学同窓会館内
　　　　TEL：0463-79-3921　FAX：0463-69-5087
　　　　URL：http://www.press.tokai.ac.jp/　　振替：00100-5-46614
印刷所　株式会社真興社
製本所　誠製本株式会社

ⓒHitoshi Fujiwara, 2012　　ISBN978-4-486-01860-5　　Printed in Japan

Ⓡ本書を無断で複写複製（コピー）することは，著作権法上の例外を除き，禁じられています．本書をコピーされる場合は，事前に日本複写権センター（電話：03-3401-2382）の許諾を得てください．